Lehner

Wissensmanagement

Franz Lehner

Wissensmanagement

Grundlagen, Methoden und technische Unterstützung

6., überarbeitete und erweiterte Auflage

HANSER

Autor:

Prof. Dr. Franz Lehner

Lehrstuhl für Wirtschaftsinformatik, Universität Passau

franz.lehner@uni-passau.de

FSC
www.fsc.org
MIX
Papier aus verantwortungsvollen Quellen
FSC® C013736

Bibliografische Information der Deutschen Nationalbibliothek:

Die Deutsche Nationalbibliothek verzeichnet diese Publikation in der Deutschen Nationalbibliografie; detaillierte bibliografische Daten sind im Internet über http://dnb.d-nb.de abrufbar.

Internet: www.hanser-fachbuch.de

Lektorat: Dipl.-Ing. Natalia Silakova-Herzberg
Herstellung: le-tex publishing services, Leipzig
Covergestaltung: Max Kostopoulos
Coverkonzept: Marc Müller-Bremer, www.rebranding.de, München
Titelbild: © Sebastian Völkel
Satz: Kösel Media GmbH, Krugzell
Druck und Bindung: Kösel, Krugzell
Austattung patentrechtlich geschützt. Kösel FD 351, Patent-Nr. 0748702
Printed in Germany

Print-ISBN 978-3-446-45848-2
E-Book-ISBN 978-3-446-46100-0

Inhalt

Vorwort zur sechsten Auflage

Mit der derzeit allgegenwärtigen Digitalisierung erhält auch das Wissensmanagement einen neuen Impuls. Durch Themen wie Künstliche Intelligenz (KI), Natural Language Processing (NLP), Smart Services, Augmented und Mixed Reality (AR/MR), intelligenten Assistenzsystemen, Machine Learning (ML), Big Data, Business Intelligence (BI), Internet der Dinge (IoT) und Industrie 4.0 gewinnt das Wissensmanagement wieder neu an Popularität. Seine Bedeutung ging zwar unabhängig davon nie zurück, ähnlich wie beim Geschäftsprozessmanagement waren aber auch beim Wissensmanagement die Anfänge mit stark überzogenen Erwartungen verbunden, oft gepaart mit einer unprofessionellen Vorgehensweise.

Wissensmanagement wie es heute verstanden wird, geht auf den Anfang der 90er Jahre zurück und ist durch die und mit der Entwicklung von Informationstechnologien entstanden und gewachsen. Die aktuelle Aufmerksamkeit ist zunächst ein Zeichen, dass sich die Wissensorientierung in handfesten Aufgaben konkretisiert hat und zu einem selbstverständlichen Bestandteil von Management und Führung geworden ist. Wir müssen allerdings Abschied nehmen von der Vorstellung, dass es ein universell gültiges Konzept, also „das Wissensmanagement" geben könnte. Vielmehr haben wir es mit einem multiperspektivischen Begriffsverständnis und einer heterogenen Begriffswelt zu tun, die im Unternehmensalltag klare Festlegungen nötig machen, die eng mit der Strategieformulierung und Zielfestlegung verbunden sind. Als praktische Herausforderung hat sich die Abgrenzung zwischen Informationsmanagement und Wissensmanagement erwiesen, wobei aus heutiger Sicht keine vollständige Trennung der Aufgaben möglich sein dürfte.

Die aktuelle Entwicklung ist stark technikgetrieben, worin eine Ähnlichkeit zu den Anfängen der Disziplin erkennbar ist. Während es in den 90er Jahren die neuen Möglichkeiten des aufkommenden Internets waren, sind es heute die Künstliche Intelligenz und Big Data. Das Wissensmanagement erfährt dadurch eine Bedeutungszunahme in der Praxis, die von der zunehmenden Komplexität der Abläufe in Wirtschaft und Unternehmen noch verstärkt wird. Man spricht in diesem Zusammenhang häufig von digitaler Wissensarbeit oder digitalen Wissensarchitekturen. Im ersten Fall geht es um die Gestaltung neuer Arbeitsformen, im zweiten um den Wissensaustausch in sozialen Gemeinschaften, um Lernen in und mit digitalen Medien, um Forschungscluster, Communitys u. a. m. Wir sind nicht mehr auf dem Weg zur digitalen Wissensgesellschaft, sondern bereits dort angekommen.

Mit der sechsten Auflage des Buches wird die bisherige Linie fortgesetzt und ein Beitrag zur Konsolidierung der inzwischen fest etablierten Disziplin geleistet. Vor dem Hintergrund der dargestellten Situation finden sich in der Forschung zwar noch immer eher breit gestreute Aktivitäten, inzwischen wird aber verstärkt auf eine theoretische Fundierung und empirische Evidenz Wert gelegt. Diesem Aspekt wurde bei der Überarbeitung ebenso Rechnung getragen wie notwendigen Korrekturen und der Aktualisierung der Inhalte.

Das in seiner Grundstruktur unveränderte Buch soll als Quelle für die relevante Literatur zum Wissensmanagement dienen und Studierenden der Wirtschaftsinformatik, der Betriebswirtschaftslehre, aber auch der Informatik ein umfangreiches Grundlagenwissen vermitteln. Der Inhalt wird anwendungsorientiert und auf dem aktuellen Wissensstand vermittelt. Interessierte Praktiker sollen zu einer intensiven und kritischen Beschäftigung mit diesem wichtigen Thema angeregt werden und – selbst wenn es keine Patentrezepte gibt – Lösungsideen für eigene Anwendungen erhalten.

Abschließend möchte ich mich noch besonders bei Frau Claudia Reitmayer für ihre engagierte Unterstützung bei der Formatierung des Manuskripts und der Erstellung von Abbildungen bedanken. Nora Fteimi danke ich für die Hilfe bei den Inhalten zu Big Data und Machine Learning.

Passau, im Oktober 2019 *Franz Lehner*

1 Die Herausforderung: Wandel und Bewältigung von Wandel in Unternehmen

Es gibt viele Gründe, sich mit dem Wissensmanagement und seinen Methoden näher zu befassen. Dies ist zunächst die gestiegene Bedeutung von Informationen und Wissen für die Unternehmensführung, die es erforderlich macht, der Verwaltung dieser Ressourcen eine entsprechend höhere Aufmerksamkeit zu schenken. Die Konzepte des Wissensmanagements werden darüber hinaus in anderen Managementansätzen wie dem organisatorischen Lernen oder dem Personalmanagement genutzt. Ein weiterer Grund ist die Entwicklung spezialisierter Informationssysteme, die unter Bezeichnungen wie Wissensmanagementsystem, Organisational-Memory-System oder Corporate-Memory-System Verbreitung gefunden haben und zum Unternehmenserfolg beitragen sollen. Aufgrund seiner Bedeutung für die organisatorische Effizienz sollte die Nutzung der Potenziale des Wissensmanagements jedoch nicht dem Zufall überlassen werden, sondern bewusst reflektiert und die Aufgaben aktiv gestaltet werden.

Bevor in Kapitel 2 auf das Konzept und den Stand der Entwicklung näher eingegangen wird, werden in diesem Kapitel die Voraussetzungen und das Umfeld diskutiert, welche dazu führten, dass dem Thema heute eine so große Bedeutung zukommt. Die wohl wichtigste Herausforderung für Organisationen, die im Wandel und in der Bewältigung des Wandels besteht, wird unter den Gesichtspunkten der Informationstechnologie und der Reaktionen von Organisationen auf die Umweltdynamik behandelt.

Mit der Lektüre dieses Kapitels sollen die folgenden **Lernziele** erreicht werden:

- Es sollen die aktuellen Entwicklungen verstanden und die **Herausforderungen durch den Wandel und die veränderte Wettbewerbssituation** für Organisation, Technologie und Management dargestellt werden können.
- Es sollen die **Notwendigkeit des bewussten Umgangs** mit der Ressource „Wissen in Organisationen" erkannt und der Wert von Informationen und Wissen als Produktions- und Wettbewerbsfaktor erklärt werden können.
- Es sollen die **Rahmenbedingungen** nachvollziehbar sein, welche einen direkten oder indirekten Einfluss auf das Wissensmanagement nehmen.
- Das Wissensmanagement soll als **Managementaufgabe**, aber auch als Veränderungsprozess verstanden werden, mit dessen Hilfe auf Änderungen in der Organisationsumwelt reagiert werden kann.
- Es sollen die verschiedenen **Reaktionsmöglichkeiten**, welche Unternehmen zur Verfügung stehen, erläutert werden können.

1.1 Informationstechnologie und Unternehmenserfolg

1.1.1 Einfluss der Informationstechnologie auf die organisatorische Effizienz

Dem Wissensmanagement kommt durch den anhaltenden, weltweiten Umstrukturierungsprozess in Wirtschaft und Gesellschaft eine hohe Bedeutung und Brisanz zu. Aktuell betrifft dies nicht zuletzt die allgegenwärtige Digitalisierung. Vor allem in großen Unternehmen laufen viele einschlägige Projekte. Den Hintergrund bilden die Umweltdynamik und der Wettbewerbsdruck, die in den Unternehmen die Entwicklung oder die Aktivierung neuer Fähigkeiten erzwingen. Diese Anpassungsleistungen erfolgen in den seltensten Fällen automatisch, sondern setzen (Lern-)Prozesse voraus. Wichtige Ziele sind dabei die Erhöhung der organisatorischen Effizienz und Flexibilität, die Förderung von Innovation oder die Überwindung von Wachstumsgrenzen. In Zeiten, in denen ein quantitatives Wachstum (z. B. durch Umsatzsteigerung, Erhöhung der Marktanteile oder der Erschließung neuer Märkte) nur eingeschränkt möglich ist und die Beibehaltung des Status quo bereits als Erfolg angesehen wird, gewinnt die Konzentration auf qualitative Größen an Bedeutung. Man könnte dies als Expansion nach innen verstehen, bei der neue oder bisher ungenutzte Potenziale und Kräfte erschlossen werden sollen.

Beispiel: Chase Manhattan Bank

Die Chase Manhattan Bank installierte 1996 ein Intranet-basiertes Wissensmanagementsystem für etwa 16 Millionen USD. Die Mitarbeiter der Bank erhielten mit diesem System die Möglichkeit, auf die Wissensbasis des Gesamtunternehmens zuzugreifen. Direkt vom Arbeitsplatz aus können kundenspezifische Daten wie Kredithistorie, Kontostand, Investmentprofile, aber auch „weiche" Informationen wie persönliche Vorlieben oder Eigenheiten des Kreditnehmers abgerufen werden. Bereits im ersten Jahr der Einführung erbrachte das System Kosteneinsparungen und Einnahmesteigerungen von insgesamt 11 Millionen USD. Die Profitabilität des Systems ergibt sich aus einer Steigerung der Mitarbeiterproduktivität. Die Mitarbeiter können mehr Zeit auf das direkte Gespräch mit dem Kunden verwenden und müssen einmal erhobene Informationen nicht nochmals abfragen. ■

Beispiel: Ernst & Young

Das Beratungs- und Consultingunternehmen Ernst & Young (weltweit ca. 40 000 Mitarbeiter) beschäftigte Ende des 20. Jahrhunderts unter der Leitung eines Chief Knowledge Officers 400 Vollzeit-Mitarbeiter, die dafür zuständig waren, das vorhandene Wissen und Know-how im Unternehmen zu dokumentieren, neuen Mitarbeitern zugänglich zu machen und beim Ausscheiden von Mitarbeitern zu schützen. Die Projektziele bestanden darin, ein Wissensmanagement einzuführen, den Austausch von Wissen im Unternehmen generell zu verbessern und die Unternehmenskultur in Bezug auf das Teilen von Wissen zu fördern. ■

Das Sammeln von Kundeninformationen und das Erstellen von Personenprofilen sind in Zeiten von Google und Facebook fast schon selbstverständlich geworden. Das Beispiel der Chase Manhattan Bank zeigt aber nicht nur, dass der Wert von Informationen schon früh erkannt worden ist, sondern dass neue Informationssysteme mit dem Ziel einer Verbesserung der organisatorischen Effizienz keineswegs einen Bruch mit der Vergangenheit darstellen müssen. Zu beobachten ist eine kontinuierliche Entwicklung und keine disruptive Innovation. In diesem Fall stellte die Basis ein Kundeninformationssystem dar. Bei Ernst & Young waren sowohl die Hintergründe als auch die Ziele etwas anders gelagert. Hier ging es darum, ein weltweit operierendes Unternehmen in einer extremen Wachstumsphase zu unterstützen. Treibende Kraft ist häufig die Forderung nach rascher und einfacher Verfügbarkeit von Daten, Informationen und Wissen (oft in multimedialer Form), die für Unternehmen immer wichtiger werden. Lange Zeit stellten Datenbanken das wichtigste Hilfsmittel dar, um diese Aufgabe wahrzunehmen. Mit den Entwicklungen der letzten Jahre entstanden jedoch völlig neue Gestaltungsmöglichkeiten, die einerseits **von isolierten Datenbankkonzepten zu unternehmensweiten Informationsmodellen** und andererseits zu einer **Renaissance und Weiterentwicklung von vorhandenen betriebswirtschaftlichen Konzepten** führten.

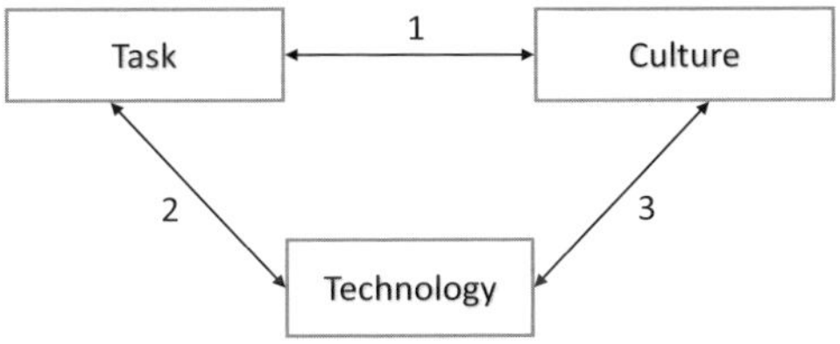

Bild 1.1 Organisatorische Effizienz durch Übereinstimmung von Aufgaben, Kultur und Technologie

In den meisten modernen Managementansätzen wird versucht, durch organisatorische Maßnahmen eine Veränderung der Organisationskultur und ein Klima zu schaffen, in dem das Lernen in und von Organisationen gefördert wird (vgl. dazu auch die Referenzdisziplinen des Wissensmanagements in Kapitel 3). Bild 1.1 zeigt die dabei relevanten Komponenten (vgl. Goodhue/Thompson 1995, vgl. jedoch auch Zigurs/Buckland 1998 sowie Dennis et al. 2008). Betriebswirtschaftliche Ansätze konzentrieren sich überwiegend auf die Verbindung, die durch Pfeil 1 repräsentiert wird, d. h. sie versuchen einen dauerhaften Fit[1] zwischen den Aufgaben bzw. der Arbeitsorganisation und der Organisationskultur zu schaffen. Mit dem Versuch, eine Übereinstimmung zwischen Aufgaben und den eingesetzten Technologien herbeizuführen (Pfeil 2) beschäftigt sich vor allem das „traditionelle" Informations-

[1] „Fit" wird hier nicht im Sinne der Kontingenztheorie, sondern als permanente Abstimmungsaufgabe verstanden. Auf die generelle Problematik eines „Organizational Fit" wird in Abschnitt 1.2 noch etwas genauer eingegangen (zur Diskussion von „Fit" siehe insbesondere auch Zigurs/Buckland 1998).

management. Mit Hilfe von Wissensmanagementsystemen wird schließlich versucht, die Beziehung zwischen der eingesetzten Technologie und der Organisationskultur (Pfeil 3) zu verbessern, um auf diese Weise einen Beitrag zur organisatorischen Effizienz zu erzielen.

1.1.2 Entwicklungsstufen der Informationsverarbeitung in Unternehmen

In den letzten Jahrzehnten hat sich eine Entwicklung vollzogen, die u.a. durch kontinuierliche, aber sehr bedeutende Verbesserungen der Informationstechnologie gekennzeichnet war. Unter dem Schlagwort „Digitalisierung" hat diese Entwicklung nochmals einen bedeutenden Schub erhalten. Als unmittelbare Folge steht heute ein weites Spektrum an Systemen und technologischen Lösungen für betriebliche Aufgabenfelder zur Verfügung. Informations- und Kommunikationssysteme werden nicht nur eingesetzt, um Arbeitsabläufe effektiv und effizient zu gestalten (Produktionsfaktor), sondern sie dienen immer öfter als Instrumente zur Erreichung des Unternehmenserfolges und werden damit selbst zum Wettbewerbs- oder Erfolgsfaktor.

Von besonderer Bedeutung ist in diesem Zusammenhang die Zunahme des Stellenwerts des Faktors „Organisation". Dies lässt sich an der Entwicklung der betrieblichen Informationsverarbeitung ablesen, welche sich in den letzten Jahrzehnten in mehreren Stufen vollzog. Diese können unter verschiedenen Gesichtspunkten wie technologische Entwicklung, betriebliche Anwendungsbereiche, Bedeutung von Daten und Information usw. betrachtet werden.

Eine Systematik, deren Fokus die betriebliche Anwendung der Informationstechnologie ist, stammt von Hanker (vgl. Hanker 1990). Er unterscheidet vier Entwicklungsstufen[2] des Informatik-Einsatzes in Unternehmen:

1. Unterstützung operativer Abläufe,
2. Unterstützung des Managements (z.B. Decision-Support-Systeme),
3. Unterstützung der Wettbewerbsstrategie (= Computer als strategische Waffe),
4. Unterstützung der Organisationsstrategie (= ganzheitliche Sicht, z.B. Wissensmanagement, Organisational Memory).

Das Stufenmodell weist auf einen Wandel des Informatikeinsatzes in Unternehmen im Laufe der Zeit hin. Das Modell kann zur Diagnose eingesetzt werden (d.h. auf welcher Stufe steht das Unternehmen momentan?). Viel wichtiger ist jedoch hier der Hinweis auf die neue Dimension der Informationsverarbeitung, die darin angesprochen wird. Wissensmanagement und Organisational Memory werden explizit genannt. Diese Weiterentwicklung vom Datenmanagement über das Informationsmanagement zum Wissensmanagement wird in der Fachliteratur mehrfach dokumentiert und bestätigt (vgl. z.B. Bullinger et al. 1997, S. 7, vgl. auch Abschnitt 2.5).

Tabelle 1.1 gibt diese Entwicklung zusammengefasst wieder. Zwischen den einzelnen Ebenen, die in Tabelle 1.1 unterschieden werden, besteht kein direkter hierarchischer Beziehungszusammenhang. Es ist vielmehr eine idealisierte Darstellung, die sich aus der zeit-

[2] Für eine vertiefte Darstellung von Evolutions- und Entwicklungsmodellen wird auf Lehner 1997 verwiesen.

lichen Entwicklungsfolge ableitet. Zwischen einzelnen Teilaufgaben bestehen natürlich trotzdem manche Verbindungen. Als Beispiel kann das Datenmanagement angeführt werden, das unternehmensweit für die Daten und die Datenbanktechnologien zuständig ist und damit auch auf der Ebene des Wissensmanagements eine Rolle spielt.

Tabelle 1.1 Entwicklungsstufen im Umgang mit Daten, Informationen und Wissen in Unternehmen

Ebene/Bezeichnung	Systemart/Schwerpunkt
4 - Wissensmanagement	Organisational-Memory-Systeme (OMS) Wissensmanagementsysteme (WMS)
3 - Informationen als Ressource: Informationsmanagement	Advanced-Database-Technologien MIS, DSS, EIS, DWH
2 - Datenmanagement	Daten(bank)architektur von Unternehmen Unternehmensweite Datenmodellierung
1 - Datenbankmanagement	Datenbanksysteme und -anwendungen Data Dictionary, Datenmodellierung
0 - Datei- und Datenorganisation	Dateisysteme

Jede einzelne Ebene unterstützt bestimmte Aufgaben im Unternehmen und bedient sich entsprechender Basistechnologien und Methoden. Die Schwierigkeiten auf den höheren Ebenen liegen nicht nur in der Bewältigung der technischen Komplexität (heterogene Systeme, verteilte Systeme, unterschiedliche Normen und Standards, Unterschiede bei Sprachen und Oberflächen, uneinheitlicher Systemzweck und Benutzergruppen). Vielmehr kommen völlig neue Perspektiven dazu, sodass sich durchaus Zielkonflikte zwischen den Ebenen ergeben können. Auf der Ebene 4 (Wissensmanagement) kommt noch dazu, dass sich die eingesetzte Technologie keineswegs auf Dateien oder Datenbanken beschränken muss, sondern dass dieser Aspekt sogar völlig in den Hintergrund treten kann. Neben der klassischen Strukturierungsaufgabe (z. B. Entwurf des „statischen" Datenmodells) gewinnen die Modellierung und Unterstützung dynamischer Abläufe (z. B. Informationslogistik, Prozess der Informationsbeschaffung oder der Wissensveränderung) und die Unterstützung von organisatorischen Lernprozessen eine bisher in der Informatik nicht gekannte Wichtigkeit. Auch die Praxis zeigt deutlich, dass gerade hier viele Chancen und Potenziale liegen. Innovative Unternehmen nehmen diese Herausforderung an, indem sie Wissensmanagementprojekte aufsetzen oder das Wissensmanagement als Managementfunktion verankern.

1.2 Strategische Bedeutung von Informationen und Wissen

Für die Aufgaben des Wissensmanagements ist eigentlich eine differenzierte Betrachtung von Informationen einschließlich Daten und Wissen erforderlich. Zwar besteht ein Zusammenhang zwischen diesen Begriffen, aber es handelt sich um keine austauschbaren Konzepte. Die damit zusammenhängenden Phänomene weisen einen Bezug zum Wissensmanagement auf und beeinflussen dessen Aufgaben. Der Erfolg hängt aber oft davon ab, ob man die Unterschiede kennt und spezifische Maßnahmen ergreifen kann. Da auch viele Unternehmen in der Praxis keine klare Trennlinie zwischen Informationen und Wissen ziehen, soll an dieser Stelle vorläufig von einem gemeinsamen Begriffsraum ausgegangen und einige wichtige Aspekte aufgegriffen werden. Die notwendige Präzisierung erfolgt später in Verbindung mit den Aufgaben des Wissensmanagements (vgl. Abschnitt 2.2.1).

1.2.1 Entwicklung des Informationssektors als eigener Wirtschaftsbereich

Die weltweit feststellbaren Änderungen in den Wirtschaftsstrukturen werden häufig der Entwicklung oder der Einführung neuer Technologien zugeschrieben. Kommunikationstechnologien und multimediale Informationssysteme scheinen für die Organisation und Wettbewerbsfähigkeit von Unternehmen eine Schlüsselrolle zu spielen. Bullinger (vgl. Bullinger 1995) fasst die wesentlichen Technologieentwicklungen und die damit verbundenen Wachstumsphasen bestimmter Industrien in den letzten Jahrzehnten wie folgt zusammen:

- produzierende Industrien in den 50er und 60er Jahren,
- Elektronik und Mikroelektronik in den 70er Jahren,
- Konsumelektronik und Computerindustrie in den 80er Jahren,
- Telekommunikation, Informationstechnik, Medien und Entertainment (TIME) in den 90er Jahren.

Die Entwicklung ist natürlich nicht stehen geblieben und beispielhaft können die Verbreitung mobiler Technologien, eingebettete Systeme, Big Data, Künstliche Intelligenz, das Internet der Dinge (IoT) und Initiativen rund um Industrie 4.0 erwähnt werden.

Eine etwas andere Perspektive liefert die sogenannte **Quartär-Hypothese** (vgl. u. a. Stehr 1994 zur Theorie von Wissensgesellschaften). Neben den drei primären Wirtschaftsbereichen hat sich mit dem Informationssektor ein vierter, eigenständiger Bereich etabliert. Zum **primären Wirtschaftssektor,** auch Urproduktion genannt, zählen vor allem Rohstoffgewinnungsbetriebe (z. B. Landwirtschaft, Bergbau, Fischerei, aber auch die Energieerzeugung). Der **sekundäre Wirtschaftssektor** stellt materielle Güter her und verarbeitet Rohstoffe zu Halbfertig- oder Fertigprodukten. Er umfasst Fabrikations- und Produktionsbetriebe (z. B. Maschinenindustrie, chemische Industrie, Nahrungsmittelindustrie, aber auch Handwerksbetriebe). Der **tertiäre Wirtschaftssektor** stellt keine materiellen Güter her, sondern erbringt Arbeitsleistungen. Dazu zählen alle Dienstleistungsunternehmen, insbesondere Handelsbetriebe, Banken, Versicherungen, Verkehrsbetriebe und Reisebüros. Mit dem **Informationssektor** ist inzwischen ein weiterer Wirtschaftsbereich entstanden, der in die drei klassischen Wirtschaftssektoren nicht eingeordnet werden kann. Zu ihm zählen vor allem die Produktion von „Information" sowie Dienstleistungen im Umfeld von Informationstechnologien. Daneben gewinnt auch der Handel und Austausch von Informationen oder Informationsprodukten immer mehr an Bedeutung. Die Telekommunikationstechnik sorgt für die Transportmöglichkeiten, durch die die geografische Präsenz zunehmend an Bedeutung verliert.

In allen Prozessen, die in den genannten Wirtschaftssektoren beobachtet werden können, werden sogenannte Produktionsfaktoren eingesetzt und miteinander kombiniert. Diese Produktionsfaktoren sind in praktisch allen Gütern enthalten bzw. bei deren Herstellung oder Gewinnung beteiligt. Ihre Gewichtung und Kombination ist allerdings von Gut zu Gut verschieden. Der Wert eines Produktionsfaktors wiederum wird stark durch die Dynamik von Angebot und Nachfrage bestimmt. Dabei ist zu beobachten, dass innerhalb der Wertschöpfungskette die Bedeutung der Information immer mehr zunimmt. Die Informationskosten stellen mittlerweile einen beträchtlichen Teil der Gesamtkosten eines Produktionsprozesses dar. Bereits 1963 wurde der Anteil der Informationskosten für die Erstellung des Bruttosozialprodukts in den USA auf mehr als 50 v.H. geschätzt (vgl. Wild 1971).

In traditionellen Produktionsunternehmen ist der Anteil der eigentlichen Produktionskosten an den Produktkosten inzwischen auf durchschnittlich 20% gesunken (Pulic 1996, S. 149). Diese Beobachtung wird durch zahlreiche Veröffentlichungen und Studien bestätigt (vgl. z.B. Schüppel 1996, S. 49, Schneider 1996, S. 13, North 1998, S. 14, Bullinger et al. 1997, S. 16, sowie auch die dort zitierten Studien). Nach einer Befragung von über 2000 Wissensarbeitern durch IDC lag der durchschnittliche Anteil der wöchentlichen Arbeitszeit für die Suche und Beschaffung von Informationen bei 16,2% und ihre Nutzung bzw. Verarbeitung bei ca. 25% (Schubmehl/Vesset 2014). Dies deckt sich auch mit der Feststellung von Lin (2018), wonach 36% eines typischen Arbeitstages von Wissensarbeitern mit der Suche und Konsolidierung von Information verbracht wird. Wesentliche Gründe für diese Entwicklung liegen in der Beseitigung des Warenmangels und im Rückgang der produktiven, routinemäßigen Arbeit zugunsten des Anteils der „intellektuellen“ Arbeit. Diese Veränderung wird heute gerne auch mit der sogenannten Wissensarbeit beschrieben, die stark am Zunehmen ist.

1.2.2 Flüchtigkeit des Wissens vs. Daten- und Informationsflut

Der hohe Anteil der Information an der Produktion gilt als Hauptargument für den Einbezug und die stärkere technische Unterstützung des Wissensmanagements. Dazu kommt, dass Informationen die wesentliche Voraussetzung für Entscheidungen und zweckgerichtetes Handeln sind. Manager sind davon besonders abhängig. Es lohnt sich also, das „Informationssystem“ eines Unternehmens zu verbessern. Natürlich gibt es viele unterschiedliche Antworten auf die Frage, womit Manager ihre Zeit verbringen, dennoch dürfte es sich lohnen, diesem Thema die gebührende Aufmerksamkeit zu schenken und den Zeitaufwand für nicht-produktive Tätigkeiten wie Recherchearbeiten, Informationsaustausch u.ä. zu reduzieren. Nach einer 2014 durchgeführten PAC-Studie haben diese Tätigkeiten in den Jahren davor deutlich zugenommen.

In Studien wurde außerdem gezeigt, dass durch nicht verfügbare Informationen teure, aber vermeidbare Fehler passieren, und dass insbesondere mit dem Ausscheiden von Personen die Gefahr eines Wissensverlustes droht (vgl. z.B. Bedeian 1994, S. 335, Probst/Knaese 1998, Stein/Zwass 1995, S. 88, Wikström et al. 2018), aber auch durch die unerwünschte Weitergabe von Wissen (vgl. z.B. Ahmad 2014). Die Flüchtigkeit des Wissens wird damit zum zentralen Problem der organisatorischen Wissensbasis (vgl. Bild 1.2).

Auf der Ebene der Wissensträger kann die Flüchtigkeit des Wissens unabhängig von der Wissensart betrachtet werden. Man sollte daraus aber nicht voreilig die Notwendigkeit der Externalisierung und Dokumentation einer möglichst großen Wissensmenge ableiten. Vielmehr ist dies eine indirekte Aufforderung zu einer aktiven und bewussten Gestaltung und Pflege der organisatorischen Wissensbasis in ihren vielfältigen Erscheinungsformen, wie dies im Wissensmanagement vorgesehen ist (vgl. Daghfous et al. 2013).

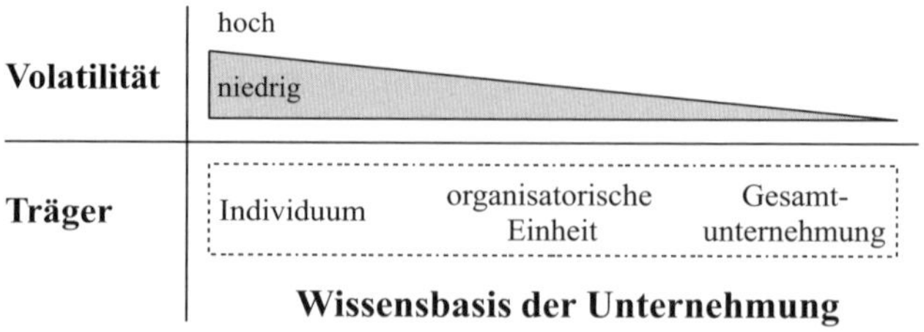

Bild 1.2 Wissensträger und Flüchtigkeit des Wissens (nach Bach/Homp 1998, S. 140)

Angesichts der zunehmenden Datenflut fällt auf, dass herkömmliche Ordnungs- und Orientierungssysteme immer mehr versagen. Die Kosten für Beschaffung, Analyse und Nutzung von Informationen übertreffen allmählich deren Wert. Diese Phänomene lassen sich nicht nur in den Unternehmen beobachten, sondern finden sich in gleicher Weise bei Konsumenten im privaten Bereich, in der Wissenschaft (z. B. Einzelergebnisse, die in keine Theorie integriert werden können) und in den Medien (vgl. Ernst 1998, S. 22 – 23). Die Überinformation erzeugt außerdem Stress und reduziert die Verständnisleistung. Darunter leiden in der Folge nicht nur die Qualität der Arbeit, sondern auch die Arbeitszufriedenheit (z. B. Beziehungen zu Kollegen) sowie das Privatleben (vgl. Ernst 1998, Hecker 1999). In Zusammenhang damit stellen sich mehrere Fragen (z. B. Shenk 1997, Weil/Rosen 1997):

- Welche biologischen und psychologischen Aufnahmegrenzen für Informationen gibt es, deren Überschreitung zu Informations- bzw. Technostress führt?
- Wie wirken sich Komplexitätsobergrenzen in den sozialen Beziehungen aus, d. h. die Maximalzahl von Menschen, mit denen wir in einem ständigen und engen Kontakt stehen können?
- Welche Konsequenzen ergeben sich aus der Geschwindigkeit, mit der die menschliche Informationsverarbeitung erfolgt?

Sozialpsychologische Studien zeigen, dass sich das kognitive und das soziale Verhalten von Menschen ändert, die unter Informationsüberlastung leiden (Ernst 1998, S. 25, Hecker 1999, Tarafdar 2015, D'Arcy et al. 2014, zum Problem der begrenzten Informationsaufnahme siehe auch Davenport 1997, S. 83 – 97, Schüppel 1996, S. 124 – 128, zu Folgen der technologiebedingten Arbeitsunterbrechung siehe Chen/Karahanna 2018). Bei komplexen Aufgaben tendieren die Betroffenen zum Rückgriff auf einfache Problemlösungsstrategien. Berichtet wird außerdem über eine Verschlechterung des Urteilsvermögens ab einer bestimmten Informationsmenge sowie über die Reduktion der Fähigkeit, komplexe Sachverhalte zu erfassen. Es kann auch ein falscher Eindruck von Sicherheit entstehen, da man sich angesichts der Datenfülle „gut informiert" meint. Schließlich ist noch zu beobachten, dass bei Informationsüberforderung soziale Anforderungen vernachlässigt werden und sogar die individuelle Gedächtnisleistung absinkt (vgl. Ernst 1998, S. 25).

Exkurs: Informationsüberflutung

Neue Technologien tragen nicht nur zur besseren Information, sondern auch zur **Informationsüberflutung** von Einzelnen und von Unternehmen bei (vgl. dazu z. B. Hecker 1999). Dadurch erhöht sich der Druck auf den Einzelnen, und die Notwendigkeit, sich zu orientieren, wird größer. Die Konsequenzen wurden in einer Studie der New Yorker Reuters Ltd. untersucht. Zu diesem Zweck wurden tausend Manager (darunter 200 deutsche Führungskräfte) über ihre Erfahrungen mit der täglichen Bewältigung der Informationsfülle befragt. Insbesondere in Bezug auf die neuen Medien (Internet) kommt die Studie zum Ergebnis, dass ein Großteil der Informationen, den die Nutzer aus dem Netz beziehen, belanglos bis nutzlos ist. Ein naheliegender Weg im Kampf gegen die unkontrollierte Informationsflut ist die Beschränkung des Internetzugangs und die Überwachung der Internet-Nutzung durch die Mitarbeiter. Andere wiederum sehen die Lösung in Schulungen, in denen man lernt, zielgerichtete elektronische Recherchen durchzuführen sowie die gefundenen Daten zu organisieren, zusammenzufassen und aufzubereiten. Mehr als die Hälfte der Befragten gaben allerdings an, dass derartige Kurse in ihren Unternehmen nicht angeboten werden (vgl. Computer Zeitung 6/1998). Versteegen (vgl. Versteegen 1999, S. 118) spricht in einem vergleichbaren Zusammenhang von einer Explosion bei den Daten- und Dokumentenbeständen. ■

Die **Informationsexplosion,** von der man bereits seit der allgemeinen Verbreitung des Internets spricht, hat in den vergangenen Jahren eine völlig neue Dimension erreicht. Das neu erzeugte Datenvolumen ist enorm gewachsen und betrug im Jahr 2011 nach einer IDC-Studie 1,8 Zettabyte. Auch in den Unternehmen wachsen die Datenmengen in Verbindung mit Data-Warehouse-Anwendungen extrem an. In der Folge steigen nicht nur der Bedarf für die optimale und zielgerichtete Speicherung sowie für die Zugriffsmöglichkeiten (vgl. z. B. IAIS 2012, Hoffmann/Voss 2013, Lehner/Havel 2013, Freytag 2014), sondern es entstehen völlig neue Herausforderungen wie der zuverlässige Schutz vertraulicher Daten, die Notwendigkeit von Archivierungsstrategien, globale Zugriffsmöglichkeiten, Abdeckung rechtlicher Anforderungen und natürlich auch die Sicherung der Wertschöpfung („Data Value“). Die Erwartungen in den Unternehmen werden unter Begriffe wie „Massenindividualisierung“ und „Smart Data“ (= die in Big Data liegenden Potenziale gezielt nutzbar zu machen und für Entscheidungen einzusetzen) zusammengefasst und zielen auf ein effizientes Management sowie „intelligente“ Produkte und Dienstleistungen ab (vgl. Eckert/Popescu-Zeletin 2014).

Mit diesen Entwicklungen wird deutlich, dass in der Folge der Technologiediffusion neue Phänomene und auch Probleme entstehen, denen nur durch einen ganzheitlichen und unternehmensweiten Ansatz begegnet werden kann. Diese Erfahrung lässt sich kurz mit folgendem Satz zusammenfassen:

Die Vermehrung von Informationen und Wissen ist keine Lösung, sondern ein neues Problem! ■

Der unkontrollierte Zuwachs an Informationen und die Anhäufung von Daten und Wissen auf Verdacht schafft also nicht automatisch eine verbesserte Wissensversorgung. Neben dem Informationsmanagement (siehe dazu Kapitel 3) kommt vor allem dem Wissensmanagement sowie seiner technischen Unterstützung durch Wissensmanagementsysteme eine zentrale Rolle bei der Lösung der damit verbundenen Herausforderungen und Probleme zu. Gerade das Beispiel Internet zeigt, dass ein Zuviel an Informationen den Nutzer manchmal geradezu hilflos oder handlungsunfähig macht. Der Nutzer verfügt bei Überinformation über keine klare Orientierung und wird durch die Fülle von Möglichkeiten zusätzlich verunsichert. Die Erweiterung des Informationsangebots sollte daher zumindest in Unternehmen nicht planlos verlaufen, sondern gezielt mit Mechanismen zur Selektion und Bewertung von Informationen verknüpft werden. Genau hier liegt die Herausforderung für das Wissensmanagement.

1.2.3 Der Wert von Informationen und Wissen

Die Wertbestimmung von Informationen und Wissen gewinnt im Umfeld der bereits skizzierten Entwicklungen an Bedeutung. Eine solche Wertbestimmung ist allerdings methodisch nicht einfach (vgl. auch Abschnitt 4.1.5). Zunächst einmal ist der Begriff „Wert" äußerst vielschichtig und besitzt keine einheitliche, sondern in unterschiedlichen Bereichen eine Vielzahl von Definitionen. Philosophische, ethische und ähnliche Betrachtungsweisen des Begriffs – im Sinne von Werten und Normen oder Wertvorstellungen – sollen an dieser Stelle jedoch außen vor bleiben, da es im Zusammenhang mit dem Wissensmanagement um eine ökonomische Perspektive geht.

Das einfachste Verfahren ist die **subjektive Wertbestimmung** von Information. Der Nutzer der Information wird befragt, wie viel ihm die Information wert ist. Das Verfahren eignet sich z. B. für unstrukturierte Probleme oder bei Ungewissheit. Als objektive Alternative steht die **Verwendung des beobachteten Wertes** der Informationen zur Verfügung. Verglichen wird in diesem Fall das Ergebnis eines Entscheidungsprozesses mit und ohne die entsprechende Information. Die Ergebnisdifferenz entspricht dem Wert der Information. Das Problem bei diesem Verfahren sind zusätzliche Einflüsse, die nicht vorhersehbar sind und die auch nicht ausgeschaltet werden können. Abhilfe kann eventuell durch die **Bestimmung des normativen Wertes** geschaffen werden. Der Wert einer Information wird hierbei als Differenz des erwarteten Gewinns mit und ohne die jeweilige Information gemessen (vgl. Alpar et al. 1998, S. 15–17, die die Wertbestimmung auch an einem Beispiel erläutern).

Der Wert von Informationen hängt natürlich auch stark vom Kontext ab. Ein wirtschaftlicher Ansatz verfolgt dabei als langfristiges Ziel die Minimierung von Kosten. Mit diesem Problem befasst sich u. a. das sogenannte Information Lifecycle Management (ILM). Der Informationsbegriff des ILM verschmilzt teils mit dem Datenbegriff, da hier nicht unbedingt die Information selbst, sondern auch die Daten bewertet werden (vgl. Matthesius/Stelzer 2008). Durch eine automatisierte Bewertung der Informationen soll so die Ressourcennutzung und die Zugreifbarkeit der für den Nutzer relevanten Informationen optimiert werden. Ein möglicher Ansatz ist in diesem Zusammenhang die Bewertung der Informationen bzw. Daten nach ihrer **usage over time,** also der Nutzung einer bestimmten Information aus einem Informationssystem über einen bestimmten Zeitraum hinweg. Der Wert der Information bestimmt sich so aus der Nutzung (dies kann die Nutzungshäufigkeit, die Nutzungszeit, die Nutzungsquelle u. Ä. beinhalten): Je häufiger, länger usw. die Information genutzt wird, desto wertvoller wird sie eingestuft. Gleichzeitig beinhaltet dieser Ansatz die Annahme, dass sich der Informationswert über den Lebenszyklus einer Information hinweg ändert und somit immer im Zusammenhang mit einer Zeitkomponente beurteilt werden muss (vgl. Matthesius/Stelzer 2008). Für weitere Methoden siehe z. B. Cummins/Bawden (2010), Wilson/Stanson (2008) oder Lehner (2018) sowie Abschnitt 4.1.5 für eine ausführlichere Betrachtung des damit verwandten Themas „Bewertung von Wissen".

1.2.4 Information als Produktionsfaktor – von der ressourcenorientierten Sicht zur wissensorientierten Sicht

Ganz allgemein kann zwischen einer **ressourcenorientierten Sicht** (Information als Produktionsfaktor) und einer **strategischen oder wettbewerbsorientierten Sicht** (Information als Erfolgsfaktor) differenziert werden[3]. Zum besseren Verständnis soll im Folgenden zunächst geklärt werden, wie Information in das bestehende Produktionsfaktorensystem einzuordnen ist. Mit der Gegenüberstellung wird gleichzeitig auch eine Abgrenzung zum traditionellen System der Produktionsfaktoren vorgenommen, um die besonderen Anforderungen beim Einsatz von Computertechnologien deutlich zu machen.

Der Ursprung der Produktionsfaktorentheorie liegt in der Volkswirtschaftslehre. Dort werden Produktionsfaktoren als Güter oder Dienstleistungen definiert, die von Unternehmen im Produktionsprozess eingesetzt werden. Sie werden zur Erstellung von Outputs kombiniert, während Outputs entweder dem Konsum zugeführt oder in der weiteren Produktion eingesetzt werden. Die klassische Einteilung der Produktionsfaktoren erfolgt in Arbeit, Boden (und natürliche Ressourcen) und Kapital. Arbeit und Boden werden als primäre Produktionsfaktoren bezeichnet, da sie nicht als Ergebnis eines Wirtschaftsprozesses angesehen werden können. Sie sind aufgrund physikalischer und biologischer, nicht aufgrund ökonomischer Vorgänge entstanden. Kapital hingegen ist kein primärer, sondern ein derivativer Produktionsfaktor. Er ist zwar selbst Input des Produktionsprozesses, aber gleichzeitig auch Output der Volkswirtschaft. Kapitalgüter sind somit produzierte Produktionsgüter.

Dem neoklassischen Denkstil folgend geht Information in die Produktionstheorie nicht als Produktionsfaktor, sondern in die funktionale Abhängigkeit zwischen Produktionsfaktoren und Produkten ein. Diese Einordnung bleibt allerdings vor dem Hintergrund der Diskussionen um einen „Markt für Informationen" oder um den Charakter der Information als „Gut" unbefriedigend (vgl. z. B. Hopf 1983).

Geht man davon aus, dass Information aufgrund ökonomischer Vorgänge und nicht aufgrund biologischer oder physischer Vorgänge entsteht, so ist sie als produziertes Produktionsmittel (ähnlich dem Kapital) anzusehen. Wissen und Information liegen jedoch bei Menschen vor, die über die Arbeit als Produktionsfaktor definiert sind. Eine Subsumierung

---

[3] Die Ausführungen dazu wurden verkürzt und in überarbeiteter Form aus dem Kapitel „Daten, Informationen, Wissen, Sichtweisen der Betriebswirtschaftslehre" von R. Maier übernommen (vgl. Lehner et al. 1995, S. 170 – 198). Auf diese Quelle, in der auch die begrifflichen Unterschiede zwischen Information und Wissen erörtert werden, sowie auf Lehner (2000) wird für eine weitergehende Auseinandersetzung verwiesen. Daten werden hier etwas verkürzt als elektronische Repräsentation von Informationen oder Wissen verstanden und bilden die Basis für die automatische Weiterbearbeitung oder -verarbeitung oder den Transport.

der Information unter Kapital ist daher als problematisch anzusehen. Die Theoriefelder, in denen die Auswirkungen von Wissen und Information untersucht werden, sind die Wachstumstheorie (Krelle 1988) und die Wettbewerbs- und Spieltheorie. Dort wird der Einfluss von Wissen und Information auf den technischen Fortschritt bzw. die Wettbewerbsposition analysiert. Eine weitergehende Behandlung erfährt der Begriff der Information beispielsweise auch in der Markttheorie und in der Informationsökonomie sowie in den Abhandlungen über Informationseffizienz (vgl. z. B. Gersbach 1991, Hirshleifer/Riley 1992).

In der Betriebswirtschaftslehre wurde zunächst die volkswirtschaftliche Einteilung der Produktionsfaktoren in Arbeit, Boden und Kapital übernommen. Es zeigte sich jedoch bald, dass diese Einteilung, die die Basis für eine Theorie der Einkommensbildung und -verteilung ist, für die Betriebswirtschaftslehre nicht geeignet ist. Das Kapital im volkswirtschaftlichen Sinne ist eine Bestandsgröße, die für die Analyse der Faktorverbräuche betrieblicher Produktionsprozesse völlig ungeeignet ist (Kilger 1984). Gutenberg begründete daraufhin eine betriebswirtschaftliche Klassifizierung der Produktionsfaktoren. Wichtig erscheint zudem, dass sich die Bemühungen um eine theoretische Fassung des Begriffs Information in der Mikroökonomie und der Betriebswirtschaftslehre in weiten Teilen überlappen und die jeweiligen Ansätze nicht getrennt voneinander betrachtet werden können (z. B. Markttheorie, Informationsökonomie, Principal-Agent-Theorie, Ansätze zur Informationseffizienz).

Die klassische Betriebswirtschaftslehre im Sinne Gutenbergs kennt drei **Produktionsfaktoren** bzw. **Elementarfaktoren,** nämlich „Arbeit", „Betriebsmittel" und „Werkstoffe" (vgl. Gutenberg 1971). Wenn man jedoch den betrieblichen Herstellungs- und Verwertungsprozess von Produkten genauer analysiert, so ist Information als zweckorientiertes Wissen (Wittmann 1959) zu einer zielführenden Kombination der klassischen Produktionsfaktoren unumgänglich. Gutenberg unterscheidet bereits zwei Ausprägungen des Faktors **Arbeit,** nämlich eine elementare und eine dispositive Variante. Die elementare Arbeit besteht in der eigentlichen Leistungserstellung. Der dispositiven Arbeit werden alle Tätigkeiten der Geschäftsleitung wie zum Beispiel Planung, Organisation usw. zugerechnet. Jeder einzelne Steuerungsvorgang aber ist seinerseits ein Prozess der Umsetzung von Informationen in Entscheidungen. Planende, orientierende und koordinierende Information ist dem Geschehen im Absatzbereich und in der Produktion in aller Regel logisch und zeitlich vorgeordnet und stellt demnach eine eigene produktive Größe dar (siehe Bild 1.3).

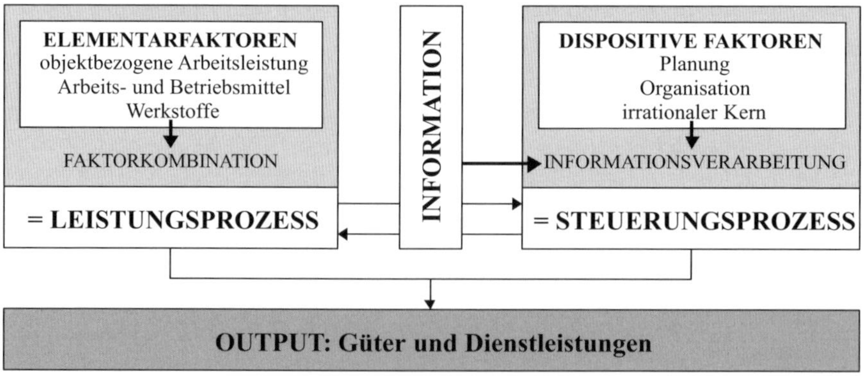

Bild 1.3 Das System produktiver Faktoren (nach Gutenberg 1971)

Die **Betriebsmittel** umfassen die gesamte technische Apparatur, die in einem Unternehmen benutzt wird, um Sachgüter herzustellen oder Dienstleistungen bereitzustellen (z. B. Grundstücke, Gebäude, Maschinen). Informationen müssen einen Wert haben, um als Betriebsmittel angesehen zu werden. Diesen Wert haben sie jedoch nur, wenn sie zumindest eine Bedeutung besitzen. Die weitere Betrachtung reduziert sich auf Daten und Wissen, da Informationen nur in Zusammenhang mit menschlicher Interpretation existieren und Betriebsmittel von menschlichen Arbeitsleistungen abgegrenzt werden.

Die Steuerung moderner Maschinen erfolgt mit Hilfe von Informationssystemen. Ohne Programmierung sind diese Maschinen wertlos. Da die Steuerungsprogramme auf Daten zurückgreifen und Datenflüsse verursachen, wäre diese Sichtweise auf Daten konsistent mit der Definition von produzierten Produktionsmitteln. Daten sind durch das Speichermedium, auf dem sie abgelegt werden, auch physisch vorhanden.

Für die Frage, ob Information oder Wissen als Betriebsmittel eingestuft werden kann, soll auf das Konzept der Erfahrungskurve zurückgegriffen werden. Dieses Konzept besagt allgemein, dass mit der kumulierten Produktionsmenge die Stückkosten sinken (Kreikebaum 1989). Bei empirischen Untersuchungen wurde festgestellt, dass bei einer Verdoppelung der im Zeitablauf kumulierten Produktionsmengen die auf die Wertschöpfung bezogenen Stückkosten eines Produkts um 20 – 30 % zurückgehen. Als Begründung für diesen Effekt werden im Wesentlichen vier Ursachen hervorgehoben (Kreikebaum 1989): die Theorie der Lernkurven, der Größendegressionseffekt, der technische Fortschritt und die Rationalisierung. Für die hier zu klärende Frage ist insbesondere die Theorie der Lernkurven von Bedeutung. Danach werden beim Ausüben einer Tätigkeit Übungsgewinne realisiert, das heißt, es wird Wissen aufgebaut, welches durch seine Anwendung zu einer Reduzierung der Stückkosten führt. Dieses kumulierte Wissen wird aktiv für die Herstellung von Sachgütern und die Bereitstellung von Dienstleistungen verwandt und führt in der Regel zu Wettbewerbsvorteilen gegenüber der Konkurrenz. Es gibt nun zwei Formen, in denen das Wissen im Unternehmen gegenwärtig ist. Entweder ist es bei den im Unternehmen tätigen Menschen vorhanden, oder es ist in Form von Daten im Unternehmen zum Beispiel in einer Datenbank oder in einem Expertensystem abgelegt. Da dieses Wissen auch der Leistungserstellung dient und der Definition von Betriebsmitteln sehr nahekommt, ist zu überlegen, ob diese Art von Wissen als Betriebsmittel angesehen werden kann.

Mit **Werkstoff** werden alle Rohstoffe, Halb- und Fertigfabrikate bezeichnet, die als Grundstoffe oder Ausgangsstoffe der Herstellung von Erzeugnissen dienen (Gutenberg 1971). Werkstoffe unterliegen Form- oder Substanzänderungen oder werden nach dem Einbau in die Fertigerzeugnisse Bestandteil der Produkte.

Schulz definiert Information als etwas, das selbst zum Objekt der Leistungserstellung und damit zum Elementarfaktor im Sinn Gutenbergs wird (Schulz 1970). Er sieht gewisse gemeinsame Merkmale des „Produktionsfaktors Information“ (Schulz 1970) mit der Definition von Werkstoff. So unterliegen, ähnlich dem Werkstoff, auch Informationen bestimmten Form- und Substanzänderungen. Formänderungen werden beispielsweise durch Codierungsprozesse hervorgerufen, während Substanzveränderungen in der Informationsverarbeitung auftreten.[4] Diese Sichtweise von Information als Werkstoff wird auch von anderen Auto-

[4] Die physischen Änderungen können nach dem hier zugrunde gelegten Verständnis allerdings nur an Daten, also der materiellen Repräsentation der Information, vorgenommen werden (vgl. Lehner et al. 1995).

ren vertreten, die Information als Ressource, Zwischen- oder Endprodukt ansehen (z.B. Szyperski/Winand 1989). Es ist jedoch festzuhalten, dass die Information im Sinne von Werkstoff eine konkret-gegenständliche und eine abstrakt-immaterielle Komponente besitzt. Als eigentliche Objekte sind die geistigen Inhalte zu sehen und nicht die Zeichenkombinationen, welche als Träger fungieren (Schulz 1970). Nach dieser Sichtweise erweist sich allerdings die von Gutenberg auf der Grundlage des materiellen oder immateriellen Charakters der Güter vorgenommene Klassifizierung betrieblicher Leistungen in Sachleistungen und Dienstleistungen als unzweckmäßig (Gutenberg 1971, Schulz 1970). Abstrahiert man jedoch von dieser Unterscheidung nach materiellem und immateriellem Charakter, so ist es durchaus vorstellbar, Informationen (oder besser: Daten) als Werkstoff zu betrachten.

Mit dem **dispositiven Faktor** bezeichnet Gutenberg die Geschäfts- und Betriebsleitung (Gutenberg 1971). Sie ist die planende und organisierende Instanz, die die Kombination der Einsatzfaktoren steuert. Der dispositive Faktor wird von Gutenberg in ein irrationales Element, welches letztendlich alle Entscheidungen beeinflusst, ein rational planendes Element und ein gestaltend-vollziehendes Element, welches die Pläne und Entscheidungen umsetzt, unterteilt. Das Ziel dieser Elemente des dispositiven Faktors ist es, aus allen denkbaren Faktorkombinationen diejenigen auszuwählen, die technisch möglich, ökonomisch sinnvoll oder bei gegebenen Zielen sogar optimal sind (Mag 1984). Dafür ist jedoch ein bestimmtes Wissen über die Kombinationsmöglichkeiten, Kombinationsbedingungen und Kombinationsauswirkungen erforderlich. Da Wissen nur durch Information entstehen kann, ist die Information für die Tätigkeit des dispositiven Faktors von essentieller Bedeutung. Auch bei Wittmann ist zwischen Wissen und Information einerseits und Planung (Vorbereitung des Handelns) und Entscheidung (Handlung) andererseits eine starke Verbindung zu erkennen (vgl. Wittmann 1969). Aus dieser Bedeutung des Wissens beziehungsweise der Information für die Kombinationseffizienz folgert Mag, „dass die Wissens- oder Informationsbeschaffung ebenso zu jeder erfolgreichen unternehmerischen Tätigkeit gehört wie die Beschaffung der sogenannten Elementarfaktoren“ (Mag 1984).

Die Betrachtung des dispositiven Faktors hat deutlich werden lassen, dass Information nicht ausschließlich unter dem dispositiven Faktor subsumiert werden kann. Es ist vielmehr gezeigt worden, dass **Information** der **wichtigste Einsatzfaktor für den dispositiven Faktor** ist und als solcher im Zeitablauf eine verstärkte Bedeutung bekommen hat. Dieses Ergebnis lässt den Weg offen, über die Möglichkeit nachzudenken, Information als eigenständigen Produktionsfaktor in das System einzuordnen. Dies wäre aber insofern inkonsequent, als Information in allen Produktionsfaktoren enthalten ist.

Zusammenfassend kann nun Information aus zwei Perspektiven als Produktionsfaktor gesehen werden: Zum einen stellt Information den „Rohstoff“ von Entscheidungen dar, und zum anderen gibt es Substitutionseffekte zwischen dem Leistungs- und dem Steuerungsprozess. Es wird aber auch deutlich, dass die Einordnung von Information in das Produktionsfaktorensystem Schwierigkeiten bereitet. Sowohl die Unterordnung unter bestehende Produktionsfaktoren als auch die Einordnung als eigenständiger Faktor verursachen Probleme, nicht zuletzt, weil Information einen gänzlich anderen Charakter hat als die anderen Produktionsfaktoren. Die Rollen, die der Information im Produktionsprozess zugeschrieben werden, differieren deshalb auch in der Fachliteratur.

Ähnliche Schwierigkeiten bereitet die Einordnung von Wissen, das im Prinzip bei allen Faktoren zugeordnet werden kann bzw. eine übergeordnete Bedeutung hat. Für die systematische Untersuchung der Wirkung ist das natürlich unbefriedigend und unterstreicht die

Notwendigkeit einer Erfassung in einem eigenständigen Konzept. Anfang der 1990er Jahre taucht in diesem Zusammenhang in der Literatur zum strategischen Management die sogenannte **„Knowledge-based View“** (KBV) parallel zur Entwicklung des Wissensmanagements auf (vgl. z. B. Nonaka/Takeuchi 1995, Grant 1996 und 1997). Zwar würdigte auch die ressourcenorientierte Sicht (RBV) bereits die Ressource „Wissen“, wird aber von vielen als nicht weitreichend genug angesehen, da keine ausreichende Differenzierung des Wissensbegriffs vorgenommen wird. Wissen wird primär als Objekt oder „Zustand“ angesehen, während der Prozesscharakter (z. B. Erfahrungserwerb, Aufbau von Expertise) zu kurz kommt. Die Knowledge-based View erweitert diese Sicht, indem nicht nur die traditionellen Produktionsfaktoren, sondern zusätzlich wissensbasierte Leistungen, die einer Organisation Wettbewerbsvorteile verschaffen können, einbezogen werden. Damit rückt der Einfluss von Wissen auf den Unternehmenserfolg in den Mittelpunkt, wobei dem Wissensmanagement eine zentrale Bedeutung für die Steuerung des relevanten Wissens zukommt (vgl. Grant 1996). Es wird also nicht primär das Wissen in den Mittelpunkt gestellt, sondern vielmehr die damit verbundenen Tätigkeiten und Aktivitäten wie die effektive Nutzung, Weiterentwicklung, Verteilung, Sicherung etc. von Wissen (unabhängig von der Wissensart). Die KBV wird damit nach Alavi und Leidner (2001) zur Basis für die Entstehung pluralistischer und heterogener Wissensmanagementansätze.

Einen weiteren Beitrag kann das Konzept der „**Wissensarbeit**“ bieten, das inzwischen mit Wissensarbeitern auch zur Bezeichnung für eine Berufsgruppe geworden ist. Wissensarbeiter bilden die bedeutendste Personengruppe in der Wissensgesellschaft, da sie neues Wissen hervorbringen, bewahren, anwenden und weitergeben. Damit werden sie zugleich zu Adressaten eines systematischen Wissensmanagements. Wissensarbeit zeichnet sich dadurch aus, dass sie vor allem mit Denken verbunden ist und komplexe Probleme lösen soll (vgl. Reinhardt et al., 2011). Der österreichische Ökonom Peter Drucker prägte diese Terminologie bereits früh und beschreibt die Charakteristika eines Wissensarbeiters im englischen Original wie folgt: „An employee whose major contribution depends on his employing his knowledge rather than his muscle power and coordination, frequently contrasted with production workers who employ muscle power and coordination to operate machines“ (Drucker 1991, 564). Etwas vereinfacht betrachtet, ist darin ein Gegensatz von Kopfarbeit und Handarbeit zu sehen. Akademisch betrachtet kann aber mit einer gewissen Berechtigung jede Arbeit als Wissensarbeit bezeichnet werden (Blackler 1995, S. 1022 - 1026, Duncan/Weiss 1979, S. 81 - 87). Dem steht aber letztlich die Vorstellung von professioneller Wissensarbeit mit einer hohen Wissensintensität entlang der Wertschöpfungskette gegenüber, wobei von manchen sogar zwischen „Professionsarbeit“ und „Wissensarbeit“ unterschieden wird (vgl. Pernicka 2016, Dick et al. 2016). Das Konzept der Wissensarbeit ist allerdings umstritten und keineswegs eindeutig definiert. Folgende Merkmale werden jedoch häufig genannt (vgl. Frenkel et al. 1995, Schultze 2003, S. 44 - 51, Kelloway/Barling 2000, S. 289 - 291, Willke 2001, Meinsen 2003, Kim et al. 2012, Tiemann 2010, Henry 2012, North et al. 2016):

1. Ein hohes Ausmaß an Kreativität, Komplexität, Vielfalt oder Ausnahmen bestimmen die Arbeit. Die Ergebnisse sind a priori nicht vorgegeben und das Vorgehen im Allgemeinen nicht durch Routinetätigkeit oder Standardisierung bestimmt.
2. Es werden Tätigkeiten vollzogen, für die eine akademische Ausbildung erforderlich ist und es geht um den Einsatz intellektueller Fähigkeiten. Folglich überwiegt die Bedeutung des theoretischen gegenüber dem kontextuellen Wissen.

3. Das unmittelbare Ergebnis der Wissensarbeit ist durch Immaterialität gekennzeichnet.
4. Zentrale Aktivitäten bestehen im Erwerben, Entwickeln, Aufbereiten, Speichern, Teilen, Anwenden etc. von Wissen und Wissensarbeiter benötigen Kapazitäten, um fortwährend zu lernen.
5. Wissensarbeit benötigt Kollektive und ist mit sozialen Prozessen verbunden (z. B. soziale Netzwerke).

Da es sich aber um keine konstitutiven Merkmale handelt, die eine strenge Abgrenzung von Wissensarbeit erlauben würden, ist in der Praxis die Frage zu stellen, welches Wissen für bestimmte Tätigkeiten erforderlich ist. Die Herausforderung besteht letztlich in der Organisation und dem Management von Wissensarbeit in einem umfassenden Sinne. Unabhängig von dieser akademischen Diskussion ist jedoch unübersehbar, dass der Anteil von Wissensarbeit an der gesamten Arbeit zunimmt. Dies wird häufig auch mit der zunehmenden Digitalisierung („digitale Wissensarbeit“) und der digitalen Ökonomie in Verbindung gebracht, die zur Ablösung tradierter Arbeitsweisen durch agile Prozesse und Strukturen führt (vgl. z. B. Breuing 2019). Mit diesen arbeitsstrukturellen Veränderungen sind neue Qualifikations- und Kompetenzanforderungen verbunden, aber auch eine Verunsicherung über die künftige Entwicklung. Die Verunsicherung betrifft zum einen die Frage, ob der Anteil der Wissensarbeit am gesamten Arbeitsvolumen zunehmen wird[5], zum anderen eine mögliche Bedrohung der Wissensarbeit durch „künstliche Intelligenz“ (vgl. z. B. Hays 2017). Die Schwankungsbreite der Aussagen über den durch Automatisierung bedrohten Anteil ist sehr hoch und er liegt nach unterschiedlichen Studien zwischen 9 und 40 % (vgl. Rinne/Zimmermann 2016, S. 7). Ein Teil der wegfallenden Tätigkeiten kann zunächst durch neue Aufgaben mit Schwerpunkt „Wissensarbeit“ kompensiert werden, die Frage ist aber, ob dies ein temporärer oder ein permanenter Effekt sein wird (vgl. z. B. Boes et al. 2016). Möglicherweise entstehen hier mit „Crowd Working“ und der Open-Source-Bewegung auch völlig neue Arbeitsformen.

1.2.5 Information und Wissen als Erfolgs- und Wettbewerbsfaktor

Die Theorie der Erfolgsfaktoren ist nicht so klar oder ausführlich formuliert wie die der Produktionsfaktoren. Sie verfügt auch nicht über die gleiche Tradition, und ihre Entstehung ist eng mit der Entwicklung des strategischen Managements verknüpft. Ausgehend von der Feststellung, dass Information unter bestimmten Voraussetzungen zu einem Wettbewerbsvorteil werden kann, kam es zu einer kritischen Auseinandersetzung mit diesem neuen Erfolgsfaktor und zur Forderung nach einem bewussten Management von Information. Diejenigen, die dieses Potenzial erkennen und entsprechend nutzen, können einen enormen Vorsprung gegenüber ihren Mitbewerbern erlangen. Informationssysteme bilden inzwischen oft die primäre Quelle für Information über das Unternehmen selbst, aber auch über die Umwelt, in die das Unternehmen eingebettet ist (Markt, Wettbewerb, Wirtschaft, Gesellschaft). Durch die Änderung der bestehenden Wirtschaftsstruktur werden auch die Regeln des Wettbewerbs verändert. Die breite Nutzung von Informations- und Kommunikations-

[5] Abweichend von der vermutlich weit verbreiteten Annahme einer weiteren Zunahme der Wissensarbeit kommen Studien zum gegenteiligen Ergebnis, bestenfalls bleibt der Anteil stabil (z. B. Dankbaar/Vissers 2009, S. 18 - 19)

technologien bleibt nicht ohne Einfluss auf die Wettbewerbskräfte. Nach Porter und Millar (vgl. Porter/Millar 1985, S. 155) wird die Wettbewerbssituation in einer Branche von fünf Einflussfaktoren bestimmt:

- Macht der Käufer,
- Macht der Lieferanten,
- Bedrohung durch neue Konkurrenz,
- Bedrohung durch neue Produkte (Substituierbarkeit alter Produkte),
- Wettbewerbssituation zwischen den Anbietern.

Der gezielte Einsatz von Informationstechnologien und damit auch von Information kann alle 5 Faktoren beeinflussen und somit die Wettbewerbssituation nachhaltig verändern. Nachfrager (Käufer) haben Zugang zu einer „breiteren" Information über bestehende Marktangebote. Die Barrieren des Markteintrittes neuer Konkurrenten werden aufgrund der großen Investitionen in den Informationsbereich höher. Durch den Einsatz von Computertechnologien im Fertigungsbereich wird die Substituierbarkeit von Produkten erleichtert. Innovationen werden gefördert. Der Wettbewerb wird durch den Einsatz von Informations- und Kommunikationstechnologien im Allgemeinen härter.

Das **Konzept der kritischen Erfolgsfaktoren** hat seine Grundlage in der sogenannten „Management Information Crisis", die erstmals von Daniel thematisiert wurde. Untersuchungen Daniels zufolge existieren in den meisten Branchen eine begrenzte Anzahl kritischer Erfolgsfaktoren, die den Unternehmenserfolg entscheidend beeinflussen. Dieser Ansatz wurde später durch den Nachweis, dass Erfolgsfaktoren nicht nur für eine Branche, sondern auch für bestimmte Unternehmen analysiert werden können, weiterentwickelt. Demnach unterscheiden sich kritische Erfolgsfaktoren nicht nur nach der Branche, sondern auch in Abhängigkeit von der Auffassung des Managements über die wesentlichen Erfolgsgrößen des jeweiligen Unternehmens. Den meisten Untersuchungen über Erfolgsfaktoren liegen allerdings keine theoretisch fundierten Konzeptionen zugrunde, sondern sie definieren Faktoren als unabhängige Erfolgsvariable, die aus einzelnen Praxisfällen abgeleitet wurden. Als Begründung für dieses Vorgehen wird gerne die Tatsache herangezogen, dass bisher keine allgemein anerkannten Erklärungsmodelle existieren, die unmittelbar für die empirische Bestimmung von Erfolgsfaktoren herangezogen werden können (vgl. Lehner 1993, vgl. auch Feeny/Willcocks 1998). Bezüglich der Schwächen der traditionellen Erfolgsfaktorenforschung wird auf Nicolai und Kieser (2002) verwiesen.

So verschieden die inhaltlichen Schwerpunkte des Begriffes Erfolgsfaktor sein können, so unterschiedlich sind auch die verwendeten und z.T. synonymen Bezeichnungen (z.B. kritischer Erfolgsfaktor, strategischer Erfolgsfaktor, Strategic Factor, Key Success Factor, Key Result Area). Ein sehr bekannter Erfolgsfaktorenansatz, der im Prinzip für alle Arten von Unternehmen gleichermaßen Gültigkeit hat, ist in der PIMS-Studie (Profit Impact of Marketing Strategy) formuliert. Ein anderes Konzept mit sehr allgemeinen und grundsätzlichen Wirkungszusammenhängen stellen Peters/Waterman in ihrem bekannten Buch „In Search of Excellence" dar. Nur wenige Ansätze sind bekannt, die besonders auf den Einsatz der Informations- und Kommunikationstechnologie abgestimmt sind. Eine nachhaltige Wirkung ging von den Ansätzen Rockarts (vgl. Rockart 1982) aus. Aufbauend auf diese frühen Versuche wurden inzwischen jedoch deutliche Fortschritte bei der „Erfolgsmessung" gemacht, wobei eine Konzentration auf Variablen wie Produktivität, Servicequalität, Beitrag zum Unternehmenserfolg u.ä. erfolgte (vgl. z.B. Hitt/Brynjolfsson 1996, Watson et al. 1998).

Ohne auf die unterschiedlichen Ansätze hier im Einzelnen einzugehen, ist darauf hinzuweisen, dass die Wahl der Erfolgsfaktoren stets mit der Konstruktion einer ganz bestimmten Erfolgshypothese verbunden ist (vgl. dazu z.B. die unterschiedlichen Messergebnisse bei Hitt/Brynjolfsson 1996). Der Erfolg der betrieblichen Informationsverarbeitung kann z.B. daran beurteilt werden, wie gut sie die Erfolgsfaktoren des Unternehmens unterstützt, aber auch, wie die Qualität und die Effizienz ihrer eigenen Leistungen sind. Eine gewisse methodische Unterstützung zum Auffinden dieser Faktoren liefert die Analyse der Wettbewerbskräfte nach Porter, die bereits erwähnt wurde. Methoden zur Analyse des Beitrags der Informationsverarbeitung sind die Erfolgsfaktoren-Analyse und die Portfolio-Analyse (vgl. Lehner 1993, wo noch weitere Methoden vorgestellt werden). Unter den Kennzahlen-Ansätzen sind im vorliegenden Zusammenhang z.B. der Informationskoeffizient (siehe dazu Pulic 1996, S. 164 – 172, vgl. auch North 1998, Sveiby 1998) sowie der Totale Wertschöpfungskoeffizient (Müller-Merbach 1993) erwähnenswert.

Trotz der teilweise kritischen wissenschaftlichen Diskussion besteht aber kein Zweifel an der praktischen Erfolgsrelevanz von Information und Informationssystemen. Beide werden damit zu einem übergreifenden betrieblichen Erfolgsfaktor, der beträchtliche Auswirkungen auf die Hauptziele einer Unternehmung hat. Diese sind Effizienz, Produktivität und Gewinn sowie zunehmend auch die Lernfähigkeit und die Anpassungsfähigkeit von Organisationen. Sind die benötigten Informationen zum richtigen Zeitpunkt den zuständigen Führungskräften nicht verfügbar, so ist die Entscheidungsqualität stark eingeschränkt. Die Entwicklung integrierter Informationskonzepte sollte daher im Mittelpunkt stehen. Die Herausforderung für jede Organisation wird es sein, Techniken zu entwickeln und organisatorische Maßnahmen zu treffen, um Information sowohl als betrieblichen Elementar- als auch als Wettbewerbsfaktor zu handhaben.

Um dieses Ziel zu erreichen, d.h. Information und Informationsverarbeitung als Erfolgsfaktor wirksam werden zu lassen, müssen bestimmte Voraussetzungen geschaffen werden. Unter anderem müssen folgende Aspekte bzw. Fähigkeiten aufeinander abgestimmt werden (vgl. Lehner et al. 1991, vgl. dazu auch den Ansatz von Feeny/Willcocks 1998, S. 11, sowie Kirchmann 1998):

- **Adaption:** aktive und passive Anpassung an gegenwärtige und zukünftige Entwicklungen und Notwendigkeiten in Wirtschaft, Gesellschaft und Politik (in Verbindung mit Informationstechnologien auch als Business-IT-Alignment bezeichnet);
- **Funktion:** die Fähigkeit zur wirtschaftlichen Leistungserstellung im Betrieb;
- **Kommunikation:** zeitgerechter, flexibler Austausch von relevanten Informationen zwischen Menschen, Systemen, Institutionen;
- **Motivation:** Beweggründe von Menschen für zielorientiertes Denken und Verhalten.

Die Qualifizierung von Information als Erfolgs- und Wettbewerbsfaktor manifestiert sich in vielen Unternehmen in der Schaffung einer spezialisierten Managementfunktion, dem Informationsmanagement.

> **!** Informationen allein sind keine Garantie für Erfolg, es kommt darauf an, was man daraus macht!

Für Wissen gelten die erwähnten Zusammenhänge analog. Spätestens seit der neueren neoklassischen Wachstumstheorie gilt Wissen als entscheidender Faktor für wirtschaftliches Wachstum. Dies findet unmittelbar Niederschlag auf der mikroperspektivischen Ebene in Form von Qualifikationsprofilen und Kompetenzanforderungen an Mitarbeiter. Dem Faktor Wissen kommt aber nicht nur Bedeutung für die berufliche Kompetenz, sondern auch für den Unternehmenserfolg insgesamt zu (vgl. z.B. Hussain et al. 2010, Haraldsdottir et al. 2018). Die informationstechnische Unterstützung bei der Erschließung organisationsinterner und externer Wissenspotenziale leisten sogenannte Wissensmanagementsysteme (WMS). Solche Systeme gehen über die Funktionalität herkömmlicher Informationssysteme deutlich hinaus.

1.3 Wie reagieren Unternehmen auf die Umweltdynamik?

1.3.1 Trends und Paradigmen in der Organisationsgestaltung

Die Auswirkungen einer globalisierten Wirtschaft auf die Unternehmen und die Beständigkeit des Wandels werden mittlerweile als gegeben hingenommen (vgl. Rinne/Zimmermann 2016). Das Augenmerk gilt daher verstärkt Lösungen und Angeboten, welche eine kontinuierliche Anpassung der Unternehmensorganisation an eine sich dynamisch ändernde Umwelt unterstützen. Das Angebot „organisatorischer Erfolgsrezepte“ ist mittlerweile fast unüberschaubar geworden. Die Vorschläge sind zum Teil widersprüchlich, oft unzureichend verstanden, oder von Überlegungen geprägt, die nicht erprobt worden sind. Ein ähnliches Bild zeigt die wissenschaftliche Literatur zum Thema. Man spricht in diesem Zusammenhang von der Inkommensurabilität der Organisationsparadigmen (vgl. Bauer 1996). Bild 1.4 fasst die Entwicklungslinie bis zur Jahrtausendwende anhand der wichtigsten Merkmale und Ansätze zusammen.

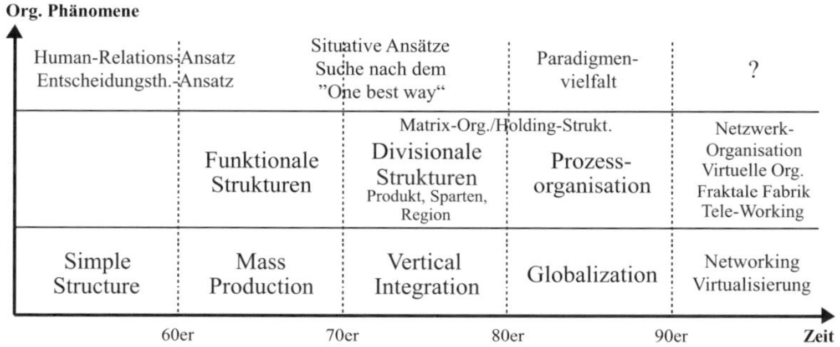

Bild 1.4 Organisation als Entwicklungslinie (nach Krcmar 2003)

Die aktuelle Entwicklung ist vor allem von der Diskussion agiler Organisationsformen geprägt. Agil bedeutet dabei beweglich. wendig, aber auch flexibel. Auch wenn diese Eigenschaften eher in Verbindung mit Menschen stehen, lässt sich die Idee auf Organisationen übertragen. Agile Organisationen sollen fähig sein, mit den unklaren Zielen und wechselnden Anforderungen umzugehen. Die Organisationsstrukturen unterscheiden sich daher von definierten Linien- und hierarchischen Entscheidungsstrukturen und setzen auf Mitgestaltung (vgl. Cheese et al. 2009, Wendler/Stahlke 2014). Neben der organisatorischen Effizienz ist die Steigerung der Innovationsfähigkeit dabei ein besonderes Ziel.

Von der Organisationslehre sind aber nach wie vor kaum eindeutige Aussagen oder Lösungen zu erwarten. Von Bedeutung sind im vorliegenden Kontext die Tatsache des Wandels selbst sowie die damit verbundenen Aktionsfelder, da hier von Wissensmanagementsystemen eine Unterstützung erwartet wird. Dabei handelt es sich im Wesentlichen um die strukturelle Anpassung, um den Übergang zur Prozessorganisation sowie die Organisationskultur. Diese drei Bereiche werden einschließlich der bestehenden Beziehungen und Wechselwirkungen noch genauer behandelt, nachdem zuvor die Hintergründe und das Umfeld der Umweltdynamik nochmals zusammengefasst werden. Die „Reaktionen" von Unternehmen in diesen Bereichen können als Antwort auf einen erforderlichen Wandel verstanden werden. Nicht näher unterschieden wird an dieser Stelle zwischen vorausschauenden, proaktiven Anpassungsmaßnahmen (Vorkehrungen) und nachträglichen Maßnahmen (Reaktionen im engeren Sinne).

Die eigentlichen Triebkräfte und Ursachen des Wandels sind im Einfluss sich ändernder Wettbewerbsbedingungen zu sehen. Sie führen zu einem tiefgreifenden Wandel der Unternehmensstrukturen und -abläufe. Gründe für veränderte Wettbewerbsbedingungen sind (nach Picot/Reichwald 1994):

- Internationalisierung der Markt- und Wettbewerbsbeziehungen,
- Markteintritt neuer Industrieländer,
- Zunahme der Handels- und Käufermacht,
- Zunahme des Wissens und seiner Diffusion,
- Steigerung der Komplexität bei Produkten und Dienstleistungen,
- Notwendigkeit einer technikbasierten Produktdifferenzierung,
- Schnelllebigkeit der Markt- und Kundenanforderungen (Technik, Gesetzgebung, Gesellschaft, Politik, ...) und
- Innovationsdynamik bei Produkten und Prozessen.

Die Wettbewerbsvorteile eines Unternehmens liegen im Allgemeinen nicht mehr alleine bei der Produktivität oder der überlegenen Fertigungstechnik, sondern vor allem in der Marktnähe, in der Möglichkeit auf Kundenwünsche einzugehen, Organisationsabläufe flexibel und rasch anzupassen usw. Auch Informations- und Kommunikationstechnologien sind manchmal die Ursache für den Wandel. Sie gelten zusätzlich als Schlüsselfaktor für die Erreichung einer effizienten und adäquaten Organisationsform!

1.3.2 Einsatz von Managementmethoden

Die Auslöser für Reorganisationsmaßnahmen sind oft Unternehmenskrisen (z. B. sinkende Marktanteile, Kundendruck), vorhersehbare bzw. erwartete Probleme sowie die Sicherung oder der Ausbau des Vorsprungs gegenüber der Konkurrenz. Aufgabe des Managements ist es letztlich, Technologien und Organisation möglichst optimal zu kombinieren. Um wettbewerbsfähig zu bleiben oder zu werden, bedienen sich Unternehmen gerne einer der vielen Managementmethoden und -ansätze, um diesen Prozess des Wandels zu bewältigen. Beispiele für solche Managementmethoden sind das Geschäftsprozessmanagement, Business Process Reengineering, die Fokussierung auf das Kerngeschäft, Lean Management, Total Quality Management, Kaizen oder KVP, u. a. m. Das Angebot ist groß und wechselt teilweise in der Folge von Markttrends. Sieht man von den Unterschieden der einzelnen Methoden oder Ansätze ab, so findet sich als wichtige Grundlage jedoch bei fast allen die Orientierung an (Geschäfts-)Prozessen, die später noch etwas genauer besprochen werden sollen sowie eine Verbindung zum Wissensmanagement. Das verfügbare Angebot an Managementtechniken kann an dieser Stelle nicht ausführlich behandelt werden. Mit dem Lean Production bzw. Lean Management und dem Business Process Reengineering sollen daher nur exemplarisch zwei Methoden kurz skizziert werden.

Lean Production stellt ein Produktionssystem dar, das von allem weniger einsetzt als die herkömmliche Massenfertigung – die Hälfte des Personals in der Fabrik, die Hälfte der Produktionsfläche, die Hälfte der Investitionen in Werkzeuge, die Hälfte der Zeit für die Entwicklung eines neuen Produktes. Ziel des Lean Managements ist es, Verschwendung zu vermeiden, Teamarbeit zu fördern, die Produktionsabläufe zu verbessern und gleichzeitig zu verkürzen, d. h. das Unternehmen schlank bzw. fit zu machen. Elemente des Lean Management sind Teamarbeit und Gruppenorganisation, Kaizen und Total Quality Management, Muda (Vermeidung von Verschwendung jeglicher Art, z. B. Überproduktion, zu hohe Lagerbestände), Kundenorientierung, Gestaltung der Lieferantenbeziehung sowie Simultaneous Engineering (Parallelisierung und Vernetzung sequentieller Abläufe).

Business (Process) Reengineering (BPR) ist das fundamentale Überdenken und das radikale Redesign von Unternehmen oder wesentlichen Unternehmensprozessen. Das Resultat sind Verbesserungen um Größenordnungen in entscheidenden, heute wichtigen und messbaren Leistungsgrößen in den Bereichen Kosten, Qualität, Service und Zeit (vgl. Hammer/Champy 1994). Von der ursprünglichen Idee des radikalen Neuansatzes bei der Organisationsgestaltung ist man aufgrund negativer Projekterfahrungen inzwischen wieder weitgehend abgekommen. Stattdessen werden moderate Strategien verfolgt, die jedoch weiterhin von einer ganzheitlichen Analyse ausgehen und auf die Optimierung von Prozessen abzielen. Der Identifikation und der Modellierung der Prozesse kommen dabei eine zentrale Bedeutung zu. Eine große Übereinstimmung besteht auch zwischen den Erwartungen an das Wissensmanagement und das Prozessmanagement bzw. wird eine Integration angestrebt (vgl. Schmid/Kern 2014). Folgende Ziele oder „Folgen“ des BPR werden dabei in der Literatur häufig genannt:

- Kundenorientierung (Kundenzufriedenheit),
- Kostenreduktion/Verbesserung der Gewinnsituation,
- Produktivität erhöhen und Qualität verbessern,
- Marktanteile erhöhen,
- intensive horizontale und vertikale Kommunikation,
- flachere Hierarchien,
- Bildung von eigenverantwortlichen Leistungs- und Servicezentren,
- Reduzierung bzw. Ausgliederung indirekter Bereiche,

- Vereinfachung der Geschäftsprozesse (statt immer aufwendigerer Planungs- und Kontrollsystemen), Verkürzung von Durchlaufzeiten,
- Delegation von Aufgaben, Kompetenzen und Verantwortung für Geschäftsprozesse,
- Entwicklung von Alternativen zu zentralistischen Informationssystemen und
- veränderte Anforderungen an Stellen bzw. Mitarbeiter (neue Rollen, Wertvorstellungen, Vergütungssysteme, Beförderungskriterien, Organisations- und Kommunikationsstrukturen für Mitarbeiter und Management).

Business Reengineering ist ohne umfangreiche instrumentelle Unterstützung praktisch nicht durchführbar. Zu den wichtigsten Hilfsmitteln zählen auf der methodischen Ebene die Prozessmodellierung und auf der technischen Ebene Modellierungswerkzeuge (bzgl. weiterer Details siehe z. B. Lehner 1999). Man könnte Business Reengineering daher auch als Unternehmenstransformation mit Hilfe der Informationstechnik bezeichnen. Der Trend geht dabei zum Einsatz von **Künstlicher Intelligenz (KI)** und **Machine Learning (ML).** Manche Abläufe werden in Verbindung mit der Digitalisierung vollständig automatisiert, sodass die ursprüngliche Idee des „fundamentalen Überdenkens" plötzlich wieder im Mittelpunkt steht. Ein besonders interessanter Ansatz sind in diesem Zusammenhang „Digital Twins" (Tao et al. 2018, Boschert/Rosen 2016), wobei Systeme, Produkte, aber auch Prozesse digital gespiegelt werden. Durch die vollständige digitale Kopie können mit Unterstützung von KI und ML neue Abläufe simuliert und die Anpassung an veränderte Rahmenbedingungen vorbereitet werden.

Abschließend ist noch einmal festzustellen, dass die dynamische Entwicklung bei den Informations- und Kommunikationstechnologien zwar den Wandel unterstützt und teilweise sogar verstärkt, sie ist jedoch nicht die Ursache. Die eigentlichen Ursachen liegen vielmehr in den ökonomischen Gewinnmöglichkeiten und den sich verändernden Wettbewerbsbedingungen. Bislang hierarchische Organisations- und Führungsstrukturen lösen sich auf und werden durch flexiblere, dezentrale und modulare Einheiten ersetzt (Hierarchie vs. Markttransaktion als Koordinationsmechanismus). Daraus ergeben sich als Konsequenzen der Wechsel von Organisationsprinzipien und der Bruch mit Traditionen. Gefordert sind z. B. ein Denken in Produkten, Wertschöpfungsketten, Kundenservice (z. B. Qualität, Zufriedenheit, Reaktionszeit), Prozesszusammenhängen (z. B. Durchlaufzeiten) u. ä. statt in Funktionen, Zuständigkeiten, Abteilungen, Ressourcenauslastung etc. Die Umsetzung des Prinzips der Autonomie (Koordination durch Marktmechanismen) statt des Prinzips der Planung (Koordination durch Hierarchie) ist gefordert. Betroffen sind im Wesentlichen die Bereiche Organisationsstruktur, Prozessabläufe und Organisationskultur, auf die anschließend noch etwas näher eingegangen wird.

Die Bedeutung von Technologien im Allgemeinen und der Informations- und Kommunikationstechnologien im Besonderen wurde bereits an anderer Stelle im organisatorischen Kontext erörtert. Im Zusammenhang mit der aktuellen Entwicklung muss nochmals auf das Angebot immer komplexerer Techniksysteme hingewiesen werden, die durch Multifunktionalität, zunehmende Vernetzung und Integration, inhaltliche Unbestimmtheit und ähnliche Merkmale gekennzeichnet sind. Der effiziente Einsatz dieser neuen Systeme in Unternehmen erfordert die gleichzeitige Berücksichtigung der individuellen Ebene (Mitarbeiter), der mikroorganisatorischen Ebene (Team, Arbeitsgruppe) und der makroorganisatorischen Ebene (Gesamtunternehmen). Dazu kommt, dass derzeit nicht nur unternehmensinterne Strukturen und Abläufe, sondern auch die Beziehungen von „innen zu außen" in vielen

Unternehmen neu gestaltet werden, d.h. es findet eine aktive Umstrukturierung von Beschaffungs- und Absatzmärkten statt. Als Beispiel können die als Warenwirtschaftssysteme bezeichneten technisch-organisatorischen Lösungen im Handel herangezogen werden. Sie enthalten Funktionen, welche die innerbetrieblichen Warenströme integrieren, Schnittstellen zu Lieferanten (z.B. automatische Bestellung und Disposition), zu Banken (z.B. Automatisierung des Zahlungsverkehrs), zu Marktforschungsunternehmen (z.B. Analyse von Markt- und Verkaufsdaten) und zu den Kunden (z.B. Selbstbedienung, Kassenterminals für den bargeldlosen Verkauf, Online-Shopping). Man könnte die Gestaltung der Informationsinfrastruktur daher als viertes Handlungsfeld neben Struktur, Prozess und Kultur für die Bewältigung des Wandels ansehen. Da dies in Verbindung mit dem Wissensmanagement ohnehin genuines Thema des gesamten Buches ist, wird an dieser Stelle auf eine weitere Erörterung verzichtet.

1.3.3 Anpassung der Organisationsstrukturen

Unter „Strukturen" werden hier alle innerorganisationalen Regelungen der Arbeitsteilung und -koordination verstanden. Ihre konkrete Gestalt bestimmt die Effektivität und die Kosten einer Organisation wesentlich. So nimmt zum Beispiel bei der Bearbeitung eines Seminarthemas durch eine Gruppe die Leistungsfähigkeit in der Regel zu, wenn Treffpunkte und Termine vereinbart, Rollen verteilt werden und eventuell ein Führer bestimmt wird. Es ist offensichtlich, dass beim Übergang zu größeren Organisationen die Strukturierungsnotwendigkeiten zur „Ordnung" und Koordination der vielen Einzelleistungen ansteigen. Bleibt man allein bei der Aufgabe, wachsende Größenordnungen – etwa zur Nutzung des „Gesetzes" der Massenproduktion und der Lernfähigkeit – zu ordnen, werden bald auch Grenzen der Strukturierungsfähigkeit deutlich. Strukturen sind eine notwendige Eigenschaft der Organisation; die Bestimmung ihrer spezifischen Eignung und ihrer Grenzen bildet das Zentralthema der betriebswirtschaftlichen Organisationsforschung und -lehre.

Mit dem Stichwort „Grenzen" wird auf einen Aspekt von Organisationen hingewiesen, der eng mit Strukturen zusammenhängt, nämlich die Abgrenzung gegenüber ihrer Umwelt. Nähere Hinweise finden sich u.a. bei Picot/Reichwald (Picot/Reichwald 1994) sowie Schreyögg und Sydow (Schreyögg/Sydow 1997). Die Abgrenzung von Unternehmen gegenüber ihrer Umwelt wird gerade bei neueren Organisationsformen immer schwieriger (vgl. dazu auch Lehner et al. 1991). Für das Konzept des organisatorischen Gedächtnisses ist allerdings die klare Abgrenzung von Bedeutung, selbst wenn diese nur zeitlich begrenzt ist (z.B. beim Konzept des Projektgedächtnisses). Ohne an dieser Stelle eine Lösung für die Problematik anzubieten, wird die Hypothese aufgestellt, dass Wissensmanagementsysteme in einer Zeit einer starken Dezentralisierung und Virtualisierung einen identitätsstiftenden und kohäsionsfördernden Beitrag für Organisationen leisten können.

Die Aufbauorganisation regelt u.a. die Unterstellungsverhältnisse und Zusammenarbeitsprozesse. Die Untersuchungen der „Human Relations"-Schule (Roethlisberger/Dickson 1966) haben gezeigt, dass die „formal" vorgegebenen Strukturen und Prozesse zwar wirksam sind, aber von den Betroffenen „informal" modifiziert werden und dadurch faktisch völlig andere Realitäten konstruiert werden, als dies die formale Vorgabe vorsah. Neben den formalen Vorgesetzten entstehen z.B. informale Führerschaften, die u.U. einen höheren Einfluss haben als der ernannte Vorgesetzte. Zusammenarbeit folgt häufig nicht dem formal vorgesehenen Dienstweg, sondern findet „informale Kanäle“. Es ist offensichtlich, dass auch der Informationsstand das Verhaltensrepertoire mitbestimmt und die Konstruktion des Informationssystems und seine formalen bzw. informalen Veränderungen Verhalten in Organisation kanalisiert. Arbeitsteilung und -koordination können – zumindest auf den ersten Blick gesehen – in großer Vielfalt realisierbar sein. Betrachtet man die Realität, so gibt es zwar deutlich unterschiedliche Organisationsformen, ihre Zahl ist aber überschaubar und begrenzt. Die Erklärung hierfür gründet auf mindestens vier Ursachen: Eigenschaften der Elemente, Notwendigkeit der Entsprechung der inneren Strukturen, Komplementaritäten zwischen Organisationen und ihren Umwelten sowie kognitive Vereinfachungen. Bezüglich weiterer Details zur strukturellen Gestaltung von Organisationen wird auf die Literatur verwiesen (vgl. z. B. Lehner et al. 1991, S. 82 – 116). Neben dem Kostenaspekt spielen für die grundsätzliche Strukturentscheidung auch andere Kriterien wie z. B. Innovationskraft und Flexibilität eine Rolle.

Heute besteht Konsens, dass durch den Einsatz von Informationstechnologien neue Organisationsformen möglich sind, aber auch, dass Technologien alleine noch keine neuen Organisationsformen schaffen (siehe auch Abschnitt 4.1.4.1). Die Gestaltung neuer Organisationsformen muss sich vor allem nach den Wettbewerbserfordernissen richten (vgl. Gründler 1998). Es fehlt nicht an einfallsreichen rhetorischen Lösungen, aber für die meisten neuen Organisationsformen fehlen konkrete und praxisorientierte Gestaltungshinweise. Beispiele sind die virtuelle Organisation, die Netzwerkorganisation, die Hypertextorganisation, die fraktale Fabrik, die boundaryless Organisation, die invertierte Organisation und die „Infinitely Flat Organisation“ (siehe z. B. Schwarzer/Krcmar 1994, Warnecke 1992, Bauer/Stickel 1998, Bullinger/Warnecke 1996, Schreyögg 2003, Chrobok 1998, Reiß 1998, Wiegand 1996, S. 257). Die Orientierung und Einordnung kann durch den Strukturierungsvorschlag der Political Economy unterstützt werden, der in Bild 1.5 dargestellt ist. Dadurch wird sichergestellt, dass neue Organisationsformen gleichermaßen in einem ökonomischen und in einem verhaltensorientierten Kontext gesehen werden. Sie werden damit nicht als autonomes System verstanden, sondern sind eingebettet in eine Umwelt und stehen mit dieser in ständiger Wechselwirkung.

Es kann festgestellt werden, dass sich die lange Zeit hierarchisch und funktional ausgerichteten Organisationsstrukturen immer stärker auflösen und durch neue Formen der Koope-

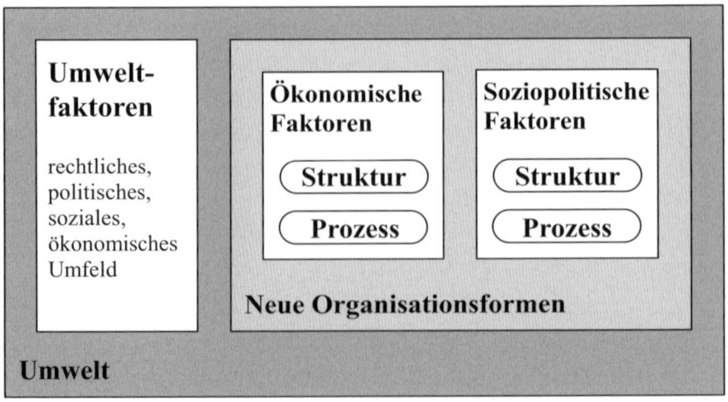

Bild 1.5 Strukturierungsvorschlag für das Verständnis von Organisationsformen (nach Krcmar 2003)

ration und Koordination abgelöst werden. Unterstützt wird dieser Trend durch die rasante Entwicklung auf dem Gebiet der Informationstechnologien. Die sich verändernden Strukturen sind durch Dezentralisierung, Modularisierung, Allianzen, Kooperationen usw. gekennzeichnet und werden häufig als Gegensatz von Markt- bzw. Transaktionsorientierung und Hierarchie- bzw. Funktionsorientierung beschrieben. Man ist sich jedoch inzwischen darüber im Klaren, dass Markt und Hierarchie keine wirkliche Dichotomie darstellen, sondern dass sie die Endpunkte eines Kontinuums bilden. In diesem Kontinuum gibt es viele graduelle Abstufungen, um die Koordinationsaufgaben zu bewältigen (vgl. Picot/Reichwald 1994, S. 550).

Bild 1.6 zeigt vier idealtypische Organisationsformen, die sich aus diesen Überlegungen ergeben und die auch in der Praxis anzutreffen sind. Entscheidend für die konkrete Ausprägung sind die Leistungserstellungsprozesse, wobei die entsprechenden Änderungen gewöhnlich auch strukturelle Anpassungen nach sich ziehen. Sie hängen einerseits von der Spezifität und strategischen Bedeutung der Aufgaben ab, andererseits von ihrer Veränderlichkeit und von Unsicherheiten über damit verbundene Eigenschaften (z. B. Nachfrage, Termine, Mengen). Je unternehmensspezifischer und strategisch wichtiger eine Leistung ist, desto eher wird ein Unternehmen sie selbst erbringen (Koordination durch Hierarchie), um seine Wettbewerbsposition zu sichern. Zunehmende Käufermärkte, steigende Produktkomplexität usw. erhöhen zwar die Spezifität unter Umständen weiter, gleichzeitig erfordern sie aber reaktions- und innovationsfreudige Strukturen. Diese können durch teamorientierte Organisationsstrukturen verwirklicht werden. Für unspezifische und standardisierbare Leistungen hingegen reduziert sich die Bindungsnotwendigkeit, da der Wechsel eines Vertragspartners gewöhnlich nur geringe Umstiegskosten verursacht. Für solche Leistungen bieten sich eher marktorientierte Organisationsformen an. Als wichtiges Bindeglied erweist sich dabei die Organisationskultur, welche als Ersatz für aufwendige und bürokratische Schutzvorkehrungen dienen kann. Beispiele sind gemeinsame Normen und Wertvorstellungen zur Erleichterung der Kommunikation sowie die Herstellung einer Vertrauensbasis zur gemeinsamen Bewältigung von Veränderungen durch die Vertragspartner (vgl. Picot/Reichwald 1994).

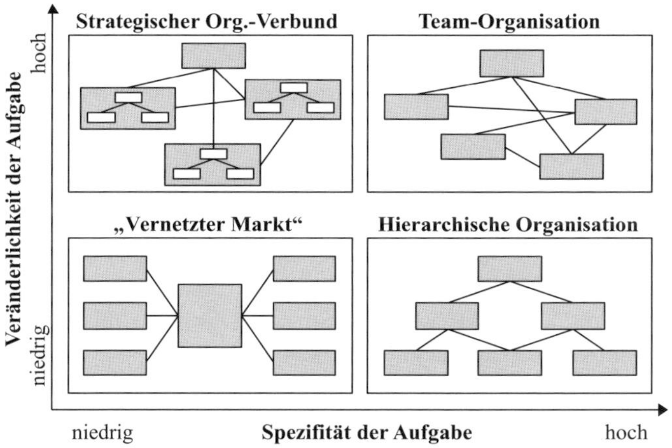

Bild 1.6 Typen von Koordinationsformen (nach Picot/Reichwald 1994, S. 552)

1.3.4 Prozessorientierung und Prozessorganisation

In der Organisationslehre hat im deutschsprachigen Raum lange Zeit die getrennte Betrachtung nach aufbau- und ablauforientierten Aspekten dominiert. Prozessorientierte Aspekte kamen erst in den 90er Jahren, ausgehend vom angloamerikanischen Sprachraum, wo diese getrennte Betrachtung nicht üblich ist, dazu. Die Einführung des Prozessdenkens wird daher manchmal als dritte, eigenständige Sichtweise neben Struktur- und Ablauforganisation bezeichnet. 1962 erschien Kosiols Standardwerk „Organisation der Unternehmung", das für die weitere Entwicklung der deutschen Organisationslehre von großer Bedeutung ist. Kosiol schließt sich der getrennten Betrachtung der Organisation nach Aufbau und Ablauf an, die er als sinnvoll erachtet. Beide Sichten sind für ihn aber nur verschiedene Betrachtungsweisen einer einzelnen Sache, nämlich der Organisation. Das Vorgehen nach Analyse, also einer detaillierten Zerlegung der betrieblichen Vorgänge, und nachfolgender Synthese, also einer Aggregation zur eigentlichen „Gestaltung" der Organisation, bildet das grundsätzliche Vorgehensgerüst. Kosiols organisatorischer Kernbegriff ist die Aufgabe, die im Analyseverfahren detailliert zerlegt wird. Auch wenn man hier erste prozessorientierte Ansätze sehen kann, bleibt doch deutlich, dass sich Kosiol auf die Aufbauorganisation konzentriert und somit die prozessualen Abläufe nicht in den Mittelpunkt seiner Theorie stellt. Erst in jüngerer Zeit sind wirklich Fortschritte zu sehen, begründet auch im Versuch einer „Entfeinerung" des aufwendigen Analyse-Synthese-Vorgehens nach Kosiol (siehe z. B. Lehner et al. 1991). Aufbauend auf bzw. in Abgrenzung zu Kosiols Analyse-/Synthese-Konzept entstanden etwa ab den 70er Jahren erste prozessorientierte Ansätze, die sich allerdings noch stark an das traditionelle ablauftheoretische Denken anlehnen. Als Vertreter können Haberfellner (Haberfellner 1975) und Krieg (Krieg 1971) genannt werden. Erst durch Einführung des Prozesses als „dritte, eigenständige Betrachtungsweise" neben Struktur (bzw. Aufbau) und Ablauf entsteht die Notwendigkeit, neben bekannten Struktur- und Ablaufmodellen auch Prozessmodelle zu entwickeln. Die historische Betrachtung zeigt also, dass es sich bei der Prozessorientierung nicht um eine wirkliche Neuerung handelt, sondern dass das Prozessdenken auch in der deutschen Betriebswirtschaftslehre zumindest eine gewisse Tradition bzw. weiter zurückreichende Wurzeln hat. Die Prozessorientierung, wie sie heute verstanden wird, steht allerdings stärker mit dem strategischen Denken und mit Ansätzen der modernen Managementlehre in Verbindung.

Der zentrale Begriff bei den gesamten Überlegungen ist der **Prozessbegriff,** durch den indirekt eine Verbindung zur Organisationsstruktur hergestellt wird. Es zeigt sich ein klarer Trend weg von der funktionalen und hin zu einer mehr prozessualen Betrachtung, auf den bereits in den Vorüberlegungen hingewiesen wurde. „Das Bemühen um optimale und gewinnerzeugende Befriedigung der Kundenwünsche sollte (...) von einer prozessorientierten Organisationsgestaltung ausgehen, in der die Stellen- und Abteilungsbildung unter Berücksichtigung spezifischer Erfordernisse des Ablaufs betrieblicher Prozesse im Rahmen der Leistungserstellung konzipiert werden" (Striening 1988, S. 28). Ziele sind hierbei die Optimierung des Zusammenwirkens aller betrieblichen Bereiche, unabhängig von der Aufbauorganisation und damit abteilungs- und bereichsübergreifend. Zwischen prozessorientierter Organisation und Prozessorganisation wird in der Literatur nicht immer eindeutig unterschieden. Manche Autoren sprechen wegen der Orientierung am Kunden und am Wertschöpfungsprozess auch von horizontaler Organisation (vgl. z. B. Schwarzer/Krcmar 1994, S. 22).

Da der Prozessbegriff auch von vielen anderen Disziplinen benutzt wird, können bei seiner Verwendung leicht Missverständnisse in der Kommunikation auftreten. Auf die Vielfalt des Begriffsverständnisses wird u. a. bei Lehner (Lehner 1999) genauer eingegangen. Einige ausgewählte Beispiele sollen zum besseren Verständnis für die vorliegenden Zwecke beitragen. „Ein Prozess bezeichnet eine Abfolge von Tätigkeiten, Aktivitäten und Verrichtungen. Dieser dynamischen Perspektive kann nicht im Rahmen einer starren Organisation, sondern nur mittels einer Prozessorganisation Rechnung getragen werden. Diese ist in Anlehnung an Gaitanides als Organisationsgestaltung zu verstehen, in der die Stellen- und Abteilungsbildung unter Berücksichtigung spezifischer Erfordernisse des Ablaufs betrieblicher Prozesse im Rahmen der Leistungserstellung und -verwertung konzipiert wird“ (Bürgel/Gentner 1992). Bei Fischer (1993, S. 312, nach Striening 1988) findet sich folgende Erläuterung: „Als Prozesse werden (hier) repetitive Tätigkeiten erfasst, die in den verschiedenen Kostenstellen oder Abteilungen eines Unternehmens bei der Ausführung der übertragenen Aufgaben anfallen. Präziser sind Prozesse zu definieren als sich wiederholende Folge einzelner Tätigkeiten mit messbarer Eingabe, messbarer Wertschöpfung und messbarer Ausgabe.“ Scheer definiert den Begriff wie folgt: „Ein Geschäftsprozess beschreibt die mit der Bearbeitung eines bestimmten Objektes verbundenen Funktionen, beteiligten Organisationseinheiten, benötigte Daten und die Ablaufsteuerung der Ausführung“ (Scheer 1994, S. 6).

Eine Darstellung eines Prozesses in einer abstrakten Form zeigt Bild 1.7. Eingabe, die eigentliche Tätigkeit „Verarbeitung“ und Ausgabe bilden nach dem heute gängigen Verständnis einen Prozess. Prozesse bilden dabei keine atomaren, nicht weiter zerlegbaren Einheiten, sondern können Teilprozesse enthalten. Der Gesamtablauf wird aber als Einheit betrachtet, wobei die Erstellung eines bestimmten Produkts oder einer Dienstleistung kundenorientiert und durch Zielgrößen gesteuert erfolgt (vgl. Lehner et al. 2008).

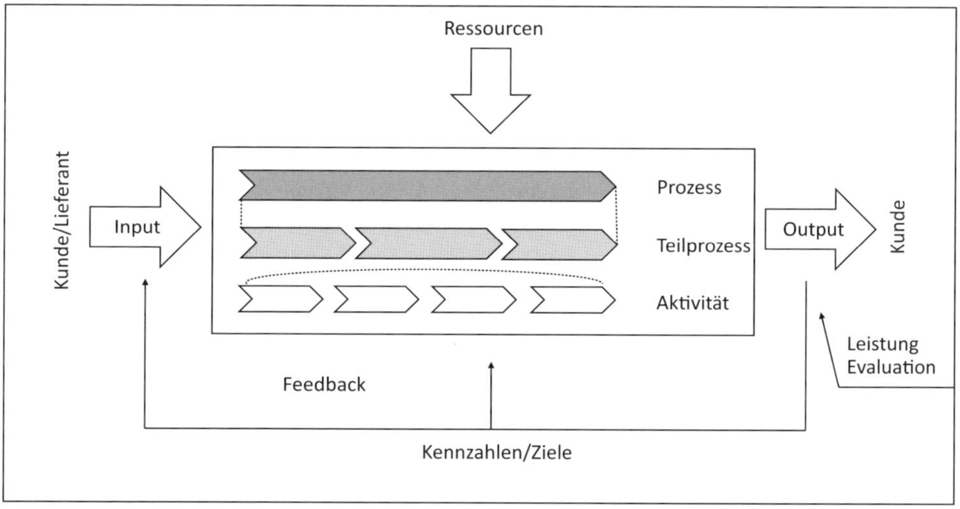

Bild 1.7 Struktureller Aufbau von Prozessen

Die Prozessorientierung ist inzwischen allgemein akzeptiert und zu einer wichtigen Grundhaltung bei der Organisation geworden (vgl. z. B. Gaitanides et al. 1994). Die Innovation entsteht durch den erweiterten Kontext und durch die Möglichkeiten softwaretechnischer Unterstützung, sodass betriebliche Prozesse möglichst ganzheitlich analysiert und mit informationstechnischer Unterstützung (instrumentell und ergebnisorientiert) gestaltet werden können. Dabei bilden Prozessmodelle die Grundlage, um betriebliche Prozesse zu erkennen, darzustellen, zu analysieren und zu verbessern. Allgemein kann eine Prozessverbesserung durch eine Vereinfachung und Standardisierung der Prozesselemente und ihrer Beziehungen zueinander erreicht werden. Durch eine Automatisierung von Vorgängen, z. B. durch neue Technologien und Computersysteme, kann die Effizienz des Prozesses oft noch zusätzlich gesteigert werden. Auch eine Umstrukturierung einzelner Teile eines Betriebs, z. B. eine Änderung der Reihenfolge der prozessinternen Abläufe oder die Ablaufreihenfolge der Prozesse, kann die Wirtschaftlichkeit steigern.

Um diese Ziele in Verbindung mit Loslösung vom traditionellen Stellen- und Abteilungsdenken zu erreichen, ist eine genaue und gründliche Modellierung von Anfang an von entscheidender Bedeutung. Die Prozessmodellierung kann als Methode verstanden werden, die hilft, explizit oder implizit in einem Unternehmen ablaufende Prozesse (Geschäftsprozesse, Serviceprozesse usw.) zu verstehen, die im Prozess benötigten Ressourcen zu erkennen und das System aus Prozess und Ressourcen zu verbessern oder zu verändern (vgl. Nagl 1993). Für das eigentliche Vorgehen bei der Prozessmodellierung hat sich kein einheitliches Ablaufmodell durchgesetzt. Dies ist nicht weiter verwunderlich, wenn man bedenkt, dass die Erfahrungen mit dieser „Methode“ erst einen relativ kurzen Zeitraum umfassen und die Aufgaben und Ziele zudem wenig strukturiert sind. Die Entwicklung wird stark durch Werkzeuge beeinflusst, wobei neben den weit verbreiteten Modellierungswerkzeugen heute verstärkt Analysetools (z. B. für Process Mining) und Automatisierungstools (z. B. Robotic Process Automation) zum Einsatz kommen.

Mit der Prozessorganisation soll letztlich das optimale Zusammenwirken aller Funktionen in einem Unternehmen (und zwar unabhängig von ihrer aufbauorganisatorischen Einordnung) gewährleistet werden (vgl. Bürgel/Gentner 1992). Unterstützt wird sie durch ein Prozessmanagement, welches durch eine Abstimmung aller betrieblichen Ressourcen und Abläufe die Realisierung strategischer Erfolgsfaktoren eines Unternehmens vereinfachen bzw. erst ermöglichen soll. Es geht dabei um die kontinuierliche Überwachung und Steuerung ausgewählter Prozesse sowie um die Initiierung inkrementeller oder sprunghafter Verbesserungen zur Erreichung der Unternehmensziele unter steter Berücksichtigung der komplexen Beziehungen in einer Organisation. Im Rahmen der klassischen Aufbauorganisation vollzieht sich das Prozessmanagement parallel und in Ergänzung zu dieser. Eine grundlegende Umgestaltung der Unternehmensorganisation ist dabei weder vorgesehen noch erforderlich. Schließlich ist noch darauf hinzuweisen, dass die Prozessorientierung nicht nur für die unmittelbare Organisation oder Reorganisation von Unternehmen von Bedeutung ist, sondern heute in direkte Verbindung mit dem Wissensmanagement gebracht wird. Es geht dabei u. a. um prozessuales Wissen als besonders wichtige Form des organisatorischen Wissens, um Prozesse als „Wissensspeicher“ und um das prozessorientierte Wissensmanagement (vgl. dazu die Ausführungen in Kapitel 3 und 4).

1.3.5 Unternehmens- und Kommunikationskultur

Der Begriff Kultur leitet sich vom lateinischen Wort „cultura“ ab und bedeutet Pflege, Landbau und Verehrung. Gewöhnlich ist er im deutschen Sprachraum für Gesellschaften (Nationen), ethische oder regionale Gruppen reserviert. Erweiternd kann der Begriff aber auch auf Kollektive von Personen z. B. Organisationen oder Familien angewandt werden. Kultur besteht aus überlieferten Ideen und Werthaltungen, die sich als Denkformen, Weltanschauungen und Gefühlsstrukturen manifestieren. Diese Werte werden im Zuge der Sozialisation (Familie, Schule) von Generation zu Generation weitergeleitet und durch Innovationen ergänzt bzw. erneuert. Unternehmenskultur ist von den Begriffen Unternehmensphilosophie und Unternehmensklima zu unterscheiden, die beide Teile der Kultur sind.

Die Diskussion über Unternehmenskultur gehört historisch betrachtet zu den neueren Themen der Betriebswirtschaftslehre (vgl. u. a. Bryner/Markowa 1997, Hofstede et al. 1990, Schein 1993 und Schein 1996, Schreyögg 1989 und Schreyögg 1992, Sackmann 1992, Bullinger/Warnecke 1996, S. 315 – 332, Klcy 1998, Claas 1998). Ihr Ursprung ist in organisationstheoretischen Ansätzen zu finden, wobei aber auch die Verbindungen zum organisatorischen Lernen immer wieder betont werden (vgl. z. B. Schein 1996, siehe aber auch Kapitel 3). Die Organisations- oder Unternehmenskultur soll durch gemeinsame Normen, Werte, Leitbilder und Symbole die Prozesse substantieller Gestaltung (Strukturen, Formalisierung, Pläne usw.) legitimieren und für die Mitarbeiter verständlich machen.

Kultur an sich ist in Organisationen nichts Neues, da jedes Kollektiv von Personen im Zuge der Abstimmung mit der Unternehmensumwelt Verhaltensweisen und Strukturen herausbildet, die bei Erfolg beibehalten werden. In den Mittelpunkt des Interesses rückte das Thema u. a. durch den raschen wirtschaftlichen Aufstieg Japans, den man auf nationale und kulturelle Besonderheiten sowie die hohe Identifikation der japanischen Arbeitnehmer mit ihren Aufgaben zurückgeführt hat. Aus dieser Vermutung erhielt die Diskussion über Unternehmenskultur auch hierzulande in der Betriebswirtschaftslehre neuen Auftrieb. Ein wesentliches Ziel besteht u. a. darin, ihre verhaltenssteuernde Wirkung zu erforschen. In diesem Zusammenhang werden immer wieder Methoden vorgeschlagen, um die Unternehmenskultur zu „messen“ bzw. die kulturelle Dimension einer Evaluation zugänglich zu machen. Ein Vorschlag für einen Messansatz findet sich bei Hofstede et al. (Hofstede et al. 1990), und Ausführungen zur Analyse von Kultur und Subkulturen in Verbindung mit organisationalem Wissen bei Sackmann (Sackmann 1992). Auf die Messung von Knowledge und Information Sharing als Kulturaspekt gehen u. a. Nelson/Cooprider (Nelson/Cooprider 1996) und Goodman/Darr (Goodman/Darr 1998) ein. Es darf aber an dieser Stelle der Hinweis nicht fehlen, dass die Operationalisierung und Messbarkeit der Organisationskultur in der Wissenschaft oft skeptisch betrachtet und kontrovers diskutiert werden. Globalisierung und in Verbindung damit Interkulturalität tragen zusätzlich zur Komplexität bei (vgl. Barmeyer 2018, Jenert 2010).

Beispiel: Mercedes Benz

Das dominierende Weltbild der Mercedes Benz AG war über ein Jahrhundert lang die Orientierung am technischen Optimum. Die Leitfunktion der Spitzentechnologie fand bis vor kurzem auch seinen Ausdruck in der weithin sichtbaren Formulierung: „Das Beste oder nichts“. Mittlerweile rechtfertigen aber die Märkte bei nur geringer Differenzierung keine Preisprämien für die zum Teil kaum noch wahrnehmbaren technologischen Vorteile. Im Gegenteil, der Preis wurde zum entscheidenden Kaufargument und technologische Sonderlösungen zum Ballast. Vor diesem Hintergrund fokussiert das neue MB-Erfolgsprogramm konsequent auf eine „kompromisslose Kunden- und Marktorientierung“ als entscheidende Grundlage des Alltagshandelns. Diese Verhaltensorientierung wurde auch in kurzer Zeit bei den meisten Mitarbeitern zu einer akzeptierten Größe und damit zu einem Teil der gemeinsamen Wissensbasis. Ein analoges Beispiel stellt das „House of Orientation“ der Firma Bosch dar. ■

Für **„Kultur“** finden sich in der Literatur zahlreiche Definitionen oder Definitionsversuche. Schein (Schein 1996, S. 11) erklärt Kultur als „a set of basic tacit assumptions about how the world is and ought to be that a group of people share and that determines their perceptions, thoughts, feelings, and, to some degree, their overt behaviour“. Eine etwas andere Auffassung vertritt O'Reilly (O'Reilly 1989), der Kultur als soziale Kontrolle auffasst, die einen normativen Handlungsrahmen für die Mitglieder einer Organisation bildet. Dieser Handlungsrahmen bildet den Bezug für erwünschte Eigenschaften und für das Verhalten. Pümpin (Pümpin 1984, zit. nach Wever 1989, S. 34) versteht unter Unternehmenskultur „die Gesamtheit von Normen, Wertvorstellungen und Denkhaltungen, die das Verhalten der Mitarbeiter aller Stufen und somit das Erscheinungsbild eines Unternehmens prägen.“ Wever (Wever 1989, 35) baut auf Schein auf und erklärt Unternehmenskultur wie folgt: „Kultur ist die Summe der Lösungen, die eine Gruppe in einem evolutionären Prozess entdeckt oder durch Lernprozesse entwickelt hat, für die Probleme der Anpassung an externe Einflüsse und der inneren Integration. Diese Lösungen haben sich im Laufe der Zeit so gut bewährt, dass sie inzwischen als selbstverständlich gelten und an neue Mitarbeiter der Organisation als die richtige Art des Wahrnehmens, des Denkens, Fühlens und Handelns weitergegeben werden können.“

Die Entwicklung der Kultur ist untrennbar mit dem Wachstum einer Gruppe oder Organisation verbunden. Die Wurzeln bilden gemeinsame Erfahrungen und Führungsaktivitäten. Nach „innen“ bildet die Unternehmenskultur den Grundstein für die Interpretation des betrieblichen Geschehens durch die Mitarbeiter, für die Akzeptanz von Strukturen und Formalisierung und für die Identifikation mit dem Unternehmen. Unternehmenskultur ermöglicht es, Erfahrungen einzuordnen und Handlungen zu generieren. Der Kern der Kultur wird von gemeinsamen Wertvorstellungen und Glaubenssätzen – im Sinne von Gefühlen bezüglich Gut und Böse oder vernünftig und unvernünftig – gebildet. Es handelt sich um Gefühle, die oft unbewusst und kaum diskutierbar sind. Sie können nicht beobachtet werden, manifestieren sich aber in Verhaltensalternativen. Sie leiten Reaktionen, Handlungen und Aktivitäten der Mitarbeiter, geben das Gefühl von Gemeinsamkeit sowie Richtlinien für das tägliche Verhalten im Unternehmen. Die Wertvorstellungen bestimmen auch, welche Informationen für Entscheidungsprozesse wichtig sind und auf welche Dinge besonders geachtet werden muss (z. B. in Verbindung mit Kundenbeziehungen). Die grundlegenden Wert- und Normvorstellungen, Annahmen, Interpretationen, Muster usw. müssen über die Zeit hinweg lebendig gehalten werden. Sie spiegeln sich in Kommunikations- und Verhaltensweisen der Mitarbeiter wider.

Die Basis der Unternehmenskultur, die sich aus einer Menge grundlegender Orientierungs- und Verhaltensmuster zusammensetzt, ist meist unbewusst. Die Konkretisierung und Sichtbarmachung erfolgt auf einer darüber liegenden Ebene in Form von festgelegten Maximen, Verhaltensrichtlinien usw., die sich dann wiederum auf einer höheren Ebene in der Sprache, in Ritualen, in konkreten Umgangsformen, in der Kleidung usw. wiederfinden (vgl. z. B. Schein 1993). Von einer ähnlichen Hierarchisierung, allerdings in einem vierstufigen Modell, gehen Hofstede et al. (Hofstede et al. 1990, S. 29) aus. Sie unterscheiden die Ebenen „Werte“, „Rituale“, „Heroen“ und „Symbole“.

Unternehmenskultur ist historisch zu betrachten und geprägt von Gewohnheiten, Mythen, Helden, Legenden und Tradition. Weiter zeigt sich Kultur in Symbolen, die auch von außen erkennbar sind. Für Außenstehende wahrnehmbare **Symbole der Unternehmenskultur** sind:

- **Sprache** (verbale Symbole), z. B. Slogans, Kernsätze, Zielformulierungen, also sämtliche kommunikativen Äußerungen von Organisationsmitgliedern;
- **Handlungen** (zwischenmenschliche Symbole), z. B. Kommunikation zwischen Mitarbeitern und zwischen den einzelnen Hierarchiestufen, der Umgang mit Konflikten und Kritik, Akzeptanz von Fehlern, Tendenz zu Einzel- oder Gruppenarbeit, Verhalten der Mitarbeiter untereinander, gegenüber Kunden und Lieferanten;
- **Artefakte,** wie z. B. Organigramme, Rollenbeschreibungen, Leistungsstandards, Statussymbole, Firmenlogo, Design und Gestaltung neuer Produkte, besondere Dienstleistungen.

Der Unternehmenskultur kommen nach modernem Verständnis **drei Grundfunktionen** zu, nämlich **Motivation, Koordination und Integration.** Die Motivationsfunktion besteht in der Steigerung der Identifikation mit dem Unternehmen und der Schaffung von Anreizen für die individuelle Leistungsbereitschaft. Der Bedarf für die Koordinationsfunktion entsteht u. a. durch Arbeitsteilung, Spezialisierung und einander ausschließende Interessen von Einzelnen oder ganzen Gruppen. Die Integrationsfunktion dient schließlich der Zusammenbindung von Subsystemen einer Organisation, die oft spezifische Sichtweisen und damit auch eigene Orientierungsmuster (Subkulturen) herausbilden. Auch die Gesellschaft ist geprägt durch verschiedene Subkulturen, die wiederum zum Beispiel durch Berufsgruppen abgegrenzt sind (z. B. Künstler, Techniker, Forscher, Beamte, Manager). Wenn sich Vertreter derartiger Subkulturen in Organisationen zusammenfinden, dann übernehmen sie zwar einiges der Kultur der Gesamtorganisation, je stärker die Subkultur aber in der Organisation vertreten ist, umso mehr werden sie die Identität der Subkultur bewahren und umso mehr wird die Subkultur die Kultur der Gesamtorganisation beeinflussen. Die Unternehmenskultur ist also keineswegs ein einheitliches Phänomen (vgl. z. B. Schein 1993 und Schein 1996, Sackmann 1992). Auf der vertikalen Ebene entstehen Subkulturen möglicherweise in den verschiedenen Geschäftsbereichen oder Produktsparten. Auf der horizontalen Ebene finden sich häufig eigene Subkulturen bei Arbeitnehmern, Management und Technikern (vgl. Schein 1996, Mintzberg 1979). Treffen diese Gruppen oder einzelne Personen daraus zusammen, so kann dies leicht zu Kommunikationsproblemen und in Verbindung damit auch zu Konflikten führen. Verantwortlich dafür, wenn innerbetriebliche Problemlösungs- oder Lernprozesse nur langsam vorankommen oder sogar ganz zum Stillstand kommen, ist häufig die Sprache als wichtiger Teilaspekt einer Kultur.

Die Wissensexplosion und die Informationsflut haben bereits das Arbeitsleben vieler Menschen verändert. Um dies nicht zu einer unkontrollierten Kraft werden zu lassen, bedarf es insgesamt einer neuen **Kommunikationskultur.** Von den Mitarbeitern wird zunehmend der selbstständige Wissenserwerb erwartet. Viele Fragen sind in diesem Zusammenhang nach wie vor ungelöst. Wer übernimmt die Koordination und die Zielvorgabe? Wie werden widersprüchliche Informationen aufgelöst? Wie können Informationen auf ihre Richtigkeit, Verlässlichkeit oder Gültigkeitsdauer überprüft werden? Wie wird Einfluss ausgeübt oder manipuliert? Nach welchen Kriterien kann man sich eine persönliche Meinung bilden? Welcher Einfluss ist auf Gruppen und Arbeitsklima zu beobachten?

In Verbindung mit der Themenstellung dieses Buches werden insbesondere das Wissensmanagement und das organisatorische Lernen mit dem Begriff Kultur in Verbindung gebracht. Eine **Kultur des „Knowledge oder Information Sharing“,** wenn es eine solche überhaupt gibt, müsste daher einen entsprechenden normativen Rahmen vorsehen, der die Organisationsmitglieder zum Austausch von Wissen oder zur Weitergabe von Informationen über erwünschte Eigenschaften und Verhaltensweisen anleitet (vgl. z. B. Nelson/Coopрrider 1996, Goodman/Darr 1998, Grolik 2004). In diesem Zusammenhang noch weitgehend unbeantwortete Fragen sind:

- Welche Eigenschaften muss eine solche Kultur aufweisen, in der das verborgene Wissen von Einzelnen an Mitglieder von bestimmten Gruppen oder in eine organisatorische Wissensbasis transferiert wird, um dieses Wissen als Ressource zu bewahren?
- Genügt es, eine Kultur des „Information- und Knowledge-Sharing“ zu haben oder zu schaffen, um aus dem geteilten Wissen einen nachhaltigen Wettbewerbsvorteil zu erlangen?

Vermutlich genügt die Existenz einer solchen Kultur alleine noch nicht. Vielmehr wird es auf einen entsprechenden „Fit“ zwischen Kultur, Technologie und Aufgabenumfeld ankommen (vgl. Zigurs/Buckland 1998, vgl. auch Organisational Citizenship Behavior von Ramasamy und Thamaraiselvan, 2011). Außerdem stellt sich auch hier wieder die Problematik der Abgrenzung von Information und Wissen. Der Einfachheit halber wird aber zunächst von einem überlappenden Handlungsbereich ausgegangen und die notwendige Differenzierung erst in Verbindung mit der Aufgabenklärung des Wissensmanagements vorgenommen.

Davenport (Davenport 1997, S. 83) sieht die besondere Herausforderung des Information-Ecology-Ansatzes darin, die Art und Weise zu ändern, wie Leute Informationen nutzen, sowie die Unterstützung durch eine entsprechende Informationskultur sicherzustellen. Diese Aufgabe ist äußerst komplex und steht in engem Zusammenhang mit dem individuellen Verhalten und Verhaltensänderungen. Die Schwierigkeit dieser Aufgabe ist gleichzeitig der Grund, warum es nicht viele Firmen gibt, die bewusst Änderungsprozesse in Bezug auf den Umgang mit Informationen angestoßen haben. Natürlich ist auch eine Quantifizierung oder Bewertung der Ergebnisse wesentlich schwerer möglich als bei anderen Veränderungen (z. B. Prozessreorganisation). Und es gibt viele gute Gründe, warum Mitarbeiter Informationen zurückhalten oder sogar horten. Gerade deswegen ist jedoch das „informelle Verhalten“ ein entscheidender Ansatzpunkt für die Flexibilisierung von Organisationen. Davenport identifiziert in diesem Zusammenhang drei wichtige Verhaltensaspekte mit Informationsbezug, nämlich Information Sharing, Umgang mit einem Überangebot an Informationen (Information bzw. Choice Overload) und Mehrdeutigkeit von Informationen. Diese Aspekte sollen nachfolgend noch etwas näher behandelt werden (vgl. Davenport 1997, S. 87 ff.).

Bei der **Weitergabe von Informationen (Information Sharing)** und insbesondere von **Wissen (Knowledge Sharing)** handelt es sich um einen Vorgang, der mit dem Vorgang des Teilens anderer Güter nur bedingt vergleichbar ist. Davenport definiert „information sharing as voluntary act of making information available to others. Sharing should be distinguished from reporting, which is in voluntary exchange of information on a routine or structured basis". Im Unterschied zum formalen Berichtswesen nimmt jedoch die Bedeutung des freiwilligen Informationsaustausches immer mehr zu. Folgende Beispiele führt Davenport (Davenport 1997, S. 88) an:

- Manager einer pharmazeutischen Firma wünschten, dass sie von ihren Forschern während des gesamten Entwicklungsprozesses für neue Medikamente über die Zusammensetzung und Wirkung auf dem Laufenden gehalten würden.
- Verkaufsleiter wünschen von den Verkäufern, dass sie untereinander Beobachtungen über Initiativen und Aktionen von Mitbewerbern austauschen. Außerdem sollten Meinungen und Erfahrungen zu den Produkten an die Entwicklungsabteilung weitergegeben werden.
- Consulting-Firmen halten ihre Berater dazu an, „Best Practices" in einer Datenbank festzuhalten und auf diese Weise Kollegen zugänglich zu machen.
- Kundenbetreuer einer Computerfirma wurden dazu angehalten, typische Probleme in eine Wissensbasis abzuspeichern sowie Ad-hoc-Anfragen von anderen Mitarbeitern, die sie per E-Mail erhalten, rasch zu beantworten.

Formale und informale Informationsflüsse unterscheiden sich also deutlich. Und es gibt sehr viele Ursachen, die einen guten Informationsfluss behindern. Dazu zählen u.a. eine unzureichende Funktionalität der eingesetzten Computersysteme, inkompatible Systemarchitekturen, Dominanz von persönlichen Interessen, ungeeignete Belohnungssysteme oder die allgemeine Informationspolitik eines Unternehmens. Änderungen können allerdings kaum durch Dienstanweisungen herbeigeführt werden. Beispiele für Maßnahmen zur Informationsflussförderung sind Job-Rotation und regelmäßige, persönliche Gespräche. An dieser Stelle darf der Hinweis nicht fehlen, dass der Informationsaustausch nicht nur innerhalb einer Organisation von Bedeutung ist, sondern häufig auch Kunden, Partner und Lieferanten betrifft. Es gibt hier allerdings auch Grenzen, d.h. bestimmte Informationen, deren Weitergabe schädlich oder sogar illegal sein kann (vertrauliche Personaldaten, Betriebsgeheimnisse). Ein Übermaß an Informationsaustausch kann also durchaus unerwünschte Wirkungen nach sich ziehen.

Ein weiterer wichtiger Aspekt betrifft den Umgang mit der **Mehrdeutigkeit von Informationen.** Anders ausgedrückt kann der gleiche Sachverhalt von verschiedenen Personen ganz unterschiedlich interpretiert werden. Es handelt sich dabei um ein bekanntes Problem, das auch beim Datenbankdesign eine Rolle spielt und durch „Views" meist nicht oder nur unzureichend gelöst werden kann. Etwas überspitzt formuliert Davenport diesen Sachverhalt in Form einer Hypothese: „The more an organization knows about a term or a concept relevant to its business, the less likely it is to agree on a common term or meaning for it". Die Forderung nach einheitlichen Begriffsverwendungen bzw. einer Begriffsrekonstruktion ist nicht neu und findet sich in anderem Zusammenhang (z.B. Softwareentwicklung, Datenbankentwurf) schon längere Zeit in der Fachliteratur. Aufgrund der wachsenden Informationsmengen und der immer komplexer werdenden Informationssysteme (z.B. SAP S/4 HANA) ist die Festlegung, Pflege und Überwachung einheitlicher Begriffsverwendungen von großer Wichtigkeit.

Es fällt auf, dass die Verhaltensaspekte in Bezug auf Information beim Design von Informationsarchitekturen bisher nur wenig oder gar nicht bedacht werden. Der Inhalt von Datenbanken usw. trägt weder zu Verhaltensänderungen (informationsbezogen) bei, noch fördert er eine bewusste Auseinandersetzung damit. Mögliche Lösungsansätze können bereits beim Prozess der Systementwicklung ansetzen und werden unter Begriffen wie **User Experience** (UX) und **Emotional Design** in neueren Systementwicklungsansätzen propagiert. Darüber hinaus sollten Annahmen über das **Informationsverhalten von Mitarbeitern** analysiert und Implikationen berücksichtigt werden. Unterschieden werden dabei drei Formen des Informationsverhaltens, nämlich intrapersonelle, interpersonelle und die Mensch-Computer-Interaktion betreffende Verhaltensmuster (vgl. Riedl 2016, vgl. auch Gemünden 1992). Dies schließt natürlich auch die Nicht-Weitergabe in Form von Information- oder Knowledge-Hiding ein (vgl. Pan et al. 2018). Die Installation eines Intranets oder eines Wikis bietet zwar die Möglichkeit, Informationen in kürzester Zeit allen Mitarbeitern zur Verfügung zu stellen. Ob und wie diese Möglichkeit genutzt wird, hängt allerdings nicht von der „Technik", sondern von der „Kultur" ab. Einige praktische Erfahrungen für den Umgang mit dieser Problematik fasst Davenport (Davenport 1997, S. 104) in folgenden Prinzipien oder Taktiken (Tactics for Information Behaviour Management) zusammen:

- Communicate that information is valuable.
- Clarify the organizations information strategy and objectives.
- Identify needed information competencies.
- Focus on managing specific types of information content.
- Assign responsibility for information behaviour, making it part of the organisational structure.
- Create a committee or network to address information behaviour issues.
- Educate employees about information behaviour.
- Raise sticky information management issues with everyone.

Zusammenfassend lässt sich feststellen, dass Unternehmenskultur nicht vorgegeben wird, sondern im Zuge sozialer Interaktionen entsteht. Da diese Interaktion zunehmend elektronisch erfolgt, gewinnt der Einfluss der neuen Medien auf die Kultur ebenfalls an Bedeutung (vgl. z. B. Engelien/Bender 1998). Die Unternehmenskultur wird ferner durch die Kultur von Suprasystemen wie „Gesellschaft" (oder Nation) oder dem „Internet" beeinflusst. Eine Unternehmenskultur kann außerdem Subkulturen aufweisen und bei extremen Ausprägungen eine Barriere für Innovationen darstellen. Die Unternehmenskultur, die quasi den „Charakter" des Unternehmens ausmacht, drückt sich letztendlich in Verhalten, Vorstellungen, Sprache, Symbolen und Ritualen aus und wird rückwirkend wieder durch diese gestützt (vgl. Morgan 1986, S. 114–131, zum Einfluss der Technologie siehe z. B. Pinsonneault/Rivard 1998). Organisationskultur besteht aus sichtbaren Gewohnheiten sowie gemeinsamen Werten und Verhaltensrichtlinien, die zur Bewältigung des Unternehmensalltags dienen. Da die Kultur Denken und Handeln eines Unternehmens bestimmen, muss jeder Wertewandel auch in der Kultur verankert werden. Da der Wandel im Unternehmen häufig auch einen Wertewandel erfordert, sind Kultur und Wandel aufs engste miteinander verknüpft. Für die Internalisierung und Bewahrung der Kultur dient das organisatorische Gedächtnis, das im nächsten Kapitel in Verbindung mit den Konzepten des Wissensmanagements vorgestellt wird.

1.4 Zusammenfassung

Das vorliegende Kapitel hat gezeigt, dass Informations- und Kommunikationstechnik mittlerweile eine entscheidende Rolle bei der Steigerung bzw. der Aufrechterhaltung der Effizienz von Organisationen spielt. Ebenso wurde dargestellt, dass Wissen eine immer gewichtigere Rolle in Gesellschaft und Wirtschaft spielt, und die Notwendigkeit für eine theoretische und praktische Beschäftigung damit besteht. Unternehmen sind heute und zukünftig vielfältigen und wechselnden Herausforderungen unterworfen, denen sie sich um den Preis der Erhaltung ihrer Wettbewerbsfähigkeit stellen müssen. Die Hoffnungen ruhen dabei auf dem Wissensmanagement. Es ist offensichtlich, dass flexiblere Organisationsformen und die Schaffung einer offenen Kultur in Organisationen einen viel größeren Stellenwert einnehmen werden müssen, als dies verbreitet der Fall ist.

Fragen zur Selbstkontrolle

1. Nennen Sie einige Beispiele der wachsenden Bedeutung von Wissen in Gesellschaft und Wirtschaft!
2. Wie kann der Wert von Informationen ermittelt werden?
3. Diskutieren Sie die Einordnung von Information in die Systematik der Produktionsfaktoren!
4. Was sind die wichtigsten Triebkräfte und Ursachen des Wandels?
5. Auf welche Art und Weise reagieren Organisationen auf die Umweltdynamik?
6. Welcher Zusammenhang besteht zwischen Prozessen und organisatorischem Wissen?
7. Was versteht man unter der Quartär-Hypothese?
8. Was ist Wissensarbeit und worin bestehen ihre charakteristischen Merkmale?
9. Welche Folgen entstehen aus der enormen Zunahme von gespeicherten Daten?
10. Erläutern Sie die drei Grundfunktionen der Unternehmenskultur.
11. Worin bestehen die wahrnehmbaren Symbole der Unternehmenskultur?
12. Was bedeutet Prozessorientierung und welche Bedeutung kommt ihr zu?

2 Grundlagen des Wissensmanagements

Die Notwendigkeit der Beschäftigung mit der systematischen Informations- und Wissensversorgung von Unternehmen sowie mit Fragen des Wissens, Know-hows etc. ergibt sich unmittelbar aus der engen Beziehung von Wissen und Handeln bzw. von Wissen und Entscheidungen (vgl. z. B. Eulgem 1998, S. 139 – 144). Seit Jahrhunderten wird in Familienbetrieben, Wirtschaftszweigen, Bürokratien, Verbänden, also in praktisch allen Organisationen, Erfahrung gesammelt und an die Organisationsmitglieder sowie an die nächste Generation weitergegeben. Dies geschah lange Zeit ohne bewusste Reflexion und mit einem geringen Ausmaß an methodischer Unterstützung, aber es geschah eben. Diese Situation hat sich inzwischen grundlegend verändert. Informationen, Wissen und andere geistige Potenziale sind zu entscheidenden Faktoren für den Unternehmenserfolg geworden. Die systematische und methodisch fundierte Wahrnehmung der Aufgaben, die damit zusammenhängen, erfolgt durch das Wissensmanagement, die technische Unterstützung durch sogenannte Wissensmanagementsysteme (WMS).

Mit der Lektüre dieses Kapitels sollen die folgenden **Lernziele** erreicht werden:

- Es sollen die **Entstehung und die Entwicklungsstufen des Wissensmanagements**, die **mit dem Wissensmanagement verbundenen Aufgaben** sowie **Klassifikationsmöglichkeiten für das Wissensmanagement** bekannt sein und wiedergegeben werden können.
- Es soll ein **Grundverständnis der theoretischen Basis** und der **Theorieentwicklung** im Wissensmanagement erworben werden.
- Es sollen **ausgewählte Ansätze und Modelle** des Wissensmanagements erläutert werden können.
- Es sollen das **Konzept des organisatorischen Gedächtnisses** und die **organisatorische Wissensbasis** sowie **Wissensnetze** und weitere Gestaltungsbereiche des Wissensmanagements in ihrer Bedeutung verstanden werden.
- Es sollen die wichtigsten **Begriffe und ihr Zusammenhang** im Rahmen des Wissensmanagements erklärt werden können.

2.1 Was ist und was versteht man unter Wissensmanagement?

2.1.1 Wissensmanagement – von den Anfängen zum Knowledge Governance

Es ist nicht ganz sicher, wo die Wurzeln eines systematischen Wissensmanagements wirklich liegen, da unterschiedliche Disziplinen Anspruch auf die Urheberschaft geltend machen. Die ersten expliziten Quellen zum Wissensmanagement ortet Schüppel (Schüppel 1996, 186) bereits in den sechziger Jahren. Es handelte sich um Publikationen, die sich mit der Bedeutung des Wissens in einer sich wandelnden Gesellschaft und mit ökonomischen Zusammenhängen befassten. Das am häufigsten zitierte Werk des Fachs ist vermutlich „The tacit dimension" von **Michael Polyani**. Die Intention dieses Werks bestand allerdings nicht in einer Begründung der Disziplin im heutigen Sinne. Polyani war eigentlich Chemiker. Nach der Einrichtung eines speziell für ihn geschaffenen Lehrstuhls für Sozialwissenschaften in Manchester entstand in mehrjähriger Arbeit sein philosophisches Hauptwerk „Personal Knowledge" (publiziert 1958). Die Terry Lectures, die er daran anknüpfend 1962 an der Yale-Universität hielt, wurden 1966 in überarbeiteter Form als „The tacit dimension" herausgegeben und bilden bis heute eine zentrale Referenz für Arbeiten mit Bezug zu verschiedenen Aspekten des „Tacit Knowledge" (vgl. dazu auch Oguz/Sengün 2011). Das Werk ist ein Grundstein im Wissensgebäude des Wissensmanagements geworden, hatte aber für die Entwicklung der Disziplin selbst zunächst keine Bedeutung.

Frühe Ansätze aus den siebziger Jahren (allerdings noch nicht unter der Bezeichnung „Wissensmanagement") hatten zum Ziel, menschliche Entscheidungsträger möglichst zeitnah mit gewünschten Informationen zu versorgen, um die Entscheidungsqualität zu verbessern. Mit der breiten Thematisierung des organisatorischen Lernens setzte in der Folge eine intensive Diskussion ein und das Thema Wissensmanagement tauchte etwa Mitte der 80er Jahre in Verbindung mit der Vorstellung neuer Organisationsformen und einer Orientierung an der lernenden Organisation in der organisationspsychologischen Literatur auf. Der Umgang mit Information und vorrangig explizitem Wissen wurde zur zentralen Management- und Führungsaufgabe. Als frühe Wegbereiter verdienen noch Peter Drucker (in den 70er Jahren) und Karl-Erik Sveiby (80er Jahre) gesondert Erwähnung.

Angeblich prägte Karl Wiig den Begriff „Knowledge Management" 1986 auf einer Konferenz der „United Nations International Labour Organization" in der Schweiz. Ab den neunziger Jahren ist dann ein kontinuierliches Ansteigen des Interesses und der Aktivitäten zu beobachten, die schließlich zur Etablierung einer eigenständigen Fachdisziplin führten. Tabelle 2.1 fasst die wichtigsten Ereignisse der ersten beiden Dekaden zusammen, wobei die 90er Jahre manchmal auch als das Jahrzehnt des Wissensmanagements bezeichnet werden. Erst 2015 findet mit der Integration des Wissensmanagements in den Qualitätsmanagementstandard ISO 9001 wieder ein Ereignis statt, das in einer vergleichbaren Weise hervorzuheben wäre (vgl. Fonseca 2015, Wilson/Campbell 2016).

Tabelle 2.1 Historische Perspektive des Wissensmanagements (in Anlehnung an Grolik 2004)

Jahr	Ereignis
1958	„Personal Knowledge“ von Michael Polyani
1966	„The tacit dimension“ von Michael Polyani
1972	„Objective Knowledge“ von Karl Popper
1978	„Organisational Learning“ von Chris Agyris und Donald A. Schön
1980	Die Digital Equipment Corporation führt eines der ersten kommerziell erfolgreichen Expertensysteme zur Konfiguration von Computersystemen ein: XCON (entwickelt an der Carnegie Mellon University)
1986	Karl Wiig prägt den Begriff „Wissensmanagement-Konzepte“ bei einem Vortrag auf der Konferenz der United Nations International Labour Organization
1988	„The Invisible Balance Sheet“ von Karl-Erik Sveiby
1989	Erste Bemühungen in großen Beratungsunternehmen, Wissen explizit zu managen
1989	Als eines der ersten Unternehmen integriert Price Waterhouse das Wissensmanagement explizit in die Geschäftsstrategie
1990	Peter Drucker, Konzept der Wissensarbeit
1990	XEROX als Early Adopter (z. B. KBS Circles, vgl. Maletz 1990)
1990	„The Fifth Discipline“ von Peter Senge
1991	Veröffentlichung eines der ersten Zeitschriftenartikel zum Thema Wissensmanagement in Harvard Business Review durch Nonaka und Takeuchi
1993	Veröffentlichung eines der ersten Bücher zu Wissensmanagement (Knowledge Management Foundations) durch Karl Wiig
1994	Erste Wissensmanagementkonferenz: Knowledge Management Network
1994	Unternehmensberatungen bieten ihren Kunden erstmals Beratungs- und Serviceleistungen zum Wissensmanagement an
1995	„The Knowledge Creating Company“ von Ikijiro Nonaka und Hirotaka Takeuchi
1996	Leif Edvinsson: Intellectual Capital, kombiniert die Idee Sveibys mit Kaplan und Nortons BSC (Skandia Navigator)

Die Diskussion zum Thema Wissensmanagement nahm an Intensität zu, als man die Bedeutung von Wissen als Produktionsfaktor und seinen Einfluss auf Kosten und Erlöse erkannte. Als wichtige Eigenschaften der neuen Organisationsformen wurden Flexibilität, Dezentralisierung, Prozessorientierung u. a. m. genannt. In Verbindung mit der Globalisierung und einer Zunahme des Wettbewerbs sahen sich Unternehmen zunehmend gezwungen, eine Wissenskultur aufzubauen, Lernbeziehungen nach außen zu knüpfen, Lernprozesse zu fördern und deren Ergebnisse zu dokumentieren (vgl. Schneider 1996). Ein ähnliches Bild zeichnet die amerikanische Literatur, wo „Knowledge Management“ etwa ab Mitte der 90er Jahre zu einem der meistdiskutierten Begriffe und Themen geworden ist. Auch hier ist die Argumentation mit der Vermutung großer Produktivitätspotenziale verbunden, da angeblich nur etwa 20 bis 30 % des eigentlich verfügbaren organisatorischen Wissens wirklich genutzt werden (Schüppel 1996, S. 187). In diese Zeit fällt auch die intensive Auseinandersetzung mit dem Phänomen der „organisatorischen Intelligenz“ (OI). Um das Thema wurde es allerdings bald wieder ruhig. Es tauchte erst in einer späteren Phase unter Überschriften wie **„Schwarmintelligenz“**, „Intelligenz der Massen“, „Weisheit der Massen“ u.ä. wieder auf (siehe z.B. Fisher 2010, Miller 2010, Lüttgens et al. 2014).

Anders verhielt es sich mit der „strategischen Ressource Wissen“ von der ebenfalls Mitte der 90er Jahre erstmals gesprochen wird. Die damit zusammenhängenden Aufgaben des Wissensmanagements werden in der Folge in einer wachsenden Anzahl von Fachpublikationen und Lehrbüchern beschrieben. Eine Entsprechung findet dies in der Praxis der Unternehmensführung, wo Wissen zunehmend als wesentlicher Wertschöpfungsfaktor verstanden wird und entsprechende Konzepte erprobt werden. Diese Phase dauert etwa zehn Jahre und ist nicht nur durch ständig zunehmende Aktivitäten, sondern auch durch die Initiierung von Fachverbänden, die Einrichtung von jährlichen Konferenzen, die Gründung von Fachzeitschriften und Publikationsorganen, die Einrichtung von Studiengängen und Weiterbildungsangeboten, aber auch durch die Entwicklung von spezialisierten Softwarewerkzeugen, Wissensportalen und Wissensmanagementsystemen gekennzeichnet. Die softwaretechnische Unterstützung des Wissensmanagements spielt auch deswegen eine besondere Rolle, weil in dieser Zeit wichtige technologische Fortschritte erzielt wurden, die in Verbindung mit dem Internet auch rasche Akzeptanz und Verbreitung fanden. Gegen Ende dieser Phase, die heute im Rückblick als **Wissensmanagement 1.0** bezeichnet wird, beginnt allmählich eine Diskussion über den spezifischen Beitrag einzelner Fächer zu der „Inter-Disziplin“ Wissensmanagement. Für die Wirtschaftsinformatik (Information Systems) war es eine kaum hinterfragte Lehrmeinung, dass Wissen und Wissensmanagementsysteme mit einer positiven Implikation für Unternehmen verbunden sind (z.B. Sambamurthy/Subramani 2005). Die mit dem Wissensmanagement verbundenen Kosten wurden wenig beachtet. Allmählich entdeckte man aber, dass sowohl ein Zuviel als auch ein Zuwenig zu teuren Fehlern führen oder unerwünschte Konsequenzen haben kann.

Die nächste Entwicklungsphase setzt etwa 2005 ein. In anderen Managementdisziplinen wurden übergeordnete strategische Aufgaben inzwischen unter dem Begriff **„Governance“** zusammengefasst. Diese Entwicklung ging auch am Wissensmanagement nicht vorbei. **Knowledge Governance** bzw. **KM Governance** soll sicherstellen, dass die Wissensmanagementaktivitäten auf die Unternehmensziele abgestimmt werden und einen allgemeinen Wertbeitrag leisten (vgl. z.B. Zyngier 2011). Die Wahl geeigneter Maßnahmen zur Steuerung und Kontrolle des Wissensmanagements erfolgt auf Basis ökonomischer Theorien (vgl. Mellewigt/Decker 2009). Parallel dazu wurden zunehmend Web-2.0-Anwendungen (Social Software) für das Wissensmanagement genutzt und unter KM 2.0 bzw. **Wissensmanagement 2.0** bekannt (Späth 2010, Krogh 2012, Pirkkalainen/Pawlowski 2013, siehe auch Abschnitt 4.2.1.4). Die Wissensmanagementaktivitäten erhielten dadurch neue Impulse. Der Wissensaustausch, die kollaborative Wissensentwicklung, die Auffindbarkeit usw. wurden durch die neuen Technologien deutlich verbessert. Die generellen Ziele und Aufgaben des Wissensmanagements sind aber gegenüber der Phase „1.0“ unverändert geblieben.

Es ist inzwischen in vielen Bereichen üblich geworden, auf wichtige Entwicklungsphasen durch den Zusatz 2.0, 3.0, 4.0 etc. aufmerksam zu machen. Es tauchte daher auch der Begriff **Wissensmanagement 3.0** auf, ohne dass er sich aber nachhaltig etablieren konnte. Die Herausforderungen in dieser Phase werden beschrieben durch Deregulation und Stärkung von Selbstorganisation in komplexen Situationen (vgl. z.B. Guretzky 2010). Favorisiert wurden Innovation Jams, Open Innovation Labs, Hackathons und ähnliche Initiativen, bei denen es sich aber um keine eigenständigen, neuen Konzepte des Wissensmanagements handelt. Die technische Analogie bildet das Web 3.0, d.h. die Entwicklungen rund um das semantische Web (vgl. Aghaei et al. 2012). Technisch unterstützte WM-3.0-Lösungen sind daher gekennzeichnet durch den Einsatz von **Ontologien** und semantischen Technologien (vgl. Lai et al. 2013, siehe dazu auch Kapitel 4). WM-Systeme 3.0 setzen beispielsweise auf „intelligente" Personalisierung und versuchen, den Nutzern Informationen und Wissen automatisch und gefiltert zu präsentieren (Smart Assistance). Dazu kommen die Integration von user-generiertem Content mit sogenannten Mash-Ups und der Aufbau von Plattformen für Vernetzung und Engagement.

Auch der Versuch, unter **„Knowledge Ecosystem"** die wachsende Komplexität des Themas begrifflich zu erfassen und die methodische Unterstützung der damit verbundenen Aufgaben zu verbessern, fällt in diese Phase. Dieser wissensökologische Ansatz nimmt eine systemtheoretisch-verhaltenswissenschaftliche Position ein, bei welcher Wissen als Prozess verstanden wird und das Wissensmanagement für die Schaffung von Rahmenbedingungen (u. a. für selbstgesteuerte Lernprozesse) zuständig ist. Die Entwicklung war ferner geprägt von dem Bemühen um eine Konsolidierung des Wissens der noch jungen Disziplin und die Etablierung im Wissenschaftsbetrieb. Die Phase **„Wissensmanagement 3.0"** ist zwar zeitlich nicht scharf abzugrenzen, kann aber mit einer gewissen Überlappung zur vorhergehenden und zur nachfolgenden Phase bis etwa 2015 angesetzt werden.

Ein neues Kapitel wird aktuell durch die technologischen Fortschritte im Bereich Cloud Computing, Big Data und Künstliche Intelligenz aufgeschlagen. Die neuen technologischen Impulse fallen zeitlich mit dem Thema „Industrie 4.0" (IoT) und einer Digitalisierungswelle in allen Bereichen der Wirtschaft und der öffentlichen Verwaltung zusammen, sodass die Phase häufig auch als **Wissensmanagement 4.0** bezeichnet wird. North und Maier (2018) sprechen daher auch von Wissensgesellschaft 4.0. Daten werden dabei als die entscheidende Ressource für den Unternehmenserfolg verstanden und Assistenzsysteme auf Basis dieser Daten zunehmend mit künstlicher Intelligenz ausgestattet. Die Systeme basieren u. a. auf Deep-learning-Algorithmen und sollen künftig die Möglichkeit bieten, auch solche Aufgaben zu automatisieren, die bisher nur von Menschen erledigt werden konnten (vgl. Davenport/Ronanki, 2018, Miller 2019). Dies schließt die Zusammenarbeit von Menschen und Robotern in gemischten Teams („Human Robot Interaction") mit ein. Mit Hilfe von Big-Data-Technologien soll außerdem neues Wissen erschlossen und auch sehr große, heterogene Datenmengen ad-hoc ausgewertet werden. Dabei werden auch externe Datenquellen mit einbezogen und die Ergebnisse ubiquitär (z. B. auch auf mobilen Endgeräten) zur Verfügung gestellt. „Big Data" ermöglicht Unternehmen die Gewinnung neuer Erkenntnisse in Form von Produktbewertungen und Beschwerdeanalyse durch Text Mining, Sentiment Analysen in Echtzeit, Analyse von Gruppenwissen durch Data Mining u. a. m. (vgl. z. B. Crane/Self 2014). Die Phase der Entwicklung „digitaler Fähigkeiten" unter Ausschöpfung der Potenziale von Data Analytics ist noch im Gange und wird auch die weitere Entwicklung in den nächsten Jahren prägen (vgl. z. B. Madsbjerg 2017, Khan/Vorley 2017, Pauleen 2017, He et al. 2017, Intezari/Gressel 2017).

Die Einteilung in Phasen ist eigentlich ohne substanzielle Bedeutung für das Wissensmanagement, da es weder zu einer Veränderung der grundlegenden Aufgaben noch beim Verständnis der Disziplin gekommen ist. Es handelt sich auch aus einer organisatorischen Perspektive nicht um Entwicklungsschritte, die notwendigerweise aufeinander aufbauen würden (vgl. dazu auch Abschnitt 4.1.5.3, KM Maturity Model). Es werden aber wichtige Trends im Zeitverlauf sichtbar und die Disziplin kann bisher insgesamt auf eine etwa 35-jährige, erfolgreiche Entwicklungsgeschichte zurückblicken.

2.1.2 Gegenstandsbereich und Bezug des Wissensmanagements

Die Aktivitäten des Wissensmanagements können auf sehr unterschiedliche Gegenstandsbereiche ausgerichtet sein. Mittlerweile gibt es eine etwas klarere Systematik und Wissensmanagement wird zunächst in vier verschiedenen, nicht streng voneinander getrennten Kontexten betrachtet: Gesellschaft, Städte, Regionen oder Länder, Organisationen, Institutionen und Unternehmen sowie Personen. Das Objekt der Betrachtung ist stets dasselbe – das Wissen im jeweiligen Kontext:

- **Gesellschaft**. Die Betrachtung der Gesellschaft als Ganzes bildet einen übergeordneten Rahmen, aber auch die Motivation für die Auseinandersetzung mit dem Wissensmanagement in den anderen drei Kontexten. Man spricht häufig von einem Übergang der Gesellschaft in eine sogenannte Wissensgesellschaft oder Knowledge Economy (vgl. u. a. Stehr 1994, Laszlo/Laszlo 2002, Jäckel 2008, Zillien/Haufs-Brusberg 2014). Eine vollständige Beschreibung von Indikatoren für diese Wissensgesellschaft ist jedoch nur schwer möglich und findet sich im Ansatz bereits bei Drucker (1993). Zu erwähnen ist hier aber auch die Unterstützung von Entwicklungs- und Schwellenländern, wo die Entwicklung durch einen verbesserten Zugang zu Wissen gefördert werden soll (siehe z. B. Evers et al. 2003, Schmiedgen et al. 2017).
- **Städte, Regionen oder Länder.** Seit einigen Jahren wird von sogenannten „Knowledge Areas", „Knowledge Cities", „Knowledge Regions" oder „Knowledge Countries" gesprochen. Als Beispiele dafür werden häufig München, Barcelona, Delft, Malaysia und Singapur genannt. Diese zeichnen sich durch einen bewusst gesteuerten Wandel hin zur Unterstützung und vermehrten Ansiedlung und Vernetzung wissensintensiver Branchen inklusive des dafür notwendigen Aufbaus finanzieller, rechtlicher, infrastruktureller etc. Rahmenbedingungen aus. Man spricht in diesem Zusammenhang auch von **Wissensökonomie,** wobei es im Unterschied zum organisatorischen Wissensmanagement um den Wirtschaftsraum geht, der möglichst innovativ und wettbewerbsfähig sein soll (siehe z. B. Ergazakis et al. 2004, Ergazakis 2013). In Verbindung mit diesen Entwicklungen spricht man auch von „Smart Regions" oder „Smart Cities", wodurch eine Brücke zu der Technologieentwicklung und hier wieder in besonderer Weise zu den Technologien mit Daten- und Informationsbezug hergestellt wird (vgl. z. B. Eckert/Popescu-Zeletin 2014, aber auch Abschnitt 3.4.1 und Abschnitt 4.2.4).
- **Organisationen, Institutionen und Unternehmen**. Wissensmanagement wurde zuerst im unternehmerischen Kontext praktiziert und untersucht. Allerdings kann dieser Kontext auf sämtliche am Wirtschaftsgeschehen beteiligte Einheiten (d. h. auch Haushalte, Non-Profit-Organisationen etc.) verallgemeinert werden. Die Forschung bezieht sich in den meisten Fällen auf Unternehmen, inzwischen aber auch auf Behörden, Bildungseinrichtungen oder Non-Profit-Organisationen.
- **Personen bzw. Individuen**. Adressat von Wissensmanagementaktivitäten ist immer zuerst die einzelne Person, da ihr allein die Fähigkeit zugesprochen wird, neues Wissen hervorzubringen (Nonaka/Takeuchi 1997). Zudem verändert sich mit dem angesprochenen Übergang in eine Wissensgesellschaft für einen immer größeren Anteil an Menschen die Art der Arbeit hin zu einer Wissensarbeit.

Eine Vorstufe zu dieser Einteilung findet sich bei Reinmann-Rothmeier/Mandl (1997), die eine **Differenzierung zwischen individueller, organisatorischer und gesellschaftlicher**

Ebene vornehmen. Dementsprechend unterscheiden sie auch Ansätze zum persönlichen oder individuellen Wissensmanagement, zum organisatorischen Wissensmanagement und zum gesellschaftlichen Wissensmanagement. Da es im Kontext dieses Buches vor allem um Unternehmen bzw. Organisationen geht, wird auch der Fokus auf die damit zusammenhängenden Themen und Aufgaben gelegt und im Folgenden auf das organisatorische Wissensmanagement (Abschnitt 2.1.3) sowie das persönliche Wissensmanagement (Abschnitt 2.1.4) näher eingegangen.

In den zitierten Quellen wird immer wieder von **Wissensarchitektur** gesprochen. Dieser Begriff wird meistens in einer technischen oder einer sozialpolitischen Bedeutung verwendet (z. B. Schmiedgen et al. 2017, Evers et al. 2003, vgl. auch Abschnitt 4.3). Zu ergänzen ist daher, dass es für Wissensarchitektur auch ein bausoziologisches Verständnis gibt, bei dem es um Architektur im eigentlichen Sinn und den Einfluss von Räumen sowie Raum und Arbeitsplatzgestaltung (auch als **Space Management** bezeichnet) auf den Umgang mit Wissen geht (vgl. z. B. Henn 1998, Langer-Wiese 2008, Reinmann 2009, S. 86 - 87, Dul et al. 2011, Degenhardt et al. 2012). Das hängt damit zusammen, dass für die Entwicklung von Wissen Möglichkeiten für persönliche Begegnungen, aber auch Rückzugsmöglichkeiten, Raumklima (z. B. Farben und Licht), direkte Kommunikation und Zusammenarbeit wesentlich sind und diese wiederum eine entsprechende Raumorganisation, Arbeitsplatzgestaltung sowie bauliche Infrastruktur erfordern. Die Diskrepanz in den Beziehungen zwischen Mitarbeitern und Führungskräften ist dabei oft besonders hinderlich und bereits räumlich-architektonisch festgeschrieben. Das klassische Space Management bezieht sich lediglich auf die physischen Räume. Eine wissensfreundliche Arbeitsplatzgestaltung sollte aber auch die digitalen Räume und das digitale Umfeld mit einbeziehen.

2.1.3 Organisatorisches und betriebliches Wissensmanagement

Das starke Interesse am Wissen und den damit zusammenhängenden Managementaufgaben kann auf das Zusammenwirken mehrerer Faktoren und Trends zurückgeführt werden, die bereits in der Einführung zu diesem Buch angesprochen wurden. Dies sind neben der zunehmenden Bedeutung des Wissens die erweiterten technologischen Möglichkeiten und auch eine Rückbesinnung auf den „Faktor Mensch“ als Gegenbewegung zur Reengineering-Welle.

Für die Notwendigkeit eines systematischen Wissensmanagements werden gerne Beispiele angeführt, aus denen implizit die Aufgaben abgeleitet werden können. Dazu gehören beispielsweise die Folgen der Mitarbeiterfluktuation, Probleme in der Zusammenarbeit zwischen global agierenden Geschäftseinheiten, die Sicherstellung von weltweiten Serviceleistungen auf hohem Niveau, die Anpassung an geänderte Marktbedingungen oder Kundenanforderungen, die unternehmensweite Nutzbarmachung von Mitarbeiter-Know-how u. a. m. In der Literatur finden sich zudem klare Hinweise, dass die Orientierung von Organisationen auf das, „was man am besten weiß“, d. h. auf die Kernkompetenzen, am ehesten Erfolg verspricht (vgl. Davenport/Prusak 1998, Drucker 1993, Nonaka/Takeuchi 1995, Schreyögg/Geiger 2003). Und schließlich wird auch Innovieren in einem engen Zusammenhang mit der Produktion von neuem Wissen gesehen (vgl. Scholl 2003). Neue Fähigkeiten einer Organisation („organizational capabilities“) werden demnach unmittelbar auf die Ausgestaltung des Wissensmanagements zurückgeführt (vgl. Sun 2010). Die Hypothese von der wachsenden

Wissenskluft (vgl. Jäckel 2008, S. 287 ff., Zillien/Haufs-Brusberg 2014) wurde zwar für die gesellschaftliche Ebene formuliert, legt aber eine zumindest partielle Übertragbarkeit auf Unternehmen nahe und unterstreicht damit die Notwendigkeit von gezielten Maßnahmen zur Sicherung der organisatorischen Effizienz mittels wissensbezogener Maßnahmen.

Einen etwas anderen Zugang erlaubt die Wissensarbeit bzw. die Tätigkeit von Wissensarbeitern. Hier finden sich zwei extreme Standpunkte. Auf der einen Seite kann jede beliebige Tätigkeit als Wissensarbeit gesehen werden, sodass sich Wissensarbeiter eigentlich nicht von anderen Mitarbeitern unterscheiden. Andererseits lässt sich aber professionelle Wissensarbeit auch enger definieren durch die erforderliche Kreativität, den Einsatz von abstraktem und theoretischem Wissen, einer umfassenden Ausbildung etc., die für die Ausübung der Tätigkeit erforderlich sind. Man würde demnach Berufe wie Architekt, Anwalt, Programmierer, Marketingspezialist oder auch Berater dazu zählen. Es ist naheliegend, dass sich abhängig vom gewählten Grundverständnis auch die Anforderungen an das Wissensmanagement unterscheiden.

Die Aktivitäten des Wissensmanagements selbst können damit auf sehr unterschiedliche Bereiche ausgerichtet sein. Schüppel (1996) schlägt folgende Aufgabenbereiche vor:

- zielgerichtete und geplante Wissensversorgung einer Organisation;
- Umgang mit der Ressource Wissen als knappem Gut;
- Management der Kosten- und Leistungspotenziale von Wissen;
- Management der Wissensquellen;
- unterstützende (technische und nicht technische) Systeme der Wissensproduktion, -reproduktion, -distribution, -verwertung und des Wissensflusses.

Einige ausgewählte **Definitionen und Erklärungsversuche** sollen helfen, das Verständnis der Ziele und Aufgaben des inzwischen etablierten Wissensmanagements weiter zu vertiefen (für weitere Definitionen siehe z. B. Dogan et al. 2011).

> Reinmann-Rothmeier et al. (2001,18) definieren Wissensmanagement als „den bewussten und systematischen Umgang mit der Ressource Wissen und den zielgerichteten Einsatz von Wissen in der Organisation. Damit umfasst Wissensmanagement die Gesamtheit aller Konzepte, Strategien und Methoden zur Schaffung einer ‚intelligenten', also lernenden Organisation. In diesem Sinne bilden Mensch, Organisation und Technik die drei zentralen Standbeine des Wissensmanagements."

Probst et al. beginnen mit der Definition von Wissen, der organisatorischen Wissensbasis und dem organisatorischen Lernen und definieren auf dieser Basis Wissensmanagement (Probst et al., 2003, 22f.):

> „Wissen bezeichnet die Gesamtheit der Kenntnisse und Fähigkeiten, die Individuen zur Lösung von Problemen einsetzen. Dies umfasst sowohl theoretische Erkenntnisse als auch praktische Alltagsregeln und Handlungsanweisungen. Wissen stützt sich auf Daten und Informationen, ist im Gegensatz zu diesen jedoch immer an Personen gebunden. Es wird von Individuen konstruiert und repräsentiert deren Erwartungen über Ursache-Wirkungs-Zusammenhänge."

> „Die organisationale Wissensbasis setzt sich aus individuellen und kollektiven Wissensbeständen zusammen, auf die eine Organisation zur Lösung ihrer Aufgaben zurückgreifen kann. Sie umfasst darüber hinaus die Daten und Informationsbestände, auf welchen individuelles und organisationales Wissen aufbaut."

> „Organisationales Lernen betrifft die Veränderung der organisationalen Wissensbasis, die Schaffung kollektiver Bezugsrahmen sowie die Erhöhung der organisationalen Problemlösungs- und Handlungskompetenz."

> „Wissensmanagement bildet ein integriertes Interventionskonzept, das sich mit den Möglichkeiten zur Gestaltung der organisationalen Wissensbasis befasst."

Vom Bundesministerium für Wirtschaft und Technologie (BMWi) wird Wissensmanagement wie folgt definiert:

> „Wissensmanagement ist die Gesamtheit der personalen, organisatorischen, kulturellen und technischen Praktiken, die in einer Organisation bzw. einem Netzwerk auf eine effiziente Nutzung der Ressource ‚Wissen' zielen. Es umfasst die Gestaltung und Abstimmung aller Wissensprozesse in einem Unternehmen. Ein ganzheitliches oder integratives Wissensmanagement umfasst daher immer auch die Rahmenbedingungen, die strukturelle Ordnung und die Lernprozesse innerhalb eines Unternehmens. Viele sprechen von der organisatorischen Wissensbasis eines Unternehmens, die gezielt und strategisch entwickelt, gemanagt oder gestaltet werden soll. Das Wissen muss durch verschiedenste Maßnahmen ‚bewegt' werden. Das Wissen eines Unternehmens muss immer wieder überprüft, entwickelt, verteilt, ersetzt, übertragen, getestet oder auch gelöscht werden."

Maier, Hädrich und Peinl (2005) orientieren sich vor allem an einer technischen (ICT line) und aufgabenorientierten (business line) Ausrichtung des Wissensmanagements. Sie definieren Wissensmanagement wie folgt:

> „Knowledge management is defined as the management function responsible for regular (1) selection, implementation and evaluation of knowledge strategies (2) that aim at creating an environment to support work with knowledge (3) internal and external to the organization (4) in order to improve organizational performance. The implementation of knowledge strategies comprises all (5) person-oriented, product-oriented, organizational and technological instruments (6) suitable to improve the organization-wide level of competencies, education and ability to learn."

1. Systematische Eingriffe in die organisatorische Wissensbasis müssen mit der Unternehmensstrategie verbunden sein. Wissensstrategien helfen bei der Implementierung einer WM-Initiative und deren Verknüpfung mit der Unternehmensstrategie.
2. WM schafft eine sowohl organisatorische als auch technische Infrastruktur, um Wissensarbeit zu verbessern. Wissensinfrastrukturen sind ein Teil dieser Infrastruktur.
3. Wissensprozesse sind nicht auf Organisationsgrenzen beschränkt, sondern umfassen auch Kooperationen mit Partnern, Lieferanten und Kunden.
4. WM zielt hauptsächlich darauf, die organisatorische Effektivität durch den Aufbau intellektuellen Kapitals zu verbessern.
5. In Abhängigkeit von der Sicht auf WM sind Betrachtungsobjekte von Wissensstrategien dokumentiertes Wissen, Menschen, organisatorische und soziale Strukturen und wissensbezogene Technologien. Die Umgebung eines Wissensarbeiters beinhaltet personenorientierte, produktorientierte, organisatorische und ICT-Maßnahmen.
6. WM beschreibt nicht nur individuelles, sondern auch kollektives Lernen. Letzteres findet auf verschiedenen Organisationsebenen wie Gruppen, Projekten, Communities, Netzwerken und Organisationsnetzwerken statt sowie in verschiedenen Phasen (Identi-

fikation, Diffusion, Integration, Anwendung, Feedback) und auf unterschiedliche Arten (single loop, douple loop, Deutero learning).

Im Verlauf der Zeit sind zwar Veränderungen in den Definitionen erkennbar, die aber kaum aufeinander aufbauen. Dies hat seinen Grund darin, dass die einzelnen Konzepte bzw. ihre Urheber nur bedingt Bezug aufeinander nehmen und bisher kein konsolidiertes Verständnis vorliegt.

Der Vergleich der Definitionen macht deutlich, dass das Konzept des Wissensmanagements (genau genommen müsste es heißen: die Konzepte) keinen wirklich neuen Managementansatz darstellt, sondern durch die Verknüpfung und Zusammenführung verschiedener Methoden und Techniken entstand. Innerhalb des Wissensmanagements wird die Ressource „Wissen" sowohl als Objekt als auch als Instrument (bzw. „Aktor") betrachtet. Die objektorientierte Perspektive sieht im Wissen einen passiven Produktionsfaktor, dessen zielgerichteter Einsatz u.a. zum Erringen von Wettbewerbsvorteilen genutzt werden kann. Wissen als Instrument stellt hingegen die Aktivität in den Mittelpunkt und kann dem Management zur Verbesserung der Entscheidungsqualität dienen (z.B. Einsatz des Wissens für die strategische Planung; vgl. Albrecht 1993, 97 f.). Vor dem Hintergrund der dargestellten Situation ist eine einheitliche und allgemeingültige Definition für das Wissensmanagement weder möglich noch sinnvoll. Die spezifische Definition wird von der jeweiligen Situation und dem Verwendungszweck abhängen (wobei ein Vergleich mit der Situation beim Informationsbegriff gerechtfertigt ist).

Der Begriff „Wissensmanagement" erweckt möglicherweise den Eindruck, als ob sich Erwerb, Nutzung und Sicherung von Wissen in einer Organisation leicht planen und steuern ließen. Aufgrund der Vielzahl an Definitionen in der Fachliteratur zum Wissensmanagement und zu Wissen, hinter denen jeweils besondere Intentionen stecken, muss man hier mit praktischen Schwierigkeiten rechnen. Man kann auf keinem einheitlichen Modell aufbauen, sondern muss eine für den jeweiligen Zweck geeignete Abgrenzung vorzunehmen. Die vorliegenden Definitionen können dazu sicherlich beitragen, wobei Wissensmanagement übereinstimmend als Managementaufgabe verstanden wird, die sich nicht nur auf Wissen im engeren Sinne, sondern auch auf alle damit zusammenhängenden Prozesse, Phänomene, Technologien, Beziehungen und Organisationsstrukturen bezieht. Unter Rückgriff auf den allgemeinen Managementbegriff zählt man sowohl das institutionelle als auch das funktionale Management dazu. Mit einem aktiven Wissensmanagement (vgl. dazu auch Abschnitt 5.1.4) werden gewöhnlich auch konkrete Ziele verfolgt. Beispiele für solche Ziele sind:

- optimale Nutzung wichtiger Ressourcen;
- reduzieren der Time-to-Market;
- kürzere Produktzykluszeiten;
- Verbesserung der Kundenbeziehung und des Kundennutzens;
- verbesserte Effizienz bei F&E-Projekten;
- erfolgreiches Reengineering von Unternehmensprozessen;
- Verbesserung des internen Informationsflusses in der Organisation.

Betrachtet man das **Wissensmanagement** unter diesen Gesichtspunkten **als eine strategische Aufgabe der Unternehmensführung** (eine Auffassung, die sich heute in vielen einschlägigen Fachbüchern findet), so lassen sich folgende Aufgabenkomplexe unterscheiden (nach Albrecht 1993, S. 102 - 104):

- Verankerung der unternehmensweiten Wissensorientierung in den Unternehmensgrundsätzen und -leitbildern;
- Schaffung einer wissensorientierten Unternehmenskultur;
- Entwicklung einer unternehmensweiten Wissensstrategie;
- strategisches Management der Human Resources;
- strategisches Management der Wissenstechnik;
- praktische Umsetzung und Realisierung der Wissensstrategien auf der operativen Ebene.

Dazu kommen gegebenenfalls natürlich noch weitere Aufgaben wie die Geheimhaltung von Wissen (Knowledge Hiding) und der Schutz gegen „Knowledge Leakage" (siehe z. B. Frank 2009, Ahmad et al. 2014), Trainings- und Schulungsmaßnahmen u. a. m.

2.1.4 Persönliches bzw. individuelles Wissensmanagement

Unter der Bezeichnung **„Individuelles Wissensmanagement"** (auch personales oder persönliches Wissensmanagement genannt, abgekürzt: pWM) machen Reinmann-Rothmeier/Mandl (Reinmann-Rothmeier/Mandl 2000) einen umfassenden Vorschlag, der auf das Wissensmanagement des Einzelnen und die Ebene des persönlichen Handelns abzielt. Sie gehen dabei von einem Rahmenkonzept aus, das dem Wissensmanagementregelkreis von Probst ähnlich ist. Dieser Regelkreis wird von der ökonomischen Ebene auf die persönliche Ebene übertragen, wobei folgende Teilprozesse unterschieden werden: Zielsetzung, Evaluation, Wissenskommunikation, Wissensrepräsentation, Wissensnutzung, Wissensgenerierung sowie Stress und Fehlermanagement (vgl. Reinmann-Rothmeier/Mandl 2000). Der Unterschied zu herkömmlichen Modellen besteht vor allem darin, dass für jeden einzelnen Prozess der Fokus strikt auf den persönlichen und selbst verantworteten Bereich gelegt wird. Das Ergebnis sind beispielsweise individuelle Wissensmanagementstrategien, die den Einzelnen beim verantwortungsbewussten und systematischen Umgang mit Informationen und Wissen in seinem beruflichen Umfeld leiten sollen.

Der Blick in die Fachliteratur zeigt, dass auch hier wieder die gleiche definitorische Vielfalt wie beim organisatorischen Wissensmanagement zu beobachten ist (siehe z. B. McFarlane/Taylor 2011, Cheong/Tsui 2011). An einigen Beispielen soll dies noch etwas näher verdeutlicht werden.

> Im European Guide to good Practice in Knowledge Management wird persönliches Wissensmanagement wie folgt definiert: „Ein Bündel von Konzepten, Methoden und Instrumenten zur Strukturierung und Ordnung von individuellen Wissensbeständen, welches es den Mitarbeitern ermöglicht, Verantwortung dafür zu übernehmen, was sie wissen und wen sie kennen."
>
> Nach Probst, Deussen, Eppler und Raub (2000) bedeutet pWM, systematisch Zugang zu Wissen zu haben, handlungsrelevante Informationen auszuwählen, diese in das eigene Wissen zu integrieren und die persönlichen Kompetenzen bzw. das eigene Wissensportfolio anforderungsorientiert und strategisch weiterzuentwickeln.
>
> pWM spiegelt sich in den Aktivitäten von Wissensarbeitern, die mit Information und Wissen täglich komplexe Probleme lösen. Diese Aktivitäten bestehen darin, Informationen zu suchen, zu finden, zu organisieren, zu verstehen und einzuordnen, Bedeutungen

auszuhandeln, Ideen zu entwickeln, persönliche Netzwerke aufzubauen und zu pflegen sowie in Gemeinschaften zusammenzuarbeiten (Röll, 2004).

pWM als Bündel von Konzepten, Methoden und Instrumenten, die dazu dienen, individuelles Wissen zu strukturieren, zu entwickeln, zu bewahren, zu teilen und anzuwenden. Damit wird es dem Einzelnen ermöglicht, Verantwortung für sein Wissen zu übernehmen (Lembke, 2004).

pWM: wenn Individuen in ihren täglichen Aktivitäten Wissen sammeln, klassifizieren, bewahren, suchen und abrufen. Dabei geht es nicht nur um Arbeitstätigkeiten, sondern auch um Tätigkeiten in Familie, Freizeit und anderen Lebensbereichen (Tsui, 2002).

Ähnlich wie beim organisatorischen Wissensmanagement kann auch beim persönlichen Wissensmanagement keine abschließende, allgemein gültige Definition gebildet werden. Von manchen wird das Thema „persönliches Wissensmanagement" als genuin pädagogisches Thema gesehen. Unabhängig davon ist die von Willfort und Willfort (2007) vorgeschlagene Struktur des persönlichen Wissensmanagements für die weiterführende Beschäftigung mit dem Thema hilfreich. Diese Struktur umfasst sieben unterschiedliche Wissensgebiete mit den in Bild 2.1 gezeigten Schwerpunkten.

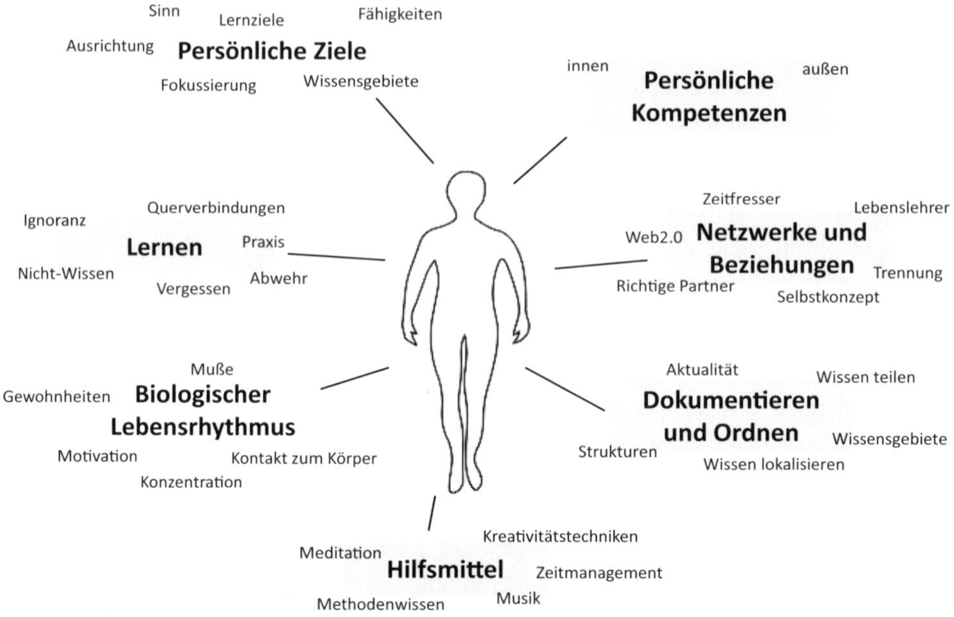

Bild 2.1 Wissensgebiete des persönlichen Wissensmanagement (Willfort/Willfort, 2007)

In der Praxis bedingen sich organisatorisches und persönliches Wissensmanagement gegenseitig bzw. erzeugen einen Abstimmungsbedarf, denn das persönliche Wissensmanagement orientiert sich, im Unterschied zum organisatorischen Wissensmanagement, an den Zielen oder Aufgaben der einzelnen Person.

2.1.5 Typologien und Ausprägungen des Wissensmanagements

Da für das organisatorische Wissensmanagement (auch als betriebliches Wissensmanagement oder Corporate Knowledge Management bezeichnet) im Lauf der Zeit eine Vielzahl verschiedener Sichtweisen und Ordnungsschemata entstanden sind, auf die sich Definitionen zum Teil explizit beziehen, sollen die bekanntesten Ordnungsschemata an dieser Stelle zusammengefasst werden. Den Ausgangspunkt bilden zunächst die Themengebiete, die dem Wissensmanagement in der Forschung zugeordnet und in Bild 2.2 im Überblick dargestellt werden.

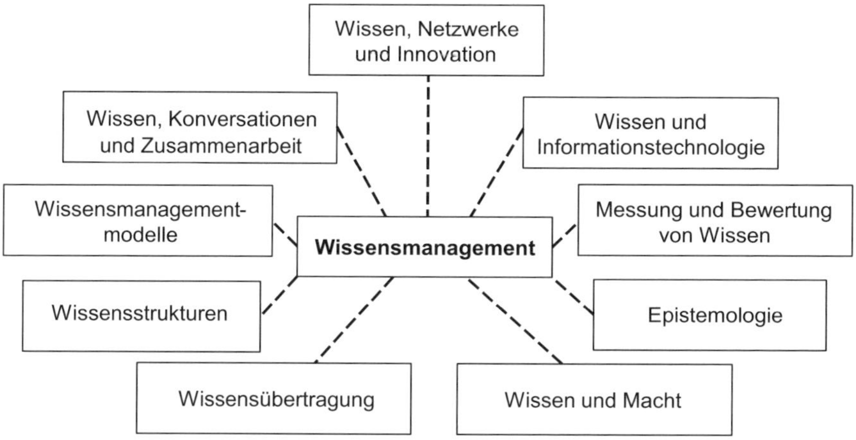

Bild 2.2 Themengebiete des Wissensmanagements (Krogh/Venzin 1995, S. 422 – 424)

Die Frage nach der Ordnung bzw. Strukturierung des Themengebiets „Wissensmanagement" kann man natürlich auch etwas anders stellen: Was bzw. welche Komponenten und Wissensbausteine gehören überhaupt dazu? Damit wird natürlich die enge Verbindung zu den Modellen und Konzepten des Wissensmanagements deutlich, in denen sich ebenfalls das fachliche und inhaltliche Verständnis widerspiegelt (insbesondere in den ganzheitlichen und integrativen Konzepten). Diese Konzepte tragen so zumindest indirekt zu einer Gliederung und einer Begriffsklärung bei. Ein Überblick zu diesen Konzepten findet sich in Abschnitt 2.3.

Unter den verschiedenen Teilansichten, die von Fächern wie Betriebswirtschaftslehre, Wirtschaftsinformatik, Organisationswissenschaft, Informationswissenschaft, Soziologie, Psychologie u. a. m. entwickelt wurden (vgl. dazu auch Kapitel 3), lassen sich zumindest zwei verschiedene Grundausrichtungen erkennen. Sie können als humanorientiertes Wissensmanagement und als technologieorientiertes Wissensmanagement bezeichnet werden (vgl. Schüppel 1996, S. 187 – 190). Beide Grundausrichtungen finden ihre Verbindung in einem integrativen Ansatz, der auch vom Autor propagiert wird.

- **Humanorientierter Ansatz des Wissensmanagements:** Dieser Ansatz sieht die Person oder das Individuum als zentralen Wissensträger, dessen Potenziale nicht voll ausgeschöpft werden und dessen kognitive Fähigkeiten durch das Wissensmanagement unterstützt werden sollen. Der Ansatz ist geprägt von psychologischen und soziologischen Erkenntnissen und steht in einem Naheverhältnis zum Personalmanagement. Er befasst sich also damit, wie ein verhaltensorientierter, kultureller und organisatorischer Wandel des Unternehmens zur Verankerung und Förderung einer Kultur des organisationalen Wissensmanagements beitragen kann und wie Individuen dazu bewegt werden können, am allgemeinen Lernprozess teilzunehmen und das persönliche Wissen mit anderen Organisationsmitgliedern zu teilen. Ein weiterer Teilaspekt ist der Aufbau von Kontakten und Netzwerken, d.h. die Berücksichtigung der sozialen Themen. Der Schwerpunkt liegt bei der Einrichtung eines ganzheitlichen Konzepts für das Wissensmanagement, wobei die Möglichkeiten einer personenunabhängigen Speicherung und Verarbeitung des Wissens in Form einer organisatorischen Wissensbasis vernachlässigt werden.

- **Technologischer Ansatz des Wissensmanagements:** Dieser Ansatz geht vom Einsatz innovativer Technologien zur Sicherung der Wettbewerbsfähigkeit und von der Existenz einer organisatorischen Wissensbasis aus, für die Konzepte entwickelt werden, um das Wissen der Organisation zu erfassen, zu erweitern, zu nutzen, zu speichern und zu verteilen. Die Vorstellung von dieser organisatorischen Wissensbasis ist dabei oft sehr eingeschränkt auf technische Realisierungsformen (z.B. als Datenbank oder als Expertensystem). Damit greift dieser Ansatz wesentlich kürzer als die Idee eines organisatorischen Gedächtnisses. Es findet eine starke Konzentration auf Aspekte der computergestützten Informationsverarbeitung, der Datenbankentwicklung, des Softwareeinsatzes u.a.m. statt. Hauptziel ist letztlich die Unterstützung von Organisationsmitgliedern, Wissen aus ihrem Aufgabenbereich zu sammeln, inhaltlich aufzubereiten, zu klassifizieren, zu verdichten, zu verteilen oder abzurufen. Dabei handelt es sich um keinen Selbstzweck, sondern um den Versuch, die Aufgabenerfüllung und die Entscheidungsfindung sachgerecht zu unterstützen. Der technologieorientierte Ansatz befasst sich mit den Problemstellungen, die beim Entwurf solcher Systeme auftreten. Da dabei die humanorientierte Perspektive ganz offensichtlich vernachlässigt wird, kann dieser Ansatz lediglich als zweite Stufe im Prozess des organisatorischen Wandels zum Einsatz kommen. Man kann nicht davon ausgehen, dass die technische Realisierung eines Wissensmanagementkonzepts Organisationsmitglieder veranlassen wird, ihre Wissensbasis aktiv zu erweitern oder Wissen mit anderen zu teilen.
- **Integrativer Ansatz des Wissensmanagements:** Analysiert man die aktuellen Veröffentlichungen der letzten Jahre, so wird deutlich, dass zunehmend versucht wird, den humanorientierten Ansatz und den technologieorientierten Ansatz in einem ganzheitlichen Konzept zu verbinden (vgl. z.B. Albrecht 1993, Schüppel 1996, S. 187 – 190, Probst et al. 2003, Nonaka 1991 und Nonaka/Takeuchi 1997). Diese integrative Grundposition wird auch vom Autor des vorliegenden Buches vertreten. Letztlich bedeutet dies, dass die kreativen und intellektuellen Fähigkeiten eines Individuums beim Umgang mit Wissen mit den daten- und informationsverarbeitenden Kapazitäten der Computertechnologie verbunden werden müssen, um wirkliche Synergieeffekte zu erzielen. Hier liegen im Augenblick bestenfalls Lösungsansätze und Ideen, aber noch keine wirklichen Lösungen vor. Im Zuge einer Lösung müssen die Theorien über organisatorisches, kollektives und individuelles Lernen in Einklang mit den Möglichkeiten und konkreten Ausprägungen einer informationstechnischen Infrastruktur gebracht werden.

Etwas abweichend davon identifiziert Roehl (1999) die folgenden drei Entwicklungslinien für das Wissensmanagement:

- IT- bzw. technische Orientierung („ICT line“): Hier geht es um den Entwurf und die Implementierung technischer Systeme zur Unterstützung von Wissensarbeit, um ihre Effizienz und Effektivität zu verbessern.
- Geschäfts- bzw. Aufgabenorientierung („business line“): Hier stehen der ökonomische Wert von Wissen und das Verständnis von Wissen als Ressource im Mittelpunkt. In Bezug auf theoretische Überlegungen handelt es sich um eine Erweiterung des traditionellen „resource-based view“ von Unternehmen.
- Soziale Orientierung („sociological line“): Hier steht die Organisation als lernendes System im Mittelpunkt, das über eine kollektive Expertise verfügt, aber auch über die Fähigkeit zur Innovation und Weiterentwicklung.

Differenziert man die Gegenstandsbereiche des Wissensmanagements in die **primäre Ressource „Wissen“** und in die beiden **sekundären Ressourcen „Mensch“ und „Wissenstechnik“**, dann lassen sich in Bezug auf die Aufgaben des Wissensmanagements drei Dimensionen unterscheiden (Albrecht 1993):

- Wissensressourcen-Management (im Mittelpunkt stehen das Wissen eines Unternehmens und das Wissenspotenzial);
- Human-Ressource-Management (Mensch als Wissensarbeiter sowie Wissensträger, einschließlich der sich daraus ergebenden Anforderungen an Führung und Personalpolitik);
- Wissenstechnik-Management (betriebliche Hard- und Softwarestruktur des Unternehmens sowie die eingesetzten Methoden, Instrumente und Systeme der Wissensverarbeitung).

Schränkt man die Diskussion auf die organisatorische Ebene ein, so findet sich bei Schneider (1996, S. 31) ein Anhaltspunkt. Beim Wissensmanagement im instrumentellen, zielgerichteten Sinn geht es demnach „um die Vernetzung vorhandenen, die Generierung neuen Wissens, die Dokumentation von und den Transfer von Wissen aus der Umwelt in die Unternehmung“. In Verbindung damit sollen die mit diesen Prozessen verbundenen ökonomischen Auswirkungen möglichst differenziert erfasst und zu Vergleichszwecken über Zeitperioden aufgezeichnet werden. Diesen Sachverhalt zeigt Bild 2.3 noch einmal zusammenfassend, wobei verschiedene Ebenen für die praktische Umsetzung des Wissensmanagements differenziert werden.

Eine vergleichbare Einteilung in vier Komponenten nimmt Reinmann (2009) vor. Trotz ähnlich klingender Bezeichnungen unterscheiden sich allerdings die Ebenen bzw. Komponenten inhaltlich sehr stark. Die vier Komponenten bzw. Entwicklungslinien des Wissensmanagements nach Reinmann sind:

- Informationstechnische/ingenieurwissenschaftliche Entwicklungslinie (Daten- und Informationsmanagement, Künstliche Intelligenz, Social Software)
- Betriebswirtschaftliche Entwicklungslinie (Wissenscontrolling, Qualitäts- und Prozessmanagement, Strategie und Organisationsentwicklung)
- Soziokulturelle bzw. soziologische Entwicklungslinie (Werte- und Vertrauensmanagement, Organisationskultur, Organisationales Lernen)
- Personale und psychologische Entwicklungslinie (Personal- und Kompetenzmanagement, Individuelles Lernen, Motivation, Emotion und soziale Interaktion)

Auch wenn die inhaltliche Zuordnung zu den vier Komponenten im Einzelnen kritisiert werden kann, so ergibt die Einteilung doch einen brauchbaren Gesamtrahmen für die Analyse und Gestaltung.

Anliegen:	
• Verbesserung des Know-how-Transfers innerhalb der Organisation • Verbesserung des Know-how-Transfers in die Organisation • Dokumentation des Know-hows und möglichst allgemeine, leicht zu handhabende, schnelle Zugänglichkeit • Erfassung des „Intelligenzgrades" von Unternehmen unter Kosten- und Ertragsgesichtspunkten	
Instrumente, Wege der Umsetzung:	
Technische Ebene:	Informations- und kommunikationstechnische Infrastruktur, Speicher- und Verarbeitungskapazität (Vernetzung)
Organisatorische Ebene:	Enthierarchisierung, Deregulierung, Empowerment, diagonale und organisationsübergreifende Arbeitsgruppen, Gatekeeper-Stellen, Selbstorganisation
Personen-Ebene:	Mentorenprogramme, Yellow Pages, vertrauensbildende Maßnahmen, Anstreben einer lern- und kommunikationsoffenen Kultur
Ebene der Systeme:	Beachtung von Diversität bei der Einstellung, Belohnung der Risikonehmer für kreative Experimente; Rösselsprungkarrieren, Quereinsteiger, freie Forschungsbudgets

Bild 2.3 Ebenen des Wissensmanagements (Schneider 1996, S. 31)

Eine weitere Klassifikation stammt von Kühn/Abecker (Kühn/Abecker 1998, S. 185). Sie unterscheiden beim computerunterstützten Wissensmanagement zwischen einer prozesszentrierten und einer produktzentrierten Sicht. Die **prozesszentrierte Sicht** versteht das Wissensmanagement ausschließlich als sozialen Kommunikationsprozess, der durch verschiedene technische Hilfsmittel (z. B. Groupware) unterstützt und verbessert werden kann. Die **produktzentrierte Sicht** konzentriert sich auf Dokumente, die Wissen beinhalten, sowie auf ihre Erstellung, Speicherung und Verwendung mittels Wissensmanagementsystemen. Diese korrespondieren unmittelbar mit der Prozess- und der Objektsicht verschiedener Autoren wie Schneider (Schneider 1996, S. 19), North (North 1998, S. 47) oder Sveiby (Sveiby 1998, S. 1). Zu einer ähnlichen Systematik kommt auch Wargitsch (Wargitsch 1998, S. 17), der zwischen Vertretern einer prozessorientierten Sicht und einer ressourcenorientierten Sicht unterscheidet. Erstere konzentrieren sich auf die Tatsache, dass das Wissen einen starken Prozessbezug aufweist, Letztere auf die Wissensressourcen, die in vielen Bereichen (z. B. für Finanzvorstände, Chief Information Officers) die Planungsgrundlage bilden (was auch als Erbe oder Fortsetzung des Scientific Management erklärt wird). Auch hier wird gefordert, „dass vernünftiges Wissensmanagement zugleich das Management des Objekts Wissen und das der Prozesse, welche dieses Objekt erzeugen, beinhaltet ..." (Godbout zit. nach Wargitsch 1998, S. 17), also die Forderung nach einer Synthese.[1]

[1] Hinzuweisen ist hier allerdings auf eine inhärente Doppeldeutigkeit, weil sich „Prozess" auf Wissensprozesse und Geschäftsprozesse gleichermaßen beziehen kann, genauso „Objekt" auf Knowledge Assets sowie die Produkte und Leistungen der Geschäftstätigkeit.

Eine sinnvolle Möglichkeit zur Definition bzw. Präzisierung des Aufgabenverständnisses ergibt sich auch aus der Frage, welche Wissensmanagementstrategie verfolgt werden sollte. Einen Gliederungsvorschlag für darauf aufbauende Ansätze findet man bei Earl (2001), der insgesamt sieben **Wissensmanagementschulen** identifiziert:

- systems school,
- cartographic school,
- engineering school,
- commercial school,
- organisational school,
- spatial school,
- strategic school.

Earl gliedert die genannten Ansätze weiter in drei Gruppen, die er als technokratisch, ökonomisch bzw. verhaltensorientiert klassifiziert.

Zur ersten Gruppe der **technokratischen Ansätze** gehören die „systems school", die „cartographic school" und die „engineering school". Die „systems school" basiert auf dem Ansatz, Expertenwissen mit Hilfe von Wissensbasen den anderen Mitarbeitern des Unternehmens zugänglich zu machen. Sie zählt somit zum großen Bereich der Kodifizierungsstrategien. Wichtigste Erfolgsfaktoren für diesen Ansatz sind neben einer funktionierenden IT die Validierung des in die Wissensbasis eingestellten Wissens und Belohnungsmechanismen, die die Mitglieder der Organisation ermutigen, ihr Wissen preiszugeben.

Zu den Ansätzen, die sich auch der Personalisierungsstrategie zuordnen lassen, gehört die „cartographic school". Hierbei wird nicht Expertenwissen in eine Wissensbasis eingespeist, sondern es werden Verzeichnisse (Wissenskarten oder Yellow Pages) erstellt, mit deren Hilfe Mitglieder der Organisation Experten zu einem Thema finden können. Wichtig ist hierbei eine Unternehmenskultur, in der gegenseitige Unterstützung und Wissensteilung gefördert werden.

Der Engineering-Ansatz fokussiert schließlich die Prozesse im Unternehmen. Diese sollen durch Bereitstellung von prozessrelevantem Wissen kontinuierlich verbessert werden. Dazu werden den Mitarbeitern Wissen und Informationen ohne regionale oder hierarchische Restriktionen zur Verfügung gestellt. Dies geschieht vor allem mit Hilfe von Datenbanken, in denen Prozessbeschreibungen ebenso abrufbar sind wie Datenmaterial über Verkaufszahlen oder Konkurrenten.

Eine ganz andere Zielrichtung verfolgen die **ökonomischen Ansätze.** Bei der „commercial school" geht es in erster Linie darum, aus dem vorhandenen Wissenskapital Einnahmen zu generieren. Wissen bzw. immaterielle Güter wie Patente, Markenrechte oder Know-how werden wie sonstige Wirtschaftsgüter behandelt. Ein Beispiel ist Dow Chemical, das durch geschicktes Management seines Patent-Portfolios in der Lage war, Einkünfte in Millionenhöhe zu generieren. Als Erfolgsfaktoren identifiziert Earl erstens ein auf Intellectual Asset Management spezialisiertes Team und zweitens Kenntnisse und Prozesse, dieses routiniert durchzuführen.

Zu den **verhaltensorientierten Ansätzen** gehören schließlich die „organisational school", die „spatial school" und die „strategic school". Hauptkennzeichen der „organisational school" sind die meist als „knowledge communities" bezeichneten Organisationsstrukturen, deren

Mitglieder gemeinsame Interessen verfolgen und untereinander (sowohl innerhalb als auch zwischen Organisationen) Wissen austauschen. Hierbei werden sowohl Kodifizierungs- als auch Personalisierungsstrategien verfolgt. Einerseits werden die Netzwerke durch Wissensplattformen unterstützt, andererseits verläuft die Kommunikation zwischen den Mitgliedern der oft virtuellen Teams persönlich. Voraussetzungen für den Erfolg sieht Earl in dem Vorhandensein einer Tradition von Networking und sozialem Austausch, genauso wie dem eines Moderators, der die Mitglieder miteinander in Verbindung bringt.

Der von Earl als „spatial school" bezeichnete Ansatz beruht auf der Annahme, dass vor allem implizites Wissen in Gesprächen und Diskussionen ausgetauscht wird. Dazu werden Orte der Begegnung und des Austauschs geschaffen. Beispiele sind kleinere Maßnahmen wie das Aufstellen eines Wasserspenders, wo sich Mitarbeiter begegnen und austauschen können, oder auch ganze Gebäude, in denen Mitarbeiter zusammenfinden, wie das Skandia Future Center. Wichtig ist, dass die Mitarbeiter zum Austausch und zur Kommunikation ermutigt werden.

Die „strategic school" fokussiert auf Wissensmanagement als Teil der Wettbewerbsstrategie. Wissen wird als die Kernressource gesehen, aus der immer wieder neue Produkte und Prozesse entwickelt werden können. Das Bewusstsein dieser Möglichkeiten wird durch die explizite Aufnahme des Themas Wissen in die Unternehmensstrategie gefördert.

Hilfreich für die aktive Gestaltung ist auch die Unterscheidung zwischen Mikro- und Makroebene. Auf der Mikroebene des Wissensmanagements geht es um die Wissensversorgung im Kleinen, d. h. um Maßnahmen zur Unterstützung kleinerer Gruppen oder Teams sowie von Einzelpersonen (vgl. auch Abschnitt 2.1.4). Auf der Makroebene geht es hingegen um die gesamte Organisation, sodass hier nicht nur eine andere Sicht, sondern auch andere Maßnahmen naheliegend sind (vgl. Abschnitt 2.1.3). Die beiden Ebenen hängen zwar zusammen, eine undifferenzierte Vermischung der Ebenen erschwert aber die zielgerichtete Planung genauso wie die Überprüfung der Wirksamkeit von Maßnahmen. Weitere Ordnungsversuche und Typologien finden sich in der einschlägigen Literatur, wobei Begona Lloria (2008) noch hervorgehoben werden soll, die **deskriptive Ansätze des Wissensmanagements** und **normative Ansätze des Wissensmanagements** unterscheidet

Zusammenfassend ist festzustellen, dass im Unterschied zu anderen Managementdisziplinen beim Wissensmanagement weder die Konsolidierung der Fachinhalte noch jene der Grundpositionen und der methodischen Unterstützung abgeschlossen ist. Für die Unternehmen bedeutet dies, dass kein allgemeingültiger Rahmen als Leitkonzept für die Gestaltung vorliegt. Eine wichtige Rolle kommt hier zwar den integrierten (bzw. integrativen oder ganzheitlichen) Konzepten und Modellen des Wissensmanagements zu (vgl. Abschnitt 2.3), dennoch ist die Konkurrenzsituation und Pluralität mit Anspruch auf die „richtige" Grundorientierung unübersehbar. Dies ist bis zu einem gewissen Grad der Interdisziplinarität geschuldet und findet eine Erklärung in den Referenzdisziplinen des Wissensmanagements (siehe Kapitel 3), welche unterschiedliche und zum Teil sehr spezifische Teilaspekte des Wissensmanagements in den Mittelpunkt stellen. Gerade aus betrieblicher Sicht sind aber ein einheitlicher Rahmen bzw. ein Leitkonzept wünschenswert (vgl. dazu auch Abschnitt 2.1.7).

2.1.6 Wissensziele und Wissensstrategie als Basis für die Umsetzung

Wissensmanagement ist inzwischen als Disziplin allgemein anerkannt, in vielen Organisationen verankert und bedarf meist keiner besonderen Rechtfertigung mehr. Wissensmanagement wird allerdings nicht uneingeschränkt positiv gesehen und selbst manche Fachvertreter sahen in der Entwicklung der letzten Jahre eine übertriebene Begeisterung, die nun abklingt und von einer realistischeren Sicht auf das Machbare abgelöst wird. Aufgrund der unterschiedlichen Sichten und verschiedener möglicher Grundorientierungen oder Typologien des Wissensmanagements (vgl. Abschnitt 2.1.5) ist es schwierig, allgemeine Voraussetzungen für das Wissensmanagement zu bestimmen. Eine Kernaufgabe jedes Unternehmens ist daher bis auf Weiteres die Bestimmung der eigenen Position und die Festlegung der unternehmensspezifischen Aufgaben in Bezug auf das Wissensmanagement; es ist damit eine Entscheidung unter der Vielfalt der Möglichkeiten zu treffen. Die Gestaltung spielt sich in einem Spannungsfeld ab, das über die bisweilen erwähnte Theorie-Praxis-Kluft hinausreicht (vgl. z. B. Centobelli et al. 2018, Haamann/Basten 2019). Es handelt sich um eine Spannung zwischen der gelebten Wirklichkeit und den meist idealisierten Konzepten zum Wissensmanagement aus der Fachliteratur sowie theoriebezogenen und empirisch gesicherten Fakten.

Aus der bisherigen Diskussion können in Verbindung mit dem Wissensmanagement zunächst folgende Kernfragen abgeleitet werden, die Unternehmen vorab klären sollten:

- Welches Wissen (d. h. nicht Daten und auch nicht Informationen!) ist überhaupt erforderlich, um die Leistung (z. B. Herstellung eines Produkts) durch die Organisation zu erbringen?
- Welches Wissen ist erforderlich, um gegebenenfalls Anpassungen der bestehenden Leistungserstellungsprozesse vorzunehmen (z. B. weil die Konkurrenz das Produkt billiger anbietet, weil sich die Nachfrage ändert, weil technische Verbesserungen neue Funktionen erlauben etc.)?
- Welches Wissen ist ggf. erforderlich, um neue Produkte oder Leistungen zu entwickeln?

Ein wesentlicher Punkt für eine erfolgreiche Ausgangssituation im Wissensmanagement ist also das genaue **Verständnis des relevanten Wissens** in Unternehmen (z. B. Kenntnis der Kernkompetenzen), welches es durch die Wissensziele und die Wissensidentifikation einzugrenzen und zu formulieren gilt (siehe dazu auch Abschnitt 4.1.6, Methoden zur Wissenserhebung). Durch die **Wissensziele** wird abgestimmt auf die Unternehmensstrategie festgelegt, welchen Beitrag Wissen zum Unternehmenserfolg leisten soll. Diese Ziele bieten eine Richtungsvorgabe für Maßnahmen und Aktivitäten des Wissensmanagements.

Die Schaffung der dauerhaften Voraussetzungen für die Umsetzung der Ziele und ihre regelmäßige Aktualisierung können mit dem Begriff Wissensorganisation umschrieben werden. Bei einer erfolgreichen Wissensorganisation kommt es auf das Zusammenspiel mehrerer unterschiedlicher Faktoren an, wobei in der Literatur folgende sechs **Interventionsebenen des Wissensmanagements** häufig genannt werden (siehe z. B. Maier 2004):

- Strategie: Festlegung von Wissenszielen und Identifikation von Wissenslücken („Was müssen wir wissen?"); Festlegung von Wissensstrategien (Personalisierungs- vs. Kodifizierungsstrategie oder integrativer Ansatz); Schaffung der Voraussetzungen für die Erfolgsmessung.

- Unternehmenskultur: Etablierung einer Kultur des „Knowledge Sharing“; Schaffung gemeinsamer Werte und einer wissensfreundlichen Unternehmenskultur.
- Wissensbasis: individuelle und kollektive Wissensbestände, auf die eine Organisation zur Lösung ihrer Aufgaben zurückgreifen kann; Verbindung von „Wissensinseln“ im Unternehmen als Kernaufgabe des Wissensmanagements.
- Organisation: Maßnahmen der Aufbau- und Ablauforganisation, d.h. organisatorische Verankerung des Wissensmanagements als informelle Initiative (z.B. „Communities of Practice“), als Projekt oder als separate Organisationseinheit; Bestimmung der unterstützten Geschäftsprozesse und der Wissensmanagementprozesse.
- Personelle Ebene (Human Resources): Motivation der Mitarbeiter zur Teilnahme; Aufbau von Vertrauen; Entwicklung von Führungs- und Anreizsystemen in Bezug auf den Wissenstransfer; Durchführung von HR-Maßnahmen.
- Technologie: Implementierung von IT-Lösungen zur Unterstützung des Wissensmanagements (z.B. Archivierung, Kommunikation, Kooperation, Wissensaustausch).

Eine besonders wichtige Rolle spielen dabei die **Wissens- und die Wissensmanagementstrategie (W-Strategien).** Sie definieren, welches Wissen das Unternehmen benötigt und wie dieses grundsätzlich erlangt werden soll. Sie leiten sich wie bereits erwähnt aus der Wettbewerbsstrategie des Unternehmens ab und beeinflussen damit die organisatorische Umsetzung bzw. die Institutionalisierung des Wissensmanagements. Durch die Verbindung mit der Wettbewerbsstrategie ist das Wissensmanagement in der Lage, zum Erfolg des Unternehmens beizutragen, und verhindert zudem die Existenz des Wissensmanagements um seiner selbst willen. Zur Unterscheidung zwischen Wissensstrategie und Wissensmanagementstrategie siehe Shannak et al. (2012).

Die **Wissensstrategie** schafft einen Zusammenhang zwischen den im Unternehmen vorhandenen Ressourcen und Fähigkeiten und der Unternehmensstrategie. In ihr wird vor allem festgelegt, wie die Wissensbasis des Unternehmens zukünftig aussehen soll und damit das für die Zukunft angestrebte Fähigkeitenportfolio. Dies beinhaltet die Beantwortung der Frage, welche Kernkompetenzen genutzt bzw. gesichert werden sollen, ob in neue Bereiche expandiert werden soll oder ob Kooperationen eingegangen werden. Zugleich wird dadurch entschieden, welche Wissensbereiche von besonderer Bedeutung sind – Kundenwissen, Wettbewerbswissen, Wissen über Produkte oder Lieferanten o.Ä.

Die Wissensstrategie beschreibt nicht nur, welches Wissen das Unternehmen benötigt, sondern auch, auf welche Art und Weise dieses aufgebaut bzw. im Unternehmen gehalten wird. Ein Unternehmen muss definieren, ob es seinen Fokus eher auf die interne Generierung von Wissen legt (internes Lernen) oder ob versucht wird, Wissen von außerhalb des Unternehmens zu erlangen (externes Lernen). Internes Lernen kann sich dabei auf der Ebene der Individuen, innerhalb von Funktionsbereichen, zwischen Funktionsbereichen oder auch über Hierarchieebenen hinweg vollziehen. Durch externes Lernen kann z.B. von und über Kunden gelernt werden, erfolgreiche Produkte oder Konzepte von Konkurrenten können imitiert oder in Zusammenarbeit mit anderen Unternehmen können neue Produkte entwickelt werden.

Ein weiterer Faktor, der bestimmt werden muss, ist die gewünschte Lerngeschwindigkeit. Schnelles Lernen ermöglicht es dem Unternehmen, mit neuen Produkten in einem Bereich „First-Mover-Advantages“ auszunutzen. Durch langsameres Lernen hingegen können sich zugleich auch komplementäre Wissensbereiche entwickeln. Abhängig davon, wie begrenzt die Ressourcen des Unternehmens sind, ist die Entscheidung über die Breite der Wissensbasis. Begrenzte Ressourcen bedingen eine Fokussierung auf wenige Gebiete. Neben dem Vorteil, durch Spezialisierung auf wenigen Gebieten führend zu sein, birgt dies aber auch das Risiko, bei veränderten Wettbewerbsbedingungen zu sehr auf ein nicht mehr rentables Gebiet beschränkt zu sein. Eine breitere Wissensbasis erhöht dagegen die Flexibilität bei sich ändernden Umweltbedingungen.

Im Rahmen von Studien über die verschiedenen Kombinationsmöglichkeiten der eben beschriebenen Entscheidungen wurden **vier generische Strategien des Wissensmanagements** identifiziert (vgl. Ordonez de Pablos, 2002, S. 57 f., Bierly/Chakrabarti 1996, S. 129 f.):

- **Innovators** sind aggressive Lerner. Sie kombinieren sowohl internes und externes als auch radikales und schrittweises Lernen. Zudem zeichnen sie sich durch eine hohe Lerngeschwindigkeit aus.
- **Loners** konzentrieren sich auf internes Lernen und isolieren sich stark. Zudem ist ihre Lerngeschwindigkeit niedriger als bei anderen Unternehmen. Sie fokussieren sich auf wenige Wissensgebiete und haben Probleme, unterschiedliches Wissen zu integrieren.
- **Exploiters** legen den Fokus auf externes und schrittweises Lernen. Ihre Wissensbasis ist breit, aber oberflächlich. Gewinnbringendes Wissen wird so gut wie möglich vermarktet.
- **Explorers** heben sich von der vorherigen Gruppe vor allem durch ihr radikales Lernen und ihre stärkere Ausgeglichenheit zwischen internem und externem Lernen ab. Aufgrund ihrer limitierten Ressourcen sind sie auch auf die starke Vermarktung weniger gewinnbringender Produkte angewiesen.

Ein weiterer Vorschlag, der allerdings keine Taxonomie im engeren Sinne beschreibt, sondern exemplarischen Charakter in Bezug auf Wissensmanagementstrategien hat, findet sich bei Reinmann-Rothmeier et al. (2001). Die Autoren identifizieren sechs mögliche Strategien und bezeichnen sie auch als **„Gesichter des Wissensmanagements“:**

- Wissensmanagement als Unternehmensstrategie
- Wissensmanagement als Management des intellektuellen Kapitals
- Kundenorientiertes Wissensmanagement
- Wissensmanagement als Wissenskommunikation und Best-Practice-Sharing
- Wissensmanagement als gezielte Wissensgenerierung und Innovation
- Personalisiertes Wissensmanagement mit individuellen Verantwortlichkeiten

Von einer ganz anderen Idee gehen Russ und Jones aus, indem sie eine KM-Strategie-Typologie vorschlagen, die auf sechs Dilemmata beruht (vgl. Russ/Jones 2011, Russ et al. 2006). Im Prinzip handelt es sich um strategische Richtungsentscheidungen, die eine Organisation explizit, implizit, überlegt oder nach und nach treffen muss. Folgendes Spektrum an Wahlmöglichkeiten wurde aus empirischen Daten und Meta-Analysen abgeleitet:

- **Codification vs. Tacitness,** d. h. soll der Fokus primär auf der Kodifizierung und Speicherung von Wissen im Unternehmen liegen oder kann die Wissensbasis verborgen bleiben?
- **Complementary vs. Destroying,** d. h. soll neues Wissen ergänzend zum bestehenden Wissensbestand entwickelt werden oder altes Wissen durch das neu entwickelte Wissen ersetzt werden?
- **Concealment vs. Transparent,** d. h. soll das Wissen allgemein zugänglich oder gesichert und nur einer Gruppe von Berechtigten zugänglich sein?

- **External Acquisition vs. Internal Development,** d. h. Fremdbezug oder Eigenentwicklung?
- **Exploration vs. Exploitation,** d. h. soll eher mit neuem Wissen experimentiert werden oder die Konzentration auf das bereits verfügbare Wissen und seine Nutzung gelegt werden?
- **Product vs. Process,** d. h. soll der Wertbeitrag der Wissensbasis eher prozessorientiert sein oder Produkte und Dienstleistungen des Unternehmens unterstützen?

Die Typologie von Russ/Jones ist auch als C3EEP-Framework bekannt und kann zur Beschreibung von Wissensmanagementstrategien verwendet werden.

Ein wichtiges Thema in Verbindung mit der Strategieentwicklung ist, einen strategischen Fit zwischen den Unternehmenszielen und dem Wissensmanagement herzustellen. Dies ist von besonderer Bedeutung, da Strategien im Allgemeinen und die Wissens- bzw. Wissensmanagementstrategie im Besonderen einen wichtigen Baustein für den Unternehmenserfolg bilden (Andreeva/Kianto 2012). Untersuchungen belegen zudem, dass eine Übereinstimmung (Kohärenz) mit der Unternehmensstrategie und der IT-Strategie bestehen sollte (vgl. Bosua/Venkitachalam 2013, De Toni et al. 2011). Franken und Braganza (2006) nehmen eine Zuordnung unter Verwendung einer Typologie von Miles und Snow vor. Dabei wird zwischen den Typen „Defender", „Prospector", „Analyser" und „Reactor" unterschieden und abgestimmt darauf eine geeignete Form des Wissensmanagements identifiziert.

Zack (1999a) baut ganz ähnlich auf einer Konkurrenz- und Wettbewerbsanalyse auf. Anhand der Frage, ob das Wissen intern oder extern generiert wird und wie das Unternehmen sein Wissen verwertet, unterscheidet Zack zwischen konservativen und aggressiven Wissensstrategien (in diesem Zusammenhang wird auch auf Russ et al., 2006, verwiesen, wo eine ähnliche Liste mit Gegensatzpaaren zur Strategiefestlegung zu finden ist). Je nachdem, welche Strategie verfolgt wird, werden mehr oder weniger starke Wissensbarrieren innerhalb einer Industrie aufgebaut. Konservative Unternehmen werden ihr Wissen stärker schützen, während aggressive Unternehmen ihr Wissen stärker mit anderen austauschen und im Gegenzug von fremdem Wissen profitieren. Je mehr aggressive Unternehmen in einer Branche vertreten sind, desto schneller verläuft der Produktlebenszyklus, da aggressive Unternehmen dazu tendieren, die eigenen Produkte immer wieder selbst überflüssig zu machen.

Nach der Festlegung der Wissensstrategie wird das im Unternehmen vorhandene Wissen kategorisiert. Dazu wird eine dreistufige Kategorisierung vorgeschlagen. Abgrenzungskriterium ist der Beitrag der Wissensarten zur Wettbewerbsposition des Unternehmens. Kernwissen (core knowledge) ist dabei das Wissen, das benötigt wird, um überhaupt im Wettbewerb zu bestehen. Es ist weder einzigartig, noch befähigt es zu Wettbewerbsvorteilen gegenüber Konkurrenten, da diese über das gleiche Wissen verfügen. Fortgeschrittenes Wissen (advanced knowledge) ermöglicht kleinere Differenzierungen gegenüber den Konkurrenten. Eine Abgrenzung von den Konkurrenten und somit eine mögliche Führungsposition im Wettbewerb ermöglicht schließlich innovatives Wissen (innovative knowledge). Nur durch kontinuierliche Innovation kann ein Unternehmen langfristig im Wettbewerb bestehen. Dabei gilt es jedoch zu beachten, dass sich in einem dynamischen Wettbewerbsumfeld innovatives Wissen schnell in Kernwissen verwandeln kann. Was heute noch zu strategischen Vorteilen führt, kann morgen bereits wettbewerbsentscheidend sein.

In enger Verbindung mit der Wissensstrategie wird auch die **Wissensmanagementstrategie** definiert. Sie orientiert sich nicht nur am Wissen selbst, sondern am gesamten Aufgabenbereich des Wissensmanagements. Zwischen den beiden Begriffen wird allerdings in der Praxis nicht klar unterschieden. In der Literatur dominiert die von Hansen et al. eingeführte Unterscheidung zwischen den Strategien „Kodifizierung" und „Personalisierung". Im Rahmen der sogenannten Kodifizierung wird das vorhandene Wissen expliziert und den Mitarbeitern über Datenbanken o. Ä. zur Verfügung gestellt. Bei der Personalisierung bleibt das Wissen mit seinem Besitzer verbunden und wird im persönlichen Kontakt weitergegeben. Meist verfolgen Unternehmen beide Strategien. Die stärkere Gewichtung einer der beiden (wie z. B. durch einen 80-20-Ansatz) wird aber als vorteilhaft angesehen. Bei der Entscheidung, welche Strategie hauptsächlich verfolgt wird, sollte von der Wettbewerbsstrategie des jeweiligen Unternehmens ausgegangen werden. Unternehmen, deren Produkte und Services stark standardisiert sind, sollten eher die Kodifizierungsstrategie verfolgen und bestehendes Standardwissen wiederverwenden. Das Gegenteil trifft für Unternehmen zu, deren Produkte und Services sehr stark auf den individuellen Kunden zugeschnitten sind.

Weitere Vorschläge zu Wissensmanagementstrategien liefern Nold (2010), De Toni et al. (2011), Krogh (2012), Song/Sun (2018) sowie Garavelli et al. (2004), die zwischen Wissensmärkten (knowledge markets) und Wissensgemeinschaften (knowledge communities) unterscheiden. Am Beispiel „Infosys" werden von Mehta et al. (2007) die Umsetzung und evolutionäre Weiterentwicklung beschrieben. Und hinzuweisen ist schließlich noch auf die Gefahr des Wissensverlusts, die häufig vernachlässigt wird und die bei der Strategieformulierung angemessen berücksichtigt werden sollte (vgl. dazu auch DeLong 2004, Parise et al. 2006, Frank 2009, Daghfous et al. 2013, Erlach et al. 2013, Ahmad et al. 2014, Massingham 2018, Wiksztröm et al. 2018, Massingham 2008, Parboteeah, P. et al. 2016, Joe et al 2013, Levallet/Chan 2016, Zimmermann et al. 2018, Rashid et al. 2019).

Wesentlich seltener als idealtypische Strategien werden in der Literatur Vorgehensweisen zur **Formulierung von Wissens- bzw. Wissensmanagementstrategien** thematisiert. Einschlägige Hinweise finden sich z. B. bei Shannak et al. (2012), Holsapple/Jones (2006) und Bolisani/Bratianu (2017). Ein wesentlicher Schritt nach der Bestimmung der strategischen Bedeutung und Ausrichtung des Wissensmanagements besteht in der organisatorischen Umsetzung und der Sicherung der Nachhaltigkeit der Maßnahmen. Dies wird auch als **Institutionalisierung des Wissensmanagements** bezeichnet. Abhängig von der jeweiligen Situation kann es sich dabei um die Einrichtung einer eigenen Organisationseinheit, um die Übertragung spezifischer Aufgaben auf bestehende Mitarbeiter oder um sonstige Maßnahmen (z. B. Einführung eines Wissensmanagementsystems, Durchführung eines Wissensmanagementprojekts) handeln. Auch wenn es bislang keine verbindlichen Gestaltungsmodelle für die organisatorische Umsetzung des Wissensmanagements gibt, so kommt einer bewussten und aktiven Gestaltung doch ein entscheidender Erfolgsbeitrag zu (vgl. dazu auch Abschnitt 5.1.2).

Die Umsetzung der dargestellten Schritte kann als idealtypischer Rahmen für ein systematisches und zielgerichtetes Wissensmanagement verstanden werden, wobei die einzelnen Aufgaben permanent im Sinne eines Managementzyklus wahrgenommen werden sollten. Bild 2.4 stellt diesen Zusammenhang als **Controlling-Kreislauf des Wissensmanagements** dar. Der Nutzen und die Notwendigkeit eines systematischen Controllings unter strategischer Führung werden inzwischen auch durch die Fachliteratur bestätigt (vgl. z. B. Palte et al. 2011, Zyngier/Venkitachalam 2011). Natürlich gehört zu den Aufgaben hier auch die Überwachung der Kosten des Wissensmanagements. Hierzu gibt es noch wenig aussagefähige Veröffentlichungen. Für große Unternehmen könnte aber Infosys als Muster dienen (vgl. Kimble 2013).

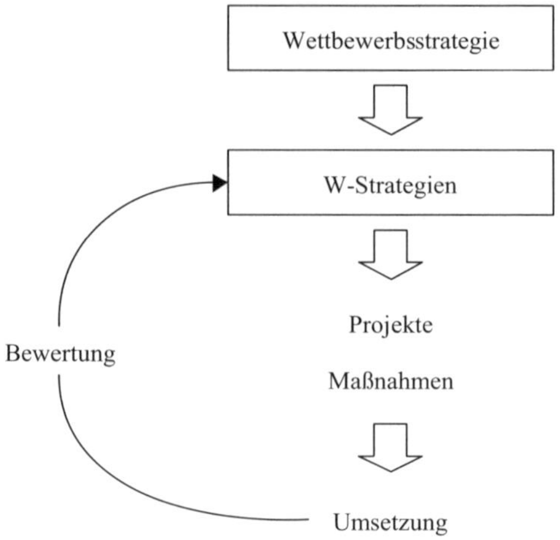

Bild 2.4 Controllingkreislauf des Wissensmanagements

Verwandt mit dem Controlling-Kreislauf ist das Knowledge-Chain-Modell (KCM), das in abgewandelter bzw. weiterentwickelter Form auch als Wissenskreislauf (Knowledge Cycle, Knowledge Life Cycle) oder Wissensmanagementkreislauf bekannt ist (vgl. dazu Abschnitt 2.3.3, Birkinshaw/Sheehan 2002, Evans et al. 2014). Bild 2.5 zeigt das ursprüngliche Modell (Holsapple/Jones 2011), das inzwischen verfeinert und weiterentwickelt worden ist (vgl. auch Lee/Yang 2000). Es weist Analogien zur Wertekette (Value Chain) von Porter auf, wurde aber nicht davon abgeleitet (vgl. Holsapple/Jones 2011). Die sekundären Aktivitäten sind in diesem Fall nämlich keine Hilfsfunktionen, sondern umfassen die steuernden Managementaufgaben mit Bezug zum Unternehmenswissen. Es kann zur Entwicklung der Wissensmanagementstrategie und zur Unterstützung des Knowledge Governance eingesetzt werden.

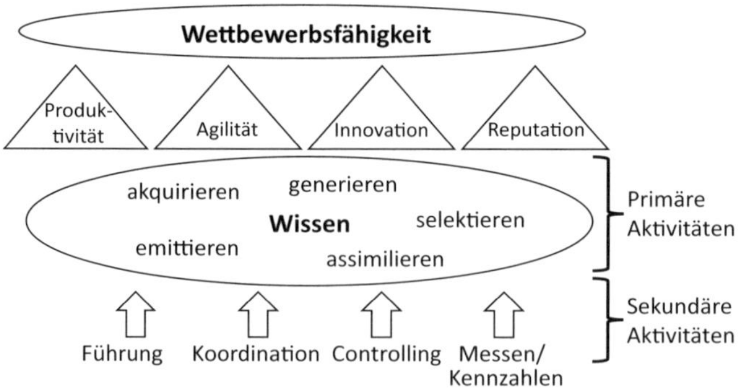

Bild 2.5 Knowledge-Chain-Modell (nach Holsapple/Jones 2011)

2.1.7 Forschung und Theorieentwicklung im Wissensmanagement

Wissensmanagement ist in seiner Bedeutung für Unternehmen heute allgemein akzeptiert und sowohl als Managementdisziplin als auch als wissenschaftliche Disziplin aus den Anfängen herausgewachsen. In der Wissenschaft ist noch nicht entschieden, ob es sich um eine eigenständige Disziplin oder lediglich um ein interdisziplinäres Forschungsfeld handelt. Die zunehmende Anzahl an Hochschulstudiengängen spricht für Ersteres (vgl. dazu auch Abschnitt 5.1.5), die zahlreichen Referenzdisziplinen (vgl. Kapitel 3) in Verbindung mit wenig konsolidierten Forschungsbeiträgen eher für die zweite Auffassung.

Auffällig ist gerade wegen der inzwischen großen Verbreitung des Wissensmanagements in der Praxis die deutliche **Kluft zwischen Theorie und Praxis** (siehe z. B. Haamann/Basten 2019). Man findet kaum Wissensmanagementinitiativen, die sich konsequent auf ein wissenschaftliches Konzept stützen. Am Beispiel der öffentlichen Verwaltung in Australien ist dies auch untersucht bzw. nachgewiesen worden. Australien galt als Vorreiter bei der Einführung von Standards und Managementleitfäden für das Wissensmanagement. Die Nutzung und Bekanntheit dieser Hilfsmittel war wenig befriedigend und weit von dem entfernt, was erwartet worden war (vgl. Burford/Ferguson 2011).

Man findet allerdings auch nur wenige Konzepte, die theoretisch gut begründet und zugleich empirisch abgesichert sind. Aktuell ist zwar ein Umdenken festzustellen und ein zunehmendes Bemühen um eine gesicherte Wissensbasis für die Disziplin des Wissensmanagements (manchmal als „Body of Knowledge" bezeichnet, siehe u. a. McFarlane 2008 und 2010), der große Konsolidierungsbedarf aufgrund der Heterogenität der Interessen und Inhalte sowie der Divergenz der Beteiligten sind aber unübersehbar. Die Diversität der Disziplin ist natürlich erklärbar und nicht zuletzt im raschen Wachstum des jungen und attraktiven Faches begründet, aber auch in der unabhängigen und kaum koordinierten Entwicklung an vielen Orten. Dies führte dazu, dass nicht eine Disziplin, sondern quasi viele eigenständige Wissensmanagementdisziplinen entstanden sind. In der Überwindung dieser Situation wird die Herausforderung der nächsten Jahre gesehen. Als wichtiger Schritt in diese Richtung kann die systematische Reflexion der Disziplin gesehen werden, die seit der Jahrtausendwende zu beobachten ist. Frühe Versuche, die noch wenig beachtet wurden, stammen von Binney (2001) und Argote et al. (2003). In der Folge beginnen aber eine kritische Auseinandersetzung und Versuche zur Harmonisierung der unterschiedlichen Ansätze, die auch wahrgenommen werden. Beispiele dafür sind die Arbeiten von Begona Lloria (2008), Nie et al. (2007 sowie 2009), Heisig (2009) und Jafari et al. (2009).

Einen viel beachteten Versuch, den disziplinären Kern zu erfassen und zur Identität des Faches beizutragen („Unification of a Complex Discipline"), stellt auch die zweite Auflage der Wissensmanagement-Enzyklopädie von Schwartz und Te'eni (2011) dar. Trotzdem ist nicht zu übersehen, dass das Fach und die Entwicklung weiterhin an einer Überdifferenzierung leiden und ein stabiles und allgemein anerkanntes Grundgerüst weiterhin fehlt. Auch das Verhältnis der bisher bekannten Teilaufgaben und Aspekte des Wissensmanagements zueinander ist nicht geklärt. Man kann daraus natürlich den Schluss ziehen, dass es sich eben um ein interdisziplinäres Forschungsgebiet und keine eigenständige Disziplin handelt und die Beiträge in den entsprechenden Hauptdisziplinen zum Fortschritt beitragen. Trotzdem steht dies in einem gewissen Widerspruch zur Wahrnehmung innerhalb der Scientific Community. Besondere Beachtung verdient der Versuch, das bisherige Wissen zum Erfolgsbeitrag zu sichten, da das Wissensmanagement genuin einen Beitrag zur organisatorischen

Effizienz leisten sollte. Andreeva und Kianto (2012) kommen in der Auswertung bestehender Studien zwar zu dem Schluss, dass es hierzu zwar nicht sehr viel Forschung gibt, ein positiver Einfluss auf die Wettbewerbsfähigkeit und auch die finanzielle Performance von Unternehmen aber durchaus erreichbar ist.

Die **Multiperspektivität** und der Pluralismus, die sich in der Gesamtsituation des Angebots an Konzepten und Modellen widerspiegeln (vgl. z.B. Begoña Lloria 2008, Sheffield 2009, Heisig 2009), müssen nicht unbedingt ein Nachteil sein, erschweren aber die Bewertung der erzielten Wirkung, wenn man Wissensmanagement als betriebliche Querschnittsfunktion versteht, erheblich. Ein Versuch, dieser Vielschichtigkeit gerecht zu werden, kann in der Arbeit Al-Lahams gefunden werden, der Wissensmanagement als einen Prozess definiert, der die Formulierung und Implementierung wissensbezogener Strategien umfasst (Al-Laham 2003). Dieses Verständnis findet sich inzwischen unter der Überschrift „Knowledge Governance“ in der allgemein akzeptierten Meinung wieder, dass Wissensmanagement ohne strategische Einbindung in ein Zielsystem wenig hilfreich ist (siehe dazu z.B. Zyngier 2010 und 2011). Mit dieser Ausrichtung auf übergeordnete Ziele ist zugleich auch das Problem der Bewertung beseitigt, da die Zielerreichung das wesentliche Kriterium bildet.

Die Forschung ist sich der insgesamt noch unbefriedigenden Situation sehr wohl bewusst. Eine geringe Rolle spielen dabei unterschiedliche Forschungsausrichtungen, die sich z.B. in Form einer verhaltensorientierten (Behavioural Science) und einer gestaltungsorientierten Forschung (Design Science) gegenüberstehen (vgl. Hevner/Chatterjee 2010, MacKenzie et al. 2011, March/Storey 2008). Die verhaltensorientierte Forschung beschäftigt sich u.a. mit Phänomenen und Wirkungen, die durch Maßnahmen des Wissensmanagements oder den Einsatz von Wissensmanagementsystemen hervorgerufen werden. Bei der gestaltungsorientierten Forschung geht es im vorliegenden Kontext beispielsweise um die Entwicklung von Wissensmanagementsystemen (z.B. Orenga-Roglá/Chalmeta 2019), KM-Frameworks oder KM-Architekturen, um die Konzeption von Conversational Platforms, KI-Lösungen u.a.m.

Schwerer wiegt hingegen die unzureichende begriffliche Abgrenzung von Informationen und Wissen. Als Folge der Vermischung der beiden Konzepte erlauben auch die Ergebnisse von Untersuchungen keine klaren Rückschlüsse auf Ursache-Wirkungs-Zusammenhänge und tragen damit nur wenig zum Erkenntnisfortschritt im Wissensmanagement bei. Defizite bestehen aber nicht nur im Bereich der Terminologie (fehlendes einheitliches Begriffssystem, vgl. dazu auch Schreyögg/Geiger 2003, Reihlen 2003) sondern auch bei der Klassifikation und Bewertung existierender Konzepte, Modelle und Methoden sowie bei der Taxonomie relevanter Phänomene. Man könnte das auch mit dem Gegenstandsbereich des Wissensmanagements und dem Erkenntnisinteresse, das die Mitglieder der Disziplin verbindet, umschreiben. Neben Wissen und Wissensmanagement, zu denen es hinreichend Literatur gibt, sind das die Wissensorganisation (bzw. auch die wissensintensive Organisation, sog. KIOs) (Dovey/White 2005, Davenport/Holsapple 2011, Käpylä et al. 2011, aber bereits Starbuck 1992), Wissensarbeit (Knowledge Work) und Wissensarbeiter (Knowledge Worker) (Meinsen 2003, Kim et al. 2012, Tiemann 2010, Henry 2012), Wissensprozesse (sowie wissensintensive Prozesse) (Margaryan et al. 2011) und in Verbindung damit natürlich auch **Begriffe und Phänomene,** die mit einer **Wissensmanagementorientierung** (KM orientation, vgl. Wang et al. 2008) zusammenhängen. Beispiele dafür sind:

- Wissensintensität bzw. Knowledge Intensity (Käpylä et al. 2011)
- Wissensabhängigkeit bzw. Knowledge Dependency

- Knowledge Hiding (Pan et al. 2018, Serenko/Bontis 2016, Wang et al. 2019)
- Knowledge Capacity (Datta 2012)
- Retentive Capacity (Szulanski 1996)
- Learning Capacity und Absorptive Capacity (z.B. Duchek 2013, Noblet et al. 2011, Datta 2012, Roberts et al. 2012, Grandinetti 2016)
- Knowledge Receptivity (Wang et al. 2008)
- Knowledge Management Capabilities (Kulkarni/Freeze 2011)

Manche Forscher erwarten sich durch eine Fokussierung und Abkehr vom gesamten Unternehmen als Untersuchungsgegenstand Verbesserungen bei der Qualität und Einordnung der Ergebnisse. Man sollte dabei aber nicht übersehen, dass es sich um Teilaspekte des Wissensmanagements handelt und vor allem mit Blick auf die Anwendung in der Praxis die Integration in das „Big Picture" des organisatorischen Wissensmanagements nicht überflüssig wird.

Die Reflexionen der letzten Jahre führten auch dazu, dass sich die Disziplin verstärkt mit Fragen der Theoriebildung und einer eigenständigen theoretischen Basis auseinandersetzte (siehe z.B. Baskerville/Dulipovici 2006, Onions 2010, Ma/Yu 2010, Mbhalati 2012, Walter/Ribiere 2013, Tzortzaki/Mihiotis 2014). Diese findet auf mehreren Ebenen statt. Es geht um das theoretische Fundament für das betriebliche Wissensmanagement, um die eigenständige Entwicklung von Theoriekonzepten und schließlich um die Verwendung bereits bewährter Theorien bei empirischen Untersuchungen. In der Anfangsphase des Wissensmanagements wurde dies vernachlässigt bzw. von einem intuitiven Vorverständnis ausgegangen. Inzwischen werden aber folgende **Theorien als Grundlage der Disziplin** angesehen:

- Knowledge-based Theory of the Firm (z.B. Grant 1996),
- Information Processing Theory (z.B. Dennis et al. 2008, Galbraith 1973 und 1977),
- Theorie der Wissensschaffung in Unternehmen (Nonaka 1991 und 1994) sowie die
- Organisational Learning Theory (z.B. March/Olson 1976, Aryris/Schön 1978, Hedberg 1981).

Es gibt kritische Anmerkungen dazu, dass seither eigentlich nichts Wesentliches mehr dazugekommen ist, obwohl die Publikationen enorm zugenommen haben. Zu den eigenständigen Beiträgen gehören auf jeden Fall auch

- die Konzepte des organisatorischen Gedächtnisses,
- das Transactive-Memory-System (TMS),
- die Knowledge Chain und das Knowledge-Cycle-Modell,
- die Intellectual- bzw. Social-Capital-Theorie sowie
- die vier Dimensionen, welche die KM-Orientierung (KMO) ausmachen.

Dazu kommen noch Referenztheorien, die zwar keinen originären Beitrag darstellen, aber trotzdem wichtige Impulse liefern oder zur Erklärung einzelner Phänomene herangezogen werden. Beispielhaft seien erwähnt: das Lernkurvenkonzept und die Auswirkungen der Akkumulation von Erfahrungen auf den Unternehmenserfolg (vgl. Mellewigt/Decker 2009, 615), das Verständnis von Wissensmanagement als Öffentliches-Gut-Dilemma (vgl. Cress et al. 2003 und 2007, Moskaliuk 2011, Rice et al. 2019, Cabrera/Cabrera 2002) sowie spieltheoretische Ansätze (z.B. Wilkesmann/Rascher 2005), kollektives Lernen (Wilkesmann 2000) und die Theory of Planned Behavior (TPB) mit der „Hebelwirkung" des Wissensmanagements auf der individuellen Ebene (vgl. Lehner/Haas 2011). Von Bedeutung sind auch die Innovationsdiffusionstheorie, das Technologieakzeptanzmodell, die Social-Capital-Theorie (Zimmermann et al. 2018), Motivationstheorien, die Anreiz-Beitrags-Theorie, die Theorie des sozialen Austauschs und der sozialen Interaktion (z. B. Bierhoff/Jonas 2011), usw. In dieser disziplinären Vielfalt spiegelt sich im Wesentlichen der Bezug zu den Referenzdisziplinen wider (vgl. Kapitel 3). Interessant ist in diesem Zusammenhang daher noch immer der Beitrag von Venzin et al. (1998), der sich mit einer kontextualisierten Theoriebildung befasst.

Bei aller Notwendigkeit einer soliden theoretischen Fundierung darf die anwendungsorientierte Seite des Wissensmanagements nicht übersehen werden. Hier zeigt sich nämlich ein etwas anderes Bild und man findet für das betriebliche Wissensmanagement sehr unterschiedliche Gestaltungsvorschläge, die oft auch das Zentrum von Forschungsaktivitäten bilden. Beispiele für häufiger genannte Orientierungen (ohne Wertung und Anspruch auf Vollständigkeit) sind:

- **Prozessorientiertes Wissensmanagement** (z. B. Remus/Lehner 2000, Remus/Schub 2003, Heisig 2002, 2003 und 2006)
- **Problemorientiertes Wissensmanagement** (z. B. Wildner 2011)
- **Persönliches Wissensmanagement/Individuelles Wissensmanagement** (z. B. Reinmann-Rothmeier/Mandl 2000, Maier/Sametinger 2004, McFarlane/Taylor 2011, Cheong/Tsui 2011, Wright 2005, Haraldsdottir et al. 2018)
- **Konstruktivistisches Wissensmanagement** (z. B. Meinsen 2003)
- **Systemisches Wissensmanagement** (z. B. Willke 2007)
- **Soziales Wissensmanagement** (z. B. Wendt 1998)
- **Kollaboratives Wissensmanagement:** Der Fokus liegt auf Nutzung neuer Technologien im Umfeld von Web 2.0 (z. B. Warta 2011, Kain 2010, Seren/Dückert 2009, Kaiser/Kröckel 2011, Send 2010, Leimeister 2010, Terliesner/Peters 2011, Garg et al. 2011, Wellinger 2009, Zboralski 2007)
- **Technikorientiertes Wissensmanagement:** Wissen wird hier als etwas objektiv Gegebenes angesehen, das mittels Informationstechnologien verändert, gespeichert, bearbeitet und bewertet werden kann (z. B. Richter 2008, Maurer 2003)
- **Management des Intellektuellen Kapitals (IC-Management)** (z. B. Schnabel 2013, Schneider 1996)
- **Projektwissensmanagement:** Die Aufgaben des Wissensmanagements beziehen sich auf die Projekt- und Teamarbeit, nicht zu verwechseln mit der Durchführung von Wissensmanagementprojekten (z. B. Anderson et al. 2014, Christensen/Bukh 2009, Koskinen/Pihlanto 2009, Hanisch et al. 2009, Oelsnitz/Busch 2008, Ghobadi 2015)

Man könnte die Auflistung noch ergänzen durch **themenbezogene Ansätze** (z. B. Skill-Management, globales Wissensmanagement, interkulturelles Wissensmanagement, vgl. Pirkkalainen/Pawlowski 2013), **branchenbasierte Ansätze** (z. B. Wissensmanagement im Bereich Logistik, Supply Chain oder im Gesundheitswesen, in öffentlichen Verwaltungen und bei NGOs) oder andere **fokussierte Ansätze** (z. B. ressourcenorientiertes Wissensmanagement, Wissensmanagementaktivitäten bzw. KM practices, vgl. z. B. Hussinki et al. 2017, Centobelli et al 2018), aber auch die Berücksichtigung der besonderen **Situation kleiner Unternehmen** (z. B. Hutchinson/Quintas 2008, Durst/Edvardsson 2012, Heavin/Adam

2012, Mertins/Seidel 2009, Kohl et al. 2016, Durst/Bruns 2018, Massaro, M. et al. 2016, Grandinetti 2016, Cerchione/Esposito 2017), Wissensmanagement im **Ingenieurbereich** (z. B. VDI-Richtlinie 5610) oder Wissensmanagement in **Start-ups** (z. B. Bandera et al. 2016, Centobelli et al. 2017). Dazu kommt noch Wissensmanagement im Kontext des organisatorischen Lernens und des E-Learnings, wo eine gewisse Konvergenz zu beobachten ist (z. B. Dierkes et al. 2001, Back 2001, Laua/Tsui 2009).

Alles in allem bietet sich zurzeit das Bild großer Diversität und mit Blick auf die Publikationstätigkeit auch einer beachtlichen Produktivität. Beispielhaft seien einige Themen aus dem äußerst heterogenen und unübersichtlichen Themenfeld aufgezählt: Wissensverständnis und Artefakte im Wissensmanagement (Mariano/Awazu 2016, Crane 2013), Wissensstrukturen in Unternehmen (z. B. Schanz 2006), Organisations- und Managementaspekte (z. B. Geisler 2007), Implementierung und Nutzung von Wissensmanagementsystemen (wobei häufig Web-2.0-Anwendungen diskutiert werden, siehe z. B. Michelis/Schildhauer 2010, Terliesner/Peters 2011, Garg et al. 2011, Kain 2010, Krogh 2012, Mäntymäki/Riemer 2016, Greskamp 2010, Zboralski 2007, Wellinger 2009, Pirkkalainen/Pawlowski 2013), kollektive Intelligenz, auch Gruppen- oder Schwarmintelligenz genannt (z. B. Camazine 2001, Ziegler 2008, Send 2010, Leimeister 2010, Fisher 2010, Miller 2010, Kaiser/Kröckel 2011, Janik et al. 2011, Lüttgens et al. 2014) sowie Beiträge zur Messung des Erfolgs von Wissensmanagement (z. B. Lehner et al. 2007, Lehner/Haas 2011). Das Bemühen um Nachweise, dass das Wissensmanagement einen signifikanten Beitrag zum Erfolg von Organisationseinheiten bzw. der gesamten Organisation leisten kann, ist ebenfalls im Zunehmen begriffen (z. B. Salojärvi 2005, Anantatula/Kanungo 2006, Dovey/White 2005, Zack et al. 2009, Rodriguez-Castellanos 2011, Chawla/Joshi 2010 und 2011, Choi 2010, Lehner/Haas 2011, Song/Sun 2018). Schließlich finden sich noch Beiträge zu praktisch allen Aktivitäten im Wissens- bzw. Wissensmanagementkreislauf (siehe z. B. Evans et al. 2014, Edvardsson/Durst 2014).

Eine gewisse Akkumulation des Interesses beim Knowledge Sharing (z. B. Mirzaee/Ghaffari 2018, Shanshan 2014, Alsharo et al. 2017, Rice et al. 2019, Tangaraja et al. 2016, Rode 2016, Zimmermann 2018, Hussinki et al. 2017), beim Wissenstransfer sowie bei aktuellen Trendthemen wie Big Data (z. B. Khan/Vorley 2017, Madsbjerg 2017, Pauleen 2017, He et al. 2017, Intezari/Gressel 2017) oder Künstlicher Intelligenz ist aber nicht zu übersehen.

Stark im Zunehmen begriffen sind auch Meta-Analysen zum Wissensmanagement, die sich mit der Entwicklung Disziplin und der Aufnahme bisheriger Erkenntnisse befassen (z. B. Ribière/Walter 2013, Fteimi/Lehner 2015, Khasseh/Mokhtarpour 2016, Gaviria-Marin et al. 2017, Serenko/Dumay 2015 und 2017, Centobelli et al. 2018, Fteimi et al. 2019). Aber auch hier zeichnet sich kein homogenes Bild der Lage ab. Über den Zeitraum von 1998 – 2007 analysierten Ma und Yu die Datenbanken Science Citation Index (SCI) und Social Science Citation Index (SSCI) und identifizieren folgende Themenfelder in der Wissensmanagementforschung (vgl. Ma/Yu 2010, S. 182 ff.):

- Essentials of knowledge management,
- Strategy of knowledge management,
- Organization learning und
- Knowledge-based theory on innovation and organization.

Es gibt darüber hinaus weitere Versuche, die Wissensmanagementaktivitäten zu ordnen und damit eine Referenz für die Praxis zu schaffen (vgl. z. B. Hussinki et al. 2017). Man spricht daher auch von „Knowledge Management Practices“. Bild 2.6 unternimmt den Versuch einer solchen Systematisierung der Forschungsfelder, die gleichzeitig die Gestaltungsbereiche bei der Umsetzung in Unternehmen deutlich macht.

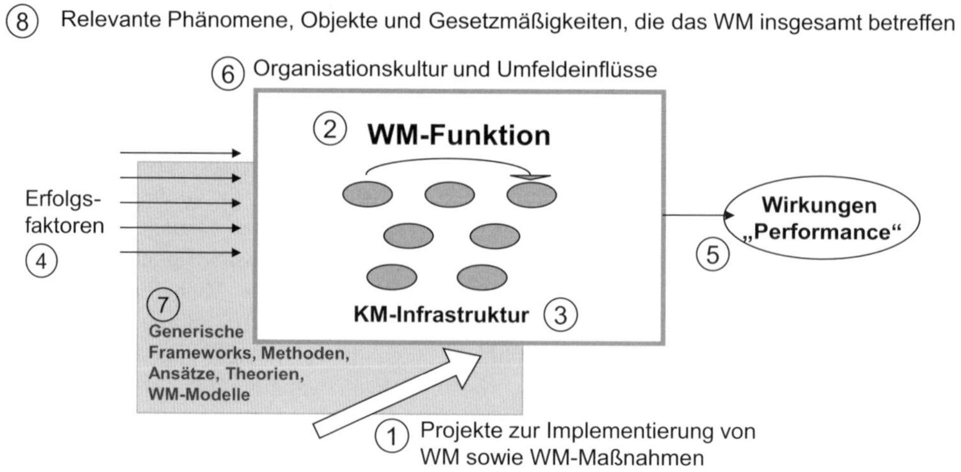

Bild 2.6 Themen und Forschungsfelder des Wissensmanagements

Die Einordnung ist nicht immer überschneidungsfrei möglich bzw. nötig. Beispielsweise spielen soziale Netzwerke sowohl eine Rolle bei der WM-Funktion als auch bei der Infrastruktur sowie bei der Unternehmenskultur. Die einzelnen Bereiche werden nachfolgend kurz beschrieben und mit Schlüsselfragen näher charakterisiert (vgl. dazu auch die integrativen und ganzheitlichen Modelle des Wissensmanagements bzw. Abschnitt 2.3.1):

1. Hier geht um die initiale Einführung des Wissensmanagements, aber auch um Einzelmaßnahmen, wenn das Wissensmanagement nicht dauerhaft eingerichtet wurde: Was sind die Voraussetzungen für die erfolgreiche Implementierung (Institutionalisierung) der Wissensmanagementfunktion bzw. die Umsetzung des WM mit Hilfe temporärer Maßnahmen (z. B. Wissensmanagementprojekte)?
2. Zur sogenannten „WM-Funktion“ zählen die dauerhaft eingerichteten WM-Aufgaben, Aktivitäten, Rollen, Tools, Prozesse, Methoden, aber auch Organisationsstrukturen und die organisatorische Eingliederung. Welche „Funktionseinheiten“ bzw. welche dauerhaften Aufgaben gehören zum Wissensmanagement (organisatorische Einheiten, strukturelle Einordnung, Funktionen und Aufgaben)?
3. Mit der KM-Infrastruktur ist primär die technische Infrastruktur des Wissensmanagements gemeint. Es zählen aber auch alle Informationssysteme dazu, welche einzelne Aufgaben oder Aktivitäten des Wissensmanagements unterstützen. Die Forschung beschäftigt sich mit dem Erfolgsbeitrag von Wissensmanagementsystemen, aber auch mit dem Nutzen neuer Technologien.
4. Erfolgsfaktoren beeinflussen die Leistung oder Leistungsfähigkeit der WM-Funktion. Hier geht es um die Identifikation solcher Faktoren (einschließlich der Barrieren), aber auch um die empirische Untersuchung der Rahmenbedingungen und konkreten Wirkung.

5. Mit Wirkung bzw. Performance ist hingegen der „Output“ gemeint, der durch die WM-Funktion in einer Organisation erbracht wird. Wie kann diese Leistung (z. B. Produktivität, Qualität, Prozesseffizienz) überhaupt gemessen werden? Wie stark ist die direkt oder indirekt messbare Wirkung?
6. Die Unternehmenskultur und das Umfeld, in welches das Wissensmanagement eingebettet ist, sind eng mit dem Wissensmanagement verbunden und beeinflussen dieses unmittelbar. Wichtige Fragen betreffen die Förderung des Wissensaustauschs, aber auch die Messung oder Bewertung von kulturbezogenen Phänomenen.
7. Frameworks und Modelle unterstützen die technische, aber auch die organisatorische Umsetzung des Wissensmanagements. Wie können generische Frameworks, Modelle oder Methoden helfen, die Aufgaben des Wissensmanagements in Unternehmen zu unterstützen?
8. Mit den relevanten Phänomenen ist eine übergeordnete Betrachtung gemeint, welche vor allem die theoretische Absicherung der Disziplin verbessern sollen. Es geht um Wissensmerkmale, Wissensintensität, die Bereitschaft zur Wissensweitergabe, Voraussetzungen für die Wissensentwicklung etc. Es geht um die Frage nach den relevanten Phänomenen, Objekten und Gesetzmäßigkeiten einschließlich ihrer systematischen Beschreibung und Messung.

Zusammenfassend ist festzuhalten, dass die Entwicklung zu schnell ging, um bereits eine Konsolidierung oder die Dokumentation in Form eines Handbuches mit dem „gesicherten Wissen“ zu ermöglichen. Fast könnte man die Hypothese von der wachsenden Wissenskluft, wie sie in der Wissenskluft-Forschung vertreten wird (vgl. Jäckel 2008, S. 287, Zillien/Haufs-Brusberg 2014), auf jene Disziplin anwenden, die sich ihrer Überbrückung verschrieben hat. Hilfreich für die Weiterentwicklung der Disziplin sind das Ranking der akademisch orientierten Zeitschriften zum Wissensmanagement sowie die Reflexion der Wirkung (Scientific Impact) bisheriger Beiträge (Serenko/Bontis 2009, Bontis/Serenko 2009, Serenko/Bontis 2013, Ergazakis 2013, Serenko/Dumay 2017).

2.2 Leitbegriffe und Basiselemente des Wissensmanagements

Es gibt wohl kaum einen Begriff in der Wissenschaft, der so häufig verwendet und so intensiv diskutiert wird wie der Wissensbegriff. Beim Wissensmanagement war er sogar maßgeblich für die Namensgebung der Disziplin verantwortlich. Da sich die Aktivitäten des Wissensmanagements nicht nur auf das Wissen beschränken, ist auch eine Auseinandersetzung mit den damit eng verbundenen Begriffen „Daten“ und „Informationen“ unerlässlich. Das differenzierte Verständnis soll Organisationen helfen, den Wissensbestand und Wissensbedarf zu identifizieren und sich auf das Wesentliche zu konzentrieren. Dabei ist es natürlich wichtig, auch die Mehrdeutigkeit und enge Verflechtung zu verstehen, denn Literatur kennt für alle drei genannten Begriffe sehr viele Definitionen und Klassifikationsversuche. Letztendlich entziehen sie sich aber einer allgemeingültigen Ordnung oder Festlegung und es hat sich auch keine einheitliche Auffassung durchgesetzt.[2] Unabhängig davon gibt es natürlich bestimmte Disziplinen wie die Philosophie oder die KI-Forschung, die beispielsweise den Wissensbegriff sehr genau definieren. Ganz ähnlich ist die Situation beim Informationsbegriff z. B. in der Physik und Chemie, der Informatik oder in der Nachrichtentechnik. Die Übertragbarkeit auf betriebswirtschaftliche Problemstellungen ist allerdings begrenzt. Es geht aber im vorliegenden Kontext ohnehin nicht darum, bei Definitionen oder Begriffsabgrenzungen stehenzubleiben (d. h. die Unterschiede spielen zunächst keine so entscheidende Rolle).[3] Wichtig ist vielmehr, den Gestaltungsspielraum zu erkennen, „Bausteine" und Komponenten von Wissensmanagementsystemen verstehen zu lernen sowie Ideen und Vorstellungen zum „Grundmaterial" zu entwickeln. Denn anders als Datenbanken haben Wissensmanagementsysteme ein sehr vielfältiges Erscheinungsbild und können unterschiedliche Ausprägungen annehmen, sodass sie oft nur wenig mit konventionellen Informationssystemen vergleichbar sind. Auch gibt es bei einem solchen Grundverständnis nicht ein einziges organisatorisches Gedächtnis in einem Unternehmen oder „die" organisatorische Wissensbasis, sondern verschiedene Konzepte und Vorstellungen, die zum Teil verhandelt werden müssen (vgl. dazu Buckingham Shum 1998), und als Konsequenz auch ein differenziertes Begriffsverständnis für die vielfältigen Implementierungsformen benötigen.

2.2.1 Daten, Informationen und Wissen im Beziehungszusammenhang

Es ist gleich vorweg darauf hinzuweisen, dass Daten, Informationen und Wissen keine austauschbaren Konzepte sind. Der Erfolg oder Misserfolg einer Maßnahme hängt aber möglicherweise direkt davon ab, ob man weiß, ob Daten, Informationen oder Wissen benötigt werden, was davon in einer Organisation bereits vorhanden ist, und was damit jeweils erreicht werden kann.

Daten repräsentieren Fakten zu Ereignissen, Zuständen, Situationen oder Vorgängen in elektronischer Form. Sie werden im vorliegenden Kontext auch als Abbildungen der Realität oder der Vorstellungswelt verstanden, die bei entsprechender digitaler Repräsentation

[2] Beispiele für einschlägige Quellen sind (siehe insbesondere die dort angeführte umfangreiche Primär- und Sekundärliteratur): Pautzke 1989, S. 64 ff. (Wissensbegriff und Wissensarten), Kleinhans 1989 (Allgemeine Klassifikation des Wissensbegriffs, Wissensbegriff der Betriebswirtschaftslehre und der Philosophie, Managementwissen, Kennen und Können), Albrecht 1993, S. 31 - 58 (Wissen, Know-how, Intelligenz, Daten/Information sowie Einordnung Produktionsfaktorensysteme), Wille/Zwickwolff 1994 (u. a. Wissensbegriff der Psychologie), Kraak 1991 (Anreiz-Beitrags-Theorie, Entscheidungsverhalten), Lehner et al. 1995, S. 165 ff. (Daten-Informationen-Wissen), Roithmayr 1996 (Know-how, Wissen), Oberschulte 1996 (Intelligenz, Wissen), Kogut/Zander 1992 (Wissen, Know-how, Information), Schweichhart 1996 (Wissensbegriff), Bode 1997 (Information), North 1998 (Wissen in Organisationen), Schneider 1996, S. 20 - 21 (Wissensbegriffe), Müller-Merbach 1996 und Müller-Merbach 1998 (Intelligenz), Methinger 1996, Werth 1998 sowie Esken/Heckmann 1998 (Bewusstsein), Rüdiger/Vanini 1998 sowie Taylor 2007 (Tacit Knowledge), Wiegand 1996, S. 162 - 170, Müler-Merbach 2004 (Wissensbegriff), Studer et al. 1997 (Ontologie) Benjamins et al. 1998 (Ontologien), Sackmann 1992 (kulturelles Wissen), Schüppel 1996, S. 76 - 85 (kollektives Wissen), Strohner 1993, Capurro 1978, Bullinger et al. 1997, S. 7 - 9 (Wissensarten), Budin 1991 (Zusammenhang zwischen Information und Wissen), Weinert 1999 (Kompetenz), Kock 1999, S. 29 - 44 (Daten-Information-Wissen), Eulgem 1998 (Wissensarten und Wissensbegriff).

[3] Die Diskussion ist auch durch zahlreiche nicht-triviale Missverständnisse gekennzeichnet, was nicht zuletzt auf die lange Geschichte der Verwendung dieser Begriffe zurückzuführen ist. Dazu kommt die semantische Komplexität, die historisch-kulturelle Wurzeln hat, aber auch mit fachspezifischen Anforderungen zu tun hat.

mit Hilfe von Informationssystemen automatisiert weiterverarbeitet werden können (siehe dazu auch Abschnitt 3.4.1). Daten können zwar als Träger von Informationen und Wissen dienen, haben als „Rohmaterial" aber keinen inhärenten Zweck, sondern lediglich eine Bedeutung, die sich aus dem Bezug zur Realität ergibt. Diese Bedeutung wird mit der Datenstruktur und der Datenbeschreibung (Schema) festgelegt und bildet die Basis für die weitere Nutzung oder Verarbeitung.

Problematisch ist, dass in Unternehmen bisweilen Unmengen an Daten gesammelt und gespeichert werden, weil es sich um möglicherweise relevante Fakten handeln könnte. Man verbindet damit ein Gefühl der Kontrollierbarkeit und erwartet häufig eine bessere Entscheidungsqualität. Dies ist aber meist eine Illusion, denn ein umfangreiches Datenmaterial bedeutet zunächst vor allem einen höheren Verwaltungsaufwand ohne unmittelbaren Nutzen und behindert möglicherweise die Nutzung der eigentlich relevanten Daten. Es kann also auch ein Zuviel an Daten geben, das nicht gleichzeitig zu einem Mehr an Informationen führt.

Informationen besitzen im Unterschied zu Daten nicht nur eine festgelegte Bedeutung, sondern sind auf einen Zweck ausgerichtet. Dies kommt in den meisten wirtschaftswissenschaftlichen Definitionen zum Ausdruck, indem auf die Relevanz für betriebliche Aufgaben, zielgerichtetes Handeln oder Entscheidungen hingewiesen wird (z. B. Wittmann 1969). Problematisch an diesen Definitionen ist, dass häufig der Begriff des Wissens vorausgesetzt wird, ohne ihn näher zu spezifizieren (siehe dazu z. B. Lehner et al. 2008). Die Aufwertung der Daten zu Informationen kann auf unterschiedliche Weise wie Kontextualisierung, Kategorisierung, Interpretation u. ä. erfolgen, und zwar sowohl beim Ersteller bzw. Sender (Informationsquelle) als auch auf der Empfängerseite. Information kann darüber hinaus sowohl zeit- als auch ortsabhängig sein. Informationen benötigen nach dem vorliegenden Verständnis auf jeden Fall einen Empfänger (Aktor) und entstehen eigentlich erst dort, indem die Relevanz im Aufgabenkontext bewertet wird.

Als spezifisches Problem im Umgang mit dem Informationsbegriff hat sich herausgestellt, dass Information (bzw. auch Wissen) immer wieder mit dem Trägermedium oder der sie übermittelnden Technologie verwechselt wird. Zwischen diesen Ebenen sollte jedoch eine strikte Trennung vorgenommen werden. Daten sind vermutlich die häufigste Form, in der Informationen übermittelt (Push-Prinzip) oder abgerufen (Pull-Prinzip) werden. Neben den Daten sind aber auch andere Formen als Quelle für Informationen möglich (Signale, Beobachtung der relevanten Umwelt, persönliche Kommunikation u. a. m.). Festzuhalten ist aber, dass Informationen im Unterschied zu Daten immer einen Sender bzw. eine Quelle und einen Empfänger besitzen. Der Wert einer Information wird niemals von der Quelle, sondern immer vom Empfänger bestimmt.

Vermutlich gibt es kaum ein Konzept oder einen Begriff, der so oft und so unterschiedlich definiert wurde wie „**Information**". Dies gilt insbesondere für die wissenschaftlichen Begriffsauffassungen. Capurro (Capurro 1978, S. 204 f.) unterscheidet in diesem Zusammenhang zwei Gruppen von Theorien. Zum einen sind dies mathematisch-statistische Konzepte wie die „Mathematical Theory of Communication" von Shannon/Weaver, zum anderen handelt es sich um semiotische und semantisch/pragmatische Konzepte, bei denen es u. a. um Sprache und Bedeutung geht.

Etwas differenzierter ist die Klassifikation von Wersig, der folgende sechs Gruppen von Definitionen unterscheidet (vgl. Wersig 1971, S. 30 f., nach Budin 1991, S. 217, vgl. dazu auch die Taxonomie von McKinney/Yoos, 2010):

- Definitionen, die auf der Annahme beruhen, dass alle Strukturen in der Realität selbst Informationen sind;
- Definitionen, die Information und Wissen gleichsetzen;
- Definitionen, die Information mit der Übertragung von Zeichen gleichsetzen;
- linguistische Definitionen, welche Informationen als die Bedeutung von Daten erklären;
- empfängerorientierte Definitionen, die von der Wirkung (von Informationen) ausgehen, entweder als Ergebnis eines Prozesses, als Veränderung von Wissen oder Reduktion von Unsicherheit;
- prozessorientierte Definitionen, die Information mit Kommunikation oder Handlungen in Verbindung bringen.

Da ein Konzept von Information für sich allein nutzlos ist, wurde es mit verschiedenen anderen Theorien oder Konzepten verbunden. Information existiert beispielsweise immer nur innerhalb von konkreten Systemen. Die Einbettung in die Systemtheorie ist daher naheliegend. Das semantische Informationskonzept führt schließlich auch zur Verbindung mit dem Wissensbegriff in einem integrierten, kognitiven System. Information bildet in diesem System die dynamische Komponente, während das Wissen den primär statischen Anteil ausmacht. Im Rahmen dieses dynamischen Ansatzes erhebt sich die Frage, welche Prozesse es in diesem System gibt und wie sie ablaufen. Die Rolle der Information besteht nach diesem Verständnis darin, Wissen von einem System in ein anderes zu übertragen sowie die Änderung des Wissensstandes innerhalb eines Systems zu unterstützen. Bild 2.7 zeigt diese beiden zentralen Funktionen von Information im Überblick.

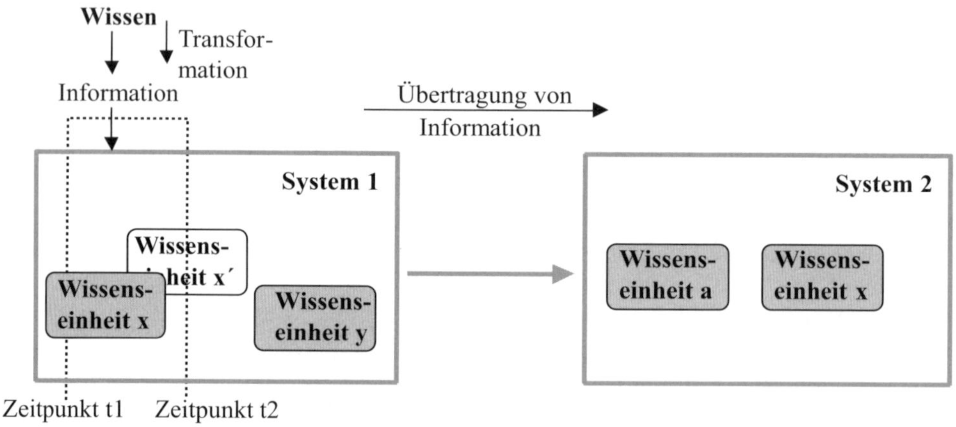

Bild 2.7 Information und Wissen (in Anlehnung an Budin 1991, S. 218 – 219)

In diesem Zusammenhang ist noch auf eine weitere Besonderheit hinzuweisen. Information muss nämlich immer Information für ein System sein (vgl. Dennett 1969, S. 46). Diesen wichtigen Sachverhalt verdeutlicht Dennett mit einem Beispiel:

Beispiel: Informationserwerb

Lackmuspapier beginnt sich beim Kontakt mit einer bestimmten Flüssigkeit rot zu verfärben. Die Rotfärbung zeigt an, dass die Flüssigkeit eine Säure ist. Aber diese Information ist keine Information für das Lackmuspapier selbst, weil es diese nicht benutzen kann. Ein anderes Beispiel ist die Kamera. Sie hilft beim Sammeln von Informationen. Aber auch in diesem Fall sind es keine Informationen für die Kamera selbst. Ein Mensch hingegen ist in der Lage zu lernen, d. h., er kann seine Verhaltensmuster als Ergebnis von Interaktionen mit seiner Umwelt verändern. Er nimmt Informationen (Signale, Nachrichten etc.) auf, während er sich in seiner Umgebung bewegt. Im Unterschied zur Kamera oder zum Lackmuspapier erwirbt er jedoch Informationen, die Informationen für ihn selbst sind. ■

Für die soeben beschriebene Leistung sind einige Basisfähigkeiten erforderlich, welche auch die Speicherung von Informationen (in Form von Daten) unterstützen, die Formulierung von Bedürfnissen und Zielen, die Situationsbewertung, Entscheidungsfindung sowie die Verhaltenskontrolle auf der Grundlage von Informationen. Die Besonderheit besteht nun darin, dass dieser Komplex von Begriffen bzw. Komponenten nur als Ganzes verstanden werden kann oder gar nicht. Beispielsweise ist die Informationsspeicherung nutzlos, wenn das System nicht auch über die Fähigkeit verfügt, diese zu bewerten und situationsabhängig einzusetzen. Diese Eigenschaft wiederum wäre irrelevant, wenn nicht auch die Fähigkeit, Entscheidungen zu treffen, bestehen würde usw. Der materielle Informationserwerb stellt nur eine notwendige Voraussetzung dar. Systemen, die nach dem Stimulus-Response-Prinzip konstruiert wurden (z. B. Computersysteme), fehlen im Allgemeinen die wichtige Eigenschaft, das eigene Verhalten zu initiieren, zu bewerten und zu kontrollieren. Sie eignen sich daher nur sehr bedingt, Eigenschaften des organisatorischen Gedächtnisses durch computertechnische Unterstützung zu beeinflussen.

Für die meisten Menschen ist Wissen etwas intuitiv Verständliches, das keine nähere Erklärung braucht und das auch mehr ist wie Daten und Informationen. Es handelt sich um eine Fähigkeit, verfügbare Informationen zu bewerten und Schlussfolgerungen zu ziehen, die wiederum in ein bewusstes Handeln umgesetzt werden können.

Wissen bezeichnet nach Probst et al. (1997) die Gesamtheit der Kenntnisse und Fähigkeiten, die Individuen zur Lösung von Problemen einsetzen. Wissen stützt sich auf Daten und Informationen, ist im Gegensatz zu diesen jedoch immer an Personen gebunden.

Nach Stehr umfasst Wissen „die Fähigkeit zum sozialen Handeln und die Möglichkeit, etwas in Gang zu setzen“ (Stehr 1994, S. 12).

Nach Willke wiederum entsteht Wissen „als streng kontextgebundene Verknüpfung von Informationen (die innerhalb des Koordinatennetzes eines bestimmten Systems als relevant betrachtet werden), mit ´Erfahrungen´ des Systems, d. h. mit geeigneten Momenten seiner Geschichte, seiner semantischen und kognitiven Strukturen und seiner Identität“ (Willke 1996, S. 265 f.).

Ohne hier auf weitere der zahlreichen verfügbaren Definitionen einzugehen ist Wissen in jedem Fall die Kenntnis von Beziehungen zwischen Ursache und Wirkung und entsteht oft in Folge einer systematischen Vernetzung von Informationen. Man könnte Wissen kurz als den Zugang zu Möglichkeiten im Sinne von Wahlmöglichkeiten, Handlungsmöglichkeiten sowie Entwicklungs- und Entscheidungsmöglichkeiten charakterisieren. Wissen ist damit im Unterschied zu (passiven) Informationen proaktiv, unterstützt oder veranlasst Aktivitäten des Wissensträgers, kann aber in vielen Fällen nicht so einfach übertragen werden wie Informationen oder Daten.

Lange Zeit war die vorherrschende Meinung, dass Wissen nur an Personen gebunden sein kann. Mit der Zunahme an autonomen Systemen als Aktoren (z. B. Roboter, Software-Bots) im wirtschaftlichen und sozialen Handlungsfeld, verliert diese Einschränkung aber an Bedeutung. Wissen, das bisher als an ein Individuum gebundenes Resultat kognitiver Aktivitäten verstanden werden konnte, wird ergänzt um Wissen, das durch **maschinelles Lernen** erworben wurde.

Der **Zusammenhang zwischen Daten, Informationen und Wissen** wird in der Fachliteratur häufig mit zwei unterschiedlichen Ansätzen charakterisiert, nämlich statisch in Form hierarchischer Modelle (u. a. DIKW-Pyramide, DIW-Hierarchie, Wissenstreppe von North) sowie dynamisch mit zyklischen Modellen (z. B. Wissenskreislauf von Probst) und der organisatorischen Wissensentwicklung (z. B. SECI-Modell von Nonaka/Takeuchi). Die hinter dem hierarchischen Zusammenhang stehende Logik besagt, dass Daten zu Informationen und Informationen zu Wissen transformiert werden (vgl. auch Kettinger/Li 2010). Ein weiterer Schritt könnte dann die Vernetzung von Wissen sein, die schließlich zu „Weisheit“ führt. Diese naive und für das organisatorische Wissensmanagement auch wenig hilfreiche Vorstellung wurde in neueren Versionen der „Wissenstreppe“ bereits abgelöst durch Entwicklungspfade, die zu Kompetenz und Wettbewerbsfähigkeit führen (z. B. North/Maier 2018). Der Zusammenhang zwischen Daten, Informationen und Wissen ist aber komplexer und vor allem die aufeinanderfolgende Entwicklung von Daten, Informationen und Wissen in Stufen ist in dieser vereinfachten Form nicht haltbar. In der Praxis kann man überdies feststellen, dass oft keine klare begriffliche Trennlinie zwischen Daten, Informationen und Wissen gezogen wird. Es sollen daher einige wichtige Besonderheiten und Verbindungen kurz erläutert werden.

> **!** Informationen und Wissen dürfen im Unterschied zu Daten nicht nur als Objekt oder Entität, d. h. als etwas Diskretes und klar Abgrenzbares, begriffen werden, sondern erschließen sich auch über ihre Verfügbarkeit, Zugänglichkeit, Auffindbarkeit, Herleitbarkeit u. ä. ■

Die drei vorgestellten Begriffe Daten, Informationen und Wissen sind Konzepte, die sich zwar auf einen gemeinsamen Sachverhalt oder die gleiche Entität beziehen können, aber auch getrennte Wirklichkeiten betreffen können. Im Falle der gemeinsamen Referenz stellen Daten, Informationen und Wissen eine Repräsentation des gleichen Sachverhalts mit unterschiedlichen Eigenschaften dar (z. B. Faktenwissen in einer aktiven Datenbank, Erfahrungswissen in einem neuronalen Netz). Bei der Betrachtung als jeweils eigenständige Ressource stehen die Beziehung zueinander (z. B. Nutzung von Daten bei der Anwendung von Wissen, Implikationen der Informationsübermittlung) und die Möglichkeit der Umwandlung in den jeweils anderen „Aggregatzustand“ im Mittelpunkt (d. h. wie werden aus Daten Informationen? Wie generiert man aus Daten oder Informationen Wissen?)

Daten und Informationen werden zudem oft undifferenziert gleichgesetzt. Daten stellen im vorliegenden Kontext den passiven Teil dar, benötigen also weder einen Sender noch einen Empfänger. Informationen sind zwar auch passiv, benötigen aber einen Empfänger und stellen für den Empfänger ein aktionsauslösendes Signal dar (das zeit- und ortsabhängig sein kann). Sie dienen oft auch als Parameter für die Aufgabendurchführung. Die Auslösung einer Aktion ist aber auch durch Wissen alleine (d. h. ohne zusätzliche Information) möglich bzw. führt das Wissen zur Informationsbeschaffung oder Weitergabe. Die Ausführung der Aktion selbst wird durch Wissen gelenkt. Wissen ist also eine aktive Komponente. Es kann mit Algorithmen im Softwarebereich verglichen werden, die als Programm bei Bedarf aktiv oder aktiviert werden und Signal-Aktions- bzw. Input-Output-Beziehungen abbilden.

Für das Wissensmanagement ist natürlich auch eine direkte Gewinnung von Wissen aus Daten interessant. Dies ist unter bestimmten Umständen möglich und führt zu den Ansätzen der Künstlichen Intelligenz und des Maschinellen Lernens (vgl. dazu auch Big Data, Abschnitt 3.4.1).

Auch Wissen und Informationen werden häufig nicht klar genug unterschieden. Wann immer Wissen aus Informationen abgeleitet werden soll, muss diese Umwandlung aktiv herbeigeführt werden (z. B. durch Analyse, Schlussfolgerungen, Kombination etc.). Sie passiert also nicht selbsttätig und Wissen entsteht meist allmählich und nicht notwendigerweise (nur) aus Informationen. Abhängig von der Wissensart handelt es sich auf jeden Fall um einen länger dauernden Prozess.

Seit der Erkenntnis, dass Wissen einen eigenständigen, unternehmensrelevanten Vermögenswert darstellt (Intellectual Capital), ist diese vereinfachte Sicht aber nicht mehr gerechtfertigt, denn **Wissen** unterscheidet sich in Bezug auf seine Verwaltung, Entwicklung und Verwendung entscheidend von Daten und Informationen.

Bei näherer Betrachtung des Umfeldes stößt man also auf eine semantische Unschärfe und Vieldeutigkeit der Begriffe. Man stellt außerdem fest, dass die Begriffe den **Wissensraum einer Organisation** nur sehr ungenügend abbilden und dass es darüber hinaus noch wesentlich mehr beteiligte „Komponenten“ gibt (vgl. Bild 2.8 zur Vorstellung der Idee vom Wissensraum und Wissensmedium siehe z. B. Schmidt 1999, Eibl et al. 2006).

DATEN	Nachricht	Meldung	Bericht	Hinweis
INFORMATION	Verständnis	Einsicht	Schlussfolgerung	Signal
WISSEN	Idee	Intelligenz	(Künstliche Intelligenz)	Beweis
Know-how	Erfahrung	Können	Kompetenz	Beschluss
Ahnung	Meinung	Vermutung	Einschätzung	Gefühl
Intuition	Erklärung	Klugheit	Absicht	Reiz
Kenntnis	Erkenntnis	Bewusstsein	Weisheit	Überzeugung
Skills	Fähigkeit	Qualifikation	Folgerung	
Fehlinformation	Anordnung	Aussage	Beobachtung	
Desinformation	Mitteilung	Feststellung	Wahrnehmung	
Urteilsvermögen	Heuristik	Expertise	Wahrheit	

Bild 2.8 Wissensraum und Wissensumfeld von Organisationen

Die Fähigkeit, Wissen zu nutzen, zu adaptieren und weiterzuentwickeln, um es in interessante, innovative Produkte und Dienstleistungen umzusetzen, wird die Wettbewerbsposition der Unternehmen auch in den kommenden Jahren prägen. Daraus leitet sich auch die nachhaltige Bedeutung des Wissensmanagements ab.

2.2.2 Arten und Erscheinungsformen von Wissen

Allgemein kann mit Wissen die Gesamtheit der im menschlichen Gedächtnis fixierten Inhalte (Objekte, Ereignisse, Personen, Beziehungen, Handlungsweisen usw.) bezeichnet werden (vgl. Buchner/Brandt 2017). Über das Wesen von Wissen gibt es aber sehr unterschiedliche Vorstellungen, die nicht durch Definitionen aufgelöst werden können. Zumindest zwei große Traditionen können unterschieden werden, die ihre Entsprechung auch in unterschiedlichen Ausprägungen des Wissensmanagements finden (vgl. Schneider 1996, S. 20). Zum einen wird **Wissen als etwas objektiv Gegebenes** verstanden, das ohne Folgen für dieses Wissen (mit)geteilt oder vervielfacht werden kann (explizites Wissen). Das Wissen dient als Input für die Aufgabendurchführung oder für Problemlösungsprozesse. Zum anderen wird **Wissen als etwas Konstruiertes** verstanden, das durch die Nutzung und Weitergabe verändert wird. Nach dieser Vorstellung entsteht das Wissen erst im Aufgabenlösungsprozess und ist daher flüchtig oder mit dem Prozess selbst identisch. Die vielfältigen Facetten des Wissensbegriffs und seine breite Verwendung machen eine etwas genauere Betrachtung erforderlich, da auch das Wissensmanagement abhängig von der Wissensart unterschiedliche Ausprägungen erfährt.

Ein bekanntes Modell zur Einordnung von verschiedenen Wissensausprägungen haben De Jong und Ferguson-Hessler (De Jong/Ferguson-Hessler 1996, S. 105 ff.) entwickelt. Die Autoren konzipierten eine 4 × 5-Matrix mit den beiden Dimensionen Wissensart und Wissensmerkmal. Die Dimension Wissensart besteht aus den Ausprägungen situationelles, konzeptuelles, prozedurales und strategisches Wissen. Die Ausprägungen hierarchische und innere Struktur, Automatisierungsgrad, Modalität und Allgemeinheitsgrad definieren die Dimension Wissensmerkmal. Die **vier verschiedenen Wissensarten** sind grundsätzlich unabhängig von den Wissensmerkmalen.

- **Situationelles Wissen** ist das Wissen über typische, domänenspezifische Situationen. Es wird von manchen auch als Event- oder Ereigniswissen bezeichnet. Auf dieses Wissen wird beispielsweise im Modell des dynamischen Gedächtnisses Bezug genommen. Hier werden Episoden gespeichert (man spricht daher auch von episodischem Wissen), kategorisiert und systematisiert und es entsteht situationelles Wissen unterschiedlichen Allgemeinheitsgrades (vgl. Schank 1982, S. 1 ff.).
- **Konzeptuelles Wissen** wird gemeinhin als deklaratives Wissen bezeichnet. Die Eigenschaft „deklarativ“ verwenden De Jong & Ferguson-Hessler jedoch, um eine Ausprägung eines Wissensmerkmals zu beschreiben. Konzeptuelles Wissen beschreibt somit statisches Wissen über Fakten, Begriffe und Prinzipien. Wissenskumulationsmodelle beziehen sich vorwiegend auf konzeptuelles Wissen.
- **Prozedurales Wissen** bezeichnet Wissen über mögliche Handlungen in einer Domäne. Das prädestinierte Modell zur Erklärung des Erwerbs prozeduralen Wissens stellt die ACT-Theorie von Anderson dar. Sie erläutert, wie sowohl problemspezifisches als auch

allgemeines prozedurales Wissen in Form von routinierten, automatisierten Handlungsabläufen entstehen kann (Gruber 1999, S. 61 ff.).

- **Strategisches Wissen** entspricht metakognitivem Wissen über eine optimale Strukturierung des Problemlöseverhaltens. Da es auch darum geht, wo und wie etwas angewendet werden kann, sprechen manche auch von konditionalem Wissen. Im Hinblick auf diesen Aspekt stellt Hacker (Hacker 1992, S. 14) fest, dass sich praktische Experten von akademischen Experten unter anderem darin unterscheiden, dass Praktiker eher datengeleitet und Theoretiker stärker Hypothesen-geleitet bei der Problemlösung vorgehen. Patel und Groen (Patel/Groen 1991) stellten in ihrer Untersuchung einen Unterschied zwischen Novizen und Experten fest. Experten verwendeten bei einer Fallpräsentation in der medizinischen Diagnostik vorwiegend vorwärts gerichtete, von den Patientendaten ausgehende Lösungsstrategien, während Novizen einen rückwärtsgerichteten Lösungsweg bevorzugten und immer den Bezug zur vermuteten Krankheit herstellten.

Die zweite Dimension bilden **Wissensmerkmale,** die den Zustand der Wissensart bzw. den Wissensarten darstellen sollen und immer durch zwei entgegengesetzte Pole gekennzeichnet sind. Jedoch verweist Gruber (1999, S. 58) darauf, dass sich manche Wissensmerkmale auf Verknüpfungen zwischen verschiedenen Wissensarten beziehen, und andere wiederum vornehmlich auf eine bestimmte Wissensart. Auch eine Überlappung verschiedener Wissensmerkmale ist möglich.

- **Hierarchischer Status:** Wissen wird klassifiziert als oberflächlich versus tief verarbeitet. Novizen weisen meist oberflächliche Wissensverarbeitung auf, während Experten durch ihr Verständnis des Gegenstandsbereichs und durch entsprechende Abstraktionen Wissen tief verarbeitet haben.
- **Innere Struktur:** Hier werden die beiden Extreme „isolierte Wissenseinheiten“ und „vernetztes Wissen“ gegenübergestellt. Experten verfügen über ein Wissensnetz mit vielen Querverbindungen, während Novizen eher isolierte Wissenseinheiten zugeschrieben werden. Diese Vorstellung bildet einen Teil der Erklärung für Flexibilität, bessere Problemerkennung und präzisere Problemlösung der Experten.
- **Automatisierungsgrad:** Dieses Wissensmerkmal bezeichnet den Grad der bewussten Anstrengung bei Informationsverarbeitungsprozessen. Hier verwenden De Jong und Ferguson-Hessler (De Jong/Ferguson-Hessler 1996, S. 111) das Prädikat „deklarativ“ für explizites Faktenwissen als Gegenpol zu „kompiliert“ für routiniertes und automatisiertes Prozedurenwissen.
- **Modalität:** Ob Wissen bildlich oder propositional-analytisch dargestellt wird, wird unter dem Merkmal Modalität gefasst. Beispielsweise wird bei mentalen Modellen im Bereich der Physik die erste Stufe des Wissenserwerbs, die Bildung eines Prototyps, als eine eher bildliche Erfassung von Wissen dargestellt. Im Laufe der Kompetenzentwicklung wird die bildliche Repräsentation durch analytische Beziehungen ersetzt (Mandl et al. 1987, S. 37 ff.).
- **Allgemeinheitsgrad:** beinhaltet die Gegensätze „generell“ und „domänenspezifisch“.

Bei den ersten beiden Merkmalen können die Ausprägungen je einem Expertisegrad zugeordnet werden. Für die restlichen drei Merkmale ist dies nicht zutreffend, da Experten beide Ausprägungen des Wissens verwenden können. Natürlich stellen diese Ausprägungen immer nur Extreme dar, zwischen denen ein fließender Übergang existiert.

Ähnlich, aber dennoch nicht identisch ist die inhaltliche Wissensdifferenzierung, wie sie von Mandl und Reinmann-Rothmeier vorgeschlagen wird. Sie unterscheiden folgende Kategorien (vgl. Mandl/Reinmann-Rothmeier 1998, S. 459 f.):

- **soziales Wissen:** soziale Fertigkeiten und Kompetenzen (man spricht daher auch von Sozialkompetenz). Man unterscheidet etwas verkürzt dargestellt zwischen intrapersonaler und interpersonaler Kompetenz und es geht letztlich um kognitive, emotionale und motorische Verhaltensweisen, die in bestimmten sozialen Situationen Anwendung finden. Häufig werden drei Dimensionen der sozialen Kompetenz unterschieden, nämlich **Selbstkompetenz** (dazu zählen u. a. Kritikfähigkeit, Konfliktfähigkeit, Frustrationstoleranz, Umgang mit eigenen Bedürfnissen, Steuerung des eigenen Verhaltens), **Verantwortungsbewusstsein** (dazu gehören die Verantwortung und das Verhalten gegenüber Gemeinschaften, die Entwicklung einer eigenen Moral u. ä.), und der **Umgang mit anderen** (u. a. Kooperationsfähigkeit Kommunikationsfähigkeit, Integrationsfähigkeit, Toleranz, Vertrauen, Offenheit, Einfühlungsvermögen);
- **metakognitives Wissen:** Wissen, das der Kontrolle und Steuerung von Lern- und Denkvorgängen zugrunde liegt (dieses Wissen bezieht sich also nicht unmittelbar auf die Bearbeitung einer spezifischen Aufgabe oder eines Problems, sondern auf generelle Strategien, die bei der Problemlösung aktiviert werden, es wird auch als reflexives Wissen bezeichnet);
- **strategisches Wissen:** Heuristiken und Problemlösestrategien für Probleme, für die keine allgemeinen Lösungsstrategien bekannt sind (es besteht hier kein Zusammenhang zu Unternehmensstrategien und dem Wissen darüber);
- **prozedurales Wissen:** Wissen, auf dem Fertigkeiten beruhen (z. B. Wissen über Prozessabläufe, Fachkompetenz);
- **domänenspezifisches Wissen:** deklaratives und prozedurales Wissen sowie Wissen über Sachverhalte, Ereignisse etc., die in Zusammenhang mit der Bearbeitung einer Aufgabe oder der Lösung von Problemen stehen.

Unter einem **handlungsorientierten Blickwinkel** kann Wissen als „geordnete Erfahrung bisher durchgeführter und beobachteter Handlungen und der in der jeweiligen Umwelt möglichen Handlungsweisen einschließlich der in diesen Handlungen wahrgenommenen Objekte und Personen“ definiert werden. Gleichzeitig ist Wissen die Basis für zukünftiges Handeln. Allerdings werden bereits bei einfachen Handlungen sehr unterschiedliche Repräsentationsformen des Wissens bzw. verschiedene Komponenten des gespeicherten Wissens aktiviert oder eingesetzt. Wissen stellt sich also nicht als homogene oder klar strukturierte Ganzheit dar. Unter anderem können folgende Unterscheidungen getroffen werden:

- verbale Bezeichnung einer Handlung (z. B. Bonitätsprüfung);
- begriffliche Bedeutung einer Handlung (z. B. ich weiß, was Bonitätsprüfung bedeutet);
- schriftliche, bildliche, akustische usw. Repräsentation des Erscheinungsbildes der Handlung (z. B. Arbeitsablaufdiagramm);
- das Wissen, wie die Handlung ausgeführt wird (motorisches Wissen, „Können“); u. a. m.

Die handlungsorientierte Betrachtung macht den Unterschied deutlich, der zwischen dem Wissen über die Ausführung einer bestimmten Handlung und der Handlung selbst besteht. Handeln erfolgt als Einheit unter Einsatz kognitiver, motivationaler, emotionaler, motorischer und anderer Komponenten.

Die Unterscheidung zwischen Wissen und Können spiegelt sich in der Literatur in verschiedenen Gegensatzpaaren wider. Die im Wissensmanagement am häufigsten verwendete Differenzierung betrifft dabei die Unterscheidung in explizites und implizites Wissen (vgl. z. B. McAdam et al. 2007). **Explizites Wissen** ist Wissen, das sich verbalisieren lässt und eindeutig sprachlich mitteilbar ist. Es kann durch Sätze beschrieben, hinterfragt, diskutiert und weitergegeben werden. Es existiert in unterschiedlicher Form wie z. B. in Textdokumenten, Datenbanken oder mathematischen Formeln. Mit diesem Wissen können andere Menschen umgehen, da es leicht weitergegeben und durch logisches Denken erfasst werden kann. **Implizites Wissen** ist hingegen jener Teil des Wissens, der nicht vollständig in Worten ausgedrückt oder erfasst werden kann. Diese Wissensform wird deswegen auch **verborgenes Wissen (tacit knowledge)** genannt und umfasst z. B. die persönlichen Erfahrungen, das Können einer einzelnen Person, Überzeugungen usw. und entzieht sich weitgehend einer formalen Erfassung (Mulder/Whiteley 2007, Ling et al. 2011, vgl. aber auch Taylor 2007 und Oguz/Sengün 2011). Es ist aber entscheidender Bestandteil menschlichen Verhaltens und für die Erfüllung der meisten Aufgaben unverzichtbar.

McAdam et al. (2007) weisen in diesem Zusammenhang auf die Vielfalt der Erscheinungsformen des verborgenen Wissens hin und identifizierten als Kategorien Skills, Einsichten, Intuition, Know-how, Überzeugungen (Beliefs), mentale Modelle und die „praktische Intelligenz". Die Existenz und die Bedeutung des verborgenen Wissens wurden erstmals von Polanyi (1966) erkannt und dargestellt. Beispiele für diese Wissensart aus dem Unternehmensbereich sind die Qualitätsbeurteilung von Wein (Oinologie), die Beurteilung der Qualität eines Orientteppichs (es braucht angeblich ca. zehn Jahre kontinuierliche Beschäftigung bis man vom Laien zum Kenner wird) oder die Beurteilung der Echtheit von Kunstwerken im Auktionsgeschäft. Implizites Wissen basiert auf individueller Erfahrung, persönlichen Vorstellungen, Glauben, Perspektiven, Weltanschauung, Idealen, Werten und Emotionen. Es besteht aus Können, Handlungsroutinen, Überzeugungen, Glaubenssätzen und mentalen Schemata.

Mit der Dichotomie-These wird von manchen die Auffassung vertreten, dass explizites und implizites Wissen sowie die damit verbundenen Kognitionen kategorial voneinander getrennt sind (vgl. z. B. Schreyögg/Geiger 2003). Bereits bei Polanyi findet sich allerdings der Hinweis, dass es sich bei explizitem und implizitem Wissen nicht um wechselseitig ausschließende Wissensformen handelt, sondern dass explizites Wissen immer auch eine implizite Dimension besitzt (vgl. Polanyi 1966). Die wechselseitige Abhängigkeit zwischen expliziter und impliziter Kognition wird auch von empirischen Studien aus der Kognitionspsychologie gestützt (vgl. Kirsner et al. 1998). Die Abgrenzung zwischen explizitem und implizitem Wissen ist nicht immer eindeutig möglich und häufig eher eine Frage akademischer Definitionen. Im Extremfall führt dies zur Frage, ob implizites Wissen überhaupt Wissen ist, oder ob es sich dabei eher um Können handelt? (vgl. Geiger 2006). Auf der anderen Seite findet sich vereinzelt die Auffassung, dass wiederum explizites Wissen kein Wissen, sondern Information darstellt (vgl. z. B. Amelingmeyer 2004). Als Folge dieser beiden Ansichten gäbe es eigentlich kein Wissen, sondern nur Können und Information.

Manche Autoren benutzen für die Unterscheidung auch die Begriffe **„embodied knowledge"** bzw. **„embrained knowledge"** für das verinnerlichte bzw. konzeptionelle Wissen, sowie **„encoded knowledge"** für das kodierte, d. h. das externalisierte Wissen. Von manchen Autoren wird zusätzlich noch **träges Wissen (inert knowledge)** als eigene Kategorie genannt. Darunter versteht man in bestimmten Institutionen erworbenes Wissen, das nur dort, aber in keinen anderen Zusammenhängen verfügbar ist, also nicht transferiert wird. Eine interessante Metapher ist in diesem Zusammenhang der **„Wissenseisberg"** (vgl. Haider 2009), der von der Vorstellung ausgeht, dass ein wesentlicher Teil des organisatorischen Wissens nur in Form von implizitem oder verborgenem Wissen existiert.

Der Vollständigkeit halber sollen hier noch einige weitere, häufiger erwähnte Gegensatzpaare zur Charakterisierung von Wissen genannt werden, denen durch ihre Zunahme auch praktische Bedeutung zukommt:

- **internes vs. externes Wissen** (das Merkmal bezieht sich auf die Verfügbarkeit innerhalb des Unternehmens vs. Zugänglichkeit von außerhalb bestehenden Wissens beispielsweise durch eine Vertragsbeziehung);
- **deklaratives vs. prozedurales Wissen** (deklaratives Wissen stellt beispielsweise im Studium erworbenes Faktenwissen dar, das leicht vermittelbar ist, während unter prozeduralem Wissen automatisiertes und durch Übung erworbenes Handlungswissen verstanden wird, das als nur schwer bis nicht kommunizierbar gilt);
- **proprietäres vs. öffentliches Wissen** (zum proprietären Wissen zählen geschütztes Wissen, beispielsweise ein Patent ebenso wie ein innovatives Verfahren, das man nicht mit der Konkurrenz teilen möchte und wo man das Wissen als Eigentum schützen möchte; öffentliches Wissen ist hingegen für die Allgemeinheit verfügbar und hat mit der Open-Source-Bewegung auch eine breite Unterstützung gefunden);
- **personales vs. nicht-personales Wissen** (nicht-personales Wissen kann z.B. durch maschinelles Lernen erworben worden und in Form eines neuronalen Netzes repräsentiert sein, es ist also nicht mit einer Person als Wissensträger verknüpft und meist auch nicht verknüpfbar).

Das Handeln und die Aktivitäten in einer konkreten Situation sind häufig durch den Einsatz und das Zusammenspiel mehrerer Wissensarten geprägt. Die Wissensbestände einer Person sind in Bezug auf die jeweiligen Arten und Gegensatzpaare auch nicht stabil, sondern ändern sich im Verlauf der Zeit (z.B. aufgrund persönlicher oder beruflicher Entwicklungen, aber auch durch Verlernen als Folge von Nicht-Nutzung), werden immer wieder neu strukturiert und gehen auch ineinander über. Dazu kommt, dass in betrieblichen Abläufen zunehmend Lösungen zu finden sind, bei denen der Akteur kein Mensch, sondern ein System ist (z.B. in automatisierten Workflows). Bedenkt man weiter, dass Wissen generell schwer isoliert und erfasst werden kann, so kommt der Speicherbarkeit eine besondere Bedeutung zu.

2.2.3 Wissensträger und technische Speicherung von Wissen

Unter Wissensträgern werden nach einem verbreiteten Verständnis Personen verstanden, da sie in der Lage sind, Wissen zu erwerben, zu speichern, anzuwenden usw. Beschränkt man das Verständnis aber auf die Speicherung und Repräsentation von Wissen, dann sind darunter auch andere Systeme, Medien oder Objekte zu fassen, die über diese Eigenschaft verfügen. Im Wesentlichen handelt es sich dabei um das organisatorische Gedächtnis (siehe dazu auch Abschnitt 3.1.2) und um die verschiedenen Formen der computerunterstützten Speicherung von Wissen. Verwendet man die Wissensarten als Grundlage für die Kategorisierung, so ist das individuelle oder persönliche Wissen Personen als Wissensträger zuzuordnen, während das kollektive und das organisatorische Wissen technischen oder sozialen Systemen zugeordnet werden kann. Technische Systeme zur Wissensspeicherung werden häufig auch als Wissensmedien bezeichnet. Soziale Systeme als Wissensträger sind etwas schwieriger zu verstehen, denn dazu zählen einerseits interne Prozesse, Betriebsabläufe und Organisationsstrukturen, die als Manifestation von Wissen angesehen werden (vgl. dazu auch Abschnitt 2.2.4), andererseits externe Institutionen, die als spezialisierte Zentren für ein bestimmtes Wissen gelten (z. B. Forschungseinrichtungen, Universitäten, Fachinformationszentren, Patentämter) und die sich um die Wissensbewahrung und -weiterentwicklung bemühen.

Den Bedingungen der technischen Speicherbarkeit soll aufgrund ihrer Bedeutung in Verbindung mit explizitem Wissen noch etwas genauer nachgegangen werden.

Von den Inhalten der organisatorischen Wissensbasis eignen sich nur bestimmte für die informationstechnische Speicherung und die automatische Verarbeitung. Es handelt sich dabei primär um jene Inhalte, die gewöhnlich mit den Begriffen „Daten“ und „Informationen“ umschrieben werden. Dies sind jene Inhalte, welche mit traditionellen Technologien und Systemen (z. B. Datenbanken, Repositories, Expertensystemen) gespeichert werden können. Daneben gibt es natürlich Wissensformen, die in den Organisations- und Operationsformen eines sozio-technischen Systems gespeichert oder in Artefakten wie Software (vgl. z. B. Luft 1989) zu finden sind. Da es nicht ganz einfach ist, sich dieses organisatorische Wissen (also die Inhalte des organisatorischen Gedächtnisses) überhaupt vorzustellen, soll darauf etwas später noch genauer eingegangen werden.

Die **Speicherbarkeit von Wissen** ist eine wesentliche Voraussetzung für die computerunterstützte Wissensverarbeitung (z. B. Einsatz von Wissensbanken, wissensbasierten Komponenten oder Expertensystemen für betriebliche Zwecke). Mit anderen Worten ausgedrückt, geht es bei der Speicherbarkeit um die Möglichkeit einer Abbildung in Form von Daten. Die Begriffe Daten und Wissen können demnach zumindest aus Sicht der Informatik in einen eindeutigen Beziehungszusammenhang gebracht werden. Bild 2.9 zeigt schematisch an einigen wichtigen Eigenschaften, welche Eigenschaftsausprägungen für die Speicherbarkeit Bedingung sind. Eine Abnahme dieser Eigenschaftsausprägungen reduziert die Speicherbarkeit oder macht sie unmöglich.

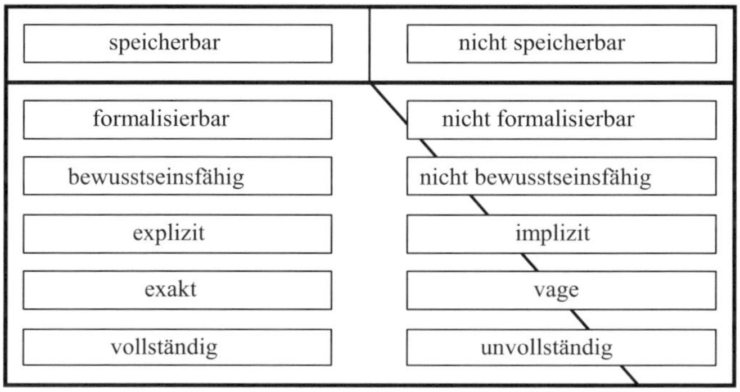

Bild 2.9 Speicherbarkeit von Wissen

Trotz der aufgezeigten Vielfalt an begrifflichen Deutungen, Ausprägungsformen von Wissen, aber auch der offensichtlichen Schwierigkeit eines einheitlichen Begriffsverständnisses lassen sich für den Kontext der computergestützten Speicherung und Verarbeitung von Wissen mehrere **Merkmale von „Wissen“** angeben:

- **Handlungsbezug** (Wissen entsteht durch aktive Auseinandersetzung eines Individuums mit seiner Umwelt);
- **Subjektbezogenheit** (Wissen entsteht individuell in der spezifischen Umwelt des jeweiligen Individuums);
- **Kontextabhängigkeit** (Wissen wird erworben, aber auch aktiviert, abhängig von bestimmten Umweltsituationen);
- **Kulturabhängigkeit** (die Struktur des Wissens und seine Bedeutung, ausgedrückt in bestimmten Begriffen, hängen von der kulturellen Umwelt bzw. den kulturell geprägten Handlungsweisen ab);
- **Sozialbezug** (Wissen entsteht in und durch soziale Beziehungen);
- **Modellbezug** (z. B. Unterscheidung zwischen Inferenzwissen und Kontrollwissen; Inferenzwissen als Wissen über einzelne Inferenzschritte und deren Wechselwirkungen; ein Teil des Inferenzwissens ist das Wissen über die Bedeutung des statischen Wissens für die Problemlösung, wodurch die Verbindung zum dynamischen Modell hergestellt wird. Kontrollwissen beschreibt die Folge, in der die einzelnen Inferenzschritte gesetzt werden);
- Grad der **Bewusstseinsfähigkeit** (Wissen als gespeicherte Erfahrungen ist nicht immer bewusstseinsfähig. Wir setzen es zum Teil bei der Ausführung von Handlungen ein, ohne dass uns die Verwendung von Wissen bewusst wird).

Für die computerunterstützte Verarbeitung (z. B. Speicherung in Wissensbanken, Einsatz von Expertensystemen) kam lange Zeit nur dem objektivierten bzw. externalisierten Wissen eine Bedeutung zu. Nach den bisher genannten Merkmalen von Wissen setzte dies vor der Speicherung einen Verständigungsprozess über zunächst individuelle Erfahrungen voraus. Dies geschah meist im Rahmen der sogenannten Wissensakquisition, bei welcher das Expertenwissen über einen bestimmten Gegenstandsbereich (Domäne bzw. Wissensdomäne) erfasst wird. Dieser Erfahrungsprozess ist gleichzeitig ein Angleichungsprozess unterschiedlicher Erfahrungen, sofern die Erfassung nicht auf einen einzigen Experten beschränkt wird (was aus ökonomischen, technischen und anderen Gründen aber trotzdem vorkommen kann).

Das externalisierte und explizite Wissen einer Organisation liegt in Datenbanken, Archiven, Dokumenten, Wissensbanken (Knowledge Base), Fakten- oder Regelbasen (Rule Base), Expertensystemen usw. und kann somit auch „optimiert“ oder überprüft werden (vgl. dazu auch Abschnitt 4.2.3). In vielen Ansätzen des Wissensmanagements wird ohnehin nur dieses explizite Wissen erfasst, das funktional definiert ist (d. h. darüber, was es bewirkt). Der Akzent liegt also auf einer instrumentell-technischen Ebene, wobei die Annahme getroffen wird, dass Wissen personen- und kontextunabhängig dargestellt werden kann. Nur so kann es automatisiert bearbeitet, erweitert, gespeichert und verteilt werden.

Genauso wichtig ist jedoch implizites oder verborgenes Wissen, auf das erstmals von Polanyi (Polanyi 1966) hingewiesen wurde, Interaktionswissen, Zusammenhangswissen usw. Diese Wissensarten gewinnen heute mehr und mehr an Bedeutung. Methoden des Knowledge Engineering können zwar helfen, einen Teil dieses Wissens in explizites Wissen umzuwandeln, viel interessanter ist jedoch (ähnlich wie beim menschlichen Gedächtnis), dass gerade das nicht externalisierte Wissen sowie die vorherrschenden Strukturen und

Vernetzungen vieles auf organisatorischer Ebene beeinflussen (z. B. „Merkfähigkeit", organisatorische Aufmerksamkeit, Aufnahmegeschwindigkeit). In Verbindung mit der technologischen Weiterentwicklung greift eine Konzentration auf externalisiertes Wissen daher zu kurz und das „Wissen selbst" ist heute auch nicht mehr auf Menschen oder die Interaktion von Menschen beschränkt. Dies führt zu neuen Formen der Wissensentstehung und -speicherung.

Für die Generierung des Wissens werden beispielsweise Verfahren des Maschinellen Lernens bzw. KI-Systeme eingesetzt (vgl. Abschnitt 4.2.3). Das resultierende Wissen wird dann in Form neuronaler Netze gespeichert und verwendet. Populäre Anwendungen wie Alexa (Amazon) oder Siri (Google) haben dazu beigetragen, dass diese Technologien und ihre Möglichkeiten heute allgemein bekannt sind. Die Anwendung maschineller Lernverfahren weist aber trotz ihres Potenzials und des technologischen Fortschritts noch immer Beschränkungen auf. So kann gegenwärtig noch nicht davon ausgegangen werden, dass die menschliche Komponente vollständig durch Maschinen ersetzt werden kann und ein menschliches Eingreifen kann auch bei vollständig autonomen Lernvorgängen einer Software (**Unsupervised Learning, Deep Learning**) immer noch erforderlich sein. Auch die ethische und datenschutzrechtliche Komponente darf nicht außer Acht gelassen werden, wenn beispielweise automatisierte Entscheidungen gerechtfertigt oder besonders sensible verarbeitet werden müssen.

Das Thema des maschinellen Lernens ist eng verbunden mit weiteren Entwicklungen wie **Big Data**, Data Mining und dem sogenannten **Knowledge Discovery in Databases** (KDD). Im **Data Mining** finden die bereits erwähnten Lernverfahren Anwendung und werden herangezogen, um neue Muster und Zusammenhänge in den Daten zu identifizieren. Für die Generierung von Test- und Trainingsdaten bei maschinellen überwachten Lernverfahren **(Supervised Learning)** werden wiederum Methoden der Wissensentdeckung in Datenbanken angewendet. Damit gewinnen natürlich auch die Daten selbst als Wissensquelle einen völlig neuen Status (vgl. dazu auch Abschnitt 3.4.1) und man spricht in diesem Zusammenhang auch vom Wertschöpfungspotenzial von Daten. Einige Merkmale, die für die computergestützte Speicherung von Wissen genannt wurden, verlieren an Bedeutung. Gleichzeitig erlebt das technikorientierte Wissensmanagement mit dieser Entwicklung einen Aufschwung.

Auf der Grundlage dieser Erkenntnis wird ein erweitertes Verständnis des Wissensmanagements propagiert. Dem impliziten und verborgenen Wissen wird aber nach wie vor die zentrale Bedeutung für erfolgreiches Handeln beigemessen und dieses Wissen insbesondere auch mit den sozialen Kompetenzen (in einem umfassenden Sinne) zur Aufgabenerfüllung gleichgesetzt. Das Problem ist in der Praxis nicht, dass es verborgenes und implizites Wissen gibt (unabhängig davon, ob es genutzt wird oder nicht), sondern dass Unternehmen und Organisationen im Allgemeinen keine Vorstellung haben, welches Wissen überhaupt für ihr Geschäft relevant ist und welche Maßnahmen die Pflege dieses Wissens erfordern würde (vgl. dazu Abschnitt 2.1.5).

Zusammenfassend lässt sich festhalten, dass sich das Wissen einer Organisation in sehr vielfältigen Ausprägungsformen findet, die von „hard facts" bis zu weicheren Repräsentationen wie Weltbild, Mythen, Symbolen und Verhaltensmustern reichen. Ungeklärt bleibt dabei häufig, ob es sich um eine knappe Ressource handelt, oder ob sie sich vermehren lässt und bei Teilung sogar zunimmt. Auf einer anderen Ebene kann unterschieden werden, ob dieses Wissen explizit dokumentiert oder nur in einer gedanklichen, mentalen Form vorhanden ist. Als drittes Kriterium kann schließlich der Verbreitungsgrad herangezogen werden, d. h. ist das Wissen nur einer Person verfügbar oder wird es von mehreren, im Extremfall von allen Organisationsmitgliedern geteilt.

2.2.4 Organisatorisches und kollektives Wissen

Damit **Wissen als organisatorisches Wissen (bzw. organisationales, institutionelles oder unternehmensweites Wissen)** bezeichnet werden kann (vgl. dazu auch Abschnitt 2.3.3), verlangen Duncan/Weiss bestimmte Eigenschaften, die erfüllt sein müssen. Ein Aspekt ist die **Verteilung des Wissens** über die Organisation. Das heißt allerdings nicht, dass alle Organisationsmitglieder das gesamte Wissen besitzen müssen. Aufgrund der notwendigen Spezialisierung ist dies ab einer bestimmten Unternehmensgröße auch gar nicht mehr möglich und auch nicht sinnvoll. Wichtiger als der Besitz ist daher der Zugriff auf das Wissen und die Möglichkeit seiner Nutzung. Dieser Zugriff muss allerdings für alle Personen mit Entscheidungsverantwortung gewährleistet sein. Daraus leitet sich als zweite Forderung der **Konsens über das Wissen** ab. Anders ausgedrückt heißt das, dass die Gültigkeit und die Akzeptanz in der Organisation sichergestellt sein müssen. Dies setzt wiederum einen Kommunikations- und Abstimmungsprozess voraus. Organisatorisches Wissen muss also **kommunizierbar** sein.

Als letzte Eigenschaft wird noch verlangt, dass organisatorisches Wissen **integriert** sein muss. Wissen wird dabei eingeschränkt auf sogenannte Action-Outcome-Beziehungen. Das organisatorische Wissen ist demnach die Gesamtheit dieser Aussagen, die in sich stimmig und widerspruchsfrei sein müssen, wenn das Wissen einen nützlichen Beitrag zur Erreichung der Organisationsziele leisten soll. Die Aufnahme neuen Wissens ist daher besonders kritisch, da festgestellt werden muss, ob dadurch auch andere Beziehungen zwischen einer Aktion (z. B. Tätigkeit, Prozess, Entscheidung) und dem Ergebnis (Outcome) berührt sind. Dies ist unabhängig davon, ob die Aktionen von den ausführenden Individuen selbst festgelegt werden oder ob dies durch andere geschieht (vgl. Duncan/Weiss 1979, S. 86 f.).

Die Reduktion und Deutung von organisatorischem Wissen als Action-Outcome-Beziehungen hat natürlich auch ihre Grenzen. Man findet diese Art von Wissen heute u. a. unter der Bezeichnung „Business Rules" wieder. Es handelt sich in gewissem Sinne um ein tayloristisches Erbe, das eine unmittelbare Rolle bei der Gestaltung von Workflow-Systemen spielt. Die intensive Auseinandersetzung mit dem Thema Wissen förderte aber zahlreiche weitere Aspekte zutage, die sich in keiner Action-Outcome-Beziehung befriedigend abbilden lassen. Auf dieses erweiterte Wissensverständnis wird später noch eingegangen werden. Ebenfalls vernachlässigt werden die Eigendynamik und der Nicht-Determinismus, der sich aus der Eigenschaft, dass Organisationen auch selbstorganisierende Systeme sind, ergibt.

Eine etwas andere Sicht stellt den Menschen als **Wissensträger** in den Mittelpunkt. Das organisatorische Wissen ist aber mehr als die Summe des Wissens aller Organisationsmitglieder, da es sich auch aus der Vernetzung der individuellen Wissensbasen ergibt. Außerdem ist in Verbindung mit KI-Anwendungen (z. B. Software-Bots) der Mensch nicht mehr als alleiniger Wissensträger anzusehen. Organisatorisches Wissen ist demzufolge zwingend verteilt und gleichzeitig vernetzt. Das organisatorische Wissen kann als Expertise des Systems „Unternehmen“ verstanden werden und bewirkt damit die Intelligenz der Organisation (vgl. De Angelis 2013, Lin 2018, siehe aber auch Abschnitt 3.1.4).

Auf eine letzte Einschränkung weisen schließlich noch Duncan und Weiss hin, indem sie deutlich machen, dass Entscheidungsträger für ihr Handeln nicht ausschließlich auf organisatorisches Wissen zurückgreifen. Vielmehr wird auch persönliches Wissen benutzt sowie Wissen, das nicht kommunizierbar ist. Zu Letzterem zählen z. B. Intuition und Erfahrungen. Ein großflächiges Fehlen von organisatorischem Wissen würde allerdings bedeuten, dass die Entscheidungen der einzelnen Organisationsmitglieder auf völlig unterschiedlichen Annahmen beruhen und ohne inneren Zusammenhang erfolgen. Dies ist sehr unwahrscheinlich. Das Ausmaß, in dem die einzelnen Eigenschaften für bestimmtes Wissen erfüllt sind, dürfte allerdings zwischen verschiedenen Organisationen stark differieren. Man vermutet, dass die organisatorische Effektivität eine Funktion dieser Eigenschaftsausprägungen ist (vgl. Duncan/Weiss 1979, S. 87). Anders ausgedrückt, eine Organisation ist umso effektiver, je mehr das für Entscheidungen genutzte Wissen den Charakter von organisatorischem Wissen hat.

Neben dem organisatorischen Wissen ist auch **kollektives (überindividuelles) Wissen** wichtig. Diese Wissensform findet sich auch in a-personaler Form, d. h. z. B. in personenunabhängigen Regelsystemen, welche die Operationsweisen eines Sozialsystems definieren, oder in Form von Organisationsstrukturen. Beispiele für herkömmliche (Erscheinungs-)Formen des kollektiven Wissens sind Standardverfahren, Leitlinien, Kodifizierungen, Arbeitsprozessbeschreibungen, etablierte Verhaltensweisen für bestimmte Situationen, Routinen, Rezepturen, Vorschriften, Business Rules, Traditionen sowie die spezifische Kultur einer Organisation. Aber auch Informationen über Trends, tatsächliche und potenzielle Mitbewerber, Kunden, Lieferanten, neue Technologien usw. zählen dazu. Besonders in traditionsreichen Unternehmen oder historisch gewachsenen Institutionen fällt dieses überindividuelle, kollektive Wissen auf, da neue Mitarbeiter nicht einfach in die Organisation eintreten, sondern allmählich den „Stil des Hauses“, die Werthaltungen, das Statusdenken, routiniertes Verhalten etc. übernehmen und internalisieren (vgl. Willke 1996). Kollektives Wissen ist damit Wissen, über das alle oder zumindest viele Mitglieder einer Organisation oder Gruppe verfügen, oder auf das sie gemeinsam zugreifen. Kollektives Wissen ist immer auch organisatorisches Wissen, während umgekehrt organisatorisches Wissen nicht notwendigerweise kollektives Wissen sein muss.

Wissen wird im Kontext der lernenden Organisation, des betrieblichen Wissensmanagements etc. also sehr universell verstanden. Die moderne Auffassung hat sich damit gegenüber dem ursprünglichen Verständnis bekannter Autoren wie Duncan und Weiss oder Walsh und Ungson deutlich weiterentwickelt.

Rao/Goldman-Segall (Rao/Goldmann-Segall 1995, 334) kommen zur Klassifikation, die in Tabelle 2.2 gezeigt wird. Wie man unschwer erkennen kann, machen Daten und Fakten nur einen kleinen Teil des relevanten Organisationswissens aus.

Beschränkt man die Betrachtung auf jene Wissensformen, für die eine technische Speicherung möglich oder sinnvoll ist, so schränkt sich der Umfang natürlich etwas ein. Es lohnt sich jedoch, das automatisch erfassbare Wissen genauer zu betrachten, weil die Automatisierung ein weiteres wichtiges Instrument zur Kollektivierung von Wissen darstellt und weil damit ein Verständnis für wichtige Teilfunktionen von Wissensmanagementsystemen entsteht. Herkömmliche Datenbanken bzw. die Speicherung von Daten können in dieser

Tabelle 2.2 Formen und Ausprägungen des organisatorischen Wissens (Wargitsch 1998, S. 15)

Form	Ausprägung	Beispiele
abstrakt/weich	Struktur, Kultur, Rollen	Organisationskultur, informelle Machtstruktur
semi-abstrakt	Geschichten, Mythen	Kundenberichte, Image, Anekdoten, Ereignisse
semi-konkret	Technisches Know-how, Business Rules, Standardprozeduren	Geschäftsprozesse, Problem- und Lösungsdokumentationen
konkret/hart	Daten, Fakten	Artikeldaten, Verkaufsdaten, technische Normen, Kundendaten, Workflow-Modell

Diskussion weitgehend ausgeklammert werden, da diese Systeme inzwischen hinreichend beherrscht werden. Prozedurale, prozessuale und verhaltensmäßige Wissensformen kommen nur insoweit vor, als sie mittels Software realisiert werden (vgl. Luft 1989). Durch die technischen Möglichkeiten von Workflow- und Groupware-Systemen ist dieser Anteil allerdings steigend.

In diesem Zusammenhang spielt die **Externalisierung des Wissens** eine wichtige Rolle, der in der Literatur auch viel Aufmerksamkeit gewidmet wird (vgl. Kotre 1995, vgl. auch Nonaka 1991 und Nonaka et al. 1994 sowie Wiegand 1996, S. 254 – 259). Mit der Externalisierung wird nicht zuletzt ein Lösungsansatz beschrieben, bekannte „Mängel" des herkömmlichen Gedächtnisses (z. B. Ungenauigkeit, Vergessen) durch technische Speicherung zu verbessern. Gleichzeitig verlagert sich der Ort der Speicherung vom individuellen Gedächtnis auf technische Komponenten außerhalb des Menschen. Diese Tendenz ist im persönlichen Bereich ebenso wie in Unternehmen feststellbar. Damit ist einerseits eine Ausweitung und Perfektion von Gedächtnisleistungen verbunden, andererseits aber auch ein Verlust und neue Restriktionen. Das individuelle Gedächtnis arbeitet nämlich nicht nur kumulativ und vor allem nicht auf der Basis fest programmierter Abläufe. Es unterstützt z. B. eine permanente und automatische Neubewertung einschließlich der Reorganisation des Wissens (z. B. durch Vergessen oder selbstständiges Erkennen von Kontextveränderungen). Es hält auch routinierte Verhaltensweisen bei Informationsüberflutung bereit. Der Trend zur Externalisierung ist demnach nicht beliebig fortsetzbar, ohne die Aktivitäten und Entwicklung einer Organisation nachhaltig zu stören oder zumindest zu beeinflussen.

Ein wichtiges Thema in Verbindung mit der Allokation des organisatorischen Wissens ist noch die sogenannte **Meta-Wissensbasis.** Beim Meta-Wissen handelt es sich um Wissen über Wissen, wozu natürlich auch der Aufbewahrungsort des Wissens zählt. Dabei handelt es sich zunächst um ein hypothetisches Konstrukt, das der Orientierung und dem Auffinden von Wissen dient. Der Umstand, dass ein großer Teil des Wissens nicht automatisiert oder auf externen Speichermedien (z. B. Bücher, Aktenarchiv, Computer) verfügbar ist, unterstreicht die Bedeutung dieser Komponente. Die Idee einer solchen Meta-Wissensbasis hat ihre Entsprechung auf der Ebene des individuellen Gedächtnisses, das zur Orientierung ebenfalls Meta-Wissen benutzt. Individuen verfügen selbst über bestimmte Mechanismen zur Orientierung. Der Versuch der übertriebenen Automatisierung birgt die Gefahr, dass bestehende „Mental Maps" zerstört werden und die Orientierung für den Einzelnen sogar erschwert wird, was sich längerfristig für eine Organisation nachteilig auswirken kann. Nicht vergessen sollte man in diesem Zusammenhang auf die Probleme des **Information**

Overload (Tang et al. 2008) und des **Choice Overload**, zu denen das Meta-Wissen möglicherweise einen zwiespältigen Beitrag leistet.

Eine wesentliche Schwierigkeit besteht darin, dass eine solche Meta-Wissensbasis nicht ohne aktive Beteiligung der Organisationsmitglieder „funktionieren" kann. Es scheint unter diesem Gesichtspunkt manchmal sinnvoller, die vorhandenen Mechanismen zu nutzen, anstatt eine künstliche (Meta-)Struktur aufzubauen, die nur mit großem Aufwand aktuell gehalten werden könnte. Das Ziel kann daher durch Vernetzung und Kommunikation möglicherweise besser erreicht werden als durch den Einsatz von Repositories, Gelben Seiten u. a. m., die derzeit stark favorisiert werden (vgl. die Methoden des Wissensmanagements in Kapitel 4). Ein besonders interessantes Werkzeug in diesem Umfeld ist das RepTool. Es unterstützt die Sammlung, Analyse und Präsentation von Daten über Arbeitsplätze und Arbeitssituationen und baut somit allmählich ein Meta-Wissen über die Organisation auf (vgl. Jordan et al. 1998).

Die optimale Lösung liegt vermutlich in einem ausgewogenen Verhältnis zwischen der Nutzung vorhandener Fähigkeiten und einer technischen Unterstützung. Mit der Vernetzung können die individuellen Fähigkeiten erweitert und in Richtung einer kollektiven Fähigkeit weiterentwickelt werden. Der Beitrag einer Meta-Wissensbasis wird daher auch auf einer prozessualen und kommunikativen Ebene erwartet, welche der Entwicklung kollektiver Fähigkeiten entspricht, die wiederum die Bildung kollektiven Wissens unterstützen. Der Vorschlag der (technischen) Vernetzung steht hier in Einklang mit den Empfehlungen zum Konzept der lernenden Organisation (vgl. Abschnitt 3.1, hier insbesondere auch das Konzept des Meta-Lernens) und dem Verständnis des organisatorischen Gedächtnisses als „Patterns of Connections". Stewart (Stewart 1997) bringt die letztlich widersprüchlichen Anforderungen in Zusammenhang mit dem neuen Berufsbild des Chief Knowledge Officer (CKO) auf den Punkt, wenn er die Aufgabe mit **„Collection and Connection"** beschreibt (vgl. auch Crane 2011).

2.2.5 Entstehung von kollektivem Wissen und Barrieren für die Kollektivierung

Die Hauptaufgabe des Wissensmanagements wird von vielen Autoren in der Vermehrung des expliziten und von allen geteilten Wissens gesehen. Dabei wird stillschweigend angenommen, dass dieses Wissen auch brauchbar und in seiner Qualität hinreichend ist. Im Idealfall steht es allen Organisationsmitgliedern in verschiedenen Ausprägungsformen zur weiteren Verwendung offen. Das Schichtenmodell von Pautzke (vgl. Abschnitt 3.1.2) visualisiert die Aufgabe des Wissensmanagements, die organisatorischen und infrastrukturellen Voraussetzungen zu schaffen, damit die Wissensbasis genutzt, aktualisiert und weiterentwickelt werden kann. Es weist also auf das Ziel der Externalisierung und Kollektivierung von Wissen hin, gibt aber keine Auskunft, wie dieses Ziel erreicht werden kann.

Bei den bisherigen Überlegungen wurde das Wissen weitgehend unabhängig von seiner Verbreitung und den Wissensträgern betrachtet. Auf die Bedeutung von kollektivem Wissen wird in der Literatur meist in Zusammenhang mit der Schaffung von Wettbewerbsvorteilen hingewiesen. Der Kenntnisstand der dafür notwendigen Prozesse ist allerdings noch gering. Folgt man einer gängigen Meinung, so finden sich mehrfach Hinweise auf die bisher geringen Möglichkeiten, „diese mentalen bzw. kognitiven Konstrukte im sozialen Miteinander zu managen, also transparent zu machen, zu verändern und anschließend wieder in die Köpfe der Organisationsmitglieder als ‚shared mental models' einzubetten" (Wahren 1996, S. 102). Trotzdem ist festzuhalten, dass inzwischen viele Teilphänomene verstanden werden, auch wenn das Gesamtphänomen noch nicht befriedigend erklärt werden kann.

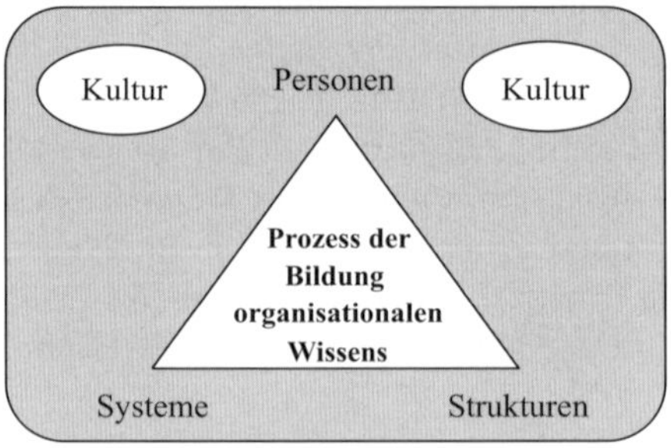

Bild 2.10 Entstehung kollektiven Wissens (Schneider 1996, S. 36)

Kollektives Wissen entsteht nach der Auffassung Schneiders laufend im Wechselspiel von Personen mit ihren Ideen, Fähigkeiten und Erfahrungen, Strukturen, Systemen und Technologien und dem in ihnen „gefrorenen" Wissen bzw. ihrer Kultur. Bild 2.10 veranschaulicht diesen Prozess schematisch (vgl. dazu auch Schüppel 1996, S. 76 - 85, sowie Macik-Frey 2012). In diesem Zusammenhang ist nochmals auf die Verbindung zum organisatorischen Lernen hinzuweisen. Solange die Eckpunkte des Dreiecks nicht in Frage gestellt, sondern lediglich durch kontinuierliche Verbesserungen verfeinert werden, findet Lernen 1 statt. Lernen 2 wird möglich, sobald auch der Rahmen in die Reflexion und Veränderung einbezogen wird (dies unterstreicht die Notwendigkeit eines Meta-Wissensmanagements, vgl. aber auch den Task-Technology-Culture-Fit, wie er in Kapitel 1 dargestellt ist).

Wettbewerbsvorteile auf der Basis von explizitem Wissen sind meist kurzfristiger Natur, da sie relativ leicht nachgeahmt oder kopiert werden können. Langfristige Vorteile, die schwer zu imitieren sind, entstehen hingegen durch die Verankerung und Aktivierung von Wissen in den Unternehmensprozessen. Die Schwierigkeit vieler Unternehmen besteht darin, dass die Prozesse oft nur unzureichend verstanden sind und auch kein Wissen darüber besteht, in welchem Entwicklungsstadium sich bestimmte Teilprozesse befinden (vgl. Schneider 1996, S. 21 - 22). Die Folge sind Fehleinschätzungen und Fehlentscheidungen bei der Aufteilung in manuelle und automatische Bearbeitungsschritte. Als häufig zitierte Beispiele in der Literatur finden sich VW und General Motors (vgl. Bohn 1994, S. 67). Die Verbreitung von Wissen durch einzelne „Gurus" genügt demnach nicht für die Umsetzung in Unternehmenserfolg. Vielmehr kommt es darauf an, das Wissen in koordinierte Handlungsabläufe umzusetzen und es in Prozessen zu aktivieren.

In diesem begrifflichen Umfeld deutet Schneider kollektives Wissen als Mischung aus explizitem und verborgenem oder implizitem Wissen in einem Beziehungsnetz. Kollektives Wissen ist dabei eine wichtige Quelle für Wettbewerbsvorteile. Wegen seiner Beschaffenheit kann es nur schwer in „Teile" zerlegt, nachgeahmt oder auf andere Organisationen übertragen werden (vgl. Schneider 1996, S. 21 - 22, vgl. dazu auch Schüppel 1996, S. 76 - 85, Macik-Frey 2012, sowie das „Paradox of Replication" und das „Paradox of Intelligence", die in Abschnitt 3.1.4 in Verbindung mit der organisatorischen Intelligenz kurz beschrieben werden).[4]

Nonaka/Takeuchi definieren kollektives Organisationswissen vom Verständnis ähnlich als „... capability of company as a whole to create new knowledge, disseminate it throughout the organization and embody it in products, services and systems“ (Nonaka/Takeuchi 1995, S. 12). Der Prozess der Entstehung kollektiven Wissens bedarf der kontinuierlichen Pflege von vier Formen der Wissensschaffung. In jeder der vier Ausprägungsformen handelt es sich um einen Übergang zwischen explizitem und verborgenem oder implizitem Wissen (Nonaka et al. 1994, S. 341, vgl. auch Polanyi 1966, Rüdiger/Vanini 1998, aber auch die Anwendung im Modell von Kirsch/Pautzke). Tabelle 2.3 zeigt diesen Zusammenhang im Überblick.

Tabelle 2.3 Typologie der Wissensentstehung (Schneider 1996, S. 22, nach Nonaka 1992, S. 97)

Übergang	Form des Übergangs	Prozesse und Beispiele
explizit → explizit	Kombination	Klassisches Lernen, Informationsaustausch, wissenschaftliches Arbeiten
explizit → verborgen	Internalisierung	Automatisierung, Übergang zur Fertigkeit
verborgen → explizit	Externalisierung	Reflexion, Neukonfiguration
verborgen → verborgen	Sozialisation	Gemeinsame Erfahrung, Nachahmung, Übung

Eine etwas weitergehende Präzisierung von expliziten und impliziten Wissensformen zeigt Tabelle 2.4. Wiegand weist in diesem Zusammenhang ausdrücklich auf die Ähnlichkeit mit anderen Darstellungen hin (z. B. mit Hedlund/Nonaka). In diesem Fall steht allerdings die Übertragbarkeit von Wissen im Mittelpunkt des Interesses, wobei Wiegand davon ausgeht, dass implizites Wissen im Allgemeinen nicht ohne intensiven und persönlichen Kontakt übertragen werden kann. Wichtig ist ferner die Differenzierung nach den einzelnen Lernebenen, die wiederum durch unterschiedliche Lernprozesse unterstützt werden. Lernen ist somit ein weiterer Mechanismus, um Wissen zu kollektivieren.

Tabelle 2.4 Inhaltliche Beispiele für Formen des personalisierten Wissens (Wiegand 1996, S. 329)

Lernebenen	Explizite Wissensformen	Implizite Wissensformen
Individuum	Telefonnummern	Musizieren
Gruppe	Gruppenziel	Gruppennormen
Organisation	Sachziel der Organisation	Organisationskultur
Wissensgemeinschaft	Berufsgruppenspezifisches Curriculum	Berufsgruppenstolz, Herangehensweise an Aufgaben

[4] Auch auf das **Kontext-Paradoxon** ist – insbesondere in Zusammenhang mit technischen Systemen – hier zu verweisen (vgl. Buckingham Shum 1998, S. 70–71). Dieses Paradoxon besagt, dass Information gewöhnlich nur dann zu einem brauchbaren Wissen werden kann, wenn die Bedeutung im Kontext verstanden wird. Systeme (z. B. Datenbanken), die nur Kontextinformationen anbieten, tendieren leicht dazu, dass sie für den fortgeschrittenen Benutzer eine Überfülle nicht benötigter Information präsentieren (und das System daher gemieden wird), für einen Neuling aber bleibt der Kontext selbst oft erklärungsbedürftig (sodass noch immer zu wenig Informationen geboten werden). Für dieses Fill-in-the-Gaps-Problem gibt es keine allgemeine Lösung. Empfohlen wird Kommunikation oder Vernetzung, eine theoretische Erklärung könnte auch das Transactive-Memory-Konzept beisteuern.

Es kann als erwiesen angesehen werden, dass die Qualität des organisatorischen Wissens entscheidend davon abhängt, wie Organisationsmitglieder mit neuen Kollegen interagieren. Wenn sich die Insider indifferent, zurückhaltend bei Auskünften, voreingenommen verhalten oder überhaupt nicht zur Verfügung stehen, dann können neue Organisationsmitglieder nur sehr wenig und nur langsam lernen. Damit erhöht sich aber die Gefahr von Fehlern in kritischen Situationen, mit denen Mitarbeiter zum ersten Mal konfrontiert sind. Von Bedeutung für die Entstehung kollektiver Erinnerungen sind auch sogenannte „narrative skills", die das Unternehmensgeschehen aus einer anderen Perspektive beleuchten, als es formelle Berichte oder Bilanzen tun (vgl. z. B. Weick/Roberts 1993, S. 368, Orr 1986, vgl. in diesem Zusammenhang auch Stein/Zwass 1995, S. 89, die auf die Bedeutung des episodischen Gedächtnisses verweisen). Dies unterstreicht nochmals die Bedeutung von Kommunikation für das organisatorische Gedächtnis und das organisatorische Wissen.

Bisher stand vor allem der Zugang von Wissen zur organisatorischen Wissensbasis und der Prozess der Kollektivierung im Mittelpunkt der Betrachtung. Man sollte dabei aber nicht übersehen, dass es auch Hindernisse für einen solchen Zugang gibt. Zugangsblockaden bei der Erweiterung und Hindernisse bei der Veränderung der Wissensbasis waren bereits mehrfach Gegenstand wissenschaftlicher Untersuchungen. Güldenberg/Eschenbach kommen bei einer Befragung von Praktikern zu folgenden Hauptursachen (Güldenberg/Eschenbach 1996, zu Macht und Knowledge Hiding siehe auch Pan et al. 2018 sowie Serenko/Bontis 2016, Wang et al. 2019):

- Angst vor Veränderungen, die durch die Wissensweitergabe ausgelöst werden könnten (z. B. Schwächung der eigenen Position);
- mangelnde Fähigkeit, die organisatorische Relevanz des eigenen Wissens zu erkennen (z. B. Ressortblindheit);
- Machtspiele (z. B. Mobbing oder bewusste Desinformation von Kollegen).

Geringere Bedeutung haben nach Einschätzung der Praktiker in dieser Studie hingegen folgende Faktoren:

- mangelnde Bereitschaft zur Dokumentation des Wissens;
- mangelnde Fähigkeit, das Wissen in optimaler Form darzustellen;
- schlechtes Management der organisatorischen Wissensbasis in den Unternehmen.

Bei Bullinger et al. (Bullinger et al. 1997, S. 42) findet sich der Hinweis auf weitere Barrieren in Form einer ungeeigneten Unternehmenskultur und eines fehlenden Bewusstseins für die Bedeutung eines kontinuierlichen Wissenstransfers (zu Wissens- und Lernbarrieren siehe auch Schüppel 1996, S. 38 – 42 und S. 108 – 179).

Die Verteilung und Kollektivierung von Wissen kann im übertragenen Sinn auch „räumlich" verstanden werden. Dabei ist es durchaus zweckmäßig, Wissensgebiete als Territorien zu begreifen. Durch Spezialisierung erfolgt oft eine weitere Aufteilung und Differenzierung in neue Wissensgebiete. Organisationsstrukturen und Hierarchien repräsentieren bis zu einem gewissen Grad eine solche territoriale Aufteilung. Das Territorialdenken ist aber gleichzeitig auch die Ursache für viele Probleme. Wer hat bei einer gemeinsamen Aufgabe das Recht zu entscheiden? Wer verfügt über relevante Informationen? Häufig wird es als abstrakte Grenzverletzung empfunden, wenn bestehende Zuständigkeitsbereiche verändert werden. Die Sache wird noch komplizierter, wenn die Grenzen von vornherein nicht klar gezogen sind, d. h., wenn Unsicherheit besteht, wo das eigene Territorium beginnt oder endet. Dies sind potenzielle Konfliktherde. Territoriale (Wissens-)Konflikte werden aber nicht nur in Unternehmen ausgetragen, sondern auch zwischen Unternehmen, Branchen usw. Informationssysteme spielen dabei eine vielfältige Rolle. Die Über- und Unterordnung in einem Unternehmen entspricht gleichzeitig dem Recht auf ein eigenes Territorium bzw. die Möglichkeit des Entzugs. Die generelle Verfügbarmachung oder Kollektivierung von Wissen ist also keinesfalls wertneutral, sondern immer mit einer Verschiebung von territorialen Ansprüchen (Macht) verbunden. Unausgesprochen wird untergeordneten Stellen der Anspruch auf eigenes Territorium aberkannt, was in der Folge zur Grundlage für Frustration oder niedrige Motivation werden kann (vgl. dazu auch das Konzept der dominanten Koalition sowie die Kritik der OE-Ansätze wegen der Vernachlässigung von Machtstrukturen).

Es gilt hier, geeignete Methoden (z. B. Einführung eines betrieblichen Vorschlagswesens, Qualitätszirkel, Lernstätten, Job Rotation) zu entwickeln, mit denen Organisationen das Auftreten der erwähnten mentalen Barrieren verhindern oder zumindest reduzieren können, sodass auch das ursprünglich nicht zugängliche Mitarbeiterwissen verstärkt erschlossen wird. Nicht übersehen sollte man dabei den **Einfluss von Machtstrukturen** (vgl. Duncan/Weiss 1979, S. 95, zum Problem des Eigentums von Wissen siehe z. B. Stehr 1994, zum Knowledge Hiding z. B. Pan et al. 2018, Wang et al. 2019 und Serenko/Bontis 2016). Die Wahrscheinlichkeit, dass neues Wissen überhaupt akzeptiert wird, hängt davon ab, ob dieses Wissen in Widerspruch zum Wissen oder zu Meinungen mächtiger Organisationsmitglieder steht. Dies steht in Einklang mit der Ansicht von Bullinger et al. (Bullinger et al. 1997, S. 42), wo hierarchische Strukturen, streng getrennte Funktionsbereiche und die Konkurrenz von Organisationseinheiten als wesentliche Barrieren aufgeführt werden. Natürlich haben Machtstrukturen hier auch positive Aspekte. Sie tragen dazu bei, die Unsicherheit für bestimmte Organisationsmitglieder zu kontrollieren oder zu reduzieren.

Als Fazit kann abschließend abgeleitet werden, kollektives Wissen nicht als Besitz von Daten und Informationen, sondern als ein zu pflegendes Prinzip zu verstehen. Die Betonung liegt dabei klar auf einer Prozesskomponente, welche sich in Organisationen in einer deutlichen Schwerpunktsetzung oder -verschiebung ausdrückt (Schneider 1996, S. 35 f.):

- von der Konzentration auf Ideen und Vorschläge auf die Förderung von Personen und ihrer Fähigkeit, Ideen und Vorschläge zu generieren;
- von der Dokumentation und Datenbankgestaltung zu den Bedingungen der Nutzung und Weiterentwicklung von Daten in interpersonellen Netzwerken;
- von der individuellen Informationsbereitstellung und vom informierten Expertentum zum gemeinsamen Lernen und kollektiven Wissen.

2.2.6 Schemata, Skripts und Systeme – theoretische Konstrukte zur Erfassung des organisatorischen Wissens

Für die Beschreibung organisatorischer Wissensbereiche, aus denen sich das organisatorische Gedächtnis konstituiert, finden sich in der Literatur sehr unterschiedliche Bezeichnungen. Sie werden von den Autoren oft nur ganz allgemein erläutert, können jedoch mit zunehmendem Erkenntnisfortschritt keineswegs als intuitiv verständlich oder inhaltlich übereinstimmend verstanden werden. Mit fortschreitenden Anwendungen im Bereich computertechnischer Unterstützung ergibt sich hier ein Präzisierungsbedarf. Die nachfolgende Übersicht über bisherige Begriffsverwendungen lehnt sich an Wahren (Wahren 1996, S. 132 f.) an und versucht, ein Verständnis für das Phänomen zu schaffen.

- Argyris/Schön (Argyris/Schön 1978) bezeichnen die Wissensbasis als „cognitive basis" und bezeichnen ihre Ausprägungsformen als „cognitive maps" und „private images". Sie unterscheiden ferner zwischen übergeordneten Wissensbeständen, der sogenannten „Theory in Action" (Normen, Strategien, Ansichten, Weltanschauungen), offiziellen und meist schriftlich formulierten „expoused theories" und schließlich den „Theories in Use", die das tägliche Handeln und Verhalten leiten.
- Hedberg (Hedberg 1981) vertritt die Auffassung, dass Organisationen Ideologien und Denkmuster in Form von Erkenntnissystemen („cognitive systems") entwickeln, welche das kollektive Gedächtnis bilden. Unter inhaltlichen Gesichtspunkten unterscheidet er Beschreibungen von Abläufen und Prozessen, Gewohnheiten und Symbole, Mythen und Geschichten, soziale Arrangements sowie Normen und Werte.
- Daft/Weick (Daft/Weick 1984) verwenden für die Beschreibung der organisatorischen Wissensbasis die Begriffe „cognitive maps", „cognitive theories", „cognitive systems" und „cognitive memories", ohne diese allerdings näher zu differenzieren oder gegeneinander abzugrenzen. Als Inhalte führen sie Wissen, Verhalten, Wissenslandkarten, Normen und Werte an.
- Senge (Senge 1994) spricht von mentalen Modellen, wenn er sich auf die Wissensbasis einer Organisation bezieht. Er beschreibt sie als internalisierte Annahmen, Generalisierungen sowie Bilder und Vorstellungen.
- Kim (Kim 1993) beschreibt die organisatorische Wissensbasis als Form von mentalen Modellen, die er in „individual mental models" und „shared mental models" gliedert. Ferner unterscheidet er zwischen Routinewissen (Wissen in Bezug auf Alltagshandlungen wie die Bedienung einer Maschine oder das Ausfüllen eines Formulars) und übergeordnetem Wissen („frameworks"). Das übergeordnete Wissen erklärt bzw. legt fest, warum etwas getan wird, nach welchen Regeln und Gewohnheiten etwas geschieht usw.
- Klimecki et al. (Klimecki et al. 1994) beschreiben die organisatorische Wissensbasis aus konstruktivistischer Sicht. Mit den kognitiven Strukturen verbinden die Autoren organisationale Wirklichkeitskonstruktionen.

Der zentrale Begriff für das übergeordnete, mentale Wissen (individuell und kollektiv) lautet **„Schema"** (vgl. Wahren 1996, S. 139, Eulgem 1998, S. 133 – 137). Dieser Begriff, der ursprünglich aus der Neurologie entlehnt wurde und auf Bartlett zurückgeht, erfuhr seit den 70er Jahren mehrfach neue Deutungen (zu modernen Schema-Theorien siehe z. B. Baddeley 1997, S. 240 – 241, Buchner/Brandt 2017). Er ermöglicht die Unterscheidung in mentale Modelle (z. B. Werte, Ideologien) und kognitive Bilder (z. B. Visionen, Mythen). Mit Hilfe von Schemata werden Zusammenhänge in Realitätsausschnitten zu größeren Einheiten zusammengefasst, die mittels anderer Mechanismen (z. B. begriffliche Netze) nicht angemessen repräsentiert werden können. Ein Beispiel für ein Schema ist das Wissen darüber, was ein „Unternehmen" typischerweise ausmacht.

Den Schemata kommt eine übergeordnete Leitfunktion zu, und zwar im Rahmen von Deutungs- oder Interpretationsprozessen. Diese Prozesse werden nach heutigem Verständnis durch kognitive Konstrukte (z.B. Normen, Strategien, Verhaltensmuster) und durch kognitive Karten (z.B. vorhandenes Aufgaben- und Prozesswissen) bestimmt (vgl. Wahren 1996, S. 140). Die Deutungsmuster lenken die Kommunikation, die Informationsauswahl und die Interpretation und führen längerfristig auch zu einer Veränderung bestehender Schemata. Schemata haben also eine duale Funktion. Einerseits prägen sie die Kommunikation, andererseits werden sie über die Kommunikation reproduziert und verändert. Dieser Zusammenhang wird in Bild 2.11 nochmals veranschaulicht. Eng zusammen mit Schemata und Deutungsmuster hängt auch der Begriff „Skript“. Ein **Skript** ist eine stereotype Repräsentation von Abläufen bei Ereignissen (vgl. Menold 2006). Im Kontext eines Unternehmens wären solche Ereignisse, die stereotype Abläufe in diesem Sinne anstoßen, die Reaktion bei der Reklamation durch einen Kunden, typische Abläufe bei Abteilungssitzungen oder Kundenberatungsgesprächen. Die Anwendung eines Skripts erspart Einzelentscheidungen über Handlungen oder das Verhalten in einer bestimmten Situation.

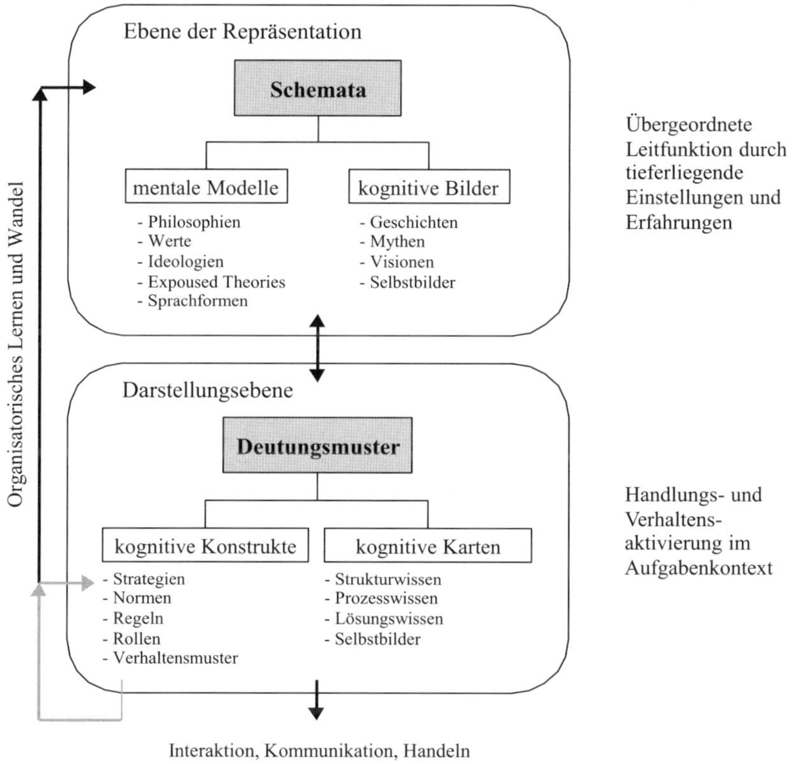

Bild 2.11 Struktur und Allokation des organisatorischen Wissens (nach Wahren 1996, S. 140)

Ein Überblick über Literatur und Meinungen zu diesem Umfeld findet sich auch bei Stein (Stein 1995, S. 27 – 30). Dieser unterscheidet als wichtigste Speicherformen für organisatorisches Wissen Schemata, Skripts und Systeme. Man könnte sie auch Erscheinungs- oder Ausprägungsformen des organisatorischen Wissens bzw. Gedächtnisses nennen. Alle drei Formen finden sich sowohl auf der individuellen Ebene (vgl. dazu z.B. Baddeley 1997,

S. 240 – 247, Buchner/Brandt 2017) als auch auf der kollektiven Ebene und dienen unterschiedlichen Zwecken. Im vorliegenden Kontext wird die Betrachtung allerdings auf den organisatorischen Kontext beschränkt. Schemata finden sich auf dieser Ebene als gemeinsame oder kollektive Schemata, kognitive Bilder usw. wieder. Sie finden ihren Ausdruck in der Kultur, in Symbolen, in Mythen u. a. m. (vgl. dazu auch Abschnitt 3.1.6). „Skript" könnte man in der heute üblichen Terminologie mit „Prozess" übersetzen. Diese umfassen alle Transformationsprozesse, Routinen, standardisierte Abläufe, Rituale, Zeremonien, Rollenbindungen usw. Skripts auf der organisatorischen Ebene beziehen sich nach diesem Verständnis immer auf individuelle Skripts, die durch Kommunikationsprozesse koordiniert werden. Mit Systemen sind schließlich sowohl soziale Systeme als auch technische Systeme (z. B. Informationssysteme) gemeint. Die Strukturen sozialer Systeme zeigen sich z. B. in der formalen Organisationsstruktur und im Berichtswesen, aber auch in informellen Netzwerken zwischen Organisationsmitgliedern.

Die theoretischen Ansätze, die sich mit dem geteilten Wissen und Wissensstrukturen in Organisationen oder Gruppen befassen, können unter den drei Stichworten Common Ground, Shared Reality und Shared Mental Model (SMM) zusammengefasst werden (vgl. Menold 2006, S. 55). Zwischen der Kollektivierung von Wissen, dem Ausmaß des geteilten Wissens sowie dem tatsächlich herausgebildeten, korrekten Meta-Wissen in Gruppen, wodurch erst ein erfolgreiches koordiniertes Handeln möglich wird, bestehen also enge Zusammenhänge. Jede gemeinsame Handlung erfordert demnach einen gemeinsamen kognitiven Bezugsraum, der als „common ground" theoretisch erfasst werden kann. Die Ansätze zur „shared reality" befassen sich ebenfalls mit der Rolle des geteilten Wissens für soziale Interaktionen und ergänzen diese, weil die individuellen Vorstellungen über die Realität von der Verifizierung anderer Personen abhängig sind. Diese Idee findet sich in vielen klassischen psychologischen Ansätzen, wobei die Kernaussage ist, dass aufgrund der sozialen Verifikation der von einem Individuum wahrgenommenen Realität eine geteilte Realität entsteht (vgl. Menold 2006, S. 35).

Von besonderem Interesse in Verbindung mit der Entwicklung von Wissensstrukturen in sozio-technischen Systemen ist noch das Konzept des Shared Mental Model (SMM). Nach Menold (2006, S. 51 – 52 sowie S. 40) können die Wissens- und Perspektiveninhalte in Gruppen in vier Bereiche gegliedert werden:

- **Wissen über** (bzw. Perspektiven auf) **die Werkzeuge und Technologien:** Dazu gehört z. B. das Benutzerwissen über die in der Gruppe verwendete Groupware ebenso wie andere Software, die für bestimmte Aufgaben eingesetzt wird. Auch das Wissen, wie die Nutzung der Systeme die Erledigung der Gruppenaufgabe unterstützen kann, zählt dazu.
- **Wissen über** (bzw. Perspektiven auf) **die Arbeit und die Aufgabe:** Dazu zählen das Wissen über die Ziele, über die Arbeitsschritte und deren technische Unterstützung. Bei sozio-technischen Systemen generiert die Gruppe einen Arbeitsprozess unter wechselseitiger Beeinflussung der Gruppenmitglieder. Daher zählt das Wissen über die Arbeit aller Gruppenmitglieder und die jeweiligen Arbeitsergebnisse ebenso dazu. Diese mentalen Modelle beinhalten also das Wissen der Gruppenmitglieder über die Arbeitsschritte, die Strategien bei der Arbeitserledigung, aber auch über die Rahmenbedingungen der Arbeit.
- **Wissen über die Interaktion in der Gruppe:** Dazu gehört das Wissen über die arbeitsbezogene Kommunikation, Kooperation und Koordination, aber auch über deren technische Unterstützung. Außerdem zählt dazu das Wissen, welche Faktoren beispielsweise

eine eher technisch gestützte Kommunikation begünstigen und wie das in der Gruppe konkret umgesetzt wird. Diese mentalen Modelle beziehen sich also auf die Rollen und Verantwortungen der Gruppenmitglieder, auf Kommunikationskanäle, gegenseitige Abhängigkeiten etc.

- **Meta-Wissen über die Gruppenmitglieder:** Dazu gehört das Wissen über das Wissen und die Perspektiven der anderen Gruppenmitglieder in Bezug auf die Arbeits-, Kommunikations- und Koordinationsprozesse in der Gruppe. Diese mentalen Modelle beziehen sich auf das Wissen über die Kompetenzen der Gruppenmitglieder, ihre Fähigkeiten, Präferenzen und Einstellungen (wobei hier eine enge Verbindung zum Transactive-Memory-Konzept bzw. zu TMS besteht, vgl. Abschnitt 3.1.2).

2.3 Konzepte und Modelle als Ordnungsrahmen für das Wissensmanagement

2.3.1 Integratives und ganzheitliches Wissensmanagement als Zielvorstellung

Es wurden inzwischen zahlreiche Modelle zum Wissensmanagement entwickelt, die aber zum Teil miteinander konkurrieren oder nicht kompatibel sind. Sie repräsentieren unterschiedliche Sichten auf die Aufgaben im Unternehmen oder das jeweilige Wissensmanagementverständnis. Eine Konsolidierung und Zusammenführung in einem integrierten Gesamtmodell ist langfristig ein wichtiges Ziel des Wissensmanagements als Wissenschaft. Tabelle 2.5 gibt einen Überblick über ausgewählte Modelle, die in der Literatur zu finden sind (vgl. North 1998, Deking 2003, Probst et al. 2003). Obwohl mehrere Versuche einer Systematisierung und Ordnung unternommen worden sind (z. B. Begoña Lloria 2008, Sheffield 2009, Heisig 2009), ist bisher keine Konvergenz oder die Einigung auf ein Modell feststellbar. Ein neuerer Vorschlag für ein integriertes Wissensmanagementmodell stammt von Medrano Castillo und Cazarini (2014) und baut auf dem aus der Organisationsmodellierung bekannten EKD-Modell auf. Abzuwarten bleibt aber die Akzeptanz und weitere Verbreitung des Modells.

Der Hauptbeitrag zur Modellentwicklung erfolgte in den 1990er Jahren. Manche sehen diese Zeit daher als das Jahrzehnt des Wissensmanagements, das mit Anbruch des neuen Jahrtausends eine starke Ernüchterung erfahren hat. Natürlich kam die Entwicklung mit dem Jahrtausendwechsel nicht zum Stillstand und es wurden auch danach noch Konzepte und Modelle entwickelt. Dabei handelte es sich aber weniger um grundsätzlich neue Entwicklungen, sondern eher um Versuche einer Konsolidierung oder die Fokussierung auf spezifische Themen wie Wissenskommunikation, Wissensvisualisierung oder Wissensmanagement 2.0 (vgl. z. B. Reinhardt/Eppler 2004, Hüttenegger 2006, Back 2001). Die Entwicklung ist aber inzwischen so unübersichtlich geworden, dass auf eine ausführlichere Aufzählung verzichtet wurde (vgl. dazu z. B. Heisig 2009, Begoña Lloria 2008). Seit 2005 zeigt sich von praktischer wie auch von wissenschaftlicher Seite neues Interesse am Thema, wobei die Bemühungen um eine Konsolidierung von teilweise unvereinbaren Grundpositio-

Tabelle 2.5 Überblick über Wissensmanagementkonzepte in der Literatur

Jahr	Autor	Kurzcharakterisierung
1985	Morin	Management nichtfinanzieller Ressourcen
1989	Pautzke	Schichtenmodell des Wissens
1991	Huber	Organisational Learning
1993	Albrecht	Gestaltungsrahmen für das strategische Wissensmanagement
1994	Senge	The Art and Practice of the Learning Organization
1995	von Krogh/Venzin	Aktivitätenmodell
1995	Stein/Zwass	Organisational Memory Information System
1996	Rehäuser/Krcmar	Lebenszyklusmodell des Wissensmanagements
1996	Schüppel	Vier Akte zum Wissensmanagement
1997	Güldenberg	Führungssystem in der lernenden Organisation
1997	Nonaka/Takeuchi	Spirale des Wissens
1997	Reinhardt/Pawlowsky	Modell des integrativen Wissensmanagements
1997	Probst et al.	Bausteine des Wissensmanagements
1997	Willke	Systematisches Wissensmanagement
1998	Pawlowski	Lernphasen-Modell
1998	Maier/Kunz	OIP-Modell
1998	Davenport et al.	Erfolgskriterien beim Wissensmanagement
1998	Wenger	Communities of Practice
1998	Allweyer	Vier-Ebenen-Konzept
1998	Davenport/Prusak und North	Wissensmarkt-Konzept

nen im Wissensmanagement-Verständnis, aber auch ein ungenügendes Wissensverständnis gebremst werden.

Eine besondere Rolle spielen dabei ganzheitliche bzw. integrative Ansätze, welche versuchen, das gesamte Aufgabenfeld umfassend abzubilden. Auf diese wird zunächst allgemein eingegangen, bevor dann anschließend einige bekannte und häufig zitierte Konzepte noch etwas näher dargestellt werden. Ausgewählt wurden die Konzepte des Wissensmanagements von Nonaka und Takeuchi, der Kreislauf des Wissensmanagements von Probst et al., das Know-Net-Framework sowie das Wissensmarktmodell von North. Hervorzuheben ist an dieser Stelle auch noch das Konzept des prozessorientierten Wissensmanagements, das in Abschnitt 3.3.2 kurz dargestellt wird (vgl. aber auch Abschnitt 4.1.2.3).

Gemeinsam ist diesen Modellen, dass sie theoretisch und empirisch kaum fundiert sind und eher die Synthetisierung praktischer Erfahrungen darstellen. Ergänzt wird die Darstellung durch ausgewählte Modelle zum Wissenstransfer, die auf einer etwas anderen Ebene ansetzen und nicht die Aufgaben des Wissensmanagements, sondern den Prozess des Wissenstransfers in den Mittelpunkt stellen. Wenn die Modelle primär deduktiv entwickelt wurden, dienen sie als Vorlage dafür, wie man Wissensmanagement in der Praxis umsetzen kann. Wenn Modelle vor allem aus Beobachtungen in der Praxis, d. h. induktiv entstanden sind, handelt es sich hingegen um ein Abbild selektiver Praktiken in ausgewählten Organisationen.

Nach Haun (2002) besteht das Ziel des ganzheitlichen Wissensmanagements darin, „das in der Organisation vorhandene Potenzial an Wissen derart aufeinander abzustimmen, dass ein integriertes, organisationsweites Wissenssystem entsteht, welches eine effiziente, gesamtorganisatorische Wissensverarbeitung im Sinne der Organisationsziele gewährleistet". Dies ist nur möglich, wenn dabei das gesamte in der Organisation vorhandene Wissen berücksichtigt wird. Haun folgert daraus, dass Wissensmanagement eine Aufgabe der Unternehmensführung ist und nicht in einzelne Abteilungen delegiert werden könne. Letztlich müssen vier Bereiche durch ein ganzheitliches Wissensmanagement abgedeckt werden: das Wissensressourcen-Management, das Human-Ressourcen-Management, das Translation-Management und das Wissenstechnik-Management. In anderen Veröffentlichungen werden die verschiedenen Dimensionen des Wissensmanagements (Technologie, Personal und Struktur), die Betrachtung des Unternehmens als Ganzes (alle Funktionsbereiche, alle Mitarbeiter sowie das Unternehmensumfeld) und der Managementprozess (Ziele, Maßnahmen, Kontrolle und Anpassung) genannt. Um als Modell des integrativen bzw. ganzheitlichen Wissensmanagements zu gelten, müssen mehrere der folgenden Kriterien erfüllt sein:

- Beschreibung der Elemente bzw. Prozesse des Wissensmanagements;
- Berücksichtigung der Interdependenzen zwischen den Elementen bzw. Prozessen;
- Berücksichtigung von Faktoren, die diese Elemente bzw. Prozesse beeinflussen;
- Berücksichtigung mehrerer der für das Wissensmanagement relevanten Aspekte: Technologie, Kultur, Menschen, Strategien, Führung und Kontrolle.

Modelle und Konzepte finden ihre Grenze, wenn Wissensmanagement als Konstrukt, d. h. als nicht unmittelbar beobachtbarer Sachverhalt verstanden wird. Eine strukturelle Äquivalenz zur Wissensmanagement-Praxis ist zwar vorstellbar, aber wegen der fehlenden empirischen Befundlage kaum umsetzbar. Dazu kommen die vielfältigen Ausprägungen von Wissensmanagement, die sich in der Definitionsvielfalt genauso zeigen wie in der gelebten Praxis. Da es kein kanonisches Verständnis von Wissensmanagement gibt sind von Wissensmanagementmodellen vor allem normative Impulse für die praktische Gestaltung und weniger Modelle mit einem theoretischen Anspruch zu erwarten.

2.3.2 Konzept des Wissensmanagements nach Nonaka/Takeuchi (SECI-Modell)

Nonaka/Takeuchi zielen mit ihrem Ansatz auf eine Erklärung für die Schaffung und Verbreitung von Wissen in Unternehmen (vgl. Nonaka/Takeuchi 1997). Sie gründen ihr Modell auf zwei Hauptelemente, zum einen die epistemologische und zum anderen die ontologische Dimension, die zusammen zunächst zu vier Hauptprozessen der Wissensumwandlung führen und damit das Gerüst für die nachfolgend erläuterte Wissensspirale bilden. Die epistemologische Ebene[5] beschreibt die verschiedenen Arten von Wissen (explizites und

[5] Die Epistemologie – auch Erkenntnistheorie – ist die philosophische Auseinandersetzung mit Wissen.

implizites Wissen), während die ontologische Ebene[6] die Schichten der Wissenserzeugung bzw. der Wissensentstehung charakterisiert, vom Individuum bis hin zur Interaktion zwischen Unternehmen. Im Allgemeinen wird die Schaffung von Wissen nur Individuen zugeschrieben. Ohne Mitarbeiter kann ein Unternehmen kein Wissen erzeugen, es kann lediglich den Kontext zur Verfügung stellen und seine Mitarbeiter in diesem Rahmen fördern und aktivieren. Hilfsmittel sind dabei auf der Gruppenebene Diskussionen, Erfahrungsaustausch oder Beobachtungen. Konflikte sind dabei durchaus erwünscht, um etwa Fragestellungen neu zu überdenken oder Standpunkte auszutauschen. Durch die Verteilung und Verstärkung des Wissens innerhalb von sich vergrößernden Interaktionsgemeinschaften (Personen, Gruppen, Unternehmen) erfolgt die Transformation vom individuellen Wissen zu Unternehmenswissen. Sie ist notwendig, um persönliches Wissen in der Organisation nutzbar zu machen und beispielsweise in Form von Produktinnovationen umzusetzen (vgl. Nonaka/Takeuchi 1997, S. 86).

Für viele Menschen ist Wissen etwas Formales, Erklärbares, ähnlich einer exakten chemischen oder mathematischen Formel, und die persönlichen Aspekte bleiben weitgehend unberücksichtigt. Die japanische Kultur denkt hier anders. Für sie setzt sich Wissen vor allem aus einer schwer artikulierbaren, persönlichen und teilweise unbewussten Komponente zusammen. Nonaka/Takeuchi fassen diese Unterscheidung in zwei komplementäre Wissenstypen, das explizite und das implizite Wissen. Dieses Konzept einer epistemologisch basierten Unterscheidung geht bereits auf Polanyi (Polanyi 1966) zurück. In Tabelle 2.6 werden die wichtigsten Unterschiede zusammengefasst. Ein Schlüssel für die Wissensschaffung liegt für Nonaka/Takeuchi in der Umwandlung von implizitem in explizites Wissen.

Tabelle 2.6 Unterscheidung zwischen explizitem und implizitem Wissen

Explizites Wissen	Implizites Wissen
▪ Problemlose Weitergabe	▪ Nicht ohne Weiteres sprachlich artikulierbar
▪ Formal artikulierbar in grammatikalischen Sätzen, mathematischen Ausdrücken, technischen Daten und Handbüchern ▪ „Verstandeswissen“	▪ Baut auf Erfahrungen auf ▪ „Erfahrungswissen“
▪ Kontextfreie Theorie	▪ Ist kontextspezifisch

Vor allem westlichen Beobachtern unterstellen Nonaka/Takeuchi, dass sich ihr Verständnis von Wissen auf das objektive explizite Wissen beschränkt, das vor allem durch logisches Denken erfasst werden kann. Japanische Unternehmen hingegen bringen dem impliziten Wissen weitaus mehr Bedeutung entgegen. Beide Wissensarten jedoch sind Teile einer komplementären Beziehung und ihre dynamische Interaktion ist ein Schlüssel zur Wissensschaffung im Unternehmen (vgl. Nonaka/Takeuchi 1997, S. 18 f. und S. 72 f.). Tatsächlich entsteht erst durch ein Wechselspiel zwischen diesen beiden Ebenen neues Wissen bzw. wird bestehendes erweitert. Die nach Nonaka/Takeuchi als Wissensumwandlung bezeichneten Prozesse finden in vier verschiedenen Formen in einem sozialen Prozess statt. Die

[6] Die Ontologie ist die Lehre vom Sein, sie befasst sich mit den Ordnungs-, Begriffs- und Wesensbestimmungen des Seienden.

vier Formen der Wissensumwandlung sind Sozialisation, Externalisierung, Kombination und Internalisierung:

- **Sozialisation** (von implizit zu implizit) liegt vor, wenn zwei Personen implizites Wissen direkt austauschen (z. B. bei einem persönlichen Gespräch oder bei einer Konferenz, aber auch „Erfahrungsaustausch" durch Beobachtung oder Nachahmung).
- **Externalisierung** (von implizit zu explizit): Erst durch diese Transformation entsteht für das gesamte Unternehmen verfügbares Wissen (Kodifizierung, Dokumentation usw.). Dies ist vermutlich die wichtigste Form der Wissensschaffung, wobei das implizite Wissen die Form von Metaphern, Analogien, Modellen, Hypothesen usw. annimmt.
- **Internalisierung** (von explizit zu implizit) ist ein Lernprozess, der mit dem „Learning by doing" verwandt ist (z. B. indem sich jemand eine Meinung über einen Vorfall bildet); individuelle Operationalisierung von Wissen.
- **Kombination** (von explizit zu explizit) bedeutet das Zusammenfügen von bereits bekanntem expliziten Wissen, um neues explizites Wissen zu erzeugen. Unterstützt wird diese Form der Wissensumwandlung durch Dokumente, Computer, Netzwerke und Kommunikationsmittel.

Die Kernkonzepte und die verschiedenen Formen der Wissensumwandlung gehen in zwei verschiedene Wissensspiralen ein (vgl. Nonaka/Takeuchi 1997, S. 266), welche die Interaktionen von explizitem und implizitem Wissen über die ontologischen Schichten erläutern. Die vier genannten Formen der Wissensschaffung sind für sich allein genommen nur begrenzte Modelle zur Erzeugung von neuem Wissen. Implizites und explizites Wissen müssen dynamisch interagieren. Die Auslöser für dieses Zusammenspiel, und damit für einen spiralförmigen Durchlauf durch die verschiedenen Formen der Wissensumwandlung, werden anschließend erklärt (vgl. Bild 2.12).

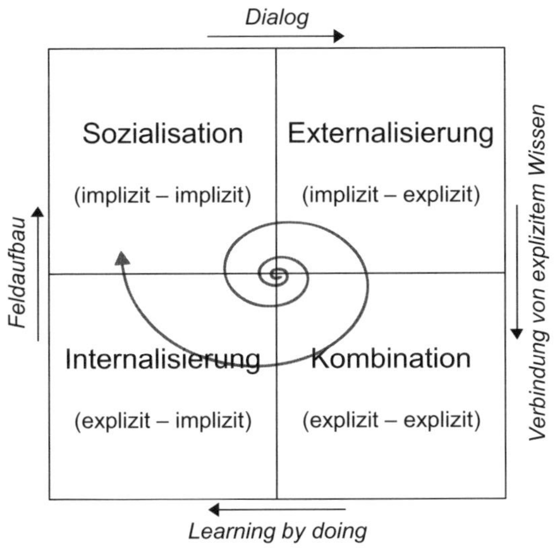

Bild 2.12 Die Wissensspirale auf epistemologischer Ebene (nach Nonaka/Takeuchi 1997, S. 84)

Der Prozess der Sozialisation zum Austausch von Erfahrungen und mentalen Modellen basiert auf einem Interaktionsfeld, also einem geeigneten Kontext für den Dialog zwischen den Beteiligten. Als Beispiel sei ein Team für die Neuentwicklung eines Produkts genannt. Die Externalisierung wird z. B. durch die fortgesetzte gemeinsame Kommunikation oder Reflexion angetrieben und führt schließlich über visuelles Denken und Artikulieren (mit Hilfe von Metaphern und Analogien) zu expliziten Konzepten, z. B. einem Produktkonzept. Bei der Kombination trifft dann das neu geschaffene Wissen auf das bereits vorhandene im Unternehmen und verbindet sich mit diesem, z. B. zu einem Prototyp. Es entsteht dabei ein Wissensgut, welches für viele Organisationsmitglieder zugänglich ist. Schließlich internalisieren diese das Wissen durch „Learning by doing", was wiederum häufig zu einem neuen Durchlauf der Wissensschaffung führt, denn das hinzugekommene implizite Wissen kann zu einer Verbesserung des Produkts oder zu seiner Erneuerung führen (vgl. Nonaka/Takeuchi 1997, S. 84 ff.).

Die zweite Spirale der Wissensschaffung spielt sich auf der ontologischen Ebene ab. Zuerst muss das implizite Wissen der Unternehmensangehörigen mobilisiert werden. Dies geschieht durch die vier Umwandlungsformen. Das Wissen wird auf diese Weise verstärkt und dringt in immer höhere ontologische Schichten vor, ausgehend von Einzelnen, über Teams, schließlich zu Abteilungen, Divisionen, bis es sogar Unternehmensgrenzen überschreitet. Die Spirale bewegt sich zyklisch zwischen diesen Ebenen hin und her (vgl. Bild 2.13).

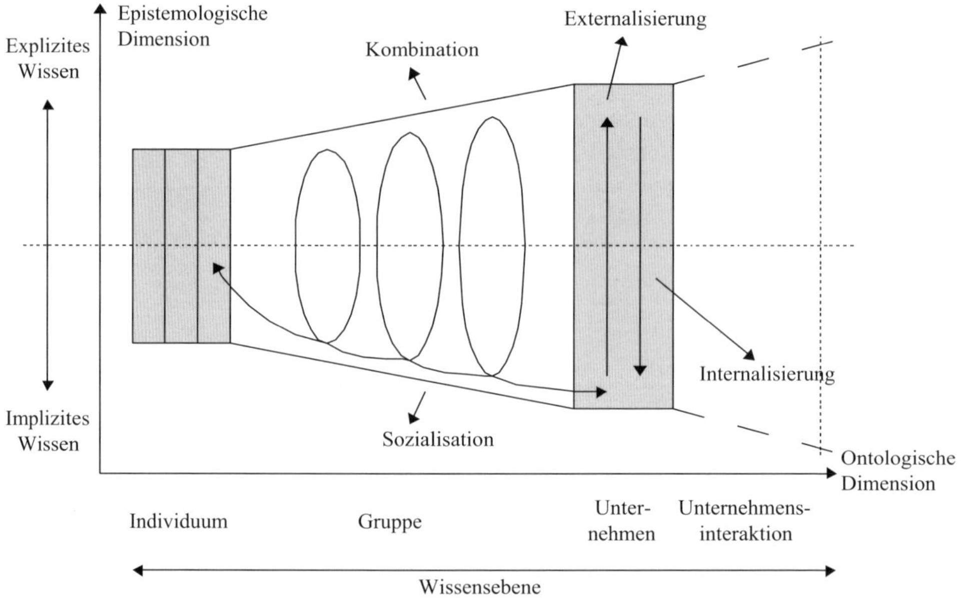

Bild 2.13 Spirale der Wissensschaffung im Unternehmen (Nonaka/Takeuchi 1997, S. 87)

Beide Spiralen sind zwar dynamisch: die epistemologische durch Interaktion zwischen den vier Umwandlungsformen, die ontologische durch wiederholte Interaktionen zwischen Individuen, der Teamebene, der Unternehmensebene und zwischen Unternehmen. Aber erst durch ihr zeitliches Zusammenwirken wird die Wissenserzeugung ausgelöst, die Innovationen entstehen lässt. Man kann also die Wissensschaffung im Unternehmen als einen Spiralprozess beschreiben, der ausgehend vom Individuum über Gruppe und Divisionen bis hin zum Unternehmen immer mehr Interaktionsgemeinschaften erfasst (Nonaka/Takeuchi

1997, S. 266). Am Beispiel der Produktentwicklung lässt sich der Spiralprozess folgendermaßen erklären: Nachdem auf Teamebene ein Prototyp oder ein Produkt geschaffen wurde (epistemologische Spirale), muss noch geprüft werden, ob die Ergebnisse mit übergeordneten Konzepten, wie Unternehmens- oder Abteilungsvorgaben, im Einklang stehen. Dazu muss ein weiterer Prozess durchlaufen werden, in diesem Fall jedoch auf einer höheren ontologischen Ebene, was wieder zu einem neuen Ablauf der Wissensschaffung führt (vgl. Nonaka/Takeuchi 1997, S. 87).

Das Konzept der Wissensspirale erfordert im Unternehmen einen geeigneten Rahmen, der durch **fünf Voraussetzungen** beschrieben wird: Intention, Autonomie, Fluktuation und kreatives Chaos, Redundanz und notwendige Vielfalt. Diese Voraussetzungen werden anschließend kurz erläutert (vgl. Nonaka/Takeuchi 1997, S. 88 ff.).

Die erste Prämisse für die Wissensspirale ist die **Intention,** anders ausgedrückt: die feste Absicht des Unternehmens, gewisse Ziele zu erreichen. Aus diesem Streben entstehen meist Strategien, Maßstäbe und Visionen. Die Intention fungiert als Beurteilungskriterium für geschaffene Kenntnisse – zwangsläufig sind diese Maßstäbe wertebezogen. Sie soll auch das Engagement der Mitarbeiter stärken, indem sie die Entwicklung und Neuorientierung der Unternehmensangehörigen fördert. Die Unternehmensintention steuert somit die Wissensspirale.

Die zweite Bedingung heißt **Autonomie.** Die Mitarbeiter sollen in einem Unternehmen möglichst autonom agieren können, weil so ihr Engagement und die Motivation steigen. Betrachtet man die Struktur im Ganzen, so bildet das Unternehmen ein System, in dem autonome Individuen und Gruppen über die gleichen Informationen verfügen und – im Sinne der Unternehmensintention – selbstständig Aufgabengrenzen festsetzen. Selbstorganisierende Teams bilden nach Nonaka/Takeuchi ein derartiges autonomiefreundliches Umfeld.

Eine weitere Voraussetzung bilden **Fluktuation und kreatives Chaos.** Durch Fluktuation im Umfeld, etwa veränderte Marktbedürfnisse oder Konkurrenz, kann in einem Unternehmen ein Prozess ausgelöst werden, bei dem die Mitarbeiter einem Krisengefühl ausgesetzt werden. Die Störung ihrer Gewohnheiten gibt dem Personal die Möglichkeit, schablonenhaftes Denken zu überwinden und so zu neuen Konzepten zu gelangen. Diese Krisenstimmungen, welche durch den Zusammenbruch von Routineabläufen zu einem „kreativen" Chaos führen, können im Unternehmen auch absichtlich geschaffen werden, etwa durch neue, idealistische Zielvorgaben.

Die vierte Bedingung für die Wissensspirale ist **Redundanz.** Diese Voraussetzung ist für westliche Manager oft mit negativen Assoziationen verknüpft (z. B. Doppelgleisigkeit, bereits vorhandene Informationen). Hier ist jedoch mit Redundanz die Angabe zusätzlicher, d. h. nicht für das unmittelbare Vorhaben notwendiger Informationen gemeint, die es den Mitarbeitern erleichtert, über Fachbereiche hinaus mit anderen Wissen auszutauschen, neue Perspektiven zu ergründen und sich im Unternehmen als Ganzes einzuordnen. Redundanz kann man durch unklare Aufgabenteilung oder Personalrotation erzeugen.

Als letzte Voraussetzung wird schließlich die notwendige **interne Vielfalt** genannt. Damit ein Unternehmen der Komplexität seiner Umgebung gerecht werden kann und möglichst schnell auf Veränderungen der Umwelt reagieren kann, müssen die Mitarbeiter über ausreichende Flexibilität verfügen und dem Unternehmen somit die interne Vielfalt gewährleisten. Diese lässt sich durch gleichberechtigten Zugang zu Informationen und Informationssystemen erreichen. Andere Möglichkeiten sind der Abbau von starren Hierarchien, die Personalrotation und der Wandel der Organisationsstruktur.

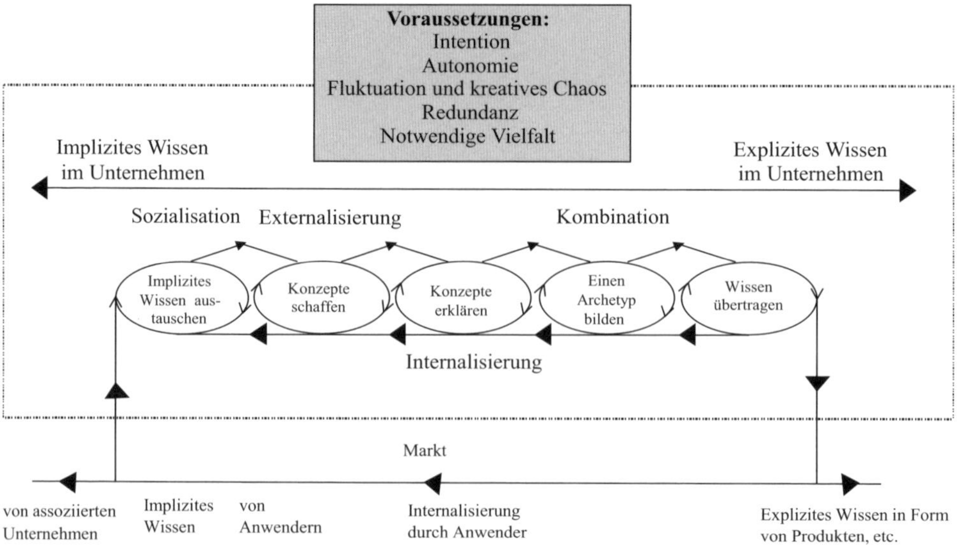

Bild 2.14 Fünf-Phasen-Modell der Wissensschaffung im Unternehmen (Nonaka/Takeuchi 1997, S. 100)

Das **Prozessmodell der Wissensschaffung** im Unternehmen beschreibt den idealtypischen Verlauf des organisatorischen Lernens. Das Modell entsteht aus der Wissensspirale, wenn die Wissensschaffung unter Einbeziehung der Zeitdimension integriert im Unternehmen abläuft. Man kann insgesamt fünf Zeitphasen unterscheiden, nämlich implizites Wissen austauschen, Konzepte schaffen, Konzepte erklären, einen Archetyp bilden und Wissen übertragen (vgl. Bild 2.14). Die einzelnen Phasen werden anschließend kurz erläutert (Nonaka/Takeuchi 1997, S. 101 ff.).

- **Implizites Wissen austauschen:** Die erste Zeitphase ist der Sozialisation gleichzusetzen. Wie bereits erklärt, lässt sich implizites Wissen nicht ohne Weiteres verbalisieren und austauschen, vor allem, wenn man bedenkt, dass Projektteams oftmals aus einer Vielzahl von Personen mit unterschiedlichen Hintergründen zusammengesetzt sind. Man benötigt erst ein Interaktionsfeld, in dem die Mitglieder agieren können. Beispiele sind sich selbst organisierende Teams, besetzt mit Angehörigen der verschiedensten Funktionsbereiche. Die fünf Voraussetzungen für eine Wissensspirale fördern den Prozess, indem sie durch autonome Teams mit unterschiedlichen Fachbereichsvertretern die notwendige Vielfalt und Informationsredundanz (gleiche Arbeitsplatzbeschreibung trotz unterschiedlichem Hintergrundwissen) schaffen – Bedingungen für den funktions- und auch unternehmensübergreifenden Austausch von implizitem Wissen – und durch Zielvorgaben (aus veränderten Marktverhältnissen etwa) kreatives Chaos erzeugen.
- **Konzepte schaffen:** Werden die mentalen Modelle mit Hilfe bildhafter Sprache in expliziten Konzepten artikuliert, spricht man von Externalisierung, welche dieser Phase in etwa entspricht. Die Voraussetzungen sind auch in dieser Entwicklungsetappe sinnvoll. Durch die Autonomie können alle Teammitglieder ihre Standpunkte durchsetzen, solange

diese mit der Unternehmensintention vereinbar sind. Durch die notwendige Vielfalt können Konzepte entstehen, welche Probleme aus unterschiedlichsten Sichten zusammenführen. Die Informationsredundanz ist bei der Externalisierung besonders hilfreich, weil durch sie Verständnis für die bildliche Sprache geschaffen werden kann und so die Artikulation erleichtert wird.

- **Konzepte erklären:** In der vorhergehenden Ebene wurden Konzepte kreiert, die sich in diesem Stadium einer Kontrolle unterwerfen müssen, ob sie im Einklang mit den Zielen des Unternehmens stehen bzw. ob sie weitergeführt werden. Dies geschieht durch Anwendung bestimmter Beurteilungskriterien, meist quantitative wie z. B. Kosten oder Gewinnspannen, oder aber abstrakte Werte wie Ästhetik. Die Erklärungskriterien werden im Wesentlichen von der Unternehmensführung in Form von Strategien ausgegeben.
- **Archetyp bilden:** Auf dieser Prozessstufe wird das erklärte Konzept in einen sogenannten Archetyp überführt, beispielsweise einen Prototyp oder ein Operationsmodell. Die Kombination ist dieser Phase sehr ähnlich, weil explizite Konzepte in explizite Archetypen umgewandelt werden, also eine Verbindung von neuem mit bereits vorhandenem Wissen stattfindet. Kann ein Prototyp die Kriterien des ursprünglichen Konzepts allerdings nicht erfüllen, muss der Prozess an dieser Stelle noch mal einen neuen Zyklus durchlaufen. Dies kann beispielsweise bedeuten, implizites Wissen mit zusätzlichen Gruppen auszutauschen, um zu einer zufriedenstellenden Lösung zu kommen.
- **Wissen übertragen:** In der letzten Phase tritt der Archetyp (umgesetztes, erklärtes Modell) in einer anderen ontologischen Schicht in einen neuen Zyklus der Wissensschaffung ein, d. h., das neu geschaffene Wissen wird auf andere Einheiten übertragen. Dies kann sich innerhalb von Unternehmen vollziehen und dort wiederum horizontal (innerhalb der Abteilungen oder Divisionen) oder vertikal (zwischen höheren und niedrigeren Ebenen, wie z. B. zwischen Führungsebene und Abteilungsebene), es kann zwischen Unternehmen stattfinden oder sich sogar auf externe Gruppen beziehen (Verbraucher, Konkurrenten). Auch diese Phase wird von den Voraussetzungen gestützt. Nur wenn die nötige Autonomie der Unternehmenseinheiten gewährleistet ist, kann Wissen übertragen werden. Die Fluktuation, wie Personalrotation, begünstigt den Transfer von Wissen ebenso wie notwendige Vielfalt und Redundanz. Die Intention schließlich fungiert als Kontrollelement.

Der gesamte beschriebene Prozess der Wissensschaffung ist nichtlinear und interaktiv. Die ersten vier Phasen beschreiben eine horizontale Bewegung, in der fünften Ebene erfolgt die vertikale Ausrichtung. Das Modell erstreckt sich in der Realität außerdem über mehrere Zyklen hinweg, d. h., die einzelnen Phasen werden fortlaufend absolviert und beziehen das gesamte Unternehmen mit ein. Ebenso können externe Gruppen in den Prozess involviert sein, wenn erzeugtes Wissen in Form von Produkten, Dienstleistungen o. Ä. mit dem Umfeld, wie Konkurrenten, Händler, Kunden und Lieferanten, interagiert und dann als Fluktuation (z. B. veränderte Marktbedingungen) wieder auf das Unternehmen einwirken (vgl. Nonaka/Takeuchi 1997, S. 255).

Das SECI-Modell zählt zu den am meisten reflektierten und zitierten Modellen im Wissensmanagement (siehe z. B. Tammets 2012, Li et al. 2018, Schreyögg/Geiger 2003). Trotz der breiten Akzeptanz findet sich Kritik, und zwar einerseits in Bezug auf die Praktikabilität, andererseits aufgrund kultureller Besonderheiten Japans (vgl. Jelavic/Ogilvie 2010). Dies führte bereits früh zu einer Erweiterung des Modells um das „Ba“-Konzept (Nonaka/Konno 1998). Der Begriff „Ba“ ist schwer übersetzbar und zielt auf einen wichtigen Aspekt bei der

Wissensumwandlung. Er bedeutet sinngemäß Raum, Platz oder Ort. Es handelt sich dabei entweder um einen geistigen Ort (z. B. geteilte Erfahrungen), um einen virtuellen Ort (z. B. Internet) oder um einen physischen Platz (z. B. Büro), der von mehreren Menschen geteilt wird (bzw. um eine Kombination davon). Durch das Reflektieren von eigenen Handlungen oder Erfahrungen wird wiederum neues Wissen erzeugt. Der wesentliche Unterschied zwischen menschlichen Aktionen und dem Konzept „Ba“ liegt in der Wissensschaffung, die durch eine Interaktion im „Ba“ entsteht, und zwar bei allen vier Formen der Wissensumwandlung (vgl. Bild 2.12).

2.3.3 Kreislauf des Wissensmanagements nach Probst et al.

Probst et al. stellten 1997 ein Modell des Wissensmanagements vor, das inzwischen weite Verbreitung gefunden hat und weiterentwickelt wurde (vgl. Probst et al. 1997). Es hat sich auch in der Praxis bewährt, wo es immer wieder als Rahmen für einschlägige Projekte oder für die Gestaltung des Wissensmanagements herangezogen wird (vgl. z. B. Seidel/Lehner 1999). Das Modell wird auch als Baustein-Modell des Wissensmanagements bezeichnet und baut in gewissem Sinne auf der Knowledge-Chain auf (vgl. Abschnitt 2.1.6). Es existiert im deutschen wie im anglo-amerikanischen Sprachraum in zahlreichen Varianten unter der Bezeichnung Knowledge Cycle (Wissenskreislauf) oder Knowledge Lifecycle (z. B. Birkinshaw/Sheehan 2002, Heavin/Adam 2012, Evans et al. 2014). Die Unterschiede bestehen in der Aufteilung und Benennung der einzelnen Basisaktivitäten bzw. „Bausteine“. Einfachere Modelle bestehen nur aus den Basisaktivitäten, weiter entwickelte Modelle unterscheiden zwischen den Basisaktivitäten (first order activities) und übergeordneten Managementaufgaben (second order activities). Die ursprüngliche Herkunft lässt sich heute nicht mehr ganz eindeutig klären, es handelt sich aber um eines der zentralen Konzepte des Wissensmanagements.

Das Kreislaufmodell des Wissensmanagements setzt sich aus einzelnen Komponenten zusammen, die jeweils einen Teilaspekt des Wissensmanagements beschreiben und zusammen einen umfassenden Ansatz zur Realisierung des Wissensmanagements bilden. Das Modell ist auch gut für einen Neueinstieg geeignet, da man mit einem beliebigen Baustein beginnen kann (z. B. mit jenem, von dem man sich für den Anfang am meisten verspricht). Die Entwicklung des Modells fand in einem „Forum für Organisationales Lernen und Wissensmanagement“ statt, wodurch sichergestellt wurde, dass die praktischen Problemstellungen vieler Firmen Eingang fanden. Das Modell ist außerdem so konzipiert, dass es dem klassischen Managementkreislauf von Zielsetzung und Planung, Umsetzung und Kontrolle entlehnt ist. Bild 2.15 zeigt das Modell und seine Bausteine im Überblick.

Die im Modell dargestellten Bausteine bzw. Kernprozesse stehen keineswegs isoliert nebeneinander, sondern weisen enge Verbindungen untereinander auf. Insgesamt stehen acht Bausteine des Wissensmanagements zur Verfügung, mit deren Hilfe sowohl die operativen als auch die strategischen Belange einer Organisation hinsichtlich der Ressource Wissen abgedeckt werden. Diese Bausteine umreißen weitgehend die möglichen Interventionsfelder für Wissensmanagementmaßnahmen in einem Unternehmen. Sechs Bausteine zielen auf die operativen Aufgaben ab. Diesen übergeordnet sind zwei weitere, welche den strategischen Rahmen bilden. Die einzelnen Bausteine werden nachfolgend erläutert (nach Probst et al. 1997).

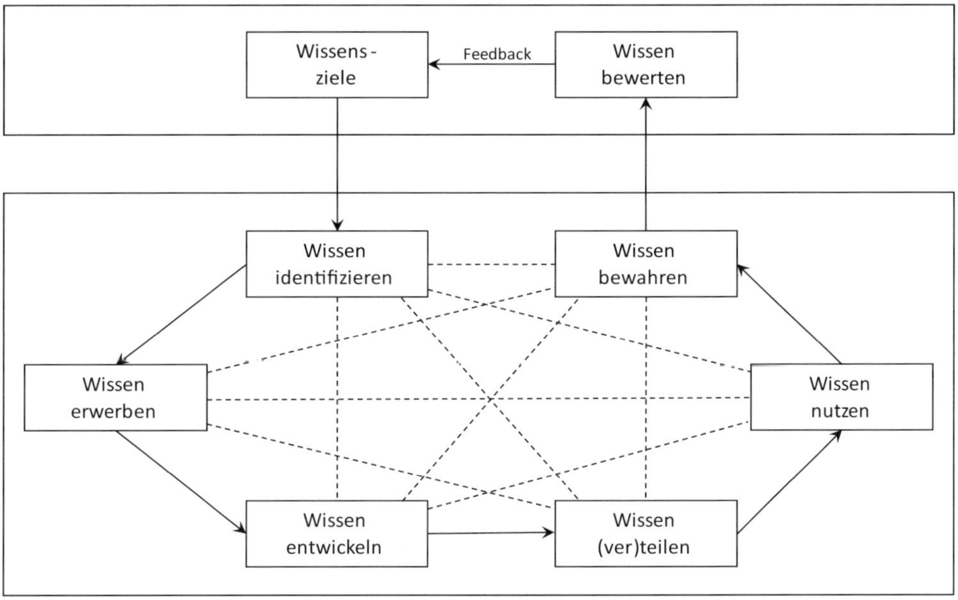

Bild 2.15 Kreislauf des Wissensmanagements nach Probst et al. (nach Probst et al. 1997, S. 56)

- **Wissensziele:** Planung der Entwicklung der Wissensbasis (die hier organisationale statt organisatorische Wissensbasis genannt wird) für die Zukunft. Die Wissensziele geben den Maßnahmen und Aktivitäten des Wissensmanagements eine Richtung vor und legen fest, wo im Unternehmen welches Know-how aufgebaut werden soll. Es gilt zu bestimmen, welches Wissen sowohl heute als auch morgen für den Erfolg des Unternehmens wichtig ist, um z.B. einen Wissensvorsprung gegenüber der Konkurrenz zu erreichen. Der konkrete Bezug zum Faktor Wissen fehlt in den traditionellen strategischen Unternehmenszielen meist.

  Im Modell unterscheidet Probst in Anlehnung an das St. Gallener Managementkonzept die normative, die strategische und die operative Zielebene. Normative Wissensziele betreffen die Schaffung einer „wissensbewussten" Unternehmenskultur. Die strategische Ebene befasst sich mit der Zielsetzung für langfristige Programme, die der Erreichung des Unternehmensziels dienen. Zu bestimmen ist hier neben geeigneten Organisationsstrukturen und Managementsystemen vor allem auch, welches Wissen zu bewahren und welches aufzubauen ist. Auf operativer Ebene steht die Umsetzung der strategischen Wissensziele im Mittelpunkt. Die operativen Wissensziele sind bestimmend für die Gestaltung der täglichen Abläufe und Aktivitäten im Hinblick auf die Ressource Wissen.

- **Wissensbewertung:** Die Bewertung der organisationalen Wissensbasis verfolgt das Ziel, die Anstrengungen des Wissensmanagements zu messen und ihren Erfolg oder Misserfolg aufzuzeigen. Oder mit anderen Worten festzustellen, inwieweit sich die Investitionen in Wissensmanagement gelohnt haben. Ohne eine solche Messung kann Wissensmanagement kaum effizient betrieben werden und der Managementkreislauf bleibt offen. Ausschlaggebend für den Erfolg der Wissensmessung ist die Wahl der richtigen Indikatoren. Probst et al. verweisen dazu u.a. auf das Konzept der Balanced-Scorecard, das in Abschnitt 4.1.5.2 dargestellt wird.

- **Wissensidentifikation:** Wie schafft man intern und extern Transparenz über vorhandenes Wissen? Diese Transparenz dient dazu, den Überblick über verfügbare unternehmensinterne und -externe Daten, Informationen und Fähigkeiten zu bekommen und aufrechtzuerhalten, um zu vermeiden, dass Entscheidungen auf ungenügender Information basieren, Potenziale ungenutzt bleiben oder doppelte Ressourcen aufgebaut werden. Dazu müssen die Mitarbeiter bei ihrer Informationssuche aktive Unterstützung finden. Die erforderliche Transparenz kann durch Identifikation des intern und extern vorhandenen Wissens geschaffen werden (Expertenverzeichnisse, Wissenskarten, Personalhandbücher usw.). Die Wissensziele helfen, die Auswahl externer Wissensquellen und -träger zu steuern. Je klarer dabei vorher die Wissensziele identifiziert wurden, desto einfacher wird die Identifikation des relevanten Wissens sein.

  Interne Transparenz betrifft die Identifikation der Fähigkeiten des eigenen Unternehmens. Diese bestehen einerseits aus dem individuellen Wissen und den Fähigkeiten der eigenen Mitarbeiter, insbesondere der Experten. Andererseits spielt auch das kollektive Wissen eine große Rolle. Es umfasst Wissen über Prozessabläufe, über Beziehungsnetze, über „geheime" Spielregeln und unternehmensweite Wertvorstellungen. Auch Erfahrungen aus gemeinsamer Projektarbeit gehören dazu. Externe Transparenz dient der Übersicht über externe Experten und Berater, Lieferanten, Kunden, Partner, Professoren, Unternehmensverbände, Archive, Datenbanken, Fachzeitschriften und Angebote aus dem Internet.

- **Wissenserwerb:** Welche Fähigkeiten sollte man extern erwerben? Zunehmende Fragmentierung bewirkt immer öfter, dass ein Unternehmen erfolgsentscheidende Fähigkeiten nicht selbst entwickeln kann. Wissen muss dann aus unternehmensexternen Quellen importiert werden. Der Wissenserwerb ist auf verschiedene Arten möglich, wie z. B. über den Erwerb von Wissensprodukten (CDs etc.), durch menschliche Wissensträger (z. B. Anstellung von Experten und Spezialisten, Akquisitionen, Kooperationen und Lizensierung), aber auch durch die Nutzung von Stakeholder-Wissen (Kunden, Zulieferer, Partner u. Ä.).

- **Wissensentwicklung:** Aufbau neuen Wissens. Im Gegensatz zum Wissenserwerb geht es hier darum, neue Fähigkeiten, neue Produkte, bessere Ideen und effizientere Prozesse im Unternehmen selbst zu entwickeln. Als zentrales Anliegen der Wissensentwicklung nennen Probst et al. die Entwicklung neuer Fähigkeiten und Produkte, besserer Ideen und leistungsfähigerer Prozesse. Lücken in der organisationalen Wissensbasis, aufgedeckt durch Vergleich des identifizierten Wissens mit den Wissenszielen oder verursacht durch neue Zielsetzungen, müssen geschlossen werden.

  Auf individueller Ebene wird Wissen zunächst durch traditionelle Lernprozesse angeeignet. Dadurch entsteht aber meist keine Innovation für das Unternehmen. Dazu bedarf es der Kreativität und der „Problemlösungskapazität" der Mitarbeiter. Eine direkte Steuerung dieser beiden Faktoren ist jedoch kaum möglich, sodass stattdessen eine Steuerung des Kontextes erfolgen muss. Dies betrifft vor allem die Unternehmenskultur.

  Auf kollektiver Ebene wird Wissen nach Probst vor allem durch Interaktion, Kommunikation, Transparenz und Integration individueller Wissenskomponenten geschaffen. Auch hier liegt die Möglichkeit zur Steuerung der Wissensentwicklung beim Kontext der Teams und Arbeitsgruppen. Als Steuerungsinstrumente nennen Probst et al. kontinuierliche Verbesserungsprozesse, Erfahrungsgruppen, Kommunikationsforen, Think-Tanks in Form von Stäben, Fertigungs- und Entwicklungsabteilungen oder sogar unternehmenseigenen Universitäten, Lernen am laufenden Band, Lernarenen und vor allem auch Lessons Learned, die dem Sammeln von Projekterfahrungen dienen.

- **Wissens(ver-)teilung:** Dieser Baustein beschäftigt sich mit der Frage, welche Mitarbeiter welches Wissen oder welche Fähigkeiten in welchem Umfang benötigen und wie die (Ver-)teilungsprozesse gestaltet werden können. Mit (Ver-)teilung ist dabei sowohl die Verteilung im Sinne der Distribution als auch das Teilen im Sinne des gemeinsamen Bereitstellens von individuellem Wissen und Fähigkeiten im Unternehmen gemeint. Zwei Entwicklungen prägen die Belange der Wissens(ver-)teilung sehr stark: zum einen die zunehmende Bedeutung der Teamarbeit, zum anderen Fusionen, Akquisitionen und Desinvestitionen. Lösungsansätze sind die Realisierung von Wissensmultiplikation (rasche Sozialisation neuer Mitarbeiter) und der Aufbau von Wissensnetzen. Eine ganz entscheidende Rolle spielt hierbei das Intranet. Die Instrumente der Wissensverteilung sind also auf der organisatorischen Ebene (z.B. Organisationsform), der physischen Ebene (z.B. räumliche Nähe) und der technischen Ebene angesiedelt.
- **Wissensnutzung:** Wissen, das nicht genutzt wird, hat keinen Wert. Dieser Baustein ist darauf ausgerichtet, die Nutzung der organisationalen Wissensbasis sicherzustellen. Doch das Vorhandensein entsprechender Zugangsmöglichkeiten ist noch keine Garantie für die tatsächliche Nutzung des betrieblichen Wissens am Arbeitsplatz und in Projektgruppen. Neben der Überwindung der Nutzungsbarrieren stellen Probst et al. den Wissensnutzer als Kunden des Wissensmanagements in den Mittelpunkt der Überlegungen. Ebenfalls in den Bereich der Infrastruktur gehört die Gestaltung des Arbeitskontextes. So kann die Anordnung von Arbeitsplätzen und Abteilungen oder die Gestaltung der Arbeitsplätze an sich den Wissensfluss unterstützen und den Wissensnutzer in physischer Nähe zu den für ihn relevanten Wissenskomponenten platzieren.
- **Wissensbewahrung:** Die organisationale Wissensbasis stellt die Grundlage für einen unternehmensweiten Lernprozess dar. In ihr werden Erfahrungen gesammelt, auf die bei Bedarf immer wieder zurückgegriffen werden soll. Wissen kann jedoch auf vielerlei Arten verloren gehen: z.B. durch die Entlassung von Mitarbeitern, ohne an die Auswirkungen auf die Wissensnetze zu achten, in die sie eingebunden waren. Aber auch die Pensionierung altgedienter Mitarbeiter kann zu einem Verlust von Know-how führen. Oder durch fehlende Aktualisierung kann Wissen an Nutzbarkeit verlieren.

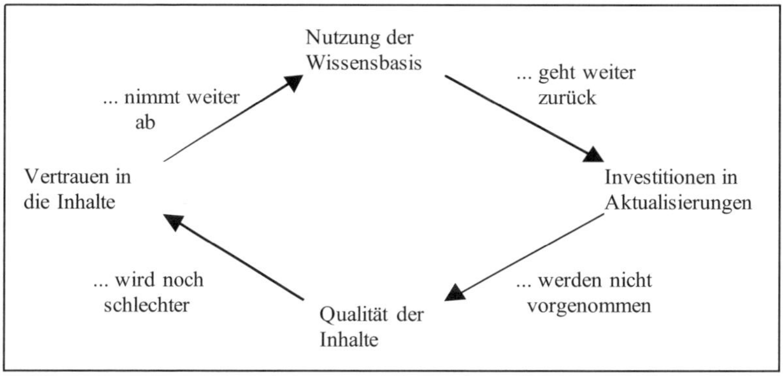

Bild 2.16 Todesspirale einer elektronischen Wissensbasis (nach Probst et al. 1997)

Der Prozess der Wissensbewahrung soll dem **Wissensverlust** entgegenarbeiten (vgl. z. B. Wikström et al. 2018, Erlach et al. 2013). Nach Probst et al. besteht er aus den Phasen Selektion, Speicherung und Aktualisierung. In der Selektionsphase werden die alltäglich neu gewonnenen Erfahrungen, Daten, Informationen und Wissenskomponenten in wertvolle (und damit bewahrungswürdige) und in wertlose (also nicht bewahrungswürdige) getrennt. Die Dokumentation des zu Bewahrenden ist sicherzustellen, damit es für Dritte wiederverwendbar wird (z. B. durch Workflow- und Dokumentenmanagement). In der Phase der Speicherung ist die Art der Bewahrung festzulegen. Nach Probst et al. gibt es eine individuelle, kollektive und elektronische Möglichkeit der Bewahrung. In der Phase der Aktualisierung wird schließlich der Bedeutung der organisationalen Wissensbasis als Entscheidungsgrundlage Rechnung getragen. Wer nicht auf dem neuesten Stand ist oder auf fehlerhafte Werte zurückgreift, kann keine richtigen Entscheidungen treffen. Die Inhalte der Wissensbasis bedürfen also einer redaktionellen Bearbeitung, in deren Rahmen dafür gesorgt wird, dass veraltete Komponenten entfernt oder gekennzeichnet, fehlerhafte berichtigt werden usw. Gelingt dies nicht, droht der Wissensbasis die in Bild 2.16 gezeigte „Todesspirale".

Als wichtigen Aspekt für die Aktualität und den Umfang der Wissensbasis betonen Probst et al. (Probst et al. 1997) noch die Prozesse des **organisationalen Vergessens.** Diese Prozesse stellen auf zwei Arten eine Gefährdung dar: Zum einen können Wisseneinheiten verloren gehen, die noch benötigt werden. Sie werden z. B. unbeabsichtigt aus der Wissensbasis gelöscht, oder es kann passieren, dass die Verfügbarkeit bestimmter Wissenskomponenten, also der Zugriff, befristet oder auf Dauer nicht möglich ist. Zum anderen entsteht aber möglicherweise auch ein Problem, wenn keine Bereinigung der Wissensbasis vorgenommen wird, d. h. wenn die Funktion des Vergessens nicht vorgesehen ist. In diesem Fall besteht das Problem in der ständig wachsenden Informationsmenge, die unüberschaubar wird (vgl. Abschnitt 1.2.2). Einen Überblick über die Formen des organisationalen Vergessens zeigt Tabelle 2.7.

Tabelle 2.7 Formen des organisationalen Vergessens

Bewahrungsebene		Individuell	Kollektiv	elektronisch
Art des Vergessens				
Inhalte werden gelöscht durch		Kündigung, Todesspirale, Amnesie, (Früh-)Pensionierung	Auflösung eingespielter Teams, Reengineering, Outsourcing von Funktionsbereichen	Irreversible Datenverluste durch: Viren, Hardwarefehler, Systemabstürze, mangelhafte/fehlende Backups, Hacker
Zugriff nicht möglich	befristet	Befristete Überlastung, Versetzungen, Krankheit, Urlaub, mangelndes Training, Dienst nach Vorschrift	Tabuisierung alter Routinen, kollektive Sabotage	Reversible Datenverluste, befristete Überlastung, Schnittstellenprobleme
	auf Dauer	Permanente Überlastung, kein Bewusstsein für Wichtigkeit eigenen Wissens, innere Kündigung	Verkauf von Unternehmensstellen, Abwanderung von Teams	Dauerhafte Inkompatibilität von Systemen, permanente Überlastung, falsche Kodifizierung

Die Definition von Bausteinen bringt mehrere Vorteile (vgl. Probst et al. 1997, S. 3):

- der Managementprozess wird in logische Phasen unterteilt;
- die Bausteine liefern konkrete Ansätze für Interventionen;
- man hat ein erprobtes Suchraster für die Problemsuche zur Hand;
- es wird eine ganzheitliche Sicht des Wissensmanagements gefördert (integrierte Optimierung aller Bausteine).

Mit der Definition der Bausteine erhebt Probst nicht den Anspruch, theoriebildend zu wirken. Sie sind als „pragmatisches Sprachangebot an die Praxis" gedacht (Probst et al. 1997, S. 4) und sollen ein einfaches und vor allem nutzbares Konzept schaffen. Als Gesamtmodell für das Wissensmanagement kann es aber praxisnahe und umsetzbare Anregungen liefern. Für eine ausführlichere Diskussion der Probleme und Folgen, die mit dem **organisatorischen Wissensverlust** verbunden sein können, wird auf die vertiefende Fachliteratur verwiesen (siehe z.B. DeLong 2004, De Holan/Philips 2004, Parise et al. 2006, Frank 2009, Daghfous et al. 2013, Ahmad et al. 2014, Erlach et al. 2013, Massingham 2018, Wikström et al. 2018, Levallet/Chan 2019, Massingham 2008, Parboteeah, P. et al. 2016, Joe et al 2013, Levallet/Chan 2016, Rashid et al. 2019).

2.3.4 Know-Net-Framework für das Wissensmanagement

Mentzas et al. (2001) entwarfen im Rahmen des „Know Net Project" einen Lösungsansatz für das Wissensmanagement. Dieser umfasst einen theoretischen Rahmen, eine Methode zur Umsetzung und Messung des Wissensmanagements sowie ein Softwarewerkzeug.

In dem theoretischen Rahmen wird zunächst zwischen „Knowledge Assets" und „Knowledge Objects" unterschieden. Knowledge Assets können menschlich (z.B. ein Mitarbeiter oder ein Expertennetzwerk), strukturell (z.B. ein Geschäftsprozess) oder marktbezogen (z.B. ein Produkt oder ein Markenname) sein. Sie entwickeln, speichern und/oder verteilen Knowledge Objects. Bei diesen wiederum handelt es sich zum Beispiel um Ideen, standardisierte Prozessabläufe für das Unternehmen oder Verbesserungsvorschläge. Die Knowledge Assets (vgl.Bild 2.17) stehen im Mittelpunkt des theoretischen Rahmens. Strategie, Strukturen, Prozesse und Systeme bilden die Elemente der Wissensmanagementinfrastruktur, die im Unternehmen vorhanden sein sollte. Die Elemente des äußeren Kreises bilden die verschiedenen Ebenen der Wissensvernetzung, die es zu berücksichtigen gilt.

Auf dieser theoretischen Basis wurde ein Softwarewerkzeug zur Unterstützung des Wissensmanagements entwickelt. Dazu wird eine 3-Ebenen-Architektur vorgeschlagen, um sicherzustellen, dass auf die Knowledge Objects sowohl von Applikationen zugegriffen werden kann, die eine Kodifizierungsstrategie unterstützen, als auch von jenen, die auf die Personalisierungsstrategie aufbauen (vgl. Bild 2.18).

Die Know-Net-Methode ist ein Leitfaden zur Implementierung des Wissensmanagements in Unternehmen. Dieser umfasst die Phasen „Plan" (strategische Planung und Definition des Umfangs der Initiative), „Develop" (detaillierte Entwicklung der Wissensorganisation) und „Operate" (unternehmensweite Implementierung des ganzheitlichen Wissensmanagements). Zusätzlich wird die Nutzung der Knowledge Assets gemessen und das Training der Mitarbeiter unterstützt. Über alle Phasen hinweg wird die Bildung eines Bewusstseins für die Belange des Wissensmanagements unterstützt.

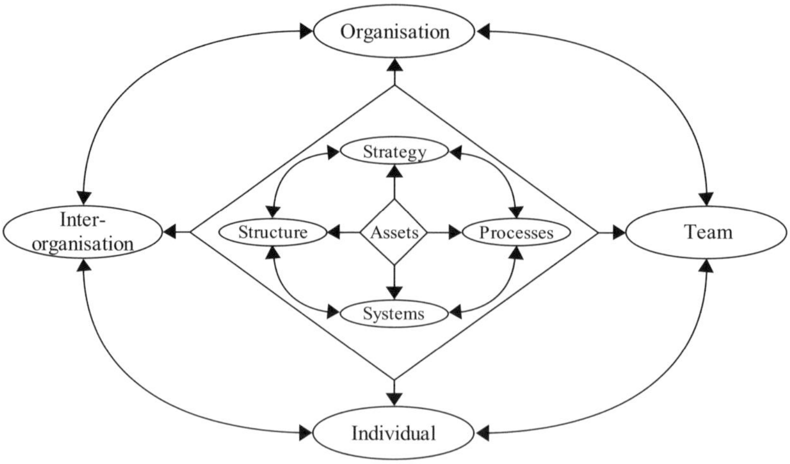

Bild 2.17 The Know-Net-Framework (Mentzas et al. 2001, S. 99)

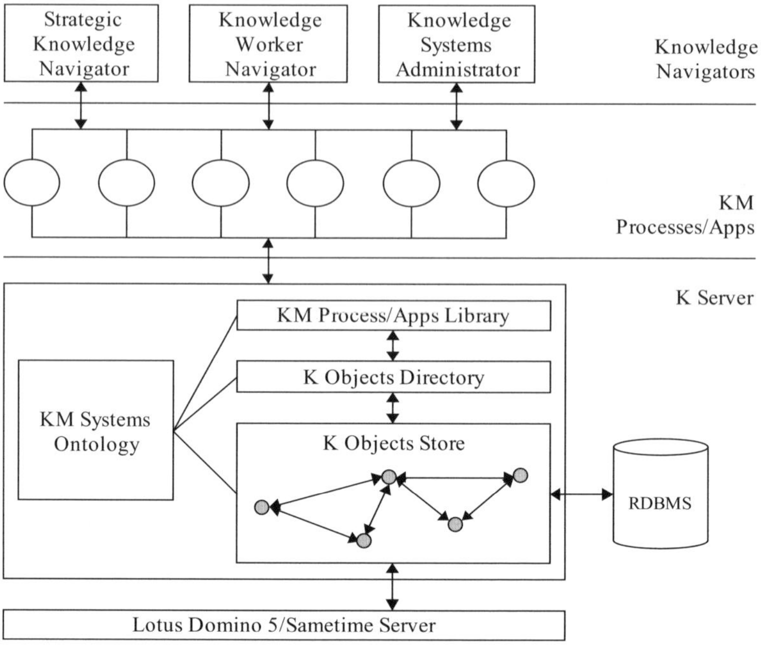

Bild 2.18 Know-Net-Software-Architektur (Mentzas et al. 2001, S. 99

Mentzas et al. (2001) bezeichnen ihr Modell selbst als ganzheitlich, da es theoretische Grundlagen, eine Methode zur Implementierung des Wissensmanagements und ein Softwarewerkzeug umfasst. Auch nach dem weiter oben beschriebenen Begriffsverständnis lässt sich der Lösungsansatz des Know-Net-Konsortiums als integrativ bzw. ganzheitlich bezeichnen. Die theoretischen Grundlagen beschreiben die Elemente des Wissensmanagements und ihre Zusammenhänge. Bei der darauf aufbauenden Methode werden Strategien und Humanfaktoren berücksichtigt. Ein Schwerpunkt liegt auf der IT-Unterstützung, sodass auch die Technikorientierung abgedeckt ist.

2.3.5 Wissensmarktmodell nach North

Das Wissensmarktmodell geht vermutlich auf die schon länger existierenden Informationsmärkte zurück, die im einfachsten Fall einen Ausgleich zwischen dem Angebot und der Nachfrage nach Daten, Informationen oder Content ermöglichen (vgl. Linde 2011). Abhängig von Inhalt und Art der Information lassen sich verschiedene Informationsmärkte unterscheiden, wie z.B. Märkte für technische Informationen (z.B. Patente) oder Märkte für Marktinformationen (Informationen über Anbieter, Mengen, Preise, Lieferzeiten, Kursentwicklungen u.ä.). Zahlreiche Beispiele wie das Global Disaster Information Network, das Global Forestry Information Service, aber auch Informationsdienste wie die Wikipedia, EUROSTAT oder der Anzeigenteil von Zeitungen können hier angeführt werden. Diese „traditionellen Informationsmärkte" sollten allerdings nicht mit jenen verwechselt werden, die auch als "Prognosemärkte" bezeichnet werden (vgl. Soukhoroukova/Spann 2006). Hier besteht die Grundidee darin, die Erwartungen bezüglich des Eintritts zukünftiger Ereignisse durch die Schaffung entsprechender Aktien an einer „virtuellen Börse" handelbar zu machen und damit eine Methode zur Erhebung und Bewertung von Informationen mit darauf aufbauender Prognose zu schaffen.

Nützlich sind Informationsmärkte besonders dann, wenn die Entstehung oder Produktion von Information unabhängig von deren Verwendung ist, oder keine ausreichende Kontrolle darüber besteht. Der primäre Zweck ist zunächst die Schaffung einer Infrastruktur, welche Verwaltung und Zugriff auf die Inhalte unterstützt. Wissensmärkte bauen auf dieser Idee auf, müssen dabei aber die Unterschiede zwischen Daten, Informationen und Wissen berücksichtigen. Simard (2006) drückt das pointiert mit „Knowledge Markets: more than Providers and Users" aus. Eine Beschränkung auf Daten und Informationen (d.h. Faktenwissen) wäre eine unzulässige Einschränkung, die den unterschiedlichen Wissensarten nicht gerecht wird.

Die Formulierung der Idee eines Wissensmarktes geht ursprünglich auf Davenport und Prusak (1998) zurück und wird im deutschsprachigen Raum von North (1998) aufgegriffen. North (2002) vertritt die Ansicht, dass nur ein ganzheitliches Konzept zur wissensorientierten Unternehmensführung letztlich zum Geschäftserfolg der Unternehmung beitragen kann (vgl. auch Hampel/North 2000). Um einen effektiven Wissensaufbau und -transfer im Unternehmen zu gewährleisten, schlägt er die Schaffung eines internen Wissensmarkts vor. Dabei geht er davon aus, dass Wissen als knappe Ressource einen Marktwert besitzt und somit eine marktorientierte Steuerung des Wissens möglich ist. Mit Hilfe einer sogenannten internen wissensbasierten Marktwirtschaft sollen unternehmerisches Handeln und Kooperation innerhalb des Unternehmens gefördert werden und zum kurzfristigen Erfolg der Geschäftseinheiten sowie zum langfristigen Kompetenzaufbau des Gesamtunternehmens beitragen. Zudem sollen sich die Mitarbeiter stärker an den Zielen und Wertvorstellungen des Gesamtunternehmens orientieren.

Um einen Markt für Wissen mit Nachfrage und Angebot schaffen zu können, müssen zunächst die Rahmenbedingungen im Unternehmen hergestellt werden. Dazu gehört der organisatorische Rahmen (z.B. Verankerung der Wissensziele in der Organisationsstrategie und in der Unternehmenskultur, Festlegung von Rollen und Kompetenzen, Maßnahmen zur Beurteilung und Belohnung des Verhaltens, Förderung der Zusammenarbeit der Mitarbeiter innerhalb des Unternehmens, Personalentwicklungsmaßnahmen). Ferner müssen die Akteure und die Spielregeln für den internen Markt festgelegt und die zum Wissensaustausch nötigen Strukturen und Prozesse geschaffen werden. Bei den Akteuren handelt es sich um Wissensanbieter, Wissensnachfrager und Wissensvermittler (Wissensbroker). Zu den Strukturen gehören formelle und informelle Netzwerke, während es bei den Spielregeln um die Schaffung von Wissenstransparenz geht, um Regeln für den Wissensaustausch, die Gestaltung von Wissensintegrationsprozessen, das nutzerspezifische Verfügbarmachen von Wissen u.ä. Schließlich müssen noch Instrumente und Prozesse zu Realisierung des Wissensmarktes geschaffen werden (z.B. eine geeignete technische Infrastruktur, Integration in bestehende Arbeitsabläufe und Geschäftsprozesse).

North bezeichnet seinen Ansatz selbst als ganzheitlich. Dies lässt sich vor allem dadurch begründen, dass er das gesamte Unternehmen in einen Wissensmarkt verwandeln möchte. Berücksichtigt werden strategische Elemente wie die Integration des Wissensmanagements in die Leitlinien des Unternehmens, Führungs- und sonstige HR-Aspekte. Zudem legt North Wert auf die Schaffung von Wissensintegrationsprozessen. Einflussfaktoren und Interdependenzen bleiben jedoch unerwähnt (vgl. Bild 2.19). Entscheidend sind letztlich die Spielregeln für den Markt, die als Marktausgleichsmechanismen verstanden werden. North schlägt zur Umsetzung unterschiedliche Prinzipien vor, nämlich das Interessen-Cluster-Prinzip, das Leuchtturm-Prinzip und das Push-Pull-Prinzip (vgl. Reinmann 2009). Das Interessen-Cluster-Prinzip beruht auf der Beobachtung, dass die Zusammenarbeit nur dann funktioniert, wenn Beteiligten gleiche oder zumindest gut vereinbare Interessen verfolgen. Leuchtturm-Prinzip bedeutet, dass für einen funktionierenden Wissensmarkt das Angebot deutlich sichtbar sein muss. Mit dem Push-Pull-Prinzip ist gemeint, dass die Initiative zum Austausch sowohl vom Anbieter als auch vom Nachfrager ausgehen kann.

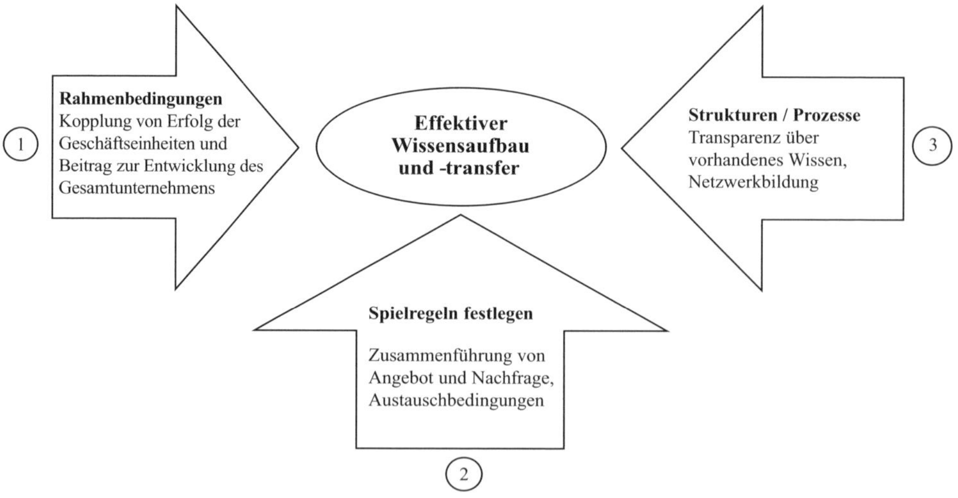

Bild 2.19 Bedingungen für einen effektiven Wissensaufbau und -transfer (North 1998, S. 261–280)

Ähnlich ist auch das **Wissensmarkt-Modell von Frischmuth** (2002) konzipiert. Ziel ist es, die Leistung der Mitarbeiter zu bewerten und entsprechend zu belohnen. Im innerbetrieblichen Wissensmarkt gibt es die drei bereits erwähnten Hauptakteure.

Der **Wissenskäufer** bezieht vom Wissensmanagementsystem Wissen in Form von Artikeln (beispielsweise bereitgestellt von Kollegen) und kann sich durch seine Beteiligung ein breites Meta-Wissen aneignen. Dies führt möglicherweise zu besseren Aufstiegs- und Verdienstchancen ein. Eine zusätzliche Belohnung ist für ihn in diesem Fall nicht zwingend erforderlich.

Der **Verkäufer** des Wissens hat im Gegensatz zum Käufer keinen zusätzlichen Nutzen, wenn er sein Wissen in das Wissenssystem einpflegt. Daher ist es angebracht, ihn für sein Engagement und das Teilen seines Wissens zusätzlich mit einem oder mehreren der oben genannten Anreize zu belohnen. Wissensmärkte basieren daher zumindest implizit auf Annahmen der Social Exchange Theory. Diese geht von rational handelnden und profitorientierten Mitarbeitern aus und erklärt das Verhalten in sozialen Beziehungen auf der Grundlage von Belohnungen und Kosten, die in der Interaktion von zwei oder mehr Interaktionspartnern entstehen. Es gibt verschiedene Versionen der Austauschtheorie, wobei aber in den Wirtschaftswissenschaften hauptsächlich der Ansatz von Homans (1950) zu finden ist. Bei alternativen Handlungsmöglichkeiten wird versucht, den größten Ertrag bei möglichst niedrigen Kosten zu erzielen. Die Theorie wurde später zur sozialen Interdependenztheorie weiterentwickelt (vgl. Bierhoff/Jonas 2011).

Ein drittes Mitglied des Wissensmarkts ist der **Broker** (Makler), der zwischen Käufer und Verkäufer vermittelt und dafür ebenfalls belohnt wird. Im Einzelfall dürfte die Rollensituation komplizierter sein, denn Maass (2009) beschreibt zusätzliche Rollen wie Marktmacher, Gutachter, Treuhänder, Schlichter, Archivar und Administrator. Weitere Überlegungen zu Anreizmechanismen und zur Gestaltung von Wissensmärkten finden sich bei Zhang/Sundaresan (2010), Huo (2014), Matson et al. (2003) und Desouza (2005). Beispiele für die Umsetzung und weitere Gestaltungshinweise finden sich bei Simard (2006), Sawyer et al. (2000), Chen et al. (2010) und Maass (2009).

Zusammenfassend ist festzuhalten, dass die Marktanalogie für die Ressource „Wissen" zwar auf den ersten Blick einleuchtend ist, bei genauerer Betrachtung aber die Unterschiede zu Informations-, Güter- oder Finanzmärkten überwiegen dürften. Wissen folgt anderen Gesetzmäßigkeiten als herkömmliche Produktionsfaktoren. Genau das dürfte die vollständige Umsetzung eines Wissensmarktes in der Praxis schwierig machen. Es gibt nicht viele dokumentierte Beispiele für realisierte Wissensmärkte und es ist auch fraglich, ob in jedem Fall „Wissen" gehandelt wird. Manche Autoren sprechen daher lieber von Wissensgütern. Gerade bei wissensintensiven Organisationen kann das Modell aber brauchbare Ideen für die Umsetzung als Wissensmanagementinitiative liefern.

2.3.6 Modelle zum Informations- und Wissensaustausch

In der Literatur sind verschiedene Begriffsdefinitionen für Wissenstransfer zu finden. In englischsprachigen Publikationen sind Begriffe wie „Knowledge Transfer", „Knowledge Sharing", „Knowledge Exchange", „Knowledge Diffusion", „Know-how Transfer", „Know-how Sharing", „Transfer of Best Practice" und „Information Sharing" gängig. In der deutschsprachigen Literatur findet man folgende Äquivalente dazu: Wissenstransfer, Wissensaustausch, Wissens(ver)teilung, Wissensverbreitung, Wissensübertragung, Know-how-Transfer und Informationsaustausch. Dabei lässt sich feststellen, dass die Begriffe sowohl im jeweiligen Sprachgebrauch als auch innerhalb derselben Sprache unterschiedlich belegt sind (vgl. Krogh/Venzin 1995, Shanshan 2014, Tangaraja 2016). Diese feinen Unterscheidungen sind einer der Gründe, weswegen zu Wissenstransfer kein einheitlicher Begriff in der Literatur zu finden ist. Beim Informationsaustausch (Information Sharing), der häufig in Verbindung mit dem Wissensaustausch genannt wird, handelt es sich um eine Reduktion, denn hier beschränkt sich der Austauschprozess auf einen Kommunikationsvorgang, der sowohl die Weitergabe von Wissen über einen bestimmten Sachverhalt als auch als die Weitergabe von Daten oder Informationen sowie die gemeinsame Benutzung von Informationsquellen durch Individuen bedeuten kann. Dieser Siamesische-Zwillings-Effekt (Heinrich/Roithmayr 1995) legt folgende Schlussfolgerung nahe:

Kommunikation = Informationsaustausch = Information Sharing

Informationsaustausch (Information Sharing) wird im vorliegenden Kontext zunächst nur auf den personengebundenen und bilateralen Austausch von Informationen beschränkt. Bei einer näheren Betrachtung ist natürlich klar, dass es sich dabei um eine starke Vereinfachung handelt. Es bleibt auch offen, von wem die Initiative ausgeht. In vielen Fällen handelt es sich um einen mehrstufigen oder zusammengesetzten Prozess, d. h., der Austausch erfolgt nicht auf einmal und kann unter bestimmten Bedingungen auch abgebrochen werden. In manchen Fällen besteht kein direkter Kontakt, sondern es sind vermittelnde Medien oder Prozesse dazwischengeschaltet. Einen wesentlichen Einfluss haben auch Organisationsstruktur und Organisationskultur. Der Austauschprozess kann abhängig von der Position und Hierarchieebene der Beteiligten einen ganz anderen Charakter annehmen als zwischen Gleichgestellten. Um die Auseinandersetzung mit den zugrunde liegenden Phänomenen überhaupt einmal zu ermöglichen, werden diese Details zunächst jedoch vernachlässigt.

Wissensaustausch (Knowledge Sharing, Knowledge Exchange) ist ein wesentlich komplexerer Vorgang als Information Sharing und setzt Letzteren im Allgemeinen als Subprozess voraus. Kommunikation ist wiederum ein zentrales Mittel, das den Knowledge-Sharing-Prozess unterstützt. Knowledge Sharing geht allerdings über den Prozess der Informationsvermittlung hinaus und bedarf einer Verinnerlichung der Informationen, d. h. die Skepsis gegenüber neuen Informationen muss überwunden und das Wissen in die eigene Wissensbasis integriert werden. Dazu muss im Allgemeinen ein gemeinsamer Kontext, d. h. Verständnis und Wertschätzung der Umwelt der Beteiligten, entwickelt werden (Heinrich/Roithmayr 1995). Eine besondere Bedeutung kommt in diesem Zusammenhang dem Aufbau von Vertrauen und der Schaffung von Anreizsystemen für den Wissenstausch zu. Es kann sich dabei in Form extrinsischer Motivation um materielle (z. B. finanzielle Abgeltung) oder immaterielle Anreize (z. B. soziale Anerkennung, Karrierechancen) handeln, am wirksamsten ist allerdings die intrinsische Motivation, d. h. die Tätigkeit selbst als Anreiz (vgl. Staiger 2004, Rode 2016). Der Wissensaustausch wird im Wissensmanagement als eigenständige Aufgabe betrachtet. Dabei darf aber nicht übersehen werden, dass er auch unabhängig davon im Dienst anderer Aufgaben wie **Teammanagement** von Bedeutung sein (vgl. z. B. Alsharo et al. 2017) sowie durch das Outsourcing unmittelbar beeinflusst werden kann (vgl. Zimmermann et al. 2018).

Wissensteilung oder -weitergabe wird im gleichnamigen Buch von Peter Brödner als „komplexer gesellschaftlicher Interaktionsprozess, durch den Wissen effektiv generiert und genutzt wird" (Brödner et al. 1999) definiert. „Er umfasst sowohl die Spezialisierung und Fragmentierung von Wissen bei dessen Genese als auch die Diffusion durch Teilhabe bei dessen Nutzung“ (Brödner et al. 1999). Brödner zieht Parallelen zur Arbeitsteilung und sieht in der Wissensteilung eine Spezialisierung von Prozessen der Wissensgenerierung, sodass neues Wissen produktivitätssteigernd die Unternehmensabläufe beeinflussen kann. Wissensteilung in diesem Sinne soll im Rahmen dieses Beitrags nicht näher erörtert werden und wurde lediglich der Vollständigkeit halber erwähnt, um die engen Verknüpfungen mit den Bereichen Wissensidentifikation und Wissensnutzung zu verdeutlichen (vgl. dazu auch So/Bolloju 2005).

Eine etwas andere Sicht ergibt sich, wenn man die zugrunde liegenden Prozesse als **soziales Dilemma** versteht, wie es aus der psychologischen Forschung bekannt ist. In Verbindung mit dem Wissensmanagement wird nämlich ein soziales Beitragsdilemma sichtbar, da man annehmen kann, dass zunächst einmal jeder Mitarbeiter vom Wissen der anderen profitieren möchte. Gleichzeitig ist aber der aktive Beitrag zur gemeinsamen Wissensbasis einer Organisation mit Kosten für den Einzelnen verbunden (z. B. Zeitaufwand, Know-how-Verlust), was letztlich zu der auch aus der Forschung im Wissensmanagement bekannten mangelnden Beteiligung führt (vgl. Cress et al 2003 und 2007, Cabrera/Cabrera 2002, Moskaliuk 2011, Sharma/Bhattacharya 2013, Rice et al. 2019). Mögliche Lösungen werden in der Schaffung von individuellen Anreizen für Kooperation, der Reduktion der „Kosten“ für Kooperation und in der Bereitstellung von zusätzlichem Meta-Wissen gesehen. Die Forschungen zum **Informationsaustausch-Dilemma**, zum **kollektiven Lernen** und zum **Gefangenendilemma** stellen dazu den theoretischen Rahmen bereit (vgl. Moskaliuk 2011, Wilkesmann/Rascher 2005).

Wissenstransfer kann in unterschiedlichen Formen vorkommen, wobei die folgende Systematisierung einen Überblick gibt:

- **Beabsichtigter (gewollter) vs. unbeabsichtigter (ungewollter) Wissenstransfer:** Die Zielsetzung des gewollten Wissenstransfers ist die Übertragung von Wissen innerhalb und außerhalb des Unternehmens, die von einer Eigeninitiative des Unternehmens ausgeht und zur Sicherung nachhaltiger Wettbewerbsvorteile beiträgt. Der ungewollte Wissenstransfer hingegen kann z. B. durch Imitation eines Konkurrenten oder das Abwerben von Schlüsselpersonen entstehen.
- **Interner vs. externer Wissenstransfer:** Interner Wissenstransfer wird als ein in den eigenen Unternehmensgrenzen zwischen Personen, Gruppen, Unternehmenseinheiten und Niederlassungen stattfindender Transfer von Wissen bezeichnet (auch wenn nationale Grenzen überschritten werden). Beim externen Wissenstransfer werden in den Prozess des Transfers externe Partner – etwa andere Unternehmen, Universitäten, F&E Labors und Berater – beispielsweise im Rahmen einer gemeinsamen Entwicklungstätigkeit oder in Allianzen eingebunden.
- **Nationaler vs. internationaler (grenzübergreifender, interkultureller) Wissenstransfer:** Unter dem nationalen Wissenstransfer versteht man den Transfer von Wissen zwischen Abteilungen oder Unternehmenseinheiten innerhalb der Grenzen eines Landes, während sich der internationale Wissenstransfer auf mehrere Länder erstrecken kann. Die Überschreitung der nationalen Grenzen hängt zudem sehr eng mit der Überschreitung kultureller Grenzen zusammen.
- **Relevanz des Wissens:** Auch die Relevanz des Wissens ist für den Wissenstransfer von entscheidender Bedeutung. Es kann sich beim transferierten Wissen um relativ periphere, strategisch unbedeutende Wissensbestände oder um sehr wertvolle, strategisch relevante Kenntnisse und Fähigkeiten handeln.

- **Inhaltliche Aspekte des Wissenstransfers:** Die möglichen Inhalte eines Wissenstransfers lassen sich anhand einzelner organisationaler Funktionsbereiche systematisieren. Die wohl größte Bedeutung kommt dem Transfer von technologie- bzw. produktionsorientiertem Wissen, Marketingwissen sowie der Übertragung von Managementwissen zu.
- **Horizontaler (innerbetrieblicher) vs. vertikaler Wissenstransfer:** Unter horizontalem Wissenstransfer versteht man die Übertragung des Wissens zwischen den Organisationseinheiten mit gleichartigen Funktionen. Beim vertikalen Wissenstransfer folgt die Übertragung des Wissens den Stufen des Innovationsprozesses.
- **Unternehmensgröße:** Sofern überhaupt Bedarf für Wissenstransfer besteht, läuft die Übertragung des Wissens in klein- und mittelständischen Betrieben meist in horizontaler Richtung. In Großunternehmen mit mehreren Niederlassungen sind sowohl der horizontale Wissenstransfer als auch der vertikale Wissenstransfer möglich.
- **Umfang des Transferprozesses:** Der Wissenstransfer kann von der Vermittlung des Wissens in persönlichen Gesprächen über den Einsatz von Expatriates bis hin zu umfassenden unternehmensweiten Wissenstransferprojekten reichen.

Eine wichtige Rolle beim Verständnis von Prozessen zum Informations- und Wissensaustausch spielen Modelle, welche die wesentlichen Merkmale abzubilden versuchen. Sie sind somit Basis für eine systematische Analyse und Erforschung von Zusammenhängen, aber auch Hilfsmittel für zielgerichtete Maßnahmen zur Verbesserung von Kommunikationssituationen in Unternehmen oder für eine bewusste Intervention.

Bei der Auswahl wurde keine Vollständigkeit angestrebt, sondern versucht, ein möglichst breites Spektrum an Modellen mit empirischem Hintergrund auszuwählen. Konkret werden folgende Modelle vorgestellt:

- Modell des Know-how-Transfers von Boeglin,
- Stufenmodell von Szulanski beim Transfer von Best Practice,
- Phasenmodell des geplanten internen Wissenstransfers nach Krogh,
- Transfer- und Imitationsmodell nach Zander und Kogut und
- Transfer- und Absorptionspotenzialmodell nach Richter.

Darüber hinaus existieren natürlich einige weitere Modelle, wobei die Arbeiten von Nonaka und Takeuchi besonders häufig zitiert werden. Im vorliegenden Beitrag nicht berücksichtigt wurden z. B. die Arbeiten von Gupta/Govindarajan (2000), Shanshan (2014) sowie die bei Disterer (2000) zitierten Untersuchungen.

Modell von Boeglin

Boeglin erkennt im Know-how-Transfer (Bild 2.20) das wettbewerbsentscheidende Potenzial für Synergienutzung bei innerbetrieblichen Umstrukturierungen, internem als auch externem Wachstum und dezentraler Leistungserstellung. Ferner gewinnt der Know-how-Transfer zunehmend an Bedeutung, da aufgrund der steigenden Spezialisierung und Dezentralisierung in den Unternehmen ein höherer Informations- und Kommunikationsbedarf über die Grenzen organisatorischer Einheiten hinweg besteht.

Da der Transfer von Know-how immer an ein System mit bestimmten Charakteristiken gebunden ist, muss generell überprüft werden, ob sich das zu transferierende Know-how auf vergleichbare Systemeigenschaften bezieht und die Transferkosten in Relation zum Nutzen stehen. Da Boeglin sich auf den horizontalen Know-how-Transfer bezieht, werden kompatible Systemeigenschaften unterstellt (Boeglin 1992).

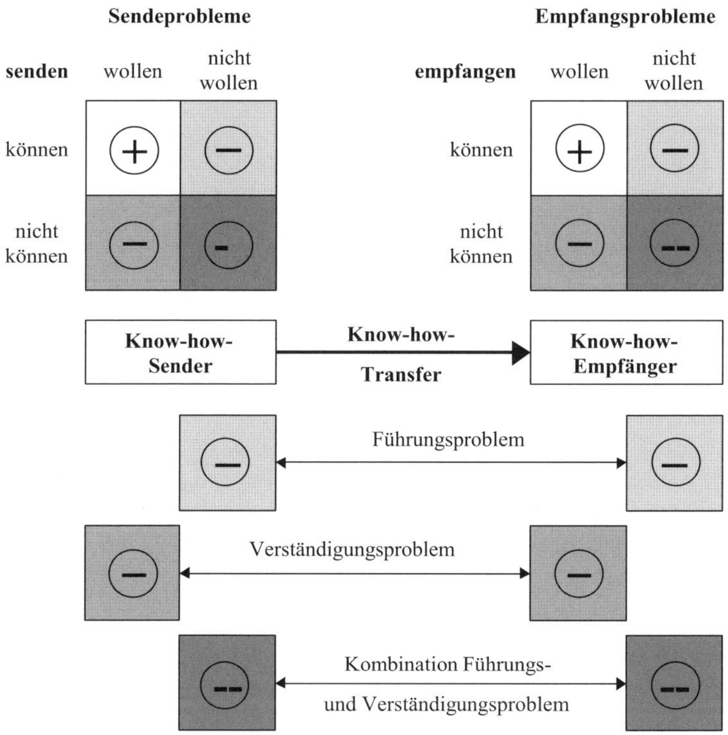

Bild 2.20 Modell des Know-how-Transfers (Boeglin 1992)

Die **Führungsprobleme** der Unternehmensleitung resultieren aus der mangelnden Bereitschaft der Mitarbeiter, sich am Know-how-Transfer zu beteiligen (nicht wollen). Der Sender sieht seine personelle Unersetzbarkeit durch die Weitergabe seines Wissens bedroht, und um keine Machtverluste zu erleiden, wird der Know-how-Transfer unterlassen. Die ablehnende Haltung des Empfängers lässt sich anhand des „Not-Invented-Here-Syndroms" erklären, das vor allem bei Spezialisten ausgeprägt ist. Durch die Mitteilung fremden Wissens empfindet der Empfänger sein eigenes Wissen abgewertet. Die Akzeptanz fremden Know-hows ist für den Spezialisten gleichbedeutend mit Machtverlust, da andere Lösungen besser sind und man somit ohne Weiteres ersetzbar scheint.

Die **Verständigungsprobleme** beruhen auf der mangelnden Fähigkeit (nicht können) von Sender, Empfänger, aber auch dem Übertragungskanal selbst, Know-how zu übermitteln. Ursachen dafür können unterschiedliche Sprachen, Kulturen, Kontexte und Erfahrungswerte, aber auch ungeeignete Informationsträger sein.

In der Praxis können Verständigungs- und Führungsprobleme nicht unabhängig voneinander betrachtet werden, da sie meist in interdependenter Beziehung zueinander stehen. Die mangelnde Bereitschaft (nicht wollen) vom Sender oder Empfänger kann als Unfähigkeit (nicht können) dargestellt werden, um möglichen „Strafen" der Unternehmensleitung zu entgehen. Durch die Verschleierung der eigentlichen Ursachen wird das Erkennen und

Lösen von Verständigungs- und Führungsproblemen erschwert. Der Know-how-Transfer findet selten von selbst statt, vielmehr müssen sowohl der Steuerung und Kontrolle als auch den Rahmenbedingungen viel Aufmerksamkeit geschenkt werden. Die Rahmenbedingungen des Know-how-Transfers lassen sich in drei Ebenen einteilen: strukturelle, kulturelle und instrumentelle Ebene. Der Know-how-Transfer selbst findet auf der prozessualen Ebene statt (Boeglin 1992).

Die instrumentelle Ebene stellt das Wissen über das Zusammenwirken der übrigen drei Ebenen dar, sozusagen das Know-how über den Know-how-Transfer. Eine Verbesserung der instrumentellen Rahmenbedingungen kann durch eine bessere Ausbildung bzw. Hinzuziehung von Beratern relativ leicht erreicht werden, während eine Veränderung der strukturellen und kulturellen Rahmenbedingungen wesentlich aufwendiger und komplexer ist. Die strukturelle Ebene beinhaltet z. B. sowohl die lokale oder organisatorische Nähe der am Transferprozess Beteiligten als auch die fachliche Qualifikation der Empfänger. Die strukturelle Ebene determiniert somit den Handlungsrahmen für die prozessuale Ebene, in der der Know-how-Transfer stattfindet. Die kulturelle Ebene beschreibt den Grad der Übereinstimmung der Wertvorstellungen, Normen und Denkhaltungen. Die strukturelle Gestaltungsfreiheit wird durch die Unternehmenskultur festgelegt. Da die unterschiedlichen Kulturen direkt auf die Kommunikationsfähigkeit einwirken, wird auch die prozessuale Ebene beeinflusst. Die Gestaltung des Transferprozesses gestaltet sich umso schwieriger, je weniger gemeinsame Werte zwischen Sender- und Empfängergruppen existieren (Boeglin 1992).

Stufenmodell nach Szulanski

Das Stufenmodell nach Szulanski (Bild 2.21) zeigt die charakteristischen Phasen, die beim Transfer von Best Practices (vgl. Abschnitt 4.1.1.2) innerhalb eines Unternehmens vollzogen werden. Der Transfer von Best Practice bedeutet, dass bewährte Vorgänge/Abläufe auch auf andere Bereiche eines Unternehmens übertragen werden sollen. Die Übertragung von Best Practices beinhaltet auch „tacit"-Komponenten, die zum Teil im individuellen Können und in der Zusammenarbeit (soziale Arrangements) eingebettet sind. Es handelt sich dabei also auf jeden Fall um Wissensaustausch.

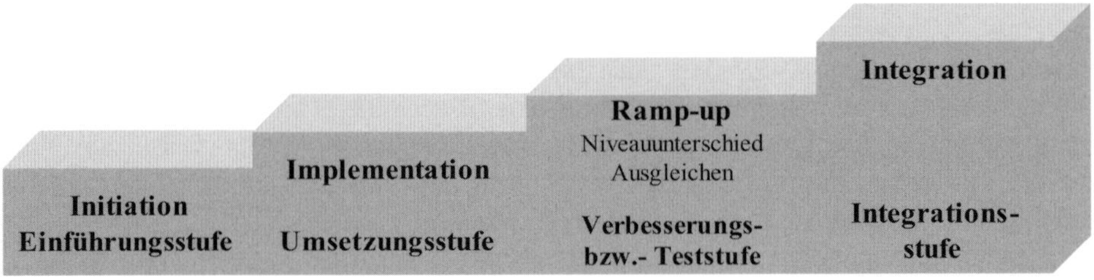

Bild 2.21 Stufenmodell nach Szulanski (Szulanski 1996)

Jede Phase wird mit unterschiedlichen Schwierigkeiten konfrontiert und kann somit ein unterschiedliches Ausmaß annehmen, jedoch wird die Abfolge beibehalten. Zur Entwicklung dieses Modells verweist Szulanski auf zahlreiche Forschungserkenntnisse, die im Rahmen von Diffusionen von Innovationen, sozialem Wandel, Implementierungen sowie Technologietransfer gewonnen wurden (Szulanski 1996).

Die Stufe **Initiation** umfasst alle Ereignisse, die zur Entscheidung eines Transfers führen. Ein Transfer entsteht erst, wenn sowohl die Nachfrage als auch das dazugehörige Wissen, um diese Nachfrage zu stillen, im Unternehmen besteht. Die Entdeckung, dass eine Nachfrage nach einer besseren Lösung existiert, löst die Suche nach Wissen und den Bedarf nach Transfer aus. Indem „besseres" Wissen gefunden wird, können auch andere Prozesse, deren Ablauf bislang als zufriedenstellend beurteilt wurde, modifiziert werden. Die Durchführbarkeit des Transfers wird analysiert, wobei die Intensität der Untersuchungen variieren kann.

Die **Implementationsstufe** folgt nach der Einführungsphase und dem Entschluss, den Transfer durchzuführen. In dieser Phase werden Ressourcen zwischen Sender (Quelle) und Empfänger ausgetauscht und der Transfer umgesetzt. Das für den Transfer benötigte Umfeld wird gestaltet und die Empfängerseite auf die Veränderungen bzw. das neue Wissen vorbereitet, z. B. durch Schulungen etc. Die Implementierungsphase endet oder wird zumindest reduziert, sobald der Empfänger beginnt, das transferierte Wissen zu benützen.

Während der **Ramp-up-Stufe** wird das Hauptaugenmerk darauf gelegt, anfängliche Schwierigkeiten bzw. unerwartete Probleme zu lösen, um die an den Transfer gestellten Erwartungen auch zu erreichen. Anfänglich ist eine uneffektive Nutzung von Seiten des Empfängers wahrscheinlich, die Leistungen werden jedoch so lange verbessert, bis der Niveauunterschied überwunden und ein befriedigender Level erreicht wird.

Sobald der Empfänger ein zufriedenstellendes Ergebnis mit dem transferierten Wissen erreicht, beginnt die **Integrationsstufe.** Diese beinhaltet, dass die neu erworbenen Abläufe zur Routine und somit stabil und vorhersehbar werden. Im Laufe der Zeit entsteht ein gemeinsamer Erfahrungsschatz und sowohl die Handlungen als auch die damit verbundenen Personen übernehmen bestimmte Rollen. Durch die geteilten Erfahrungen und Verhaltensweisen wird die Koordination von Abläufen unterstützt und institutionalisiert (Szulanski 1996).

Beleuchtet man die Schwierigkeiten, die sich in jeder Stufe des Modells ergeben können, so lassen sich drei Faktoren identifizieren, die den Transfer beeinflussen (Tabelle 2.8).

Tabelle 2.8 Einflussfaktoren, Kennzeichen und Relevanz nach Szulanski (Szulanski 1996)

Einflussfaktoren	Kennzeichen der Einflussfaktoren	Signifikanz (lt. Studie)
1. Art des Wissens	Zweideutigkeit	**signifikant**
	Unerwiesenheit	nicht signifikant
2. Sender	mangelnde Motivation	nicht signifikant
	nicht als zuverlässig wahrnehmen	nicht signifikant
3. Empfänger	mangelnde Motivation	nicht signifikant
	mangelnde Lernfähigkeit	**signifikant**
	mangelnder Gedächtnisspeicher	nicht signifikant
4. Kontext	unproduktiver organisatorischer Kontext	nicht signifikant
	beschwertes Verhältnis	**signifikant**

Anhand der Studie über die „Internal Stickiness of knowledge transfer“ widerlegt Szulanski den von der Literatur vertretenen Ansatz, dass der Transfer meist an mangelnder Motivation scheitert. Vielmehr stellt die **Art und der mehrdeutige Charakter des Wissens** (tacit knowledge, implizites Wissen bzw. Wissen, in einem anderen Kontext eingebettet, erlangt eine andere Bedeutung) eine der drei Hauptbarrieren dar.

Da das Wissen nicht eindeutig und kontextunabhängig zu erfassen ist, hängt der erfolgreiche Transfer auch von der bestehenden Wissensbasis des Empfängers ab. Die **Absorptionskapazität** stellt eine Funktion der bestehenden Wissensbasis dar, die sich in der Fähigkeit, neues Wissen zu bewerten und sich einzuverleiben, manifestiert. Je höher die „tacit“-Komponente im zu transferierenden Wissen ist, desto mehr persönlicher Einsatz zwischen Sender und Empfänger wird gefordert. Aber auch generell wirkt ein zerrüttetes bzw. schlechtes **Verhältnis zwischen Sender und Empfänger** als transferbehindernd. Die weiteren Variablen wirken sicherlich auf den Transferprozess ein, zeichneten sich in der Studie jedoch als nicht signifikant ab und werden nachfolgend noch kurz erläutert.

- **Unprovenness:** Es wurde unterstellt, dass Wissen, das sich bereits unter Beweis gestellt hat, einfacher zu transferieren sei als „neues“ Wissen. Bei „neuem“ Wissen ist es schwieriger, potenzielle Transferpartner zu animieren bzw. kontroverse Integrationsanstrengungen durchzusetzen.
- **Mangelnde Motivation von Senderseite:** Der Sender möchte keine Zeit und Anstrengung in den Transfer investieren, da kein Anreiz (vielleicht sogar Ängste bzgl. Position und Macht) besteht, Wissen weiterzugeben.
- **Not perceived as reliable:** Wird der Sender als unzuverlässig betrachtet bzw. angezweifelt, kann sich dies belastend auf den Transfer auswirken (Beispiel: Vorschläge von einem Auszubildenden werden schwieriger umzusetzen sein als die von einem langjährigen Mitarbeiter).
- **Mangelnde Motivation von Empfängerseite:** Der Empfänger wehrt sich gegen fremdes Wissen aus Stolz bzw. gekränkter Eitelkeit (Not-Invented-Here-Syndrom).
- **Lack of retentive capacity:** Die Fähigkeit eines Empfängers, die Benutzung von neuem Wissen zu institutionalisieren, beschreibt die „retentive capacity“. Mangelt es an dieser Fähigkeit, werden Schwierigkeiten während der Integrationsphase dem Transfer angelastet und gleichzeitig dazu verwendet, an alten Konzepten festzuhalten.
- **Barren of organisational context:** Besteht eine unproduktive, sterile Unternehmenskultur, hemmt dies zukünftige Transferprozesse. Die Organisationsstrukturen und -systeme beeinflussen die Anzahl der Transferversuche und deren Ergebnis (Szulanski 1996).

Phasenmodell des geplanten internen Wissenstransfers nach Krogh

Das Modell nach Krogh (Bild 2.22) beschreibt die Phasen eines geplanten internen Wissenstransfers von individuellem bzw. organisatorischem Wissen. Es werden sowohl die Zusammenhänge zwischen Sender und Empfänger dargestellt als auch auf die Einflussfaktoren und Kontextabhängigkeit von Wissen verwiesen.

Die **Phase der Initiierung** beinhaltet die Zielformulierung bzgl. der Art und des Umfangs des zum Transfer vorgesehenen Wissens. Im Anschluss daran erfolgt eine Bestandsaufnahme der im Unternehmen vorhandenen Wissensquellen und Ressourcen, die für den Wissensaustausch herangezogen werden können. Die Bestandsaufnahme ist durchaus schwierig, weil Wissen auch in impliziter Form vorhanden ist und sich nur bestimmten Kreisen und zum Teil auch nur zufällig eröffnet. Expertenverzeichnisse, Yellow Pages sowie Wissens- und Kompetenzkarten versuchen, Wissensbasen transparent zu machen, um die für den Wissensaustausch prädestinierten Personen zu identifizieren. Besonders in dieser Phase ist es wichtig, dass das Management explizit die Unterstützung zum Wissensaustausch ausdrückt, um Vertrauen und Offenheit zwischen den Beteiligten zu fördern. Erst wenn von allen Beteiligten der Wunsch, der Wille und das Ziel, Wissen auszutauschen, besteht, kann aktiver Wissensaustausch betrieben werden (Krogh/Köhne 1998).

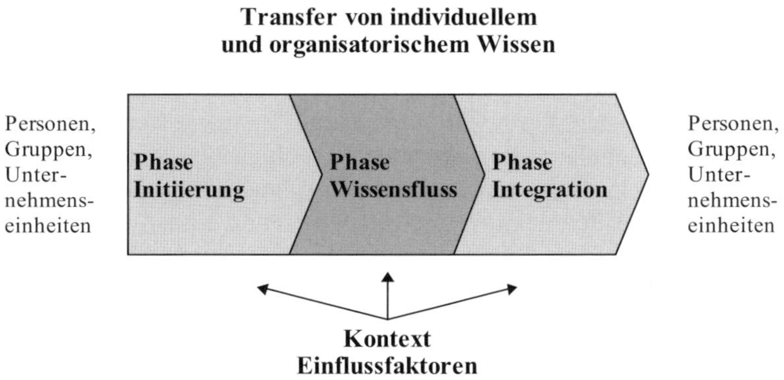

Bild 2.22 Phasen des Wissenstransfers (Krogh/Köhne 1998)

Die **Phase des Wissensflusses** kann als kritischste Phase bezeichnet werden, da sie von vielen Faktoren beeinflusst wird. Sie wird determiniert durch die Art des zu transferierenden Wissens (explizit/implizit), die Transferart und deren Intensität, durch die am Transfer beteiligten Personen (Motive, Einstellungen, persönliche Momente) als auch durch die Organisationskultur. Der Wissensaustausch vollzieht sich durch Interaktion und Kommunikation, die formell (bewusst, geplant) als auch informell (unbewusst) stattfinden kann (Krogh/Köhne 1998). Bei diesem Vorgang wird sowohl implizites Wissen kodifiziert und zu explizitem Wissen gewandelt als auch weitergegeben. Ebenso wird das explizite Wissen selbst transferiert. Der Austausch von implizitem Wissen stellt sich aufgrund der höheren Kontextgebundenheit komplizierter dar als der Austausch von explizitem Wissen (Lam 1997). Die Schnelligkeit und Sicherheit, implizites Wissen zu transferieren, ist somit eingeschränkt (Zander/Kogut 1995). Sie wird jedoch durch persönliche Kontakte, Interaktionen und gemeinsame Handlungen gefördert.

Die **Integrationsphase** beinhaltet die Bereitschaft des Empfängers, sowohl das transferierte Wissen in seine bestehende individuelle Wissensbasis (Schemata) aufzunehmen und anzuwenden, als auch dieses Wissen in der organisationalen Wissensbasis zu institutionalisieren (Krogh/Köhne 1998). In dieser Phase wird deutlich, dass der Wissensaustausch stark von der Wahrnehmungs-, Verarbeitungs- und Lernfähigkeit sowie dem Lernwillen des Empfängers abhängt (Krogh/Köhne 1998). Je mehr sich neues mit bereits bestehendem Wissen verknüpfen lässt, desto schneller wird dieses neue Wissen umgesetzt und absorbiert (Zander/Kogut 1995). Um dieses neu erworbene individuelle Wissen für die Organisation nutzbar zu machen, gibt es laut Inkpen und Crossan drei Mechanismen (Inkpen/Crossan 1995):

- Manager bzw. einflussreiche Personen haben **Vorbildfunktion** und zeigen durch persönliches Engagement, wie verschiedene Schemata in das gemeinsame Verständnis übernommen werden, und regen somit den **Nachahmungseffekt** an. Ferner wird es durch die Vorgabe eines konzeptionellen Rahmens den Mitarbeitern erleichtert, eigene Erfahrungen sinnvoll einzubetten.
- Der Integrationsprozess stellt sich **selbstständig** ein, wenn zwischen den involvierten Personen (Sender/Empfänger) eine gemeinsame Basis bzw. ausreichend Vertrauen und Respekt besteht.
- **Organisatorische Systeme** und **Strukturen** dienen als Integrationsmechanismen.

Transfer- und Imitationsmodell nach Zander und Kogut

Die Grundannahme des Modells von Zander und Kogut ist, dass interner Transfer und Imitation identische Phänomene von organisationalen Fähigkeiten und Diffusionsprozessen darstellen, die durch gemeinsame und somit nicht exklusive Faktoren bestimmt werden. Diese Prozesse sind zum Teil durch das zugrunde liegende Wissen und wie leicht dieses Wissen „kopiert" werden kann festgelegt. Besonders wichtig erscheint auch der Grad, zu dem Firmen gemeinsame Produktionsfähigkeiten nutzen bzw. sich voneinander abheben.

Die für das Modell herangezogenen Komponenten wurden unter Berücksichtigung der Arbeiten von Roger und Winter entwickelt (Zander/Kogut 1995). Es werden Vergleiche angestellt, inwiefern die gewählten Einflussfaktoren die Geschwindigkeit des internen Transfers beeinflussen und unter welchen Umständen diese auch maßgeblich für den Grad der Imitation sind.

Der Transferbegriff wird als horizontaler Transfer von Produktionsmöglichkeiten (Technologietransfer) definiert, während Imitation die Fähigkeit, fremde Produkte zu kopieren, beschreibt. Als Bemessungsgrundlage wurden die in Tabelle 2.9 dargestellten Einflussfaktoren herangezogen.

Wie bereits angeführt wurde, ist für den Grad der Imitation das Ausmaß, in dem die Wettbewerber ähnliche Produktionsfähigkeiten und -abläufe nutzen, ausschlaggebend. Um diesen Effekt genauer zu testen, wurden nachfolgende Kriterien analysiert (Zander/Kogut 1995):

- **Proprietary Equipment** spiegelt das Ausmaß der innerhalb des Unternehmens entwickelten Maschinen und Software wider, die die wichtigsten Produktionsfähigkeiten verkörpern.
- **Outsourced Equipment** umfasst die Maschinen und Software, die Kern-Produktionsfähigkeiten verkörpern und extern gekauft wurden.
- **Key Employee Turnover** hinterfragt, ob irgendwelche Mitarbeiter, die Schlüsselpositionen innehatten, ausschieden.

Ein weiteres Argument, das den Grad der Imitation beeinflusst, ist **Continuous Development.** Wenn die Firma über die Kapazität verfügt, die Innovation kontinuierlich zu verbessern, stellt dies das größte Abschreckungsmittel für eine Imitation dar. Der Aspekt Continuous Development wurde hinzugenommen, um die Wichtigkeit von späteren Verbesserungen der Innovationen zu erfassen.

Tabelle 2.9 Übersicht der Einflussfaktoren, die die Geschwindigkeit des Transfers/Imitation beeinflussen (Zander/Kogut 1995)

Einflussfaktoren	Beschreibung	Hypothese
Codifiability	... stellt das Ausmaß dar, inwieweit das benötigte Wissen in Dokumente und Software artikuliert werden konnte.	Je einfacher Wissen kodifiziert werden kann, desto größer die Geschwindigkeit des Transfers und umso höher das Risiko einer frühen Imitation.
Complexity	... misst die Anzahl der bestimmten Fähigkeiten und Kompetenzen, die zur Herstellung eines Produkts benötigt werden.	Je komplexer die Produktionsmöglichkeiten, desto schwieriger gestalten sich der Transfer und die Imitation.
Teachability	... erfasst die Möglichkeit, wie leicht anderen Mitarbeitern das benötigte Wissen vermittelt, gelehrt und gezeigt werden kann.	Je leichter Know-how vermittelt werden kann, desto schneller findet der Transfer statt und desto größer ist die Gefahr einer frühen Imitation.
System Dependence	... erfasst den organisatorischen Aufwand und die Abhängigkeit des Transfers von verschiedenen Gruppen bzw. Spezialisten sowie der Technik, die für den Produktionsprozess benötigt werden.	Je größer die Systemabhängigkeit, desto geringer die Wahrscheinlichkeit eines frühen Transfers bzw. das Risiko einer frühen Imitation.
Parallel Development	... beinhaltet die Anzahl der Wettbewerber, die zur gleichen Zeit ein ähnliches Produkt entwickeln. Damit soll der Einfluss von Wettbewerbsdruck auf Transfer- und Imitationszeiten gemessen werden.	Je mehr Wettbewerber an einem ähnlichen Produkt arbeiten, desto größer ist der Druck und desto wahrscheinlicher ist ein schneller Transfer und das Risiko einer frühen Imitation.
Product Observability	... besagt, ob die benötigten Produktionsmöglichkeiten aus „reversed engineering“ oder aufgrund veröffentlichter Berichte gewonnen werden können.	Dieses Kriterium wurde nur für die Schätzung von Imitationen verwendet, da bei einem freiwilligen Transfer „reversed engineering“ keine Rolle spielt. Je höher die Product Observability ist, desto schneller folgt die Imitation.

Die aufgestellten Hypothesen wurden mittels einer Studie, die in Schweden anhand von 35 Innovationen durchgeführt wurde, getestet. Daraus ergab sich, dass die „Codifiability“ (wie leicht Fähigkeiten kodiert, erfasst und explizit gemacht werden können) ebenso wie „Teachability“ von Fähigkeiten zwar ausschlaggebend für die Geschwindigkeit des internen Transfers, jedoch unwichtig für die Rate der Imitation ist. Ferner zeigte sich der Aspekt „Parallel Development“ als höchst signifikant. Herrscht ein hoher Grad an technologischem Wettbewerb und besteht die Angst, mit der technologischen Bewegung der Mitkonkurrenten nicht mithalten zu können, wirkt dies beschleunigend auf den Austausch von Fähigkeiten. Die Aspekte „Complexity“ und „System Dependence“ zeigten keine signifikante Ausprägung (Tabelle 2.10).

Die Ansicht, dass „Capability Transfer“ und Imitation identische Phänomene sind, muss revidiert werden. Die für den internen Transfer relevanten Aspekte stellten sich für Imitationen als nicht signifikant dar. Dies beruht darauf, dass die Imitation von Innovationen nicht notwendigerweise die Imitation der Produktionsfähigkeiten, die zur Innovation geführt haben, voraussetzt. Ferner ist eine erfolgreiche Imitation durch das Zusammenwirken mehrerer Fähigkeiten bestimmt, z. B. wie man etwas entwirft, testet oder verbessert, produziert, vermarktet etc. Außerdem beeinflussen Wirtschaftsbedingungen wie Ruf des Unternehmens oder gegenwärtige Regierungspolitik ebenso die Imitationsaktivitäten.

Die Studie ergab, dass der Aspekt des „Key Employee Turnover“ signifikant mit einer höheren Imitationszeit assoziiert wird. Ebenso zeigte „Continuous Development“ ein signifikantes Verhalten und reduziert das Risiko einer frühen Imitation. Analog mindert „Proprietary Equipment“ dieses Risiko, wobei das Ergebnis sehr schwach war. Der Koeffizient „Outsourced Equipment“ zeigte zwar die erwartete Korrelation (je mehr Maschinen und Software von extern bezogen werden, desto höher das Risiko einer frühen Imitation), war jedoch nicht signifikant.

Tabelle 2.10 Übersicht über das Transfer- und Imitationsmodell (Zander/Kogut 1995)

	Transfermodell	Imitationsmodell
Bezieht sich auf:	**unternehmensinternen Wissensaustausch** ▪ „transfer of manufacturing capabilities“ ▪ Technologietransfer	**ungewollten Wissensaustausch zwischen Wettbewerbern** ▪ Wissensaustausch erfolgt über Analyse des Endprodukts - revised engineering
Signifikante Einflussfaktoren:	▪ **Codifiability** ▪ **Teachability** ▪ **Parallel Development**	▪ **Key Employee Turnover** ▪ **Proprietary Equipment** ▪ **Continuous Development**
Nicht-signifikante Einflussfaktoren	▪ Complexity ▪ System Dependence	▪ Codifiability ▪ Teachability ▪ Parallel Development ▪ Complexity ▪ System Dependence ▪ Product Observability

Transfer- und Absorptionspotenzialmodell nach Richter

Dieses Modell wurde aufgrund einer Studie, die sich mit dem Lernverhalten deutscher Maschinenbauer in Japan befasste, entwickelt. Im Mittelpunkt steht vor allem der Transfer von kulturellem Wissen, d. h. inwieweit japanische Managementphilosophien, Organisations- und Unternehmenskultur, z. B. in Form von betrieblichem Entscheidungsverhalten und Kundenorientierung, in die deutsche Zentrale integriert werden konnten. Die Studie ergab, dass maßgeblich für das Lernverhalten und somit für erfolgreichen Transfer die Personalbeziehungen zwischen Zentrale und Auslandsniederlassung waren (Richter 1995). Durch eine alleinige Analyse der Personalbeziehungen kann jedoch noch keine Schlussfolgerung auf den Lernprozess in seiner Gesamtheit gezogen werden, da noch weitere Einflussfaktoren (siehe Bild 2.23) von prägender Gestalt sind und sich diese wiederum gegenseitig beeinflussen (Krogh/Köhne 1998).

Wissensaustausch zwischen der Auslandsniederlassung und der Zentrale wird von Richter als zwischenbetriebliches oder organisationales Lernen definiert. Organisatorisches Lernen wird von Argyris und Schön in zwei grundlegende Formen (Richter 1995, Lehner 2000, Pawlowsky 1998), single loop und double loop learning, unterteilt. Beim single loop learning (adaptives Lernen) wird ein Soll-Ist-Vergleich angestellt und bei Abweichungen werden dementsprechend die Handlungen des Einzelnen angepasst bzw. geändert (regulative Reflexe) (Pawlowsky 1998). Bezogen auf eine Organisation stellt single loop learning somit die Reaktionsprozesse auf veränderte Umweltbedingungen dar, die zur Angleichung von Soll-Ist-Ergebnissen benötigt werden.

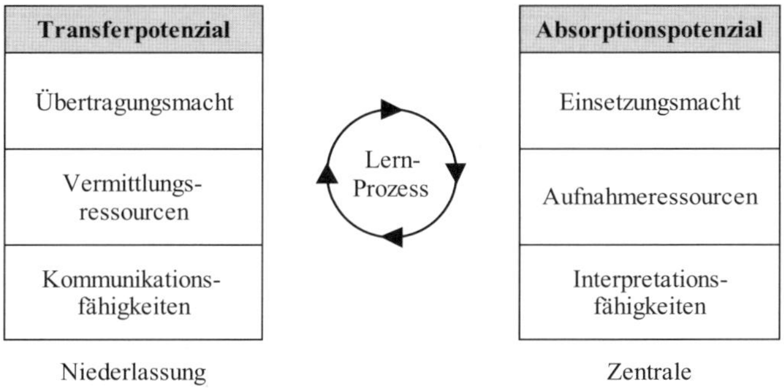

Bild 2.23 Transfer- und Absorptionspotenzialmodell (Richter 1995)

Diese Reaktionsprozesse (geänderte Verhaltensweisen) können durch Aufnahme von operativem und kulturellem Wissen herbeigeführt werden und schaffen ein Potenzial der Anpassung. Führt dieses Potenzial nicht nur zu veränderten Handlungen, sondern zur Modifikation von Zielvorgaben (zentraler Grundannahmen), auf denen der Prozess basiert, spricht man von double loop (umweltorientiertem) learning. Dieses Lernen kann nur stattfinden, wenn single loop learning vorangegangen ist.

Wird double loop learning als gezielte Strategie von Unternehmen gewählt, um über größere kulturelle und geografische Distanzen hinweg Wissen zu erwerben, dann stehen sich die Lernmechanismen des Mutterunternehmens - Wissen aufzunehmen - (Absorptionspotenzial) und die Lernmechanismen der Niederlassung - Wissen zu vermitteln - (Transferpotenzial) gegenüber (Richter 1995).

Das Transferpotenzial wird durch die Übertragungsmacht, die Vermittlungsressourcen und die Kommunikationsfähigkeiten determiniert und umfasst die Lerninhalte aus vorangegangenen Single-Loop-Lernprozessen der Niederlassung, die an die Zentrale weitergegeben werden können. Die Übertragungsmacht stellt die Durchsetzungsfähigkeit der Mitarbeiter der Japanniederlassung dar. Die Durchsetzungsfähigkeit hängt stark von der gewährten Position der Niederlassungsmitarbeiter in der Zentrale ab. Je mehr Einfluss und Gehör ihnen gegeben wird, umso höher sind die Chancen, dass Lerninhalte transferiert werden. Um Akzeptanzprobleme zu reduzieren, erwies es sich als besonders wirkungsvoll, Vertragsangestellte der Zentrale in die Niederlassung zu versenden, die als „Wissenspromotor" bewusst die Vermittlung von Wissen forcieren sollen. Die Vermittlungsressourcen zeigen die organisatorischen, zeitlichen und finanziellen Kapazitäten auf, die für die Wissensübermittlung zur Verfügung stehen. Die Kommunikationsfähigkeiten beschreiben, inwieweit die gewonnenen Lerninhalte der Mitarbeiter verbalisiert und somit transferiert werden können.

Das Absorptionspotenzial der Zentrale illustriert, inwieweit das transferierte Wissen der Niederlassung aufgenommen und verarbeitet werden kann, und ist abhängig von der Einsetzungsmacht, den Aufnahmeressourcen sowie den Interpretationsfähigkeiten. Hinter der Einsetzungsmacht steht die Lernbereitschaft der deutschen Mitarbeiter in der Zentrale.

Die Aufnahmeressourcen stellen das Gegenstück zu den Vermittlungsressourcen dar und beinhalten die von der Zentrale zur Verfügung gestellten Kapazitäten für das Lernen. Unter Interpretationsfähigkeiten versteht man die Kenntnis der japanischen bzw. englischen Sprache der Mitarbeiter in der Zentrale, um übertragenes Wissen zu verstehen (Richter 1995).

Die Studie kam zu dem Ergebnis, dass sich Lernerfolge nur dann einstellen, wenn ein hohes Transfer- und Absorptionspotenzial vorhanden ist. Einseitig hohe Ausprägungen der Lernpotenziale bleiben ohne Auswirkungen und die Lernbemühungen verpuffen (Richter 1995). Vielmehr besteht trotz beidseitig hohen Transfer- und Absorptionspotenzials die Gefahr, dass kein kulturelles Wissen in Prozessen des double loop erworben wird, wenn Erfolge des single loop learning fehlen.

Die Studie zeigte für die Dimensionen Übertragungs- und Einsetzungsmacht ein vielschichtiges Bild, wobei die mangelnde Bereitschaft der Mutterunternehmen, von japanischen Niederlassungen kulturelles Wissen zu erlernen, augenfällig war. Ein ähnlich differenziertes Bild zeichnet sich bei den Vermittlungs- und Aufnahmeressourcen ab. Vereinzelt wurden Schritte unternommen, um die Vermittlungsressourcen zu fördern, aber von einem Großteil wurden keine Managementressourcen für den Wissensaustausch bereitgestellt, und neben dem Tagesgeschäft kann kaum Zeit für den Transfer kulturellen Wissens erübrigt werden (zumal es ohnehin von der Zentrale eher boykottiert als gefördert wird). Die bereitgestellten Aufnahmeressourcen der Muttergesellschaft differierten von zeitlich intensiv bis zu nicht existent. Für die Dimensionen Kommunikations- und Interpretationsfähigkeiten konnten durchwegs hohe Werte erzielt werden, die alleine jedoch noch nicht für einen erfolgreichen Wissensaustausch ausreichend sind (Richter 1995).

2.4 Organisatorische Wissensbasis, organisatorisches Gedächtnis und Wissensnetze

Nach der allgemeinen Einführung zum Wissensmanagement, der Darstellung der Ansätze und Leitbegriffe sowie der Gestaltungsfelder des Wissensmanagements wurden im vorausgehenden Kapitel schließlich Modelle und Konzepte des Wissensmanagements behandelt, die eine systematische Wahrnehmung der Aufgaben unterstützen sollen. Den Abschluss bildet nun die organisatorische Wissensbasis in ihrer statischen und dynamischen Form. Dabei geht es um den Rahmen für die Aufbewahrung und Weitergabe des Wissens in einer Organisation und den Versuch einer ganzheitlichen Erfassung. Man spricht in diesem Zusammenhang auch vom organisatorischen Gedächtnis und von Wissensnetzen. Ihre Gestaltung und Entwicklung sind Kernaufgaben des Wissensmanagements. So wie für die Speicherung von Daten und Informationen Speichertechnologien (z. B. Datenbanken) Verwendung finden, bildet das organisatorische Gedächtnis das „Speichermedium" für das Wissen einer Organisation. In der Fachliteratur wird häufig auch von der organisatorischen Wissensbasis gesprochen. Diese bildet die Gesamtheit des verfügbaren Wissens bzw. aller Wissenselemente und Wissensbestandteile eines Unternehmens, wobei aber die spezifischen „Gedächtniseigenschaften" etwas in den Hintergrund treten. Da die Konzepte für das organisatorische Gedächtnis von Referenzdisziplinen des Wissensmanagements stammen, wird in Kapitel 3 zusätzlich darauf eingegangen. Die Wissensnetze wiederum konzentrieren sich auf dynamische Aspekte der Wissensversorgung, da sie dafür sorgen, dass Wissen auch ad hoc zugänglich gemacht oder generiert werden kann. Sie verweisen auch auf eine besondere Eigenschaft von Wissen, das nicht in jedem Fall physisch oder als Einheit gespeichert, sondern in einem Netz rekonstruiert wird.

2.4.1 Konzepte des organisatorischen Gedächtnisses

Von der organisatorischen Wissensbasis zum organisatorischen Gedächtnis

Die Auseinandersetzung mit dem organisatorischen Gedächtnis war zunächst kein technisches Thema, sondern entstand in der Tradition von Organisationsentwicklung und organisatorischem Lernen. Die wissenschaftlichen Arbeiten im Umfeld des organisatorischen Gedächtnisses waren anfangs von eher abstrakten und theoretischen Überlegungen gekennzeichnet. Die allgemeine und praktische Umsetzung der neuen Erkenntnisse für betriebliche Zwecke ließ daher auf sich warten. Im deutschsprachigen und anglo-amerikanischen Raum begann man sich für das Thema etwa zur gleichen Zeit zu interessieren, wobei Kirsch und Pautzke die wichtigsten Proponenten waren. In unveröffentlichten Arbeitspapieren hat Kirsch den Begriff „organisatorische Wissensbasis" angeblich bereits 1974 und damit vor seinen amerikanischen Kollegen verwendet (vgl. Güldenberg/Eschenbach 1996).

Die organisatorische Wissensbasis repräsentiert den Wissensbestand, der einer Organisation zur Verfügung steht. Organisationen benötigen für ihre Handlungen und Entscheidungen nicht nur wissenschaftlich/technisches Wissen, ihre Wissensbasis umfasst vielmehr ein breites Spektrum von Wissen höchst unterschiedlicher Art (vgl. Abschnitt 2.2). Die organisatorische Wissensbasis stellt kein homogenes Gebilde dar, sondern weist eine Vielzahl von Schichtungen auf (Pautzke 1989). Kirsch und Pautzke schlagen in diesem Zusammenhang folgende allgemeine Definition vor:

> „Die **organisatorische Wissensbasis** ist die Ansammlung des für die Mitarbeiter einer Organisation prinzipiell zugänglichen (horizontales Schichtenmodell) bzw. verfügbaren (vertikales Schichtenmodell) Wissens."

Auf die Schwierigkeiten bei der begrifflichen Präzisierung und auf die Verständnisprobleme weisen auch Schreyögg/Noss (Schreyögg/Noss 1995, S. 177 f.) hin: „Der Begriff der Wissensbasis könnte den Eindruck erwecken, als handle es sich hier um eine isolierbare Bestandsgröße, die man sich gewissermaßen wie eine Daten- und Methodenbank vorstellen und pflegen kann. Dies ist irreführend, die Wissensbasis ist konstitutiv für das System. Ohne Wissen sind weder Kommunikation noch Handlungen vorstellbar; ein Rekurs auf die Wissensbasis ist jeder Systemaktivität inhärent. Insofern muss die Wissensbasis in den direkten Zusammenhang der Systembildung und -entwicklung gestellt werden; sie ist keine Einrichtung, die man Systemen beliebig hinzufügen oder aus ihnen herauslösen kann. In die Wissensbasis fließen all die Erfahrungen, Grundsätze usw. ein, die in einem System im

Zuge der Auseinandersetzung mit seiner Umwelt gelernt werden. Die Bedeutung der Wissensbasis tritt klarer hervor, wenn man bedenkt, dass sich Systeme von der Umwelt durch Bildung einer Differenz (Komplexitätsgefälle) abgrenzen und ihren Bestand durch Aufrechterhaltung dieser Differenz sichern. Diese Leit-Differenz ist deshalb auch der Bezugsrahmen, innerhalb dessen die Wissensbasis (selbst-referentiell) gebildet und weiterentwickelt wird."

Die organisatorische Wissensbasis muss nach dieser Vorstellung variabel gedacht werden. Da der Bestandserhalt eine permanente Aufgabe für eine Organisation darstellt, kann auch das relevante Wissen nicht durch eine einmalige Grenzziehung umrissen werden. Die Umwelt bleibt für eine Organisation vielmehr nur in Ausschnitten durchdringbar und die Wissensbasis somit immer vorläufig oder ergänzungsbedürftig.

Von einem instrumentell geprägten Verständnis gehen Walsh/Ungson aus. Sie definieren Organisational Memory als

> „stored information from an organization history that can be brought to bear on present decisions" (Walsh/Ungson 1991, S. 61).

Im Zuge der fortschreitenden Auseinandersetzungen mit dem organisatorischen Lernen, den Kernkompetenzen, Transaktionskosten, Dezentralisierung und Zunahme von Autonomie blieb es allerdings nicht dabei. Schatz (Schatz 1991) generalisiert diese Beobachtungen und fasst sie unter der folgenden knappen Definition zusammen:

> „**Organisational memory** provides information that enables an organization to function effectively."

Mit dieser Definition wird auch die Verbindung zur organisatorischen Effizienz hergestellt. Stein (Stein 1995, S. 21 f.) weist in diesem Zusammenhang darauf hin, dass dieser Beitrag sowohl positiv als auch negativ sein kann. Die Folge einer unzureichenden Ausgestaltung kann also durchaus Inflexibilität sein. Dies führt zum nachfolgend dargestellten, erweiterten und revidierten Definitionsvorschlag. In dieser Definition sind Aktivitäten wie Entscheidungsfindung, Organisation, Führung, Controlling, Kommunikation, Planung, Motivation usw. eingeschlossen (Stein 1995, S. 22):

> „**Organisational Memory** is the means by which knowledge from the past is brought to bear on present activities, thus resulting in higher or lower levels of organisational effectiveness."

Technisches Verständnis des organisatorischen Gedächtnisses

Watson (Watson 1996) versteht „Organisational Memory" vor allem technisch, und zwar im Sinne eines umfassenden und unternehmensweiten Daten(bank)konzepts, das zunehmend auch mit Multimedia- und Netztechnologien unterstützt wird (z. B. in Form von Imaging-, Archiv- und Dokumentenmanagement-Systemen).

Für Watson sind somit die Aufgaben eines Organisational Memory und des Datenmanagements weitgehend äquivalent. Die beiden folgenden Fragen stehen bei seinen Überlegungen im Vordergrund: Wo und wie werden die Daten abgespeichert? Wie kann auf die Daten zugegriffen werden (vgl. Watson 1996, S. 5)? Die wichtigsten Komponenten seines Modells zeigt Bild 2.24.

Watson geht von der Überlegung aus, dass Organisationen auf irgendeine Art und Weise gespeicherte Informationen benötigen, um damit Entscheidungen vorzubereiten oder zu treffen und um das laufende Tagesgeschäft zu bewältigen. Die gespeicherten Informationen (eigentlich Daten) stellen das organisatorische Gedächtnis dar und sollten folgende Bedingungen erfüllen (vgl. Watson 1996, S. 13):

- Mehrere Organisationsmitglieder sollten zur gleichen Zeit auf den gleichen Datenbestand zugreifen können.
- Die Daten müssen leicht zu den Entscheidungsträgern der Firma gebracht werden können.
- Die Sicherheit der Daten muss gewahrt sein, d.h., sie müssen vor Zerstörung und unberechtigtem Zugriff geschützt werden.
- Zuverlässigkeit und Richtigkeit der Daten.
- Aktualität von Informationen.
- Es sollten nur Daten gespeichert werden, die für den Entscheidungsprozess relevant sind.

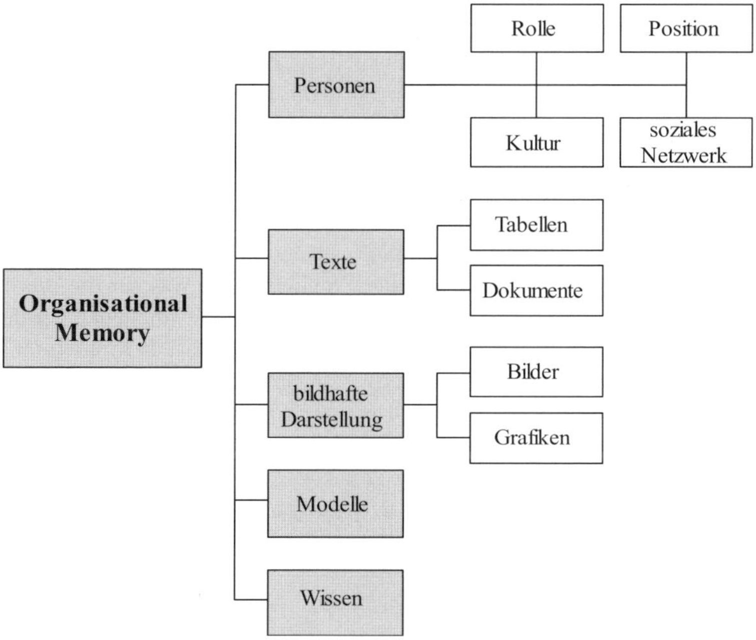

Bild 2.24 Komponenten des Organisational Memory (nach Watson 1996, S. 16)

Der Inhalt des organisatorischen Gedächtnisses kann durch externe Informationen zunehmen (vgl. Watson 1996, S. 25). Hinsichtlich der Abgrenzung der Begriffe Daten, Information und Wissen schlägt Watson vor, als Daten die noch nicht analysierten Fakten zu bezeichnen. Aus diesen Daten entstehen in Verbindung mit ihrer Verarbeitung und gegebenenfalls durch entsprechende Bearbeitung Informationen. Und Wissen wird erklärt als die Fähigkeit, Informationen zu erheben und gezielt zu nutzen. Bild 2.25 zeigt diese Begriffen im Verwendungszusammenhang. Am Rande sei angemerkt, dass diese Sichtweise keineswegs die herrschende Meinung darstellt und damit die Vielfalt der Interpretationen und Erklärungsversuche um einen weiteren bereichert wird (vgl. dazu insbesondere Lehner et al. 1995 sowie Abschnitt 3.1.2).

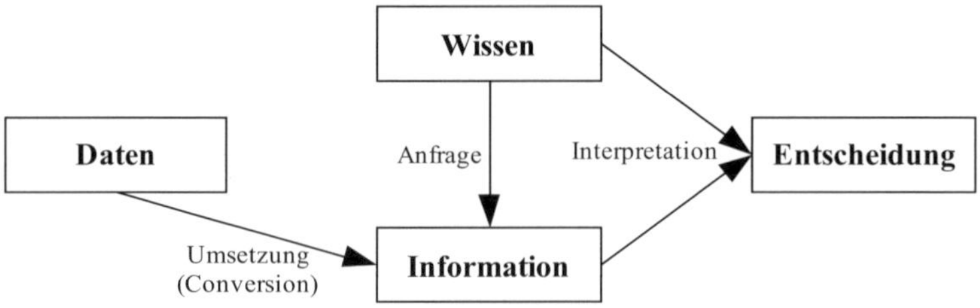

Bild 2.25 Daten, Information und Wissen im Verwendungszusammenhang (Watson 1996, S. 29)

Aus den bisherigen Ausführungen wird klar, dass es zu kurz gegriffen ist, wenn man das Gedächtnis (d.h. hier im Speziellen das organisatorische Gedächtnis) primär unter materiellen Gesichtspunkten (z.B. als Datenbank und Datenbankinhalte) betrachtet. Es mag natürlich hilfreich sein, unter gewissen Umständen ausschließlich die Struktur oder bestimmte Inhalte zu betrachten. Für die anspruchsvollen Ziele, die heute mit dem Wissensmanagement und mit lernenden Organisationen verfolgt werden, ist dies jedoch eher hinderlich.

Ein weiterer wichtiger Aspekt des organisatorischen Gedächtnisses ist der **Zeitbezug**. Dieser ist methodisch nur schwer erfassbar und wird daher häufig gegenüber räumlichen und inhaltlichen Aspekten vernachlässigt. Dies betrifft zunächst die Unterscheidung in ein Kurzzeitgedächtnis und Langzeitgedächtnis, das im organisatorischen Kontext eine spezielle Bedeutung hat. Es kann aber wie beim Menschen als jenes System verstanden werden, das für die Aufnahme von Informationen in das organisatorische Gedächtnis verantwortlich ist. Die Unterschiede beginnen bereits bei der Einschätzung von kurz oder lang, die sich von Unternehmen zu Unternehmen deutlich unterscheiden kann. Was für die Bewertung von Aktien ein langer Zeitraum ist, ist für die Entwicklung neuer Technologien vergleichsweise kurz. Ein zweiter Aspekt in diesem Zusammenhang ist die Dauer bzw. die Intensität eines „Eindrucks", die beim individuellen Gedächtnis ein wichtiger Parameter für eine nachhaltige Speicherung, d.h. die Übernahme ins Langzeitgedächtnis ist (vgl. Stein 1995, S. 24). Hier stößt man natürlich auch an die Grenzen der Analogie, weil die Vorstellung von einem organisatorischen Kurzzeitgedächtnis noch keineswegs empirisch bestätigt ist (zur Referenz auf das menschliche Gedächtnis siehe z.B. Eulgem 1998, S. 128 – 143), sodass durchaus auch andere Mechanismen für die nicht nachhaltige Speicherung von Informationen verantwortlich sein können.

Organisation als Netzwerk

In dem vielschichtigen Netz von Begriffen, Informationen und Informationsflüssen, die eine Organisation ausmachen, spielt der Mensch eine zentrale Rolle. Der Vergleich mit den Funktionen von Neuronen, Synapsen, Dendriten und Neurotransmittern im menschlichen Gehirn ist hier im Kontext des organisatorischen Gedächtnisses durchaus berechtigt. Es gibt auch keine zentrale Kontrolle, die den Zustand des gesamten Systems überwacht. Damit gewinnt der Mensch als Teil solcher „Systeme" eine neue und ganz entscheidende Bedeutung.

Eine grundlegende Idee des **Konnektionismus** (siehe z.B. Davis 1992, Quinlan 1991) ist, dass das Wissen in großen Netzwerken in den Verknüpfungsmustern und nicht in lokalisierbaren Symboldarstellungen zu finden ist. Die Knoten, welche diese Verknüpfungen herstellen bzw. die in den Knoten enthaltene Verarbeitungslogik kann dabei sehr einfach sein, da die „Speicherung“ durch Muster von aktivierten und blockierten Verknüpfungen erfolgt. Diese Eigenschaft kann für das theoretische Verständnis von Organisationen genutzt werden. Da eine **Organisation als Netzwerk** verstanden und beschrieben werden kann, verfügt sie natürlich auch über die grundsätzlichen Lerneigenschaften von Netzen. Insbesondere die Theorie der neuronalen Netze könnte hier als Ansatzpunkt dienen (vgl. dazu Biethahn et al. 1998, Oberhofer/Zimmerer 1996, Rojas 1993, Braun 1997, Corsten/May 1996, Ritter et al. 1994, Wilbert 1996). Etwas populär wird diese Idee bei Wargitsch (Wargitsch 1998, S. 20) wie folgt ausgedrückt:

> „Die Erinnerung des Neuronalen Netzes ist auf die einzelnen Neuronen verteilt. Erst deren Zusammenspiel, die Topologie und die Dynamik machen die kognitive Leistung eines Neuronalen Netzes aus. Beim organisatorischen Gedächtnis ist es ähnlich: Fehlt ein Teil der Mannschaft, spielt sie schlechter ...“

Organisationen weisen allerdings gewöhnlich nicht die erforderliche Homogenität auf, um vollständig durch ein künstliches Netz abgebildet oder simuliert zu werden. Auch im Zusammenhang mit dem menschlichen Gedächtnis finden sich immer wieder Hinweise auf die begrenzte Anwendbarkeit von Netztheorien (vgl. z.B. Baddeley 1997). Sandelands/Stabelein (Sandelands/Stablein 1987, S. 139 – 141) fanden trotzdem Parallelen zwischen der Organisation der Neuronen im menschlichen Gehirn und der Organisation von Aktivitäten in Unternehmen. Dies ist konsistent mit der Vorstellung, dass Organisationen Gehirne sind (vgl. Kapitel 3). Das eigentliche Ergebnis dieser Untersuchungen ist jedoch, dass es auf die Verknüpfung von Verhaltensmustern ankommt, und nicht auf die Vernetzung von Personen. Der „Ort“, wo das organisatorische Gedächtnis oder die organisatorische Intelligenz zu finden sind, besteht eher aus diesen Mustern als aus dem individuellen Wissen. Die Bedeutung der redundanten Repräsentation von Wissen belegen die Studien von Hutchins (Hutchins 1990 und Hutchins 1991). Hutchins benutzte ein konnektionistisches Netzwerk, um herauszufinden, wie Interpretationen bei verteilten Wahrnehmungen entstehen. Diese Simulationen waren Teil einer größeren Untersuchung der Handlungskoordination in Teams. Trotz dieser relativ gesicherten Teilerkenntnisse ist der Autor mit Weick/Roberts (Weick/Roberts 1993, S. 359) der Meinung, dass vorläufig „connectionism by itself, however, is a shaky basis on which to erect a theory of organisational mind“.

Organisatorisches Gedächtnis als „Patterns of Connections“

Viele Autoren vertreten die Meinung, dass das Wissen einer Organisation (ähnlich wie beim menschlichen Gedächtnis) hierarchisch geordnet ist. Dies ist ein gewisser Widerspruch, denn aus systemtheoretischer Sicht kann das Wissen einer Organisation nicht an einem bestimmten „Ort“ lokalisiert werden. Das Gedächtnis und das Wissen sind praktisch überall verteilt, oder, wie Glanville feststellt (zit. nach Wahren 1996, S. 179): „Das System ist sein Gedächtnis und der Adressat seines Gedächtnisses zugleich.“ Das Gedächtnis entsteht also durch die interpersonalen Verbindungen, welche ein soziales System ausmachen. Das Wissen wird dann durch Kommunikationsprozesse aktiviert. Weick/Roberts (Weick/Roberts 1993, S. 359 f.) kommen auf der Grundlage von Untersuchungsergebnissen aus den Kognitionswissenschaften zum gleichen Schluss: „that knowledge resides ... in patterns of connections, not in individuated local symbols“ bzw. „that connections between behaviors, rather than people may be the crucial ‚locus‘ for mind and that intelligence is to be found in patterns of behavior rather than in individual knowledge“. Wenn Lernprozesse angestoßen oder deren Intensität gesteigert werden sollen, dann bedeutet das primär ein sinnvolles

Zusammenwirken der beteiligten Personen: „Collective mind exists ... in an ongoing activity stream and emerges in the style with which activities are interrelated" (Weick/Roberts 1993, S. 365). Geht man also von dieser Auffassung aus, dann liegt der Schlüssel zur Beeinflussung und Gestaltung des organisatorischen Gedächtnisses in der Gestaltung der „patterns of connection" und des „ongoing activity stream". Aus Sicht der Systemtheorie liegt das Problem in der Gestaltung der Kommunikation bzw. der kommunikativen Prozesse (vgl. Wahren 1996, S. 179; Heijst et al. 1998, S. 21 – 23, sprechen in einem ähnlichen Zusammenhang von „Lernen durch Kommunikation").

2.4.2 Vergleich mit dem individuellen Gedächtnis

Die Wiederholung von Mikrostrukturen in Makrostrukturen (auch als Selbstähnlichkeit bezeichnet) ist ein Phänomen, das immer wieder für Erstaunen, Rätsel und Anregungen sorgt. Die Vorstellung von einem kollektiven Gedächtnis ist demnach mehr als nur eine Metapher oder eine Analogie (obwohl damit das Verständnis natürlich unterstützt werden kann). Das organisatorische Gedächtnis ist ein sehr mächtiges Konzept, das es erlaubt, Systeme zu analysieren oder zu entwickeln, die man sonst nur sehr schwer verstehen, entwickeln oder beherrschen könnte. Man bezeichnet solche Systeme auch als Organisational-Memory-Systeme oder kurz OMS. Mintzberg erklärt Organisationen unter anderem als „System of Flows" (vgl. Mintzberg 1979, Lehner et al. 1991). Genau in diesen Flüssen zwischen verschiedenen Organisationseinheiten kann das Äquivalent zu den chemischen und elektrischen Prozessen des Gehirns gesehen werden, welche zur menschlichen Gedächtnisleistung beitragen (zu Gedächtniskonzeptionen siehe Buchner/Brandt 2017). Die Kenntnis der Unterschiede (aber auch der Ähnlichkeiten) zwischen dem individuellen und dem organisatorischen Gedächtnis ist für die Gestaltung und Entwicklung von Organisational-Memory-Systemen von ganz grundlegender Bedeutung. Daher sollen im Folgenden noch einige Ergänzungen zu den Anmerkungen vorgenommen werden, die bereits bei der Beschreibung des menschlichen Gedächtnisses gemacht wurden.

Ein wesentlicher Unterschied zwischen dem menschlichen und dem organisatorischen Gedächtnis ist der Einfluss auf die Ausgestaltung und Realisierung des Gedächtnisses (vgl. Tabelle 2.11). Der Mensch ist in der Lage, bestimmte Gedächtnisprozesse selbst zu trainieren und zu verbessern (z. B. Merkfähigkeit, Erinnerungsvermögen), er kann jedoch auf die Art der internen Speicherung keinen Einfluss nehmen. Dies ist beim organisatorischen Gedächtnis anders, da das organisatorische Gedächtnis nicht als homogenes, physisches Gebilde verstanden wird. Es besteht daher ein gewisser Spielraum für seine konkrete Ausgestaltung. Zwischen dem individuellen und dem organisatorischen Gedächtnis gibt es ferner Überschneidungsbereiche sowie direkte Verbindungen, da Menschen zur Erweiterung des biologischen Gedächtnisses z. B. auch externe Speicher, Archive, Ablagen usw. benutzen, die wiederum Teil eines organisatorischen Gedächtnisses sein können. Weitere Unterschiede zeigt die nachfolgende Gegenüberstellung von Eigenschaften des individuellen Gedächtnisses, das mit einem Organismus verknüpft ist, und einem Speichermedium, das der technischen Welt des Computers und der Informationsverarbeitung zugeordnet ist.

Schließlich ist noch auf ein Phänomen hinzuweisen, welches man an der Sprache und am individuellen Verhalten beobachten kann. Die Sprache jedes einzelnen Menschen setzt sich nämlich aus einem passiven und aus einem aktiven Wortschatz zusammen. Der passive

Wortschatz ist die Gesamtmenge aller Wörter, die jemand kennt und die uns helfen, einen Text oder ein Gespräch zu verstehen, und zwar auch dann, wenn wir diese Wörter selbst nie benutzen. Wir wissen also wesentlich mehr, als wir ausdrücken können. Die Existenz und die Bedeutung des verborgenen Wissens (tacit knowledge) wurden erstmals von Polanyi (Polanyi 1966) erkannt und dargestellt (vgl. dazu auch Rüdiger/Vanini 1998 und Oguz/Sengün 2011). Der aktive Wortschatz besteht aus einer kleinen Menge an Wörtern und Satzkonstruktionen, die wir häufig benutzen und aus denen sich unsere Denkschemata zusammensetzen. Diese Wörter und Sätze werden unbewusst immer wieder verwendet oder wiederholt. Wir bewegen uns auf diese Weise in lange eingeübten und gelernten Denkkategorien. Erweiterungen oder Änderungen dieser Strukturen sind mit Lernprozessen verbunden, die sehr mühsam und zeitaufwendig sein können. Das Gedächtnis spielt dabei eine zentrale Rolle.

Tabelle 2.11 Gegenüberstellung von menschlichem und maschinellem Gedächtnis

Metapher	Bezeichnung	Funktionen und Beispiel
Maschine	Speicher (storage)	▪ Das Löschen von Gedächtnisinhalten bedarf eines externen Auslösers oder Akteurs. ▪ Daten werden aus dem Speicher hervorgeholt, dupliziert, reproduziert oder abgerufen. ▪ Struktur und Form der Speicherung werden von außen festgelegt, das Systemverhalten ist determiniert. ▪ Die Erweiterung der Wissensbasis erfolgt primär quantitativ, d. h. als Vergrößerung der Datenmenge. ▪ Das System kann abgeschaltet werden.
Organismus	Gedächtnis (memory)	▪ Das Löschen erfolgt als „Vergessen" und ist ein autonom ablaufender Prozess. ▪ Das Wissen wird bei Bedarf (d. h. im Fall seiner Verwendung) – unterstützt durch Assoziationen, die wiederum von Reizen ausgelöst werden – rekonstruiert. ▪ Die Erweiterung der Wissensbasis erfolgt nicht nur durch Akkumulation, sondern auch durch Reorganisation und Strukturänderungen in der Wissensbasis. ▪ Das System ist permanent aktiv und kann nicht abgeschaltet werden.

Analog ist die Situation beim individuellen Verhalten. Auch hier verfügen wir über ein passives und ein aktives Verhaltensvokabular. Das aktive Verhaltensvokabular wird durch die Summe der Gewohnheiten, Regeln, Normen, Werte usw. bestimmt, die unser eigenes, typisches Verhalten und Handeln ausmachen. Auch hier spielt das Gedächtnis die zentrale Rolle bei der **Reproduktion des Verhaltens**. Man könnte das bisher Gesagte auch so ausdrücken:

> **!** Der Mensch hat nicht nur ein Gedächtnis, sondern er ist auch ein Gedächtnis!

Diese Vorstellung lässt sich mit geringen Modifikationen auf Organisationen übertragen. Bestimmte Ereignisse oder Beobachtungen prägen sich einmalig und so nachhaltig ein, dass sie später nur schwer gelöscht oder überschrieben werden können. Auch von der Vorstellung, dass nur Daten und Fakten gespeichert werden, sollte Abschied genommen werden. Das Gedächtnis dient auch im organisatorischen Kontext in hohem Maße dazu, Verhaltensmuster, Reaktionsbereitschaft, Lösungsstrategien, Werte und Normen u. a. m. bereitzuhalten und auf Abruf zu aktivieren. Auf diese Verhaltensebene zielen z. B. die Ansätze des organisatorischen Lernens und der Organisationsentwicklung ab, die damit auch einen umfassenden Gedächtnisbegriff voraussetzen. Im organisatorischen Gedächtnis ist demnach die gesamte Verhaltensdisposition einer Organisation festgelegt. Bedingt durch die modernen Informations- und Kommunikationstechnologien ergeben sich hier vielfältige Unterstützungsmöglichkeiten, aber auch neue Phänomene und neue soziale Interaktionsformen.

Nicht vergessen werden sollte schließlich noch, dass nicht alle Gedächtnisprozesse wirklich verstanden sind und dass die Analogie zwischen menschlichem und organisatorischem Gedächtnis Grenzen hat oder zu Missverständnissen führen kann. Eine allzu vordergründige Fixierung auf das menschliche Gedächtnis, und hier wieder auf bestimmte, vertraute Teilfunktionen, birgt die Gefahr in sich, dass das Augenmerk an ähnlichen Funktionen bei der Systemgestaltung hängen bleibt. Der angestrebte verhaltensbezogene Einfluss kann dann aber höchstens durch Zufall erzielt werden. Nach dem bisherigen Wissensstand ergeben sich verschiedene Fragen, die auf die technische Unterstützung oder Umsetzbarkeit abzielen:

- Kann die Verhaltensdisposition von Organisationen durch Informationstechnologien nachhaltig beeinflusst werden, und wie kann dies erfolgen?
- Welche Wissensarten können durch Organisational-Memory-Systeme unterstützt werden?
- Welche Rolle spielen Informationstechnologien generell bei der Speicherung und Reproduktion des Verhaltens in einer Organisation auf individueller und auf kollektiver Ebene?

Der Vergleich mit dem menschlichen Gedächtnis und der Erinnerungsfähigkeit legt nahe, keine Trennung zwischen Inhalt und Struktur vorzunehmen (vgl. auch Weick/Roberts 1993, S. 359, die auf der Basis des Konnektionismus zu einem ähnlichen Schluss gelangen). Gedächtnisfunktionen sind demnach weit verzweigt. Erinnern, Nachdenken oder Memorieren laufen oft unbewusst und reflexhaft ab. Mit jedem Gedächtnis sind komplexe, prozesshafte, zeitbezogene und sogar autonome Vorgänge untrennbar verbunden. Neben den **Kernfähigkeiten**, die sich in der **Speicher- und Merkfähigkeit** ausdrücken, zählen **weitere Fähigkeiten** wie **Erinnern, Nachdenken, Lernen**, aber auch Intelligenz, Kreativität, Vergessen usw. dazu. Die Ablage von Wissen in einem Gedächtnis ist keine passive, mechanische und einmalige Funktion (wie z. B. die Speicherung von Daten in Datenbanken), sondern im Gegenteil ein aktiver, repetitiver Prozess, der Erkennen und Verständnis voraussetzt. Genau diese Aspekte sind bei der technischen Unterstützung des organisatorischen Gedächtnisses durch Organisational-Memory-Systeme von besonderem Interesse. Erschwerend wirkt dabei allerdings die Tatsache, dass bestimmte Fähigkeiten strukturell begründet sind, wie sich an der Lernfähigkeit von neuronalen Netzen nachweisen lässt. Dieses Abgrenzungsdilemma zwischen Struktur und Funktionen beschreibt eine Eigenschaft, die man auch als **dualen Charakter eines Gedächtnisses** bezeichnen kann.

Zusammenfassend lässt sich festhalten, dass sich das Wissensmanagement mit jenen Aufbau- und Veränderungsprozessen des organisatorischen Gedächtnisses befasst, die lenkbar sind. Beim organisatorischen Lernen geht es hingegen um die Beschreibung dieser Prozesse. Das Wissensmanagement besitzt daher eine Interventionsabsicht bzw. bildet ein integriertes Interventionskonzept, das sich mit den Möglichkeiten zur Gestaltung und Nutzung der organisationalen Wissensbasis befasst (vgl. Probst et al. 1997, S. 44 – 45).

Wahren (Wahren 1996) hebt vier Aufgaben hervor, die für die organisatorische Wissensbasis von besonderer Bedeutung sind, nämlich das Testen von Wissen, die Transformation von implizitem in explizites Wissen, die Distribution von Wissen und das Löschen von Wissen (vgl. in diesem Zusammenhang auch die Ausführungen zur Verbindung des organisatorischen Lernens mit der organisatorischen Wissensbasis in Abschnitt 3.1.6). Auch wenn diese Aufzählung nicht als vollständig anzusehen ist, so kommt gerade diesen Prozessen eine zentrale Bedeutung zu (vgl. Wahren 1996, S. 171 – 176):

- **Wissen testen:** Lernprozesse sind erst dann abgeschlossen, wenn neues Wissen getestet und als tauglich befunden wurde. Allerdings ist immer wieder zu beobachten, dass Menschen und Organisationen das Feedback aus diesen Tests vermeiden, weil die Erfahrung des Scheiterns vermieden werden soll. Häufig ist daher nur ein sehr lückenhaftes Feedback vorhanden. Außerdem ist gerade bei komplexen Situationen oder Prozessen oft nur schwer feststellbar, inwieweit ein festgestelltes Ergebnis in direktem Zusammenhang mit einer konkreten Aktion steht. In einer risikobehafteten und dynamischen Umwelt ist man jedoch gezwungen, das aktuelle Wissen ständig in Frage zu stellen. Dies erfordert einerseits ein Lernklima, welches auch die Angst des Versagens reduziert, sowie eine systematische Kommunikation, angemessene Tests und Fehlererfassungsroutinen.
- **Transformation von implizitem in explizites Wissen:** Implizites Wissen ist meist nicht allgemein bekannt, unspezifisch, oft individuell ausgeprägt, nicht beschreibbar oder nicht beschrieben, und in einem spezifischen Kontext verwurzelt. Es findet sich z. B. in mentalen Modellen, kognitiven Bildern und Karten, routinierten Verhaltensweisen usw. (vgl. dazu auch Abschnitt 2.3.2, zur Problematik siehe z. B. Rüdiger/Vanini 1998). Explizites Wissen hingegen kann beschrieben werden als spezifisches, systematisiertes, reproduzierbares und methodisches Wissen. Eine zentrale Aufgabe des Wissensmanagements besteht nun in der Transformation des impliziten Wissens in explizites (zur Tendenz der Externalisierung siehe auch Abschnitt 2.3.3). Eine Anleitung geben die Grundmuster der Wissenserzeugung, die von Nonaka (Nonaka 1992, S. 97 f.) beschrieben wurden, die Bewegungen in der Wissensbasis nach Wahren (Wahren 1996, S. 181 f.) sowie der organisatorische Lernzirkel nach Müller-Stewens/Pautzke (Müller-Stewens/Pautzke 1996, S. 195). Es ist dazu ein ausreichender Raum für Kommunikation zu schaffen, der auch den Einsatz neuer Mittel erfordert. Begründet wird die Notwendigkeit mit Meinungen, wonach Organisationen nur ca. 20 % ihrer Wissensressourcen wirklich nutzen (z. B. Schüppel 1996, S. 13).
- **Wissensdistribution:** Auf die Wichtigkeit der Wissensverteilung in Organisationen wird von praktisch allen Autoren hingewiesen. Dabei ist inzwischen auch klar, dass es nicht darum geht, möglichst viel Wissen zu akkumulieren, sondern das Verhältnis zwischen individuellem Wissen, von allen geteiltem Wissen und potenziell zugänglichem Wissen ausgewogen zu gestalten (vgl. Dixon 1994, S. 42). Bei der Gestaltung der Informationslogistik sollte also ein ausgewogenes Verhältnis zwischen dem Wissenstransfer und Machtinteressen gesucht werden. Der Motor für Veränderungen wird in den Spannungen zwischen individuellem und von allen geteiltem Wissen gesehen.
- **Wissen löschen:** Geteiltes Wissen ist ein wesentlicher Baustein für die Identität einer Organisation. Aus diesem Grund fällt es auch besonders schwer, sich von solchem Wissen wieder zu trennen. Der Status quo wird oft krampfhaft aufrechterhalten, und manche

Regeln oder Verhaltensweisen sind geradezu „heilig“. Spätestens seit Hedberg (Hedberg 1981) weiß man jedoch von der Bedeutung des Verlernens für Organisationen, die dem Vergessen im menschlichen Gedächtnis entspricht. Organisationen geraten also viel seltener in Schwierigkeiten, weil sie etwas Wichtiges „vergessen“, sondern weil sie viel zu lange fortfahren, Dinge so zu tun, wie sie sie schon immer getan haben. Dass die Entrümpelung aber durchaus sinnvoll sein kann, veranschaulicht ein Kurzbericht über Sanierungsmaßnahmen bei Philips (übernommen aus Wahren 1996, S. 176).

Beispiel: „Verlernen“

Anders als seine Vorgänger, bei denen das Wort Krise auf dem Index stand, scheute sich Tiemann nicht, immer wieder die drastische Alternative aufzuzeigen: „Entweder wir lernen schwimmen, oder wir ertrinken.“ Die beschworene Gefahr hat das Bewusstsein der Philips-Leute verändert und dazu beigetragen, dass die Herrschaft der Tulpentreter, der Zentralbürokraten in Eindhoven, gestutzt werden konnte. Der einst überaus schwerfällige Konzern ist dadurch nicht nur flexibler geworden, sondern auch kundenfreundlicher und qualitätsbewusster. „(...) Als erstes“, erinnert sich Tiemann, „haben wir sämtliche Projekt-Handbücher weggeschmissen, alles in allem fast einen Meter Aktenordner.“ Anschließend verschwand der Chef mit einem Team von 17 Leuten für zehn Tage in einem Hotel in Belgien: „Als wir zurückkamen, stand das Projekt in unseren Köpfen.“ (Der Spiegel, 8/1995, S. 106)

Der Erwerb neuen Wissens und das Löschen bzw. Verlernen hängen in der Regel eng zusammen (vgl. auch Abschnitt 3.1 und Abschnitt 3.2). Der Prozess kann leicht durch Beharrungstendenzen und vertraute Gewohnheiten blockiert werden, wobei manchmal symbolische Handlungen wie die Vernichtung alter Akten notwendig sind, um den Prozess neu in Gang zu bringen.

2.4.3 Wissensnetze und Analyse sozialer Netzwerke

Netzwerke und Netzwerkstrukturen finden sich in praktisch allen Lebensbereichen. In der Soziologie versteht man unter dem Begriff des sozialen Netzwerks Interaktionsgeflechte wie etwa Familien- oder Freundschaftsverbünde. In der Betriebswirtschaftslehre stehen innerbetriebliche und überbetriebliche Gemeinschaften wie z. B. Expertennetzwerke im Mittelpunkt des Interesses. Eine grundlegende Definition eines Netzwerkes stammt von Mitchell (1969). Sie hat bis heute nichts an Aktualität eingebüßt. Netzwerke können demnach als „spezifische Mengen von Verbindungen zwischen sozialen Akteuren“ beschrieben werden. Sie stellen ein „unsichtbares“ und kaum fassbares Gebilde dar, dessen Eingrenzung immer von der Forschungsfrage oder dem Zweck des Netzwerkes selbst abhängt. Soziale Netzwerke bestehen aus den ihnen zugerechneten Personen und deren Beziehungen untereinander.

Die Betrachtung von Wissensnetzwerken ist für ein erfolgreiches Wissensmanagement deshalb so wichtig, weil diesen in praktisch allen Ansätzen eine herausragende Rolle zugewiesen wird (siehe dazu die Modelle in Abschnitt 2.3). Unterstrichen wird die Bedeutung durch das Ergebnis von Studien, in denen festgestellt wurde, dass soziale Nähe wesentlich wichtiger für den Austausch von Wissen ist als räumliche Nähe. Vor allem das Konzept der Communities of Practice (siehe Abschnitt 4.1.4.2) hat in den Diskussionen zum Wissensmanagement zu einem Durchbruch dieses Ansatzes geführt. Das Konzept des sozialen Netzwerkes ist dabei ein pragmatischer Ansatz, um die informellen, kommunikationsorientierten und sozialen Beziehungen sowohl zwischen Personen, aber auch zwischen sozialen Einheiten wie Gruppen, Teams, Abteilungen, Standorte, Unternehmen, Zulieferer, Forschungspartner etc. für Analysezwecke zu erfassen.

Formen von sozialen Netzwerken

Soziale Netzwerke lassen sich anhand ihrer Beziehungstypen und der Art sowie Anzahl der betrachteten Akteure charakterisieren. Mit Hilfe dieser Merkmale kann man verschiedene Typen bzw. Arten von Netzwerken unterscheiden: Gesamtnetzwerke, Ego-zentrierte oder persönliche Netzwerke, One-mode Netzwerke und Two-mode-Netzwerke.

Von einem **Gesamtnetzwerk** (Bild 2.26) spricht man, wenn das soziale Netzwerk mit all seinen Akteuren und deren Beziehungen aus einer globalen Sicht dargestellt wird. Praktisch heißt das, dass alle Individuen des relevanten Netzwerkes zu ihren Beziehungen befragt werden.

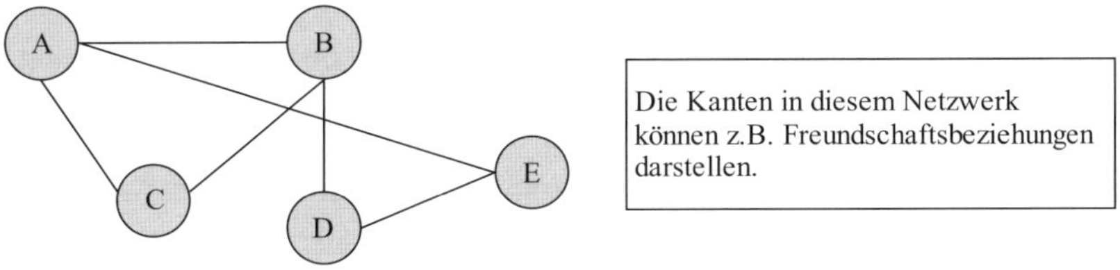

Bild 2.26 Grafische Darstellung eines sozialen Netzwerkes in Form eines Gesamtnetzwerkes

Bei **Ego-zentrierten oder persönlichen Netzwerken** (Bild 2.27) erfolgt die Darstellung aus der Perspektive einer spezifischen Person („Ego"). Diese Netze erfassen sowohl direkte Beziehungen zwischen dem betrachteten Ego und seinen sozialen Kontakten (genannt Alteri) als auch die Beziehungen zwischen den Alteri selbst. Zur Darstellung wird die jeweilige Person befragt, zu welchen anderen Personen (alteri) in einem abgegrenzten Netzwerk sie soziale Kontakte unterhält. Bezüglich der Alteri können abhängig vom Analysezweck weitere Daten wie etwa Alter, Bildungsniveau oder sozioökonomische Variablen erhoben werden.

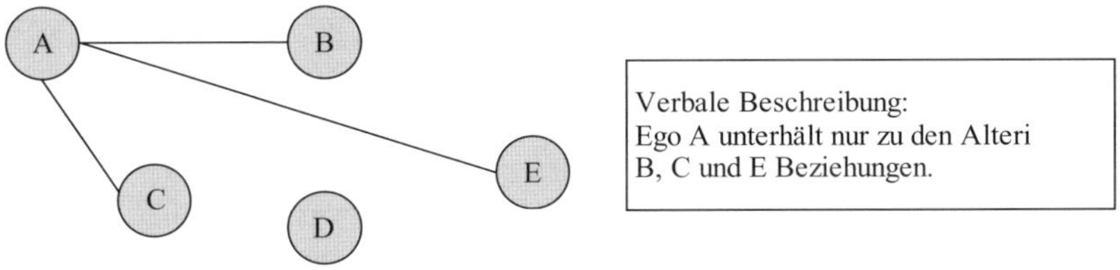

Bild 2.27 Grafische Darstellung eines Ego-zentrischen Netzwerkes mit dem Ego A und den Alteri B, C, D und E

Unter dem englischen Begriff „mode“ versteht man eine bestimmte Art von Akteuren, deren Beziehungsstrukturen näher analysiert werden sollen. Bei einem **One-mode-Netzwerk** wird demzufolge nur eine einzige Gruppe von Akteuren betrachtet. In der deutschsprachigen Literatur findet sich dafür auch der Begriff **partielles Netzwerk,** bei dem, genau wie beim One-mode-Netzwerk, nur ein bestimmter Beziehungstyp betrachtet wird. Das partielle Netzwerk ist die heute übliche Form der Netzwerkdarstellung. Sind die Akteure nicht Menschen oder Gruppen, sondern beispielsweise Organisationen oder Unternehmen, so können Variablen, die ansonsten einen Akteur näher beschreiben, auch das Geschäftsfeld, der Umsatz, Gewinn oder die Unternehmensgröße sein.

Bei **Two-mode-Netzwerken** werden entweder zwei Arten von Akteuren oder ein Akteur in Verbindung mit einem Ereignis analysiert. Bei diesem Netzwerk handelt es sich um ein komplexeres Gebilde als bei einem One-mode- bzw. partiellen Netzwerk. Pappi (1987) nennt dieses alle Beziehungen zwischen sozialen Einheiten (social entities) abbildende Netzwerk ein **totales Netzwerk.** Da bei totalen Netzwerken mehrere, mindestens aber zwei Inhalte untersucht werden, können totale Netzwerke als multiplex bezeichnet werden. Die Akteure in Two-mode- oder totalen Netzwerken sind dieselben, die auch in One-mode- oder partiellen Netzwerken zu finden sind. Dabei wird immer mindestens eine Beziehung zwischen den beiden Sets von Akteuren gemessen. Zur Veranschaulichung kann ein Beispiel von Wasserman/Faust (1994) herangezogen werden. Zwei Sets von Akteuren sind in diesem Fall ein Unternehmen und eine Non-Profit-Organisation (NPO), die von Spenden abhängig ist. Diese Beziehung ist eindeutig eine Two-mode-Relation. Wenn nur Spenden vom Unternehmen zur NPO fließen, ist die Beziehung unidirektional. Neben dem Fall mit zwei Akteuren gibt es auch den Fall mit einem Akteur (first mode) und einem Ereignis (second mode). Während die Akteure die gleichen sind (wie jene, die bereits oben erwähnt wurden), wäre ein Beispiel für die Verbindung zwischen Akteuren und Ereignissen folgender Sachverhalt: Als Set von Akteuren könnte eine Gruppe von Frauen agieren (first mode), als Set von Ereignissen eine Reihe sozialer Ereignisse (second mode).

Informations- vs. Wissensnetzwerke

Bereits Polyani (1967) bemerkte, dass der größte Wert in sozialen Netzen nicht im Austausch von Dokumenten, sondern im Austausch von Erfahrungen und individuellen Erkenntnissen einer Person besteht. Damit wird zum Ausdruck gebracht, dass Informations- von Wissensnetzwerken grundsätzlich zu unterscheiden sind. Der Hauptzweck von **Informationsnetzwerken** besteht in der Generierung, der Nutzung und dem Transfer von Daten und Informationen. Diese Informationen liegen in expliziter Form vor (z. B. als Dokumente) und können, zum Beispiel mittels elektronischer Systeme, personenunabhängig verteilt werden. Im Gegensatz hierzu haben Wissensnetzwerke als Hauptzweck die Generierung, Nutzung und Verteilung von Wissen. Dies bedeutet, dass die Information, die in ein **Wissensnetzwerk** einfließt, mit dem bereits vorhandenen Wissen eines Netzwerkmitglieds verbunden wird. Es findet also ein Prozess des interaktiven Lernens zwischen zwei Wissensträgern statt, bei dem Teile des impliziten Wissens des einen Wissensträgers expliziert und auf einen anderen Wissensträger übertragen werden. Im Wissensmanagement können damit außerdem die Lokalisierung von Expertise bzw. von Experten sowie die Verbesserung von Kommunikationsstrukturen unterstützt werden. Zusammenfassend kann festgestellt werden, dass Wissensnetzwerke auf einer höheren Stufe des Prozesses der Wissenserzeugung stehen als Informationsnetzwerke. Wissensnetzwerke lassen sich allerdings nicht ad hoc in Organisationen verwirklichen und erreichen auch nicht sofort ein leistungsfähiges Stadium, sondern durchlaufen wie andere Organisationsformen einen Entwicklungsprozess.

Referenzmodell für Wissensnetzwerke

Nach der idealtypischen Darstellung der Grundstruktur von sozialen Netzen bzw. Wissensnetzwerken soll im Folgenden ein Referenzmodell eines Wissensnetzwerkes dargestellt werden. Dass diese Netzwerke insbesondere im Wissensmanagement eine bedeutende Rolle spielen, ist bei ihrem Einsatz im Rahmen von Communities of Practice festzustellen (siehe dazu Abschnitt 4.1.4). Weitere Netzwerktypen, die für das Wissensmanagement relevant sind, finden sich als strategische Netzwerke, Cluster und virtuelle Unternehmen. Eine vertiefende Auseinandersetzung mit Fragen der Analyse von Wissensnetzwerken findet sich z. B. bei Enkel (2005) und Graggober et al. (2003).

Im dargestellten Referenzmodell (Bild 2.28) werden drei aufeinander aufbauende Ebenen unterschieden. Die oberste Ebene beschreibt die Umgebungsbedingungen (Facilitating Conditions). Diese Ebene beeinflusst beispielsweise durch eine vorgegebene Struktur oder Unternehmenskultur das Verhalten seiner Netzwerkmitglieder sowie den Ablauf der Prozesse im Netzwerk. Sie bildet die Rahmenbedingungen für das Wissensnetzwerk. Die zweite Ebene (Knowledge Work Processes) beschreibt die Beziehungen und Prozesse zwischen den einzelnen Akteuren innerhalb des Netzwerks. Hier sollen die einzelnen Wissensträger ihr implizites Wissen austauschen und auf diese Weise neues implizites Wissen schaffen. Diese zweite Ebene stellt somit die „zentrale“ Schicht innerhalb des Referenzmodells dar. Die dritte Ebene (Knowledge Network Architecture) beinhaltet die technische Unterstützung und sonstige Hilfsmittel. Die Hilfsmittel können sowohl organisatorische als auch informations- und kommunikationstechnische Tools und Systeme beinhalten.

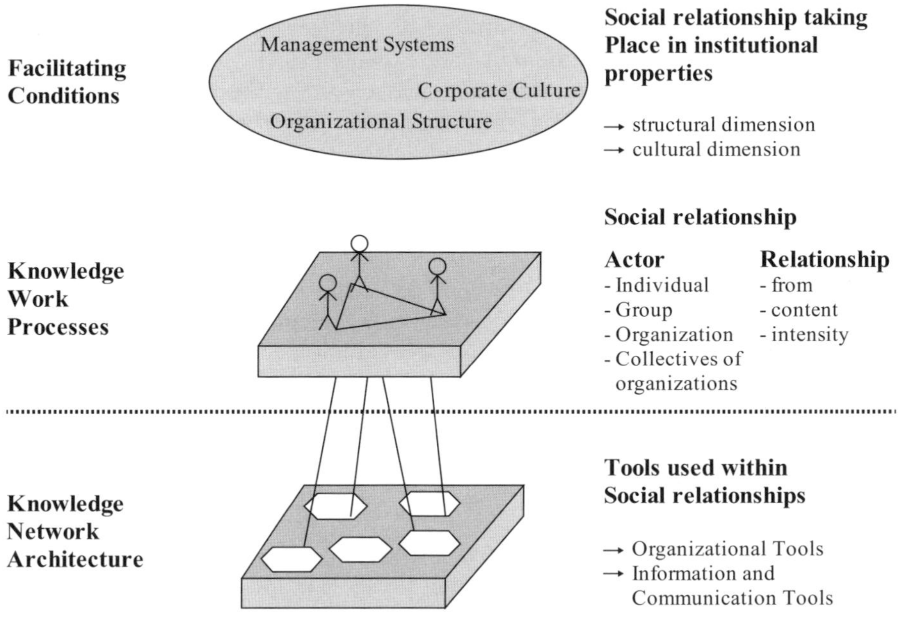

Bild 2.28 Referenzmodell eines Wissensnetzwerkes (Enkel/Back 2002, S. 159)

Analyse von sozialen Netzwerken bzw. Wissensnetzwerken

Seit den 90er Jahren erkennen immer mehr Unternehmen die Potenziale der sozialen Netzwerkanalyse (SNA), welche in den Sozialwissenschaften entwickelt worden ist, und setzen auf den Einsatz entsprechender Methoden und Werkzeuge. Das Wissensmanagement ist dabei zu einem wichtigen Anwendungsfeld geworden, wobei sich die eingesetzten Methoden aber nicht grundlegend gegenüber anderen Anwendungsbereichen wie Marketing, Organisations- und Personalentwicklung oder Strategieentwicklung unterscheiden. Man verspricht sich generell neue Impulse bei der Erarbeitung von Wettbewerbsvorteilen auf Basis eines effizienteren Einsatzes des im Unternehmen vorhandenen Humankapitals und der Fähigkeiten der Mitarbeiter. Im Wissensmanagement bedeutet dies, dass mit Hilfe der Analyse sozialer Netze Akteure und deren Expertenwissen besser lokalisiert und somit für das Unternehmen besser nutzbar gemacht werden können. Mit der Lokalisierung von Wissen lässt sich das im Unternehmen vorhandene Wissen auch genauer überblicken, kommunizieren und bei Mitarbeiterfluktuation erhalten.

Die Analyse von Netzwerken ist der Versuch, Netzwerke in ihren Strukturen und Funktionsweisen zu verstehen und zu erklären. Grundsätzlich kann die soziale Netzwerkanalyse auf drei Analyseebenen erfolgen, nämlich Gesamtnetzwerk, Teilnetz (Cluster, Gruppen, Komponenten etc.) und Position einzelner Netzwerkakteure (Ego-Netz).

Bezüglich der Charakterisierung eines Ego-Netzwerks ist neben der Anzahl der Alteri, also der Netzwerkgröße, vor allem die Dichte die zentrale Maßzahl, wobei die Dichte dabei definiert ist als „... das Verhältnis der vorhandenen Beziehungen im Netzwerk zur Zahl der möglichen Beziehungen" (Jansen 2003). Die Charakterisierung von Gesamtnetzwerken unterscheidet sich nur in wenigen Details von denen eines Ego-Netzwerks. Die Dichte der Beziehungen entspricht hier dem Verhältnis aus der Zahl der realisierten Beziehungen zur Zahl der möglichen Beziehungen. Hierbei wird die Dichte grundsätzlich relationsspezifisch erhoben. Damit später innerhalb des gesamten Wissensnetzwerks Schlüsselpersonen identifiziert werden können, sind Zentralitätsmaße erforderlich. Die identifizierten Personen können dann als Promotoren für mögliche neue Wissensnetzwerke dienen, da sie innerhalb des Netzwerkes eine zentrale Position einnehmen. Man unterscheidet bei der Messung der Zentralität von Akteuren innerhalb von Wissensnetzwerken drei verschiedene Messgrößen, nämlich die Degree-basierte Zentralität („Degree Centrality"), die Nähe-basierte Zentralität („Closeness Centrality"), und die Betweenness-basierte Zentralität („Betweenness Centrality") (siehe dazu Bild 2.29).

Man kann erkennen, dass für die Analyse von Ego-Netzwerken einige analytische Möglichkeiten existieren. Natürlich können die berechneten Indizes nicht alle relevanten Merkmale eines Wissensnetzwerks erfassen. Außerdem können diese Zentralitätsmaße nur Verbindungen von Akteuren berücksichtigen, die zuvor auch beschrieben bzw. abgebildet worden sind. Wenn ein Akteur also bspw. nur seine direkten, wichtigsten Ansprechpartner nennt, Beziehungen zu anderen Produktlinien, zu denen er aber ebenfalls intensive Kontakte hat, nicht erwähnt, dann wird sein Zentralitätsindex einen verfälschten oder unvollständigen Eindruck wiedergeben, der dann nur wenig Aussagekraft besitzt.

Mit dem Fokus auf den Wissensaustausch ist die Interpretation von individuellen Netzwerkakteuren für das Verständnis des Wissensnetzwerks für Unternehmen von großer Bedeutung. Müller-Prothmann (2006) identifiziert vier Rollen, die unterschieden werden können:

Maß	Degree C_D (n_i)	Betweenness C_B (n_i)	Closeness C_C (n_i)
Was wird gemessen?	erfasst die Anzahl der direkten Verbindungen zu anderen Punkten	erfasst die Anzahl der kürzesten Verbindungen (geodesics) zwischen Punktepaaren, die durch den betrachteten Punkt laufen	erfasst die Nähe (invers dann die Entfernung) eines Punkts zu allen anderen Punkten des Netzes über Pfaddistanzen
Berechnung	$C_D(n_i) = d_i$ ist der Degree des Akteurs i $d_i = \sum_j x_{ij} = \sum_j x_{ji}$ $i \neq j$	$C_B(n_i) = \sum_j^n \sum_k^n b_{jk}(n_i)$ für $i \neq j \neq k$ $b_{jk}(n_i) = \frac{1}{g_{jk}} * g_{jk}(n_i)$ g_{jk} als Anzahl der geodesics zwischen n_j und n_k $g_{jk}(n_i)$ als Anzahl der geodesics durch n_i	$C_C(n_i) =$ $\left[\sum_{j=1}^{n} d(n_i, n_j)\right]^{-1}$ für $i \neq j$, wobei die Punkte in dem Netzwerk verbunden sein müssen, sonst ist das Maß nicht berechenbar; $d(n_i, n_j)$ bezeichnet die Anzahl der Kanten zwischen dem betreffenden Punktepaar.
Interpretation	gilt als Maß für die mögliche Kommunikations<u>aktivität</u>	gilt als Maß für die mögliche Kommunikations<u>kontrolle</u>	gilt als Maß für die Zentralität bzw. Unabhängigkeit (von anderen), auch Effizienz
Einführung einer Bezugsgröße	größtmöglicher Degree: $n - 1$	größtmögliche Betweenness: $(n^2 - 3n + 2)/2$	größtmögliche Closeness: $1/(n - 1)$

Bild 2.29 Übersicht über Zentralitätsmaße für Akteure (Jansen 2003, S. 137)

- **Experten** verfügen über Spezialwissen und professionelle Erfahrung innerhalb der Wissensdomäne. Sie haben eine zentrale Netzwerkposition.
- **Wissensbroker** wissen, wer in einem Unternehmen über welches Wissen verfügt, und bilden Verbindungen zwischen den verschiedenen Sub-Gruppen und Clustern eines Netzwerkes (z. B. zwischen Abteilungen und externen Standorten oder zu Kunden und Lieferanten).
- **Kontaktpersonen bzw. Agenten** nehmen eine vermittelnde Position ein, indem sie eine Verbindung zu Experten herstellen.
- **Wissensnutzer,** die das Wissen der Experten nachfragen und meist keine zentrale Position im Wissensnetz innehaben.

Die Ergebnisse der Analyse eines Wissensnetzwerkes können damit unmittelbar zur Steuerung und Optimierung der Wissensflüsse im Unternehmen eingesetzt, aber auch für die Entwicklung von zielgerichteten Interventionen genutzt werden. Hierzu zählen z. B. die Entwicklung persönlicher Fähigkeiten und Expertise, die systematische Erschließung bisher nicht genutzter oder nicht bekannter Expertise, die Einbindung des Wissens von schwach vernetzten Mitarbeitern oder die Förderung des abteilungsübergreifenden Wissenstransfers. Ein Beispiel für den Einsatz der Netzwerkanalyse, das die zentrale Rolle von Wissensbrokern verständlich macht, aber auch den Zeitbedarf für die Vernetzung neuer Mitglieder findet sich bei Parise et al. (2006). Untersuchungen zum Beitrag sozialer Netzwerke für das betriebliche Wissensmanagement präsentieren z.B. Krogh (2012), Beck et al. (2014), Rode (2016) und Mäntymäki/Riemer (2016).

2.5 Zusammenfassung

Bei der Darstellung der unterschiedlichen Ansätze, Aufgaben und Grundlagen des Wissensmanagements wurde bewusst auf den Versuch einer Einordnung in ein einheitliches Schema oder einer unifizierten Sicht verzichtet. Dies würde weder dem Wesen noch den Potenzialen des Wissensmanagements entsprechen. Die Fülle der unterschiedlichen Ansätze ist demnach kein Beleg für einen fachlichen Dissens, sondern verdeutlicht einerseits die vielfältigen Möglichkeiten, andererseits einen weiterhin bestehenden Forschungs- und Integrationsbedarf. Ein Beitrag dazu soll mit dem nächsten Kapitel geleistet werden, in dem die Referenzdisziplinen dargestellt und in Verbindung mit dem Wissensmanagement gebracht werden.

Aus dem Blickwinkel der Organisationsforschung soll zusammenfassend nochmals die generelle Rolle oder **Funktion des Wissensmanagements** hervorgehoben werden. Der Beitrag für eine Organisation (bzw. für die Ziele einzelner Organisationsmitglieder) ist von grundsätzlicher Art. Wie leicht zu erkennen ist, handelt es sich um ganz elementare Grundfunktionen, die für soziale Gebilde generell wichtig sind. Rao/Goldman-Segall (Rao/Goldmann-Segall 1995, 334f.) fassen die unterschiedlichen Einzelfunktionen zu drei Gruppen zusammen, die zugleich den Einsatzzweck von Organisational-Memory-Systemen (OMS) erklären:

- **Kontrollfunktion** (Monitoring der Entwicklung oder bestimmter Leistungen – insbesondere sollten Fehler der Vergangenheit nicht wiederholt werden; Lernen ist nämlich nur möglich, wenn die entsprechenden Informationen im „Gedächtnis" verfügbar sind. Diese Informationen müssen laufend aktualisiert und mit den Inhalten der organisatorischen Wissensbasis abgestimmt werden.)
- **Machtfunktion** („Wissen ist Macht"; der Besitz wichtiger Daten und Informationen eröffnet auch Einflussmöglichkeiten innerhalb der Organisation.)
- **Informationsfunktion** (Beiträge u.a. zur Effizienzsteigerung, Schaffung der Grundlage für bessere Entscheidungen, kurze Anlernphasen für neue Mitarbeiter, Vermeidung von Doppelarbeit oder Wiederholung von Fehlern, Informationen über Erfolge und Rückschläge usw.)

Ein zweiter Aspekt ist der schon mehrfach erwähnte **Zusammenhang mit betriebswirtschaftlichen Ansätzen** (siehe Kapitel 3), unter denen das organisatorische Lernen eine besonders zentrale Stellung einnimmt. Dies erklärt auch den Konnex mit dem Konzept des organisatorischen Gedächtnisses sowie mit den Gedächtnisinhalten. Mit der Lernfähigkeit von Organisationen wird praktisch auch die Existenz eines organisatorischen Gedächtnisses postuliert. Die Diskussion über seine konkrete Ausprägung in Verbindung mit dem Nutzen einer informationstechnischen Unterstützung ist allerdings noch nicht sehr weit fortgeschritten, wie man an der spärlich verfügbaren Fachliteratur feststellen kann. Es scheint aber zumindest insoweit Einigkeit zu bestehen, als durch die technische Unterstützung von Lernprozessen eine Verbesserung der organisatorischen Effizienz erwartet wird. Folgende Funktionen werden häufig genannt (vgl. z. B. Huber 1991):

- generelle Unterstützung von Lernprozessen im Unternehmen (individuell und kollektiv) – und quasi als Präzisierung dieser allgemeinen Funktion;
- die Unterstützung der Wissensakquisition;
- Distribution von Information und Wissen (allgemeiner und einheitlicher Zugang zur Wissensbasis, Informationsdrehscheibe, aktive, aber auch vorausschauende Servicestelle);
- Hilfe bei der Interpretation von Informationen;
- (technische) Realisierung des Organisational Memory.

Ein dritter wichtiger Aspekt ergibt sich aus der **steigenden Bedeutung von Informationen und Wissen** in Unternehmen (vgl. Kapitel 1). Es geht darum, das qualitative Erfahrungswissen von Unternehmen in Verbindung mit einer informationstechnischen Unterstützung zu bringen. Rao/Goldman-Segall (Rao/Goldmann-Segall 1995, S. 335) verwenden für solche Systeme den Terminus „Organisational Memory System“ und nennen folgende Zielsetzungen:

- not to reinvent wheels,
- not to repeat mistakes, and
- to update new employees on historical information.

Der Einsatz von Wissensmanagementsystemen ist besonders bei komplexen Abläufen sinnvoll. Je standardisierter und routinierter Abläufe sind, umso weniger ist eine Organisation mit kognitiven Funktionen belastet. Bei Abläufen, die diese Eigenschaften nicht haben, können jedoch solche Systeme den Mitarbeitern einen Teil der kognitiven Leistung abnehmen, indem sie die bedarfsgerechte Speicherung und Wiedergabe von Wissen, Know-how usw. unterstützen (vgl. z. B. Wargitsch 1998, S. 16, nach Heimerl-Wagner 1992, S. 45). Der generelle Anspruch, mittels technischer Systeme Wissensräume zu schaffen, welche das gesamte Wissen einer Organisation in aufbereiteter Form umfasst, scheint allerdings nicht realistisch. Als Hauptproblem erweist sich immer wieder die richtige Interpretation von Daten in großen Wissensdomänen. Daher werden für den praktischen Einsatz Systeme empfohlen, welche einen **„Memory in the Small“** unterstützen, um bestimmte Aufgaben in einer Organisation effektiver durchzuführen (Wargitsch 1998, 16, nach Ackerman/Mandel 1995).

Im Mittelpunkt standen bei den bisherigen Überlegungen überwiegend nach innen gerichtete Maßnahmen und Wirkungen. Zu ergänzen ist daher aus heutiger Sicht ein vierter Aspekt, der den Zusammenhang von Wissen und Marktmacht betrifft (vgl. Körber 2017). Vor allem in Verbindung mit der gestiegenen Bedeutung von Informationen sowie dem Potenzial moderner Datenanalysewerkzeuge sind auf dieser Basis viele neue Geschäftsmodelle entstanden. Mit dem Fokus auf externe Wirkungen ist indirekt auch die Erfolgswirksamkeit des Wissensmanagements angesprochen (siehe auch Abschnitt 4.1.5). Neben den Chancen und Marktpotenzialen spielen heute natürlich auch gesetzliche Restriktionen wie Datenschutz und Privacy-Vorschriften eine Rolle.

Am dargestellten Fallbeispiel lassen sich verschiedene Forderungen für den Einsatz des Wissensmanagements ableiten und einige Prinzipien für den Einsatz von Wissensmanagementsystemen lernen (vgl. zur Informationsüberlastung auch Eulgem 1998, S. 133 f.). Neben der Wichtigkeit von Information und Wissen ist dies zunächst die Art und Weise, wie Menschen sich in komplexen Entscheidungssituationen verhalten und wie mit Wissen überhaupt umgegangen wird. Nur in wenigen Bereichen liegen so ausführliche Untersuchungen wie zu Finanztransaktionen vor. Man kann aber vermutlich von einer gewissen Übertragbarkeit der Erkenntnisse ausgehen. Interessant ist z.B. der Einfluss wissenschaftlicher Erkenntnisse auf den Entscheidungsprozess (Lernen 2 und 3 nach Bateson, vgl. dazu auch Abschnitt 3.1). Am Beispiel wird auch deutlich, dass eine „Automatisierung" nicht alle Probleme beheben wird und dass sie vor allem unbeabsichtigte Prozessveränderungen auslösen oder verstärken kann. Ein solches Phänomen kann derzeit in der Verschärfung und Globalisierung des Wettbewerbs beobachtet werden. Es besteht in der Folge die Gefahr, dass der Einsatz des Wissensmanagements mit falschen Erwartungen verbunden wird.

Fallbeispiel: Wissen und Meta-Wissen beim Aktienhandel (nach Schäfer 1998)

Die Theorie: Die traditionelle, ökonomische Theorie geht von einem rationalen Investor und von vollständiger Information aus. Zu den relevanten Daten eines Unternehmens, von dem Aktien erworben werden sollen, gehören z. B. Informationen über die Gewinn-, Wettbewerbs- und Wachstumssituation, aber auch Anlagealternativen und andere Wirtschaftsdaten wie Wechselkurse und Zinsstruktur. Weitere Faktoren, wie etwa das Verhalten anderer Marktteilnehmer, werden jedoch nicht berücksichtigt. Auf dieser Basis werden die Erwartungen über die zukünftigen Erträge aus der Aktienanlage ermittelt. Die Bestimmung des „Werts" einer Aktie wird so zu einer Rechenaufgabe, in welche eine Abschätzung sämtlicher zukünftiger Ereignisse mit Einfluss auf die Ertragssituation eingehen.

Die Praxis: In der Praxis verläuft die Sache etwas anders. Interessierte Anleger werden mit einer Flut von vielfältigen und schnell aufeinanderfolgenden Einzelinformationen konfrontiert. Außerdem existieren Tausende von Aktiengesellschaften, die in Frage kommen. Die Informationen stammen oft aus verschiedenen Quellen, sind oft ähnlich, manchmal aber auch widersprüchlich. Hier gilt es eine Bewertung vorzunehmen. Vor allem professionelle Anleger sind einem hohen Zeitdruck ausgesetzt. Dazu kommt das Wissen, dass eine falsche Entscheidung mit finanziellen Konsequenzen verbunden sein kann. Dies wiederum führt zu einem erhöhten Stressniveau, das sich unter dem Druck der sozialen Beurteilung durch die Familie, durch den Arbeit- oder Auftraggeber usw. noch weiter verstärken kann. Vor diesem Hintergrund sind die Annahmen und Beiträge der ökonomischen Theorie nicht unbedingt realistisch. Dies sollte auch bei der informationstechnischen Unterstützung von Anlageentscheidungen berücksichtigt werden. Herkömmliche Systeme konzentrieren sich vor allem auf eine funktionale Hilfestellung, wobei meist sehr viele Detailinformationen bereitgestellt und analysiert werden.

Meta-Wissen aus neueren Untersuchungen: Neuere Forschungsergebnisse belegen nun, dass auch Experten die Entscheidungsprozesse vereinfachen. Ein zentraler Ansatz der Finanzpsychologie befasst sich mit der Frage, wie Aktienanleger Informationen von und über Finanzmärkte wahrnehmen und verarbeiten. Eine Reihe von experimentalpsychologischen Studien, die vor allem von

Daniel Kahneman und Amos Tversky von der Princeton und Stanford Universität durchgeführt wurden, liefern hierzu interessante Erkenntnisse, die von unmittelbarer Bedeutung für den Einsatz von entscheidungsunterstützenden Systemen sind:

- Personen neigen dazu, vor allem solche Informationen aufzugreifen, die den eigenen Vorstellungen entsprechen, und Informationen weniger zu gewichten oder sogar zu verdrängen, die den eigenen Erwartungen widersprechen.
- Neue Informationen, von denen jemand noch einen frischen Eindruck hat, werden tendenziell überbewertet, ebenso wie auffällige oder leicht verfügbare Informationen.
- Eine Information wird stärker berücksichtigt, wenn sie von mehreren Quellen verbreitet wird, auch wenn diese voneinander abhängig sind.
- Einen Einfluss übt auch die Art der Präsentation aus (z. B. Reihenfolge, Mischung, Art der Darstellung).
- Schließlich benutzen die meisten Personen für ihre Entscheidungen noch einen Richtwert oder Anker, der im Laufe von Entscheidungsprozessen an neue Informationen angepasst wird.

Fazit: Alle diese Mechanismen dienen zur Reduktion und Bewältigung von Komplexität. Die Verhaltensweisen sind daher nicht Irrationalitäten, sondern Wahrnehmungsroutinen und Heuristiken. Damit erklären sich auch manche Kursschwankungen, welche durch ökonomische Theorien nicht erklärbar sind, durch Überreaktion von Anlegern aufgrund neuer Informationen. Weiter hat die psychologische Forschung gezeigt, dass sich Individuen auch bei ökonomischen Entscheidungen stark von emotionalen Bedürfnissen wie Sicherheit, Treue oder Erfolg leiten lassen. Dies bedeutet, dass Anleger Verluste höher bewerten als Gewinne in gleicher Größe. Außerdem sind sie bemüht, eine Entscheidung, die sich als falsch herausgestellt hat, zu kompensieren, indem der Verlust nicht realisiert wird (d. h. die Aktie wird eher behalten, anstatt mit Verlust verkauft, selbst wenn dadurch langfristig ein noch höherer Verlust eintreten kann).

Zusammenfassend lässt sich festhalten, dass die soziale Komponente des Meinungsbildungsprozesses ein sehr großes Gewicht hat. Verstärkt wird dies beim vorliegenden Beispiel noch durch die Tatsache, dass es die allgemein akzeptierte Theorie der Aktienkursbildung nicht gibt. Diese Erfahrung, dass Entscheidungen auch ein soziales Phänomen sind, beeinflusst unmittelbar die Gestaltung von Organisational Memory-Systemen. Die Beeinflussbarkeit von Einzelpersonen oder Gruppen wurde durch die Sozialpsychologie bereits ausführlich untersucht. Mit elektronischen Kommunikationsmedien entsteht hier eine völlig neue Dimension der Beeinflussungsmöglichkeit. ■

Das **Wissensmanagement** wird häufig mit dem **Informationsmanagement** verwechselt, gleichgesetzt oder als logische Weiterentwicklung desselben angesehen (z. B. Kuhlen/Finke, Horton/Marchand, beide zit. in Albrecht 1993, S. 98). Dies ist jedoch nicht richtig und es gibt inzwischen auch eine systematische Diskussion der Verbindungen zwischen diesen beiden Managementdisziplinen (z. B. Dogan et al. 2011). Wissensmanagement kann zwar historisch als nächster Schritt nach dem Informationsmanagement gesehen werden, nicht aber als logische Fortführung der Ideen. Zwischen Informationsmanagement und Wissensmanagement gibt es aber viele Überschneidungen und Verbindungen, die auch in gemeinsam verwendeten Konzepten deutlich werden. Unmittelbar evident wird das in der Tatsache, dass „Information" de facto in alle Wissensmanagementansätze integriert wurde. Auf die notwendige Unterscheidung von Wissen wird zwar meist hingewiesen, ohne aber dann eine konsequente Differenzierung der Aufgaben folgen zu lassen.

Ohne an dieser Stelle eine längere Diskussion zu führen, kann das Wissensmanagement jedoch als Teilaufgabe des Informationsmanagements verstanden werden bzw. sind Überschneidungen erkennbar (z. B. Seibt 1990, zit. nach Albrecht 1993, S. 99, Dogan et al. 2011). De facto existiert das Wissensmanagement erst seit dem Vorhandensein und der allgemeinen Verbreitung eines Informationsmanagements in den Unternehmen. Es besteht allerdings kein Ausschließlichkeitsanspruch für diese Zuordnung und das Informationsmanagement bildet auch keine Voraussetzung für ein Wissensmanagement. Anders ausgedrückt, besteht zwar ein zeitlicher Zusammenhang, aber nicht notwendigerweise ein logisch-inhaltlicher. Ein Irrtum, der ebenfalls in der Literatur anzutreffen ist, ist die Gleichsetzung von Wissensbasierten Systemen bzw. Expertensystemen und Wissensmanagement. Auch hier haben die zeitliche Übereinstimmung von Entwicklungen sowie teilweise inhaltliche Überschneidungen durch die Nutzung der Expertensystemtechnologie zu dieser Fehleinschätzung beigetragen (vgl. z. B. Albrecht 1993, S. 105 – 109).

Eine detaillierte Abgrenzung bzw. Gegenüberstellung des Wissensmanagements mit dem Informationsmanagement sowie einen Ausblick über mögliche Entwicklungen der beiden Fachgebiete geben Röpnack (1997) sowie Dogan et al. (2011). Beiden Managementansätzen gemeinsam ist die ganzheitliche, globale und unternehmensweite Orientierung sowie ihr Beitrag zur Verbesserung der organisatorischen Effizienz. Beim Informationsmanagement geht es aber primär um die Auswertung von Quellen sowie um die Sammlung und gezielte Weiterleitung von Daten und Fakten. Das trägt zwar indirekt auch zum Wissens- und Erfahrungsaufbau bei, das eigentliche Ziel besteht aber in der Bereitstellung der erforderlichen Informationen für die Mitarbeiter, um sie in ihrem Aufgaben- und Verantwortungsbereich zu unterstützen. Das Wissensmanagement hingegen zielt auf die Schaffung von Mehrwert aus dem Wissen und den Kompetenzen der Mitarbeiter ab. Dies hat natürlich völlig andere Managementaktivitäten zur Folge, da neben den verschiedenen Formen expliziten Wissens, die man mit Information gleichsetzen könnte, auch implizites und organisatorisches Wissen einbezogen werden muss. Man könnte den entscheidenden Unterschied also in der Konzentration auf Informationsressourcen vs. Wissensressourcen sehen. Diese Unterscheidung sollte in der Managementpraxis berücksichtigt werden, auch wenn klar ist, dass die beiden Konzepte Überlappungen und auch komplementäre Anteile aufweisen.

Ein wichtiger Punkt soll zum Schluss noch kurz angesprochen werden. Wissensmanagement (und in Verbindung damit auch das organisatorische Lernen) wird manchmal kritisch als **Neuauflage alter Schulungskonzepte** abqualifiziert. Inzwischen hat aber die Realität diese Einschätzung überholt. Es kommt zwar in der Praxis vor, dass Schulungsabteilungen umbenannt und dann auch mit den Aufgaben des Wissensmanagements betraut werden. Diese Aufgaben haben aber inzwischen ein wesentlich klareres Profil gewonnen, sodass die

Gefahr eines Etikettenschwindels eigentlich nicht besteht. (Zur Diskussion und Abgrenzung gegenüber Schulungsprogrammen siehe z. B. Reinmann-Rothmeier et al. 1999, Tenbusch/Hohenstein 1997, Behrendt 1998, Reinmann-Rothmeier/Mandl 2000, Pawlowsky 1995, BMAS 2016).

Es gibt aber auch **Kritik am Konzept des Wissensmanagements,** und zwar sowohl in der Wissenschaft als auch in der Praxis. Von der einen Seite wird bemängelt, dass es theoretisch zu wenig durchdacht, ungenügend fundiert, und ohnehin nur eine erweiterte Neuauflage des Informationsmanagements ist (vgl. z. B. Dogan et al. 2011). Auf der anderen Seite stellte sich heraus, dass vieles zu wenig konkret und auch praktisch nicht gut umsetzbar ist (vgl. Schneider 1996, S. 34f.).

Zusammenfassend kann festgehalten werden, dass sich Unternehmen heute aufgrund der Internationalisierung von Markt- und Wettbewerbsbeziehungen, dem Eintritt neuer Konkurrenten und einer wachsenden Käufermacht steigenden Herausforderungen sowie einer äußerst dynamischen Umwelt gegenübersehen. Veränderte Wirtschaftsstrukturen haben auch zu steigender Arbeitsteiligkeit und damit zu einer Erhöhung der Wissensintensität von Prozessen geführt. Der zunehmende Wissens- und Informationsanteil in Arbeitsprozessen hat Wissen, neben den klassischen Produktionsfaktoren Arbeit, Boden und Kapital, zu einem gleichberechtigten Produktionsfaktor gemacht. Während Unternehmen lange Zeit die Optimierung des Kapital- und Arbeitseinsatzes im Blick hatten, beginnt sich der Fokus allmählich auf eine verbesserte Nutzung des in der Organisation vorhandenen Wissens zu verschieben. Dass heute die reinen Produktionskosten eines PKW nur noch 20 % der Gesamtkosten ausmachen, zeigt wie wichtig Wissen mittlerweile als Produktionsfaktor für Unternehmen geworden ist. In besonders technologie- und damit wissensintensiven Unternehmen wie der Siemens AG macht der Anteil des Produktionsfaktors „Wissen" an der gesamten Wertschöpfung angeblich zwischen 60 und 80 % aus. Eine von der Unternehmensberatung McKinsey & Company durchgeführte Untersuchung aus dem Jahr 2001 ergab, dass der bilanzielle und damit aktivierbare materielle Wert von Dow-Jones-Unternehmen nur noch einen Bruchteil des Börsenwerts ausmacht. Während bei IBM noch 23 % des Börsenwerts durch materielles Vermögen gedeckt waren, lag dieser Wert bei Microsoft bei lediglich einem Prozent (Kluge et al. 2001). Wissen als Teil des immateriellen Vermögens stellt damit heute für viele Unternehmen den wichtigsten wertbildenden Faktor dar.

Die objektorientierte Perspektive betrachtet Wissen vor allem als Produktionsfaktor zum Erzielen von Wettbewerbsvorteilen. Ein besonders großes Potenzial für Effizienzsteigerungen liegt aber auch bei den damit verbundenen Aktivitäten. Die Systematisierung dieser Aktivitäten erfolgt im Rahmen des Wissensmanagements und soll zu einer verbesserten Wissensgenerierung, Wissensnutzung und Wissensverteilung führen. Bullinger et al. (1998) beziffern die möglichen Einsparungen durch ein strategisch ausgerichtetes und systematisches Wissensmanagement auf durchschnittlich 30 %. Wissen kann dabei einen Beitrag in allen fünf Bereichen von Porters Wettbewerbsmodell liefern. Die zunehmende Akzeptanz des Wissensmanagements in Unternehmen in den letzten Jahren unterstreicht überdies das Potenzial und die Bedeutung für die langfristige Erfolgssicherung.

Fragen zur Selbstkontrolle

1. Was ist Wissen und welche Wissensarten können unterschieden werden?
2. Erläutern Sie den hierarchischen Zusammenhang zwischen Daten, Informationen und Wissen.
3. Warum ist der hierarchische Zusammenhang zwischen Daten, Informationen und Wissen nicht als Grundlage für die Gestaltung des Wissensmanagements geeignet?
4. Beschreiben Sie den Zusammenhang zwischen Daten, Informationen und Wissen am Beispiel der Entscheidungsfindung!
5. Wie unterscheidet sich individuelles Wissen von kollektivem Wissen?
6. Was versteht man unter Wissensmanagement? Welche unterschiedlichen Ansätze existieren für das Wissensmanagement?
7. Skizzieren Sie die Prozesse der Wissensumwandlung nach Nonaka und Takeuchi!
8. Stellen Sie explizites und implizites Wissen anhand von konkreten Beispielen gegenüber!
9. Was versteht man unter „Tacit Knowledge" und worin besteht der Unterschied zum impliziten Wissen?
10. Welche Bedeutung haben Wissensziele in einem Unternehmen und was ist eine Wissensstrategie?
11. Erläutern Sie die Gemeinsamkeiten und die Unterschiede zwischen Informations- und Wissensmanagement!
12. Nennen Sie Beispiele für idealtypische Wissensmanagementstrategien!
13. Welche Grundsatz- oder Richtungsentscheidungen (Dilemmata) ergeben sich bei der Formulierung der Wissensmanagementstrategie?
14. Welche Wissensziele werden bei Probst et al. unterschieden?
15. Worin bestehen die Unterschiede zwischen einem Speicher und einem Gedächtnis?
16. Wozu dient das organisatorische Gedächtnis und welche Arten von Theorien zum organisatorischen Gedächtnis werden unterschieden?
17. Was sind und welche Bedeutung haben Wissensnetze?
18. Wozu dienen die Modelle und Konzepte des Wissensmanagements?
19. Erläutern Sie den Wissensmanagementkreislauf nach Probst!
20. Nennen Sie ausgewählte Theorien, die im Wissensmanagement eine Rolle spielen!
21. Skizzieren Sie die Entwicklungsphasen des Wissensmanagements ab der Entstehung!
22. Was ist Wissensmanagement 4.0 und in welcher Beziehung steht Big Data zum Wissensmanagement?

3 Referenzdisziplinen des Wissensmanagements

Das Phänomen Wissensmanagement und die damit verbundene Frage „Wie gehen Organisationen mit Wissen um?“ beschäftigt inzwischen eine Vielzahl an wissenschaftlichen Disziplinen. Das Thema, dessen Wurzeln insbesondere in den Konzepten Organisational Learning und Organisational Memory zu verorten sind (vgl. Maier 2004, S. 19, sowie Schüppel 1996, S. 186), stellt ein interdisziplinäres Forschungsgebiet dar. Frank und Schauer sehen das Wissensmanagement als Thema in den Bibliothekswissenschaften, der Künstlichen Intelligenz und Kerninformatik, der Organisations- und Managementforschung, der Pädagogik, der Kognitionspsychologie, der (Wissens-)Soziologie und der Wirtschaftsinformatik (siehe dazu auch Frank/Schauer 2001, S. 168). Eine ähnliche, jedoch auf abstrakterem Niveau vorliegende Einteilung sieht die Sozialwissenschaft, die Betriebswissenschaften und die Informationswissenschaften als Referenzdisziplinen des Wissensmanagements (vgl. Lüthy et al. 2002, S. 34). Hierbei werden unter Informationswissenschaften die Informatik sowie die Wirtschaftsinformatik verstanden. Da die Informationswissenschaften auch als eigene anerkannte Disziplin existieren, führt diese Begriffsverwendung leicht zu Missverständnissen.

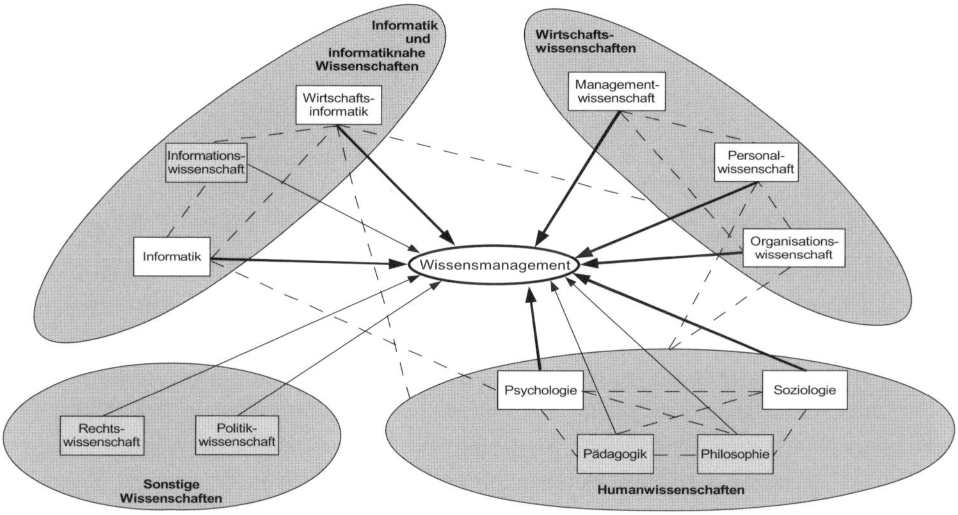

Bild 3.1 Referenzdisziplinen des Wissensmanagements

Für das Thema wesentliche Wissenschaftsgebiete sind die Wirtschaftswissenschaften, die Informatik und informatiknahe Wissenschaften, die Humanwissenschaften und einige weitere Gebiete. Bild 3.1 zeigt diese im Überblick mit den zugehörigen Disziplinen, die einen mehr oder weniger starken Einfluss auf die Entwicklung des Wissensmanagements nehmen. Disziplinen, die anschließend näher dargestellt werden, sind in der Abbildung weiß hervorgehoben. Wegen der historisch gesehen stärksten Beziehung zum Wissensmanagement wird die Organisationswissenschaft an den Anfang der Betrachtungen gestellt. Die übrige Reihenfolge folgt keiner bestimmten Ordnung und ist daher auch nicht als Wertung zu verstehen.

Ein Einfluss anderer Disziplinen wie z. B. Philosophie, Pädagogik, Rechtswissenschaften, Medienwissenschaften sowie Volkswirtschaftslehre und Politikwissenschaften soll damit nicht ausgeschlossen werden, jedoch können die hervorgehobenen Disziplinen als Hauptwurzeln des Wissensmanagements betrachtet werden. **Rechtswissenschaftliche Fragestellungen** mit Bezug zum Wissensmanagement sind z. B. der Besitz und das Eigentum von Wissen, Patentrechte, Digital Rights Management u. ä. Damit einher geht auch das Eigentum von Patenten. Das Interesse der **Pädagogik** liegt im vorliegenden Kontext auf der Aus- und Weiterbildung sowie der Gestaltung von Lernprozessen im Allgemeinen. In der **Philosophie** wird Wissen seit der griechischen Antike auf einem sehr abstrakten Niveau diskutiert (vgl. Müller-Merbach 2004b), das allerdings für die organisatorische Praxis kaum geeignete Ansätze bietet. Die **Medienwissenschaften** leisten z. B. Beiträge in Form der Social Influence Theory, der Media Synchronicity Theory und des Social Information Processing (vgl. Dennis et al. 2008). Das Interesse der **Volkswirtschaftslehre** ergibt sich nicht zuletzt daraus, dass sich Wissensökonomien anders entwickeln, als dies traditionelle Wirtschaftsmodelle erklären. Beispiele dafür sind die erfolgreichen Open-Source-Bewegungen, Anwendungen der Wiki-Technologien, die Ideen des „Social Commerce", wo der Kunde in die Produktgestaltung und -entwicklung eingebunden wird u. a. m. Die drei vorherrschenden Paradigmen, Neoklassik, Institutionalismus und Marxismus nähern sich dem Themenfeld Wissen auf sehr unterschiedliche Weise. In der Neoklassik wird Wissen reduziert auf Information, um es in das Theoriegebäude eingliedern zu können. Die geringe Erklärungskraft der Neoklassik steht im Kontrast zu ihrer Bedeutung in der politischen Öffentlichkeit, wo zunehmend auch Wissen dem Druck der Ökonomisierung ausgesetzt ist. Der Umgang des Institutionalismus mit der Vielschichtigkeit von Wissen ist etwas komplexer und vermutlich auch realitätsnäher. Hier werden konkret auch ethische und intellektuelle Bemühungen gefordert. In marxistischen Ansätzen verbindet sich der Institutionalismus mit einem gesellschaftswissenschaftlichen und ganzheitlichen Verständnis, wobei zusätzlich noch Macht und Herrschaft (radikal) thematisiert werden. Dem Wissensmanagement, welches Anleihen in allen aufgezählten Disziplinen nimmt, kommt dabei eine integrierende Rolle zu.

Mit der Lektüre dieses Kapitels sollen die folgenden **Lernziele** erreicht werden:

- Es sollen die **wichtigsten Ansätze** der jeweiligen Disziplinen verstanden werden, die Einfluss auf das Wissensmanagement genommen haben und nehmen.
- Es sollen die **Breite des Spektrums an Wissenschaften** nachvollziehbar werden, die sich mit dem Wissensmanagement beschäftigen, und die jeweils spezifischen Begriffsverwendungen sowie die typischen Fragestellungen erklärt werden können.
- Die **Verbindungen zwischen den einzelnen Konzepten** in Bezug auf die Ressource Wissen als Gegenstandsbereich oder Erkenntnisobjekt, die Beschäftigung mit ähnlichen Phänomenen (z. B. Wandel) und Aufgabenstellungen, die Verwendung der gleichen Methoden u. a. m. sollen dargelegt werden können.

- Es sollen **theoretische Grundlagen** und **Kernaussagen** sowie die wichtigsten Vertreter der jeweiligen Disziplin, auf welche sich die Ansätze beziehen, benannt werden können.

3.1 Organisationswissenschaft

Die Organisationswissenschaft liefert eine Fülle von Konzepten und Theorien, die sich mit dem Wandel und dem Wissen von und in Organisationen beschäftigen. Diese Konzepte lassen sich bis zum Human-Relations-Ansatz der 40er Jahre zurückverfolgen, in dem der Mensch im Gegensatz zum Taylorismus erstmals nicht mehr als Lastpferd und Maschine, sondern als soziales Wesen mit Gefühlen und Erfahrungen, welches sich in einen kulturellen Rahmen einordnet, gesehen wird (vgl. Roethlisberger/Dickson 1966, S. 586). Einen weiteren Ansatz stellt die verhaltenswissenschaftliche Theorie nach Cyert und March dar (vgl. Cyert/March 1963), aus welcher heraus die ersten Ansätze des organisatorischen Lernens entstanden. Verfolgt man die Ansätze der Organisationstheorie weiter, so lässt sich eine zunehmende Beschäftigung mit dem Veränderungsprozess von Organisationen und dem organisatorischen Wissen feststellen (vgl. z. B. Probst 1987, Schein 1990, Schreyögg 1992, Oberschulte 1996, Wiegand 1996, Lehner 2000, Felfe 2002, Prange 2002).

Aus der Fülle der Forschungsfelder der Organisationswissenschaft werden im Folgenden jene Konzepte ausgewählt, die einen direkten Bezug zum Wissensmanagement aufweisen. Näher dargestellt werden das organisatorische Lernen, das organisatorische Gedächtnis, der organisatorische Wandel, die Organisationsintelligenz, die Organisationsentwicklung, die Organisationskultur sowie einige weitere Konzepte.

3.1.1 Organisatorisches Lernen

Begriffsverständnis

Mit **Lernen** im engeren Sinne werden die informationsverarbeitenden Prozesse bezeichnet, welche zur Veränderung mentaler Strukturen (im Sinne von Verhaltensdispositionen) führen. Nach dem klassischen Verständnis der Psychologie hat ein Individuum dann etwas gelernt, wenn auf den gleichen Stimulus eine veränderte Reaktion erfolgt. Unterstützt wird das Lernen durch eine entsprechende **Lernorganisation bzw. Lernstrategie,** d. h. die das Lernen begleitenden Entscheidungen über Orte und Zeitpunkte des Lernens, über Ressourcen, Verteilung und Gliederung der Lerninhalte, Lernpartner, Lerngeschwindigkeit und Lernkontrolle. **Lernkoordination** bezeichnet schließlich die Abstimmung des Lernens mit anderen Tätigkeiten und Anforderungen wie z. B. Beruf oder Familie. Das Begriffsverständnis der Psychologie wird oft vorschnell auf das organisatorische Lernen übertragen. Aus unterschiedlichen Gründen ist dies jedoch nicht zweckmäßig. Der wichtigste Grund ist vermutlich, dass die erwähnte Situation „gleicher Stimulus – veränderte Reaktion" in Organisationen nicht so häufig vorkommt, sondern dass genauso oft das Gegenteil zu beobachten ist. Dies würde dann bedeuten, dass Organisationen nur selten lernen. Ein zweiter Grund für die Notwendigkeit eines differenzierteren Verständnisses ist, dass der Reiz-Reaktions-

Ansatz nicht erklären kann, wie gelernt wird (vgl. Wargitsch 1998, S. 20). Dennoch bildete er den Ausgangspunkt in der nachfolgend dargestellten Entwicklung.

Während Ökonomen organisatorisches Lernen oft als relativ einfache, quantifizierbare Verbesserung verschiedener Aktivitäten betrachten, verknüpfen Vertreter der Managementliteratur organisatorisches Lernen in der Regel mit dem dauerhaften Erhalt von Wettbewerbsvorteilen. In der Innovationsforschung wird Lernen als Mittel zur Innovationsförderung betrachtet. Diesem primär **ergebnisorientierten Lernverständnis** stehen darüber hinaus **prozessorientierte Ansätze** der Organisationstheorie (vgl. Pautzke 1989), der Pädagogik (vgl. Wahren 1996, S. 20 f.) und der Psychologie gegenüber (vgl. Schein 1993): Organisatorisches Lernen stellt hier den Prozess des Wissenserwerbs dar. Nach diesem Verständnis findet das Lernen zwar auf der individuellen Ebene statt, wobei aber individuelle Lernprozesse erst durch die Übertragung von individuellem Wissen auf andere Organisationsmitglieder zu organisatorischem Lernen werden (zum individuellen Lernen siehe z.B. Schüppel 1996, S. 64 ff.). D.h., Organisationsmitglieder müssen über ein gemeinsames Wissen verfügen, was dem Vorhandensein eines organisatorischen Gedächtnisses (vgl. Abschnitt 3.1.2) gleichkommt. Das Wissen muss allerdings neben der gemeinsamen Verfügbarkeit noch eine zweite Eigenschaft aufweisen – es muss sich an den Organisationszielen orientieren. Organisatorisches Lernen kann somit als Prozess verstanden werden, bei dem individuelles Wissen von anderen Personen oder Quellen aufgenommen, bewertet, akzeptiert und in eigene Interpretationsschemata integriert wird (Dal Zotto 1997, S. 57).

In der neueren Literatur zum organisatorischen Lernen gewinnt der Wissensbegriff immer mehr an Bedeutung. Organisatorisches Lernen wird dabei zunehmend als Veränderung der organisatorischen Wissensbasis erklärt (vgl. z.B. Pautzke 1989, Albrecht 1993, S. 218 f., Schreyögg/Conrad 1996, Schneider 1996). Damit verbindet sich der Versuch einer Integration unterschiedlicher Denkansätze, die jedoch mit enormen konzeptionellen Schwierigkeiten verbunden ist. Es stellt sich nämlich immer mehr heraus, dass die Komplexität der adressierten Prozesse und Phänomene beim derzeitigen Stand der Konzeptualisierung nur unzureichend beherrscht wird. Hier liegt eine enorme Herausforderung, die insbesondere auch für die Forschungsarbeiten zum organisatorischen Gedächtnis gilt. Einen Überblick über Konzepte in Verbindung mit der empirischen Forschung zum organisatorischen Lernen findet sich bei Kluge und Schilling (2000, wiedergegeben in Hasebrook, 2003).

Vertreter und Ansätze

Die Forschungsarbeiten auf dem Gebiet des organisatorischen Lernens gehen zurück bis Anfang der 1960er Jahre auf den Ansatz der begrenzten Rationalität (vgl. Cyert/March 1963). Cyert und March konstatieren als Lösung des begrenzten Wissens und Könnens die Lernfähigkeit von Menschen und Organisationen. Auf den Arbeiten von Cyert und March aufbauend, entwickelten March und Olsen den organisatorischen Lernzyklus (vgl. Bild 3.2) als Interaktion der Organisation mit der Umwelt (vgl. March/Olson 1976).

March und Olson wollten mit diesem Lernzyklus allerdings nicht primär einen idealtypischen Verlauf von Lernprozessen konzipieren, sondern eine Theorie von Lernpathologien entwickeln. Als Lernpathologie verstehen sie eine Störung oder Unterbrechung des Phasenablaufs, die in jeder der vier dargestellten Phasen auftreten kann. Einen ähnlichen Ansatz verfolgen Jelinek (vgl. Jelinek 1979) und Hedberg (vgl. Hedberg 1981), die ebenfalls Lernprozesse in Abhängigkeit von Stimulusbedingungen der Umwelt setzen.

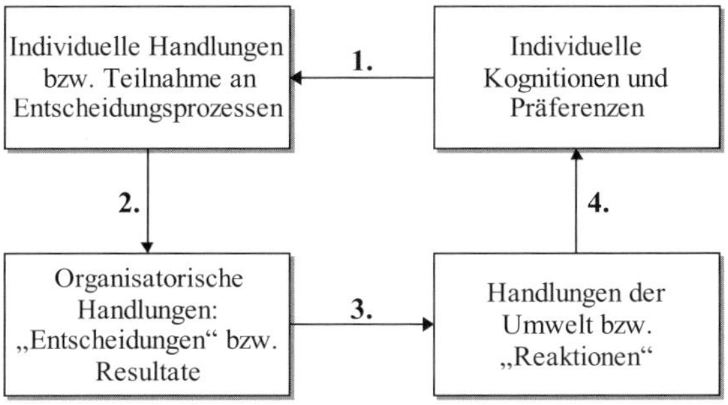

Bild 3.2 Organisatorischer Lernzyklus nach March/Olson (Schreyögg/Eberl 1998, S. 518)

1978 konzeptualisierten Argyris/Schön organisatorische Lernprozesse aus einer kognitions-theoretischen Sicht (vgl. Argyris/Schön 1978), und zwar im Sinne einer Veränderung der kollektiven Handlungstheorien (Theory of Action). Sie unterscheiden dabei zwei grundlegende Formen organisatorischer Lernprozesse, nämlich das single loop learning und das double loop learning (vgl. Bild 3.3). Beim single loop learning werden aufgetretene Probleme gelöst, ohne dass die zentralen Grundannahmen (repräsentiert durch die Ziele bzw. durch die Handlungstheorien) verändert werden. Beim double loop learning werden hingegen auch diese handlungsrelevanten Grundannahmen kritisch hinterfragt und angepasst. Diesem Modell fügen Argyris/Schön noch das von Bateson (vgl. Bateson 1972) entliehene Konzept des Deutero-Lernens hinzu. Dabei handelt es sich um ein Meta-Lernen, das die Lernprozesse selbst zum Objekt des Lernens macht (vgl. Schreyögg/Eberl 1998, S. 517 f.).

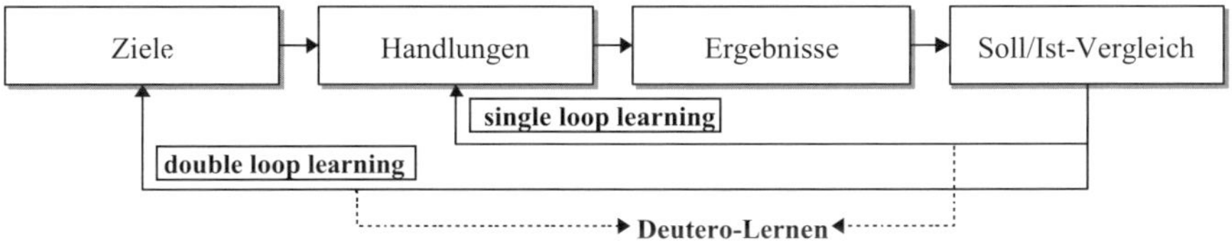

Bild 3.3 Lernebenen nach Argyris/Schön (Schreyögg/Eberl 1998, S. 517)

In Anlehnung an dieses Modell entstanden ähnliche Ansätze, die in Tabelle 3.1 zusammengefasst dargestellt sind.

Am ausführlichsten hat sich mit lernenden Organisationen vermutlich Peter Senge befasst, der zugleich einer der populärsten Autoren auf diesem Gebiet ist. Seine Erklärung einer lernenden Organisation lautet: „Where people continually expand their capacity to create the results they truly desire, where new and expansive patterns of thinking are nurtured, where collective aspiration is set free, and where people are continually learning how to learn together (Senge 1990, S. 1).“ Als Basis für das Entstehen von Lernprozessen identifiziert er die Gruppe. Kommunikations- und Interaktionsprozesse sind dabei ein zentrales Gestaltungsfeld.

Für die Entwicklung einer lernenden Organisation nennt Senge in seinem Buch „The Fifth Discipline“ fünf grundlegende Anforderungen. Die Notwendigkeit einer solchen Entwicklung leitet er wie die meisten anderen Autoren auf diesem Gebiet aus der zunehmenden Umweltdynamik und Entscheidungskomplexität her. Einzelpersonen und hierarchisch organisierten Unternehmen fällt es unter diesen Voraussetzungen schwer, die richtigen

Entscheidungen zu treffen bzw. rechtzeitig zu reagieren. Die lernende Organisation wird als Lösungsansatz für diese Situation verstanden, wobei die Lernkapazität aller Personen im Unternehmen genutzt werden soll. Die fünf Fähigkeiten oder „Disziplinen" in der Sprache Senges, tragen gemeinsam zur Bildung einer lernenden Organisation bei. Bei diesen Disziplinen, die nachfolgend noch näher erläutert werden, handelt es sich um die persönliche Kompetenz (personal mastery), den Einsatz mentaler Modelle (mental models), um gemeinsame Visionen (shared visions), Gruppen-Lernen (team learning) sowie um das Systemdenken (systems thinking). Das Systemdenken nimmt eine besonders herausragende Stellung ein, da diese Fähigkeit die übrigen vier integrieren soll. Senge bezeichnet sie daher als „die fünfte Disziplin". Sie dient quasi als Grundlage für die Beherrschung der übrigen vier Disziplinen, die er als Kerndisziplinen bezeichnet (vgl. Senge 1994). Nachfolgend werden zunächst die Kerndisziplinen beschrieben, abschließend die fünfte Disziplin, d. h. das Systemdenken.

Tabelle 3.1 Konzepte organisatorischen Lernens im Überblick (in Anlehnung an Schüppel 1996, S. 28, Pawlowsky 2001, S. 77)

Vertreter	Lerntypen		
	Typ 1	Typ 2	Typ 3
Bateson 1972	Lernen 0 und 1	Lernen 2	Lernen 3
Starbuck/Hedberg 1977	First-order learning	Second-order learning	
Argyris/Schön 1978	Single loop learning	Double loop learning	Deutero-Lernen
Hedberg 1981	Adjustment learning	Turnover learning	Turnaround learning
Shrivastava 1983	Adaptive Learning	Assumption learning	Development of knowledge base
Fiol/Lyles 1985	Lower-level learning	Higher-level learning	
Morgan 1986	Self-organization		Holographic learning
Lundberg 1989	Learning as organisational change	Learning as organisational development	Learning as organisational transformation
Pautzke 1989	Assimilation	Akkomodation	Äquilibration
Senge 1990	Adaptive Learning		Generative learning
Garatt 1990	Operational Learning Cycle	The policy learning cycle	The integrated learning cycle
Sattelberger 1991	Organisationsänderung	Organisationsentwicklung und -transformation	
Klimecki et al. 1991	Mechanistisches Lernen	Evolutionslernen	Entwicklungslernen
Kirsch 1992	Assimilation	Akkomodation	Transzendenz
Pawlowsky 1992	Idiosynkratische Adaption	Umweltadaption	Problemlösungslernen
Probst/Büchel 1994	Anpassungslernen	Veränderungslernen	Prozesslernen

- **Persönliche Kompetenz:** Organisatorisches Lernen ist nicht gleich dem individuellen Lernen. Eine Organisation kann allerdings nur durch die Erfahrung ihrer Mitglieder lernen. Die Fähigkeiten und Kompetenzen der einzelnen Organisationsmitglieder sind daher von enormer Bedeutung für die Lernfähigkeit einer Organisation. Die persönliche Kompetenz nach Senge basiert auf diesen Fähigkeiten, geht allerdings noch darüber hinaus. Senge beschreibt dies als eine Art kreative Spannung zwischen zwei Grundbewegungen, nämlich zum einen die eigenen Ziele und Visionen im Auge zu behalten, und zum anderen, die Realität möglichst objektiv und mit allen bestehenden Problemen wahrzunehmen. Diese Spannung wird als Grundmotivation für Innovationen angesehen. Personen mit einem hohen Ausmaß an persönlicher Kompetenz sind initiativ, übernehmen Verantwortung, lernen schneller, sind flexibel, etc. Es handelt sich hier gleichzeitig um den Prozess des lebenslangen Lernens, d.h. persönliche Kompetenz ist kein Ziel, das ein für alle Male erreicht wird, sondern es gilt gerade dafür die alte taoistische Weisheit „der Weg ist das Ziel". Dies birgt allerdings einige Schwierigkeiten wie die Kapitulation vor zu hoch gesteckten Zielen. Dazu kommen Widerstände von außen, da der Erfolg gewöhnlich nicht objektiv gemessen werden kann. Um die Belastung einer Organisation durch eine zu eindimensionale Orientierung zu vermeiden, kommt der Vernetzung mit den anderen Fähigkeiten eine besondere Bedeutung zu. Gemeinsame Visionen und mentale Modelle sollen für eine entsprechende Orientierung sorgen und die Dominanz von Einzelinteressen vermeiden helfen.
- **Mentale Modelle:** Mentale Modelle (vgl. auch Abschnitt 2.2.6) spielen in vielen Bereichen des Lebens eine zentrale Rolle und sind insbesondere auch aus der Entwicklung von Informationssystemen bekannt (vgl. Lehner et al. 1995). Diese Modelle sind Teil unserer Wahrnehmung bzw. steuern dieselbe und beeinflussen damit auch unser Handeln. Wir nehmen die Realität also nicht objektiv wahr, sondern haben ein subjektives Verständnis davon. Die eigentliche Gefahr ist, dass das mentale Modell mit der Realität identifiziert wird und eventuelle Abweichungen oder aktuelle Änderungen der Realität (z.B. Umwelt) nicht erkannt werden. Im Kontext des organisatorischen Lernens geht es nun darum, die Organisationsmitglieder zur Entwicklung und Überprüfung eigener mentaler Modelle anzuregen. Auch wenn die Übernahme von erfahrenen Personen bequemer sein kann, wird von Senge gerade das Lernen aus eigenen Fehlern als besonders effektiv angesehen. Ziel ist dabei immer die Veränderung von Handlungen oder Verhaltensweisen (und nicht das bloße Entwickeln von Ideen). Die Literatur unterscheidet daher „angenommene Theorien" und sogenannte „Theories-in-Use". Für die Diagnose oder Unterscheidung der beiden ist unter Umständen eine außenstehende Person hilfreich. Auf höheren Managementebenen kommen noch einige zusätzliche Aufgaben dazu, da die Komplexität deutlich zunimmt. D.h. die Probleme lassen sich häufig nicht mehr aufgrund der eigenen und persönlichen Erfahrungen lösen, vielmehr werden die Erfahrungen und Einsichten anderer immer wichtiger. Es geht also darum, anderen zuzuhören, eigene Ansichten darzulegen und von anderen überprüfen zu lassen und Differenzen zwischen den Ansichten zu untersuchen – und zwar auf der Grundlage der Tatsache, dass auch die Einsichten der anderen auf mentalen Modellen beruhen.
- **Gemeinsame Visionen:** Gemeinsame Visionen sind die Voraussetzung für sogenanntes generatives Lernen und damit für die Schaffung von Innovationen. Sie geben meist Antwort auf die Frage, welches Ziel erreicht bzw. was geschaffen werden soll. Das Erreichen der Ziele führt manchmal zu einer Defensivhaltung, die Visionen verwandeln sich in

negative Formen, und man konzentriert sich auf die Verteidigung von etwas bereits Erreichtem. Diese Art von Visionen ist meist genauso innovationshemmend wie Visionen von Einzelpersonen, die einer Organisation aufgezwungen werden. Gemeinsame Visionen entstehen erst durch einen Austausch über die individuellen Visionen, d.h. durch den Dialog. Sie können daher auch nicht top-down entwickelt werden, sondern benötigen Zeit, um sich zu entwickeln. Die Tatsache, dass eine Vision von mehreren Personen geteilt bzw. getragen wird, führt im Allgemeinen dazu, dass die Ziele klarer werden und ihre Realisierung wahrscheinlicher wird. Senge selbst unterscheidet unterschiedliche Einstellungen zu diesen Visionen, die von einer aktiven inneren Verpflichtung bis zu einem sehr geringen Engagement in Form einer Fügsamkeit oder Duldung reicht. Visionen sind zwar nur ein Teil des „Denkgebäudes" einer Organisation, allerdings ein sehr wichtiger. Sie stehen z.B. in engem Zusammenhang mit Strategien, mit der Organisationskultur, mit dem Führungsstil u.a.m. Das Scheitern von Visionen kann z.B. von der täglichen Routinebelastung verursacht werden (es bleibt zu wenig Zeit für die Entwicklung der Vision), es kann aber auch durch den zunehmenden Dialog zu Meinungsverschiedenheiten und in der Folge zur Polarisierung von Gruppen kommen, sodass die Ziele verloren gehen und die Differenz zwischen Vision und Realität entmutigend wirkt.

- **Gruppenlernen:** Es existieren äußerst viele Untersuchungen und Publikationen zu verschiedensten Aspekten des Gruppenverhaltens. Dem Leistungsvorteil bzw. der Leistungsfähigkeit von Gruppen in bestimmten Situationen ist dabei in der Vergangenheit besonderes Augenmerk geschenkt worden (vgl. dazu z.B. Lehner et al. 1991), ebenso den Prozessen, die zur Bildung einer Gruppe und zur Stärkung der Gruppenkohäsion führen. Weitere Aspekte betreffen das Gruppenverhalten, Gruppenentscheidungen, die Bildung von Gruppennormen und das Gruppengedächtnis (kollektives Gedächtnis). In diesem komplexen Kontext ist das Gruppenlernen angesiedelt, das nach Senge den Prozess beschreibt, der eine Gruppe von einem unkoordinierten Handeln zum koordinierten Handeln führt. Denn genau dieses koordinierte oder ausgerichtete Handeln ist für den Erfolg eines Teams maßgeblich. Ohne diese Koordination werden wertvolle Kräfte verschwendet. Von besonderer Bedeutung sind dafür natürlich die gemeinsamen Visionen, die zu einer Fokussierung der Energien führen. Dazu kommt noch die persönliche Kompetenz, da sich erfolgreiche Teams immer auf die Fähigkeiten ihrer Mitglieder stützen.

  Als wesentlich für das Gruppenlernen sieht Senge das Aneignen von zwei grundsätzlich verschiedenen Konversationsarten durch das Team an, die Diskussion und den Dialog. In der Diskussion sollen vor allem Entscheidungen herbeigeführt werden. Die einzelnen Teilnehmer bringen ihre Meinung vor, die kontrovers behandelt werden. Am Schluss wird eine Entscheidung für die beste Variante oder den besten Vorschlag getroffen. Im Dialog hingegen werden die eigenen Überzeugungen in den Hintergrund gestellt, und man versucht, vor allem den anderen (aktiv) zuzuhören. Das Ziel liegt also darin, komplexe Zusammenhänge zu beleuchten und zu verstehen. Dialoge tendieren häufig dazu, sie in Diskussionen zu verwandeln. Es macht also Sinn, am Beginn einen Gesprächsleiter oder Moderator einzusetzen. Sobald die Fähigkeit zum Dialog in einer Gruppe entwickelt ist, verliert dieser Gesprächsleiter an Bedeutung. Erfahrene Gruppen bewegen sich selbstständig zwischen den beiden Gesprächsformen Dialog und Diskussion hin und her.

- **Systemdenken – die fünfte Disziplin:** Das Systemdenken ist das zentrale Prinzip, das die vier Kerndisziplinen, die bereits dargestellt wurden, integrieren soll. An diesem Prinzip wird ganz besonders deutlich, wie eng das Konzept der lernenden Organisation mit anderen Ansätzen zur Bewältigung des Wandels und zur Evolution von Unternehmen in Beziehung steht. Der Grad der Überschneidung zwischen den Ansätzen kann allerdings noch nicht als Beweis für deren Brauchbarkeit angesehen werden. Im Gegenteil, es sollte gerade wegen der Popularität des Themas und der euphorischen Diskussion nicht übersehen werden, dass der Erfolg in der Umsetzung nicht eine strukturell-inhärente Eigenschaft der Modelle bzw. Ansätze ist. Allerdings ist heute eine Vielzahl neuer technischer Möglichkeiten gegeben, welche in Verbindung mit den hier dargelegten Erkenntnissen die Umsetzung und Realisierung der Potenziale in speziellen Informationssystemen erlaubt.

Mit dem Systemdenken soll vor allem ein ganzheitlicher Ansatz verfolgt werden, der es erlaubt, die Struktur komplexer Situationen oder Probleme zu erkennen, ohne in Details verwickelt zu werden. Bei der Suche nach Handlungsalternativen und bei der Bewertung derselben müssen neben eventuellen kausalen Wirkungszusammenhängen vor allem die vernetzten Beziehungen des gesamten Systems bzw. der Organisation berücksichtigt werden. Langfristige Lösungen erfordern somit ein Verständnis von Verhaltensmustern über die Zeit hinweg. Das Systemdenken wird von Senge gleichzeitig als integrative Disziplin angesehen, die alle anderen Disziplinen miteinander verbindet. Es sind alle Disziplinen gemeinsam erforderlich, um eine lernende Organisation zu entwickeln, und es darf nicht übersehen werden, dass in vielen Unternehmen zuerst die entsprechende Einstellung erreicht werden muss, die in den fünf Disziplinen quasi „verkörpert" wird.

Für die Umsetzung des Systemdenkens ist das sogenannte Feedback-Prinzip von besonderer Bedeutung. Gemeint ist dabei allerdings nicht die herkömmliche Auffassung von Feedback, sondern das Denken in Regelkreisen und zyklischen Zusammenhängen. Ohne an dieser Stelle näher auf Details einzugehen, können ganz allgemein verstärkende Prozesse (Wachstumsprozesse) sowie hemmende Prozesse (bzw. Schrumpfungsprozesse) und ausgleichende Prozesse (mit und ohne Zeitverzögerung) unterschieden werden. Die Darstellung dieser zyklischen Zusammenhänge erfolgt mit speziellen Techniken wie z.B. Systemdiagrammen. Senge greift also mit der fünften Disziplin auf die Erfahrungen und Ergebnisse zurück, die bisher im Rahmen der Systemtheorie entwickelt und eingesetzt wurden (vgl. Lehner et al. 1995). Es sei hier nochmals besonders hervorgehoben, dass die menschliche Sprache aufgrund ihrer Struktur das Denken in linearen und kausalen Zusammenhängen wesentlich besser unterstützt als die hier geforderte zyklische und vernetzte Sicht. Als Hilfestellung bei diesem Umdenkprozess bieten sich so genannte System-Archetypen an. Dabei handelt es sich um Grundmuster oder Strukturen von Abläufen in der Organisation. Senge erläutert neun dieser Archetypen, die allesamt auf verstärkenden oder ausgleichenden Prozessen beruhen (vgl. Senge 1994, S. 378, sowie Senge 1990, S. 16f.). Mit der Identifikation dieser Archetypen in einer komplexen Problem- oder Aufgabenkonstellation bieten sich gewöhnlich auch Möglichkeiten für eine Systemveränderung an. Die Ähnlichkeiten bzw. Überschneidungen mit den bekannten Ansätzen der Systemtheorie und der Organisationsentwicklung sind offensichtlich.

Der Einsatz von Technologien und computergestützten Medien hat in Verbindung mit dem Systemdenken vor allem eine beschleunigende Wirkung in Bezug auf das organisatorische Lernen. Die Technologien können auch dazu eingesetzt werden, Mikrowelten zu bilden, mit deren Hilfe reale Situationen simulierbar sind. Auf diese Weise erhält man eine experimentelle Lernsituation und kann Verhaltensfehler frühzeitig aufdecken sowie Entscheidungsprozesse einüben. Nach der Einschätzung Senges wird der Einsatz dieser Technologien im

Unternehmen der Zukunft genauso selbstverständlich sein, wie dies heute Teamsitzungen sind.

Zentrale Aussagen

Durch die Popularität des Themas und die damit verbundene enorme und differenzierte Literaturfülle ist eine Identifizierung zentraler und allgemein gültiger Aussagen schwierig. Dies führt natürlich auch zu gewissen Orientierungsproblemen. Garvin (vgl. Garvin 1993) kommt sogar zur Feststellung, dass dieses Ziel weiter entfernt ist als zu Beginn der Auseinandersetzung mit dem Thema. Mitverantwortlich dafür werden u.a. die unzureichende Offenlegung oder Klärung der organisationstheoretischen Grundannahmen sowie eine „Kumulation von Rezeptionsfehlern" im Laufe der Entwicklung gemacht (vgl. Wiegand 1996, 310 f.). Wiegand stellt außerdem das Fehlen einer ernstzunehmenden empirischen Forschungsgrundlage fest. Beim Versuch einer organisationstheoretischen Einordnung kommt er hinsichtlich eines kleinsten gemeinsamen Nenners zu folgendem Schluss (Wiegand 1996, S. 312 f.):

- In Bezug auf das Verhältnis zwischen individuellem und organisatorischem Lernen wird zunehmend ein Konstitutionsmodell zugrunde gelegt. Dahinter stehen u.a. die Konzepte von Systemtheorie und Selbstorganisation. Die Organisation wird nach diesen Vorstellungen von den Organisationsmitgliedern und deren Kommunikation(skompetenzen) „erschaffen".
- Organisatorisches Lernen wird weder durch die Umwelt determiniert, noch muss es notwendigerweise durch die Umwelt ausgelöst werden. Vielmehr ist es das Wissen (in allen Erscheinungsformen), das den Ausgangspunkt, aber auch das Ergebnis organisatorischer Lernprozesse bildet.
- Hinsichtlich der Lernprozesse und der Lerninhalte (Wissen) sind sowohl interpretative als auch kognitive Aspekte relevant. Dies bedeutet einerseits, dass organisatorisches Lernen immer auch einen individuellen Beitrag benötigt (Individuen als Agent oder Motor des Lernens), andererseits, dass das organisatorische Lernen der interpretativen Organisationswissenschaft zugeordnet werden sollte.
- Organisatorisches Lernen ist von anderen Ansätzen des Wandels, insbesondere des radikalen Wandels klar abzugrenzen.

Auf eine abschließende Bewertung, einen Vergleich oder eine Empfehlung einzelner Ansätze wird bewusst verzichtet. Die Vielfalt wird grundsätzlich positiv bewertet und muss in der Praxis keineswegs zu einem Auswahldilemma führen. Sie wird zunächst als deutliches Indiz für die Relevanz des Themas gewertet. Ähnlich wie bei der Prozessorientierung geht es auch beim organisatorischen Lernen um eine allgemeine Grundeinstellung. Man kann die einzelnen Ansätze dann als verschiedene Sichten und Auffassungen eines sehr komplexen Phänomens verstehen. Sie spiegeln einerseits einen unterschiedlichen Erkenntnisstand, andererseits eine bestimmte Forschungsperspektive wider.

Verbindung zu anderen Konzepten

Eine erste Beziehung zwischen organisatorischem Lernen und dem Wissensmanagement zeigen Nonaka und Takeuchi mit ihrem Fünf-Phasen-Modell der Wissensschaffung in Unternehmen auf (vgl. Nonaka/Takeuchi 1995, 100). Schüppel betrachtet das organisatorische Lernen als notwendige Voraussetzung einer erfolgreichen Gestaltung des Wissensmanagements (vgl. Schüppel 1996, S. 192 - 195). Wissen stellt somit zugleich Input als auch Output des organisationalen Lernens dar. Probst et al. (vgl. Probst et al. 1997, S. 23) definieren in ähnlicher Weise organisationales Lernen als Veränderung der organisationalen Wissensbasis und das Wissensmanagement als Interventionskonzept zur Gestaltung der organisationalen Wissensbasis. Eine neuere Untersuchung zum Einfluss des Wissensmanagements auf die lernende Organisation stammt von Chawla und Joshi (2011).

Das organisatorische Lernen verbessert ganz allgemein die Kommunikation im Unternehmen, die gemeinsame Informationsbasis, das Verständnis, die Qualität von Entscheidungsprozessen, die Anpassungsfähigkeit, die Effizienz in Zeiten des Wandels etc. (vgl. z.B. Dodgson 1993, Nevis et al. 1995). Organisatorisches Lernen wird auch als die wesentliche Voraussetzung für Innovation angesehen (vgl. Brown/Duguid 1991, Landry 1992). Viele Autoren (z.B. Duncan/Weiss 1979, Dodgson 1993) weisen ferner darauf hin, dass organisatorisches Lernen mehr als nur die Summe des individuellen Lernens ist. Eine Organisation verliert ihre Lernfähigkeit auch dann nicht, wenn einzelne Organisationsmitglieder das Unternehmen verlassen. Erklärt wird dies mit dem Vorhandensein des organisatorischen Gedächtnisses (vgl. Abschnitt 3.1.2). Das organisatorische Lernen beeinflusst daher nicht nur das Verhalten der momentanen Organisationsmitglieder, sondern auch das der zukünftigen. Der Hinweis auf die enge Verbindung zwischen organisatorischem Lernen und dem organisatorischen Gedächtnis findet sich bereits in frühen Veröffentlichungen (vgl. z.B. Hedberg 1981). Wenn diese Prozesse heute zunehmend technisch unterstützt werden, wird indirekt natürlich auch ein Beitrag zur Verbesserung der organisatorischen Leistungsfähigkeit angestrebt. In einer interessanten Studie zum organisatorischen Gedächtnis untersuchte Covington (Covington 1985) einige Teilorganisationen des National Security Councils. Dabei identifizierte er sechs Determinanten, die das organisatorische Gedächtnis nachhaltig beeinflussen:

- personelle Veränderungen,
- Dokumentations- und Aufzeichnungsvorschriften,
- Zusammenarbeit zwischen neuen und alten Mitarbeitern,
- längerfristige Zielkompatibilität,
- Aufgaben- bzw. Job-Routine und
- Kontrolle und Planung bei Neueinstellungen.

Die nähere Betrachtung dieser Determinanten führt zur Erkenntnis, dass sie nicht unabhängig sind und dass sie auch in anderen Konzepten aufscheinen. Diese Konzepte (z.B. Lean Management und Business Reengineering) wiederum werden von vielen Autoren in enge Verbindung mit dem organisatorischen Lernen gebracht (vgl. z.B. Schäfer 1997, S. 39 - 41). Im Lean Management wird beispielsweise die zielgerichtete Einbeziehung der Mitarbeiter in die Problemlösungsprozesse gefordert. Voraussetzungen dafür sind neben der Fähigkeit zur Problemlösung ein unternehmerisches, eigenständiges und kooperatives Verhalten der Mitarbeiter. Dies kann durch Maßnahmen der Personalentwicklung, Kaizen, Continuous Improvement u.a. m. gezielt gefördert und verbessert werden. Auf diese Weise entsteht eine lernende Organisation im Sinne einer Verlagerung der Prozesse von zentralen Abteilungen in die Fachabteilungen.

Nicht übersehen werden sollte außerdem die enge Verbindung zwischen organisatorischem Lernen und der organisatorischen Intelligenz (vgl. Abschnitt 3.1.4), aber auch mit der Organisationskultur (vgl. z.B. Schein 1996 sowie Abschnitt 3.1.6) und mit dem Prozessdenken generell (vgl. z.B. Kock 1999 sowie Abschnitt 1.2).

3.1.2 Organisatorisches Gedächtnis

Begriffsverständnis

Allgemein bezeichnet man mit **Gedächtnis** ein System von Fähigkeiten, um Wahrgenommenes, Erlebtes oder Erfahrenes über die zeitliche Dauer des aktuellen Geschehens hinaus zu speichern und zu einem späteren Zeitpunkt wieder abrufen zu können (vgl. Buchner/Brandt 2017). Ohne Gedächtnis ist kein Lernen möglich. Dieses Verständnis eines menschlichen Gedächtnisses liefert das Vorbild für das organisatorische Gedächtnis, welches in Zusammenhang mit dem organisatorischen Lernen immer wieder als die wichtigste Voraussetzung hervorgehoben wird. Die Verwendung des Begriffes „organisatorisches Gedächtnis“ bedeutet keineswegs, dass Organisationen über ein „Gehirn“ verfügen. Der Begriff bringt zunächst lediglich zum Ausdruck, dass sowohl Organisationsmitglieder als auch beispielsweise Schriftstücke oder Dateien Wissen enthalten, das zum Abruf bereitsteht (vgl. Oberschulte 1996, S. 53). Davon zu unterscheiden, ist die metaphorische Verwendung, die auf ein spezifisches Organisationsverständnis abzielt und die Organisationsgestaltung unterstützen soll.

Zahlreiche Funktionen eines „Gedächtnisses“ sind immanent auch ohne softwaretechnische Unterstützung in jeder Organisation vorhanden (z.B. in Form von Such- oder Erinnerungsprozessen mittels telefonischer Nachfragen, oder als Brainstorming bei Teamsitzungen). Typische Anfragen an ein solches „Gedächtnis“ sind:

- Gab es da nicht schon einmal einen ähnlichen Fall?
- Wie haben wir das bisher gemacht?
- Kann sich jemand noch erinnern, wie ....?
- Hat jemand bereits Erfahrungen auf diesem Gebiet?
- Wie kann die Erfahrung des Unternehmens bei der Entwicklung neuer Produkte genutzt werden?
- Welches Produkt könnte Ähnlichkeiten mit dem neuen Entwurf aufweisen?
- Welche Probleme gab es bei der Projektdurchführung?
- Wie kann das Potenzial der wichtigsten Konkurrenten eingeschätzt werden?
- etc.

Wie für die personale bzw. individuelle Ebene, die z.B. in der Individualpsychologie und Lernpsychologie untersucht wird, gibt es mittlerweile auch für die kollektive und die organisatorische Ebene Definitions- und Erklärungsversuche, die sich auf das Gedächtnis und die damit verbundenen Phänomene beziehen. Diese Definitionen sind verdichtete und generalisierte Erklärungsversuche, welche natürlich nicht ohne weitere Konzeptualisierung auskommen. Sie stellen aber einen ersten Zugang für ein tieferes Verständnis dar. Die intensive wissenschaftliche Auseinandersetzung mit der Thematik begann Ende der 70er, Anfang der

80er Jahre und wurde zunächst überwiegend in den USA geführt. Duncan und Weiss schlagen in diesem Zusammenhang folgende Definition vor, die nach wie vor Aktualität besitzt (vgl. Duncan/Weiss 1979, S. 86 f.):

> „**Organisational Knowledge Base** = Gesamtheit des kooperativ vermittelten Wissens und Könnens innerhalb einer Organisation."

Hedberg entwickelt diesen wissensbasierten Ansatz weiter. Er führt 1981 als Erster den Begriff des „Organisational Memory" ein (vgl. Hedberg 1981):

> „Das **Organisational Memory** legt die kognitiven Strukturen der Informationsverarbeitungsprozesse der gesamten Organisation, die Theory of Action, fest."

Huber definiert den Begriff später unter dem Eindruck der Diskussion zum organisatorischen Lernen wie folgt (vgl. Huber 1991, S. 90):

> „**Organisational Memory** is the means by which knowledge is stored for future use."

Vertreter und Ansätze

Die Diskussion um die Existenz eines organisatorischen Gedächtnisses hat eine längere Tradition, als man zunächst vermuten würde. Die Spur führt zurück bis ins Ende des 19. Jahrhunderts. Der Begriff wurde von der Durkheim-Schule in der Soziologie geprägt. Durkheim behauptete, dass sich die kollektive Erinnerung aus den Erinnerungen einzelner Individuen zusammensetzt, welche Informationen durch den Austausch von Symbolen miteinander teilen (vgl. Stein 1995, S. 19).

Kirsch prägte in seinen Arbeiten den Begriff der organisatorischen Wissensbasis für den deutschsprachigen Raum. Darauf aufbauend, entwarf Pautzke 1989 ein Schichtenmodell (vgl. Bild 3.4) der organisatorischen Wissensbasis, das eine wichtige Basis für weitere Forschungen und Konzepte bildete.

Die ersten beiden Schichten bilden das der Organisation aktuell zugängliche Wissen, also das eigentliche organisatorische Gedächtnis (Organisational Memory). Die latente organisatorische Wissensbasis (dritte und vierte Schicht) umfasst hingegen das der Organisation potenziell zugängliche Wissen. Zur fünften Schicht gehört schließlich sämtliches sonstige im Kosmos vorhandene Wissen.

Nach Walsh und Ungson setzt sich das organisatorische Gedächtnis aus mehreren Komponenten (Personen, Organisationskultur, Unternehmensabläufe und Transformationsprozesse, Organisationsstruktur, Arbeitsumfeld und Arbeitsplatzgestaltung, Externspeicher) zusammen und umfasst mindestens eine Aufbewahrungsmöglichkeit für Informationen (retention facility), die darin enthaltenen Informationen sowie die Informationsbeschaffungs- und die Suchprozesse (vgl. Walsh/Ungson 1991, S. 61). Informationen werden dabei in einem entscheidungsorientierten Sinne als Auslöser (Stimulus) oder Reaktion (Response) bei Entscheidungen verstanden. Der Zweck des organisatorischen Gedächtnisses wird in der Verbindung zwischen Vergangenheit und gegenwärtigen Entscheidungssituationen gesehen. Auf die Schwierigkeiten der Definition und Lokalisierung des organisatorischen Gedächtnisses wird von den Autoren mehrfach hingewiesen. Trotzdem halten sie das Konstrukt für zweckmäßig und präzisieren die Struktur des organisatorischen Gedächtnisses. Dabei sei nochmals betont, dass sie nicht von einem umfassenden Wissensbegriff ausgehen, sondern lediglich die entscheidungsrelevanten Informationen in ihrem Konzept berücksichtigen. Der Ansatz kann damit in die Tradition des Informationsbegriffs der klassischen Betriebswirtschaftslehre eingeordnet werden, der Informationen als handlungs- oder entscheidungsorientiertes Wissen erklärt.

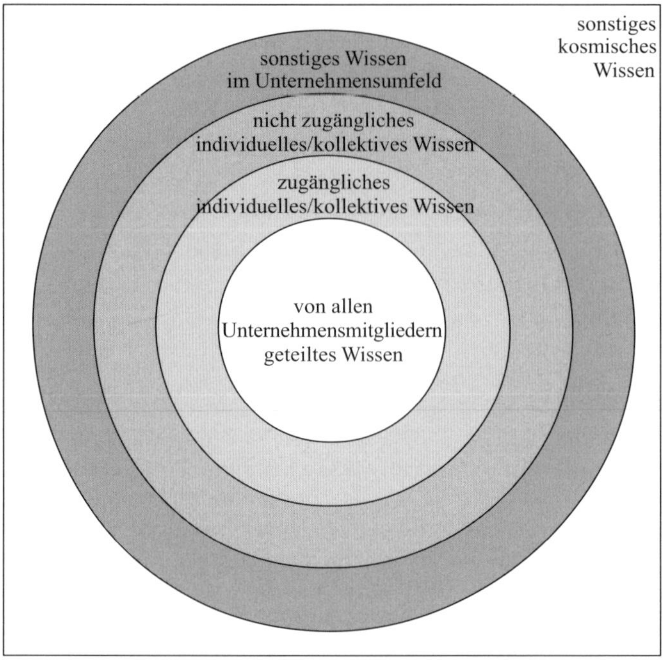

Bild 3.4 Horizontales Schichtenmodell der organisatorischen Wissensbasis (Güldenberg/Eschenbach 1996)

Einen weiteren Ansatz liefert Wegner, welcher Untersuchungen zum Gruppengedächtnis aus der Psychologie aufgreift und ein aus drei Komponenten (vgl. Bild 3.5) bestehendes Transactive-Memory-System (TMS) konzipiert (vgl. Wegner 1987, S. 186ff., nach Maier/Kunz 1998, S. 12f., Wegner et al. 1991, siehe auch Ling et al. 2011, Choi 2010). Die drei Komponenten individuelles, externes und transaktives Gedächtnis werden anschließend kurz beschrieben.

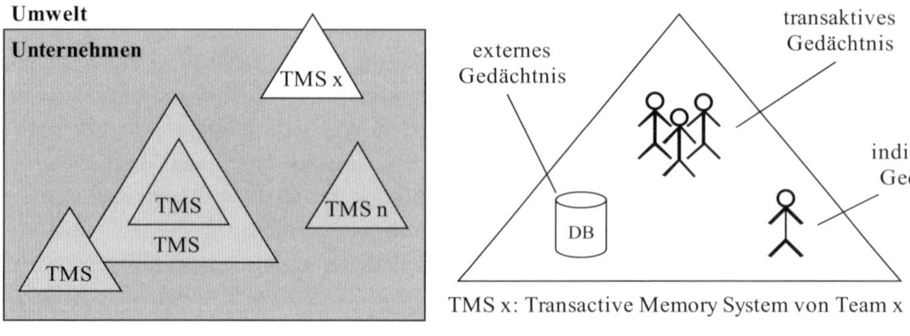

Bild 3.5 Struktureller Zusammenhang zwischen Transactive-Memory-Systemen

Individuelles Gedächtnis (individual memory): Zu seiner Charakterisierung benutzt Wegner die bekannte phasenorientierte Sicht auf die menschliche Informationsverarbeitung

(Kodierung, Speicherung, Wiederauffinden). Einzelne Informationselemente werden als miteinander verbundene Sets gespeichert. Das Gedächtnis umfasst auch ein Meta-Gedächtnis, welches Wissen über das gespeicherte Wissen enthält. Es hat einen wesentlichen Einfluss darauf, wie gut jemand sein Gedächtnis benutzen kann.

Externes Gedächtnis (external memory): Hierbei handelt es sich um gespeicherte Informationen, die außerhalb des individuellen Gedächtnisses gespeichert sind (z.B. Bücher, CD, PC). Im individuellen Gedächtnis wird im Allgemeinen nur der „Zugriffspfad" zum externen Gedächtnis gespeichert. Neben dem Schlüssel zum Wiederauffinden (Bezeichnung der Information) wird noch ein Standort benötigt, um auf Informationen im externen Gedächtnis zugreifen zu können. Selbstverständlich können für eine Informationseinheit mehrere Schlüssel und auch mehrere Standorte bekannt sein. Wegner vermutet, dass ein großer Teil unseres individuellen Gedächtnisses für die Speicherung von Informationen über diese Standorte verwendet wird.

Transaktives Gedächtnis (transactive memory): Neben Büchern und anderen Speichermedien können auch Personen als externes Gedächtnis dienen. Personen treten dabei wechselseitig als Externspeicher füreinander auf. Auf diese Weise entsteht in Gruppen ein wechselseitig abhängiges System der Wissensbewahrung, das größer und komplexer als jedes einzelne, individuelle Gedächtnis ist. Der Begriff „transaktiv" beschreibt die Eigenschaft dieses Systems, Informationen in Transaktionen zu verarbeiten, an denen mehrere Personen beteiligt sind. Dies betrifft die Codierung, die Speicherung und das Wiederauffinden.

In Tabelle 3.2 werden zusammenfassend einige Ansätze aufgelistet, die sich mit dem Konzept des organisatorischen Gedächtnisses befassen.

Tabelle 3.2 Übersicht an Organisational-Memory-Ansätzen

Vertreter	Ansatz
Hartwick et al. 1982	Group Remembering
Wegner 1987	Gruppengedächtnis und Transactive-Memory-System
Pautzke 1989	Organisatorische Wissensbasis
Walsh/Ungson 1991	Organisational Memory
Sachmann 1992, Willke 1995	Organisatorische Wissensbasis
Watson 1996	Technologisches Konzept des Organisational Memory
Wiegand 1996	Organisation als Wissensspeicher
Eulgem 1998	Computergestützte Organisationsgedächtnis
Lehner 2000	Organisational Memory

Vergleicht man die Theorieansätze und Perspektiven zum organisatorischen Gedächtnis, so lassen sich mehrere Gruppen unterscheiden:

- **Strukturtheorien**, die eine Aussage über die Struktur der Inhalte oder den Aufbau des organisatorischen Gedächtnisses machen (siehe z.B. Pautzke 1989, Walsh/Ungson 1991).
- **Prozesstheorien**, welche die Arbeitsweise des Gedächtnisses, die Entwicklung des Gedächtnisses, konkrete Gedächtnisfunktionen oder einzelne Gedächtnisleistungen erklären (siehe z.B. Eulgem 1998, Hartwick et al. 1982).

- **Inhaltstheorien**, welche das organisatorische Gedächtnis über die repräsentierten Objekte, die gespeicherten Wissensinhalte u. ä. erklären. In diese Kategorie sind auch zahlreiche Arbeiten aus dem Bereich der künstlichen Intelligenz einzuordnen (siehe z. B. Mylopoulos et al. 1990, Reimer 1991, Richter 1992, Bibel et al. 1993, Clancey 1997; siehe auch Abschnitt 3.4.2). Am Rande sei noch auf Auffassungsunterschiede zum Thema „Inhalt" hingewiesen, da z. B. unter dieser Überschrift bei Stein (vgl. Stein 1995, S. 22 f.) auch ein Sender-/ Empfänger-Modell zu finden ist, welches auf den Arbeiten von Shannon und Weaver aufbaut.
- **Studien über Wissensspeicher, -träger und -medien**, welche sich vor allem mit den Aufbewahrungsformen des kollektiven oder institutionellen Wissens befassen. Es geht dabei vor allem um das nicht-personalisierte und um das überpersonale Wissen und um seine Allokation außerhalb des individuellen Gedächtnisses.
- **Technologische Ansätze**, welche von den technischen Speichermöglichkeiten und den computergestützten Repräsentationsformen von Wissen ausgehen und diese in den Mittelpunkt der Betrachtung rücken (z. B. Bibel et al. 1993, Watson 1996, Studer et al. 1997).

Der theoretische und empirisch gesicherte Wissensstand ist allerdings in allen genannten Bereichen noch gering oder gar nicht gegeben, sodass sich ein umfangreicher Forschungsbedarf feststellen lässt.

Zentrale Aussagen

Die Tatsache, dass sich noch keine eindeutige oder einheitliche Begriffsverwendung herausgebildet hat, ist zunächst ein Zeichen für die Lebendigkeit und Neuheit des Forschungsthemas. Wie die Ausführungen bisher zeigten, sind auch die Begriffsinhalte nicht immer identisch, weil sie zum Teil aus unterschiedlichen Wissenschaftsdisziplinen stammen und damit natürlich auf unterschiedliche Erkenntnisziele ausgerichtet sind. Soweit dies jedoch beim augenblicklichen Wissensstand gesagt werden kann, ist der Gegenstand der Erkenntnis und Analyse weitgehend derselbe. Unter Vernachlässigung der Perspektive, die mit der Terminologie einer Wissenschaft verbunden ist, kann daher mit einer gewissen Berechtigung von Synonymen gesprochen werden, da die adressierten Phänomene interdisziplinär sind und keine Disziplin ausschließlicher „Problem Owner" ist. Bild 3.6 fasst den aktuellen Stand der Begriffsverwendung und ihre Beziehungen zu den Konzepten nochmals zusammen.

Eine umfassende und integrative Theorie zum organisatorischen Gedächtnis existiert bislang allerdings nicht. Hinweise auf diese Multidisziplinarität und die damit verbundenen Probleme finden sich vereinzelt in der Literatur (z. B. bei Buckingham Shum 1998, S. 55, Resnick et al. 1991 und bei Wargitsch 1998, S. 19). Der erste Versuch, eine systematische Zusammenstellung der Konzepte und Ansätze zum organisatorischen Gedächtnis vorzunehmen, stammt von Stein (Stein 1995, S. 20 f.). Auch hier ist nicht zu übersehen, dass die Erklärungsversuche oft von einem intuitiven Verständnis ausgehen oder auf einem solchen aufbauen. Insbesondere dem Transactive-Memory-System wird inzwischen aber auch eine praktische Bedeutung und eine positive Wirkung auf die Gruppenleistung bestätigt (Wang et al. 2018).

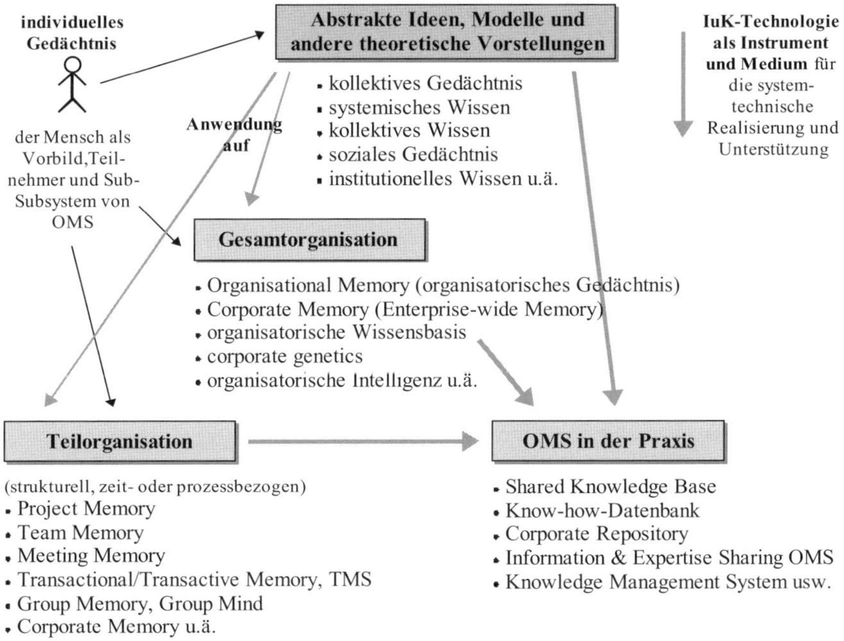

Bild 3.6 Zusammenhang zwischen den Begriffen und Konzepten

Verbindung zu anderen Konzepten

Das organisatorische Gedächtnis wird in der Literatur oftmals zusammen mit dem Konzept des organisatorischen Lernens beschrieben (vgl. Müller-Stewens/Pautzke 1996, Wahren 1996, Schüppel 1996). Hierbei wird es als notwendige Voraussetzung des organisatorischen Lernens betrachtet. Das Gedächtnis enthält als Inhalte Wissen, welches zum einen notwendig für jegliche organisatorische Kommunikation und Handlung ist und zum anderen im Prozess des organisatorischen Lernens eine Output-Variable darstellt (vgl. Schreyögg/Noss 1995, S. 177).

In der Organisationskultur manifestieren sich nach Walsh und Ungson (vgl. Walsh/Ungson 1991, S. 64) die Erfahrungen der Vergangenheit. Somit übernimmt die Kultur auf diese Weise ganz unmittelbar die Rolle eines Speichers. Als Ausprägungsformen finden sich die in der Organisation verwendete Sprache, gemeinsame Rahmenkonzepte, Symbole, Artefakte, Geschichten, Mythen und Gerüchte. Somit manifestiert sich das organisatorische Wissen auf der Ebene der Artefakte, der Normen und der Grundannahmen im Kulturmodell nach Schein (vgl. Abschnitt 3.1.6).

Das Wissensmanagement befasst sich mit jenen Aufbau- und Veränderungsprozessen des organisatorischen Gedächtnisses, die lenkbar sind. Im Gegensatz dazu stellt das organisatorische Lernen auf die Beschreibung dieser Prozesse ab. Wissensmanagement kann somit als integrierendes Konzept zur Gestaltung und Nutzung der organisationalen Wissensbasis verstanden werden (vgl. Probst et al. 1997, S. 44 f.). In Bild 3.7 ist das Modell eines integrierten Wissensmanagements nach Maier und Kunz dargestellt (vgl. Maier/Kunz 1998, S. 74, sowie Maier 2004, S. 421) und es werden die Beziehungen zu den Konzepten organisatorisches Gedächtnis, organisatorisches Lernen und Organisationskultur aufgezeigt.

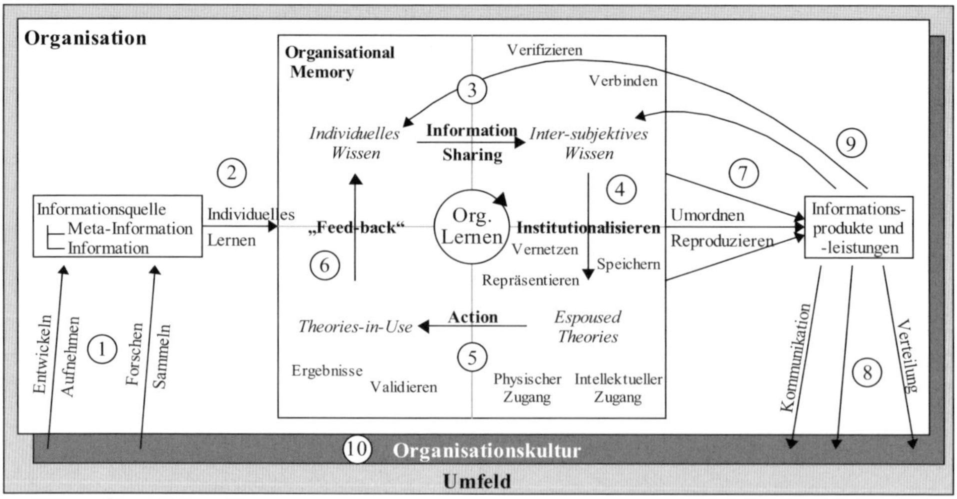

Bild 3.7 Modell der organisatorischen Informationsverarbeitung (vgl. Maier/Kunz 1998, S. 74)

3.1.3 Organisatorischer Wandel

Begriffsverständnis

Unter dem Begriff des organisatorischen Wandels wird im Allgemeinen die bewusste Veränderung der Organisation, der Struktur und der Prozesse verstanden. Eine solche Änderung wird durch veränderte externe und interne Einflussfaktoren bedingt (siehe Tabelle 3.3). Der organisatorische Wandel wird oftmals auch als organisatorische Transformation bezeichnet (vgl. z.B. Levy/Merry 1986, Espejo et al. 1996, Klimecki/Gmür 1996). Das Wort Transformation soll dabei die im Gegensatz zum organisatorischen Lernen radikalere Veränderung unterstreichen. Levy und Merry beschreiben die organisatorische Transformation als Wandel 2. Ordnung (Revolution). Im Gegensatz dazu bezeichnen sie das organisatorische Lernen als Wandel 1. Ordnung (Evolution).

In der Organisationswissenschaft ging man lange Zeit davon aus, eine organisatorische Veränderung rational planen und durchsetzen zu können (internationaler Wandel). Das organisatorische Problem wurde hierbei in der Auswahl einer optimalen Alternative gesehen, dessen Lösung auf Anweisungsebene den Organisationsmitgliedern kommuniziert und unter Einräumung einer Toleranzzeit zur Pflicht wurde. Mit dem Human-Ressources-Ansatz erfolgte eine erste Sensibilisierung für die Komplexität des organisatorischen Wandels. Ausgehend von der Einsicht, dass die Werte, Normen und Einstellungen der Organisationsmitglieder den Erfolg eines organisatorischen Veränderungsprozesses determinieren, entwickelten sich seit den 80er Jahren zahlreiche Ansätze (vgl. z.B. Hannan/Freeman 1984, Wiegand 1996) zum organisatorischen Wandel.

Tabelle 3.3 Einflussfaktoren auf die Organisation (Bea/Göbel 2002, S. 398)

Externe Einflussfaktoren	Interne Einflussfaktoren
1. Markt 2. Gesellschaft 3. Recht	1. Zielsystem des Unternehmens 2. Strategie des Unternehmens 3. Fertigungstechnologie und Informationstechnologie 4. Unternehmenskultur

Vertreter und Ansätze

Zur Überwindung von Widerständen gegen die Abscheu von organischen Speisen stellte bereits Lewin in den 40er Jahren Experimente an, die später auf organisatorische Veränderungsprozesse übertragen wurden (vgl. Lewin 1943, S. 60).

Das Konzept des organisatorischen Wandels wurde insbesondere im situativen Ansatz der Organisationswissenschaft aufgegriffen, in welchem ein „Fit" zwischen der Organisation und ihrer Umwelt postuliert wurde, den es mit Hilfe eines organisatorischen Wandels zu erreichen gilt (vgl. Kieser/Kubicek 1992, S. 60, sowie Bea/Göbel 2002, S. 91). Von der Veränderung bleiben die Grenzen zwischen Organisation und Umwelt, demnach zwischen Ursache und Wirkung unangetastet. Dass genau diese Grenze jedoch mit dem organisatorischen Wandel virulent wird, monieren Klimecki und Gmür (vgl. Klimecki/Gmür 1996, S. 4).

Exkurs: Modelle und Theorien des organisatorischen Wandels

Wir sind es gewohnt, Organisationen als zusammenhängende und integrierte Gebilde zu verstehen. Sie können physisch in einem Gebäude oder in Gebäudekomplexen lokalisiert werden, in denen sich auch die zugehörigen Mitglieder aufhalten, und wo sich die erforderlichen Anlagen, Geräte, Materialien, Informationen etc. befinden. Physische Standortstrukturen, arbeits- und gesellschaftsrechtliche Vertragsbeziehungen sowie soziale Verbindungen und Interaktionen definieren im Bewusstsein der meisten Beobachter die Grenze zwischen Organisation und Umwelt. Weite Teile des Wirtschaftslebens scheinen dem Lehrbuchbild von Unternehmen allerdings nicht mehr zu entsprechen (vgl. Picot/Reichwald 1994).

Für die Verschiedenheit bzw. die Veränderung von Organisationen gibt es recht unterschiedliche Erklärungsansätze. Diese sind im vorliegenden Kontext von Bedeutung, weil sie verstehen helfen, wie Wissensmanagementsysteme die Bewältigung von Veränderungsprozessen unterstützen können. Dabei ist zunächst wichtig, die verschiedenen Arten des Wandels nicht miteinander zu vermischen, da sowohl das Messobjekt (Organisation) als auch die Messart einem Wandel unterworfen sind (vgl. Terborg et al. 1980):

- Der **Alpha-Wandel** beschreibt einen Wandel, der sich auf der Ebene der Phänomene vollzieht, während Typ, Dimension und Kriterium für die Bewertung des Phänomens konstant bleiben (z. B. Produktivitätsauswirkung von IuK-Systemen).

- Beim **Beta-Wandel** bleiben Dimension und Art des Phänomens gleich, die Messung verwendeter Kriterien bzw. Werte ändert sich.
- Der **Gamma-Wandel** berücksichtigt auch Änderungen der Weltsicht und der Wirklichkeit: Phänomene sind vor und nach dem Wandel nicht direkt vergleichbar. D. h. Abläufe verändern sich nicht nur in Bezug auf die Technologie, sondern können uns essentiell anders erscheinen und deshalb neuartig bewertet werden.

Die Thematik der Komplementarität zwischen der (inneren) Konfiguration einer Organisation – Strategien, Strukturen, Prozessen – und ihrer Umwelt wurde insbesondere von den **Kontingenztheorien** (Kieser/Kubicek 1978, Bedeian 1994, S. 327) angesprochen. Verdeutlicht wird von diesen Theorien, dass ein organisationales Wohlergehen einen „Fit“ oder „Match“ zwischen äußerer Umwelt und innerem Gefüge voraussetzt. Die Umweltbedingungen selbst – insbesondere in der Gestaltung einer Volkswirtschaft bzw. einzelner Branchen – folgen einigen wenigen „Grundgestalten“ nach dem jeweiligen ökonomischen und technischen Wissensstand. Im Sinne der Herstellung einer „Match“-Situation besteht die Tendenz der Anpassung zwischen der Gestalt der Umwelt und der organisationalen Konfiguration. Der Anpassungsvorgang wird im Allgemeinen wechselseitig erfolgen.

Auch die **„Population Ecology Theory“** bzw. der Sozialdarwinismus (Hannan/ Freeman 1977, vgl. auch Wiegand 1996, S. 141 – 143; zur Kritik siehe z. B. Kieser 1988) liefert wie die Kontingenztheorie Hinweise auf eine Komplementarität bei einer Reduktion der Arten-(Konfigurationen-)Vielfalt. Im Sinne dieser Denkweise sind Organisationen Selektionsprozessen unterworfen, die biologischen Systemen gleichen. Beide überleben nur dann, wenn sie ihrer Umwelt angepasst sind. Der Entwicklungsprozess „des Aufsteigens von einem Niedrigeren zu einem Höheren und Wertvolleren“ folgt einer Art „Automatismus“, der im Wesentlichen selbstständig abzulaufen scheint. Übertragen auf eine Organisation bzw. auf eine bestimmte Abteilung oder Funktion einer Organisation würde ein derartig enger Evolutionsbegriff den zuständigen Managern aber bestenfalls Reaktionsmöglichkeiten innerhalb eines relativ begrenzten und abgesteckten Rahmens lassen. Da diese Annahme der Realität allenfalls in extremen Ausnahmefällen gerecht werden dürfte, soll „Evolution“ nachfolgend in einer erweiterten Definition als eine Entwicklung verstanden werden, die zwar bestimmten, noch näher zu beschreibenden Mustern folgt, deren Verlauf jedoch durchaus exogen beeinflussbar ist. Es werden somit auch „revolutionäre“ Elemente im Sinne planender und bewusst steuernder Eingriffe in eine selbstinduzierte Entwicklung zugelassen. Eine ähnliche Begriffsauffassung findet sich bei Greiner (vgl. Greiner 1972), der ein Modell für die Entwicklung von Organisationen erstellt hat, das er explizit mit „evolution and revolution as organizations grow“ überschreibt. Ruhige, „evolutionäre“ Phasen wechseln nach Greiner im Rahmen des Wachstums von Organisationen mit turbulenten, „revolutionären“ Phasen ab, die dann eine Reaktion durch das Management erfordern.

Die grundlegenden Evolutionsmechanismen werden vielfach als universell gültig angesehen. Sie sollen also die Entwicklung des Lebens insgesamt genauso erklären können wie die Entwicklung von Gesellschaften, Sprachen, bestimmter Verhaltensformen oder der Technologienutzung (vgl. dazu z. B. Lehner 1997). Bei den Mechanismen der Evolution handelt es sich um Variation, Selektion und Reproduktion. Die Gemeinsamkeit zwischen den vielfältigen Erklärungsbereichen, die unter dem Prozess der Evolution zusammengefasst werden, besteht oft lediglich in der Tatsache, dass Details über den Prozess selbst weitgehend unbekannt sind. Diese Feststellung lässt sich durch den Vergleich mit dem Evolutionsprozess nach der synthetischen Evolutionstheorie, der über eine entsprechende wissenschaftliche Tradition verfügt, näher präzisieren. In diesem Prozess werden folgende Schritte unterschieden (vgl. Kieser 1993):

- Grundlage für die Analyse ist die sogenannte Population, die durch Zugehörigkeit zu einem Gen-Pool definiert ist. Mit Gen-Pool werden alle Eigenschaften bezeichnet, deren Hilfe die einzelnen Populationsmitglieder in Anspruch nehmen, um Problemlösungen für die Auseinandersetzung mit ihrer Umwelt zu finden.
- Der Gen-Pool kann durch das Auftreten so genannter Mutationen erweitert werden. Diese Mutationen stehen zunächst in keinem erklärbaren Zusammenhang zu den Problemlösungsbedürfnissen der Population.
- Die Mitglieder der Population besitzen die Fähigkeit zur Selbstreplikation oder Reproduktion. Durch die Reproduktion wird der Gen-Pool einerseits durchgemischt, andererseits um neue Eigenschaften angereichert.
- Der Mechanismus zur zielgerichteten Änderung des Gen-Pools wird als Selektion bezeichnet. Damit umschreibt man das Phänomen, dass jenen Mitgliedern einer Population mit besseren Fähigkeiten zur Anpassung an die Umwelt höhere Reproduktionschancen eingeräumt werden.
- Schließlich kann noch durch die räumliche Trennung von Gruppen die Herausbildung neuer Arten eingeleitet werden. Die Evolution der getrennten Gruppen wird vermutlich unterschiedlich verlaufen, wenn zwischen den Gen-Pools kein Austausch mehr stattfindet.

Selektionsvorgänge führen zu relativ wenigen organisationalen Gestalten, da eine große und aus feinen Übergängen bestehende Vielfalt in der gleichen Umwelt nicht überleben kann: Allein die für eine bestimmte Umwelt „fitteste" Organisationsform hat dauerhafte Erfolgschancen. ■

Ausgehend vom situativen Ansatz entwickelten sich zahlreiche weitere Ansätze. Wiegand versucht diese zu kategorisieren und führt dabei zunächst zwei Kategorien ein, die der evolutionären, schrittweisen Veränderung (Evolution) und die der radikalen Veränderung (Revolution) an (vgl. Wiegand 1996, S. 82). In der Literatur und Praxis haben sich vor allem Ansätze der ersten Kategorie durchgesetzt, welche Wiegand in Anlehnung an Astley und Van de Ven in vier Denkschulen, Natural Selection View (Veränderung als Selektion), System Structural View (Veränderung als Anpassung), Strategic Choice View (organisationsinterne Veränderung) und Collective Action View (Veränderung von Organisationsnetzwerken) einteilt (vgl. Wiegand 1996, S. 85). Tabelle 3.4 listet einige Vertreter dieser Denkschulen auf.

Tabelle 3.4 Ansätze des Organisatorischen Wandels (Wiegand 1996, S. 85)

Vertreter	Denkschule
Cyert/March 1963	System Structural View
Lawrence/Lorsch 1969	System Structural View
Hannan/Freeman 1984	Natural Selection View
Carroll 1988	Natural Selection View
Singh 1990	Natural Selection View
March/Olson 1976	Strategic Choice View
Weick 1998	Strategic Choice View
Sydow 1985	Collective Action View

Zentrale Aussagen

Bei einem Vergleich der in der Fachliteratur veröffentlichten Ansätze ist festzustellen, dass der organisatorische Wandel als tiefgreifender Veränderungsprozess verstanden wird, der nicht rational gesteuert werden kann. Wiegand identifiziert als Aspekte des organisatorischen Wandels das Ausmaß der Veränderung, die Prozesse der Veränderung sowie die Auslöse- und Einflussfaktoren der Veränderung (vgl. Wiegand 1996, S. 155 ff.).

Die Veränderung von und in Organisationen wird auf die Veränderung interner oder externer Einflussfaktoren zurückgeführt, wobei zugleich die Anzahl an Organisationen zunimmt (vgl. Zucker 1987) und demzufolge von einer komplexer werdenden Umwelt gesprochen wird. Das Resultat eines organisatorischen Wandels ist keineswegs immer eine Erfolgsgeschichte, häufig gehen Veränderungsprozesse mit dem Niedergang von Organisationen einher (vgl. Burnes 1992, S. 151 ff.). Wiegand weist des Weiteren darauf hin, dass der organisatorische Wandel für die einzelnen Organisationsmitglieder ein wenig beeinflussbarer Prozess mit sowohl positiven als auch negativen Folgen ist (vgl. Wiegand 1996, S. 78). Dies verdeutlicht nochmals die Notwendigkeit der Sensibilisierung der Organisationsmitglieder für den organisatorischen Wandel.

Verbindung zu anderen Konzepten

Der organisatorische Wandel wird in der Literatur insbesondere in Beziehung mit den Konzepten des organisatorischen Lernens und der Organisationsentwicklung gestellt. Schreyögg sieht das organisatorische Lernen als „erweiterte Theorie" des organisatorischen Wandels (vgl. Schreyögg 2003, S. 544). Dabei stellt er die Organisationsentwicklung und das organisatorische Lernen als Formen des organisatorischen Wandels dar. Levy und Merry betrachten die Organisationsentwicklung als gegenwartsorientierten Wandel 1. Ordnung und den organisatorischen Wandel als zukunftsorientierten Wandel 2. Ordnung (vgl. Levy/Merry 1986, S. 33). Nach Schüppel lassen sich mit dem organisatorischen Lernen die Wandelprozesse einer Organisation erklären und beschreiben (vgl. Schüppel 1996, S. 13). Im Folgenden soll von der Idee des organisatorischen Wandels als übergeordnetes Konzept des organisatorischen Lernens und der Organisationsentwicklung ausgegangen werden.

Das Wissensmanagement erfordert häufig eine Anpassung der Organisation, sodass ein organisatorischer Wandel notwendig erscheint. Des Weiteren stellt die kontinuierliche Veränderung im Sinne einer Verbesserung ebenfalls eine Form organisatorischen Wandels dar, welche mit dem Wissensmanagement verfolgt wird. Der organisatorische Wandel bzw. die Fähigkeit, sich an gegebene Faktoren anzupassen, stellt demnach einen wesentlichen Erfolgsfaktor des Wissensmanagements dar.

3.1.4 Organisatorische Intelligenz

Begriffsverständnis

In der Psychologie werden unter dem Begriff **Intelligenz** die kognitiven Fähigkeiten (abstrahieren, anwenden, verstehen) subsumiert. Versteht man Organisationen als „wissensbasierte Systeme", oder gar als „Gehirne", dann gewinnen Fragen nach der organisatorischen Intelligenz, insbesondere wie man diese definieren, vergrößern, koordinieren oder nutzen kann, enorm an Bedeutung (vgl. Gilad/Gilad 1988, Quinn 1992, Kantrow 1994, Wahren 1996, S. 168, Bürgel 1998, Hernandez 1997). Das Vorbild für die so verstandene organisatorische Intelligenz ist die menschliche Intelligenz, die eine wesentliche Grundlage der menschlichen Leistungsfähigkeit bildet. Die organisatorische Intelligenz ist demnach ein Konzept. Das Konzept der organisatorischen Intelligenz wurde Mitte der 80er Jahre von Matsuda in die japanische Betriebswirtschaftslehre eingeführt (vgl. Matsuda 1993 und die dort angeführte Literatur). Matsuda beschreibt sie als „the collective intelligent problem-handling capability of an organization as a whole and as an integration where human intelligence is combined and interacts with machine intelligence".

Die meisten Forschungsbemühungen in diesem Bereich hatten bisher die Verbesserung der organisatorischen Intelligenz zum Ziel (Sumita 1992, S. 207). Darüber hinaus wurden verschiedene Versuche unternommen, den Begriff der organisatorischen Intelligenz näher zu bestimmen und gegenüber anderen Begriffen (z. B. Daten, Information oder Wissen) abzugrenzen (vgl. z. B. Matsuda 1992, zur Operationalisierung und Messbarkeit Sumita 1992 bzw. Ohta/Leyu 1992). Mittlerweile wurde die Vorstellung von einer organisatorischen Intelligenz auch hierzulande aufgegriffen und weiterentwickelt (vgl. z. B. Oberschulte 1996, Momm 1997, Häcki 1997, Schwaninger/Flaschka 1997, De Angelis 2013).

Mit dem sogenannten „**Paradox of Intelligence**" weist Handy (Handy 1995, S. 23, zit. nach Karner 1996, S. 79) noch auf ein besonderes Problem hin. Intelligenz wird dabei relativ allgemein als die Fähigkeit verstanden, Wissen und Know-how zu erwerben und anzuwenden, wobei dieses immer an eine Person gebunden ist. Intelligenz wird aufgrund ihrer Bedeutung für den Unternehmenserfolg zu einer neuen Form von Eigentum (oder, anders ausgedrückt, es ist wichtig, sie zu besitzen). Sie unterscheidet sich allerdings von anderen Eigentumsformen grundlegend (vgl. dazu auch Stehr 1994). Selbst wenn ein Mitarbeiter dieses Eigentum mit anderen teilt, so bleibt sie doch vollständig in seiner Verfügung (vgl. in diesem Zusammenhang u. a. Stehr 1994). Mit diesem Verständnis verändert sich natürlich auch das Verhältnis von Arbeitgeber und Arbeitnehmer. Mit dem Austritt eines Mitarbeiters aus einer Organisation geht auch seine Intelligenz bzw. sein Anteil an der organisatorischen Intelligenz verloren.

Auch die Aktivierung der Intelligenz geschieht nicht automatisch und ist nicht selbstverständlich. Sie erfordert u.a. die Motivation der Mitarbeiter. In eine ähnliche Richtung zielt das „**Paradox of Replication**" (vgl. Kogut/Zander 1992, S. 390).[1] Hierbei geht es um das Problem der Imitation des Unternehmenswissens. Einerseits sind die Speicherung und der technologiegestützte Transfer des Wissens in bestimmten Situationen unumgänglich, andererseits erhöht sich damit natürlich auch die Gefahr der Imitation oder des Verlustes. Dieses Problem zeigt sich z.B. bei der Einrichtung von so genannten Gelben Seiten, die natürlich auch die Gefahr des Abwerbens von Wissensträgern nach sich ziehen (vgl. Abschnitt 4.1.2.1).

Vertreter und Ansätze

Das erste Buch über „Organisational Intelligence" veröffentlichte Wilensky (vgl. Wilensky 1967). Aufgrund seines Begriffsverständnisses, das auf die Unternehmensstrategie ausgerichtet ist, kommt ihm allerdings im vorliegenden Zusammenhang nicht wirklich eine Bedeutung zu (vgl. Eulgem 1998, S. 85). Unabhängig von den Ideen Wilenskys begann Matsuda etwa um 1980 das Thema „Organisational Intelligence" (OI) in den Mittelpunkt seiner Managementlehre zu stellen. Er unterscheidet in seinen Ausführungen zwischen organisatorischer Intelligenz als Prozess und organisatorischer Intelligenz als Produkt. Matsuda gewann vor allem in Japan in der Wissenschaft und in der Wirtschaft viele Anhänger für seine Lehre (vgl. Matsuda 1991, Matsuda 1992, Momm 1993). Die Prozessebene dient zur Analyse von Organisationen und organisatorischen Entscheidungsprozessen. Auf der Produktebene erfolgt die Anleitung für die integrierende Verbindung (Synthesizing) des organisatorischen Informationssystems (vgl. Matsuda 1992, S. 219). Organisatorische Intelligenz entsteht als Ergebnis der Prozesse, und zwar auf drei aufeinander aufbauenden Ebenen (vgl. dazu auch Abschnitt 1.1.2):

- Daten über die Realität,
- Informationen durch zweckgerichtete Auswertung dieser Daten und
- organisatorische Intelligenz als strukturierte und wirkungsvolle Gesamtheit aller Informationen.

Diese drei Ebenen wirken bei der Gestaltung (Synthese) von Informationssystem-Strukturen zusammen. Die Teilung in eine Prozess- und eine Produktsicht kann auch als statische und dynamische Betrachtungsweise interpretiert werden. Die „Statik" befasst sich mit Fakten und Strukturen, während die „Dynamik" auf Änderungsprozesse und Transformationen abzielt.

Etwa Mitte der 80er Jahre setzte in den USA in Verbindung mit dem organisatorischen Lernen eine Diskussion über die Intelligenz von Unternehmen (Corporate Intelligence) ein (z.B. Sammon et al. 1984, Gilad/Gilad 1988). Diese setzten sich vor allem mit dem Sammeln und Analysieren von Informationen zur Wettbewerbssituation auseinander. Was macht eine Organisation wettbewerbsfähig und was macht sie der Konkurrenz überlegen? Parallel dazu gab es mit dem Ansatz von Scheuss (Scheuss 1985) auch in Deutschland eine erste Verwendung des Begriffs, die jedoch zunächst ohne weitere Resonanz blieb.

[1] Vgl. in diesem Zusammenhang auch das Paradox of Innovation (Abschnitt 3.3.4).

Die Arbeit von Scheuss (vgl. Scheuss 1985) ist eine der ersten, die sich mit dem Thema organisatorische Intelligenz im deutschsprachigen Raum befasst. Scheuss geht von der Annahme aus, dass die Verarbeitung von Informationen eine Grundaufgabe des Managements ist. Zwischen Information und Wissen unterscheidet er nicht näher. Als Konsequenz der genannten Grundaufgabe sieht er die Notwendigkeit, ein organisationsweites Intelligenz-System einzurichten, das der „Vermehrung des Wissens in einer Unternehmung" (Scheuss 1985, S. 174) dient. Diese institutionelle Intelligenz setzt sich nach seinem Verständnis zusammen aus der „Kapazität zur Informationsverarbeitung, Problemlösung und Theoriebildung eines organisatorischen Systems ..., also kurz ihre gesamte mentale informatorische Kapazität, welche über alle Individuen, Strukturen, Prozesse und Systemelemente verteilt ist" (vgl. Scheuss 1985, S. 175, zit. nach Eulgem 1998, S. 85). Das Intelligenz-System selbst setzt sich aus dem Informationsgewinnungs-, dem Informationsverarbeitungs- und dem Informationsspeicherungssystem zusammen.

Aus Japan stammen dann die ersten Versuche, die Intelligenz von Unternehmen zu messen (Sumita 1992). Daran knüpfen Lebesmühlbacher (Lebesmühlbacher 1993) und Müller-Merbach (Müller-Merbach 1993) mit dem sogenannten „Totalen Wertschöpfungsquotienten" an. In Deutschland wurde man auf die japanische OI-Lehre Anfang der 90er Jahre aufmerksam. Die Ideen wurden insbesondere von Müller-Merbach in Kaiserslautern aufgegriffen und mit der deutschen Betriebswirtschaftslehre zu verschmelzen versucht (vgl. u.a. Lebesmühlbacher 1993, Momm 1993 und Momm 1997, Müller-Merbach 1993, Müller-Merbach 1996, Müller-Merbach 1998b, Müller-Merbach 2004b, Jacobsen 1996).

Ohne Bezug auf die japanischen Vorarbeiten der Matsuda-Schule erschienen in den 90er Jahren weitere Bücher über intelligente Unternehmen (z.B. Quinn 1992, vgl. auch Kantrow 1994) und über organisatorische Intelligenz (Oberschulte 1994), welche ab diesem Zeitpunkt zu einer starken Verbreitung der Konzepte und Ideen führten.

Lernen wird von Oberschulte generell als Verhaltensänderung über einen gewissen Zeitraum hinweg verstanden. Umgekehrt kann allerdings nicht jede Verhaltensänderung einem Lernprozess zugeordnet werden. Beispiele sind Ermüdungsprozesse, Reifungsprozesse und genetisch bedingte Veränderungen. In unmittelbarer Verbindung mit dem Lernen steht die Intelligenz, da das Lernen und die Anwendung des Gelernten zur Bewältigung von Problemen meist sinnvoll sind. Lernen und Intelligenz sind aber keineswegs identisch. Beim Lernen handelt es sich um einen Prozess, während mit Intelligenz eine Disposition oder ein Zustand beschrieben wird.

Dieses Verständnis wird auf die organisatorische Intelligenz übertragen, die somit als Fähigkeit zur Bewältigung neuer Anforderungen oder Aufgaben aufgefasst wird (vgl. Oberschulte 1996, S. 44 – 45). Sie kann durch das Zusammenwirken von drei Sub-Komponenten erklärt werden, nämlich die organisatorische Lernfähigkeit, das organisatorische Wissen und das organisatorische Gedächtnis (siehe Bild 3.8). Keine der drei Komponenten reicht für sich alleine aus, um das Wesen der organisatorischen Intelligenz zu erklären.

Jacobsen setzt sich in seiner Arbeit mit der Bildung von Kompetenz in Unternehmen auseinander und sieht hier eine enge Verbindung mit der organisatorischen Intelligenz. Organisatorische Intelligenz bzw. Unternehmensintelligenz wird als die Fähigkeit beschrieben, durch die ein Unternehmen Kompetenz erwirbt (vgl. Jacobsen 1996, S. 164). Der Begriff der Unternehmensintelligenz verkörpert nach seiner Auffassung unterschiedliche Aspekte einer kognitiven Leistungsfähigkeit von Unternehmen, nicht allerdings eine unmittelbar wahrnehmbare oder lokalisierbare Eigenschaft. In Anlehnung an die Intelligenztheorie Piagets (vgl. Piaget 1969, S. 12 – 14) und Kail/Pellegrinos (vgl. Kail/Pellegrino 1988, S. 104 – 110), welche zwischen Inhalt, Funktionen und Struktur der menschlichen Intelligenz unterscheiden, wird eine ähnliche Differenzierung vorgeschlagen. Bild 3.9 zeigt diese drei Ebenen der Unternehmensintelligenz, die im Anschluss noch etwas näher erläutert werden.

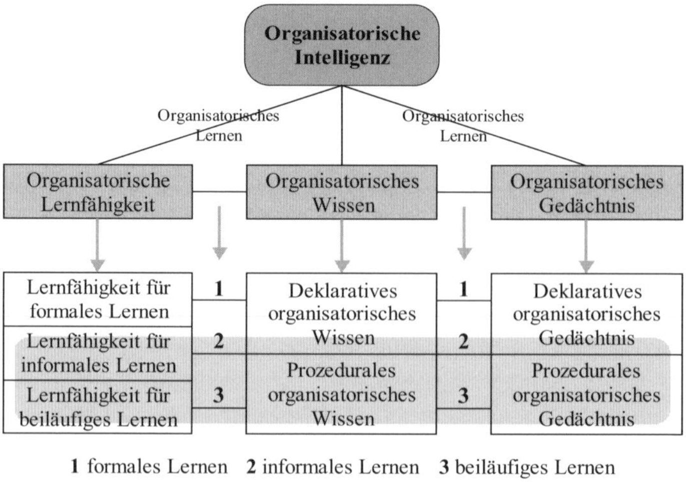

Bild 3.8 Konzept der organisatorischen Intelligenz nach Oberschulte (Oberschulte 1996, S. 60)

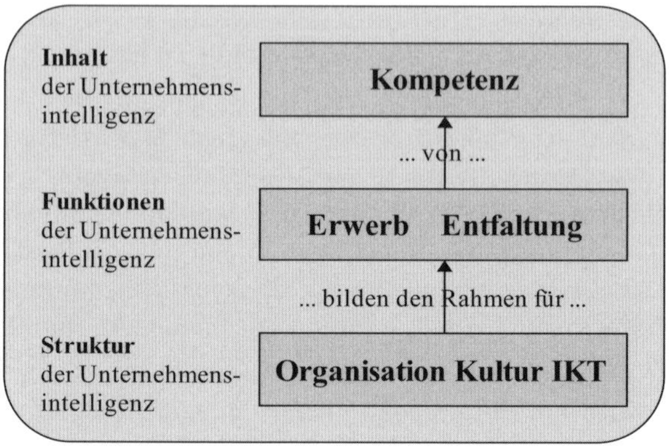

Bild 3.9 Ebenen der Unternehmensintelligenz (Jacobsen 1996, S. 165)

- **Ebene 1:** Als „Inhalt“ der Unternehmensintelligenz wird die Kompetenz angesehen. Ähnlich der menschlichen Intelligenz gilt die Kompetenz als Konzept. Jede Entscheidung im Unternehmen sowie jede nach außen oder nach innen gerichtete Handlung basieren auf dieser Kompetenz. Durch die kontinuierliche Bemühung um den Erfolgsfaktor „Kompetenz“ sind Unternehmen in der Lage, sich auf Umweltveränderungen einzustellen, sich also intelligent zu verhalten. Das Konzept ist im Prinzip identisch mit den sogenannten „core competencies“ der amerikanischen Managementliteratur (vgl. z. B. Prahalad/Hamel 1991, vgl. auch Zander/Kogut 1995, Schüppel 1996, S. 233 – 236, zum Vergleich von Kompetenzkonzepten siehe auch Weinert 1999).

- **Ebene 2:** Die „Funktionen“ der Unternehmensintelligenz dienen der Bildung und Entwicklung von Kernkompetenzen (vgl. dazu auch Leonard-Barton 1992). Dabei können im Wesentlichen zwei Elementarfunktionen identifiziert werden: der Erwerb und die Entfaltung von Kompetenzen. Mit dem Erwerb ist die inhaltliche Aneignung oder Veränderung der Unternehmenskompetenz gemeint, mit Entfaltung die Verbreitung im Unternehmen und die Durchdringung aller Organisationseinheiten.
- **Ebene 3:** Die „Struktur“ der Unternehmensintelligenz verbindet Inhalt und Funktionen miteinander. Dazu zählen Organisation und Verantwortlichkeit für die beteiligten Prozesse sowie die Schaffung der Bereitschaft, neue Kompetenz zu erwerben. Nicht zuletzt zählt dazu auch die Infrastruktur, welche für den Erwerb und die Entfaltung der Kompetenzen notwendig ist. Dazu zählen insbesondere die Organisation des Unternehmens, die Unternehmenskultur und die Informationsinfrastruktur.

Zentrale Aussagen

Der Ansatz der organisatorischen Intelligenz zielt auf die Veränderung bzw. Verbesserung der Kernkompetenzen und organisatorischen Wissensbasis ab. Das Intelligenzkonzept, welches aus der Psychologie für das menschliche Individuum bekannt ist, wurde auf die Organisation übertragen. Eine hinreichende Abgrenzung des Begriffes der organisatorischen Intelligenz liegt jedoch noch nicht vor. Es ist darüber hinaus festzustellen, dass der Begriff Intelligenz eine teilweise unterschiedliche Bedeutung in Amerika, Europa und Japan aufweist (vgl. Lehner 2000, S. 214).

Vergleicht man die in der Literatur beschriebenen Ansätze, so wird Intelligenz jeweils als Fähigkeit und Zustand beschrieben. Des Weiteren wird im Gegensatz zum Population-Ecology-Ansatz die Ansicht vertreten, dass eine zielgerichtete Veränderung der organisatorischen Intelligenz und somit auch der Organisation möglich ist. Eine Messung der organisatorischen Intelligenz oder mit ihr verbundener Eigenschaften ist aufgrund der unzureichenden Konzeptualisierung nur sehr eingeschränkt möglich (vgl. Mendelson/Ziegler 2001).

Verbindung zu anderen Konzepten

Das zunehmende Interesse am Konzept der organisatorischen Intelligenz zeigt sich nicht nur in vermehrten wissenschaftlichen Publikationen, sondern auch in nichtwissenschaftlichen Publikationen und in der Beratungspraxis (vgl. z.B. Hernandez 1997). Die Grenzen zwischen Wissensmanagement, organisatorischem Lernen, organisatorischer Intelligenz u.ä. werden dabei zunehmend verwischt. Als gemeinsamer Bestandteil tauchen bei allen Vorschlägen die Elemente „Wissen“ und „Gedächtnis“ auf. Die teilweise unreflektierte und unkritische Vermischung verschiedener Konzepte führt allerdings nicht immer zu brauchbaren Lösungen für die Praxis, sondern auch zu einer Verunsicherung und zu Misstrauen.

Einen Versuch der Ordnung verschiedenster Konzepte hat Oberschulte unternommen. Er sieht die organisatorische Lernfähigkeit, das organisatorische Wissen sowie das organisatorische Gedächtnis als Komponenten der organisatorischen Intelligenz (vgl. Oberschulte 1996, S. 44f.). Die organisatorische Intelligenz stellt für ihn einen Zustand dar, welcher mit Hilfe des organisatorischen Lernens verändert werden kann.

Matsuda setzt den Begriff der Intelligenz auf die semiotische Ebene der Pragmatik und ordnet die Begriffe Information und Daten als semiotisch darunterliegend an. Eine solche Einteilung lässt die Frage der Abgrenzung der Begriffe Wissen und Intelligenz virulent erscheinen. Das organisatorische Lernen ist für Matsuda ein Prozess in der Prozesssicht der organisatorischen Intelligenz (vgl. Matsuda 1993, S. 13 ff.).

Zu einer Renaissance der Ideen kam es in Verbindung mit den Entwicklungen des sozialen Internets (Web 2.0). Populär geworden unter Schlagwörtern wie „Wisdom of Crowds“ oder „Schwarmintelligenz“ haben wir es hier mit kollektiven Leistungen zu tun, für die gerne Analogien aus der Tierwelt herangezogen werden. Dabei ist das Thema keineswegs neu (siehe z. B. Kelly 1997). Unter dem Begriff „kollektive Intelligenz“ erfolgt inzwischen eine systematische Auseinandersetzung mit den Grundlagen solcher Phänomene und der Übertragbarkeit von Lösungen auf andere Anwendungsbereiche (vgl. Leimeister 2010, Boder 2006, Lüttgens et al. 2014). In Verbindung mit dem Wissensmanagement sind z. B. Open Innovation und Crowd Sourcing zu erwähnen. Neben dem direkten Bezug zum Wissensmanagement ist hier auch die Bereitschaft zum Informations- bzw. Wissensaustausch eine wichtige Gemeinsamkeit (siehe z. B. O`Leary 2019).

3.1.5 Organisationsentwicklung

Begriffsverständnis

Sowohl in der Literatur als auch in der Praxis herrscht eine Definitionsvielfalt des Konzeptes der Organisationsentwicklung vor. Dies wird beispielsweise durch Trebesch belegt, der eine Sammlung und Auswertung von 50 Definitionen vorgenommen hat (vgl. Trebesch 2000). Bei den erhobenen Definitionen ist festzustellen, dass oftmals auf einen die gesamte Organisation umfassenden Wandelprozess sowie auf die Steigerung der Leistungsfähigkeit der Organisation Bezug genommen wird.

Der Begriff der Organisationsentwicklung kann durch fünf zentrale Merkmale charakterisiert werden (vgl. Schreyögg 2003, S. 508 f., zit. nach Becker 2002, S. 413):

1. **Geplanter Wandel:** Wandlungsprozesse in Organisationen sind wohldurchdacht und gezielt herbeigeführt.
2. **Ganzheitlicher Ansatz:** die gesamte Organisation wird dem Wandel unterzogen.
3. **Anwendung sozialwissenschaftlicher Theorien:** Wandlungsprozesse werden mit sozialwissenschaftlichen Theorien erklärt.
4. **Struktur und Verhalten:** die Organisationsentwicklungsmethoden beziehen sich sowohl auf Veränderungen des Verhaltens der Organisationsmitglieder als auch auf Veränderungen der Organisationsstruktur.
5. **Intervention durch Spezialisten:** die Wandlungsprozesse werden von ausgebildeten Spezialisten konzipiert und gesteuert.

Mit der Organisationsentwicklung sollen zum einen institutionelle Ziele wie die Verbesserung der Leistungsfähigkeit und die Erhöhung der Flexibilität und der Innovationsbereitschaft, und zum anderen individuelle Ziele wie die Humanisierung der Arbeit und die Selbstverwirklichung erreicht werden (vgl. Becker 2002, S. 421).

Vertreter und Ansätze

Die Ursprünge der Organisationsentwicklung sind zum einen auf die Laborstudien und zum anderen auf die Verfahren des Survey-Research und Survey-Feedback zurückzuführen.

Lewin, einer der Initiatoren beider Verfahren, entwickelte ein Modell der organisatorischen Änderung (vgl. Bild 3.10), das die Grundlage für zahlreiche weitere Arbeiten bildete.

Veränderungsprozesse haben nach diesem Modell ihren Ausgangspunkt in einem Gleichgewichtszustand und laufen in drei deutlich unterscheidbaren Phasen ab. Der Auftauphase („unfreezing"), in der eine eingeübte und verfestigte Verhaltenssequenz unterbrochen und Problembewusstsein erzeugt wird, folgt die eigentliche Veränderungsphase („moving"), d. h. eine neue Verhaltensweise wird gelernt. Diese neue Verhaltensweise bedarf einer Verfestigung („refreezing"), die zu einer Stabilisierung des Zustandes ohne Rückfall führen soll.

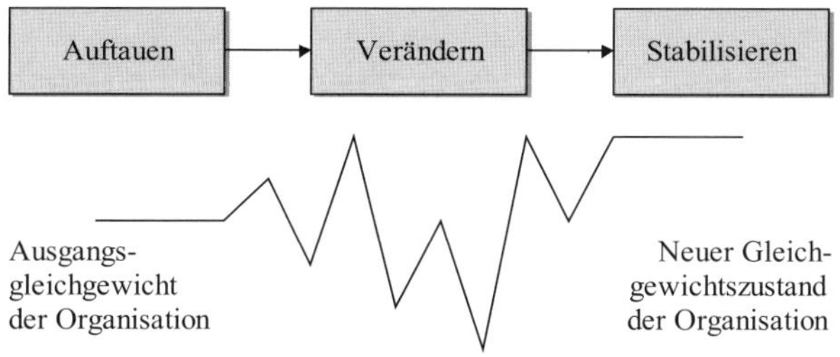

Bild 3.10 Homöostasemodell der organisatorischen Änderung von Lewin (nach Schreyögg/Noss 1995, S. 171)

Die Ansätze der Organisationsentwicklung werden je nach Interventionsobjekt in verschiedene Kategorien aufgeteilt. Tabelle 3.5 gibt eine Übersicht über mögliche Kategorisierungen im Vergleich.

Tabelle 3.5 Mögliche Gliederungen der Organisationsentwicklungsansätze

Vertreter	Interventionsebenen			
	Individuum	Gruppe	Struktur	Integration
Kieser et al. 1979	Individuum	Soziale Beziehungen der Organisationsmitglieder	Organisatorische und technologische Struktur	
Gebert 1987	Personaler Ansatz		Strukturaler Ansatz	
Rosentiel 1987	Human-prozessualer Ansatz		Techno-struktureller Ansatz	
Antoni 1988	Personaler Ansatz	Gruppenbezogener Ansatz	Strukturaler Ansatz	Integrativer Ansatz
Becker 2002	Personaler Ansatz		Strukturaler Ansatz	Integrativer Ansatz

Ein weiterer Versuch der Klassifikation findet sich bei Lehner et al. (Lehner et al. 1991, S. 130 ff.). Als klassischer Ausgangspunkt wird das bereits dargestellte Gleichgewichtsmodell von Lewin gewählt. Alle drei Phasen bedürfen der Unterstützung durch einen Berater. Damit entstehen zwei Rollen: Berater einerseits und Klienten andererseits. Klienten können Einzelpersonen, Gruppen oder die Gesamtorganisation bzw. alle drei Ebenen „vernetzt" sein. Bei der Verknüpfung beider Rollen entstehen Fragen nach den verfolgten Zielen sowie nach der Wirksamkeit von Techniken zum Erreichen des Unfreezing-Moving-Refreezing-Prozesses. In Bild 3.11 werden die genannten Merkmale als „Kernelemente von OE-Ansätzen“ dargestellt. Eine unterschiedliche Interpretation der Kernelemente bedingt die Entstehung verschiedener Ansätze.

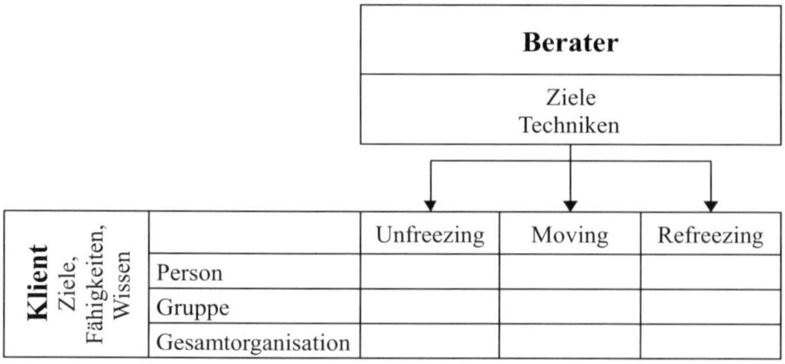

Bild 3.11 Kernelemente von OE-Ansätzen (Lehner et al. 1991, S. 131)

Die Methoden der Organisationsentwicklung lassen sich in Anlehnung an die Interventionsebenen einteilen in Methoden, die beim Individuum, bei der Gruppe, bei der Struktur und beim Gesamtsystem ansetzen. Eine Auswahl an möglichen Methoden der einzelnen Kategorien fasst Tabelle 3.6 zusammen.

Tabelle 3.6 Methoden der Organisationsentwicklung (in Anlehnung an Trebesch 1980, S. 41, Becker 2002, S. 432 f.)

Ansatz beim Individuum	Ansatz bei der Gruppe	Ansatz bei der Struktur	Ansatz beim Gesamtsystem
▪ Kommunikations-, Problemlösungs-, Entscheidungstraining ▪ Rollenanalyse ▪ Prozessberatung ▪ MbO ▪ Arbeitsstrukturierung ▪ Ausbildung ▪ Karriereplanung	▪ Qualitätsziel ▪ Lernstatt ▪ Konfrontationstreffen ▪ Teamentwicklung ▪ Intergruppen-Prozesse ▪ „Neutraler Dritter“ ▪ Prozessberatung ▪ Neue Formen der Arbeitsorganisation (Communities of Practice, Virtuelle Teams, Netzwerke, Telegruppen)	▪ „Humanisierung“ der Stellenaufgaben ▪ Generelle Erhöhung der Entscheidungsdelegation ▪ Einführung von Integrationsstellen ▪ MbO ▪ Einführung gruppenorientierter Entgeltsysteme	▪ Survey-Feedback ▪ Managerial Grid ▪ MbO ▪ Konfrontationstreffen

Zentrale Aussagen

Durch die Vielzahl an Theorien und Ansätzen zum Konzept der Organisationsentwicklung ist die Formulierung von zentralen Aussagen schwierig. Allen Ansätzen gemeinsam ist jedoch der Gedanke eines Wandels, wobei Organisationsentwicklung zumeist als selten vorkommender Sonderfall des organisatorischen Wandels verstanden wird (vgl. Schreyögg 2003, S. 536 ff.).

Vergleicht man die Ansätze der Organisationsentwicklung, so ist eine verstärkte integrative Betrachtung der Methoden der Organisationsentwicklung zu verzeichnen. D. h. erst durch die Integration personen-, gruppen- und strukturorientierter Methoden kann der geplante Erfolg realisiert werden (vgl. Becker 2002, S. 431).

Verbindung zu anderen Konzepten

Wie mehrfach erwähnt, kann die Organisationsentwicklung als eine mögliche Form des organisatorischen Wandels betrachtet werden. Schreyögg sieht im organisatorischen Lernen eine weitere Form des organisatorischen Wandels. Eine klare Abgrenzung zwischen Organisationsentwicklung und organisatorischem Lernen ist jedoch nicht möglich.

Durch diese Verwandtschaft mit dem Konzept des organisatorischen Lernens lässt sich eine Verbindung zum organisatorischen Gedächtnis, welches von der Organisationsentwicklung verändert wird, manifestieren. Auch kann die Organisationsentwicklung eine Veränderung der Organisationskultur bewirken. Zugleich ist eine bestimmte Ausprägung der Organisationskultur Voraussetzung für eine erfolgreiche Durchführung von Organisationsentwicklungsmaßnahmen.

Im Rahmen des Wissensmanagements soll die Organisationsentwicklung Methoden zur Änderung der Organisationsstruktur und -prozesse bereitstellen. Dabei wird implizit unterstellt, dass eine solche Änderung notwendig ist, um Wissensmanagement in einer Organisation erfolgreich zu implementieren. Dies wird mit Blick auf eine immer schnellere Änderung von internen und externen Einflussfaktoren unmittelbar verständlich.

3.1.6 Organisationskultur

Begriffsverständnis

In der Anthropologie werden mit dem Begriff **Kultur** Systeme mit sozialen Werten, Glauben und Richtlinien bezeichnet, welche den Verhaltensbereich in einer Gesellschaft abstecken. In der Organisationstheorie wurde diese Definition aufgegriffen und hinsichtlich des Bezugsobjektes Gesellschaft eingegrenzt. So bezieht sich die Organisationskultur auf das Phänomen der Organisation als eine Sonderform einer Gesellschaft. Nach Scholz ist Organisationskultur „… das implizite Bewusstsein eines Unternehmens, das sich aus dem Verhalten der Unternehmensmitglieder ergibt und das im Gegenzug das Verhalten der Individuen steuert“ (vgl. Scholz 2000, S. 779).

In der Literatur wird an Stelle von Organisationskultur häufig auch von Unternehmenskultur gesprochen. In Anlehnung an Säntti wird im Folgenden der Begriff der Unternehmenskultur ausschließlich für Organisationen verwendet, welche einem Unternehmen, d. h. einer Organisation im betriebswirtschaftlichen Sinne, entsprechen. Ähnliche und mit der Organisationskultur verwandte Konzepte sind die Unternehmensethik, die Unternehmensidentität sowie das Organisationsklima.

Vertreter und Ansätze

Da das Phänomen der Organisationskultur an Organisationen geknüpft ist, gibt es Organisationskultur, seit es Organisationen gibt. In der Organisationswissenschaft und -praxis hielt das Konzept der Organisationskultur jedoch erst in den 70er Jahren des 20. Jahrhunderts Einzug.

In der Organisationspraxis erlangte das Konzept der Organisationskultur mit der produktiven Überlegenheit japanischer Unternehmen gegenüber amerikanischen Unternehmen an Bedeutung. Diese Überlegenheit ließ sich nicht auf „harte" betriebswirtschaftliche Faktoren zurückführen und wurde mit dem noch unscharfen Begriff der Unternehmenskultur, also einem weichen Faktor, erklärt. Auf den interkulturellen Vergleich zwischen Japan und Amerika wird insbesondere in dem Zweiländervergleich von Ouchi eingegangen, in welchem dem amerikanischen Organisationsmodell (Theorie A) das japanische Organisationsmodell (Theorie J) gegenübergestellt und ein Idealmodell, die Theorie Z, entwickelt wurde (vgl. Ouchi 1981). In der kulturvergleichenden Managementstudie von Hofstede werden auf kultureller Ebene Unternehmen aus 40 Ländern verglichen und geografisch-kulturelle Cluster gebildet.

Aufgrund der Vielzahl der Organisationskulturansätze bietet sich eine Klassifizierung an, welche die einzelnen Theorien anhand ihrer Kernaussagen gruppiert. Im Folgenden wird dazu eine Zweiteilung der Ansätze vorgenommen (vgl. Schreyögg 2003). Die Vertreter der ersten Kategorie sehen die Organisationskultur als eine Gestaltungsvariable an. Diese Variable ist eine von mehreren Beeinflussungsgrößen der Organisation und kann in ihrer Ausprägung von den Organisationsmitgliedern verändert und gestaltet werden. Dieser Ansatz geht davon aus, dass Organisationen eine Kultur haben, welche durch Normen, Werte und Symbole gekennzeichnet ist.

Im Rahmen der Diskussion des Aufbaus von Organisationskulturen hat insbesondere der Ansatz von Schein eine breite Zustimmung sowohl in der Theorie als auch in der Praxis erfahren. Nach Schein lässt sich die Organisationkultur in die intervenierenden Ebenen Grundannahmen, Werte und Artefakte aufteilen (vgl. Bild 3.12).

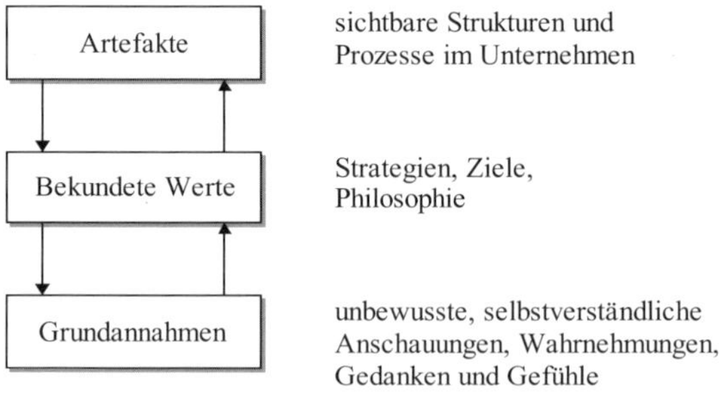

Bild 3.12 Ebenen der Organisationskultur nach Schein (Schein 1993, S. 17)

Die oberste Ebene der Kultur stellen nach Schein **Artefakte** dar, welche sichtbar und somit für jedermann beobachtbar sind. Artefakte können unter anderem Kleidung, Arbeitsräume, inklusive der in ihnen enthaltenen Einrichtung, Sprache, Legenden und Geschichten sowie Technologien und Produkte sein. Diese Artefakte sind zwar leicht wahrnehmbar, doch ist der ihnen zugrunde liegende Sinn oft schwer zu entschlüsseln, was unter Umständen zu Missverständnissen und Fehlinterpretationen führen kann. So stellt ein Kopfschütteln in Deutschland eine Verneinung dar und ein Nicken mit dem Kopf eine Bejahung. In Griechenland ist dies genau umgekehrt. Die Bedeutung dieser Artefakte ist nur verständlich, wenn man auch die darunter liegenden Ebenen der Werte und Grundannahmen der jeweiligen Kultur kennt.

Die Vermittlung der Artefakte vollzieht sich entweder auf sprachlicher, interaktiver oder objektiver Ebene. Die sprachliche Vermittlung von Artefakten erfolgt durch Geschichten, Mythen, Anekdoten, Legenden und andere Sprachmittel. So wird über den Apple-Gründer Steve Jobs die Anekdote erzählt, er habe sich 5000 schwarze T-Shirts gekauft, damit er morgens nicht überlegen muss, was er anziehen soll. Die Vermittlung der Artefakte durch interaktionale Medien umfasst Rituale und Riten, Feiern, Beförderungen sowie Entlassungen und andere Ereignisse. Artefakte können weiterhin durch Objekte vermittelt werden. Zu diesen Objekten zählen unter anderem die Kleidung der Organisationsmitglieder sowie deren sonstige äußere Erscheinung, Abzeichen oder Statussymbole. Häufige Statussymbole sind Firmenwagen, Titel und Kreditkarten. Diese Artefakte verlangen stets nach einer Interpretation, welche sinnvoll allerdings nur bei Kenntnis der unteren Ebenen vorgenommen werden kann. Eine solche Kenntnis ist entweder durch eine Integration in die betreffende Kultur zu erlangen oder durch eine Analyse der Werte und Normen.

Die zweite Ebene des Modells nach Schein stellen die **bekundeten Werte** dar, welche nur zum Teil sichtbar sind. Diese Werte können Ziele, Strategien, Richtlinien, Verhaltensstandards oder Philosophien verkörpern, die nicht als selbstverständlich für die Kulturmitglieder gelten. Werte werden durch ein oder mehrere Organisationsmitglieder begründet und bei Erfolg (z. B. der Strategie oder einer Idee) zunächst in einen gemeinsam geteilten Wert und später in Grundannahmen umgewandelt. So könnte beispielsweise in einem Unternehmen, in welchem Doppelarbeiten als Auswuchs mangelnder Kommunikation der Mitarbeiter an der Tagesordnung sind, der Personalmanager vorschlagen, die Pausen gemeinsam in einer Kaffeeküche zu verbringen. Dieser Vorschlag hat dann den Status eines bekundeten Wertes. Erst wenn die Mitarbeiter die Lösung akzeptieren und diese zu Erfolg führt, kann der Wert in eine Grundannahme überführt werden. Die Werte einer Kultur können sowohl sichtbar als auch unsichtbar sein. Niedergeschriebene Führungsgrundsätze stellen z. B. sichtbare Werte dar, wogegen ungeschriebene Verhaltensstandards zu den nicht sichtbaren Werten zählen. Eine Interpretation der Kultur auf Basis der Werte gestaltet sich als schwierig, weil das Verhalten der Mitglieder einer Kultur oft nicht mit den beobachteten Werten korreliert. Für den Beobachter bleibt nur die Feststellung, dass dieser das Verhalten nur teilweise erklären kann und somit nur einen Teil der Kultur erkundet hat.

Auf der untersten und nach Schein zugleich bedeutendsten Ebene finden sich die **Grundannahmen.** Diese sind nicht sichtbar und prägen unbewusst das Verhalten der Organisationsmitglieder. Grundannahmen sind Werte, welche sich in einer Indifferenzzone aller Organisationsmitglieder bewegen, also als selbstverständlich und indiskutabel hingenommen werden. Hat sich die Kaffeeküche aus dem Beispiel des vorangegangenen Kapitels mehrfach bewährt, so gilt dies als allgemein anerkannter Lösungsansatz zur Verbesserung der Kommunikation. Damit hat dieser Lösungsansatz den Status einer Grundannahme erreicht. Nach Schein determinieren die Grundannahmen das Verhalten einer Kultur angehörender

Mitglieder. Dies ermöglicht eine problemlose Kommunikation zwischen Kulturmitgliedern, welche die gleichen Grundannahmen teilen. Unterschiedliche Grundannahmen führen bei der Kommunikation zu gegenseitigen Verständnisproblemen und Fehlinterpretationen von Handlungen. Der Mensch strebt nach einem möglichst stabilen Set an Grundannahmen, welches den Grundannahmen der Kultur bzw. den Kulturen entspricht, in welche er integriert ist. Eine Integration in eine neue und anders geartete Kultur ist auf der anderen Seite nur erfolgreich möglich, wenn die Grundannahmen des zu integrierenden Menschen passend zur Kultur geändert werden.

Neben dem Variablen-Ansatz, dem auch Schein zuzuordnen ist, existiert ein zweiter Ansatz, welcher die Organisationskultur als Root-Metapher betrachtet. Danach wird die Kultur als etwas Ganzes aufgefasst und nicht weiter (z. B. in Ebenen) gegliedert. Organisationen sind nach diesem Ansatz eine Kultur oder auch Miniaturgesellschaft, welche auf interpretativem Wege zu erforschen ist. Die Kultur ist also nicht real existent, sondern nur ein Gedankenkonstrukt und somit subjektiv. Tabelle 3.7 gibt einen Überblick über die wichtigsten Vertreter der beiden Gruppen.

Tabelle 3.7 Ansätze der Organisationskultur

Vertreter	Ansatz
Ouchi 1981	Variablen-Ansatz
Pfeffer 1981	Variablen-Ansatz
Peters/Waterman 1982	Variablen-Ansatz
Deal/Kennedy 1982	Variablen-Ansatz
Bleicher 1983	Variablen-Ansatz
Schein 1990	Variablen-Ansatz
Pondy/Mitroff 1979	Root-Metapher-Ansatz
Morgan 1980	Root-Metapher-Ansatz
Smirich 1983	Root-Metapher-Ansatz

Zentrale Aussagen

Die vielfältige Anzahl an differenzierten Ansätzen zeigt, dass das Phänomen der Organisationskultur von mehreren Seiten betrachtet werden kann. Eine rationale Analyse der Kultur scheint nicht denkbar. Dennoch geht man in der neueren Literatur verstärkt von den Annahmen des Variablen-Ansatzes aus und betrachtet Organisationskulturen in dem von Schein konstatierten Ebenenmodell. Die Erfassung einer Organisationskultur und somit die Manifestierung eines einheitlichen Ansatzes zu ihrer Beschreibung wird zudem durch Subkulturen beeinflusst, welche orthogonal zu der Gesamtkultur existieren (z. B. Vertriebsmitarbeiter vs. Ingenieure).

Weiterhin wird mehrheitlich davon ausgegangen, dass die Organisationskultur zu einem gewissen Grad bewusst geändert werden kann (vgl. Reinmann-Rothmeier et al. 2001, S. 53). Organisationskulturen können somit im institutionellen Sinne als Gestaltungsvariablen der Organisation als Gesamtsystem betrachtet werden.

Insbesondere der Begriff der **Identität** erlangte in den Diskussionen der Organisationskultur in den vergangenen Jahren weitreichende Bedeutung. Dabei ist neben der kollektiven

Identität (Unternehmensidentität) die persönliche Identität von Bedeutung, die sich in Form von Zugehörigkeit zu Organisationen, Besitz von Artefakten und Statussymbolen sowie persönlichen Werten und Normen ausdrückt (vgl. Lehner 2005, S. 28 ff.). Organisationen streben mit dem **Identitätsmanagement** eine Wahrung und Vermarktung der **Corporate Identity** (Unternehmensidentität) an. Das Verständnis und die Aufgaben des Identitätsmanagements haben sich durch den Einfluss der Informationstechnik stark verändert. Die persönliche Identität hat in der digitalen Identität ein vereinfachtes Abbild bekommen, welches mit bestimmten Rechten und Eigenschaften versehen ist (Benutzerprofil) und einen personalisierten Zugang zu Informationssystemen verschaffen soll.

Verbindung zu anderen Konzepten

Die Organisationskultur wird als Basiskonzept für das organisatorische Lernen, die Organisationsentwicklung, den organisatorischen Wandel, das organisatorische Gedächtnis und nicht zuletzt für das Wissensmanagement betrachtet. Dabei ist eine wechselseitige Beziehung zwischen der Organisationskultur und den anderen aufgeführten Konzepten zu konstatieren. Die Organisationskultur bzw. eine spezielle Ausprägung von dieser macht zum einen eine erfolgreiche Implementierung der weiteren Konzepte erst möglich und erfährt zum anderen durch die weiteren Konzepte eine Veränderung (vgl. Reinmann-Rothmeier et al. 2001, S. 54 ff.).

Mit dem Wissensmanagement und dem organisatorischen Lernen wird oftmals der Begriff Kultur in Verbindung gebracht (vgl. Hofstede et al. 1990, Reinmann-Rothmeier et al. 2001, S. 56, sowie Maier 2004, S. 25). Eine Kultur des „Knowledge oder Information Sharing“, wenn es eine solche überhaupt gibt, müsste daher einen entsprechenden normativen Rahmen vorsehen, der die Organisationsmitglieder zum Austausch und zur Weitergabe von Wissen über erwünschte Eigenschaften und Verhaltensweisen anleitet (vgl. z. B. Nelson/ Coopríder 1996, Goodman/Darr 1998, Grolik 2004, Ramasamy/Thamaraiselvan 2011).

Erwähnenswert ist hier in Verbindung mit dem Wissensmanagement die **„Fehlerkultur“,** die einen wichtigen Teilaspekt der Unternehmenskultur darstellt. Da wir akzeptieren müssen, dass Fehler immer wieder gemacht werden, kann eine Fehlervermeidung nie hundertprozentig sein. Das Bemühen geht daher von der Fehlervermeidung zum Fehlermanagement. Im Prinzip können mehrere Typen von Fehlern unterschieden werden:

- Ablauffehler (hier wird zwar das Richtige versucht, aber in der Folge falsch entschieden);
- Kommunikationsfehler (Informationen werden missverstanden oder falsch übermittelt);
- Kompetenzmängel (den Zuständigen fehlt die Kompetenz oder das Wissen);
- Entscheidungsfehler (hier werden bewusst Handlungen gewählt, die vermeidbare Risiken mit sich bringen);
- absichtliche Regelverletzungen (es wird bewusst gegen bestehende Vorschriften gehandelt).

Die Vermeidung jedes dieser Fehler verlangt unterschiedliche Managementmaßnahmen (z. B. Training bei Kompetenzmängeln, Förderung des kommunikativen Verhaltens bei Kommunikationsmängeln). Gesunde Unternehmen haben eine Kultur entwickelt, in der Fehler als unvermeidlicher Aspekt der Arbeitswelt gesehen werden. In einer solchen Fehlerkultur versucht man statt Schuldzuweisungen aus den jeweiligen Fehlern zu lernen, um sie später zu vermeiden. Außerdem sind in einer solchen Fehlerkultur Informationen über die Fehler frei zugänglich. Eine wichtige Erfahrung in diesem Zusammenhang ist auch, dass Mitarbeiter dort mehr Fehler machen, wo sie kein Risiko sehen. Das hat damit zu tun, dass wir in ähnlichen Situationen dazu tendieren auf bekannte Handlungsmuster zurückzugreifen. Diese Komplexitätsreduktion durch Routineverhalten macht Vieles einfacher, birgt aber zugleich die Gefahr von rigidem und unflexiblem Verhalten – und damit von Fehlern.

3.1.7 Weitere Konzepte

Neben den bisher dargestellten Konzepten, die einen unmittelbaren Bezug zum Konzept des Wissensmanagements aufweisen, gibt es einige weitere, bei denen zwar ein Bezug gegeben ist, der aber entweder nicht direkt erkennbar ist oder der nur mittelbar besteht. Zum Teil handelt es sich auch um eine Mischung aus anderen Ansätzen und Konzepten, sodass nicht immer ein originärer Charakter gegeben ist. Außerdem bleiben in manchen Fällen die weitere Entwicklung und die Bewährung erst abzuwarten. Vorgestellt werden im Folgenden die organisatorische Effizienz, der Informationsverarbeitungsansatz sowie das Konzept der Know-how-Unternehmen. Dabei erfolgt jedoch im Unterschied zu den bisher vorgestellten Konzepten ausschließlich die Vermittlung eines Überblicksverständnisses; die Herstellung einer Verbindung zum WM muss jedoch dem Leser überlassen werden.

Organisatorische Effizienz

Die organisatorische Effizienz (ohne nähere Differenzierung ist hier auch die Effektivität mit gemeint) ist eine besonders wichtige Eigenschaft, die im Rahmen organisatorischer Gestaltungs- und Veränderungsmaßnahmen beeinflusst werden soll. Aufgrund der Komplexität dieser Eigenschaft bzw. Größe gehen die Vorstellungen darüber bis heute weit auseinander. Trotzdem ist ihre Bestimmung und Beeinflussung eine der wichtigsten Organisationsaufgaben überhaupt. Bedingt durch „neuere“ oder „spannendere“ Themen ist es in der Forschung zurzeit etwas ruhiger geworden, was aber nicht als Anzeichen für gelöste Probleme oder eine befriedigende Theorie verstanden werden darf. Da gerade das Wissensmanagement einen Beitrag zur Effizienz von Organisationen leisten soll, wird nachfolgend der Stand der Diskussion kurz zusammengefasst. Dabei wird zunächst auf eine Arbeit von Bedeian zurückgegriffen, der die bisher vorliegenden Erkenntnisse in drei Modellklassen einteilt (vgl. Bedeian 1994, S. 322 – 324).

- **Zielmodelle** beschreiben den traditionellen Weg, wie die Effizienz von Organisationen gemessen bzw. definiert wird. Effizienz wird dabei mit der Zielerreichung gleichgesetzt, wobei neben organisatorischen Zielen im engeren Sinne auch die Herstellung bestimmter Produkte gemeint sein kann. Implizite Annahmen in diesem Modell sind die Möglichkeit, die Ziele explizit und klar zu formulieren sowie Einfluss auf die für die Zielerreichung notwendigen Ressourcen zu nehmen. Trotz der vielfach kritisierten Schwächen dieses Modells ist es nach wie vor der am meisten verwendete Ansatz, wenn es um die Untersuchung der organisatorischen Effizienz geht. Dies wird einerseits damit begründet, dass die Formulierung von Zielen ohnehin zentraler Bestandteil der Organisationstätigkeit ist, andererseits damit, dass Ziele eine besonders wichtige Komponente vieler Organisationstheorien sind.

- Das **System- bzw. Ressourcen-Modell** ist eine verbreitete Alternative zu Zielmodellen. Ausgehend von der Organisation als offenem System, wird Effizienz als Fähigkeit definiert, knappe und wertvolle Ressourcen erfolgreich zu beschaffen. Im Mittelpunkt der Betrachtung steht die Interaktion zwischen der Organisation und ihrer Umwelt. Während bei Zielmodellen stärker der „Output" fokussiert wird, ist es hier der „Input" bzw. die Input/Output-Relation. Auch hier wurde vielfach kritisiert, dass die Operationalisierung und damit die Messung schwierig ist. Es findet sich auch wenig Unterstützung bei der zentralen Frage, welche Ressourcen als relevant einzustufen sind.
- Das **Interessensmodell** (multiple constituency model) kann unter bestimmten Bedingungen als Integrationsversuch gewertet werden. Man geht davon aus, dass es unterschiedliche Gründe gibt, warum jemand in einer Organisation tätig ist. Man kann daraus ableiten, dass diese Gründe in einem engen Zusammenhang mit unterschiedlichen Vorstellungen über die Leistung stehen. Die organisatorische Effizienz wird in diesem Kontext definiert als das Ausmaß, in dem die Ziele der strategischen Interessensgruppen (Stakeholder) befriedigt werden. In gewissem Sinne kann man also von einer Erweiterung des Zielmodells sprechen. Zusätzlich zu den bereits bekannten Kritikpunkten ergibt sich nun das Problem von Wertkonflikten. Diese ergeben sich dadurch, dass neben dem Management weitere Gruppen wie Kunden, Behörden, Eigentümer, Lieferanten, Mitarbeiter usw. einbezogen werden. Normalerweise sind sowohl die Gruppen als auch die Gruppeninteressen sehr heterogen, was nicht ohne Auswirkungen auf die Komplexität der Effizienzmessung bleiben kann.

Aufbauend auf die vorliegenden Klassifikationsversuche, stellten Quinn und Rohrbaugh (zit. nach Bedeian 1994, S. 324 f.) eine Systematik vor, die es erlaubt, die bisherigen Modelle und Ergebnisse auf einer mehrdimensionalen Skala einzuordnen. Bild 3.13 zeigt diesen „Competing-Value-Ansatz", der eine Ordnung anhand von drei Dimensionen erlaubt. Bei den Dimensionen handelt es sich um eine interne vs. externe Orientierung, um Flexibilität vs. Kontrolle sowie um Mittel- vs. Ergebnisorientierung. Die bereits erwähnten Modelle können mit Hilfe dieses idealtypischen Rasters eingeordnet werden. Sie wurden in der Abbildung noch um interne Prozessmodelle ergänzt, welche die interne Orientierung mit dem Kontrollprinzip verbinden.

Die kurze Zusammenfassung über Effizienzmodelle zeigt, dass die Effizienzmessung unabhängig vom gewählten Modell schwierig ist. Ohne auf die Schwierigkeiten der Mess- und Methodenprobleme näher einzugehen, ist jedoch festzustellen, dass die Transparenz und Offenlegung der Grundannahmen von Bedeutung sind, wenn Wissensmanagement zur Verbesserung der Effizienz beitragen soll. Die Matrix in Bild 3.13 kann dabei zur Unterstützung herangezogen werden. Besonders deutlich wird an dieser Darstellung die Multidimensionalität der Kriterien. Trotz der teilweise gegenläufigen Zielsetzungen in den Kriterien schließen sich diese in der Praxis gegenseitig nicht völlig aus (vgl. Bedeian 1994, S. 326). Eine effiziente Organisation muss also unter Umständen sowohl stabil als auch innovativ, sowohl kohäsiv als auch produktiv sein.

Welge (Welge 1987) weist darauf hin, dass sich die organisatorische Effizienzforschung in der Vergangenheit weitgehend im anglo-amerikanischen Raum vollzogen hat. Daraus ergeben sich wegen der vom deutschsprachigen Raum abweichenden Organisationsbegriffe auch Definitions- und Abgrenzungsprobleme. Neben dem Begriffspaar Effektivität und Effizienz tauchen in diesem Zusammenhang immer wieder Erfolg (success), Leistungswirksamkeit (performance), Kompetenz, Intelligenz, Lernfähigkeit u.a.m. auf. Diese Begriffe zielen teilweise auf ähnliche Wirkungen ab.

Der Informationsverarbeitungsansatz wurde von Kirsch als Theorie der Individualentscheidung im deutschsprachigen Raum eingeführt (vgl. Kirsch 1970). Er versuchte, das menschliche Verhalten im Unternehmen zu erfassen, wobei der Mensch selbst im Modell dieser Theorie als Verhaltenssystem mit entsprechenden Eingabeeinheiten (Rezeptoren) und Ausgabeeinheiten (Effektoren) dargestellt wird. Der Mensch in seiner Funktion als Entscheider oder Problemlöser wird als informationsverarbeitendes System verstanden, in dem komplexe Informationsverarbeitungsprozesse ablaufen. Der Ansatz geht von einem Vergleich bzw. der Vergleichbarkeit menschlicher und technischer Informationsverarbeitung aus. Dieser Vergleich wurde später in der Expertensystemtechnologie in genau umgekehrter Weise benutzt.

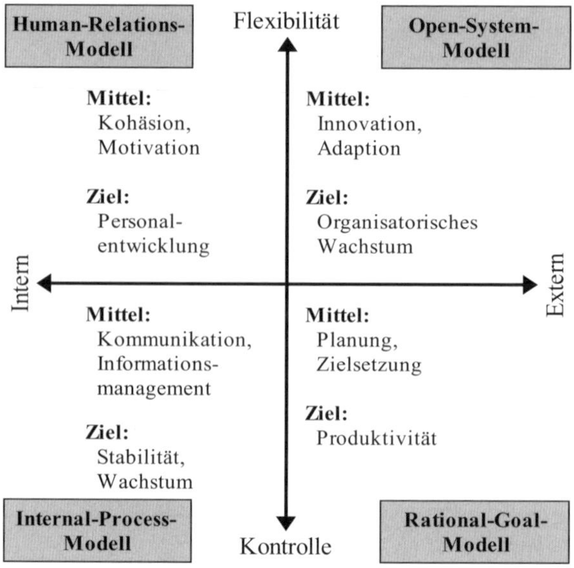

Bild 3.13 Dimensionen und Beispiele für Modelle der organisatorischen Effizienz – Competing-Value-Ansatz (nach Bedeian 1994, S. 325)

Informationsverarbeitungsansatz

Nach dem Informationsverarbeitungsansatz (vgl. z.B. Hutchins 1990 und Hutchins 1991) werden Unternehmen oder Organisationen als Einheiten verstanden, die Informationen aufnehmen, sammeln, transformieren, speichern und übertragen (vgl. Maier/Kunz 1998). Der eingesetzten Informations- und Kommunikationstechnologie kommt dabei eine mehrfache Bedeutung zu. Die Kapazität der Computersysteme dient u.a. dazu, einen Teil dieser Informationsverarbeitungsleistung zu realisieren. Sie dient aber auch dazu, um einen „Fit" zwischen der Unternehmensstruktur und der Unternehmensumwelt herzustellen. Dabei wird implizit davon ausgegangen, dass eine Erhöhung der technischen Informationsverarbeitungskapazität auch die Kapazität und Lernfähigkeit der Mitarbeiter positiv beeinflusst.

Der Informationsverarbeitungsansatz ist zwar selbst nicht auf die Informationsverarbeitung im technischen Sinne ausgerichtet, er legt jedoch den Einsatz von bzw. die Anpassung an diese Technologie nahe, um auf diese Weise die Flexibilität der Organisation zu erhöhen. Eine gewisse Weiterentwicklung kann im so genannten Interpretationsansatz gesehen werden, bei dem Organisationen als Interpretationssysteme aufgefasst werden (vgl. Krcmar 2003, S. 291, Daft/Weick 1984). In diesen Systemen finden Prozesse mit den Stufen Datensammlung, Interpretation und Handeln statt. Abhängig von der Art der Interpretation kann eine Typisierung von Unternehmen vorgenommen werden, die jedoch an dieser Stelle nicht von primärer Bedeutung ist. Entscheidend ist vielmehr, dass es in beiden Fällen darum geht, die Anpassung zwischen Organisation und Umwelt zu erklären bzw. sogar zu beeinflussen.

Know-how-Unternehmen

In der einschlägigen Fachliteratur werden manchmal Know-how-Unternehmen als eigenständiges Konzept erwähnt. Es handelt sich um eine Kombination aus organisatorischem Lernen und dem Konzept der organisatorischen Intelligenz. Nach Roithmayr/Fink (Roithmayr/Fink 1997, S. 504) wurde dieses Konzept erstmals von Sveiby und Lloyd vorgestellt (vgl. Sveiby/Lloyd 1990). Sie verstehen unter einem Know-how-Unternehmen ein Unternehmen, das sich primär durch seine Problemlösungskompetenz, seine Kundenorientierung, sein Potenzial an kreativen Mitarbeitern und seine Schnelligkeit in Bezug auf die Entwicklung innovativer Lösungen auszeichnet. Die technische Unterstützung erfolgt unter Zuhilfenahme der Informations- und Kommunikationstechnik mit sogenannten „knowledge networks", die es Know-how-Trägern ermöglichen, Wissen im Unternehmen, aber auch über Unternehmensgrenzen und Kulturkreise hinaus mit anderen Know-how-Trägern auszutauschen.

Eng mit der Vorstellung von Know-how-Unternehmen zusammenhängend, sehen die Autoren die Begriffe „Kernkompetenz" (siehe dazu Leonard-Barton 1992, vgl. aber auch Zander/Kogut 1995, Wiegand 1996, S. 462 - 469, Häcki 1997, Schüppel 1996, S. 233 - 236), „Lernende Organisation" und „Intelligente Unternehmung" (vgl. Roithmayr/Fink 1997, S. 505). Diese Auffassung steht im Einklang mit der Einordnung des organisatorischen Wissens im Population-Ecology-Ansatz. Die Kompetenzen werden in diesem Ansatz als wichtigster Teil des organisatorischen Wissens betrachtet und bilden das Äquivalent zu den genetischen Merkmalen in der Biologie. Die Gesamtheit der Kompetenzen bildet den sogenannten „Compool" (entspricht dem Genotyp in der Biologie), welcher durch Variation und Selektion verändert wird (vgl. Lehner et al. 1995, S. 192 - 195). Damit wird die enge Verbindung und Verflechtung mit den bisher erläuterten Konzepten und Ansätzen nochmals unterstrichen.

Ein etwas anderer Aspekt wird mit dem Begriff „Knowledge-intensive Organization" (KIO) angesprochen, der seit kurzem ebenfalls unter Fachleuten benutzt wird. In der bisherigen Diskussion konnte aber weder Einigkeit hinsichtlich der Eigenschaft „wissensintensiv" in Bezug auf Organisationen erzielt werden, noch hinsichtlich einer bestimmten Klasse von Organisationen, wie z. B. Beratungsunternehmen, Softwarehäuser, Krankenhäuser oder Web-Büros hergestellt werden. Dies hängt vermutlich damit zusammen, dass grundsätzlich einmal jede menschliche Tätigkeit einen Wissensbezug aufweist und auch jedes Unternehmen unter diesem Aspekt betrachtet werden kann. Die dazu passende methodische Vorgehensweise liefert das Wissensmanagement. Natürlich ist ein solcher Stand wenig befriedigend. Die Qualifikation einer Organisation als wissensintensive Organisation soll nämlich auch dazu beitragen, bestimmte allgemeine Merkmale in diesem Umfeld zu analysieren und Lösungen auf ähnliche Situationen zu übertragen.

Im Augenblick kann somit nur festgestellt werden, dass es sich hier um kein einfaches „Attribut“ handelt, sondern um eine mehrdimensionale Eigenschaft. Vielfach wird auch zwischen Wissensintensität und Informationsintensität nicht klar unterschieden. Dies macht eine Klärung insgesamt schwierig, und die Begriffe werden damit quasi allumfassend. Eine mögliche Lösung bietet die Festlegung einzelner Kriterien, über deren Ausprägungsgrad die Zugehörigkeit zur Menge der wissensintensiven Organisationen bestimmt werden könnte. Einige Vorschläge für solche Kriterien sind:

- Wie schnell und wie oft ändert sich das Wissen, das für die betriebliche Leistungserstellung benötigt wird?
- Kann ein Teil dieses Wissens externalisiert werden?
- Kann die Wissensnutzung computerunterstützt erfolgen?
- Fließt das Wissen unmittelbar und direkt in das Arbeitsergebnis ein (d.h. werden überwiegend kognitive Leistungen erbracht)?
- Erfolgt die Wissensnutzung erkennbar und bewusst? Ist bei der Einarbeitung neuer Mitarbeiter die Wirkung von Lernkurveneffekten feststellbar?
- Wie sind die Machtstrukturen beschaffen, die eine Änderung des verwendeten Wissens erzwingen oder verhindern können (z.B. unternehmensintern – bei den Mitarbeitern oder bei einer dominanten Koalition – oder unternehmensextern)?
- Wie hoch ist der Anteil von nicht routinierter intellektueller Arbeit gegenüber routinierter intellektueller sowie manueller Arbeit?

Gruppen- und Teamkonzepte

Die Gruppen- und Teamkonzepte haben sich in den letzten Jahren vermehrt in der Organisationswissenschaft, aber auch in der Soziologie und Psychologie entwickelt. In der Organisationswissenschaft kann zunächst zwischen formellen und informellen Gruppen unterschieden werden, wobei die Gruppen der ersten Kategorie bewusst geplant und implementiert werden. In der Literatur herrscht bislang Uneinigkeit über die Abgrenzung der Begriffe Gruppe und Team. So sehen Katzenbach und Smith sowie Becker Teams als besonders arbeitsteilige und leistungsorientierte Arbeitsgruppen an (vgl. Katzenbach/Smith 1993, Becker 2002, S. 459), wogegen Stumpf und Thomas die Begriffe Gruppe und Team als synonym betrachten (vgl. Stumpf/Thomas 2003). Gruppe und Teams werden jedoch einheitlich als Konzepte zur Koordination von wenigen (meist weniger als 20) Mitarbeitern verstanden.

Gruppen- und Teamkonzepte finden vor allem in der Organisationsentwicklung (vgl. Abschnitt 3.1.5) als Methoden der Organisations- und Mitarbeiterförderung Einsatz. Hierbei werden diese Konzepte aus Sicht der Aufbauorganisation betrachtet, wobei insbesondere die formellen Gruppen und Teams Gegenstand der Forschung sind. Gerade jedoch die Gruppenprozesse und die Einbeziehung informeller Gruppen wie Communities of Practice (vgl. dazu Abschnitt 4.1.4.2) stellen im Rahmen des Wissensmanagements eine Herausforderung dar.

Hartwick et al. (1982) konzentrieren sich in ihren Untersuchungen auf die Rolle des Gruppengedächtnisses im Rahmen der menschlichen Informationsverarbeitung. Mit einer Zusammenfassung der Forschungsergebnisse auf diesem Gebiet versuchen die Autoren die verschiedenen theoretischen Ansätze und ihre empirische Evidenz aufzuzeigen. Es handelt sich also nicht direkt um ein eigenständiges Gedächtniskonzept, sondern um eine geordnete Zusammenstellung von Modellen und Erkenntnissen in Verbindung mit Gedächtnisleistungen. Die Untersuchungen von Hartwick et al. (1982) betreffen

- den Einfluss von anderen Personen auf das Erinnern von Einzelpersonen,
- die Einflüsse sozialer Interaktion auf die Informationsverarbeitung in Gruppen und
- die Kombination von individueller Erinnerungsleistung und sozialer Interaktion.

Die Anwesenheit anderer Personen kann das Erinnern sowohl behindern als auch fördern. Der Einfluss wird der Aufmerksamkeit und der Einstellung gegenüber anwesenden Personen zugeschrieben, hängt also im Wesentlichen von normativen sozialen Einflüssen ab, denen Gruppen unterliegen (vgl. Hartwick et al. 1982, S. 50). Ein weiterer Grund kann sein, dass Einzelpersonen wegen ihrer begrenzten Informationsverarbeitungskapazität auf die Zusatzinformationen anderer Personen angewiesen sind, welche zur Erweiterung der eigenen Gedächtniskapazität, aber auch zur Bestätigung oder Korrektur der eigenen Erinnerung verwendet werden.

Es scheint außerdem kein Zweifel darüber zu bestehen, dass Gruppen größere Mengen erinnern können als Einzelpersonen. Hartwick et al. (1982, S. 52 ff.) unterscheiden vier Modelle, mit denen die Größenordnung abgeschätzt werden kann. Das Truth-Wins-Modell geht davon aus, dass eine Gruppe ein Informationselement dann erinnern kann, wenn eines der Gruppenmitglieder dieses erinnern kann. Empirische Experimente belegen allerdings, dass dieses Modell die Erinnerungsleistung von Gruppen eher überschätzt, sodass es eher die Obergrenze der Leistung markiert, welche aber durch die Wirkung sozio- und psychologischer Kräfte reduziert wird. Das Truth-Supported-Modell geht davon aus, dass ein Element erinnert wird, wenn mindestens zwei Gruppenmitglieder dieses erinnern. Dabei wird von der Annahme ausgegangen, dass es für Einzelne oft schwierig ist, die Richtigkeit einer Information zu überprüfen, und daher in Gruppen implizit oder explizit eine soziale Entscheidungsregel zur Anwendung kommt. Von einer ähnlichen Voraussetzung geht das Simply-Majority-Modell aus. Nach diesem Modell wird ein Informationselement nur dann im Konsens erinnert, wenn dieses von einer einfachen Mehrheit erinnert oder zumindest wiedererkannt wird. Als viertes Modell wird schließlich eine Kombination angesehen, bei dem in zeitlicher Abfolge zunächst ein oder mehrere Gruppenmitglieder das Informationselement erinnern müssen, welches dann in den Gruppendiskussionsprozess eingebracht wird. Nach eventueller Umorganisation durch soziale Interaktion wird eine Gruppenmeinung gebildet. Mit einer gewissen Wahrscheinlichkeit neigen die Gruppenmitglieder dazu, die Gruppenmeinung als eigene Meinung zu übernehmen. Durch die Diskussion in der Gruppe verbessern sich, wie durch Messungen nachgewiesen werden konnte, auch die individuellen Erinnerungsleistungen. Daraus wird der Schluss gezogen, dass Gruppen in vielen Fällen ein guter Ort für die Konsolidierung von Informationen, aber auch für die effizientere Informationsaufnahme sind.

Auf den Einfluss, den anwesende Personen auf die Erinnerungsleistung haben, wurde bereits hingewiesen. Man nimmt an, dass dieser Einfluss mit der Gruppengröße variiert. Hartwick et al. versuchten, die einzelnen Untersuchungsergebnisse in einem Gesamtmodell zu kombinieren. Die Testergebnisse entsprachen allerdings nicht den Erwartungen, was Hartwick et al. (1982, S. 70) dazu veranlasst, den Einfluss weiterer Faktoren wie Macht, Gruppenkonformität oder die Entwicklung von Haltungen und Rollen für das Ergebnis mitverantwortlich zu machen. Entsprechende Modelle müssten jedoch erst entwickelt werden. Die Forschung hat hier noch immer keinen Durchbruch geschafft, und viele Vermutungen warten nach wie vor auf ihre empirische Bestätigung.

Neben dem Gruppenerinnern bestehen weitere Gruppenprozesse wie die Bildung von Gruppenidentität und das Lernen in Gruppen im Blickpunkt der wissenschaftlichen Untersuchungen. Dabei wird implizit ein Unterschied zwischen Organisation und Gruppe konstatiert, welcher Auswirkungen auf das Verhalten der Mitglieder hat. Dies kann beispielsweise auch für das Konzept der Organisationskultur (vgl. Kapitel 1 und Abschnitt 3.1.6) manifestiert werden, wo verschiedenste Ansätze von Sub- und Gruppenkulturen diskutiert werden.

3.2 Personalwissenschaft

Die Personalwissenschaft als wissenschaftliche Disziplin soll Konzepte zur Erklärung und Lenkung von Verhalten einzelner Personen bereitstellen (vgl. Berthel, Becker 2003, S. 8). Sie stellt im Rahmen des Wissensmanagements Konzepte und Theorien bereit, um Aussagen zur Beschaffung, Verwendung und Entwicklung sowie das Verhalten, die Leistung und Motivation von Personal zu treffen (vgl. Drumm 1995, S. 10), welche den Umgang mit Wissen in der Organisation betreffen (vgl. Maier 2004, S. 26). Historisch betrachtet, ist in der Personalwissenschaft ein Wandel des Menschenbildes vom „Menschen als Maschine“ über den „Menschen als soziales Wesen“ hin zum „Menschen als lernbereites Wesen“ festzustellen.

Für die Erklärung und Steuerung des Wissensmanagements sind dabei insbesondere die Konzepte und Theorien der Personalentwicklung sowie der Personalführung von Interesse. Diese zielen u. a. auch auf den zielgerichteten Erwerb, die Entwicklung und die Anwendung von individuellem Wissen. Auf diese beiden Teilaufgaben des Personalmanagements wird daher im Folgenden noch etwas näher eingegangen.

3.2.1 Personalentwicklung

Begriffsverständnis

Der Begriff der Personalentwicklung ist trotz der vielfältigen Verwendung der Methoden der Personalentwicklung nicht eindeutig und klar abgegrenzt. Mudra liefert eine Übersicht über 51 Definitionen des Begriffes der Personalentwicklung (vgl. Mudra 2004, S. 137 ff.). Vergleicht man die aufgeführten Definitionen, so ist, ähnlich den Definitionen der Organisationsentwicklung, ebenfalls ein häufiges Auftreten der Begriffe „Veränderung“ und „Wandel“ festzustellen.

Die Personalentwicklung zielt auf die Erhaltung der Wettbewerbsfähigkeit, die Sicherung der Beschäftigungsfähigkeit und Erhöhung der Aufstiegschancen durch eine Verbesserung des fachlichen Wissens und Könnens ab (vgl. Becker 2005, S. 6, sowie Becker 2002, S. 3). Dabei gibt es unterschiedliche Ansichten über die einzusetzenden Methoden. Im Allgemeinen subsumiert die Personalentwicklung Methoden der Bildung (Personalentwicklung im engen Sinne) und der Förderung (Personalentwicklung im erweiterten Sinne), welche in Tabelle 3.8 aufgelistet sind (vgl. Mentzel 2001, S. 20, Berthel, Becker 2003, S. 295 ff., Mudra 2004, S. 150). Betrachtet man die Personalentwicklung im weitesten Sinne des Wortes, so lässt sich diese als Kombination aus Bildung, Förderung und Organisationsentwicklung darstellen (vgl. Becker 2002, S. 6).

Tabelle 3.8 Inhalte der Personalentwicklung

Bildung	Förderung
Ausbildung	Methoden der Mitarbeiterauswahl
Weiterbildung	Methoden der Mitarbeitereinführung
Führungsbildung	Positions- und aufstiegsorientierte Fördermethoden
	Methoden der Karriere- und Nachfolgeplanung

Vertreter und Ansätze

Die historischen Wurzeln der Personalentwicklung liegen in den Ansätzen des „Management Development", welches zunächst auf die Entwicklung von Personal im Top-Management abzielte. Eine Ausweitung der Personalentwicklung auf weitere Gruppen der Organisationsmitglieder erfolgte in den USA im Zuge der Veränderung der Personalpolitik von einer rein funktionalen Sicht hin zum Ansatz des „Human Resource Management". Im deutschen Sprachraum hielten das Konzept sowie der Begriff der Personalentwicklung in den 70er Jahren Einzug (vgl. Hackstein et al. 1972, Kolvenbach 1975).

Infolge einer Professionalisierung der Personalentwicklung entstanden zahlreiche Ansätze in Theorie und Praxis (vgl. Neuberger 1994, Rischar 2003, Hugl/Laske 2004). Neuberger versucht, diese in einer Kategorisierung zu ordnen. Dabei identifiziert er als Kategorien kontingenztheoretische Ansätze, Problemlösungsansätze, Job-Man-Fit-Ansätze, Ansätze als Grenzüberschreitungsprozess, Evaluationsmodellansätze, Symbol-basierte Ansätze und systemische Ansätze (vgl. Neuberger 1994, S. 56 ff.). Eine etwas andere Gliederung schlägt Warnke vor. Er teilt die Ansätze der Personalentwicklung in systematisierende, beschreibende, informationsorientierte, planungsorientierte, methodenorientierte, mitarbeiterorientierte, partizipative, strukturorientierte und inhaltsorientierte Konzepte. In Tabelle 3.9 werden einige Ansätze anhand der Begriffsweite nach Becker aufgelistet. Dabei wird Personalentwicklung im engen Sinne (Bildung), Personalentwicklung im erweiterten Sinne (Bildung + Förderung) und Personalentwicklung im weitesten Sinne (Bildung + Förderung + Organisationsentwicklung) unterschieden (vgl. Becker 2002, S. 6).

Tabelle 3.9 Ausgewählte Ansätze der Personalentwicklung

Vertreter	Begriffsfassung
Saaman 1989	Bildung
Scholz 1989	Bildung + Förderung
Hölterhoff/Becker 1989	Bildung + Organisationsentwicklung
Mentzel 2001	Bildung + Förderung
Becker 2002	Bildung + Förderung + Organisationsentwicklung
Berthel, Becker 2003	Bildung + Förderung
Mudra 2004	Bildung + Förderung

Zentrale Aussagen

Die Vielzahl an Veröffentlichungen zu dem Thema zeigt die Uneinigkeit in der Betriebswirtschaftslehre über die Abgrenzung und Definition der Personalwirtschaft. Dies wird durch ein sich wandelndes Verständnis von der Personalentwicklung als Bildung hin zur Personalentwicklung als Bildung, Förderung und Organisationsentwicklung unterstützt.

Ein zentraler Aspekt der Personalentwicklung ist in der zielgerichteten Anwendung der vorgeschlagenen Methoden zu sehen. Dies verlangt ein Vorgehensmodell, welches die Planung, Realisierung und Kontrolle von Personalentwicklungsmaßnahmen vornimmt (vgl. Becker 2005, S. 17). Ferner steht die Personalentwicklung im Spannungsfeld aus unternehmensbezogenen und mitarbeiterbezogenen Zielen. Somit ergibt sich für den Personalentwickler eine Mittlerrolle zwischen den einzelnen Organisationsmitgliedern als Individuen und der Organisation als Kollektiv.

Verbindung zu anderen Konzepten

Wie bereits dargestellt, kann die Organisationsentwicklung zu den Aufgaben der Personalentwicklung im weitesten Sinne gezählt werden. Damit wird der Übergang von Personalentwicklungsmaßnahmen zu Organisationsentwicklungsmaßnahmen als gleitender Prozess betrachtet. Zur Teameffizienz siehe z. B. Alsharo et al. (2017). Neuberger geht von einer Aufteilung in Personalentwicklung, Teamentwicklung und Organisationsentwicklung aus, wobei diese nicht als disjunkte Konzepte zu betrachten sind (vgl. Neuberger 1994, S. 13). Eine ähnliche Ansicht vertritt auch Mudra, der eine Verbindung dieser Konzepte über das individuelle und kollektive Lernen herstellt (vgl. Mudra 2004, S. 483). Steht die Personalentwicklung im Spannungsfeld zwischen Organisationsmitgliedern und der Organisation, so kann die Organisationsentwicklung im Spannungsfeld zwischen Organisation und Umwelt gesehen werden.

Das Wissensmanagement kann im Rahmen der Personalentwicklung „als eine Strategie zur Mobilisierung und Weiterentwicklung der individuellen und kollektiven Wissensbestände im Unternehmen“ (vgl. Mudra 2004, S. 430) und zur Vermeidung von unbeabsichtigtem Wissensverlust (vgl. dazu auch Abschnitt 2.1.6 und Abschnitt 2.3.3) betrachtet werden, wobei insbesondere die individuellen Wissensbestände im Mittelpunkt des Interesses stehen.

3.2.2 Personalführung

Begriffsverständnis

Unter Personalführung wird die durch den Vorgesetzten beabsichtigte, durchgeführte, zielorientierte Beeinflussung des Verhaltens der Mitarbeiter verstanden (vgl. Drumm 1995, S. 395, Berthel/Becker 2003, S. 59). Der hier geschilderte Begriff stellt auf eine „führerzentrierte“ Personalführung ab, wie sie insbesondere in der angloamerikanischen Literatur und Praxis anzutreffen ist.

Berthel und Becker konstatieren eine Vielzahl von Merkmalen, zur Abgrenzung der Führung von weiteren organisatorischen Handlungen. Zu den Kernmerkmalen zählen das Vorhandensein von mindestens zwei Personen (Führer und Geführter), das Vorliegen einer asymmetrischen sozialen Interaktion, die Zielorientierung der Einflussnahme sowie die Wirksamkeit der angestrebten Verhaltensänderung (vgl. Berthel/Becker 2003, S. 60). Ein weiterer Aspekt ist in der Legitimation der Führung und somit der Legitimation der Machtposition des Führers zu sehen (vgl. Drumm 1995, S. 395, sowie Bühner 2005, S. 256).

Vertreter und Ansätze

Ein neues Verständnis der Personalführung ist mit dem Aufkommen von Motivationstheorien zu verzeichnen. Maslow beschreibt beispielsweise eine Pyramide von aufeinander aufbauenden Bedürfnisebenen (vgl. Maslow 1970, S. 35 - 58). Eine Unterscheidung in Faktoren, die motivierend (Motivatoren), und Faktoren, die demotivierend (Hygienefaktoren) wirken, hat Herzberg vorgenommen (vgl. Herzberg 1972).

Mit der Formulierung eines Ansatzes der Personalführung geht meist ein bestimmtes Menschenbild einher, welches den Führungsstil sowie die einzusetzenden Methoden der Personalführung determiniert. In einer empirischen Studie hat Weinert 12 Typen identifiziert, die in der Häufigkeit des Auftretens stark variieren (vgl. Weinert 1984, S. 36 f.).

Die Vielzahl an vorhandenen Führungstheorien versucht Wunderer in einen Bezugsrahmen aus vier Komponenten zu ordnen (vgl. Wunderer 1993, S. 639):

- die die Person des Führers bzw. des Geführten als erklärende Variable nutzen; oder
- die von Interaktionen zwischen Führer und Geführten ausgehen; oder solche, die
- die Position des Führers, zum Teil auch des Geführten, zur Erklärung von Führung heranziehen; oder Theorien,
- die explizit an der Führungssituation und weiteren Einflussgrößen als erklärenden Variablen für Führungserfolg anknüpfen und systemtheoretisch geprägt sind.

Eine andere Klassifikation schlägt Bühner vor. Er identifiziert neben dem Eigenschaftsansatz Verhaltensansätze und situative Ansätze (vgl. Bühner 2005, S. 275 ff.). Ausgehend von dieser Aufteilung, sind in Tabelle 3.10 einige Führungstheorien zusammenfassend aufgelistet.

Tabelle 3.10 Ausgewählte Ansätze der Personalführung (Bühner 2005, S. 275 ff.)

Vertreter	Ansatz
Stogdill 1948	Eigenschaftsansatz
Mann 1959	Eigenschaftsansatz
Cartwright/Zander 1968	Verhaltensansatz
Blake/Mouton 1992	Verhaltensansatz
Fiedler 1967	Situativer Ansatz
Reddin 1970	Situativer Ansatz
Vroom/Yeton 19973	Situativer Ansatz
Hersey/Blanchard 1996	Situativer Ansatz

Zentrale Aussagen

Wie ein Vergleich von Ansätzen der Personalführung zeigt, lassen sich nationale Unterschiede in der Führung feststellen, die wiederum auf unterschiedlichen Kulturen beruhen.

Ferner ist ein Wandel des Führungsverständnisses zu verzeichnen, der nicht zuletzt vom allgemeinen gesellschaftlichen und ökonomischen Wandel beeinflusst wird.

Eine Empfehlung eines konkreten Führungsstils kann pauschal nicht gegeben werden. Zu dieser Einsicht sind die Vertreter des situativen Ansatzes gekommen, die ein Kausalmodell der Führung (vgl. Bild 3.14) unterstellen, wonach der Führungserfolg vom Führungsstil und von der Führungssituation abhängt (vgl. Schreyögg 1987, S. 882).

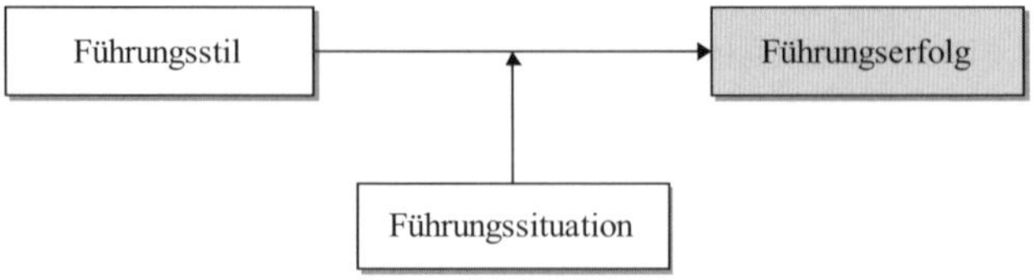

Bild 3.14 Abhängigkeit des Führungserfolges von Führungsstil und Führungssituation (Schreyögg 1987, S. 882)

Somit zielt die erfolgreiche Führung auf die Identifikation von Effizienzkriterien wie der ökonomischen Effizienz, der Leistungsprozesseffizienz und der Personeneffizienz ab (vgl. Berthel/Becker 2003, S. 62). Die Messung der Führungseffizienz erscheint jedoch auf Grund von nicht eindeutig bestimmbaren Ursache-Wirkungs-Zusammenhängen sowie Messproblemen zumindest schwierig.

Verbindung zu anderen Konzepten

Die Personalführung hängt inhaltlich stark mit der Personalentwicklung zusammen. So bauen Konzepte aus der Personalentwicklung wie das strukturierte Mitarbeitergespräch oder die Leistungsbeurteilung auf einer partizipativen Führung auf.

Schein beschreibt auf Ebene der Grundannahmen der Organisationsmitglieder eine Beziehung zwischen der Organisationskultur und der Personalführung. Als eines von sechs Charakteristika einer Organisationskultur konstatiert er das Wesen menschlicher Beziehungen, welches unter anderem durch die vertikale Beziehung zwischen Vorgesetztem und Mitarbeiter gebildet wird (vgl. Schein 1990, S. 104 ff.).

Durch die Personalführung sollen die Mitarbeiter für eine „Kultur des Wissensaustausches" sensibilisiert werden. Dies kann insbesondere durch eine partizipative Führung erreicht werden, in welcher den Mitarbeitern in gewissen Grenzen ein Mitgestaltungsrecht eingeräumt wird. Probst et al. schlagen ein Management-by-Knowledge-Objectives-Konzept vor, welches zum einen eine Zielvereinbarung und zum anderen die Festlegung von Qualifizierungsmaßnahmen beinhaltet (vgl. Probst et al. 2003, S. 55 f.). Ein anderer Vorschlag unter der Bezeichnung Organizational Citizenship Behavior (OCB) stammt von Ramasamy und Thamaraiselvan (2011), die vom Verhalten am Arbeitsplatz auf Basis der Organisationskultur ausgehen. Es wird kein Belohnungssystem propagiert, dafür von der Annahme ausgegangen, dass der aktive Wissensaustausch zum Unternehmenserfolg beitragen kann (aber nicht unbedingt muss), Defizite beim Wissensaustausch aber auf jeden Fall zu Problemen in einem Unternehmen führen.

3.2.3 Weitere Konzepte

Die Personalwissenschaft liefert zahlreiche weitere Konzepte, welche auf die Veränderung der Organisationsmitglieder als Träger von Wissen abzielen. Dabei können sowohl das Wollen als auch das Dürfen und Können im Mittelpunkt stehen. Während das Wollen über das Konzept der Anreizsysteme und das Dürfen über das Konzept der Aufbauorganisation gelenkt werden, kann das Können mit Hilfe des Skill-Managements analysiert und beeinflusst werden. Das Können setzt das Vorhandensein von Wissen sowie die Fähigkeit, dieses zweckgerichtet anzuwenden, voraus.

Skill-Management

Die Fähigkeiten oder Kompetenzen von Mitarbeitern stellen eine wesentliche Ressource für Unternehmen dar. Fähigkeiten und Kompetenzen beschreiben im Allgemeinen das Können und das Wollen in Bezug auf Handlungen. In der Personalwissenschaft muss eine klare Unterscheidung der beiden Begrifflichkeiten getroffen werden. Eine Kompetenz ist hier an die Delegation von Verantwortung (Dürfen) geknüpft (vgl. Becker 2002, S. 483). Die Kompetenz besteht somit neben der Verantwortungskompetenz aus einer Fachkompetenz, einer Methodenkompetenz und einer Sozialkompetenz. Das Skill-Management stellt dagegen das Element des Könnens in den Mittelpunkt der Betrachtungen und versucht, dieses zum Zweck der Erreichung der Organisationsziele zu beeinflussen.

Die Kompetenzen sind aufgrund weltweiten Wettbewerbs einer ständigen Verbesserung unterworfen, um das Überleben einer Organisation zu sichern. Das Skill-Management bildet einen Kreislauf der Planung, Änderung und Bewertung der Kompetenzen der Organisationsmitglieder. Dabei bedient sich das Skill-Management der Methoden der Personalplanung, -entwicklung und -freisetzung. Der Begriff „Skill" subsumiert sowohl die Fach- als auch die Methoden- und Sozialkompetenz der Organisationsmitglieder. Diese den Mitgliedern immanenten Fähigkeiten sind im Skill-Management zu explizieren, wodurch Skill-Referenzen entstehen, welche eine Abbildung der Skills darstellen (vgl. Bild 3.15). Das Management der Skill-Referenzen, welches zumeist softwaregestützt erfolgt,[2] wird in der Literatur oft mit dem Skill-Management selbst vermischt, sodass Missverständnisse und Fehldeutungen entstehen. Das Management der Skill-Referenzen (Hinzufügen, Ändern und Löschen) hat also keinen Einfluss auf die Skills.

Während das Skill-Management dem Personalmanagement zuzuordnen ist, findet die Verwaltung der Skill-Referenzen organisationsweit statt. Die Skills werden von den jeweiligen Organisationsmitgliedern und deren Vorgesetzten expliziert. Die dabei entstehende Skill-Datenbank dient sowohl dem strategischen als auch dem operativen Bereich als Planungs- und Bewertungsinstrument. Die Skills hingegen bilden die Grundlage zur Erfüllung der Organisationsziele und somit zur Erledigung von Aufgaben innerhalb der Organisationsprozesse. Das Personalmanagement erscheint in diesem Zusammenhang in einer Doppelrolle. Zum einen stellt es die ausführende Kraft im Skill-Management dar, und zum anderen bedient es sich der Skill-Referenzen zur Ausführung von Aufgaben in Verbindung mit der Personalplanung, -entwicklung und -freisetzung.

---

[2] Eine Marktübersicht zum Angebot an Skill-Management-Systemen findet sich in Lehner/Wanninger 2003.

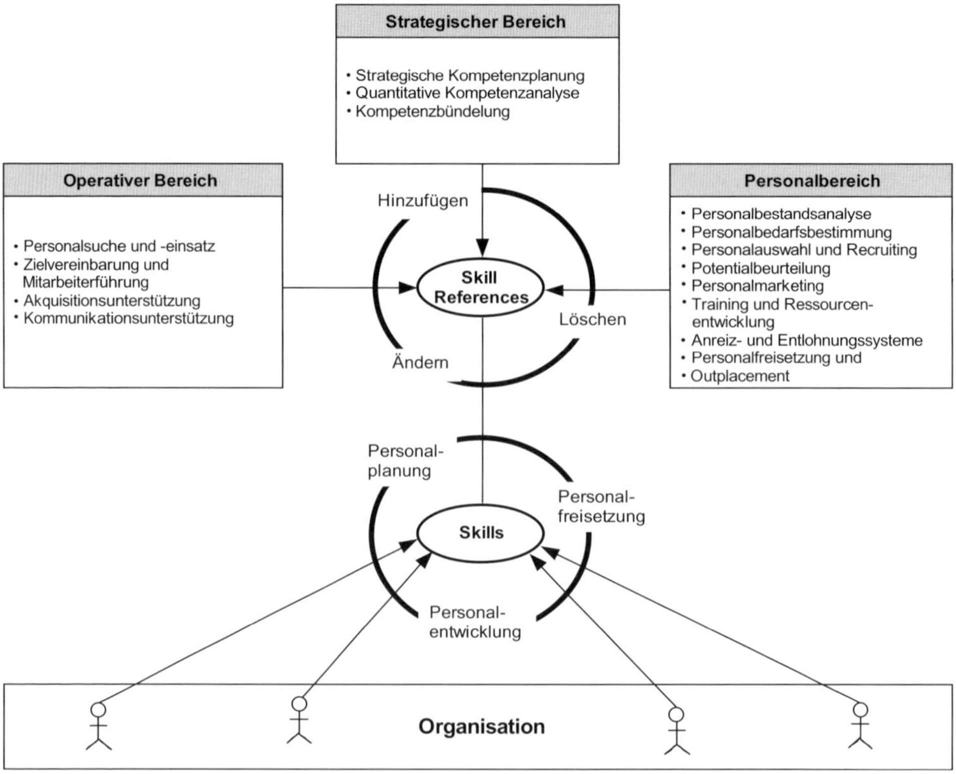

Bild 3.15 Unterscheidung zwischen Skill-Management und Skill-Reference-Management

3.3 Managementwissenschaft

Das Führen von Unternehmen galt lange Zeit als eine Art Kunst, die von begabten Persönlichkeiten auszuführen ist. Mit der Säkularisierung der Unternehmensführung und der analytischen Betrachtung entwickelte sich im Rahmen der Betriebswirtschaftslehre die Disziplin der Managementwissenschaft. Als Kernelement kann der Regelkreislauf aus Planung, Realisierung und Kontrolle betrachtet werden, welcher allen Konzepten des Managements zugrunde liegt. Das Wissensmanagement kann somit als Planung, Realisierung und Kontrolle der organisationalen Wissensbasis betrachtet werden (vgl. Probst et al. 2003, S. 28 ff.). Der Managementkreislauf des Wissensmanagements ordnet sich dem Managementkreislauf der Gesamtorganisation unter und richtet sich somit an den Organisationszielen aus.

Neben den im Folgenden beschriebenen Konzepten des strategischen Managements und des Geschäftsprozessmanagements können weitere das Wissensmanagement beeinflussende Konzepte identifiziert werden. Dazu gehören z. B. das Management by Objectives und das Lean Management (vgl. Staehle 1999).

3.3.1 Strategisches Management

Begriffsverständnis

Der Begriff der **Strategie** leitet sich aus etymologischer Sicht von den griechischen Worten „Stratos“ (Heer) und „Agein“ (Führen) ab. Für die Verwendung des Begriffes des strategischen Managements bezieht sich die Führung jedoch nicht auf ein Heer, sondern auf eine Organisation bzw. eine Unternehmung.

Welge und Al-Laham unterscheiden zwischen einem klassischen Strategieverständnis und einem modernen Strategieverständnis, wobei das klassische Verständnis Strategien als Ergebnisse rationaler Planung betrachtet (vgl. Welge/Al-Laham 2003, S. 13 f.). Das moderne Verständnis sieht die Strategie als eine fundamentale Kombination von Maßnahmen an, welche der Verwirklichung von langfristigen Zielen dienen (vgl. Al-Laham 2003, S. 23). Eine Strategie konstatiert nach diesem Verständnis Aussagen zum Tätigkeitsbereich, den Kernkompetenzen, dem zu erzielenden Wettbewerbsvorteil sowie der durch die strategische Entscheidung entstehenden Synergie (vgl. Schendel/Hofer 1979, S. 23 ff.).

Das strategische Management wird somit als ein Prozess der Planung, Realisierung und Überwachung von Strategien in Organisationen betrachtet (vgl. Al-Laham 2003, S. 23, Bamberger/Wrona 2004, S. 30).

Vertreter und Ansätze

Das Konzept des strategischen Managements geht auf die 1970er Jahre, insbesondere auf die Pittsburgh-Konferenz „Business Policy and Planning. The State-of-the-Art“ (vgl. Schendel/Hofer 1979) zurück. Das strategische Management entwickelte sich insbesondere im anglo-amerikanischen Sprachraum zu einer Disziplin der Betriebswirtschaftslehre. Im Zuge einer verstärkten Globalisierung taucht das Konzept später in den meisten europäischen Unternehmen auf.

Ausgehend von der Prozessbetrachtung sind in der Literatur zahlreiche Vorschläge zur Wahrnehmung der Aufgaben des strategischen Managements vorhanden (vgl. Johnson 1987, S. 16, Al-Laham 2003, S. 22). Neben dem Prozessverständnis sind weitere Ansätze auszumachen, welche Mintzberg zehn Strategieschulen zuordnet (vgl. Mintzberg 1990, S. 111 ff.). Bamberger und Wrona unterteilen die Ansätze in ökonomische Theorien, Entscheidungstheorien, politische Ansätze, kognitiv-interpretative Ansätze, institutionalistische Ansätze, Systemtheorien und Evolutionstheorien sowie Strukturationstheorien.

Ein besonders häufig zitierter Ansatz ist das Modell der „Five Forces“ nach Porter, welches die Art und den Grad des Wettbewerbs als von vier Einflussgrößen abhängige Variable darstellt (vgl. Bild 3.16).

Zu den weiteren Kategorien nach der Einteilung von Bamberger und Wrona listet Tabelle 3.11 eine Auswahl an Ansätzen auf.

Tabelle 3.11 Ansätze des strategischen Managements (Bamberger/Wrona 2004, S. 39 ff.)

Vertreter	Kategorie
Scherer 1980	Ökonomische Theorie
Porter 1990	Ökonomische Theorie

Tabelle 3.11 *Fortsetzung*

Vertreter	Kategorie
Cyert/March 1963	Entscheidungstheorie
Easton 1965	Politischer Ansatz
Daft/Weick 1984	Kognitiv-interpretativer Ansatz
Walgenbach 1995	Institutionalistischer Ansatz
Willke 1993	Systemtheorie und Evolutionstheorie
Giddens 1976	Strukturationstheorie

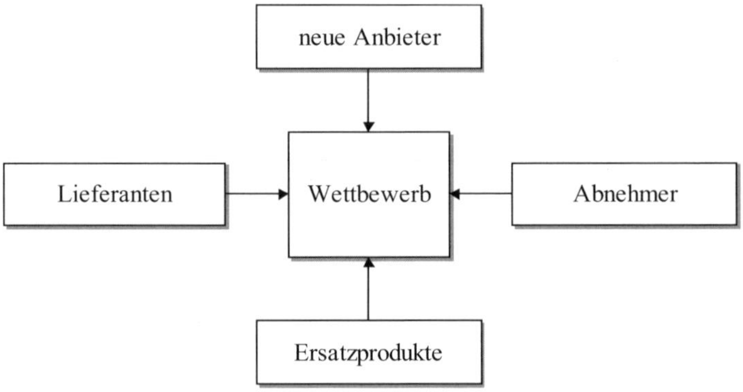

Bild 3.16 Modell der „Five Forces" nach Porter (Bamberger/Wrona 2004, S. 41)

Zentrale Aussagen

Ausgehend von der Vielzahl an Ansätzen lassen sich einige Merkmale identifizieren, welche das Konzept des strategischen Managements beschreiben (vgl. Hungenberg 2000, S. 5, Welge/Al-Laham 2003, S. 4 ff., Müller-Merbach 1993, S. 17 f., Al-Laham 2003, S. 14 f.):

- Das strategische Management legt die grundsätzliche und langfristige Richtung der Unternehmensentwicklung fest.
- Mit dem strategischen Management sollen langfristige Handlungsmöglichkeiten geschaffen werden, die Wettbewerbsvorteile sichern.
- Das strategische Management umfasst die ganzheitliche interne und externe Ausrichtung des Unternehmens.
- Das strategische Management ist nicht auf einzelne Organisationeinheiten beschränkt, sondern zielt auf die ganze Organisation ab.

Verbindung zu anderen Konzepten

Das strategische Management kann als übergeordneter Rahmen der Organisationsentwicklung und des organisatorischen Lernens, welche eher mittel- und kurzfristige Ziele umsetzen, betrachtet werden. Hennemann sieht im organisatorischen Lernen ein Instrument sowohl zum Aufbau von Ressourcenbündeln als auch zur Auswahl und Überwachung von Kernkompetenzen (vgl. Hennemann 1997, S. 130 f.).

Eine Einbindung in das strategische Management wird auch für das Wissensmanagement als notwendig erachtet (vgl. Amelingmeyer 2000, Probst et al. 2003, S. 37 ff., Al-Laham 2003, S. 8). Al-Laham beschreibt ausgehend von einem empirischen Zusammenhang zwischen Strategie und Wissen einen Bezugsrahmen für ein strategisches Wissensmanagement. Dabei wird zwischen einer funktionalen und einer methodisch-instrumentellen Ebene unterschieden, wobei in der funktionalen Ebene diverse Aufgabenfelder des Wissensmanagements dargestellt sind, während die methodisch-instrumentelle Ebene ein Portfolio an Instrumenten zur Unterstützung der Aufgabenfelder beinhaltet (vgl. Al-Laham 2003, S. 294 ff.). Ferner ist der geschilderte Bezugsrahmen in den Managementkreislauf aus Planung, Realisierung und Bewertung eingeordnet und das Wissensmanagement inzwischen auch in Standards zum Qualitätsmanagement integriert (siehe Wilson/Campbell 2016, Lee/Chang 2006). Wissensmanagement wird deswegen von manchen auch als Weiterentwicklung des Total-Quality-Managements gesehen (vgl. z. B. Fonseca 2015).

3.3.2 Geschäftsprozessmanagement

Begriffsverständnis

Unter Geschäftsprozessmanagement ist ein Konzept zur Optimierung und Automatisierung von Geschäftsprozessen zu verstehen. **Geschäftsprozesse** sind wertschöpfende Aktivitäten, die einen strategisch wertvollen Output erzeugen (vgl. Schmelzer/Sesselmann 2003, S. 40). Der etwas weiter gefasste Begriff des **Prozesses** bezeichnet eine inhaltlich abgeschlossene, zeitliche, sachlogische Abfolge von Aktivitäten (vgl. Becker et al. 2002, S. 6), ohne dass ein Bezug zur Wertschöpfung bzw. betrieblichen Aktivitäten vorliegen muss. Das **Prozessmanagement** und ebenso das Geschäftsprozessmanagement lässt sich aufgabenorientiert in Prozessidentifikation, Prozessmodellierung und Prozessmanagement unterteilen. Die Prozessabgrenzung nimmt dabei die Identifizierung zu modellierender Prozesse anhand der strategischen Zielvorgaben vor. Die Prozessmodellierung gestaltet und optimiert die identifizierten Prozesse, wobei zumeist unterstützende Software zum Einsatz kommt. Die Prozessführung soll schließlich die Erfüllung der Vorgaben der Prozessmodellierung erfüllen. Dazu wird der Prozesserfolg anhand identifizierter Messgrößen kontrolliert.

Ziel des Geschäftsprozessmanagements ist die Erhöhung der Kundenzufriedenheit sowie die Verbesserung der Effizienz der Geschäftsprozesse und somit die Steigerung der Produktivität (vgl. Schmelzer/Sesselmann 2003, S. 6, Tonchia/Tramontano 2004, S. 20). Dazu ist sowohl eine Kundenorientierung als auch eine Wertschöpfungsorientierung notwendig. Als Kunde ist im Rahmen des Prozessmanagements der Prozessverantwortliche des nachgelagerten Prozessschrittes zu sehen. In der Unterteilung von Unternehmen in eine strategische, administrative und operative Ebene ist das Geschäftsprozessmanagement den administrativen Aufgaben zuzuordnen. Auf der strategischen Ebene gibt das strategische Management (vgl. Abschnitt 3.3.1) den allgemeinen Rahmen vor, in welchen die Geschäftsprozesse eingebunden sind. Auf der operativen Ebene bildet das Workflowmanagement Geschäftsprozesse in granularer und formalisierter Form ab (vgl. Abschnitt 4.3.1.3).

Im Sinne der Unterteilung der Organisation in Aufbau- und Ablauforganisation kann das Geschäftsprozessmanagement der Ablauforganisation zugeordnet werden. Eine Unterstützung der Planung, Realisierung und Kontrolle der Geschäftsprozesse kann durch unterschiedliche IT-Systeme erfolgen (z. B. Modellierungswerkzeuge, Business Rules Engine). Neben dem Begriff des Geschäftsprozessmanagements ist in der Literatur oft von Business Process Reengineering zu lesen, welches die Prozessorientierung als wesentliches Gestaltungselement beinhaltet.

Vertreter und Ansätze

Ansätze des Geschäftsprozessmanagements lassen sich anhand der verwendeten Modellierungstechnik von Geschäftsprozessen unterscheiden. Zum Einsatz kommen Techniken wie State-Charts, Petrinetze und Vorgangsketten. Der gewählte Ansatz determiniert die Möglichkeiten der zu modellierenden Komplexität und auch die nachgelagerte Verwendung der Modelle. In der Zwischenzeit ist das Angebot deutlich gewachsen und fast unüberschaubar geworden. Das Angebot für die systematische Darstellung bzw. Beschreibung reicht von informalen Beschreibungstechniken (z. B. verbale oder textbasierte Beschreibung, Einsatz von Flowcharting-Tools), über semi-formale Beschreibungsmittel (z. B. ePK- oder UML-Diagramme) bis hin zu formalen Beschreibungsmitteln (z. B. Petrinetze). Formal bedeutet hier eine theoretische Fundierung, die üblicherweise auf der Graphentheorie aufbaut. Für die Auswahl bzw. Einsatzentscheidung spielt aber auch die Standardisierung eine Rolle, um die erstellten Prozessmodelle sinnvoll weiterverwenden zu können. BPMN (Business Process Modeling Notation) ist beispielsweise ein offener Standard zur Modellierung, Implementierung und Ausführung von Geschäftsprozessen. Besonders weite Verbreitung haben die ePK-Diagramme (ereignisgesteuerte Prozessketten) gefunden, welche in Verbindung mit der sogenannten ARIS-Plattform und der Standardsoftware von SAP entstanden sind.

Nach dem Ansatz von Scheer werden Geschäftsprozesse über Vorgangskettendiagramme (sogenannte ePKs) modelliert (vgl. Scheer 1994). Dabei setzt sich eine Vorgangskette aus Ereignissen, Funktionen und Konnektoren zusammen. Scheer sieht weiterhin eine Erweiterung der Vorgangsketten durch organisatorische Einheiten, Leistungen und Informationen vor, woraus sich das in Bild 3.17 dargestellte ARIS-Haus (Architektur integrierter Informationssysteme) ergibt.

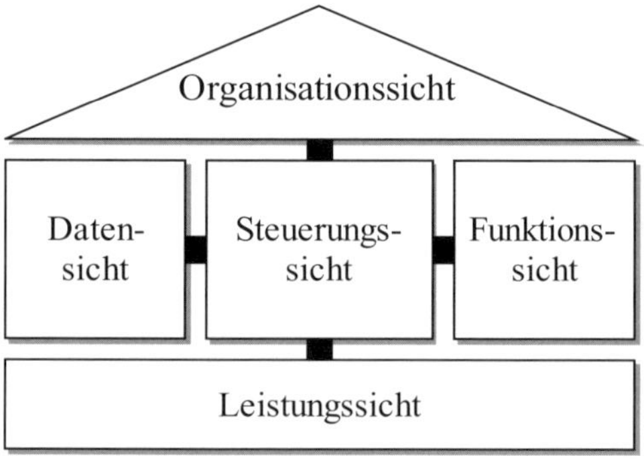

Bild 3.17 ARIS-Haus (Scheer 1990, S. 41)

Der Ansatz nach Scheer kann als Quasi-Standard der Modellierung von Geschäftsprozessen gesehen werden. Eine Möglichkeit der Identifikation von Geschäftsprozessen ist in diesem Ansatz allerdings nicht vorgesehen.

Zentrale Aussagen

Die Vielzahl an Ansätzen und ähnlichen Konzepten zeigt die Lebendigkeit und Aktualität des Themas. Die Sensibilisierung von Organisationen für eine Optimierung der (Geschäfts-) Prozesse kam insbesondere mit dem in Japan entwickelten Konzept des Lean Management auf, welches auf eine Beseitigung aller nicht wertschöpfenden Prozesse zielt. Zusammenfassend seien die wesentlichen Merkmale des Geschäftsprozessmanagements noch einmal herausgestellt (vgl. Schmelzer/Sesselmann 2003, S. 32 f.):

- Prozessorientierung,
- Kundenorientierung,
- Kompetenzorientierung,
- Konzentration auf Wertschöpfung,
- permanente Steigerung von Effektivität und Effizienz,
- Delegation von Verantwortung an die Mitarbeiter,
- organisationales Lernen.

Verbindung zu anderen Konzepten

Eine Beziehung zwischen dem strategischen Management und dem Geschäftsprozessmanagement wird in der Beeinflussung der Geschäftsprozesse durch die Kernkompetenzen eines Unternehmens gesehen. Die Kernkompetenzen als Kernpunkt des ressourcenorientierten Ansatzes des strategischen Managements können wiederum durch Geschäftsprozesse auf- und ausgebaut werden (vgl. Schmelzer/Sesselmann 2003, S. 9).

Exkurs: Prozessorientiertes Wissensmanagement

Das prozessorientierte Wissensmanagement verbindet das Wissensmanagement mit einem prozessorientierten Ansatz. Verschiedenste Ansätze des Wissensmanagements beschreiben einen prozessualen Ablauf der Aktivitäten des Wissensmanagements (vgl. Reinmann-Rothmeier/Mandl 2000, Probst et al. 2003, siehe auch Kapitel 2 und Leyer et al. 2016). Diese Prozesse sind als Wissensprozesse zu klassifizieren, da sie die Wissensverarbeitung beschreiben. In Abgrenzung zu diesen setzen Wissensmanagementprozesse auf einer Metaebene an und managen die Wissensprozesse. Remus definiert das prozessorientierte Wissensmanagement als „Managementaufgabe, die für die regelmäßige Auswahl, Umsetzung und Evaluation von prozessorientierten WM-Strategien zuständig ist, mit dem Ziel, die Wissensverarbeitung in den operativen wissensintensiven Geschäftsprozessen zu unterstützen, zu verbessern und weiterzuentwickeln, um schließlich zur Kernwertschöpfung des Unternehmens beizutragen" (vgl. Remus 2002, S. 82).

Diese Definition verlangt zunächst die Klärung des Begriffes „wissensintensiver Geschäftsprozess". Wissensintensität wird nach Eppler anhand der Kontingenz, des Entscheidungsspielraumes, der Innovationsmöglichkeit durch den Prozessbearbeiter, der Halbwertszeit des Wissens, des Einflusses des Prozessbearbeiters und der Lernzeit festgestellt. Dies führt in der Praxis jedoch zu erheblichen Klassifizierungsproblemen, sodass eine klare Trennung zwischen wissensintensiven Prozessen und den „normalen" Prozessen nicht immer präzise vorgenommen werden kann. Bild 3.18 skizziert die Verbindung zwischen Wissensprozessen und wissensintensiven Geschäftsprozessen einschließlich der Aktivitäten oder Prozesse des Wissensmanagements. ■

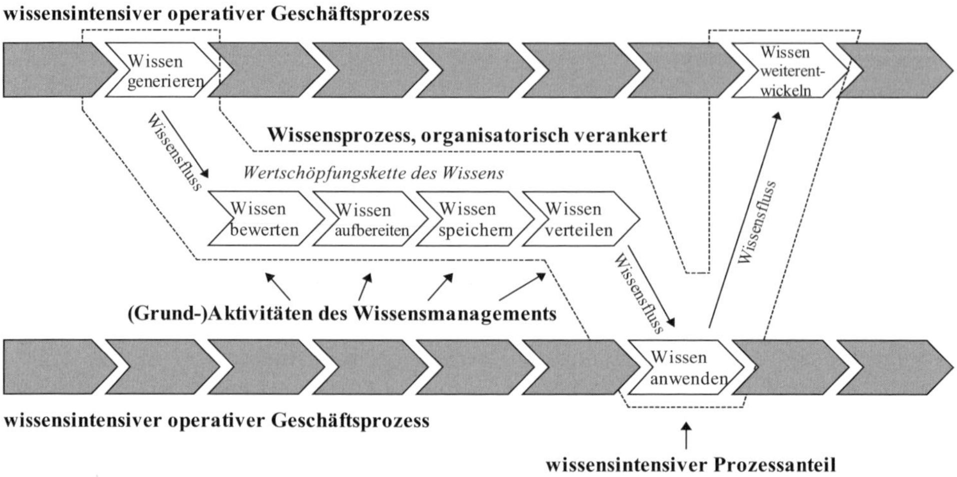

Bild 3.18 Zusammenhang zwischen wissensintensiven Geschäftsprozessen und Wissensprozessen (Remus 2002, S. 121)

Zwischen dem Wissensmanagement und dem Geschäftsprozessmanagement besteht eine duale Beziehung. Zum einen wird in den Geschäftsprozessen Wissen benötigt, um diese auszuführen, und zum anderen entsteht in den Geschäftsprozessen neues Wissen. Außerdem werden Prozesse von vielen Vertretern des Wissensmanagements als besondere Wissensform angesehen. Das prozessorientierte Wissensmanagement als Konzept der Vereinigung von Prozessmanagement und Wissensmanagement stellt vor allem die wissensintensiven Geschäftsprozesse in den Mittelpunkt der Betrachtung (vgl. Remus 2002, S. 108, Thiesse 2001, S. 38 f.).

Eine Verbindung von Prozessmanagement und Wissensmanagement nimmt Remus vor, der folgende Nutzenargumente für die Zusammenführung beider Konzepte anführt (vgl. Remus 2002, S. 33 ff.):

- Sichtweise auf die (Kern-)Wertschöpfung,
- Kontextrelevanz,
- akzeptierte Managementmethoden,
- Verbesserung der Wissensverarbeitung in wissensintensiven Geschäftsprozessen,
- Prozess-Benchmarking,
- prozessorientierte Betrachtung von Wissensmanagementaktivitäten,
- Reduzierung der Komplexität in Wissensmanagementprojekten,

- Prozesscontrolling,
- Geschäftsprozesse als Navigations- und Gestaltungskomponente von Wissensmanagementsystemen,
- Ausgleich zwischen ressourcen- und marktorientierter Unternehmensstrategie.

3.3.3 Informationsmanagement

Begriffsverständnis

Die Frage **„Was ist Informationsmanagement?“** auf den Punkt gebracht, wird oft mit einer weiteren Frage umschrieben: „Wie bringt man die richtigen Daten zum richtigen Zeitpunkt zur richtigen Person oder an den richtigen Arbeitsplatz?“ Daten, Informationen und Wissen werden im täglichen Gebrauch aber meist nicht klar differenziert. So ist es auch verständlich, dass auf diese sehr allgemeine Frage gar keine allgemein gültige Antwort gegeben werden kann. Die Suche nach einer „besseren Fragestellung“ impliziert die Suche nach effektiven Organisationsformen. Die Frage sollte daher besser lauten: „Wie wird in einem Unternehmen der Informationsfluss so organisiert, dass jede Organisationseinheit darauf freien Zugriff hat und die Informationen ihren Aufgabenerfordernissen oder Bedürfnissen entsprechend verwenden, speichern und transformieren kann?“ Bei einem solchen systemischen Ansatz auf der Basis eines Fließgleichgewichts wird deutlich, dass Informationsmanagement und Organisationsentwicklung nicht getrennt voneinander betrachtet werden können. Auch die Dominanz eines der beiden Ansätze ist aus heutiger Sicht nicht mehr gerechtfertigt. Im Zuge der Gestaltung von Informationsstrukturen und Informationsflüssen stellt sich außerdem die Frage nach Machtstrukturen und der Unternehmenskultur. Wo behindern Machtstrukturen den Informationsfluss in einem Unternehmen? Wo wird der Fluss von Informationen durch Kommunikationsstörungen blockiert? Genau diese Gestaltungsaspekte sind entscheidend bei der Entwicklung von Wissensmanagementsystemen, bei denen es u. a. um die Umwandlung von abstraktem Wissen und Daten in konkrete Informationen und in Know-how geht. Daraus lässt sich auch auf eine gewisse Überschneidung zu den Aufgaben des Wissensmanagements schließen (vgl. dazu Abschnitt 2.5).

Der Vollständigkeit wegen soll an dieser Stelle erwähnt werden, dass es noch eine zweite Begriffsverwendung von Informationsmanagement gibt, die man am ehesten mit IT-Management übersetzen könnte. Als Sachziel des so verstandenen Informationsmanagements kann die Schaffung und Aufrechterhaltung einer Informationsinfrastruktur zur Erfüllung der Unternehmensziele identifiziert werden, wogegen das Formalziel des Informationsmanagements in der Erhöhung der Wirtschaftlichkeit mittels der Informationsinfrastruktur zu sehen ist (vgl. Heinrich/Lehner 2005, S. 21). Das Aufgabenfeld ist damit wesentlich weiter gefasst und schließt auch das informationsorientierte Begriffsverständnis mit ein. Die Wurzeln dieses Verständnisses von Informationsmanagement werden im Ansatz des Information Ressource Management (vgl. Horton 1981) gesehen.

Vertreter und Ansätze

Informationsmanagement im informationsorientierten Sinn wird häufig als Erweiterung oder Weiterentwicklung des Datenmanagements betrachtet und beschäftigt sich in diesem Verständnis mit der Planung, Überwachung und Steuerung der Nutzung der Ressource

„Information". Informationen sind hierbei als mit Kontext angereicherte Daten zu verstehen (vgl. Rehäuser/Krcmar 1996, S. 6). Heinrich/Lehner identifizieren für das Informationsmanagement sowohl strategische und administrative als auch operative Aufgaben, welche in Tabelle 3.12 zusammengefasst sind.

Tabelle 3.12 Aufgaben des Informationsmanagements

Strategische Aufgaben	Administrative Aufgaben	Operative Aufgaben
Strategische Situationsanalyse	Projektmanagement	Servicemanagement
Strategische Zielplanung	Personalmanagement	Produktionsmanagement
Strategieentwicklung	Datenmanagement	Problemmanagement
Strategische Maßnahmenplanung	Lebenszyklusmanagement	
Strukturmanagement	Vertragsmanagement	
Qualitätsmanagement	Sicherheitsmanagement	
Technologiemanagement	Katastrophenmanagement	
Controlling		
Revision		

Die Selbsteinschätzung von DV-Managern und DV-Spezialisten (heute als IT-Manager bzw. IT-Spezialisten bezeichnet) belegt, dass sich viele von ihnen auch als Change Agent verstehen (vgl. Markus/Benjamin 1996). Eine genauere Überprüfung zeigt aber meistens, dass von diesem Personenkreis überwiegend die (Informations-)Technologie als die eigentliche Ursache für Wandel und Veränderung angesehen wird. Trotz breiter akademischer Diskussion über einen technologischen Imperativ oder Determinismus, ist die Ansicht, dass die Technologie die wesentliche Ursache für Änderungen ist, sowohl in der Wissenschaft als auch in der Praxis noch immer weit verbreitet. Das Veränderungspotenzial wird demnach nur zu einem geringen Teil Personen bzw. den Mitarbeitern zugeschrieben. Der IT-Manager versteht sich vermutlich auch deswegen als Change Agent, weil eine starke psychologische Identifikation mit den entwickelten Systemen zu beobachten ist.

Eine zusätzliche Prämisse des traditionellen Verständnisses von IT-Spezialisten besteht in der Erwartung, dass die eigentlichen Ziele für technologische Änderungen von anderen vorgegeben werden bzw. werden sollten. Gewöhnlich richtet sich diese Erwartung an das mittlere und höhere Management. Damit wird auch die Verantwortung für unerwartete oder negative Konsequenzen auf diese Personengruppe übertragen, welche die Ziele vorgibt. Diese Haltung findet ihre Entsprechung in der Neigung des Managements, ihrerseits die IT-Spezialisten dafür verantwortlich zu machen, unerwünschte Wirkungen durch Techniksysteme hervorzurufen oder zumindest nicht abzuwenden. Zusammenfassend kann die traditionelle Rollenorientierung des DV-Managements wie folgt beschrieben werden (vgl. Markus/Benjamin 1996, S. 389):

> „It changes people and organizations by enabling them to do things they couldn't previously do and by constraining them to work in different ways than they worked in the past. I am an agent of change because I design and build the systems that enable and constrain people and organizations. My role is that of designing and building systems that, when they are used by people and organizations, will produce desirable organisational change.

I am also an agent of change, because I do not set the goals for organisational change. I do not determine what is a desirable organisational outcome. I act as an agent for the managers of the organisation by building systems that, when used, will achieve their objectives. I am not responsible for setting the objectives or for achieving them, but only for providing the technological means by which managers and systems users can achieve their objectives. I am an expert in technological matters, not in business matters or in the behavioral issues involving the use of systems."

Warum sollten sich Informationsmanager verstärkt mit der Rolle eines Change Agents befassen? Markus und Benjamin führen dafür drei Gründe an (vgl. Markus/Benjamin 1996). Zum einen ist jedes neue Informationssystem gleichzeitig eine organisatorische Intervention, d.h. ein Eingriff in bestehende Abläufe, oder zumindest der Versuch, Abläufe zu ändern. Die Forschungsergebnisse der vergangenen Jahre zeigen dabei ganz deutlich, dass das erzielte Ergebnis und der Erfolg eines neuen Systems eindeutig von der Art und Weise der Implementierung abhängen (d.h. vom Design-, Entwicklungs- oder Auswahlprozess, wie es beschrieben oder „verkauft" wird, von den Personen und Vorkehrungen, welche die Einführung unterstützen, etc.). Trotz des umfassenden Wissens über diese Zusammenhänge kommt es in der Praxis immer wieder zu Fehlentwicklungen, die in der Folge mit hohen Kosten und anderen organisatorischen Problemen verbunden sind. Ein zweiter Grund ist einfach die Tatsache, dass der organisatorische Wandel auch in Zukunft den wichtigsten Teil der Organisationsarbeit ausmachen wird. In Verbindung mit den allgemeinen Outsourcing-Tendenzen bedeutet dies, dass vor allem unternehmenskritische Systeme davon ausgenommen werden und durch das eigene Management zu betreuen sind. Dazu kommen jene Tätigkeiten bei der Systementwicklung oder der Systemeinführung, die fundierte Unternehmenskenntnisse erfordern. Und schließlich geht es drittens noch um die Schaffung einer internen Vertrauensbasis in das DV-Management. Aufgrund einer zu einseitigen Technikorientierung wird gerade dieses Vertrauen immer wieder strapaziert. Ein effektives Change Management nimmt darauf Rücksicht und bezieht Verhaltensaspekte sowohl auf Seiten des Managements als auch der Anwender mit ein. Neben diesen genannten Gründen ist noch darauf hinzuweisen, dass das DV-Management im Allgemeinen auch in BPR-Projekte eingebunden ist (vgl. z.B. Boudreau/Robey 1996), d.h. also Projekte, in denen es vor allem um Veränderungen von Organisationen geht.

Zentrale Aussagen

Das unterschiedliche Verständnis des Informationsmanagements erschwert die Manifestierung einheitlicher Aussagen. Es kann jedoch festgehalten werden, dass Informationsmanagement im traditionellen, informatik- und managementgeprägten Sinne zumeist als Dreiklang strategischer, administrativer und operativer Aufgaben gesehen wird (vgl. Gora/Schulz-Wolfgramm 2003, S. 23, Heinrich/Lehner 2005, S. 22f., ähnlich auch Stahlknecht/Hasenkamp 2002, S. 440).

Neben der technischen Sicht des Informationsmanagements identifizieren Markus und Benjamin zwei neue Rollen, die das zukünftige Verständnis des Informationsmanagements prägen könnten. Dies ist zum einen die Organisationsentwicklung als Ansatz der organisatorischen Veränderung und zum anderen das Innovationsmanagement (vgl. Abschnitt 3.3.4) als managementorientierter Ansatz.

Verbindung zu anderen Konzepten

Die veränderte Rolle des Informationsmanagements ist in enger Verbindung mit einigen anderen Entwicklungen zu sehen, die jeweils neue Anforderungen an das Management nach sich zogen (z. B. Globalisierung, Erschließung neuer Märkte, veränderte Wettbewerbssituation). Diese Veränderungen waren begleitet von Technologiesprüngen, neuen Einsatzformen oder Einsatzbereichen von Informationssystemen, ferner von der raschen Diffusion oder Verbreitung der Systeme, vom Wandel des Organisationsverständnisses usw. Bezüglich einer ausführlicheren Darstellung der „Evolution" der betrieblichen Informationsverarbeitung wird auf Lehner verwiesen (vgl. Lehner 1997). Die neuen Rollenvorstellungen für die Funktion des Change Agent sind auf diesem Hintergrund besser zu verstehen. Den vorläufigen Schluss dieser Entwicklungskette bildet das Wissensmanagement.

Das strategische Management als übergeordnetes Konzept liefert den Bezugsrahmen, an welchem sich das traditionelle Informationsmanagement ausrichtet. Des Weiteren eröffnet das Informationsmanagement dem strategischen Management neue Möglichkeiten, wodurch sich das Informationsmanagement in einer Doppelrolle sieht (vgl. Krcmar 2003, S. 31 f.): Es richtet sich am strategischen Management aus und schafft neue Möglichkeiten für das strategische Management. Ferner ist eine enge Beziehung zum Datenmanagement zu sehen, wobei mehrheitlich die Meinung vorherrscht, dass das Datenmanagement als Teil des Informationsmanagements auf administrativer Ebene zu sehen ist (vgl. Krcmar 2003, S. 46, Heinrich/Lehner 2005, S. 222).

3.3.4 Weitere Konzepte

Innovationen, Ideen und intellektuelles Kapital werden oftmals als Begriffe verwendet, um die nicht bilanzierbaren und dennoch wertschöpfenden Ressourcen eines Unternehmens zu beschreiben. Die Grenzen zwischen diesen Begriffen und dem Begriff des Wissens sind dabei fließend. Die Managementwissenschaft hat vor allem vom Qualitätsmanagement ausgehend Ansätze und Theorie des Ideenmanagements, des Innovationsmanagements, des Intellectual Capital sowie der Information Ecology hervorgebracht, welche im Folgenden kurz vorgestellt werden.

Ideenmanagement

Ideenmanagement ist ein Begriff, der zunehmend Verwendung findet und der im Umfeld des Innovations- und Qualitätsmanagements angesiedelt ist (vgl. z. B. Weller 1998, Stelzer 1998, Schüppel 1996, S. 202 – 203, weiterführende Literaturhinweise finden sich bei Green et al. 1983). Als etwas ältere Bezeichnung ist auch betriebliches Vorschlagswesen (BVW) weiterhin üblich. Das Ziel des Ideenmanagements besteht darin, die Ideenpotenziale der Mitarbeiter zu erkennen und umzusetzen. Der richtige Stellenwert innerhalb der Organisation ist dabei ein entscheidender Erfolgsfaktor. Häufig werden die Aufgaben dem Verantwortungsbereich „Personal und Organisation" zusätzlich zugeordnet, allerdings ohne dass ausreichend Zeit oder Mittel dafür bereitgestellt werden. Dies führt natürlich dazu, dass sich die Aktivitäten vor allem auf die Administration beschränken. Bürokratische Regelungen, eine unzureichende Kommunikation (z. B. Plakate, Artikel in Firmenzeitschriften) sowie fehlende Multiplikatoren tragen zusätzlich zur geringen Akzeptanz oder niedrigen

Beteiligung bei. Auch die Führungskräfte sind oft zu wenig eingebunden, und es kommt durchaus vor, dass sie über die Vorschläge in ihrem Bereich nicht einmal Bescheid wissen. Als besonders motivierend für die Mitarbeiter haben sich hingegen die Umsetzung der Vorschläge sowie die Verankerung im Zielsystem und in der Leistungsbeurteilung erwiesen (vgl. Schlaghecken 1998, S. 34).

Mit einem aktiven Ideenmanagement soll die Nutzung des Ideenpotenzials bewusst wahrgenommen und nicht dem Zufall überlassen werden (vgl. in diesem Zusammenhang auch die Überlegungen zum Innovationsmanagement sowie Ebel et al. 2001, Bontrup 2001, Bell 2001). Durch die Thematisierung von konkreten Unternehmenszielen und Optimierungsfeldern kann die zielgerichtete Suche gefördert werden. Zugleich wird damit die Einbindung in die Qualitätsstrategie gefördert. Für die zielgerichtete Umsetzung sollten ein formalisiertes Bewertungsverfahren und ein Realisierungsmanagement eingerichtet werden. Der Gesamtprozess kann unterstützt werden durch Kreativitätstechniken, Ideenworkshops und nicht zuletzt durch computergestützte Ideenpools oder ähnliche Lösungen. Damit ergibt sich quasi eine natürliche Schnittstelle zum Wissensmanagement und zu Wissensmanagementsystemen.

Innovationsmanagement

Innovation ist zu einem Zauberwort geworden, von dem heute vor allem die Lösung wirtschaftlicher Probleme erwartet wird. In diesem Buch ergibt sich seine Bedeutung neben der Verknüpfung mit dem Thema „Wandel“ vor allem aus der engen Verbindung zum Wissen einer Organisation. Zusammen mit Innovation wird auch gerne der Begriff „Invention“ genannt, wobei beide synonym für „neue Idee“, „Neuentwicklung“ oder Ähnliches verwendet werden. Inventionen und Innovationen unterscheiden sich jedoch wesentlich. Sie haben außerdem wenig mit den alltäglichen, stetigen Neuerungen und Anpassungen zu tun, die in den meisten Unternehmen permanent stattfinden (vgl. Geschka 1983, S. 823, vgl. dazu auch die Ausführung zum Ideenmanagement). Im Allgemeinen bezeichnet Invention eine wissenschaftliche Erfindung oder Entdeckung, während eine Innovation die erstmalige Anwendung einer solchen Invention ist.

Die Versuche einer präzisen Beschreibung des Begriffes „Innovation“ haben in der Literatur immer wieder heftige Diskussionen ausgelöst, sodass man heute den Begriff der Innovation weitaus differenzierter sieht als in der Vergangenheit. Das Phänomen Innovation ist seither nicht nur ein Schlagwort der Wirtschaftswissenschaften, sondern findet auch in anderen Bereichen wie Geschichte, Soziologie, Politikwissenschaften, Sozialpsychologie und Kulturanthropologie Verwendung. Neben technologischen Aspekten werden inzwischen auch soziale und organisatorische Aspekte mit einbezogen[3]. Dies führte in der Folge zu einer Unterscheidung verschiedener Innovationsformen wie Produktinnovationen, Prozess-, Struktur- und Sozialinnovationen.

Lediglich auf die Produktinnovation soll hier kurz eingegangen werden. Die genaue Definition des Begriffs der Produktinnovation wird durch die unklare Abgrenzung zu den Begriffen der Produktvariation, Produktdifferenzierung und Diversifikation erschwert. Bei diesen

[3] Zu erwähnen ist in diesem Zusammenhang das sogenannte „Innovativeness/Needs Paradox“ (Paradox of Innovation). Demnach gehören jene, die die Innovation am meisten benötigen, üblicherweise zu den letzten, die diese übernehmen. Umgekehrt gilt, dass jene, die am wenigsten darauf angewiesen sind, diese oft als Erste integrieren (vgl. Zillien/Haufs-Brusberg 2014, S. 90).

handelt es sich im weitesten Sinne um innovationsähnliche Maßnahmen, die sich oft nur wenig von der „reinen" Produktinnovation unterscheiden. Die systematische Produktinnovation bildet einen Teilbereich innerhalb des gesamtunternehmerischen Innovationsmanagements. Die Bedeutung leitet sich u.a. aus dem Beitrag zur Existenz- und Wachstumssicherung, Risikostreuung, Auslastung von Kapazitäten usw. ab. Natürlich gibt es auch externe Einflüsse aufgrund von Veränderungen der Umweltbedingungen, gesellschaftlichen und politischen Entwicklungen und aus dem Wandel im Verhalten von Abnehmern, Konkurrenten, Veränderung des Wissensstandes, Schaffung neuer Erkenntnisse durch Forschung und Entwicklung usw.

Hier ergeben sich nun vielfältige Verbindungen zum Wissensmanagement, wobei aber dieses Konzept in den Veröffentlichungen zum Innovationsmanagement bisher nicht direkt angesprochen wird. Dem Wissensmanagement wird eine zentrale Bedeutung beigemessen, weil Innovationen mit Wissen und der Veränderung von Wissen zu tun haben, weil sie häufig über Lernprozesse ihre Wirkung entfalten, und weil die Informationspolitik oder die Zugänglichkeit von Informationen dabei eine wichtige Rolle spielen. Daraus leitet sich unmittelbar auch die Bedeutung der computertechnischen Unterstützung ab, auf die im Zusammenhang mit der steigenden Bedeutung von Information und Wissen immer wieder hingewiesen wird.

Der Anstoß für Innovationen kann entweder vom Markt oder von einer neuen Technologie, aber auch vom Unternehmen ausgehen. Im ersten Fall, bei einer so genannten „Market-Pull-Innovation", führen Marktveränderungen zu einem innovativen Verhalten der Unternehmen. Von der Nachfrage geht dabei ein Sog nach Innovationen aus (vgl. Geschka 1983, S. 825). Allerdings sind Innovationen oft auch von wissenschaftlichen oder technischen Erfindungen beeinflusst. In diesem Fall spricht man von einer „Technology-Push-Innovation". Von den Naturwissenschaften und der Forschung wird Druck auf die Wirtschaft ausgeübt, neue technische Kenntnisse auch zu nutzen, der sogenannte Verwertungsdruck (vgl. Geschka 1983, S. 825). Diese klare Trennung zwischen Technology-Push und Market-Pull wurde später in Frage gestellt, da bei vielen Innovationen beide Faktoren eine entscheidende Rolle spielen. Der Zusammenhang kann als eine Art Kreislauf zwischen geänderten Kundenbedürfnissen und wissenschaftlichem Fortschritt verstanden werden, die sich gegenseitig bedingen.

Innovation vollzieht sich aber im Allgemeinen nicht automatisch. Hier kommt nun das Innovationsmanagement ins Spiel. Es umfasst das Management jener Prozesse, in denen durch Kombination von Wissenskomponenten neuartige Verknüpfungen von Zwecken und Mitteln angestrebt werden (z.B. Hauschildt 1997, S. 1). Hierin drückt sich ein unmittelbarer Bezug zum Wissensmanagement aus, wobei neben dem expliziten Wissen natürlich auch das implizite Wissen den Erfolg von Innovationsprozessen entscheidend beeinflussen dürfte. In der Unternehmenspraxis ist der Begriff „Innovation" überwiegend positiv besetzt. Dies drückt sich in Wortzusammensetzungen wie Innovationskraft, Innovationsbereitschaft, Innovationsschub u.ä. aus. Mit dieser Tendenz zu einem positiven Verständnis wird leicht übersehen, dass Innovationen in einem Spannungsfeld von Kreativität und Zwängen (z.B. ökonomische Restriktionen, materielle Voraussetzungen) angesiedelt sind. Daraus entsteht natürlich auch ein gewisses (Innovations-)Risiko. Aus dieser Polarität wiederum entsteht leicht Unsicherheit und ein Hin- und Herschwanken zwischen aktivem und reaktivem Verhalten. Das Innovationsmanagement steht damit in einem Naheverhältnis zur

Strategieformulierung, dem Change Management (vgl. z. B. Orlikowski/Hofman 1997) und der Implementierungsforschung.

Nach Wieselhuber setzt sich das Innovationsmanagement aus drei Aspekten zusammen. Zum einen ist Innovationsmanagement ein „Prozess", nämlich die konsequente Einbeziehung aller Unternehmensfunktionen in den Innovationsprozess. Zweitens ist Innovationsmanagement eine „Methode" oder ein „Instrument", mit denen die Ideenerzeugung und -umsetzung im Markt und Unternehmen effizient und erfolgreich beeinflusst werden kann. Drittens ist Innovationsmanagement als „Unternehmensphilosophie" und als „Führungskonzept" zu verstehen, die eine Bereitschaft des Unternehmens zu Neuem und zu Veränderungen ausdrücken. Nur wenn diese drei Dimensionen des Innovationsmanagements gleichzeitig in einem Unternehmen verwirklicht werden, sind nach Wieselhuber die notwendigen Voraussetzungen für ein effizientes und erfolgreiches Managen von Innovationen und damit für den langfristigen Unternehmenserfolg gegeben (vgl. Wieselhuber 1987, S. 14).

Für eine vertiefte Auseinandersetzung mit dem Innovationsmanagement und seinem Umfeld wird auf die umfangreich verfügbare Literatur verwiesen (siehe z. B. Bach/Buchholz 1997, Pleschak/Sabisch 1996, Hauschildt 1997, Kirchmann 1998, Rüdiger/Vanini 1998, Brockhoff 1995, Gerybadze 1999, zur Organisation von Innovationen siehe Heideloff/Radel 1997 sowie zum Veränderungsmanagement auch Schubert 1997 und Schubert 1998, Hussey 1997, Reiß et al. 1997, Scholz 1995, Homburg/Hocke 1998, Müffelmann 1998, Binner 1998, Orlikowski/Hofman 1997).

Intellectual Capital und Information Ecology

Der Intellectual-Capital- und der Information-Ecology-Ansatz können auch als ressourcenorientierte Sicht des Wissensmanagements verstanden werden. D. h. Wissen wird als wirtschaftliches Gut angesehen, das auch bewertet und in einer Wissensbilanz aktiviert werden kann. Der Intellectual-Capital-Ansatz stellt eine ganzheitliche Sicht auf das „intellektuelle Kapital" eines Unternehmens dar. Den Ausgangspunkt dieses Ansatzes bildet die Feststellung, dass der „Wert" eines Unternehmens nicht allein im finanziellen Kapital liegt, also im monetären und nicht-monetären Vermögen (z. B. Sachwerte, Anlagen). Das intellektuelle Kapital umfasst „alles übrige" an Werten, also immaterielle Werte, die durch „intellektuelle Aktivitäten" geschaffen wurden (vgl. Wiig 1997, S. 400). Bei diesen immateriellen Werten handelt es sich nicht mehr ausschließlich um einen theoretischen Ansatz. Ihre hypothetische Existenz wird, obwohl bisher kaum messbar, auch durch die Börsenwerte von Unternehmen reflektiert. Trotz einer bisher fehlenden exakten Definition erfreut sich der Ansatz aufgrund der bereits mehrfach dargelegten Bedeutung des Wissens einer stark steigenden Beliebtheit (vgl. dazu u. a. Ulrich 1998, S. 16, Davenport 1997, S. 17 f., Edvinsson/Malone 1997, Stewart 1997, North et al. 1998, Hansen et al. 1999, Jordan/Jones 1997).

Ulrich (1998) führt das intellektuelle Kapital in seiner engeren Fassung des Ansatzes auf folgende Formel zurück:

> **!** Intellektuelles Kapital = Kompetenz X Commitment

Ulrich fokussiert demnach sehr stark auf die Rolle der Mitarbeiter in der Anwendung von Kompetenz. Es käme demnach einerseits auf die erforderliche Kompetenz, andererseits auf die Bindung bzw. das Commitment der Mitarbeiter an die Ziele des Unternehmens an. Ulrich schlägt in der Folge fünf Möglichkeiten (5 B's) zur Erhöhung von relevanter Kompetenz vor (vgl. Ulrich 1998, S. 17 f.):

- kaufen (buy): Einstellung neuer Mitarbeiter,
- entwickeln (build): Schulung vorhandener Mitarbeiter,
- borgen (borrow): Eingehen von Partnerschaften bzw. Netzwerken mit z.B. Consultants, Lieferanten, Kunden,
- zurückweisen (bounce): Entlassung von Mitarbeitern und
- binden (bind): Verstärkung der Bindung der größten Talente an das Unternehmen.

Fehlendes Commitment liegt seiner Ansicht nach in erster Linie an einer Unausgewogenheit zwischen den Anforderungen an die Mitarbeiter und deren Möglichkeiten, diese zu erfüllen. Als Möglichkeiten, das Commitment zu verbessern, schlägt er vor (vgl. Ulrich 1998, S. 19 ff.):

- Anforderungen verringern: Priorisieren und Fokussieren der Aufgaben, Reengineering der Prozesse, um Überlastung zu vermeiden;
- die Möglichkeiten der Mitarbeiter (d.h. ihre „Ressourcen") erhöhen: Partizipation, Entwicklung und Kommunikation einer Vision oder Strategie, Übertragung herausfordernder Aufgaben, die eine Entwicklung neuer Fähigkeiten erfordert, Förderung von Kooperation und Gruppenarbeit, Verbesserung des Arbeitsklimas, Beteiligung der Mitarbeiter an den Gewinnen, offene Kommunikation, Interesse für die Anliegen der Mitarbeiter bekunden, Schulung und Training sowie - last but not least - Entwicklung von Technologien, die die Arbeit vereinfachen;
- Anforderungen in Ressourcen verwandeln: Interviews mit kündigenden Mitarbeitern führen, neue Führungskräfte systematisch in die Organisation integrieren, Anforderungen durch eventuell vorhandene Familien der Mitarbeiter berücksichtigen sowie Mitarbeiter bei wichtigen Entscheidungen teilhaben lassen.

Dieser sehr mitarbeiterorientierte Ansatz fasst das intellektuelle Kapital bewusst enger und schlägt auch erste pragmatische (qualitative) Messwerte für Kompetenz und Commitment auf der Ebene des Individuums, der Organisationseinheiten sowie des Gesamtunternehmens vor (vgl. Ulrich 1998, S. 16 f.).

Insgesamt betrachtet, bieten Intellectual-Capital- und Information-Ecology-Ansatz durch die unternehmensweite und strategische Perspektive eine Art „Klammer" um die Ansätze des Wissensmanagements. Information Ecology bildet dabei den gedanklichen Überbau. Die Abgrenzung zu Konzepten des Informationsmanagements ist allerdings nicht immer klar oder eindeutig. Ein Naheverhältnis besteht auch zum Konzept der Kernkompetenzen. Noch immer im Versuchsstadium steht die (eher pragmatische) „Messung" der im Unternehmen erzielten Veränderungen bezüglich des intellektuellen Kapitals anhand des Marktwerts des Unternehmens. Deutlich wird dabei die Bandbreite des verfügbaren intellektuellen Kapitals, die von konkreten Patenten bis zu sehr abstrakten Konzepten wie das „Markenimage" oder die Organisationskultur reicht.

3.4 Informatik

Die Konzepte der Informatik betrachten das Wissensmanagement vorrangig aus einer technischen Sicht, wobei insbesondere das kodifizierte oder kodifizierbare Wissen im Mittelpunkt der Betrachtungen steht. Die Wurzeln gehen dabei auf das Datenmanagement als Konzept zur persistenten Speicherung, Verknüpfung und Suche von Daten sowie die Ansätze der künstlichen Intelligenz zurück, mit denen das Ziel verfolgt wird, menschliche Intelligenz nachzubilden und zur Lösung von komplexen Problemen zu nutzen. Einen Arbeitsschwerpunkt der künstlichen Intelligenz stellen dabei die wissensbasierten Systeme dar, die in den 80er Jahren einen ersten Höhepunkt hatten (siehe z. B. Brauer 1985, Schnupp/Leibrandt 1986, Harmon et al. 1989). Auf diese beiden Teildisziplinen wird daher in der Folge noch etwas näher eingegangen.

3.4.1 Datenmanagement und Data Governance

Begriffsverständnis

Das Datenmanagement ist für die Daten einer Organisation zuständig und soll alle damit zusammenhängenden Aufgaben bzw. Aktivitäten planen, überwachen und steuern. Unter Daten sind in der Semiotik Zeichen mit einer bestimmten Syntax zu verstehen. Daten können in strukturierte, unstrukturierte und semistrukturierte Daten gruppiert werden, wobei das Datenmanagement im engeren Sinne das Management der strukturierten Daten betrifft. Das Management der Daten soll die Qualität der Daten sowie die Aufgabenadäquanz sichern. Dabei subsumiert sich unter Datenqualität die Datenrichtigkeit, die Datenvollständigkeit, die Datenaktualität, die Datenkonsistenz und die Datenintegrität. Unter der Aufgabenadäquanz ist die der betrieblichen Aufgabenstellung entsprechende informationstechnische Abbildung und Verwaltung von Daten zu verstehen.

Aus diesen Zielen lassen sich die folgenden Aufgaben des Datenmanagements ableiten (vgl. Heinrich/Lehner 2005, S. 224):

- Entwickeln von Datenmodellen,
- Implementieren der Datenmodelle,
- Organisation der Datenbeschaffung und Datennutzung,
- Wartung und Pflege des Datensystems,
- Überwachung der Datenqualität.

Die Aufgaben des Datenmanagements können weitgehend durch Softwaretechnik unterstützt werden. Neben Datenbankmanagementsystemen unter anderem Modellierungstools, Data-Warehouse-Systeme und Data-Mining-Tools zum Einsatz kommen. Aufgrund der enormen Zunahme der Datenmengen in den letzten Jahren („Big Data" sowie „Smart Data") kam es natürlich auch zu einer Weiterentwicklung des Aufgabenfeldes. Man versteht unter Datenmanagement heute daher allgemein alle Prozesse, die die Planung, Beschaffung, Verwaltung und Nutzung der Unternehmensressource „Daten" dienen, das Management der gesamten dafür erforderlichen Technologie und der damit verbundenen Prozesse einschließlich der Organisationseinheiten, die dafür gesamthaft verantwortlich sind. An Bedeutung haben dadurch u. a. das Digital Rights Management (DRM), der Datenschutz und Rechtsfragen, die Festlegung einer Datenmanagementstrategie gewonnen. Die strategischen Aufgaben werden inzwischen unter dem Begriff „**Data Governance**" zusammengefasst (vgl. Otto 2011).

Vertreter und Ansätze

Das Management der Daten gestaltet sich je nach der gewählten Modellart unterschiedlich. Hierbei lassen sich hierarchische Modelle, Netzwerkmodelle, relationale Modelle und objektorientierte Modelle unterscheiden.

Das hierarchische Modell geht davon aus, dass sich alle Datenobjekte in einer Baumstruktur abbilden lassen. Somit lassen sich zwischen den Datenobjekten nur 1:1- und 1:n-Beziehungen darstellen.

Anfang der 1970er Jahre wurde das Netzwerkmodell von der Data Base Task Group vorgeschlagen. Hierbei sind neben den 1:1- und 1:n-Beziehungen ebenfalls m:n-Beziehungen zugelassen. Somit kann ein Datenobjekt nicht nur maximal einen Vorgänger haben.

1970 beschrieb Codd das relationale Modell, welches aufbauend auf der Mengentheorie eine Trennung zwischen Entity-Typen, Entities und Attributen vornimmt und sich mit Hilfe von Relationen (Entity-Typ) und Tupeln (Entities) darstellen lässt (vgl. Codd 1970). Das relationale Modell setzte sich vor allem in den 1990er Jahren als Standard unter den Datenmodellen durch.

Das objektorientierte Datenmodell lässt zum einen die Spezifikation von Vererbungsbeziehungen zu und modelliert zum anderen neben den Daten auch Methoden, welche auf die Daten zugreifen.

Die beschriebenen Ansätze determinieren die Phase der Entwicklung von Datenmodellen sowie die Phase der Implementierung als Datenbank und die Phase der Wartung und Pflege des Datensystems. Dabei ist zu beachten, dass in einer Organisation mehrere Datenmodelle bei der Abbildung des Datenbestandes Anwendung finden können. Die Auswahl eines Datenmodells hängt von den jeweiligen Zielsetzungen ab.

In Verbindung mit der technischen Weiterentwicklung hat sich der Fokus verschoben zu Konzepten und Werkzeugen für die systematische Datenanalyse (Business Intelligence, BI) einschließlich der Verarbeitung sehr großer Datenmengen (Big Data und Smart Data) (siehe u.a. McKinsey Global Institute 2011, IAIS 2012, Eckert/Popescu-Zeletin 2014, Freytag 2014).

Zentrale Aussagen

Das Datenmanagement kann als permanente Unternehmensaufgabe der Planung, Steuerung und Überwachung möglichst aller Unternehmensdaten gekennzeichnet werden. Dadurch stellt das Datenmanagement Dienstleistungen zur Verfügung, die von weiteren Aufgabenbereichen des Unternehmens wie dem Informationsmanagement, dem Wissensmanagement, aber auch Funktionalbereichen wie dem Produktionsmanagement und der Buchhaltung genutzt werden.

Das Management der Daten in einer Organisation kennzeichnet Williams als Prozess, bestehend aus den Schritten (vgl. Williams 1992, S. 149 ff., auch Heinrich/Lehner 2005, S. 223 ff.):

- Definition einer Strategie für das Datenmanagement,

- Entwicklung einer einheitlichen Sichtweise auf die Daten des Unternehmens,
- Förderung der Nutzung von unternehmensweiten Datenquellen.

Die zunehmenden Datenmengen und auch die Komplexität (z.B. durch Vernetzung und Abhängigkeiten zwischen Datenbeständen) erfordern aktuell ein Umdenken im Umgang mit Daten und der IT-Architektur in Unternehmen. Dies führte einerseits zu technischen Weiterentwicklungen im Bereich wie Big-Data-Analytics, NoSQL-Datenbanken, Cloud Computing und InMemory-Datenbanken. Andererseits hat auch die Gesamtverantwortung für die Datenqualität an Bedeutung gewonnen und es wird mit Data Governance auf der strategischen Ebene der Rahmen (Entscheidungsbereiche, Rollen und Kompetenzen) für den Umgang mit den Daten, die Erkennung von Risiken und die Umsetzung der gesetzlichen Anforderungen geschaffen.

Verbindung zu anderen Konzepten

Das Datenmanagement erfordert für eine erfolgreiche Implementierung in einer Organisation eine Kultur, in welcher Ausgaben für Informations- und Kommunikationstechniken als Investitionen und nicht ausschließlich als Kosten betrachtet werden und die Qualität als ein Ziel des Informationsmanagements verstanden wird (vgl. Williams 1992, S. 29). Dies gilt auch für die Weiterentwicklungen die mit den Begriffen Big Data (vgl. z.B. Hoffmann/Voss 2013) und Data Governance“ verbunden werden.

Das Datenmanagement kann als Teil des Informationsmanagements betrachtet werden, in welchem es administrative Aufgaben zu erfüllen hat (vgl. Krcmar 2003, S. 46, Heinrich/Lehner 2005, S. 222). In der Literatur wird vielfach auf die Weiterentwicklung des Datenmanagements über das Informationsmanagement hin zum Wissensmanagement hingewiesen (vgl. Ortner 1991, Klosa 2001, S. 8, Lahme 2004, S. 24, sowie Abschnitt 1.1.2). Von manchen Autoren wurde das Modell noch weiterentwickelt und mit Wissen, Erfahrung usw. weitere Ebenen hinzugefügt (z.B. „Wissenstreppe“ von North, vgl. North/Maier 2018, siehe auch Kettinger/Li 2010). Sachlich, im Sinne einer schrittweisen oder evolutionären Weiterentwicklung, ist dies allerdings nicht begründet. Das Missverständnis kommt durch den Beziehungszusammenhang zwischen den Begriffen Daten, Informationen und Wissen zustande, der unreflektiert auf die nach diesen Begriffen benannten Disziplinen übertragen wird. Wie bereits erwähnt, kann zwar das Datenmanagement als Teil des Informationsmanagements verstanden werden, das Wissensmanagement ist aber in seinen Inhalten und Methoden unabhängig davon und auch unabhängig entstanden.

Im Rahmen des Wissensmanagements kommt dem Datenmanagement die Rolle einer Dienstleistungsfunktion zu. Das Datenmanagement soll insbesondere die Modellierung, Implementierung, Organisation, Pflege und Überwachung der im Wissensmanagementkreislauf anfallenden Daten und Metadaten sicherstellen. Mit den aktuellen Entwicklungen bei Big Data und Business Analytics bzw. Business Intelligence (insbesondere auch im Umfeld von Web 2.0 und sozialen Medien) entstehen zusätzliche Verbindungen, da diese Technologien als Tool für die Wissensgenerierung gesehen werden. Big Data ermöglicht neue und schnelle Formen der Analyse aus unterschiedlichen internen und externen Datenquellen. Mit der Datenauswertung verbunden ist die Wissensgewinnung, aber auch die unmittelbare Anwendung des Wissens, von der Wettbewerbsvorteile erwartet werden (vgl. Hoffmann/Voss 2013, IAIS 2012).

3.4.2 Künstliche Intelligenz

Begriffsverständnis

Die Ansätze der Künstlichen Intelligenz (KI) beschäftigen sich mit dem Verstehen und Nachbilden von menschlicher Intelligenz. Der Begriff der **Intelligenz** bezeichnet in der Psychologie die kognitiven Fähigkeiten „abstrahieren", „anwenden" und „verstehen". Die Vorstellung der Beschreibung von Intelligenz in Regeln kann bis in die griechische Antike auf Sokrates, Plato und Aristoteles zurückgeführt werden. Die Anfänge der künstlichen Intelligenz als eigene Disziplin sind im „Dartmouth Summer Research Project on Artifical Intelligence" im Jahre 1956 zu verorten, wo die Bezeichnung Artifical Intelligence in Abgrenzung zur Automatentheorie eingeführt wurde. Die künstliche Intelligenz stellt somit ein Konzept dar, welches Anleihen in der Informatik, der Psychologie und der Philosophie nimmt.

Sowohl über den Begriff der menschlichen als auch über den der künstlichen Intelligenz herrschen in der Literatur unterschiedliche Ansichten. Der Turing-Test, welcher 1950 von Alan Turing veröffentlicht wurde, sollte einen formalen Beweis für ein intelligentes Computersystem liefern (vgl. Turing 1950). Der Test konnte bisher jedoch von keinem System bestanden werden und wurde zudem als nicht geeignet zum Nachweis von künstlicher Intelligenz kritisiert. Turing unterstellt in seinem Test einem Computersystem Intelligenz, wenn es in einem Dialog nicht von einem menschlichen Gesprächspartner unterschieden werden kann. Zum Bestehen des Turing-Tests muss ein Computersystem die folgenden Voraussetzungen erfüllen (vgl. Russell/Norvig 1995, S. 5):

- Verarbeitung natürlicher Sprache,
- Repräsentation von Wissen,
- automatisches Schließen,
- maschinelles Lernen.

Am Turing-Test kann kritisiert werden, dass Intelligenz allein als Fähigkeit der Kommunikation gesehen wird, was zum einen nicht den gesamten Begriff der Intelligenz abdeckt und zum anderen Systeme, die auf andere Weise Intelligenz zeigen, als nicht intelligent einstuft. Systeme der künstlichen Intelligenz sollen entweder menschlichen Akteuren bei der Lösung von Problemen als Unterstützungssysteme zur Seite stehen oder selbst als Problemlöser agieren. Solche Systeme müssen zum einen über Wissen verfügen und zum anderen dieses darstellen und verarbeiten können (vgl. Keller 2000, S. 16).

Die Methoden der künstlichen Intelligenz (KI) lassen sich unterscheiden in symbolische KI und neuronale KI (Konnektionismus), wobei die symbolische KI von einer Speicherung des Wissens in axiomatischer Prädikatenlogik ausgeht und in der neuronalen KI eine Verteilung des Wissens auf miteinander verbundene Neuronen angenommen wird (vgl. Keller 2000, S. 2 ff.).

Vertreter und Ansätze

Lassmann et al. gliedern das Gebiet der künstlichen Intelligenz in die Teilgebiete automatische Schlussfolgerung, Verarbeitung natürlicher Sprache, automatische Bildverarbeitung, Robotertechnologie und Expertensysteme (vgl. Lassmann et al. 2000, S. 465 f). Im Weiteren sollen die Ansätze der automatischen Schlussfolgerung und der Expertensysteme zusammengefasst werden, da sich Expertensysteme der Ansätze der automatischen Schlussfolgerung bedienen. Es können somit Ansätze der sprachlichen Intelligenz, der visuellen Intelligenz, der manipulativen Intelligenz und der rationalen Intelligenz unterschieden werden. Diese Ansätze stehen jedoch nicht in Konkurrenz zueinander, sondern zeigen die unterschiedlichen Einsatzgebiete von künstlicher Intelligenz.

Die Ansätze der **visuellen Intelligenz** umfassen Verfahren und Methoden zur Erkennung von visuellen Mustern. Diesen Ansätzen sind beispielsweise biometrische Verfahren der Fingerabdruckerkennung und der Iris-Erkennung, aber auch der Text- und Bilderkennung zuzuordnen (zur Vertiefung siehe Russell/Norvig 1995, 724 ff., Tveter 1998, Radig 1999, de Sá 2001, Van Gool 2002).

Die Umwandlung von geschriebenen Texten in Sprache und vice versa sowie die linguistische Analyse von Texten (Text Mining) werden zu den Ansätzen der sprachlichen Intelligenz gezählt. Das Text-Mining liefert Ansätze zur Identifikation von neuen Informationen aus Texten. Dies können zum einen formale Informationen, wie die Identifikation der Sprache eines Textes, oder die Erkennung von Wortarten sein, und zum anderen semantische Informationen, wie Beziehungen zu anderen Texten, Schlüsselworte oder eine Zusammenfassung (zur Vertiefung siehe Russell/Norvig 1995, S. 691 ff., Franke et al. 2003, Sirmakessis 2004, Zanasi 2005).

Beispiel: Selbstlernende Suche

Die Kölner Stadtverwaltung setzt in ihrem kommunalen Callcenter zur Unterstützung der Call-Agenten einen Suchdienst ein, der verschiedene Methoden der künstlichen Intelligenz kombiniert. Eine Text-Mining-Komponente extrahiert häufig auftauchende Begriffe und Begriffskombinationen aus den zu durchsuchenden Dokumenten und erstellt daraus ein Begriffsnetz, welches bei der Optimierung von Suchanfragen Anwendung findet. In den Begriffsnetzen sind zwei Arten von Beziehungen zwischen Begriffen abgebildet, zum einen Synonym-Beziehungen und zum anderen Kontext-Beziehungen. Eine eingebaute Lernfunktion auf Basis neuronaler Netze ermöglicht dem Suchdienst, die Identifikation der Beziehungsvarianten zu erlernen.

Aufgrund des Einsatzes einer Kombination verschiedener Techniken der künstlichen Intelligenz ist es den Call-Agenten möglich, Kundenanfragen inklusive Dokumentation der Anfragen in etwa 100 - 120 Sekunden abzuschließen.

(Huber 2005)

Die Ansätze der **manipulativen Intelligenz** subsumieren Verfahren und Methoden zur Nachbildung menschlichen Handelns, wie sie in Robotern eingesetzt werden. Die Roboter sollen jedoch nicht nur handeln wie ihre menschlichen Vorbilder, sondern auch auf wechselnde Umweltbedingungen reagieren können (zur Vertiefung siehe Russell/Norvig 1995, S. 773 ff.).

Das **maschinelle Lernen** geht einen Schritt weiter als das Data Mining (vgl. dazu auch Abschnitt 4.2.4.3), weil es darauf aufbaut, dass Algorithmen – ähnlich wie menschliche Akteurinnen und Akteure – die aufgenommenen Daten nicht nur verarbeiten, sondern auch aus ihnen lernen können. Sie entwickeln das Verfahren der Verarbeitung selbständig weiter und sind somit lernende Algorithmen. Lernfähige Systeme sollen künftig in der Lage sein, auch in Situationen von Unsicherheit plausible Entscheidungen zu fällen und bearbeiten ganz unterschiedliche Typen von Daten wie Bilder, Filme, Texte oder Zahlen. Das maschinelle Lernen sowie Verfahren des Problemlösens und des logischen Denkens werden den Ansätzen der rationalen Intelligenz zugeordnet. Die Ansätze dieser Kategorie führten zur Entwicklung von Expertensystemen und wissensbasierten Systemen, die von einer Wissensbasis ausgehend Probleme lösen und den Lösungsweg aufzeigen sollen (vgl. Abschnitt 4.2.3.1).

Die Kernidee maschineller Lernverfahren besteht darin, komplexe Zusammenhänge und Muster aus vorhandenen Datenbeständen zu identifizieren und daraus neues Wissen und Erfahrungen zu generieren. Ausgangsbasis für diese Aufgabe sind Lernprozesse und Trainingsdaten, aus denen die Modellparameter vorhergesagt und somit Entscheidungen für zukünftige Zuordnungen und Klassifizierungen von neuen bisher unbekannten Daten getroffen werden können (vgl. z.B. Alpaydin 2019, Frochte, 2018).

In Bild 3.19 wird die Funktionsweise des maschinellen Lernens verdeutlicht. Für die Ausführung einer konkreten Aufgabe ist ein Modell erforderlich, welches einen Abgleich zwischen den beschriebenen Daten und dem Ergebnis durchführt. Dieser Abgleich wird durch die Verwendung von Trainingsdaten erreicht und durch ein zugrunde liegendes Lernproblem beschrieben (Flach, 2012).

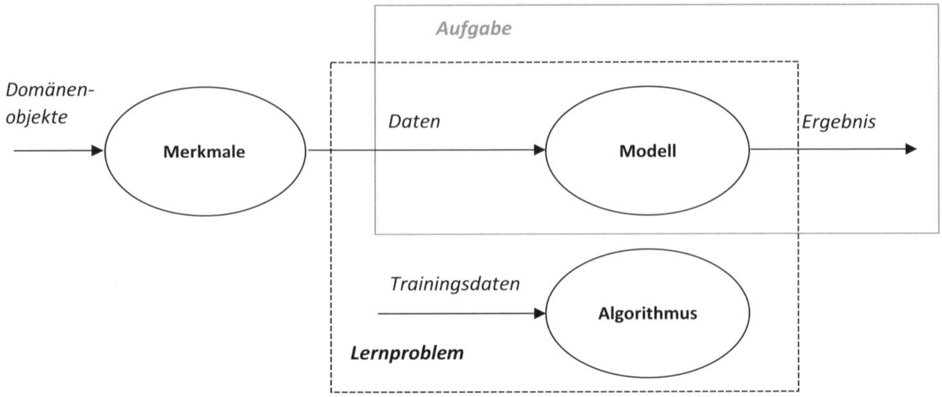

Bild 3.19 Funktionsweise des maschinellen Lernens (Flach 2012)

Lernverfahren können dabei in die folgenden zwei zentralen Kategorien eingeordnet und ausgehend vom Autonomiegrad und dem Grad der Nutzerinteraktion differenziert werden:

- **Überwachte Lernverfahren (supervised learning)** zeichnen sich durch einen niedrigen Autonomiegrad der Algorithmen und einen hohen Nutzerinteraktionsgrad aus. Ausgehend von vorhandenen Beispielen und historischen Daten findet zunächst eine Lernphase statt, die durch bereits gewonnenes Wissen und Beispiele unterstützt wird. Diese Trainingsdaten werden vom Anwender vorgegeben und verwendet, um in der Folge unbekannte Daten einzuordnen und zu klassifizieren. Beispielhafte Algorithmen, die zum Einsatz kommen können sind Entscheidungsbäume.
- Eine Unterkategorie der überwachten Lernverfahren sind **bestärkende Lernverfahren (reinforcement learning)** dar. Angelehnt an das Prinzip von agentenbasierten Ansätzen (vgl. dazu auch Abschnitt 4.2.3.2), basiert die Idee dieses Verfahrens darauf, dass ein

Agent durch den Erhalt regelmäßiger Rückmeldungen (Bestrafung oder Belohnung) im Zeitverlauf eine optimale Strategie für das Klassifikationsproblem erarbeitet.

- **Unüberwachte Lernverfahren (unsupervised learning)** agieren nahezu autonom und ohne Interaktion mit dem Nutzer, sodass das System selbstständig und ohne Verwendung von Trainingsdaten durch Beobachtung versucht, Daten anhand ihrer gemeinsamen Eigenschaften einzuordnen und deren Klassifizierung korrekt vorherzusagen. Beispiele für Algorithmen dieser Kategorie sind Clusteranalysen, bei denen Objekte automatisch durch den Algorithmus in geeignete, unbenannte Clustern oder Gruppen segmentiert werden.

Deep Learning (frei übersetzt: „tiefgehendes Lernen") ist eine Teilmenge des maschinellen Lernens und bezeichnet eine Klasse von Optimierungsmethoden künstlicher neuronaler Netze. Es nutzt eine Reihe hierarchischer Schichten bzw. eine Hierarchie von Konzepten, um den Prozess des maschinellen Lernens durchzuführen. Die hierbei benutzten künstlichen neuronalen Netze sind ähnlich wie das menschliche Gehirn aufgebaut.

In der Praxis findet sich eine Vielzahl an Anwendungsbeispielen des maschinellen Lernens in verschiedenen Disziplinen. Im Bereich der Sprach- und Textanalyse (**NLP** bzw. **Natural Language Processing**) können maschinelle Lernverfahren beispielsweise eingesetzt werden, um betrügerische und somit unerwünschte textuelle Nachrichten zu identifizieren oder um Betrugsfälle bei Kreditkartentransaktionen aufzudecken. **Chatbots** und **Conversational Platforms** versprechen eine verbesserte Interaktion mit Systemen (vgl. z. B. Winkler et al 2019). Dies erfolgt häufig auf Basis der natürlichen Sprache und oft mit dem Ziel, den Personaleinsatz zu „optimieren". Die Mehrzahl der heute eingesetzten Systeme erfüllt die an sie gestellten Anforderungen noch unzureichend (vgl. auch Lipton 2018), was mit den Restriktionen der eingesetzten Technologie (oft handelt es sich nur um einfache Entscheidungsbäume) zusammenhängt. Mit Conversational Platforms versucht man die Beschränkungen zu überwinden, indem komplexere KI- und NLP-Anwendungen als Cloud-Lösung skalierbar und global verfügbar gemacht werden. Mit Hilfe geeigneter Algorithmen ist es zudem möglich, den Energieverbrauch in Gebäuden zu optimieren oder Wettervorhersagen und langfristige Klimaveränderungen vorherzusagen. In der Gesundheitsforschung trägt maschinelles Lernen dazu bei, Gendefekte und Ursachen für das Auftreten bestimmter Krankheiten zu entdecken und somit neues Wissen zu generieren.

Zentrale Aussagen

Die Künstliche Intelligenz stellt kein geschlossenes Forschungsgebiet dar. Vielmehr werden Techniken aus verschiedenen Disziplinen verwendet. Eine der häufigsten Techniken in der künstlichen Intelligenz ist maschinelles Lernen, ein selbstadaptierender Algorithmus. Die sogenannte **starke KI** vergleicht den Menschen mit einer Maschine und hat sich dessen Nachahmung zum Ziel gesetzt. Es geht quasi darum, eine Intelligenz zu erschaffen, die das menschliche Denken mechanisieren soll bzw. bzw. eine Maschine zu bauen, die intelligent reagiert oder sich wie ein Mensch verhält. Die Ziele der starken KI sind auch heute noch visionär. Im Gegensatz zur starken KI geht es bei der **schwachen KI** darum, konkrete Anwendungsprobleme des menschlichen Denkens zu bewältigen.

Mit den Ansätzen der künstlichen Intelligenz sollten Computersysteme geschaffen werden, welche die menschliche Intelligenz vollständig simulieren können. Dieser in den 50er und 60er Jahren vorherrschenden Meinung folgte bereits in den 70er Jahren eine Phase der

Ernüchterung, die Anfang der 80er durch das Aufkommen von wissensbasierten Systemen unterbrochen wurde.

Techniken der künstlichen Intelligenz sind Bestandteil verschiedenster Computersysteme wie Suchagenten, Spamfilter, Computerspiele, automatischer Piloten, Fehlerdiagnosesystemen und elektronischer Spurassistenten. Die Definition von künstlicher Intelligenz gilt jedoch ebenso wie die der menschlichen Intelligenz als besonders schwierig, sodass eine eindeutige Zuordnung oft schwerfällt oder von manchen überhaupt abgelehnt wird.

Verbindung zu anderen Konzepten

Verschiedene Anwendungen der künstlichen Intelligenz benötigen Dienstleistungen der Datenverwaltung und -pflege, die im Rahmen des Datenmanagements übernommen werden. Darüber hinaus bedient sich das Datenmanagement vor allem im Rahmen von Data-Mining-Methoden der künstlichen Intelligenz.

Das Wissensmanagement wiederum bedient sich verschiedener Ansätze und Anwendungen der künstlichen Intelligenz, insbesondere der sprachlichen Intelligenz und der rationalen Intelligenz. Karagianis und Telesko beschreiben Verfahren und Methoden der rationalen Intelligenz, die potenziell im Wissensmanagement Einsatz finden können (vgl. Karagianis/Telesko 2001). So können die von Kohonen vorgestellten Self-Organizing Maps als Anwendung von künstlichen neuronalen Netzen beispielsweise zur Erstellung von Wissenskarten verwendet werden. Die Methoden der künstlichen Intelligenz können somit zum Teil das Problem der Wissensrepräsentation (vgl. Abschnitt 4.1.2) lösen. Die Modellierung von Wissen erfolgt in wissensbasierten Systemen auf Basis von Fakten und Regeln. Ontologien stellen neben den Regeln und Fakten (Konzepten) noch explizit Beziehungen als Modellierungsbaustein zur Verfügung (vgl. Abschnitt 4.1.2.2).

Darüber hinaus finden sich in verschiedenen Softwaretechniken des Wissensmanagements Verfahren der sprachlichen Intelligenz, wie in Suchdiensten, Agentensystemen und Informationsvisualisierungssystemen (vgl. Abschnitt 4.2).

3.4.3 Big Data

Begriffsverständnis und Dimensionen von Big Data

Die Digitalisierung und der technologische Fortschritt beeinflussen und verändern das Verhalten von Individuen und Organisationen in der Gesellschaft maßgebend und schaffen gleichzeitig neue Wege und Möglichkeiten, um von diesem Fortschritt zu profitieren. Zahlreiche Aktivitäten des Alltags werden bereits teilweise oder vollständig digital unterstützt. Beispielsweise bieten viele Bundesländer und Kommunen ihren Bürgern die Möglichkeit, Anträge für staatliche und kommunale Dienstleistungen, wie etwa die Beantragung eines Personalausweises, online abzuwickeln. Bewerbungsprozesse in Unternehmen und öffentlichen Einrichtungen wie in Universitäten werden ebenfalls zunehmend digital abgewickelt, was unter Anderem effektivere Abläufe und Zeiteinsparungen zum Vorteil hat. Auch im privaten Leben ermöglichen soziale Medien wie Twitter und Facebook ihren Nutzern, sich jederzeit zeit- und ortsunabhängig miteinander auszutauschen.

Dies führte zu einem exponentiellen Datenwachstum, da in Verbindung mit der Digitalisierung eine extrem große Menge Daten gesammelt und für die weitere Auswertung auch gespeichert werden. Dazu zählen u.a. Transaktions-, Maschinen-, Log- und Sensordaten. Der Prozess der Datensammlung ist eng mit dem Begriff „smart" verbunden, denn bei den Datenquellen handelt es sich neben dem Smartphone um Smart Factories, Smart Cars, Smart Meters, Smart Home und vergleichbare Anwendungen. Daten sind endgültig zum vierten Produktionsfaktor geworden. Studien zufolge, verdoppelt sich das Datenvolumen alle zwei Jahre (vgl. King 2014). Google verarbeitete beispielsweise im Jahr 2018 knapp 3,7 Millionen Suchanfragen pro Minute, während zwei Jahre zuvor nur 2,4 Millionen Anfragen über die Suchmaschine getätigt wurden. Auf Twitter wurden im vergangenen Jahr knapp 500 000 Tweets gesendet, während auf dem Nachrichtendienst WhatsApp knapp 40 Millionen Nachrichten ausgetauscht wurden (Desjardins 2018).

Diese Datenmengen und das dahintersteckende Analysepotenzial führten zur Entstehung des Schlagworts „Big Data". Es gibt verschiedene Ansätze zur Charakterisierung von Big Data, die teilweise eine eher technische, teilweise eine eher kritische, gesellschaftspolitische Ausrichtung haben. Eine eher technische, aber weit verbreitete Begriffserklärung beschreibt Big Data durch die folgenden „4 V's" (vgl. z.B. Klein et al. 2013, Wachter 2018, Klier/Heinrich 2016):

- **Volume** bezeichnet die Datenmenge bzw. den Umfang der Daten, die gespeichert und verarbeitet werden, wobei bereits Größenordnungen bis zu Zettabytes (10^{21}) erreicht werden und in einigen Organisationen die Daten sogar einen Umfang von Yottabytes (10^{24}) annehmen. Das enorme Wachstum speist sich aus der Digitalisierung von Inhalten jeglicher Art sowie der Erfassung von Mess-, Steuer- und Kommunikationsdaten einschließlich Nutzerdaten, Verhaltens- und Kontextdaten sowie Metadaten.
- **Variety** beschreibt die Unterschiedlichkeit der Daten, die aus vielfältigen Quellen stammen und in diversen Datenformaten strukturiert, semi-strukturiert und auch unstrukturiert vorliegen können. Klassische Datenbanksysteme stoßen damit an ihre Grenzen.
- **Velocity** beschreibt die Geschwindigkeit, mit der Daten erzeugt, aber auch die Geschwindigkeit, mit der Daten verarbeitet werden (d.h. die schelle Analyse riesiger Datenmengen in Echtzeit) und das Datenvolumen zunimmt.
- **Veracity:** hier geht es um die Datenqualität, da die Güte und Korrektheit der Analyseergebnisse von der Qualität der Datenbestände abhängig ist. Nur wenn diese ausreichend hoch ist, können auch aussagekräftige und valide Analyseergebnisse generiert werden.

Anwendungsgebiete für Big Data

In der Literatur finden sich zahlreiche Anwendungsszenarien und Beispiele für Big Data (vgl. z.B. King 2014, Tao et al. 2018). Ein prominentes Beispiel bezieht sich auf die Auswertung der umfangreichen Datenbestände, die in Verbindung mit dem Internet der Dinge (IoT) sowie der Entwicklung smarter Technologien und Sensoren entstehen. Smarte Technologien, wie sie bereits in modernen Fahrzeugen oder Haushaltsgeräten eingesetzt werden, produzieren kontinuierlich Datenströme, die ein enormes Analysepotenzial bieten. Auch im Bereich der medizinischen Versorgung oder der Auswertung von Geodaten finden sich viele Anwendungsbeispiele Big-Data-Technologien. Das bisherige Wissen lässt sich um aus Daten gewonnene Muster erweitern, die bislang nicht zugänglich oder aufgrund ihrer Menge und Komplexität nicht verwertbar waren.

Ungeachtet der vielen Vorteile und großen Erwartungen, soll an dieser Stelle auch auf Risiken und Nachteile im Umgang mit Big Data hingewiesen werden. Ein häufig angeführter

Kritikpunkt betrifft den Datenschutz und die Privatsphäre. Auch wenn die Daten in anonymisierter Form für den Analysevorgang bereitgestellt werden, besteht dennoch die Möglichkeit, entsprechende Entschlüsselungsverfahren und Methoden einzusetzen, um die Daten auf ihren Ursprung zurückführen zu können. Dadurch entstehen negative Folgen für Kunden oder Mitarbeiter, indem diese in ihrer Privatsphäre beeinträchtigt werden. Die neue Datenschutzgrundverordnung der Europäischen Union hat die Diskussion zu diesem Thema in der Öffentlichkeit neu entfacht und auch die Frage nach dem Eigentum der Daten und dem Recht zur Einflussnahme auf deren Verarbeitung durch Unternehmen thematisiert.

Die kritische Diskussion betrifft natürlich auch Anwendungen im Wissensmanagement, da das Ziel der Extraktion oder Generierung von Wissen keineswegs neutral und ohne Nebeneffekte erreicht wird (vgl. z. B. Crane/Self 2014, King 2014, Pauleen 2017). Klar ist, dass sich damit auch neue Fragen der Datensicherheit stellen. Es wird argumentiert, dass die riesige Menge an gespeicherten Daten (Big Data) das wirklich innovative Gut der digitalen Wirtschaft darstellt und einen erheblichen Anteil an sehr persönlichen Daten enthält (vgl. Rinne/Zimmermann 2016). Dem alten Konflikt zwischen Kapital und Arbeit im industriellen Zeitalter entspricht damit die unterschiedliche Interessenslage bezüglich Kapital und persönlichen Daten. Big Data verlangt daher explizite Regeln und Regulierungsmaßnahmen, wie diese „neuen“ Daten in die Unternehmensarchitektur und Prozesse integriert und gemeinsam mit den konventionellen Daten unter Einhaltung gesetzlicher Rahmenbedingungen verarbeitet werden können. Auch Governance-Strukturen und sicherheitsrelevante Fragen müssen dabei berücksichtigt und abgedeckt werden (vgl. Schroeck et al. 2012). Data Governance bezeichnet die Gesamtheit der Verantwortlichkeiten, Zuständigkeiten, Aufgaben und Entscheidungsprozesse für das qualitätsorientierte Management der Unternehmensressource Daten im Unternehmen.

Technologische Unterstützung von Big Data

Die riesigen Datenbestände erfordern einerseits geeignete Analyseverfahren und Algorithmen zur Verarbeitung der Daten, andererseits entsprechende Technologien, die diese Datenvolumina speichern und zugänglich machen können. Neben der Echtzeit-Analyse betrifft dies die Form der Abfragen, die an die Daten gestellt werden sowie die korrekte Auswahl der Mechanismen zur Speicherung und Verarbeitung der Daten. Neue Technologien wie Hadoop, Map-Reduce und NoSQL-Datenbanken erlauben es, die extrahierten Rohdaten in großem Umfang zu speichern und zu verarbeiten (vgl. dazu auch Abschnitt 4.2.4.1, Data Warehouse). Mögliche Systemkategorien, die hierfür in Frage kommen, reichen von transaktionssicheren Systemen bis hin zu echtzeitfähigen Datenbanken oder hochskalierten Lösungen. Diese verfügen über entsprechende Parallelisierungs-, Skalierungs- und Verteilungsalternativen, weisen leistungsfähige Infrastrukturen auf und besitzen geeignete Schnittstellen zum Datenimport bzw. -export. Da Wissen immer kontextabhängig und nicht an beliebiger Stelle wiederverwertbar ist, bedarf es auch bei Big-Data eines Verständnisses für die tatsächliche Anwendungssituation. Damit wird Wissen mit Hilfe von Big Data nicht nur durch die automatisierte Analyse des verfügbaren Datenmaterials erzeugt, sondern vor allem auch durch die Kompetenz im Umgang mit den neuen Systemen.

3.5 Psychologie

Die Psychologie liefert für das Wissensmanagement wesentliche Beiträge (vgl. Reinmann-Rothmeier et al. 2001, Reinmann/Mandl 2004, Wiig 2004). So wird in der Kognitionspsychologie seit jeher der Begriff des Wissens diskutiert. Dabei kann jedoch ein Unterschied des psychologischen und des ingenieurswissenschaftlich geprägten Wissensbegriffs festgestellt werden. So geht die Kognitionspsychologie von einem impliziten Wissensbegriff aus, während in den Ingenieurswissenschaften und auch den Wirtschaftswissenschaften von einem eher expliziten Wissensbegriff ausgegangen wird (vgl. Seiler/Reinmann 2004, S. 11 ff.). Wie Seiler und Reinmann zu Recht monieren, wird Wissen oftmals fälschlicherweise als leicht manipulierbare Ressource bezeichnet und verdinglicht.

Neben der Kognitionspsychologie nimmt das Wissensmanagement ebenfalls Anleihen in der Organisationspsychologie, welche das Verhalten einzelner Personen innerhalb von Organisationen zu erklären versucht. Ferner diskutiert die Psychologie die Probleme des Information Overload sowie des Choice Overload, deren Lösung bzw. Vermeidung auch im Informations- und Wissensmanagement ein zentrales Anliegen darstellt.

Neben den beiden im Folgenden vorgestellten Konzepten der Organisations- und Kognitionspsychologie beschäftigen sich weitere Richtungen der Psychologie mit dem Wissensmanagement. So beispielsweise die Sozialpsychologie, die Kommunikationsprozesse, Identitäten und soziale Beziehungen in den Vordergrund ihrer Betrachtungen stellt. Döring beschreibt insbesondere die Bedeutung des Internets für die Sozialpsychologie, und hier wieder soziale Beziehungen im Internet sowie die Konstruktion und Veränderung von Identitäten im und durch das Internet (vgl. Döring 2003).

3.5.1 Organisationspsychologie

Begriffsverständnis

Die Organisationspsychologie will Ansätze zur Beschreibung und Erklärung von Verhalten einzelner Personen in Organisationen liefern (vgl. Gebert/Rosenstiel 2002, S. 15). Die Organisationspsychologie, die in ihren Anfängen zunächst als Erkenntnissubjekt den Menschen in wirtschaftlichen Organisationen betrachtete, liefert eines der zentralen Konzepte in der Psychologie. Dies ist vor allem darauf zurückzuführen, dass wir im Durchschnitt fast die Hälfte unseres Lebens in Organisationen wie dem Kindergarten, der Schule, der Bundeswehr, der Universität, Produktions- und Dienstleistungsunternehmen, Alten- und Pflegeheimen, Krankenhäusern und Kirchen, aber auch Gefängnissen und Freizeitorganisationen verbringen (vgl. Weinert 2004, S. 41 f.).

Organisationen werden in der Organisationswissenschaft (siehe Abschnitt 3.1) als Systeme mit definierten Grenzen beschrieben, die zeitlich stabil und zielgerichtet fungieren. Eine klare physikalische Grenze einer Organisation kann jedoch in Ermangelung einer Vergegenständlichung dieser nicht manifestiert werden. Dies führt in der Folge zu Schwierigkeiten bei der Abgrenzung des Erkenntnisobjektes der Organisationspsychologie.

Die Organisation als Erkenntnisobjekt der Organisationspsychologie wirkt direkt auf das Verhalten der Organisationsmitglieder, und zwar sowohl innerhalb der Organisation (z.B.

als Arbeitsleistung) als auch außerhalb dieser (z. B. auf die Wahl des Autos). Somit ist es das Ziel der Organisationspsychologie, die organisationalen Variablen des Verhaltens zu identifizieren und zur Lösung von menschlichen Problemen in der Organisation beizutragen.

Vertreter und Ansätze

Die Anfänge der Organisationspsychologie liegen in den 60er Jahren (vgl. Schein 1965, Katz/Kahn 1966). Diese ersten Ansätze beschränkten das Erkenntnisobjekt der Organisation auf Unternehmen, wobei eine enge Beziehung zwischen der Arbeitspsychologie und der Organisationspsychologie konstatiert werden kann. Eine Klassifikation von Ansätzen lässt sich in der Organisationspsychologie schwer vornehmen, da sowohl die Terminologie als auch die Kernaussagen der einzelnen Ansätze oft stark differieren. Holling und Müller schlagen daher eine Aufstellung von einzelnen, in der Literatur oft zitierten Ansätzen vor, welche in Tabelle 3.13 wiedergegeben ist (vgl. Holling/Müller 1993, 49).

Tabelle 3.13 Ansätze der Organisationspsychologie (Holling/Müller 1993, S. 49 ff.)

Vertreter	Ansatz
McGregor 1960	Humanistische Theorie
Likert 1961	Partizipative Theorie
Katz/Kahn 1966	Systemtheorie
Argyris 1970	Theorie von Argyris
March/Simon 1958	Rationalitätstheorie
Weick 1979	Theorie organisierenden Handelns
Smirich 1983	Kulturtheorie
Luthans 1985	Theorie des sozialen Lernens

Neben der Unterschiedlichkeit der Sichtweise von Organisationen und den daraus resultierenden Ansätzen der Organisationspsychologie herrscht ferner Uneinigkeit über die Methodenklassifikation. Eine Unterteilung der Methoden in aufgaben-, personen-, gruppen- und organisationsgebundene nimmt beispielsweise von Rosenstiel vor (vgl. Rosenstiel 1992). Ein anderer Ansatz sieht eine Gruppierung in situationsorientierte und personenorientierte Methoden vor (vgl. Gebert/Rosenstiel 2002). Weinert wiederum unterteilt in Methoden der Mikroperspektive (personen-, gruppenorientiert) und der Makroperspektive (aufgaben-, strukturorientiert) ein (vgl. Weinert 2004, S. 57 ff.).

Zentrale Aussagen

Die Organisationspsychologie hat eine Vielzahl von Ansätzen hervorgebracht, welche allesamt auf die Erklärung von Verhalten einzelner Personen in Organisationen abstellen. Die Differenziertheit der Ansätze macht die Formulierung von zentralen Aussagen zumindest schwer. Es kann jedoch festgehalten werden, dass ein Wandel von der ausschließlichen Betrachtung mikroperspektivischer Themen hin zu einer integrierten Betrachtung von sowohl mikroperspektivischen als auch makroperspektivischen Themen stattgefunden hat. Im Folgenden sollen einige Themen der Organisationspsychologie aufgezeigt werden, welche sich der Mikro- und Makroperspektive sowie beiden zuordnen lassen (vgl. Tabelle 3.14).

Tabelle 3.14 Themen der Organisationspsychologie (Weinert 2004, S. 58 f.)

Themen der Mikroperspektive	Themen der Makroperspektive	Themen beider Ebenen
Organisationsverhalten	Organisationsstrukturen	Macht und Einfluss
Motivation und Leistung	Organisationstechnologie	Organisationskultur
Belohnungssysteme	Umweltturbulenz und Unsicherheit	Kommunikation und Kontrolle
Arbeitsstress	Effizienz der Organisation	Entscheidungen

Verbindung zu anderen Konzepten

Das Konzept der Organisationskultur nimmt innerhalb der Organisationspsychologie eine zentrale Stellung ein (vgl. dazu auch Kapitel 1 und Abschnitt 3.1.6). Dabei wird davon ausgegangen, dass die Organisationskultur wesentlichen Einfluss auf das Verhalten der Organisationsmitglieder nimmt (vgl. Weinert 2004, S. 641 ff., Gebert/Rosenstiel 2002, S. 394 ff., Schein 1993). Weinert stellt die Organisationskultur als ein Instrument der Personalführung dar, mittels welcher das Verhalten der Organisationsmitglieder zielgerichtet beeinflusst werden kann. Einen Ansatz zur Entschlüsselung der Organisationskultur und des menschlichen Verhaltens liefert Schein, der sechs Basisannahmen als „Orientierungspunkte organisatorischen Handelns" identifiziert (vgl. Schreyögg 1998, S. 445). Zu diesen Basisannahmen zählen das Wesen von Wirklichkeit und Wahrheit, das Wesen der Zeit, das Wesen des Raumes, das Wesen des Menschen, das Wesen menschlicher Handlungen sowie das Wesen menschlicher Beziehungen (vgl. Schein 1993, S. 94 ff.).

Das Verhalten von Organisationsmitgliedern wird, wie Gebert und von Rosenstiel konstatieren, wesentlich vom organisationalen Kontext bestimmt. Der organisatorische Wandel sowie die Organisationsentwicklung und das organisatorische Lernen als Konzepte der Änderung des organisationalen Kontextes sind somit auch als Konzepte der Änderung des Verhaltens der Organisationsmitglieder zu verstehen.

Eine der wesentlichen Aufgaben der „modernen" Organisationspsychologie ist die Untersuchung der Einflussnahme der Informationstechnologie auf das Verhalten von Organisationsmitgliedern (vgl. Weinert 2004, 8). Insbesondere die Techniken des Informations- und des Wissensmanagements unterstützen den Aufbau von virtuellen Organisationen, wodurch das Erkenntnisobjekt der Organisationspsychologie um zusätzliche Aspekte erweitert wird.

3.5.2 Kognitionspsychologie

Begriffsverständnis

Der Mensch wird aufgrund seiner Intelligenz von anderen Lebewesen unterschieden. Dabei stellt sich die Frage, was unter Intelligenz generell zu verstehen ist und wie die kognitiven Prozesse ablaufen. Dies führt zunächst zu einer Erklärung des Begriffes **Kognition**, welcher sowohl als Prozess als auch als Produkt existent ist und die Leistungserstellung bzw. Leistungsfähigkeit des menschlichen Gehirns bezeichnet. Die Kognitionspsychologie will diese Prozesse und Produkte beschreiben und erklären.

Im Rahmen der Kognitionspsychologie werden Konzepte wie Lernen, Wissen, Intelligenz und Gedächtnis wissenschaftlich untersucht und beschrieben. Diese bilden zum einen die Basis der Abgrenzung des homo sapiens von weiteren Lebensformen, zum anderen stellen sie das Erklärungsgerüst für die unter Abschnitt 3.1 diskutierten Konzepte der Organisationswissenschaft dar.

Wissen ist nach den Erkenntnissen der Kognitionspsychologie in einzelnen Elementen, wie Konzepten, Sachverhalten und Erfahrungen, im menschlichen Gedächtnis organisiert (vgl. dazu auch Abschnitt 2.2). Diese Elemente stehen miteinander in Beziehung, sodass ein assoziatives Schließen entlang der Beziehungen erfolgt. Das Verständnis der Kognitionspsychologie hilft insbesondere bei der wissenschaftlichen und am Individuum ausgerichteten Abgrenzung des Begriffes Wissen. Wissen ist demnach als implizites Konstrukt zu betrachten, das weder vollständig sprachlich ausgedrückt werden kann, noch rational oder machbar ist (vgl. Reinmann/Mandl 2004, S. 12 ff.).

Vertreter und Ansätze

Bereits in der griechischen Antike beschäftigten sich Plato und Aristoteles auf philosophischer Ebene mit den Konzepten des Denkens und des Wissens. Ausgehend von der Meinungsverschiedenheit beider Philosophen über das Wissen folgte ein jahrhundertelanger Disput zwischen Empiristen, welche davon ausgingen, dass Wissen mit Erfahrungen vermehrt wird, und Nativisten, die annahmen, das Wissen sei zum größten Teil angeboren.

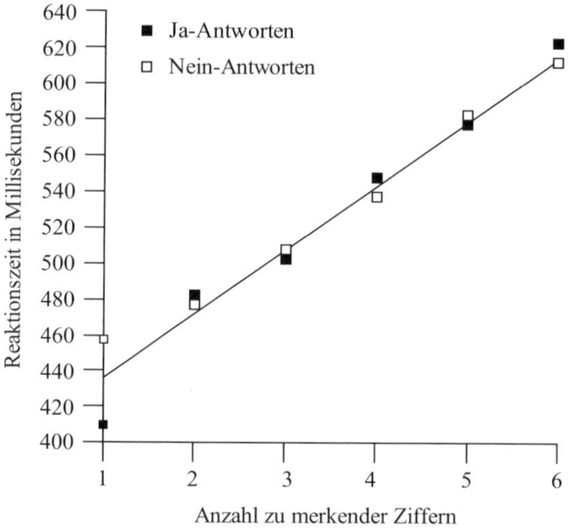

Bild 3.20 Ergebnis des Experimentes nach Sternberg (Sternberg 1969)

Die Psychologie beschäftigt sich seit dem 19. Jahrhundert mit dem menschlichen Denken und dem Wissen. In Deutschland ging man zunächst davon aus, dass die kognitiven Prozesse durch Introspektion erforscht werden können (vgl. Mayer/Orth 1901). In den USA lehnt man die Introspektion als wissenschaftliche Methode ab und begnügte sich zunächst mit der Beobachtung menschlichen Verhaltens (vgl. Watson 1979). Eine Renaissance erlebte die kognitive Psychologie im und nach dem zweiten Weltkrieg. Ausgehend von der Frage, wie Soldaten mit Aufmerksamkeitsschwächen und Motivationsproblemen trainiert werden können, entwickelten sich zahlreiche praxisbezogene Ansätze, wobei vor allem der von Broadbent entwickelte Informationsverarbeitungsansatz hervorzuheben ist (vgl. Broadbent 1958).

Ausgehend von der Kritik am Informationsverarbeitungsansatz entwickelten sich Ende des 20. Jahrhunderts komplexere Modelle, die als kognitive Architekturen bezeichnet werden (vgl. Anderson 1983, Newell 1991).

In den 90er Jahren entwickelte sich die Neuropsychologie, welche sich wesentlicher Konzepte der Neurobiologie und der Medizin bedient (vgl. Rugg 1997, Gazzaniga et al. 1998, Halsband 1999). Die Neuropsychologie setzt als Untersuchungsmethoden vermehrt bilderzeugende Verfahren wie EEG (Elektroenzephalografie), PET (Positron-Emissions-Tomografie), und fMRT (funktionelle magnetische Resonanz-Tomografie) ein.

Zentrale Aussagen

Trotz der intensiven Beschäftigung der Kognitionspsychologie mit den kognitiven Prozessen gibt es bislang erst wenige gesicherte Erkenntnisse über die Funktionsweise des Denkens und des Gedächtnisses. Es ist jedoch ein enormer Wandel in den Methoden und der Komplexität der Ansätze zu verzeichnen.

Vergleicht man die Ansätze und Theorien der „neueren Kognitionspsychologie", so lassen sich einheitliche Teilgebiete identifizieren, welche das Gebiet der kognitiven Psychologie umreißen. Zu diesen Teilgebieten sind die Konzepte des Denkens, des Gedächtnisses, der Spracherzeugung sowie die Wahrnehmung und das Bewusstsein zu zählen (vgl. Anderson 2001, Sternberg 2002, Medin et al. 2004).

Verbindung zu anderen Konzepten

Die kognitive Psychologie untersucht u. a. die Funktionsweise von Wissen, Gedächtnis und Lernen. Diese bilden die Grundlage für die unter Abschnitt 3.1 diskutierten Konzepte der Organisationswissenschaft. Dort ist der Versuch einer Adaption der psychologischen, auf das einzelne Individuum bezogenen Ansätze auf die Fragestellungen der Organisationswissenschaft zu beobachten. Die Ansätze und Modelle werden übertragen auf eine organisatorische bzw. institutionelle Ebene und dort in einem neuen Zusammenhang angewendet (z. B. auf Intelligenz).

Die kognitive Psychologie und hier wieder im Besonderen die Wissenspsychologie steht in einem engen Verhältnis zur Wissenssoziologie, wobei sich die Wissenspsychologie mit den individuellen Prozessen des Erwerbs, der Entwicklung, der Nutzung und Bewahrung von Wissen beschäftigt, während die Wissenssoziologie diese Prozesse auf sozialer Ebene erforscht.

Das Wissensmanagement bedient sich der Erkenntnisse der kognitiven Psychologie und kann somit Methoden zur Verfügung stellen, die eine Entwicklung, Bewertung, Nutzung und Verteilung des impliziten Wissens unterstützen. Von Reinmann/Mandl werden Denkwerkzeuge, Instrumente der Wissenskommunikation und narrative Wissensmanagement-Methoden vorgeschlagen, welche das Wissensmanagement aus psychologischer Sicht unterstützen (vgl. Reinmann/Mandl 2004).

3.5.3 Kompetenz- und Expertiseforschung

Begriffsverständnis

Die Mitarbeiter einer Organisation und ihre Qualifikation werden heute als kritischer Wettbewerbsfaktor gesehen, was sich u.a. in neuen Bezeichnungen wie Humankapital, Humanressourcen oder Intellectual Capital ausdrückt. Kompetentes Handeln und Kompetenzerwerb haben in nahezu jedem beruflichen Bereich eine enorme Bedeutung. Kompetenz stellt sich als die Kapazität dar, professionell auf einem oder mehreren Gebieten zu handeln. Der empirisch bestimmbare **Nachweis von Kompetenz ist die Expertise**. Obwohl die meisten Definitionsversuche für Expertise auf die jeweils untersuchten Domänen fixiert sind, soll eine der wenigen domänenunabhängigen Definitionen vorgestellt werden (vgl. Posner 1988):

Ein Experte zeichnet sich dadurch aus, dass er auf einem bestimmten Gebiet dauerhaft (nicht zufällig und nicht nur einzelne Male) herausragende Leistung erbringt.

Krems macht den **Expertisegrad einer Person** an drei Voraussetzungen fest (vgl. Krems 1994 und 1996): Effizienz, bereichsspezifisches Wissen und Erfahrung. Dreyfus und Dreyfus beschreiben einen fünfstufigen Entwicklungsprozess vom Anfänger zum Experten und unterscheiden dabei folgende Phasen (vgl. Dreyfus/Dreyfus 1986): Novizenphase, fortgeschrittener Anfänger, Kompetenzphase, Gewandtheitsphase und Expertisephase.

Vertreter und Ansätze

Im Laufe der letzten Jahrzehnte wurde das Thema Kompetenz und Expertise in einer Vielzahl von Domänen wissenschaftlich untersucht. Für einen Überblick sei auf Mieg (2000) verwiesen.

Zentrale Aussagen

Mit der Berücksichtigung des Anwendungskontextes von Wissen und der Konzentration auf Erfahrungswissen entfernt sich der Blick der Forschung von der Analyse des Verhaltens von Menschen in Situationen, die wohldefiniert, linear etc. sind. Das zur Lösung solcher Probleme optimale Wissen ist Erfahrungswissen bzw. „tacit knowledge“. Dieses Wissen entsteht in der Regel nicht durch explizite Unterweisung, sondern durch die konstruktive Auseinandersetzung Lernender mit authentischen Problemsituationen.

Mit zunehmender Erfahrung erfolgt eine Umwandlung des Wissens. Boshuizen et al. (1995) beschreiben den Expertise-Erwerb in einer komplexen Domäne. Am Beispiel der medizinischen Tätigkeit lässt sich das gut veranschaulichen. Ärzte nehmen mit zunehmender Erfahrung beim Erstellen von Diagnosen immer weniger expliziten Bezug auf theoretisches biomedizinisches Wissen. Sie vergessen das erlernte biomedizinische Fachwissen zwar nicht, und ignorieren es auch nicht. Das Wissen wird mental unter generalisierten, fallbezogenen Schemata repräsentiert, in das Erfahrungswissen integriert und für die praktische Berufsausübung in „enkapsulierter“ Form genutzt (Boshuizen/Schmidt 1992). Der explizite Bezug zu Theoriewissen (also dem deklarativen Wissen) ist für Ärzte in der Regel nicht erforderlich, aber bei Bedarf durchaus möglich. Daraus lässt sich ableiten, dass für den Kompetenzerwerb die Integration von Fachwissen und praktischer Erfahrung erforderlich ist und durch Prozesse der Wissensenkapsulierung die Generalisierung des Wissens in Form von Schemata erfolgt. Im Bereich der Medizin und der Psychologie ist dafür der Terminus „illness script“ üblich.

Verbindung zu anderen Konzepten

In Verbindung mit dem Wissensmanagement wird aus Sicht der Expertiseforschung der sozialen Interaktion eine besondere Bedeutung beigemessen. Sie ist dafür ausschlaggebend, dass Individuen ihr Wissen modifizieren und das Wissen Eingang in die organisatorische Wissensbasis findet. Der soziale Charakter von Wissen im Sinne von „socially shared cognition" ist ein neuerer Aspekt der Forschung. Auf der Grundlage von kulturell-historischen Entwicklungstheorien und sozio-kulturellen Handlungstheorien wird heute davon ausgegangen, dass jedes Expertenwissen notwendigerweise einen kulturellen und sozialen Charakter hat. Expertenwissen entwickelt und überträgt sich nur in Hinblick auf einen spezifischen sozialen Kontext, z. B. eine Community of Practice. Wissenstransfer ist damit keine rein kognitive Informationsverarbeitung, sondern manifestiert sich in der Partizipation an einer Wissensgemeinschaft (vgl. Gruber 2004, S. 10 f.).

3.6 Soziologie

Die Soziologie versucht als Humanwissenschaft das Handeln von in Beziehung stehenden Subjekten, Menschen (Mikrosoziologie), Gruppen und Organisationen (Mesosoziologie) sowie Gesellschaften (Makrosoziologie) zu erklären. Aus der Soziologie stammen zahlreiche Ansätze der Erklärung von Organisationen und zum Wandel in Organisationen (vgl. Weick 1998, Endruweit 2004), welche im Folgenden unter Organisationssoziologie zusammengefasst werden.

Des Weiteren liefert die Wissenssoziologie Ansätze zur Erklärung der Entwicklung, Nutzung, Weitergabe und Speicherung von kollektivem Wissen. Wissen wird hier wie auch in der Psychologie als implizite und schwer artikulierbare Ressource betrachtet. In der Soziologie wird – im Unterschied zur Psychologie – davon ausgegangen, dass der Erwerb sowie die Entwicklung von Wissen nur sozial bedingt möglich sind.

3.6.1 Organisationssoziologie

Begriffsverständnis

In der Organisationssoziologie wird u. a. die Wirkung von Organisationen auf die Gesellschaft und auf Teile der Gesellschaft untersucht. Der Begriff der **Organisation** als Gegenstand der Organisationssoziologie unterscheidet sich dabei von dem der Wirtschaftswissenschaften. Organisation kann als sozialer Prozess, als sozialer Katalysator, aber auch als soziales Subjekt verstanden werden (vgl. Endruweit 1998, S. 14 ff.).

Betrachtet man Organisation als Prozess, so steht die Tätigkeit des Organisierens im Vordergrund. Dieser vor allem in der Betriebswirtschaftslehre vorherrschende tätigkeitsorientierte Begriff erklärt Organisation als „Prozess der Entstehung von Ordnung" (vgl. Bea/Göbel 2002, S. 3).

Als intervenierende Variable, welche auf soziale Prozesse einwirkt, wird die Organisation als Katalysator gesehen (vgl. Endruweit 2004, S. 18). Die Verwendung dieses Begriffes ist vor allem der älteren Soziologie zuzuordnen.

Versteht man die Organisation als ein soziales Subjekt, so wird dieses als etwas Gegenständliches, sozial Handelndes aufgefasst (vgl. Endruweit 2004, S. 18). Dabei wird jedoch die Frage virulent, was eine soziale Handlung überhaupt ist. Die Auffassung der Organisation als soziales Subjekt stimmt im Wesentlichen mit dem institutionellen Organisationsbegriff aus der Betriebswirtschaftslehre überein.

Im Sinne der Betrachtung der Organisation als soziales Subjekt lässt sich in der Literatur eine Reihe von Merkmalen finden, welche die Organisation beschreiben und von nahestehenden Begriffen wie der Institution abgrenzen. Diese seien im Folgenden zusammenfassend dargestellt:

- Zielorientierung (vgl. Kieser/Kubicek 1978, S. 4, Reed 1992, S. 77);
- Organisation besteht nur zweckorientiert (vgl. Schreyögg 2003, S. 9);
- formale Struktur (vgl. Kieser/Kubicek 1978, S. 4);
- Arbeitsteilung, Machtdifferenzierung und Verantwortungsdelegation (vgl. Schein 1980, S. 9);
- festgelegte Grenzen und Mitgliederkreis (vgl. Schreyögg 2003, S. 10);
- vorsätzlich geschaffen (vgl. North 1992, S. 5).

Vertreter und Ansätze

Die Organisation wurde in der Soziologie in einer Vielzahl von Studien untersucht, wobei die Wurzeln der wissenschaftlichen Betrachtung von Organisationen in dem Ansatz des „Scientific Management" von Taylor liegen. Die Ansätze der Soziologie sind vor allem durch die Kritik am Taylorismus begründet worden, der Menschen nicht als soziale Wesen, sondern als Maschinen und Lastpferde betrachtete.

Die einzelnen Ansätze sind insbesondere durch die Verwendung unterschiedlicher Metaphern für die Organisation geprägt. So sah Taylor die Organisation als Herrschaftsinstrument, währen der Human-Relations-Ansatz Organisationen als Organismus betrachtet und die Organisation im interpretativen Ansatz mit einer Gesellschaft oder einer Kultur verglichen wird. Neben der Organisationsmetapher weichen auch die den jeweiligen Ansätzen zugrunde liegenden Menschenbilder voneinander ab. Die einzelnen Ansätze zeigen vor allem die Vielschichtigkeit des Begriffes der Organisation und können somit nicht als pauschal falsch oder richtig bezeichnet werden.

Exkurs: Organisationsmetaphern

Organisation als Maschine: In dieser Interpretation erscheint die Organisation wie eine Maschine, die in zweckrationaler Weise vorgegebene Ziele verfolgt. In den Ansätzen, die auf diese Sicht aufbauen, liegt der Schwerpunkt des Interesses auf der Analyse und der Gestaltung formaler Strukturen, die ein reibungsloses Funktionieren der Maschine „Organisation" gewährleisten sollen. Extremfall: tayloristische Systeme; es liegt außerdem auf der Hand, dass solche Ansätze relativ schlecht geeignet sind, Phänomene des Wandels zu erfassen.

Organisation als Organismus: Im Rahmen der Theorie offener Systeme und des sozialwissenschaftlichen Funktionalismus werden Organisationen als funktional differenzierte Systeme aufgefasst, die versuchen, in einer feindlichen oder kompetitiven Umwelt zu überleben, und dabei bestimmte funktionale Erfordernisse des Überlebens erfüllen (siehe dazu auch die Theorie selbstorganisierender Systeme, vgl. Abschnitt 3.5, vgl. auch Nonaka 1992).

Organisation als Gehirn: Forscher im Bereich der künstlichen Intelligenz verwenden gerne das Gehirn als Vorbild für Computer und deren Programme, weil Computer wie Gehirne informationsverarbeitende Systeme darstellen. Obgleich das menschliche Gehirn ungleich komplexer als jeder heute vorstellbare Computer ist, erhofft man sich aus dem Studium des Gehirnaufbaus und der sich darin abspielenden Prozesse wertvolle Hinweise, die in einem weiteren Schritt auf die Gestaltung von Organisationen übertragen werden sollen (vgl. auch Wahren 1996, 198 sowie 178 f., Sandelands/Stablein 1987).

Organisation als Kultur: Hier tritt die soziale Dimension einer Organisation gegenüber dem objektiven Charakter in den Vordergrund. Diese Sichtweise ermöglicht besonders die Betrachtung der Lernfähigkeit, der Weiterentwicklung, des Wandels und der Evolution von Organisationen. Dies ist aufgrund des derzeit beobachtbaren starken Wandels in der Umwelt und in den Unternehmen selbst ein besonders wichtiges Instrument.

Organisation als politisches System: Organisationen sind Zusammenschlüsse von Personen, die alle „am gleichen Strang" ziehen. Nur zu oft ist man in Organisationen mit Konflikten konfrontiert, die nicht bloß als Ausdruck einer sachlichen Debatte, sondern als Konsequenz divergierender Interessen betrachtet werden müssen und den einleitenden Satz absurd erscheinen lassen. Wir können viele Ähnlichkeiten und Analogien entdecken, wenn wir die politischen Systeme in Staatsgebilden den organisatorischen Systemen gegenüberstellen. Politik ist ein Mittel zur Willensdurchsetzung in sozialen Gemeinschaften allgemein und kann vereinfachend als der Prozess der gegenseitigen Darlegung der einzelnen Interessenslagen und der Austragung bestehender Konflikte gesehen werden. ▪

Tabelle 3.15 fasst ausgewählte organisationstheoretische Ansätze tabellarisch zusammen. Eine Übersicht zu weiteren Organisationstheorien ist unter anderem in Bea/Göbel 2002, Handel 2003 und Endruweit 2004 zu finden.

Ausgehend von einer allgemeinen Betrachtung von Organisationen können die Theorien der Organisationssoziologie in Theorien der internen Analyse und Theorien der Beziehung zwischen Organisation und Umwelt unterteilt werden. Somit ergibt sich für die Organisation das Bild eines mit der Umwelt interagierenden Systems, welches intern durch Ziele, Instrumente, Bedingungen, Strukturen, Funktionen und Verhalten determiniert wird (vgl. Endruweit 2004, S. 97). Insbesondere die Erklärung des Organisationsverhaltens liefert eine Ergänzung zu der Organisationswissenschaft in der Betriebswirtschaftslehre und soll daher kurz dargestellt werden.

Das Organisationsverhalten kann als die Summe des sozialen Verhaltens der Organisationsmitglieder innerhalb der Organisation verstanden werden (vgl. Endruweit 2004, S. 209).

Das Organisationsverhalten wird zum einen von dem individuellen Verhalten der Organisationsmitglieder und zum anderen von dem Handeln der Organisationsmitglieder in ihrer Rolle innerhalb der Organisation bestimmt. Es kann zwischen zielgerichtetem und nicht zielgerichtetem Verhalten unterschieden werden, wobei der Begriff Ziel auf die Organisationsziele abstellt. Insbesondere die Lenkung des zielgerichteten Verhaltens und die Minderung nicht zielgerichteten Verhaltens können als Aufgabe der Personalführung verstanden werden.

Tabelle 3.15 Ausgewählte organisationstheoretische Ansätze

Vertreter	Ansatz
Taylor 1911	Scientific Management
Fayol 1929	Administrationstheorie
Weber 1956	Bürokratietheorie
Roethlisberger/Dickson 1966	Human-Relations-Ansatz
Parsons 1960	Strukturell-funktionale Theorie
Lawrence/Lorsch 1969	Kontingenztheorie
Thompson 1967	Soziotechnische Integrationstheorie
Cyert/March 1963	Verhaltenswissenschaftlicher Ansatz
Collins 1975	Konflikttheorie
Williamson 1983, Richter/Furubotn 2003	Institutionenökonomischer Ansatz
Hannan/Freeman 1984	Evolutionstheoretischer Ansatz
Weick 1998	Interpretativer Ansatz
Probst 1987	Selbstorganisationsansatz

Zentrale Aussagen

Die Ansätze der Organisationssoziologie versuchen eine Interpretation von organisatorischen Ereignissen und Prozessen zu geben. Dabei wird Organisation in der Mehrzahl der Ansätze als soziales Subjekt betrachtet.

Es lässt sich bei allen Ansätzen der Gedanke der Interpretation der Organisation zum Zwecke der effektiveren und effizienteren Gestaltung von Organisationen finden (vgl. Pfeiffer 1976, S. 10). Des Weiteren lässt sich konstatieren, dass Organisationen nicht ausschließlich rational gestaltet werden können. Vielmehr spielen mikropolitische Prozesse, Macht, persönliche Interessen und auch externe Ereignisse eine Rolle bei der Erklärung von Organisationen und organisationalem Handeln.

Verbindung zu anderen Konzepten

Eine Beziehung der Organisationssoziologie lässt sich insbesondere zu den Konzepten der Organisationswissenschaft im Rahmen der Wirtschaftswissenschaften herstellen. Die Organisationssoziologie beschäftigt sich in Abgrenzung zur Betriebswirtschaftslehre vordergründig mit der Beziehung zwischen Organisationsmitgliedern sowie der Beziehung zwischen der Gesellschaft und der Organisation, während in der Betriebswirtschaftslehre hauptsächlich nach Konzepten der Gestaltung und Optimierung von Organisationen gesucht wird. Somit ist festzuhalten, dass die im Kapitel „Organisationswissenschaft“ (Abschnitt 3.1) beschriebenen Ansätze ebenso in der Organisationssoziologie Forschungsgegenstand sind, hier jedoch unter anderen Gesichtspunkten betrachtet und mit anderen Methoden untersucht werden.

Für das Wissensmanagement sind insbesondere aus der Soziologie und der Organisationssoziologie stammende Ansätze zur Erklärung von Gruppenverhalten sowie zum organisationalen Wandel von Bedeutung.

3.6.2 Wissenssoziologie

Begriffsverständnis

Die Wissenssoziologie beschäftigt sich mit den sozialen Prozessen des Erwerbs, der Entwicklung, der Nutzung und Verteilung sowie der Bewahrung von Wissen. Es geht also um den Wissenskreislauf innerhalb von Gruppen, Organisationen und Gesellschaften. Wissen ist nach Ansicht der Vertreter dieser Disziplin sozial bedingt, womit der Begriff der Wissenssoziologie als Tautologie erscheint.

Als Erkenntnissubjekt der Wissenssoziologie werden das Kategoriensystem des Geistes, die Sinnesapparatur der Wahrnehmung sowie das axiologische System[4] gesehen, wogegen die Gegenstände des Wissens und das Rohmaterial des Wissens als Erkenntnisobjekte betrachtet werden (vgl. Stark 1960, 89).

Die Wissenssoziologie wurde vor allem in den Anfängen der wissenschaftlichen Auseinandersetzung stark im Zusammenhang mit der Ideologie und dem Ideologieproblem diskutiert. So konstatiert Mannheim, alles Wissen sei ideologisch (vgl. Mannheim 1929). In diesem Verständnis der klassischen Wissenssoziologie ist der Versuch einer Erklärung von nicht fassbaren, erkenntnistheoretischen Begriffen erkennbar. Die klassische Wissenssoziologie, welche im deutschsprachigen Raum vor allem von Scheler und Mannheim entwickelt wurde, gilt als Ursprungsform der „neueren Wissenssoziologie“, die sich von der Diskussion um die Wahrheit und die Ideologiegebundenheit von Wissen gelöst hat. In der „neueren“ Wissenssoziologie steht der kollektive Umgang mit Wissen (als sozialer Prozess) im Vordergrund (vgl. Berger/Luckmann 1977, S. 9, Schüppel 1996, S. 76).

Vertreter und Ansätze

Von den Arbeiten der klassischen Wissenssoziologie ausgehend, entwickelten sich verschiedene Ansätze (vgl. Schütz 1974, Berger/Luckmann 1980), die zum einen vermehrt Bereiche der allgemeinen Soziologie einbezogen und zum anderen Anleihen in spezialisierten Teildisziplinen der Soziologie nahmen.

Eine mögliche Gliederung der Ansätze schlägt Maasen vor, welche Ansätze der sozialphänomenologisch-hermeneutisch orientierten Wissenssoziologie, die (post-)strukturalistische Analyse von Diskursen und Praktiken, gesellschaftliche Klassifizierungssysteme des Wissens, Wissen als Paradoxiemanagement im Modus evoluierender Semantiken und die Wis-

---

[4] Als axiologisches System wird in der Wissenssoziologie das menschliche Gedankensystem, bestehend aus manifestierten Aussagen und Grundannahmen, verstanden. Es handelt sich also quasi um ein Axiomensystem.

senssoziologie wissenschaftlichen Wissens unterscheidet (vgl. Maasen 1999, S. 23 ff.). Tabelle 3.16 gibt diese Ansätze im Überblick wieder.

Tabelle 3.16 Ansätze der „modernen Wissenssoziologie“ (Maasen 1999, S. 23 ff.)

Vertreter	Ansatz
Schütz 1974	Sozialphänomenologisch-hermeneutisch orientierte Wissenssoziologie
Berger/Luckmann 1980	Sozialphänomenologisch-hermeneutisch orientierte Wissenssoziologie
Soeffner 1989	Sozialphänomenologisch-hermeneutisch orientierte Wissenssoziologie
Foucault 1973	(Post-)Strukturalistische Analyse von Diskursen und Praktiken
Bourdieu 1979	(Post-)Strukturalistische Analyse von Diskursen und Praktiken
Bloor 1981	Gesellschaftliche Klassifizierungssysteme des Wissens
Luhmann 1995	Wissenssoziologie als Paradoxiemanagement im Modus evoluierender Semantiken
Barnes 1974	Wissenssoziologie als wissenschaftlichen Wissens
Knorr-Cetina 1981	Wissenssoziologie als wissenschaftlichen Wissens

Neben der Entwicklung der aufgezählten Ansätze thematisiert die Wissenssoziologie zunehmend Aspekte des Nichtwissens, der Informations- und Kommunikationstechnik als Medium sozialer Prozesse und Fragen der Epistemologie (vgl. Maasen 1999, S. 50 ff.).

Zentrale Aussagen

Neben den differenzierten und heterogenen Ansätzen, die auf verschiedenste weitere Disziplinen und Konzepte wie die Psychologie, die Organisationssoziologie und die Wissenschaftssoziologie verweisen, findet sich bei Maasen ein Liste von Merkmalen, welche die Wissenssoziologie beschreiben (vgl. Maasen 1999, S. 7):

- die Wissenssoziologie ist weder positivistisch noch idealistisch, sondern konstruktivistisch orientiert;
- die Wissenssoziologie ist diesseits von Objektivismus und Subjektivismus situiert;
- sie befasst sich ohne Ausnahme mit allem, was für sich selbst den Wissensstatus reklamiert;
- die Wissenssoziologie ist stets dem heiklen Verdacht des Relativismus ausgesetzt und
- sie ist ein Vehikel theoretischer Selbstverständigung des (sozialwissenschaftlichen) Intellektuellen.

Verbindung zu anderen Konzepten

Die Wissenssoziologie, insbesondere die modernen Ansätze, bedienen sich weiterer Erkenntnisse der Soziologie, so auch der Organisationssoziologie. Konzepte wie das organisatorische Lernen oder das Wissensmanagement werden im Rahmen der Wissenssoziologie als Interaktion sozial verteilten Wissens diskutiert. Das Phänomen der Organisation, welches Untersuchungsgegenstand der Organisationssoziologie ist, wird dabei als Bezugsrahmen der Sozialisierung des Wissens betrachtet. Ein weiteres Gebiet der Wissenssoziologie ist in der Soziologie von Computermedien zu sehen (vgl. Barrett 1992, 1), welche insbesondere Ansätze zur Virtualisierung von Wissensnetzwerken liefern kann. Im Rahmen des Wissensmanagements sind ebenfalls Aspekte des Nichtwissens zu beachten, die den Ausgangspunkt gezielten Wissenserwerbs stellen.

3.7 Zusammenfassung

Wie anhand der vorgestellten Ansätze und Referenzdisziplinen zu erkennen ist, gibt es wohl wenige Forschungsgebiete, die so interdisziplinär sind wie das Wissensmanagement. Die Unterschiede der einzelnen Disziplinen und Referenzkonzepte erschweren jedoch eine einheitliche Definition wesentlicher Begriffe und eine gemeinsame, einheitliche Entwicklung. So geht die Meinung darüber, was unter Wissen verstanden werden kann, weit auseinander. Auf der einen Seite wird Wissen als eine Erweiterung von Informationen betrachtet, auf der anderen Seite wiederum als komplexe implizite und schwer artikulierbare Ressource beschrieben.

Bild 3.21 Referenzkonzepte des Wissensmanagements (in Anlehnung an Maier 2004, S. 34)

Dieses weite Spektrum an Sichten mündet in unterschiedliche Ansätze, Methoden und Techniken des Wissensmanagements, die in personenorientierte und technologieorientierte Ansätze unterschieden werden können (Bild 3.21). Auf korrespondierende Methoden und die Softwareunterstützung für das Wissensmanagement wird im folgenden Kapitel näher eingegangen. Zwischen den verschiedenen Konzepten bestehen zahlreiche Verbindungen, wodurch eine klare Trennung oft nur schwer möglich und vermutlich auch nicht sinnvoll ist. Dennoch soll in Tabelle 3.17 eine abschließende Übersicht mit einer kurzen Charakterisierung der Konzepte gegeben werden.

Tabelle 3.17 Zusammenfassung der Referenzkonzepte des Wissensmanagements

Konzept	Charakteristika
Organisatorisches Lernen	Das organisatorische Lernen liefert Ansätze zur Erklärung und Durchführung organisatorischer Veränderung aufgrund kollektiver Lernprozesse in Gruppen und Organisationen.
Organisatorisches Gedächtnis	Mit dem organisatorischen Gedächtnis sollen in Analogie zum individuellen Gedächtnis kognitive Prozesse der Speicherung und des Abrufes von organisationalem Wissen erklärt werden.
Organisatorischer Wandel	Der Wandel von und in Organisationen wird mit dem Konzept des organisatorischen Wandels erklärt und beschrieben. Dieses bedient sich dabei der Konzepte der Organisationsentwicklung und des organisatorischen Lernens.
Organisatorische Intelligenz	Der Ansatz der organisatorischen Intelligenz zielt auf die Veränderung bzw. Verbesserung der Kernkompetenzen und organisatorischen Wissensbasis ab.
Organisationsentwicklung	Die Organisationsentwicklung als Konzept des geplanten Wandels zielt auf eine Veränderung des Verhaltens der Organisationsmitglieder sowie der Organisationsstruktur durch integrative Methoden ab.
Organisationskultur	Die Organisationskultur als immanentes organisatorisches Konzept, bestehend aus Artefakten, Normen und Grundannahmen, stellt das Resultat organisatorischer Veränderungsprozesse dar.
Personalentwicklung	Eine Verbesserung der Arbeitsbedingungen und die effizientere Erfüllung organisatorischer Ziele versucht die Personalentwicklung mit Methoden der Ausbildung und Förderung zu erreichen.
Personalführung	Die Personalführung zielt auf eine an die Organisationsziele angepasste Verhaltensänderung der Organisationsmitglieder durch legitimierte Führungspersonen ab.
Strategisches Management	Das strategische Management wird als ein Prozess der Planung, Realisierung und Überwachung von Strategien in Organisationen betrachtet.
Geschäftsprozessmanagement	Das Geschäftsprozessmanagement liefert Ansätze, die auf eine Optimierung und Automatisierung wertschöpfender, strategisch wertvoller Aktivitäten abzielen.
Informationsmanagement	Mit dem Konzept des Informationsmanagements wird das Leitungshandeln in einem Unternehmen in Bezug auf Information und Kommunikation bezeichnet.
Datenmanagement	Das Datenmanagement soll alle in einer Organisation verwendeten Daten planen, überwachen und steuern.
Künstliche Intelligenz	Die Ansätze der Künstlichen Intelligenz beschäftigen sich mit dem Verstehen und Nachbilden menschlicher Intelligenz mit Hilfe mathematischer Logik, Statistik, Mustererkennung und heuristischer Methoden.
Organisationspsychologie	Die Organisationspsychologie liefert Ansätze, die sowohl aus mikro- als auch aus makroperspektivischer Sicht Einfluss auf das Verhalten einzelner Personen in der Organisation nehmen.
Kognitionspsychologie	Im Rahmen der Kognitionspsychologie werden Konzepte wie Lernen, Wissen, Intelligenz und Gedächtnis wissenschaftlich untersucht und beschrieben
Organisationspsychologie	In der Organisationspsychologie soll die Wirkung von Organisationen auf die Gesellschaft und Teile der Gesellschaft untersucht werden, wobei Organisationen als soziale Objekte gesehen werden.
Wissenssoziologie	Die Wissenssoziologie beschäftigt sich mit den sozialen Prozessen des Erwerbs, der Entwicklung, der Nutzung und Verteilung wie auch der Bewahrung von Wissen.

Fragen zur Selbstkontrolle

1. Welche Konzepte und Disziplinen haben Einfluss auf das Wissensmanagement?
2. In welcher Beziehung steht das Wissensmanagement zum organisatorischen Lernen?
3. Welchen Beitrag kann die Psychologie für das Wissensmanagement leisten?
4. Erläutern Sie die Funktionsweise des Maschinellen Lernens!
5. Worin besteht der Unterschied zwischen Supervised Learning und Unsupervised Learning?
6. Was ist ein Transactive Memory System (TMS) und wie entsteht es?
7. Welche Erkenntnisse gibt es zum „Group Remembering" bzw. zum Gruppengedächtnis?
8. Wissensmanagement wird oftmals als „neuer Wein in alten Schläuchen" bezeichnet. Diskutieren Sie diese Meinung im Hinblick auf die Abgrenzung des Wissensmanagements gegenüber ausgewählten Referenzdisziplinen!
9. Was versteht man unter dem prozessorientierten Wissensmanagement (PoW)?
10. Was bedeutet Information Ecology?
11. Was versteht man unter organisatorischer Intelligenz?
12. Erläutern Sie den Zusammenhang von Ideen-, Innovations- und Wissensmanagement!
13. Worin bestehen die Aufgaben des Datenmanagements und in welchem Verhältnis stehen das Datenmanagement und das Wissensmanagement zueinander?
14. Was versteht man unter Big Data und worin bestehen die charakteristischen Eigenschaften dieser Technologien?
15. Welche Chancen und Möglichkeiten für das Wissensmanagement ergeben sich durch Big Data?
16. Wie kann aus Daten Wissen gewonnen werden?
17. Was sind die Gründe für den enormen Anstieg der gespeicherten Datenmengen in vielen Unternehmen?

4 Methodische und softwaretechnische Unterstützung des Wissensmanagements

Für die vielfältigen Aufgaben eines zielgerichteten und systematischen Wissensmanagements und in Verbindung damit für die Pflege und Entwicklung der organisatorischen Wissensbasis sind Methoden und eine softwaretechnische Unterstützung unerlässlich. Das Spektrum der Methoden reicht von Managementmethoden, Methoden zur Strukturierung oder dem (gemeinsamen) Sammeln von Wissen bis hin zu softwaretechnischen Werkzeugen und komplexen Softwaresystemen. Einige frühe Beispiele sollen die Bandbreite der eingesetzten Methoden und Software deutlich machen:

Beispiel: Microsoft

Um Mitarbeiter besser Stellen und Teams zuordnen und den Mitarbeitern Weiterbildung zielgerichtet anbieten zu können, hat Microsoft für seine Systementwickler eine Wissenskarte (siehe Abschnitt 4.1.2.1) geschaffen. In diese Karte werden Mitarbeiter nach dem Umfang ihres Wissens (Anfänger, Fortgeschrittener, Führungspotenzial, Experte) in bestimmten Wissensgebieten eingetragen und regelmäßig neu bewertet (vgl. Davenport/Prusak 1998, S. 74 ff.). ■

Beispiel: Sharp

Sharp ist ein Unternehmen, das von der stetigen Entwicklung neuer Produkte lebt. Daher bildet man für wichtige Neuentwicklungen sogenannte „urgent project teams" (vgl. Abschnitt 4.1.4.1), die neben der eigentlichen Aufbauorganisation existieren und für ihre Arbeit Zugriff auf sämtliche Ressourcen des Unternehmens haben. So können diese Teams z. B. einfach die notwendigen und gewünschten Mitarbeiter von anderen Aufgaben abziehen, um mit ihrer Hilfe schnell zu Ergebnissen bei der Entwicklung zu kommen (vgl. Nonaka/Takeuchi 1995, S. 204 ff.). ■

Beispiel: Xerox

Bobrow und Whalen (Bobrow/Whalen 2002) berichten über die Entwicklung von Softwaresystemen zur Unterstützung von Servicetechnikern bei Xerox. Der Einsatz eines Expertensystems (siehe Abschnitt 4.2.3.1) zur Diagnose von Problemen an Xerox-Geräten wurde von den Technikern abgelehnt - die Diagnosen des Programms konnten von den Technikern selbst auch durchgeführt werden, und es war nicht in der Lage, ihnen Hilfestellung bei neu auftretenden Problemen zu leisten. In Folge dessen begleiteten Forscher des PARC (Palo Alto Research Center) von Xerox die Techniker bei ihrer Arbeit und entwickelten gemeinsam mit diesen eine für alle Techniker zugängliche Datenbank, in die jeder Techniker neue Lösungen (sogenannte Lessons Learned, siehe Abschnitt 4.1.1.1) eintragen konnte. Damit wurden einmal gemachte Erfahrungen der Techniker bewahrt, sie konnten an andere weitergegeben und laufend um neue Fälle ergänzt werden (eine ausführliche Betrachtung diese Falles findet sich in Abschnitt 5.2).

Das Angebot an methodischer Unterstützung des Wissensmanagements wird heute durch viele verschiedene Begriffe wie Methode, Technik, Technologie, Tools, Instrumente, Werkzeuge, Systeme etc. umschrieben. Die Begriffe werden dabei eher weit und intuitiv verwendet und nicht klar voneinander abgegrenzt (vgl. Maier et al. 2005, S. 39, Lehner 2000, S. 269). Allgemein könnte man bei diesen Begriffen von Werkzeugen oder Instrumenten des Wissensmanagements sprechen. Eine Methode beschreibt eine systematische und zielgerichtete Vorgehensweise zur Lösung einer bestimmten Klasse von Problemen. Da eine Methode auch ohne Unterstützung durch Software existiert und eingesetzt werden kann, soll Methode hier von softwaretechnischen Hilfsmitteln unterschieden werden. Nichtsdestotrotz wird Wissensmanagement heute in der Regel durch Softwaretechnik unterstützt und umgesetzt (vgl. Maier et al. 2005, S. 41, Lehner 2000, S. 269).

Ebenso schwierig und vielfältig wie die Definition der Begriffe ist die Systematisierung der Methoden und softwaretechnischen Werkzeuge des Wissensmanagements (vgl. Maier 2004, S. 299 ff., Lehner 2000, S. 269). Ziel der meisten Systematisierungen ist eine Hilfestellung bei der Auswahl von Methoden, Softwaretechnik etc. So können Methoden und Techniken nach der Art des unterstützten Wissens (Bach/Homp 1998, ILOI 1997), nach den Aufgaben bzw. dem Kreislauf des Wissensmanagements (vgl. Abschnitt 2.1), nach Wissensmanagementstrategien, Definitionen von Organisatorischem Lernen bzw. Organisatorischem Gedächtnis (vgl. Abschnitt 3.1.1 und Abschnitt 3.1.2) oder den in Wissensmanagementsystemen zu unterstützenden Funktionen geordnet werden (vgl. Maier 2004, S. 299 ff.). Bild 4.1 zeigt beispielhaft eine Systematisierung von Methoden und Techniken anhand der unterstützten Arten des Wissens.

Dieser Abschnitt kategorisiert im Folgenden wichtige Methoden (Abschnitt 4.1) und Softwaretechnik (Abschnitt 4.2) zur Unterstützung des Wissensmanagements und stellt sie einzeln vor. Aufgrund der Bedeutung der Softwaretechnik für das Wissensmanagement wird sich ein weiterer Abschnitt ausschließlich Wissensmanagementsystemen (Abschnitt 4.3) widmen. Die Unterscheidung zwischen den Systemen in Abschnitt 4.2 und Abschnitt 4.3 besteht darin, dass Wissensmanagementsysteme dediziert und explizit für die Aufgaben des Wissensmanagements entwickelt werden. Die in Abschnitt 4.2 beschriebenen Systeme und Technologien können hingegen auch unabhängig vom Wissensmanagement für andere Zwecke genutzt werden und finden sich außerdem als Basiskomponenten in Wissensmanagementsystemen wieder. Der Übergang von den in Abschnitt 4.2 beschriebenen Systemen zu Wissensmanagementsystemen gestaltet sich in der Praxis daher fließend.

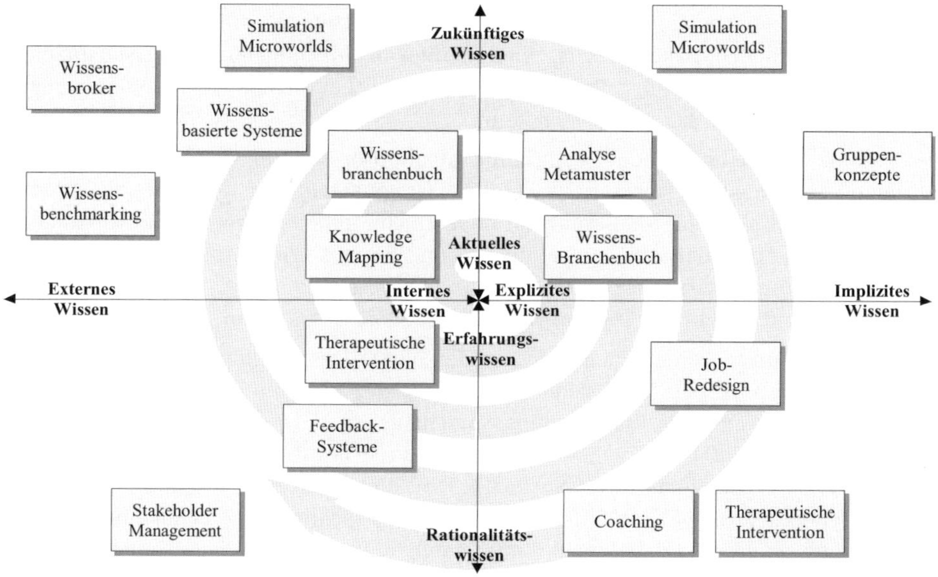

Bild 4.1 Methoden und softwaretechnische Unterstützung des Wissensmanagements (ILOI 1997, S. 7)

Mit der Lektüre dieses Abschnitts sollen die folgenden **Lernziele** erreicht werden:

- Die **Methoden und Techniken des Wissensmanagements** sollen klassifiziert und erläutert werden können.
- Die **Verbindung zwischen Methoden und softwaretechnischer Unterstützung** soll verstanden werden.
- Es soll ein **Überblick** über die für das Wissensmanagement **verfügbaren Werkzeuge** und die **softwaretechnischen Hilfsmittel** gegeben sowie die Einsatzfelder in Bezug auf das Wissensmanagement dargestellt werden können.
- Den **spezifischen Aufgaben** des Wissensmanagements sollen konkrete Werkzeuge zugeordnet werden können.
- Die Besonderheiten bei der **Entwicklung von Wissensmanagementsystemen**, idealtypische Architekturen sowie ihre Einsatzbereiche sollen dargestellt werden können.

4.1 Methoden des Wissensmanagements

Die im Folgenden präsentierten Methoden erheben keinen Anspruch auf Vollständigkeit. Eine weiterführende Darstellung zu einzelnen Methoden des Wissensmanagements bieten u. a. Reinmann/Mandl 2004, Wiig 2004, Probst et al. 2003, Reinmann-Rothmeier et al. 2001, Lehner 2000, Davenport/Prusak 1998 und Pawlowsky 1998. Es sind häufig verwendete bzw. zitierte Methoden. Das Ziel ist es, einen Einblick in die Methoden des Wissensmanagements und zugleich eine Hilfestellung zu geben, für welche Aufgaben des Wissensmanagements man welche Methoden einsetzen kann.

Die Ordnung der Methoden und die Abschnittsstruktur orientieren sich im Kern am Kreislauf des Managements bestehend aus Planung, Organisation und Kontrolle (bzw. Bewertung) (vgl. Bea et al. 1993) an. Ergänzend finden sich Methoden, welche die Nutzung von Wissen fördern, Methoden zur Repräsentation von Wissen sowie Methoden zur Wissenserhebung. Abgerundet wird die Darstellung durch Vorgehensmodelle für Wissensmanagementprojekte und die Einführung von Wissensmanagementsystemen.

Die Methoden sind so weit möglich Aufgaben des Wissensmanagements im Sinne von Wissensmanagementprozessen zugeordnet worden. Da aber auch bei den Aufgaben des Wissensmanagements mehrere Klassifikationsvorschläge existieren (eine Zusammenfassung findet sich in Maier 2004, S. 175 ff., siehe aber auch Probst et al. 2003, Reinmann-Rothmeier et al. 2001, S. 131, Schüppel 1996, S. 195 ff.), wird die verbreitete Einteilung nach Probst et al. verwendet (Probst et al. 2003, S. 32, siehe auch Abschnitt 2.3.3). Eine eindeutige Zuordnung der Methoden ist dabei nicht immer möglich. Vielmehr hat jede Methode Schwerpunkte, übernimmt in der Regel aber mehr als eine Aufgabe.

Die unterstützten Aufgabenstellungen sind in Bild 4.2 durch große, respektive kleine Symbole wiedergegeben.

Vor der Vorstellung der Methoden im Einzelnen soll noch ein Hinweis auf die in der Literatur häufig genannten Führungsmodelle (auch Führungskonzepte oder Führungstechniken genannt) gemacht werden, die auch für das Wissensmanagement Anwendung finden. Insbesondere für Fragen der Personalentwicklung wird das Modell des Management by Objectives (MbO) vorgeschlagen (Probst et al. 2003, S. 54 f.). Der Erwerb oder die Vertiefung persönlicher Fähigkeiten wird zwischen Mitarbeitern und Vorgesetzten gemeinsam in Zielen vereinbart und die Erreichung der Ziele regelmäßig kontrolliert. Natürlich kann Management by Objectives auch für Zielsetzung und Kontrolle aller Aufgaben des Wissensmanagements eingesetzt werden. Das Gleiche gilt für die Methoden des allgemeinen Managements und des Projektmanagements, die daher hier nicht weiter ausgeführt werden.

Unterstützte Wissensprozesse / Klassifikation der Methoden	Wissensziele definieren	Wissen bewerten	Wissen identifizieren	Wissen erwerben	Wissen entwickeln	Wissen (ver)teilen	Wissen nutzen	Wissen bewahren
Förderung des Wissensaustauschs								
Lessons Learned			x		x		X	x
Best Practice Sharing			x		x	X	x	
Story Telling/Learning History			X		X	X	X	x
Repräsentation von Wissen								
Wissenskarten	x		X	x	x	X	x	x
Ontologien			X			X	x	x
Prozessmodellierung			X			x	x	X
Planung								
Wissensintensitätsportfolio	X	x	x					
Wissensmanagementprofil	X	x	x					
Knowledge Asset Road Map	X		x					
Organisation								
Communities of Practice				x	x	x	x	
Kommunikationsförderung			x	x	X	X		
Organisationsformen					X	x		

Bild 4.2 Überblick über die Methoden des Wissensmanagements

4.1.1 Methoden zur Förderung des Wissensaustauschs und der Wissensnutzung

Ziel dieser Gruppe von Methoden ist es, Erfahrungen aus der alltäglichen Arbeit, seien es gute oder schlechte, vom eigentlichen Mitarbeiter unabhängig und anderen zugänglich zu machen. Damit soll das, was eine Organisation weiß, dieser auch bewusst und für sie nutzbar gemacht werden. Diese Erfahrungen können sich auf Planung, Durchführung und Kontrolle der Aktivitäten des Wissensmanagements beziehen. Die folgenden Methoden sind also in allen Phasen des Managements einsetzbar.

4.1.1.1 Lessons Learned

Ein wichtiges Ziel des Wissensmanagements besteht in der Steigerung der Effizienz einer Organisation (vgl. Abschnitt 3.1.7, siehe Wiig 2004, S. 263). Dazu gehört auch, dass Erfahrungen (auch negative Erfahrungen) von Mitarbeitern bei der Lösung von Problemen anderen Mitarbeitern zugänglich gemacht werden. Ziel ist die Vermeidung doppelter bzw. unnötiger Arbeit, aber auch die Vermeidung der Wiederholung von Fehlern. Lessons Learned stehen in diesem Zusammenhang für die systematische Dokumentation und Aufbereitung von Erfahrungen in einer Organisation und stellen damit ein Mittel dar, um aus vorangegangenen Erfahrungen systematisch zu lernen.

Dazu muss die Dokumentation der Lessons Learned in bestehende Arbeitsabläufe eingebunden werden – z. B. durch die Einbindung in die abschließende Phase von Projekten (vgl. Probst et al. 2003, S. 133). Für die Dokumentation ist es notwendig, Vorgaben hinsichtlich der Struktur zu machen, d. h. welche Aspekte der Lessons Learned sollen im Einzelnen niedergelegt werden. Damit soll eine beliebige (und damit später wertlose) Speicherung der gemachten Erfahrungen verhindert werden. Beispielsweise wurde die Aufzeichnung der Lösungen beim Umgang mit Kopiergeräten aus dem eingangs erwähnten Beispiel von Xerox mit einer Datenbank realisiert und jede Lösung anhand der drei Punkte Problembeschreibung, Ursache und Lösung des Problems beschrieben (vgl. Bobrow/Whalen 2002).

Positiv bei Lessons Learned ist, dass damit Wissen für die Organisation bewahrt werden kann; es bleibt auch dann bestehen, wenn Mitarbeiter, die dieses Wissen erworben haben, die Organisation verlassen. Lessons Learned erlauben die breitere Nutzung von Wissen und helfen, Mehrarbeit zu verhindern und die Einarbeitungszeiten neuer Mitarbeiter zu verkürzen. Damit dienen Lessons Learned hauptsächlich der Nutzung von Wissen, tragen aber auch zur Identifikation und Bewahrung von Wissen bei. Nimmt man die bereits gemachten Erfahrungen als Grundlage für die Entwicklung neuer Lösungsansätze, so unterstützen sie auch die Schaffung neuen Wissens. Ein möglicher Nebeneffekt ist die Entwicklung einer fehlertoleranten Kultur in der Organisation (vgl. Reinmann-Rothmeier et al. 2001, S. 115 f.).

Die Dokumentation von Lessons Learned bedeutet natürlich zusätzlichen Aufwand. Es braucht einerseits die Bereitschaft der Mitarbeiter, diesen Aufwand auf sich zu nehmen, und andererseits das Management, das die Weitergabe des Wissens unterstützt und den Mitarbeitern die erforderliche Zeit zugesteht. Außerdem braucht es Fehlertoleranz – Mitarbeiter müssen Fehler dokumentieren dürfen, ohne negative Sanktionen fürchten zu müssen. Die Dokumentation von Lessons Learned an sich bietet jedoch noch keine Garantie für deren Nutzung. Deshalb bildet neben der Bereitschaft der Mitarbeiter, ihre Erfahrungen zu dokumentieren, die Bereitschaft, das Wissen anderer Mitarbeiter zu nutzen, die Voraussetzung für den Erfolg von Lessons Learned.

4.1.1.2 Best Practice Sharing

Ebenso wie Lessons Learned zielen auch Best Practices auf die Verbesserung der organisatorischen Effizienz ab. Ein Best Practice ist eine für eine bestimmte Problemstellung erarbeitete Lösung, welche die dafür bestmögliche Lösung darstellt. Bestmöglich bedeutet, dass diese Lösung mit anderen innerhalb oder außerhalb der Organisation verglichen und als die beste (im Sinne von Effektivität bzw. Effizienz) erkannt wurde. Bietet eine Lösung eine hinreichende Qualität, ist sie aber nicht die bestmögliche, dann spricht man von Good Practice. Ziel ist es, bestehende Handlungsabläufe durch Good bzw. Best Practices zu ersetzen. Bullinger et al. (Bullinger et al. 1997, S. 39) sehen den Transfer von Best Practices als zentral für den Erfolg des Wissensmanagements in einer Organisation an.

Das American Productivity & Quality Center (APQC) hat mehrere Eigenschaften definiert, von welchen wenigstens einige erfüllt sein sollen, damit eine Lösung als Best Practice gelten kann. Wichtig ist zunächst ein Vergleich mehrerer Lösungen z. B. mit Hilfe von Benchmarking, d. h. der systematische Vergleich von Prozessen, Produkten etc. der eigenen Organisation mit den Prozessen, Produkten etc. von Organisationen, die bei diesen Prozessen, Produkten etc. als die Besten in der Branche oder überhaupt gelten (vgl. Abschnitt 4.1.5.3). Geeignet sind auch Total Costs of Ownership (TCO) und die Balanced Scorecard (vgl. Bogan/English 1994, S. 61 ff, siehe auch Abschnitt 4.1.5.2). Ein Best Practice liegt auch dann vor, wenn er als solcher von unternehmensinternen oder externen Experten anerkannt wurde. Best Practices sollen leicht messbar sein und eine nachweisbare Verbesserung für die Organisation bringen. Sie müssen zudem wiederholbar sein, eine einmalige Spitzenleistung eignet sich also nicht dazu.

Durch Best Practice Sharing wird die gezielte Suche nach bestmöglichen Lösungen in einer Organisation unterstützt und damit Wissen der Organisation allgemein zugänglich gemacht. Der offensichtliche Nutzen von Best Practices liegt in der Möglichkeit, auf erprobte gute bzw. beste Vorgehensweisen zurückgreifen zu können und damit zeitaufwendige Neuentwicklungen zu vermeiden.

Begrenzt wird der Einsatz von Best Practices durch eine eingeschränkte Übertragbarkeit auf andere Einsatzbereiche. Best Practices sind stets an gewisse organisatorische oder personelle Gegebenheiten gebunden, die nicht einfach kopiert werden können (vgl. Davenport/Prusak 1998, S. 168 f.). Für Best Practice Sharing muss neben dem Rückhalt durch das Management eine organisatorische und technische Unterstützung durch Rollen und Verantwortlichkeiten geschaffen werden, die für die Identifikation, Aufbereitung und Verteilung der Best Practices sorgt (vgl. Bogan/English 1994, S. 241 ff.). Texas Instruments setzt z. B. Best Practice Sharing Facilitators ein, die in ihren eigenen Arbeitsbereichen nach Best Practices suchen und diese verbreiten sollen. Die Best Practices selbst werden in einer Datenbank gespeichert und sind über das Intranet abrufbar (vgl. Davenport/Prusak 1998, S. 167 f.).

4.1.1.3 Story Telling/Learning History

Bei der Weitergabe von Wissen oder besonders komplexer Inhalte besteht immer das Problem, dass der Kontext, aus dem das Wissen stammt, teilweise oder völlig verloren geht. Story Telling ist eine Methode, mit welcher Wissen in die Form von Geschichten gebracht wird. Geschichten eignen sich vor allem für die Weitergabe komplexer Sachverhalte, da sie aufgrund ihrer Form das zu vermittelnde Wissen in einen Kontext einbetten. Zudem ist vielfach belegt, dass man bestimmte Dinge besonders gut durch Geschichten lernen kann (vgl. Davenport/Prusak 1998, S. 81 f.). Unter Story Telling wird also die Vorgehensweise zur Schaffung und Verbreitung von Geschichten von und über eine Organisation, sogenannte Erfahrungsgeschichten oder learning histories, verstanden. Das Ziel ist dabei, organisationale Lernprozesse anzustoßen (vgl. Young 2010, Reinmann-Rothmeier et al. 2001, S. 123 ff. aufbauend auf Kleiner/Roth 1998 und 1997). Davenport/Prusak erwähnen Story Telling als „anecdote management", (Davenport/Prusak 1998, S. 116).

Für die Erstellung einer Erfahrungsgeschichte wird ein Team (mit Mitgliedern der Organisation, eventuell unter Beteiligung von Externen) gebildet. Dieses plant zunächst grob den Umfang der Geschichte und einigt sich auf Ereignisse, die im Mittelpunkt der Geschichte stehen sollen, d. h. den Kern dessen, was vermittelt werden soll. Zu diesen Ereignissen werden in einem zweiten Schritt direkt wie indirekt Betroffene in Interviews befragt. Aus diesen Interviews werden dann die entscheidenden Aussagen herausgegriffen, zu kurzen Geschichten formuliert und schließlich zu einer kompletten Erfahrungsgeschichte zusammengefasst. Die Erfahrungsgeschichte wird den Betroffenen abschließend zur Prüfung vorgelegt. In anschließend zu organisierenden Workshops soll die Geschichte diskutiert und somit ihre Inhalte verbreitet und gelernt werden. Die Erfahrungsgeschichte ist damit nicht abgeschlossen, sie kann nach und nach weiterentwickelt werden (vgl. Reinmann-Rothmeier et al. 2001, S. 127 f.).

Berichte aus der Praxis (vgl. Brown 1991, siehe auch Abschnitt 5.2) sehen Story Telling weit weniger institutionalisiert. Dort verwenden Mitarbeiter einer Organisation ohne Vorgabe durch das Management Geschichten, um ihren Arbeitsalltag zu bewältigen, u. a. um sich über Problemlösungen auszutauschen bzw. sich dadurch Reputation bei Kollegen zu verschaffen.

Story Telling kann im Rahmen des Wissensmanagements vielfältig eingesetzt werden: zur Weitergabe von Lessons Learned oder Best Practices, zur Veränderung der Unternehmenskultur (Leitbilder für die Unternehmenskultur werden in eine Geschichte gefasst), zur Verbreitung von Erfolgsgeschichten der Geschäftsleitung wie z. B. ein wichtiger Vertragsabschluss oder die Ankündigung bevorstehender Ereignisse in der Organisation (vgl. Davenport/Prusak 1998, S. 82 f.). Reinmann-Rothmeier et al. (vgl. Reinmann-Rothmeier et al. 2001, S. 125, Reinmann-Rothmeier et al. 2000, S. 13 ff.) sehen im Story Telling eine universelle Methode des Wissensmanagements. Mit Story Telling kann in einem Gruppenprozess implizites Wissen explizit gemacht und damit Wissen identifiziert werden. Die Repräsentation von Wissen in einer Geschichte ist sogar flexibler als in Lessons Learned oder Best Practices. Ähnlich wie bei Lessons Learned und Best Practices wird Wissen zu einem Ereignis verfügbar gemacht, woraus für andere Ereignisse gelernt werden kann. Dies unterstützt die Nutzung von Wissen, zumal eine Geschichte eine Herangehensweise hervorragend abbilden kann und auch Rückschlüsse auf die Beweggründe von Handlungen zulässt. Story Telling kann den Impuls für die Entwicklung neuer Handlungsabläufe oder die Schaffung neuer organisatorischer Strukturen (z. B. Communities) geben, dient also auch der Wissensschaffung. Außerdem können Dinge angesprochen werden, die in der Organisation bisher nicht offen diskutiert wurden. Damit können Kommunikation und Lernen in der Organisation gefördert werden. Die starke Einbindung der Mitarbeiter bei der Erstellung einer Erfahrungsgeschichte fördert deren Vertrauen und Motivation. Mit Story Telling können sowohl individuelle wie auch organisatorische Lernprozesse angestoßen und gesteuert werden (vgl. Reinmann-Rothmeier et al. 2001, S. 124).

Den offensichtlichen Vorteilen steht der große zeitliche und personelle Aufwand für die Erstellung einer Geschichte gegenüber. Außerdem kann man vom Story Telling keine schnellen Resultate erwarten – organisatorische Lernprozesse sind langfristig angelegt. An dieser Stelle sei für alle bisher erwähnten Methoden angemerkt, dass die notwendige Unterstützung durch das Management in der Praxis nicht eben häufig anzutreffen ist und man bei der Erstellung und Nutzung von Lessons Learned, Best Practices oder Erfahrungsgeschichten immer auf Kompromisse angewiesen sein wird.

4.1.2 Methoden zur Wissensrepräsentation

Die Repräsentation des Wissens einer Organisation, also seine Dokumentation, und die Visualisierung der Wissensstrukturen ist eine Kernaufgabe des Wissensmanagements. Gleichzeitig dient sie als Grundlage für Wissensmanagementprojekte und für die Konzeption und Entwicklung von Wissensmanagementsystemen.

Die für die Modellierung in Verbindung mit der Wissensrepräsentation relevanten Objekte sind (vgl. Maier 2004, S. 199): Prozesse, Personen mit ihren Beziehungen und Fähigkeiten, Wissensstrukturen und Softwaresysteme, die das Wissensmanagement unterstützen sollen. Methodische Unterstützung bieten Wissenskarten für die Modellierung von Personen und Wissensstrukturen, Ontologien zur Modellierung von Wissensstrukturen und die Prozessmodellierung. Diese Methoden werden im Folgenden noch näher dargestellt. Für die Modellierung von Informationssystemen bieten sich u. a. UML (Unified Modeling Language), BPMN (Business Process Model and Notation) oder ARIS (vgl. Abschnitt 4.1.2.3) an.

4.1.2.1 Wissenskarten

Um Mitarbeitern einer Organisation Zugriff auf Dokumente oder das Wissen anderer Mitarbeiter zu erleichtern bzw. grundsätzlich einen Überblick über das in der Organisation vorhandene Wissen zu ermöglichen, bieten sich Wissenskarten an. Wissenskarten stellen verschiedene, strukturierte (grafische) Darstellungsformen für das Wissen in einer Organisation bereit (vgl. Tergan 2004, Wiig 2004, S. 283 ff., Eppler 2003, Mandl/Fischer 2000, Eppler 1997, Jüngst/Strittmatter 1995, Young 2010, Kernbach/Bresciani 2018). Sie enthalten das Wissen aber nicht selbst, sondern verweisen lediglich darauf. Die Analogie zu einer Landkarte trifft nicht für alle vorgestellten Wissenskarten zu; vor allem bei Wissensanlagekarten spricht man besser von einem Verzeichnis. Auf verwandte Konzepte wie Mind-Maps (vgl. Abschnitt 4.2.5.2) oder Concept Maps (vgl. z. B. Coffey/Eskridge 2008) wird an dieser Stelle lediglich verwiesen.

Eppler unterscheidet nach dem Inhalt fünf verschiedene Arten von Wissenskarten: Wissensquellen, Wissensanlagen, Wissensstrukturen, Wissensanwendung und Wissensentwicklung.

Wissensquellenkarten (knowledge source maps) stellen Experten einer Organisation anhand einer Reihe selbst gewählter Kriterien grafisch dar (siehe Bild 4.3). Solche Kriterien können das Fachgebiet der Experten, die Dauer ihrer Erfahrung in der Organisation, funktionale Bereiche der Organisation, Verantwortungsbereiche oder von ihnen betreute Produkte sein (vgl. Eppler 2003, S. 192, Eppler 1997, S. 11).

Zum Beispiel stellt nachfolgende Wissensquellenkarte die Experten eines Unternehmens anhand von Fachbereichen (Graphic Design, Animation, Database, Project Management und Technicians) und den vom Unternehmen angebotenen Produkten, nämlich CD-ROMs, multimedialen Standalone-Terminals und Websites, dar. Zusätzlich wird angegeben, in welcher Niederlassung die Experten arbeiten.

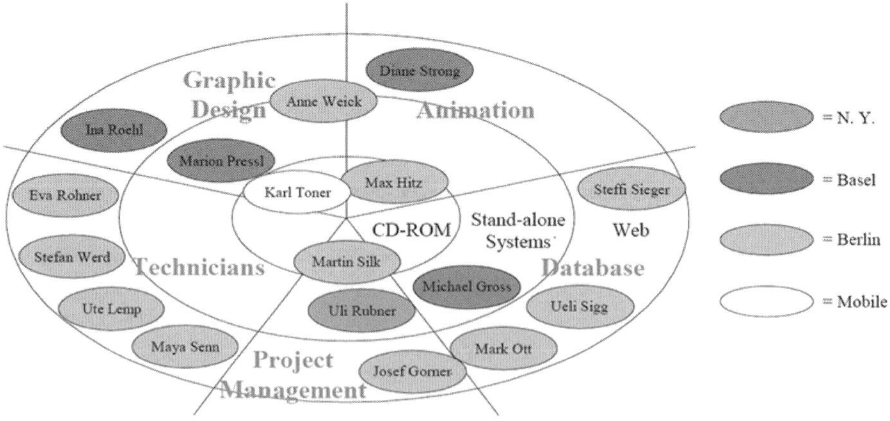

Bild 4.3 Wissensquellenkarte (nach Eppler 2003, S. 195)

Eine solche Wissenskarte kann z. B. Projektleitern bei der Suche nach Mitarbeitern für Kundenprojekte helfen. Außerdem werden Lücken in der Kompetenz des Unternehmens sichtbar – während das Unternehmen die technischen Aspekte von Web-Development-Projekten personell sehr gut abdecken kann, stehen im dargestellten Beispiel für die Animation oder für das Projektmanagement nur je ein Experte im ganzen Unternehmen zur Verfügung.

Mit **Wissensanlagekarten** (knowledge asset maps) kann der Bestand an Wissen, den Einzelne, Teams, Einheiten einer Organisation oder die Organisation als Ganzes hat, sichtbar gemacht werden. Bei Wiig findet sich auch eine Erfassung von knowledge assets – allerdings bezieht er neben Personen als Wissensträger auch sämtliche explizite knowledge assets wie Dokumente, Datenbanken etc. mit ein und bewertet deren Relevanz für die Organisation oder deren Marktwert (vgl. Wiig 2004, S. 283f.).

Bild 4.4 zeigt den Bestand des Wissens einer Gruppe von Beratern. Der Bestand an Wissen wird auf mehrfache Weise deutlich gemacht – zum einen durch die Größe der Balken: ein schmaler Balken drückt Grundlagenwissen, ein breiter Balken Expertenwissen im jeweiligen Bereich aus. Zum anderen verdeutlichen die hell hinterlegten Balken außerdem, welche Person Training dafür anbieten kann. Diese Darstellung kann, sofern sie webbasiert umgesetzt wurde, durch weitere Informationen angereichert werden. Mit einem Klick auf einen der Berater können Kontaktinformationen, mit einem Klick auf einen Balken die durchgeführten Projekte oder die besuchten Weiterbildungskurse eines Beraters angezeigt werden (vgl. Eppler 2003, S. 195 f.).

Eine Wissensanlagekarte zeigt die Personen, die sich aufgrund ihrer Kenntnisse als wichtig für die Organisation erweisen (in diesem Beispiel ist es Andi Ehrler). Die Karte kann Schwerpunkte in der Kompetenz von Mitarbeitern anzeigen, aber auch Bereiche, wo diese einer Weiterbildung bedürfen. Mit einer Wissensanlagekarte können die Besetzung von Projekten und geschäftliche Entscheidungen unterstützt werden (z. B. müsste für den Bereich Merger & Acquisitions (M & A) das Personal ausgebildet oder aufgestockt bzw. die Beratung in diesem Bereich aufgrund der geringen Kompetenz eingestellt werden).

Consultants	IT	Strategy	M&A	Accounting	Marketing
Tinner, Jeff	■	■	■		
Borer, André		■			■
Brenner, Carl	■			■	
Deller, Max					■
Ehrler, Andi	■	■	■	■	■
Gross, Peter	■	■			■
...				■	■

Bild 4.4 Wissensanlagekarte (nach Eppler 2003, S. 196)

Sogenannte **Gelbe Seiten** (Yellow Pages) sind eine oft anzutreffende, praktische Umsetzung von Wissensquellenkarten und Wissensanlagekarten. Sie sollen den direkten Kontakt mit jenen Personen ermöglichen, die über das benötigte Wissen verfügen. Ziel ist es, das zu einem bestimmten Aufgabengebiet vorhandene Wissen für alle Organisationsmitglieder abrufbar zu machen. Mitarbeiter mit einem besonderen Wissen sollen damit unabhängig von ihrer Position in der Organisation erfasst werden. Natürlich soll damit auch ein Lern- und Austauschprozess in der Organisation angeregt werden.

Gelbe Seiten werden normalerweise bottom up erstellt, weil die Mitarbeiter in einem bestimmten Bereich die Kompetenzen selbst am besten beurteilen können. Außerdem sollten die Eintragungen freiwillig erfolgen, da damit auch die Bereitschaft der Weitergabe des Wissens oder der Unterstützung zum Ausdruck kommt. Vor der Einführung sollte in einem Unternehmen also unbedingt geklärt werden, ob Gelbe Seiten wirklich gewünscht werden und ob die entsprechenden Rahmenbedingungen wie ein offenes Betriebsklima, Vertrauen oder der verantwortliche Umgang mit den Einträgen gegeben sind. Auch der Themenbereich der Gelben Seiten sollte eingeschränkt bzw. abgegrenzt werden. Da die Gelben Seiten ein vertrauliches und internes Dokument darstellen, sind natürlich auch Sicherheitsvorkehrungen zu treffen, um die Weitergabe von Wissen nach außen und die Abwerbung von wichtigen Mitarbeitern zu vermeiden. Neben den Yellow Pages als Verzeichnis interner Experten können genauso gut Verzeichnisse externer Experten angelegt werden, sogenannte Blue Pages.

Alle diese Verzeichnisse gewinnen nicht zuletzt durch die Zunahme an kommunikationsorientierten Anwendungen, durch die Dezentralisierung von Organisationsaktivitäten sowie durch häufige strukturelle Änderungen von Organisationen an Bedeutung. Die Sicherstellung einer raschen und verlässlichen Auskunft über Zuständigkeit, Erreichbarkeit usw. wird gerade in einem dynamischen Umfeld immer wichtiger. Oft sind in den Unternehmen mehrere Verzeichnisse vorhanden, deren Pflege mit einem gewissen Aufwand verbunden ist. Das Ziel besteht daher im Anlegen eines gemeinsamen Verzeichnisses, dem sogenannten Corporate Directory. Die klassische Verwendungsart der Verzeichnisse besteht noch meist darin, dass zuerst das Kommunikationsmedium ausgewählt wird (z. B. Telefon), dann die Zieladresse gesucht und schließlich der Kommunikationsprozess begonnen wird. Modernere Systeme überprüfen zunächst, ob der gesuchte Partner überhaupt erreichbar ist. Erst danach findet die Entscheidung statt, ob per Telefon, E-Mail, Videokonferenz oder in einem persönlichen Gespräch kommuniziert werden soll. Dies bedeutet natürlich, dass auch ein solches Verzeichnis die erforderlichen Informationen verfügbar haben muss. Als

Lösung bietet sich die Einführung eines unternehmensweiten Teilnehmerverzeichnisses an, das mit allen beteiligten Applikationen automatisch synchronisiert wird und außerdem ein automatisches Update von geänderten Teilnehmerdaten besorgt. Ein Vorschlag für die technische und teilweise auch die organisatorische Problemlösung findet sich bei Marwitz (Marwitz 1998a, Marwitz 1998b).

Die beiden zuletzt genannten Arten von Wissenskarten können im Rahmen des Skill-Managements (vgl. Abschnitt 3.2.3) für die Abbildung, Aufdeckung und Planung von „Skills" eingesetzt werden.

Wissensstrukturkarten (knowledge structure maps) bilden die Struktur eines Wissensgebietes ab. Dabei wird das Wissensgebiet in logisch zusammengehörige Teile gegliedert, und die Teile werden in Beziehung zueinander gesetzt.

Nach Eppler (vgl. Eppler 2003, S. 196 f.) dienen die Strukturkarten vor allem der Darstellung von Fähigkeiten, die für eine bestimmte Aufgabe, die Erstellung eines bestimmten Produkts oder die Durchführung von Prozessen von Bedeutung sind. Bild 4.5 (nach Allweyer 1998, S. 42; er nennt die Karte Wissensstrukturdiagramm) zeigt ein Beispiel mit einer Wissensstruktur für das Projektmanagement. Im Projektmanagement wird Wissen generell zur Gestaltung und Durchführung von Projekten benötigt, ebenso wie die Fähigkeit, Mitarbeiter führen zu können, und Kenntnisse zu einsetzbaren Technologien. Diese Kategorien lassen sich weiter unterteilen und es wird offensichtlich, dass zu diesen sowohl implizites Wissen in Form von Erfahrungen mit Projekten gehört als auch dokumentiertes bzw. dokumentierbares Wissen in Form von Handbüchern oder anderen Vorlagen.

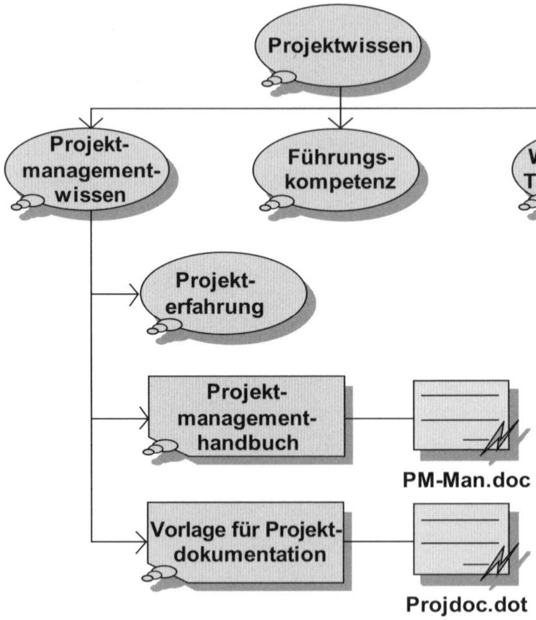

Bild 4.5 Wissensstrukturdiagramm (nach Allweyer 1998, S. 42)

Bach (vgl. Bach 1999, S. 57 ff.) hat Wissensstrukturen allgemeiner gefasst. Er nimmt darin sämtliche Geschäftsobjekte (Personal, Kunden, Lieferanten, Prozesse, Projekte etc.) auf.

Diese sind durch Wissensflüsse miteinander verbunden. Wissensflüsse sind z. B. eine Suche oder die Verbindung zwischen Geschäftsobjekten; so lässt sich ein Mitarbeiter beispielsweise als Verantwortlicher einem Projekt zuordnen.

Wissensanwendungskarten (knowledge application maps) sind nach Eppler (Eppler 2003, S. 197) die derzeit am häufigsten eingesetzten Wissenskarten. Wissensanwendungskarten ordnen Geschäftsvorfällen oder einzelnen Prozessschritten das relevante Wissen zu.

Bild 4.6 zeigt die Wissensanwendungskarte eines in der Marktforschung tätigen Unternehmens. Den vier Prozessschritten (im Zentrum der Abbildung) sind in zwei Kreisringen die Softwarewerkzeuge und Methoden zugewiesen, die eben diese Prozessschritte unterstützen. Probst et al. (Probst et al. 2003, S. 72 ff.) berichten von einer praktischen Umsetzung von Wissensanwendungskarten als sogenannte Kompetenzkarten.

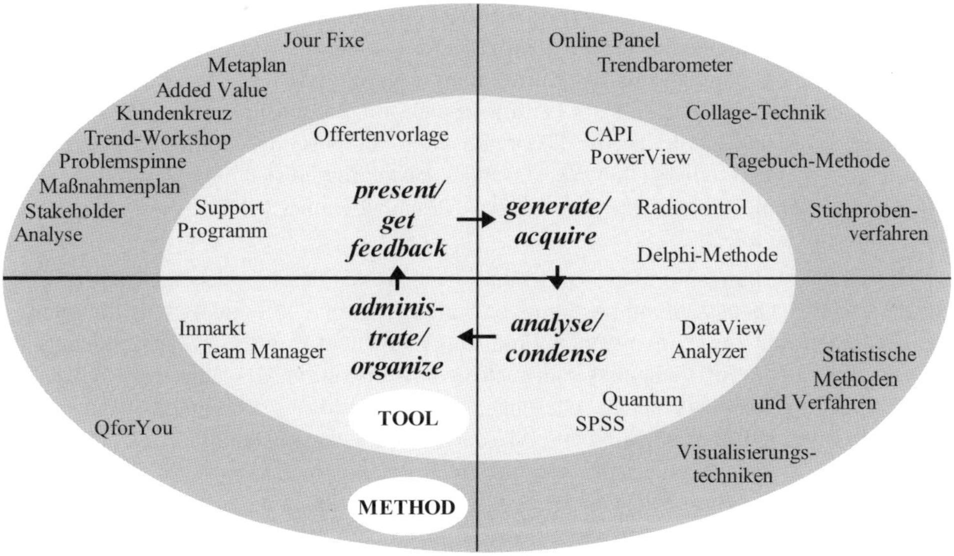

Bild 4.6 Wissensanwendungskarte (in Anlehnung an Eppler 2003, S. 198)

Wissensentwicklungskarten (knowledge development maps) sind eine Visualisierung der notwendigen Schritte, um einen bestimmten Stand an Wissen zu erreichen. Sie stellen „Lernpfade" (Eppler 1997, S. 11) für Einzelne, Gruppen oder organisatorische Einheiten grafisch dar. Bei dieser Art von Wissenskarten wird die Analogie zu einer Landkarte am deutlichsten. Das von Eppler vorgestellte Beispiel (Eppler 2003, S. 198 f.) für einen Lernpfad im Bereich des E-Commerce zeichnet tatsächlich einen Pfad mit Beginn und Ende und dem aktuellen Standort (d. h. dem aktuellen Wissensstand) auf. Der Pfad selbst führt an für E-Commerce wichtigen Kompetenzen vorbei, die wie in einer Landkarte bezeichnet sind (z. B. die Java Woods, der E-Strategy Forest oder die Outsourcing Street). Das Beispiel ist elektronisch umgesetzt worden und bietet durch Klicken auf die Kompetenzen einen vergrößerten Kartenausschnitt, der weitere Angaben zum Erreichen oder Vertiefen der jeweiligen Kompetenz enthält.

Die verschiedenen Arten von Wissenskarten stehen nicht allein, sondern können miteinander kombiniert werden. So kann z. B. eine Wissensanwendungskarte um eine Wissensquellenkarte erweitert werden (Eppler 2003, S. 193). Wissenskarten bieten (auch aufgrund ihrer flexiblen Gestaltung) vielerlei Vorteile. Sie schaffen Transparenz von Wissensquellen (Identifikation von Wissen) und beschleunigen damit den Zugriff auf Experten. Sie unterstützen die Bewertung von Wissen (immaterielle Vermögenswerte; siehe Abschnitt 4.1.5) und erleichtern Mitarbeitern das Verständnis von und die Orientierung in Wissensbeständen. Auch die Einordnung neuen Wissens wird vereinfacht. Mit ihrer Hilfe kann Wissen mit Prozessen verbunden und können Wege zur Entwicklung von Wissen aufgezeigt werden (vgl. Eppler 2003, S. 199). Wissenskarten sind eine Möglichkeit, implizites Wissen unter Nutzung der Analogie einer Karte sichtbar und nutzbar zu machen. Bereits im Prozess der Erstellung von Wissenskarten können Einblicke in das Wissen der Organisation und seine Bedeutung erlangt werden.

Die Erstellung und Aktualisierung von Wissenskarten ist allerdings meist sehr aufwendig, weshalb es sich anbietet, Wissenskarten nur dort einzusetzen, wo sie einem großen Kreis von Nutzern zugutekommen, häufig genutzt werden, sich das abgebildete Wissen selten ändert und für das Verständnis der Karten kein umfangreiches Vorwissen notwendig ist (Lehner 2000, S. 273). Andererseits kann man sich mit Wissenskarten auf jene Prozesse bzw. Bereiche beschränken, die für die Organisation von besonderem Interesse sind (also die Kernprozesse). Gerade bei den Wissensanlagekarten finden sich enge Verbindungen zu den Kernkompetenzen einer Organisation (vgl. Prahalad/Hamel 1990, insbesondere deren „core competence tree“).

Weitere Einschränkungen finden sich in den Karten selbst. Man legt sich auf eine grafische Darstellung fest, ebenso auf ein bestimmtes Ordnungsschema. Wissenskarten sind nicht in der Lage, mehr als zwei Dimensionen darzustellen; auch ist es schwer, darin dynamische Aspekte abzubilden. Letztlich muss man auch die Wirkungen von Wissenskarten in Betracht ziehen. Davenport/Prusak sehen Wissenskarten als politische Dokumente (Davenport/Prusak 1998, S. 79). Wer notwendiges Wissen besitzt, wird sich bemühen, in eine solche Karte und dort an eine möglichst prominente Stelle aufgenommen zu werden. Dies erschwert die Erstellung von Wissenskarten. Wissenskarten gehen über organisatorische Grenzen hinaus, sie sind also nicht identisch mit dem Aufbau einer Organisation und fördern damit auch den Wissensaustausch unabhängig vom „Dienstweg“. Auch der Missbrauch durch Mitbewerber, die aus Kenntnis der Karten fähige Mitarbeiter der Organisation abwerben, ist nicht ausgeschlossen. Für weitere Nachteile siehe Eppler 2003 und Eppler 1997.

Davenport/Prusak sehen für Wissenskarten ihre Zweckorientierung, die Genauigkeit der darin erfassten Informationen, ihre Verfügbarkeit für die Nutzer und ihre leichte Bedienung als kritische Faktoren an (Davenport/Prusak 1998, S. 78). Wie bei der Vorstellung der einzelnen Karten bereits erwähnt, werden webbasierte Umsetzungen von Wissenskarten für sinnvoll erachtet (Eppler 2003, 194, Davenport/Prusak 1998, S. 77), weil sie sich einfacher aktualisieren lassen als Dokumente in Papierform.

4.1.2.2 Ontologien

Mit den Wissensstrukturkarten bzw. Wissensstrukturdiagrammen sind im vorangegangenen Abschnitt bereits Methoden für die Repräsentation von Wissensstrukturen vorgestellt worden. Dasselbe ist auch mit Hilfe von Ontologien möglich, allerdings bieten diese darüber hinausgehende Möglichkeiten und Funktionen.

Für das weitere Verständnis spielt der Konzeptbegriff eine wichtige Rolle. Eine Konzeptualisierung ist eine abstrakte und vereinfachte Sicht auf einen Teil der Welt, den man für einen bestimmten Zweck abbilden möchte. Eine Konzeptualisierung enthält Konzepte (Vorstellungen über reelle und ideelle Dinge) bzw. die Benennung dieser Konzepte durch Begriffe und die Beziehungen zwischen ihnen (z. B. „a ist Teil von b", „a ist ein b"). Weiterhin können für Konzepte bzw. Begriffe Kontexte und Instanzen abgebildet und Regeln definiert werden. Die Spezifikation (d. h. die formale Beschreibung) einer solchen Konzeptualisierung wird Ontologie genannt (Gruber 1993, Busse et al. 2014, für einen ähnlichen Ansatz siehe Ganter/Wille 1996).

Ontologien können zur Beschreibung jeglicher Art von Ordnungsschemata (Klassifikation) verwendet werden. Für eine Taxonomie werden dabei nur hierarchische Beziehungen zwischen den Konzepten beschrieben; für einen Thesaurus dagegen sind neben einer Festlegung von hierarchischen Beziehungen wie Ober- oder Unterbegriffe auch Relationen wie „a ist Synonym von b" von Bedeutung.

Mit Hilfe von Ontologien kann einerseits die Struktur des Wissens eines Fachgebietes transparent gemacht werden, andererseits helfen Ontologien bei Problemen der Kommunikation zwischen Personen, Personen und Maschinen, aber auch zwischen Maschinen (Mädche et al. 2001, S. 393, Chandrasekaran et al. 1999, S. 21, Busse et al. 2014). Ontologien stellen ein Vokabular bereit, um sicher zu stellen, dass mit demselben Begriff auch dasselbe Konzept gemeint ist. Denn je nach Standpunkt oder auch Erfahrung einer Person kann über Begriffe Uneinigkeit herrschen. So kann mit einem Jaguar zunächst selbstverständlich die in Amerika beheimatete Raubkatze gemeint sein; ein anderer versteht darunter vielleicht ebenso selbstverständlich Fahrzeuge des britischen Automobilherstellers Jaguar. Dem kann in Ontologien mit Kontexten abgeholfen werden: Es wird definiert, dass im Kontext „Fahrzeuge" die Marke Jaguar und im Kontext „Biologie" das Raubtier gemeint ist. Damit und durch die Vorgabe von Beziehungen zwischen den Konzepten wird die Komplexität möglicher Interpretationen eingeschränkt. Es erhöht sich die Wahrscheinlichkeit, dass die an der Kommunikation Beteiligten dieselbe Sache meinen (vgl. Mädche et al. 2001, S. 393 f., siehe auch Uschold/Grüninger 1996). Durch die Vorgabe von Beziehungen und Regeln soll mittels Ontologien auch logisches Schließen ermöglicht werden (vgl. Abschnitt 4.2.3.1, Expertensysteme).

Ontologien lassen sich sehr vielfältig einsetzen (vgl. Mädche et al. 2001, S. 394 f.). Durch die Verwendung gemeinsamer Ontologien können z. B. in Lieferketten (Supply Chains) von Unternehmen Transaktionen automatisiert werden. Im Wissensmanagement kann das Wissen einer Organisation mit Ontologien modelliert und strukturiert werden. Ontologien helfen bei der Interpretation von Suchanfragen (z. B. sollen auf die Suche nach „gebraucht Jaguar" auch nur Angebote gebraucht zu verkaufender Fahrzeuge der Marke Jaguar angezeigt werden). Besonders in Verbindung mit dem World Wide Web werden Ontologien häufig genannt. Sie können als Hilfsmittel für die Gestaltung des Internets als Semantic-Web dienen, in welchem Computer selbst in der Lage sein sollen, Inhalte dem richtigen Kontext entsprechend zu interpretieren sowie Koordination und Kommunikation für den Benutzer zu übernehmen (vgl. Berners-Lee 1999, S. 229).

Bild 4.7 zeigt ein einfaches Beispiel für eine Ontologie. Die Konzepte (Fahrzeug, Wasser, Luft etc.) sind durch drei verschiedene Relationen (die Zuordnung zu Oberbegriffen, Synonymen und dem Raum, wo sich ein Fahrzeug fortbewegen kann) miteinander verbunden.

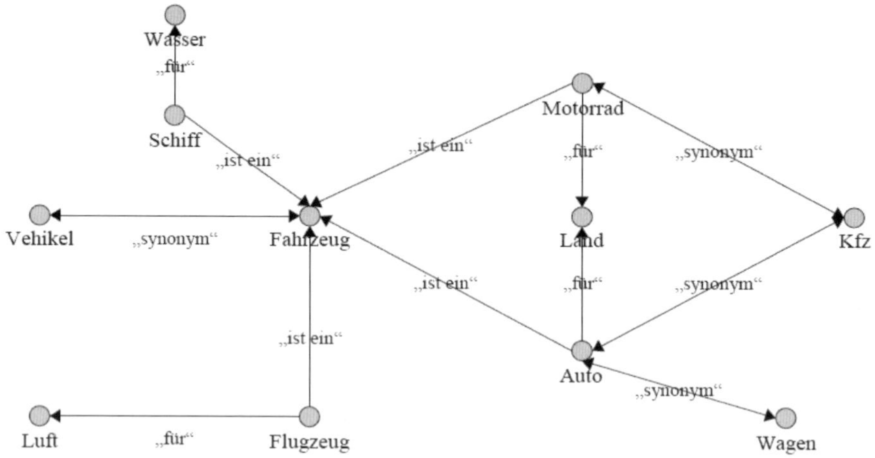

Bild 4.7 Beispiel für eine Ontologie

Verschiedene Kontexte sind im dargestellten Beispiel nicht vorgegeben, auch Instanzen (z. B. „Audi“ als Instanz von Auto) sind nicht in der Ontologie vorhanden. Regeln sind aus der grafischen Darstellung ebenfalls nicht ersichtlich.

Für die Beschreibung von Ontologien existiert eine Reihe von Sprachen: das Resource Description Framework (RDF), DAML+OIL, F-Logic, die Web Ontology Language (OWL) oder XTM, eine auf XML basierte Spezifikation thematischer Landkarten (topic maps). An diesen Sprachen wird der fließende Übergang dieser Methode zur softwaretechnischen Unterstützung deutlich, auf die in Abschnitt 4.2 nochmals eingegangen wird.

4.1.2.3 Prozessmodelle

Auf die Bedeutung des Prozessmanagements wurde bereits in Kapitel 1 hingewiesen. Wissen ist in die zahlreichen Prozesse einer Organisation eingebettet. Das kann z. B. das Wissen über einen Produktionsprozess sein (d. h. wie wird ein bestimmter Input zu einem bestimmten Output transformiert). Unabhängig davon, ob dieses Wissen bekannt oder verborgen ist, leitet die aus der Vergangenheit stammende Prägung mit Wissen die aktuellen Abläufe und Entscheidungen. Genauso wie Geschäftsprozesse durch Modellierungsmethoden sichtbar und damit gestaltbar gemacht werden können (vgl. Abschnitt 3.3.2), sollen auch Wissensprozesse als wichtiger Bestandteil des Wissens einer Organisation modelliert und gestaltet werden. Es sollten aber keine neuen Prozessmodelle neben bestehende gestellt werden, vielmehr sollen Geschäftsprozesse gemeinsam mit den sie begleitenden und steuernden Wissensprozessen in Modellen erfasst werden (vgl. Gronau et al. 2004, S. 1). Mit dem prozessorientierten Wissensmanagement richtet sich der Fokus auf die wissensintensiven Prozesse der Organisation und die sie unterstützenden Wissensprozesse und Wissensmanagementprozesse (siehe Abschnitt 3.3.2, vgl. Remus 2002, insbesondere S. 104 ff.). Mittlerweile existieren viele Ansätzen, um Wissen gemeinsam mit den Geschäftsprozessen der Organisation zu modellieren. Sie haben auch Eingang in Software-Werkzeuge zur Modellierung gefunden (vgl. Maier 2004, S. 202 ff., Remus 2002, S. 36 ff.): z. B. das modellbasierte Wissensmanagement mit ARIS (Allweyer 1998), die Knowledge Modeling and Description Language (KMDL, Gronau et al. 2004), oder CommonKADS (Schreiber et al.

1999). Die (insbesondere im deutschsprachigen Raum) verbreitete Architektur integrierter Informationssysteme (ARIS) soll etwas genauer betrachten werden.

Die Darstellung von Prozessen erfolgt mit Hilfe ereignisgesteuerter Prozessketten (EPK), welche die Funktionen innerhalb eines Prozesses, Ereignisse, Rollen bzw. Personen etc. darstellt. Für die Modellierung von Aspekten des Wissensmanagements werden EPKs um Elemente für Wissenskategorien erweitert. Bild 4.8 zeigt ein Beispiel, wo auch das notwendige Wissen visualisiert wird.

Der Mitarbeiter greift bei der Akquise eines Kunden zum einen auf implizites Wissen wie seine Kenntnisse zur Struktur des Markts oder von Kundenwünschen zurück (die ovalen Denkblasen im oberen Teil der Abbildung), zum anderen auf gesammeltes und dokumentiertes Wissen (z.B. Lessons Learned, dargestellt als rechteckige Denkblasen). Allweyer (Allweyer 1998, S. 42) weist insbesondere auf die letzte Funktion, die Dokumentation des Akquisitionsgesprächs, hin. Diese ist kein zentraler Bestandteil des Geschäftsprozesses, schließlich unterstützt die nachfolgende Dokumentation eines Gesprächs nicht das Akquisitionsgespräch selbst. Auf lange Sicht wird diese Funktion jedoch wichtig, denn mit ihr lässt sich Wissen bewahren, das für spätere Akquisen bzw. für die weitere Betreuung des neu gewonnenen Kunden von Vorteil sein kann. Die Dokumentation des Akquisitionsgesprächs stellt selbst einen Wissensprozess dar, der in ARIS auch explizit modelliert werden kann.

Auf die beiden Objekttypen zur Modellierung von Wissen soll noch etwas genauer eingegangen werden. Der Objekttyp „Wissenskategorie" entspricht in der ARIS-Notation der ovalen Denkblase. Sie repräsentiert einen inhaltlichen Gegenstand, auf den sich bestimmtes Wissen bezieht. Es kann sich hierbei sowohl um implizites als auch um explizites Wissen handeln. Explizites Wissen kann in Form einer Beschreibung dokumentiert sein. Wissenskategorien können auch beide Wissensarten gemeinsam beinhalten. Möchte man die Wissenskategorien in Bezug auf die eigene Organisation beurteilen, so ist es sinnvoll, bereits bei der Erhebung bestimmte Attribute zu erfassen. Folgende Attribute sind in ARIS vorgesehen:

- Umschlaghäufigkeit (stündlich, täglich, wöchentlich, monatlich, jährlich, selten, nie): In welchen Zeitabständen muss das Wissen einer Kategorie erneuert werden, um aktuell zu sein?
- Bedeutung (0% - 100%): Welche Bedeutung hat die Wissenskategorie für die Organisation?
- Abdeckungsgrad (0% - 100%): Wie hoch ist der Abdeckungsgrad des betreffenden Wissens in der Organisation?
- Wissensvorsprung (0% - 100%): Wie hoch ist der Wissensvorsprung gegenüber Mitbewerbern?
- Wissensnutzung (0% - 100%): Wie viel Wissen einer Wissenskategorie wird benutzt?
- angestrebter Abdeckungsgrad (0% - 100%): Welcher Abdeckungsgrad des betreffenden Wissens wird angestrebt?
- künftige Bedeutung (stark sinkend, sinkend, gleichbleibend, steigend, stark steigend): Welche Veränderungstendenzen bezüglich der Bedeutung einer Wissenskategorie für die Organisation sind künftig zu erwarten?
- strukturelle Änderungsgeschwindigkeit (0% - 100%): Wie schnell müssen sich die angewandten Methoden zum Erwerb des entsprechenden Wissens ändern?

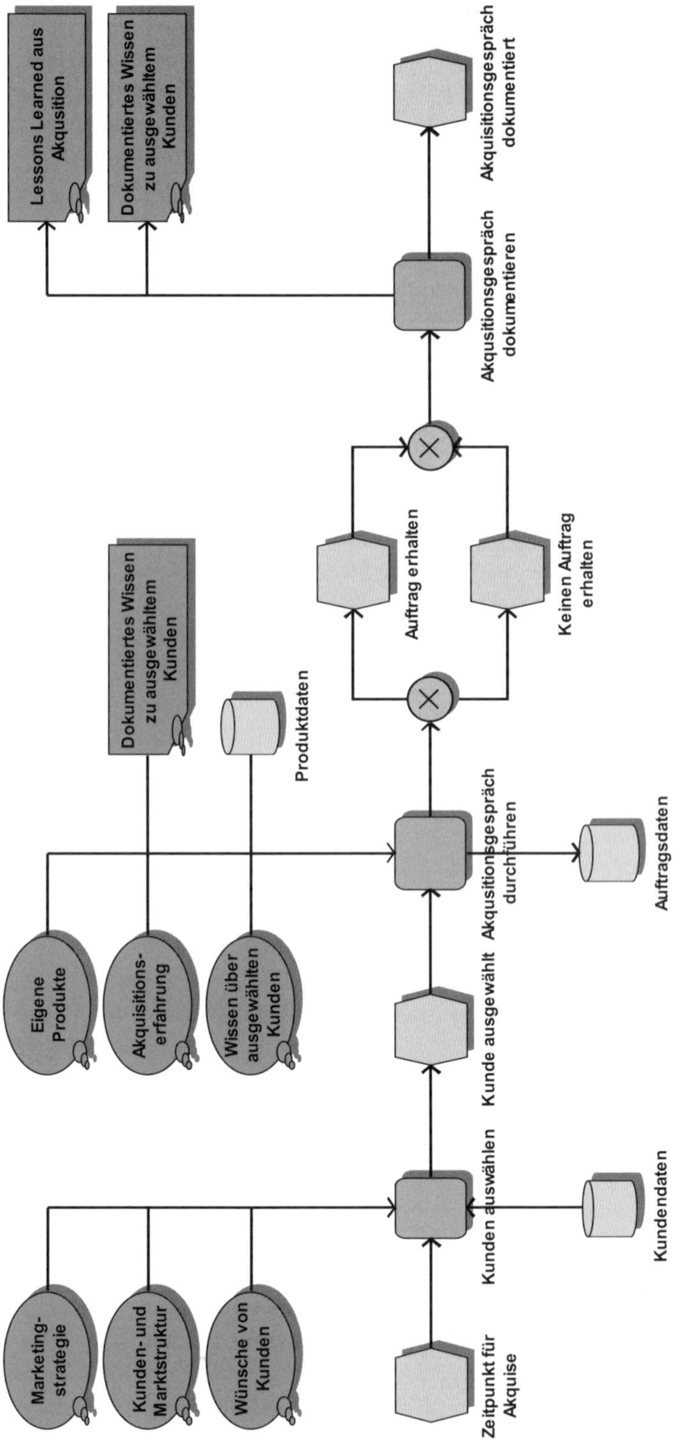

Bild 4.8 Geschäftsprozess mit Elementen der Wissensverarbeitung (nach Allweyer 1998, S. 43)

Die Analyse der Wissenskategorien in einer Organisation dient dazu, Verbesserungen hinsichtlich der Wissensbewahrung und -verwendung einzuleiten.

Der Objekttyp „Dokumentiertes Wissen“ (dargestellt durch die rechteckigen Denkblasen) beinhaltet ausschließlich Wissen, das explizit dokumentiert ist. Ein Handbuch zur Bedienung einer Software ist ein typisches Beispiel für dokumentiertes Wissen. Der Objekttyp umfasst im Übrigen die gleichen spezifischen Attribute wie der Objekttyp Wissenskategorie. In Anlehnung an die Umgestaltung von Geschäftsprozessen mit BPR (Business Process Reengineering; siehe Abschnitt 3.3.2) ist für ARIS auch ein Vorgehen zur Umgestaltung des Umgangs mit Wissen in einer Organisation geschaffen worden (KPR – Knowledge Process Reengineering, vgl. Allweyer 1998, Scheer 1998, S. 63 ff. und S. 162 ff.).

4.1.3 Planungs- und Analysemethoden

Für das Wissensmanagement lassen sich viele verschiedene Zielsetzungen und dazugehörige Maßnahmen für deren Umsetzung formulieren. Aufgrund des sehr weiten Handlungsfeldes ist vielen Organisationen jedoch nicht klar, wie Wissensmanagement konkret bei ihnen umgesetzt werden kann. Dafür muss in einem ersten Schritt untersucht werden, wo die Organisation im Umgang mit Wissensmanagement „steht“. Die nachfolgend vorgestellten Methoden können diese Situationsanalyse unterstützen. Die Ergebnisse dieser Analyse bilden die Grundlage für die Formulierung von Zielen für das Wissensmanagement.

Mit den erwähnten Methoden sind die Möglichkeiten der Planung für das Wissensmanagement noch nicht erschöpft. Es existieren außerdem Methoden zur Suche von Alternativen, Prognose, Bewertung oder Entscheidung (vgl. Bea et al. 1993, S. 50 ff.). Den Planungsmethoden zugerechnet werden auch die Balanced Scorecard (BSC) sowie für das Wissensmanagement angepasste Versionen der BSC (siehe dazu Abschnitt 4.1.5.2). Weitere Methoden wie Konkurrenz- und Gap-Analyse finden sich u. a. bei Zack 1999a, Wiig 2004, S. 281 ff. und Probst et al. 2003, S. 51 f. Diese Methoden sind jedoch von allgemeinerem Charakter und ihr Einsatz im Unterschied zu den dargestellten Methoden nicht speziell auf das Wissensmanagement beschränkt.

4.1.3.1 Wissensintensitätsportfolio

North (North 1998, S. 26 ff.) beschreibt das Wissensintensitätsportfolio als eine Vier-Felder-Matrix, in welche man die eigene Organisation einordnen und prüfen kann, wie wissensintensiv sie ist. Die vier Felder ergeben sich durch eine Betrachtung der Wissensintensität einerseits in der Wertschöpfungskette der Organisation, andererseits in ihren Produkten bzw. Dienstleistungen und der jeweiligen Kategorisierung in „hoch“ bzw. „niedrig“.

Von einer hohen Wissensintensität in der Wertschöpfungskette spricht man, wenn für die Erstellung von Produkten bzw. die Erbringung von Dienstleistungen eine große Menge an Wissen aufgewandt werden muss, wie es z. B. bei einer kundenspezifischen Fertigung mit vielen Varianten der Fall ist. Wissensintensität bei Produkten und Dienstleistungen ist auch dann gegeben, wenn in den Produkten oder Dienstleistungen selbst ein großer Anteil an Wissen inkorporiert ist. Wissensintensive Produkte sind z. B. Softwaresysteme, Gutachten, aber auch das ABS eines Fahrzeugs. Somit kann man je nach Situation einer Organisation von Prozessintelligenz, Produktintelligenz oder von beidem sprechen. Ist die Wissensintensität sowohl in der Wertschöpfungskette als auch bei den Produkten bzw. Dienstleistungen gering, spricht man von einer Wertschöpfung durch physische Arbeit. Auf diese Weise ergibt sich das in Bild 4.9 gezeigte Portfolio.

Was ein wissensintensives Produkt oder eine Dienstleistung bzw. einen wissensintensiven Prozess in der Wertschöpfung ausmacht, kann nicht immer eindeutig bestimmt werden. Man versucht daher bei der Analyse Merkmale zu finden, die auf eine hohe Wissensintensität hinweisen. Wissensintensive Produkte oder Dienstleistungen liegen z. B. vor, wenn diese keine Standardprodukte oder -dienstleistungen sind, sondern auf den Kunden zugeschnittene Komplettlösungen, oder wenn in diese Produkte oder Dienstleistungen viel Wissen verschiedener Experten einfließt (vgl. North 1998, S. 26 ff., vgl. auch Porter/Millar 1985). Wissensintensive Prozesse zeichnen sich durch eine Reihe von Merkmalen aus (Remus 2002, S. 106 ff.): Sie sind komplex, ihr Ablauf ist nicht im Vorhinein bestimmbar, und es sind meist viele Personen (mit vielfältiger Expertise) an ihrer Ausführung beteiligt.

Bild 4.9 Wissensintensitätsportfolio (North 1998, S. 27)

Mit der Einordnung einer Organisation oder Teilen einer Organisation in ein solches Portfolio kann eine grobe Einschätzung der Wissensintensität der Organisation vorgenommen werden. Daraus lässt sich dann ableiten, an welcher Stelle in der Organisation mit Wissensmanagement interveniert werden sollte. Ergibt die Einordnung beispielsweise, dass die Organisation Prozessintelligenz besitzt, sollte sich Wissensmanagement darauf konzentrieren, diese Intelligenz zu stärken und zu bewahren.

Für die verschiedenen Felder des Portfolios gibt es keine Normstrategien (also zu ergreifende Maßnahmen nach Einordnung in ein entsprechendes Feld). Wie bei vielen anderen Portfolios, ist auch hier die Abgrenzung der Felder des Portfolios schwierig. Eine hohe Wissensintensität ist von einer niedrigen nicht leicht zu unterscheiden, und die Wissensintensität als Merkmal ist oft nur sehr schwer greifbar.

4.1.3.2 Wissensmanagementprofil

Ziel eines Wissensmanagementprofils ist es, die in einer Organisation (oder einem Teil davon) gebräuchliche Art und Weise des Umgangs mit Wissen zu bestimmen (vgl. Jordan/ Jones 1997, S. 393). Das Ergebnis wird in einem Profildiagramm dargestellt (siehe Bild 4.10).

Dabei werden mehrere Kategorien für die Bestimmung der Art und Weise des Umgangs mit Wissen vorgegeben und die ihnen zugeordneten Dimensionen in Gegensatzpaaren von Eigenschaften bewertet. Bei der Beschaffung von Wissen wird untersucht, ob Wissen eher in der Organisation oder von außerhalb beschafft wird (Focus), und ob der Suchprozess (Search) dabei gezielt oder eher zufällig abläuft. Bei der Problemlösung soll geprüft werden, ob diese vornehmlich durch Einzelne oder im Team stattfindet (Location), ob dabei auf bereits bekannte Vorgehensweisen (Heuristiken) zurückgegriffen wird oder nicht (Procedures), ob die Lösung durch praktisches Probieren oder geistige Tätigkeit erarbeitet wird (Activity), und ob bei der Lösung auf vorhandene Lösung aufgebaut wird oder man neuartige Lösungen erarbeiten möchte (Scope). Die Verteilung von Wissen (Dissemination) wird nach Art (informell oder formell) und der Breite der Verteilung (Breadth) betrachtet. Mit dem Besitz (Ownership) soll gezeigt werden, wie stark Mitarbeiter Wissen als Teil ihrer selbst ansehen (Identity) und wie Wissen unter den Mitarbeitern verteilt ist (Resource, z. B. Spezialisten mit abgegrenzten Fachgebieten oder Überschneidungen im Wissen der Mitarbeiter). Letztlich wird dargestellt, wie das Wissen in der Organisation bewahrt wird (Representation) – als persönliches Wissen der Mitarbeiter oder explizit in Dokumenten oder Datenbanken. Die fünf Kategorien können abhängig vom Einsatzzweck oder der Situation natürlich abgewandelt oder erweitert werden.

Knowledge Acquisition			
Focus:	internal	—X————	external
Search:	opportunistic	—X————	focused
Problem-solving			
Location:	individual	—X————	team
Procedures:	trial and error	—X————	heuristics
Activity:	experiential	—X————	abstract
Scope:	incremental	—X————	radical
Dissemination			
Processes:	informal	—X————	formal
Breadth:	narrow	—X————	wide
Ownership			
Identity:	personal	—X————	collective
Resource:	specialist	—X————	generalist
Storage/Memory			
Representation:	tacit	—X————	explicit

Bild 4.10 Wissensmanagementprofil (nach Jordan/Jones 1997, S. 395)

Mit einem Wissensmanagementprofil kann der Status quo des Umgangs mit dem Wissen in einer Organisation dargestellt werden. Das Profil bietet damit ein Kommunikationsmittel bei der Planung von Maßnahmen für das Wissensmanagement, erlaubt es, Schwachstellen zu erkennen, und bildet den Ausgangspunkt für weitere Aktivitäten. Da das Profil den Status zu einem bestimmten Zeitpunkt wiedergibt, ist die regelmäßige Aktualisierung zweckmäßig.

Aus dem Profil in Bild 4.10 lässt sich unschwer erkennen, dass das Wissen der betrachteten Organisation vor allem in der Hand von Experten liegt, jedoch aus Gründen der Erhaltung der eigenen Position in der Organisation kaum weitergegeben wird. Daher findet die Lösung aktueller Probleme auch weniger nach kollektiv erarbeiteten Vorgehensweisen, sondern experimentell und durch Versuch und Irrtum statt. Dem ließe sich z. B. durch die Erfassung sämtlicher Experten in einer Wissenskarte (siehe Abschnitt 4.1.2.1) abhelfen. Damit könnte bei anstehenden Problemen sofort auf den passenden Experten zugegriffen werden. Zudem unterstreicht die Wissenskarte den Expertenstatus einer Person. In Ergänzung dazu könnten Anreize für die Mitarbeiter geschaffen werden, bereits erarbeitete Lösungen zu dokumentieren, um bei ähnlichen Problemen darauf zurückgreifen zu können. Selbstverständlich kann das Wissensmanagementprofil in einem anderen Fall sehr viel stärker als das obige ausgeprägt sein.

4.1.3.3 Knowledge Asset Road Map

Technology Road Maps werden eingesetzt, um zukünftige technologische Anforderungen zu identifizieren und deren Entwicklung zu koordinieren. In einer Technology Road Map der Halbleiterindustrie könnten z. B. für verschiedene Zielsysteme wie Desktops, Server oder mobile Rechner zu entwickelnde Prozessoren und ihre Nachfolger eingetragen werden. In Anlehnung an Technology Road Maps sollen Knowledge Asset Road Maps als strategisches Werkzeug für die Planung und Koordination von Wissensmanagement-Aktivitäten in einer Organisation dienen (vgl. Macintosh et al. 1998).

In einer Knowledge Asset Road Map werden die Ziele des Wissensmanagements sowie die für die Umsetzung gestarteten und geplanten Projekte auf einer Zeitachse abgetragen (siehe Bild 4.11). Wissensmanagementprojekte werden durch organisatorische oder technische Maßnahmen („enablers“ in der Abbildung) unterstützt und beeinflussen die mit dem Wissen verbundenen Prozesse bzw. das Wissen selbst (die beiden letzten Zeilen des Bildes). Die Pfeile zwischen den Zeilen markieren Wirkbeziehungen – so wird z. B. für das Ziel der effektiveren Nutzung des Kundenwissens ein Customer Care Project gestartet, zu dessen Umsetzung ein Help-Desk-System eingesetzt wird. Das Help-Desk-System bildet den Prozess der Bewahrung und Verteilung von Kundenwissen ab. Das gesamte Projekt bezieht u. a. das Wissen um die Probleme der Kunden ein.

Um eine Knowledge Asset Road Map zu erstellen, müssen anhand der Geschäftsziele zunächst das Wissen und die Prozesse bestimmt werden, die diese Ziele unterstützen. Dann ist zu prüfen, welche Methoden und Techniken für die Umsetzung der Ziele geeignet erscheinen, und letztlich sämtliche Elemente zusammen mit ihren Beziehungen in die Road Map eingetragen werden.

Knowledge Asset Road Maps bieten einen Überblick und sind damit auch Kommunikationsmittel für die gegenwärtigen und zukünftigen Aktivitäten des Wissensmanagements. Die Darstellung entlang der Zeitachse erlaubt die zeitliche und inhaltliche Abstimmung der Aktivitäten und eine Fortschrittskontrolle. Durch die Abbildung von Verbindungen zwischen den einzelnen Elementen können zentrale Anteile des Wissens oder zentrale Prozesse ebenso identifiziert werden wie Wissenslücken. Mit einer Knowledge Asset Road Map lassen sich weitere Aktivitäten im Wissensmanagement planen und prüfen, ob diese überhaupt zu den formulierten Zielen etc. passen (vgl. Macintosh et al. 1998).

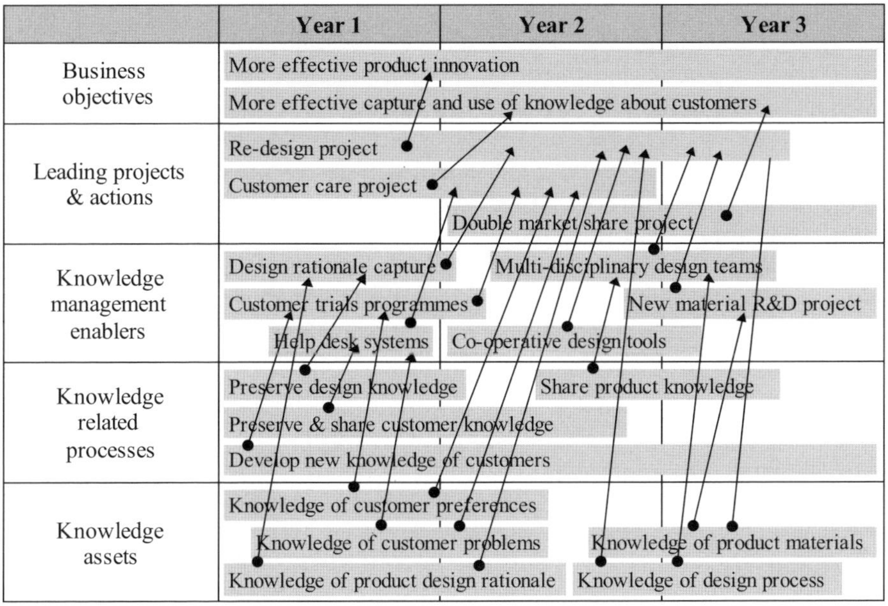

Bild 4.11 Knowledge Asset Road Map (nach Macintosh et al. 1998)

Eine Knowledge Asset Road Map ist nicht als Ersatz für andere Methoden des Projektmanagements gedacht. Außerdem muss eine Knowledge Asset Road Map gepflegt und bei Änderungen (Ziele werden verändert, neues Wissen rückt in den Mittelpunkt der Betrachtung etc.) aktualisiert werden, um ihren Zweck zu erfüllen. Für diese Aufgabe ist der Wissensmanager (siehe Abschnitt 5.1) zuständig.

4.1.4 Methoden der Organisation und Kommunikationsförderung

Mit Methoden der Organisation wird die in der Einleitung zu diesem Abschnitt getroffene Definition der Methode erweitert, denn Organisationsmethoden umfassen nicht nur Methoden der Analyse, Planung und Darstellung, sondern ebenso die Gestaltung von Aufbau und Ablauf einer Organisation entsprechend ihrer Zielsetzung (vgl. Staehle 1999, S. 671, S. 734 ff. Bea et al. 1993, S. 103). Hinzuweisen ist auch noch darauf, dass gerade dabei die beschriebenen Methoden der Förderung der Wissensnutzung und zur Repräsentation von Wissen nutzbringend eingesetzt werden können. Speziell für das Wissensmanagement sollen hier nur die Communities of Practice als Organisationsmethode vorgestellt werden. Zuvor soll allgemein noch auf die Beziehung von Organisationsformen zum Wissensmanagement eingegangen werden.

4.1.4.1 Wissensfördernde Organisationsformen

Sogenannte primäre Organisationsformen wie funktionale Organisation, divisionale Organisation oder Matrix-Organisation (vgl. Lehner et al. 1991, S. 82 ff.) weisen Schwächen auf. Ihre Fähigkeit, sich an veränderte Umweltbedingungen anzupassen, ist gering. Ebenso behindern sie Freiräume und Kreativität von Mitarbeitern. Aufgrund dessen sind weitere primäre Organisationsformen entwickelt worden, die insbesondere ein effektives Wissensmanagement unterstützen sollen. Zu den am häufigsten genannten Formen zählen die unendlich flache Organisation (Quinn 1992, S. 113 ff., vgl. North 1998, S. 80), die invertierte Organisation (Quinn 1992, S. 129 ff., vgl. North 1998, S. 82 ff.), das Modell der multiplen Überlappungsstruktur (Likert 1975, S. 188 ff.), die Sternexplosion (North 1998, S. 84 ff.), das Spinnennetz (vgl. North 1998, S. 86 ff., Sydow/van Well 1996) sowie die Hypertextorganisation (Nonaka/Takeuchi 1995, S. 181 ff.). Diese Organisationsformen verfügen über flache Hierarchien mit dynamischen Strukturen. In Bezug auf das Wissensmanagement lassen sich derart organisierte Unternehmen insbesondere dadurch charakterisieren, dass die Identifizierung, die Schaffung, das Verteilen und die Nutzung von Wissen im Vordergrund stehen.

Diese primären Organisationsformen werden durch sekundäre ergänzt. Damit kann durch Austausch und Zusammenarbeit parallel zu den „eigentlichen" Strukturen die Flexibilität einer Organisation gesteigert werden. Eine besondere Bedeutung für das organisatorische Lernen (vgl. Abschnitt 3.1.1) und das Wissensmanagement kommt Gruppen und Teams zu. Zu den wissensfördernden Organisationsformen in Verbindung mit Gruppen zählen vor allem Kleingruppen wie Qualitätszirkel und die Lernstatt, Technology Groups, Projektgruppen, Teams, soziale Netzwerke und Communities (vgl. Lehner 2004).

Die Hypertextorganisation stellt eine Kombination aus primärer und sekundärer Organisationsform dar und zeigt sehr anschaulich, dass sich beide Formen nicht ersetzen, sondern ergänzen (Nonaka/Takeuchi 1995, S. 188 ff.). Nonaka und Takeuchi verwenden für diese Art der Organisation die Metapher des Hypertextes. Ähnlich einem Hypertextdokument existieren bei der Hypertextorganisation verschiedene miteinander verbundene Schichten, zwischen denen sich die Mitarbeiter der Organisation frei hin und her bewegen können (vgl. Bild 4.12).

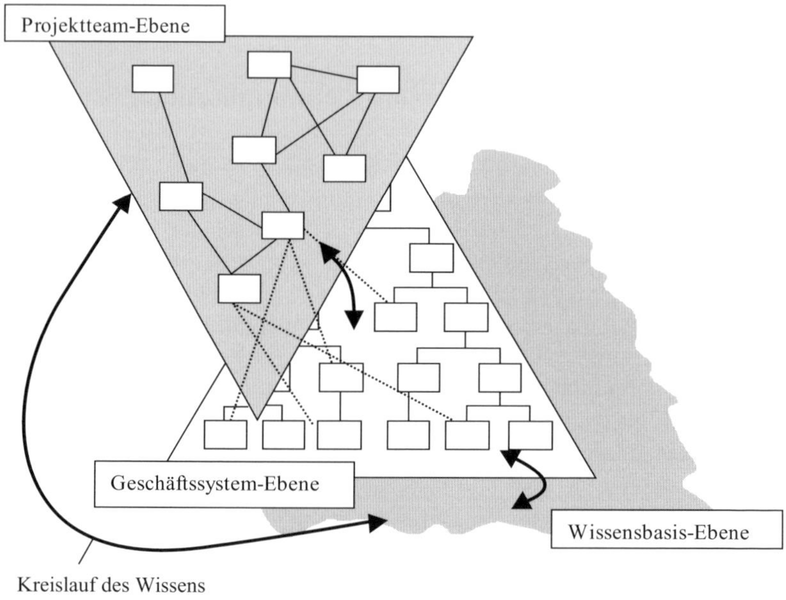

Bild 4.12 Hypertextorganisation (nach Nonaka/Takeuchi 1995, S. 191)

Die zentrale Ebene der Organisation ist die hierarchisch aufgebaute Geschäftssystem-Ebene, innerhalb der das operative Geschäft erledigt wird. Zum Beispiel ist beim japanischen Elektronikunternehmen Sharp, das für sich selbst eine sehr hohe Innovationskraft in Anspruch nimmt, die wichtige Abteilung für Forschung und Entwicklung hierarchisch organisiert und übernimmt auch die üblichen Aktivitäten einer solchen Abteilung. Für die Entwicklung strategisch wichtiger Produkte wird jedoch auf die Projektteam-Ebene gewechselt. Die Mitglieder der Projektteams stammen aus unterschiedlichen Bereichen der Geschäftssystem-Ebene und sind bis zum Ende des Projekts der Projektteam-Ebene zugeordnet. Das in den Projekten gewonnene Wissen geht in die gemeinsame Wissensbasis ein, dient also nicht nur den einzelnen Projekten, sondern auch den Mitarbeitern in der Geschäftssystem-Ebene. Die einzelnen Entwicklungsteams sind lose miteinander verknüpft und durch eine gemeinsame Unternehmenskultur und -vision miteinander verbunden. Bei Sharp werden z. B. Begriffe definiert, die den Rahmen für technische Entwicklungen vorgeben, oder das Leitmotiv „Nicht imitieren!“ des Unternehmensgründers Hayakawa. Die Durchlässigkeit der drei Ebenen und der daraus resultierende ständige Wechsel von Mitarbeitern zwischen den einzelnen Schichten führt trotz der Existenz einer bürokratisch geführten Organisation in der Geschäftssystem-Ebene zu einer dynamischen, einen Kreislauf bildenden Wissensschaffung im Unternehmen. Somit kann die Hypertextorganisation die Vorteile einer bürokratischen Organisation (z. B. Effizienz) und jene von Arbeitsgruppen (z. B. Flexibilität) gleichzeitig realisieren.

4.1.4.2 Communities of Practice

Communities of Practice (CoP) sind keine Erfindung der jüngeren Vergangenheit, sondern beruhen auf grundlegenden Erkenntnissen über die Vermittlung und Weitergabe von Wissen in sozialen Gruppen (vgl. Reinmann-Rothmeier et al. 2000, S. 15). Mit der zunehmenden Bedeutung des Wissensmanagements für die unternehmerische Praxis hat das Konzept der Communities of Practice allerdings einen bemerkenswerten Aufschwung erhalten. Dabei wurden Gedanken des situativen Lernens wie z. B. der Cognitive-Apprenticeship-Ansatz (Lernende werden durch einen Experten gecoacht) oder der Anchored-Instruction-Ansatz (Lernende befassen sich mit realistischen Problemen) aufgegriffen. Der Begriff Community of Practice wird sehr unterschiedlich ins Deutsche übersetzt, u. a. als Wissens-, Praktiker- oder Zweckgemeinschaft, aber auch als Lerngemeinschaft, Fokusgruppe und als Gemeinschaft von Praktikern. Mangels einer einheitlichen deutschen Bezeichnung soll im Folgenden der allgemein übliche englische Terminus „Community of Practice“ verwendet werden.

Als „Vorbild“ für Communities of Practice wird in der Literatur häufig das Zunftwesen der Handwerker im Mittelalter genannt (vgl. Wenger/Snyder 2000, S. 140). Gleich den Zünften, in denen das Wissen vom Meister an den Lehrling weitergegeben wurde, existieren Communities of Practice in einem gemeinsamen Fachgebiet, in dem Wissen ausgetauscht wird. Der Begriff Community of Practice wurde von Lave/Wenger (Lave/Wenger 1991) in Studien über die Beziehungen zwischen Lehrling und Meister sowie über die allgemeinen situativen Lernprozesse während einer Ausbildung geprägt und 1991 von ihnen erstmals verwendet. Lave/Wenger kommen hierbei zu dem Schluss, dass nicht nur die Beziehung zwischen Meister und Lehrling, sondern auch diejenige zwischen neuen Lehrlingen und bereits weiter ausgebildeten Lehrlingen oder Gesellen für den Lernprozess entscheidend ist. Durch regelmäßige Kommunikation mit Gleichgesinnten lernt der Lehrling oft mehr und vor allem schneller als in einem formellen Gespräch mit dem Meister. Die Gruppe der Lehrlinge, Gesellen und Meister wird von Lave/Wenger als Community of Practice bezeichnet, in der das soziale Lernen eine entscheidende Rolle spielt.

Allgemein betrachtet, können sich Communities of Practice überall dort bilden, wo Personen eng zusammenarbeiten. Eine Community of Practice ist eine informelle Gruppe von Personen, die sich freiwillig aufgrund eines gemeinsamen Interesses oder zur Erreichung eines gemeinschaftlichen Ziels zusammengeschlossen haben, um sich durch Identifikation, Generierung und Austausch von Wissen sowie durch die damit verbundenen Aspekte des Lernens bei der Lösung von Problemen gegenseitig zu unterstützen. Zu Communities of Practice schließen sich Personen aus verschiedenen Organisationseinheiten und Standorten einer Organisation zusammen, die ein gemeinsames Ziel, eine gemeinsame Tätigkeit oder ein gemeinsames Interesse an einem Wissensgebiet verfolgen. Die Mitglieder einer solchen CoP können entweder die gleiche Arbeit verrichten, an einer gemeinsamen Aufgabe zusammenarbeiten oder ein gemeinsames Produkt entwickeln (vgl. Brown/Gray 1995).

Ebenfalls charakteristisch für CoP sind der Informalismus und die persönliche Basis der Beziehungen der Mitglieder. In einer solchen Gruppe sind die informellen Beziehungen wesentlich zahlreicher und bedeutender als die formellen Kontakte, weil sie sich auf bestehende soziale Verbindungen gründen. Unterstützt wird der Informalismus durch das notwendige Vertrauen unter den Mitgliedern.

Der Begriff „Practice“ lässt erkennen, dass sich die Mitglieder einer CoP mit ihrer gemeinsamen Tätigkeit identifizieren. Die teilnehmenden Personen lernen auf einfache Art und Weise voneinander und sind dadurch in der Lage, sich bei Problemen gegenseitig zu helfen. Dafür sind eine regelmäßige und persönliche Interaktion und großes Engagement der Mitglieder zwingende Voraussetzung (vgl. Brown/Duguid 1998, Snyder 1997). Die Grenzen von CoP stimmen im Allgemeinen nicht mit den geografischen, räumlichen oder funktionalen Grenzen in Organisationen überein, sondern eher mit denen personenbasierter Netzwerke. CoPs ersetzen auch keine primären oder sekundären Organisationsformen, sondern werden lediglich zu deren Ergänzung gebildet. Sie haben daher in der Organisation eine Querschnittsfunktion. In einer Organisation können zeitgleich mehrere CoPs existieren, die sich überlappen und ineinander übergehen (vgl. Brown/Gray 1995). CoPs werden sowohl in populärwissenschaftlichen Publikationen als auch von Praktikern häufig mit anderen Organisationsformen von Gruppen, insbesondere Projektgruppen und sozialen Netzwerken, gleichgesetzt. Es bestehen dennoch wesentliche Unterschiede zwischen diesen drei Formen (vgl. Tabelle 4.1).

Mit dem Hinweis auf die Freiwilligkeit wird auch zum Ausdruck gebracht, dass sich die Gruppen von selbst bilden und die Mitglieder gewöhnlich nicht vom Management bestimmt werden. Neben diesen **selbstorganisierten und selbstorganisierenden CoPs** (Bottom-up-Ansatz) gibt es aber auch sogenannte **„sponsored communities“** (Top-down-Ansatz). Letztere werden vom Unternehmen offiziell eingerichtet und betreut. Daraus leiten sich auch Rollen, Zuständigkeiten und Verantwortlichkeiten ab, die in selbstorganisierten CoPs nicht erforderlich sind (vgl. z.B. Schoen 2000, Schoen 1999a, Schoen 1999b). Es gibt einen frei bestimmten Moderator, der die Organisation der Community-Struktur und die Ziele festlegt. Zudem sollte er sich um die Bereitstellung notwendiger Ressourcen kümmern und ist für die Organisation insgesamt und für Veranstaltungen zuständig. Unterstützung kann er in seiner Arbeit von einem oder mehreren CoP-Assistenten erhalten. Diese übernehmen sowohl die Verwaltung der CoP als auch die Sammlung, Klassifizierung, Bewertung und Weitergabe des Wissens an die übrigen Mitglieder. Die CoP-Assistenten haben die Funktion einer Kontaktperson, an die sich die anderen Mitglieder bei inhaltlichen, organisatorischen oder technischen Fragen wenden können. In einzelnen Untergruppen einer CoP können weitere Moderatoren bestimmt werden, die dem Moderator der Gesamt-CoP vergleichbare Funktionen ausüben. Sogenannte Themenexperten verfügen über ein fundiertes Fachwissen in einem bestimmten Themenbereich und sind für die Identifikation und Bewertung von Wissen in der CoP zuständig. Wie stark sie sich in die CoP einbringen und an Entscheidungen mitwirken, hängt dabei von jedem einzelnen ab. Die Rolle des Boundary-Spanners entsteht durch die Zugehörigkeit eines Mitglieds zu mehreren unterschiedlichen Gruppen innerhalb der Organisation. In Abhängigkeit von seiner Zugehörigkeit übernimmt er die Rolle eines Vermittlers zwischen den einzelnen Untergruppen einer CoP, zwischen verschiedenen CoPs, oder auch zwischen einer CoP und externen Personen. Der Boundary-Spanner verbessert somit den Wissenserwerb und Wissenstransfer zwischen verschiedenen CoP-internen Gruppen und externen Quellen.

Tabelle 4.1 Unterschiede von CoP zu anderen Formen von Gruppen (nach Wenger/Snyder 2000, S. 142)

	Zweck	Mitglieder	Zusammenhalt	Dauer
CoP	Entwicklung der Fähigkeiten der Mitglieder, Schaffung/Austausch von Wissen	Durch Mitglieder gesteuerte Auswahl, wer Mitglied wird	Engagement, Leidenschaft, Identifikation mit der Kenntnis der Gruppe	Solange Interesse an Aufrechterhaltung der Gruppe besteht
Formale Arbeitsgruppe	Erbringung einer Leistung oder eines Produkts	Alle Personen, die dem Gruppenleiter berichten	Stellenbeschreibung, generelle Ziele	Bis zur nächsten Reorganisation
Projektgruppe	Ausführung einer vorgegebenen Aufgaben	Ernennung der Mitglieder durch Management bzw. Projektleiter	Meilensteine und Ziele des Projekts	Bis zur Vollendung des Projekts
Soziale Netzwerke	Beratung/Austausch von Lösungen bei konkreten Problemen	Freunde und geschäftliche Bekanntschaften	Allgemeine, wechselseitige Bedürfnisse	Solange die Mitglieder in dem Kontakt einen Vorteil sehen

Der konkrete Nutzen, der sich aus der Existenz von CoPs im Unternehmen für die einzelnen Mitarbeiter sowie für das gesamte Unternehmen ergibt, ist nur schwer messbar (vgl. z. B. Millen et al. 2002). Es lassen sich jedoch einige durch CoPs hervorgerufene Nutzenpotenziale beobachten (vgl. Lesser/Everest 2001, North et al. 2000, Wenger/Snyder 2000, S. 140 f.):

- **Offenlegung von Wissensbeständen und Wissensdefiziten:** Durch den intensiven Gebrauch von Repositories (z. B. Data Warehouses, siehe Abschnitt 4.2.4.1), in denen Wissen in Form von Best Practices oder Präsentationen gespeichert werden kann, ist das schnelle Wiederauffinden von Wissen garantiert. Außerdem können durch Nichtauffinden gesuchter Informationen eventuelle Wissensdefizite aufgedeckt werden. Durch die regelmäßige Einspeisung von Wissen in Repositories in der CoP sind sowohl Aktualität als auch der tatsächliche Nutzen dieser Systeme sichergestellt.

- **Vergrößerung der organisationalen und individuellen Wissensbasis:** In einer CoP wird Wissen generiert, ausgetauscht und gespeichert, wodurch sich die organisationale Wissensbasis des Unternehmens vergrößert. Die einzelnen Mitglieder gewinnen durch ihre Mitgliedschaft in der CoP sowohl einen Überblick über die vorhandenen Bestände an Wissen als auch wertvolle Kontakte und Zugang zum Wissen anderer, wodurch sich auch ihr individueller Wissensstand erhöht. Das ständige Geben und Nehmen von Wissen in der CoP fördert die Weitergabe und den Austausch auch außerhalb der Gemeinschaft.
- **Schnellere Beantwortung von Kundenanfragen und schnellere Problemlösungen:** Mit Hilfe von Mitgliederverzeichnissen der CoP-Mitglieder wird garantiert, dass die richtigen Ansprechpartner bei Kundenanfragen oder speziellen Problemen, die im Interessens- oder Themengebiet der CoP liegen, in Kürze gefunden werden können (vgl. die Wissenskarten in Abschnitt 4.1.2.1). Die Transparenz des Wissens wird zudem durch die regelmäßige Interaktion erhöht, sei es in persönlichen Treffen oder auf virtueller Ebene.
- **Verkürzung der Lernkurve für neue Mitarbeiter:** In Organisationen ist es äußerst wichtig, neue Mitarbeiter schnell zu integrieren, damit sie möglichst rasch ihre Arbeit in vollem Maße ausüben und somit frühzeitig Nutzen für das Unternehmen erbringen können.
- **Generierung neuer Ideen für Produkte und Dienstleistungen:** Durch die offene Atmosphäre in CoPs wird die Generierung von Ideen gefördert. Mitarbeiter können ungezwungen und ohne Druck durch Zielvorgaben über schwierige Probleme und nicht ausgereifte Ideen diskutieren.

Die Unternehmensführung kann CoPs auf verschiedene Art und Weise aktiv unterstützen. Dazu zählen sowohl die Hilfe bei der Suche potenzieller Mitglieder als auch die Anerkennung und Wertschätzung der Community-Arbeit, eventuell sogar verbunden mit Anreiz- oder Belohnungssystemen. Wichtig ist ferner, den Mitarbeitern Freiheitsgrade bei der Arbeitszeitgestaltung zuzugestehen, um ihnen die Mitgliedschaft in einer CoP überhaupt zu ermöglichen (vgl. Lesser/Everest 2001, Wenger/Snyder 2000, Stewart/Brown 1996). Da CoPs selbstorganisierend sind und von ihrer Eigendynamik leben, ist es schwierig, wenn nicht sogar kontraproduktiv, sie auf traditionelle Art und Weise zu führen und zu kontrollieren (vgl. North et al. 2000, Wenger 1999, Stewart/Brown 1996). Ergebnisse vertiefender empirischer Untersuchungen zu den verschiedenen Aspekten und Herausforderungen von CoPs finden sich bei Zboralski (2007) sowie Chen et al. (2019).

4.1.4.3 Methoden der Kommunikationsförderung

Eine Kernaufgabe des Wissensmanagements besteht in der Förderung der Kommunikation, um den Wissensaustausch zu unterstützen. Zu diesem Zweck existiert inzwischen ein breites Methodenangebot, das teilweise auf individuelle Kompetenzen abzielt, teilweise auf die Kommunikation in Gruppen und auf das organisatorische Lernen. Aus dem umfangreichen Methoden- und Werkzeugangebot (vgl. z.B. Mittelmann 2011, Young 2010), werden im Folgenden wegen ihrer Verbreitung das Barcamp, das Knowledge-Cafe, der Wissenszirkel und die Wissenswerkstatt kurz beschrieben. Erwähnenswert sind auch noch die Wissensstaffette und das Triadengespräch (vgl. Mittelmann 2011).

Das **Barcamp** ist eine offene Veranstaltung mit offenen Workshops, wobei die Inhalte und der Ablauf von den Teilnehmern zu Beginn der Veranstaltung selbst entwickelt und dann im weiteren Verlauf gestaltet werden. Barcamps dienen zum Austausch und zur Diskussion von Inhalten. Sie sind ergebnisoffen, aber im Prinzip können bereits am Ende der Veranstaltung konkrete Ergebnisse vorliegen. Bei einer größeren Teilnehmeranzahl ist es erforderlich, Methoden zur Großgruppenmoderation einzusetzen. Eine zentrale Rolle kommt dem Moderator zu, der das Plenum am Beginn der Veranstaltung moderiert und sicherstellt, dass die Ergebnisse in einem Schlussplenum zusammengefasst werden. Barcamps werden inzwischen häufig bei Konferenzen (u.a. auch bei Wissensmanagement-Konferenzen) zur Diskussion aktueller Themen eingesetzt.

Ein **Knowledge-Café** ist ein Wissensmanagement-Instrument, mit dem im Rahmen von Konferenzen oder Tagungen Gruppenaktivitäten der Teilnehmer unterstützt werden können. Die Diskussionen bieten die Möglichkeit eines offenen Gedankenaustauschs mit dem Ziel, ein gemeinsames oder besseres Verständnis zu einer festgelegten Frage- oder Problemstellung zu entwickeln. Wenn möglich, können auch bereits erste Lösungsansätze erstellt und dokumentiert werden. Grundsätzlich geht es aber beim Knowledge Cafe nicht um das Generieren von Lösungen, sondern um den Wissensaustausch und um die Weiterentwicklung von vorhandenem Wissen. Knowledge-Cafés teilen die Gesamtgruppe in kleinere Gruppen von fünf bis sechs Personen, die sich jeweils an einem „runden Tisch" versammeln, um ein spezifisches Thema zu diskutieren. Die gesamte Teilnehmerzahl sollte mehr als zwölf, idealerweise etwa 30 Personen betragen. Nach einer vorher festgelegten Zeit wechselt man den Tisch (lediglich der Moderator verbleibt am Tisch und moderiert die nächste Gruppe). Der Moderator gibt der neu ankommenden Gruppe eine kurze Zusammenfassung des bisherigen Verlaufs und auch die neuen Teilnehmer berichten über ihre Erfahrungen aus der Vorrunde. Wichtig ist, dass die Themen oder Fragestellungen vorab festgelegt und am Beginn von den Moderatoren kurz vorgestellt werden. Indem die Diskussion zu den gleich bleibenden Themen je Tisch wiederholt wird, kommt es zu Erkenntnisgewinnen für die Teilnehmer.

Der **Wissenszirkel** stellt eine freiwillige Zusammenkunft von interessierten Personen zu einer bestimmten Themenstellung dar. Die Teilnehmer sollten dabei aktiv am Thema mitarbeiten. Die Treffen finden gewöhnlich in regelmäßigen Abständen statt und können von einem Moderator geleitet werden. Verwandt damit sind Erfahrungszirkel, Qualitätszirkel oder Problemlösezirkel, d.h. der Wissenszirkel stellt lediglich eine Spezialform dar. Der Schwerpunkt von Wissenszirkeln liegt aber anders als beim Qualitätszirkel nicht auf einer bestimmten operativen Problemstellung, sondern etwas allgemeiner bei der Wissensentwicklung und Wissensweitergabe, aber auch der Innovationsfindung. Ein wichtiges Anliegen ist deshalb, implizites Wissen und Erfahrungen zu explizieren und damit im Unternehmen nutzbar zu machen. Die Verwandtschaft zur Lernwerkstatt, Learning Communities und ähnlichen Konzepten ist daher offensichtlich.

Die **Wissenswerkstatt** soll kooperatives Erfahrungslernen fördern, indem eine Plattform für den Erfahrungsaustausch geboten wird. Es handelt sich um ein Instrument, mit dem entweder Erfahrungswissen zwischen Unternehmen aus unterschiedlichen Branchen oder Teams innerhalb eines Unternehmens (allerdings mit unterschiedlichen Tätigkeitsbereichen) ausgetauscht werden kann. Zur Unterstützung können andere Werkzeuge oder Methoden des Wissensmanagements wie z.B. das Knowledge-Café eingesetzt werden.

4.1.5 Bewertungsmethoden

Die Bewertung des Erfolgs in Verbindung mit dem Wissensmanagement hat in den letzten Jahren zunehmend an Bedeutung gewonnen. Daher soll hier zunächst eine kurze Einführung in die Problematik der Bewertung gegeben werden. Anschließend werden ausgewählte Methoden zur Bewertung von Wissen und der Aktivitäten des Wissensmanagements vorgestellt.

4.1.5.1 Bewertungsproblematik und Versuch einer Kategorisierung

In Verbindung mit der zunehmenden Institutionalisierung des Wissensmanagements stellt sich zunächst die Frage, was den Erfolg des Wissensmanagements in einer Organisation tatsächlich ausmacht und wie er gemessen werden kann. Davenport und Prusak (1998) definieren für den Erfolg eines Wissensmanagementprojektes fünf Indikatoren, die jedoch einer zeitlichen Dynamik unterliegen können. Der projektbezogene Erfolg zeigt sich durch:

- das Wachstum finanzieller und personeller Projektressourcen;
- die Zunahme von Wissensinhalten und deren Nutzung;
- eine hohe Wahrscheinlichkeit, dass Projekte über einzelne Individuen hinaus als Organisationsinitiative erhalten bleiben;
- organisationsweite Nutzeneffekte aus Wissen und Wissensmanagement;
- Aussagen über finanzielle Erträge aus dem Projekt selbst oder in Bezug auf die Gesamtorganisation.

Anhand praktischer Beispiele wird aufgezeigt, dass tatsächlich eine Erfolgswirksamkeit nachweisbar ist (vgl. Davenport/Prusak 1998), z.B. sinkt durch verbesserte Wissensnutzung in den (operativen) Abläufen die Anzahl der in den Prozessen aufgetretenen Fehler bzw. werden Prozesse häufiger erfolgreich zu Ende gebracht. Ebenso ergeben sich Zeitersparnisse, die wiederum mindernd auf Kosten wirken. Im Allgemeinen können Opportunitätskosten gesenkt werden, z.B. Reisekosten oder der Aufwand, Experten oder Verkäufer für die Lösung eines Problems oder eine Besichtigung vor Ort zu bringen.

Versucht man die Überlegungen von einer projektorientierten Betrachtung auf eine allgemeinere Ebene zu heben, dann kann man zwei verschiedene Perspektiven bei der Erfolgsmessung bzw. Erfolgsbeurteilung unterscheiden, welche mit einem unterschiedlichen Erfolgsverständnis, aber auch mit unterschiedlichen Interpretationen der Ergebnisse verbunden sind:

- Zum einen wird Erfolg mit der Erreichung einer Zielvorgabe (z.B. Ziele des Wissensmanagementprojektes, Wissensziele des Unternehmens) in Verbindung gebracht,
- zum anderen kann der Erfolg des Wissensmanagements als Beitrag zum Unternehmenserfolg definiert werden. Man spricht dann in Abgrenzung zum zielbezogenen Ansatz vom systembezogenen Erfolgsansatz, weil es bei dieser Perspektive um den Beitrag des Wissensmanagements zu einem übergeordneten Gesamtsystem geht.

Bei der Erfolgsmessung zum Wissensmanagement in der Praxis steht häufig der Zielansatz im Vordergrund. Dieser beschreibt den Erfolg als Erreichungsgrad von meist selbst gesetzten Zielen (z.B. Steigerung des Wissensaustausches). Dabei ist anzumerken, dass Unternehmen oder WM-Initiativen möglicherweise an der Erreichung subjektiv gesetzter Ziele gemessen werden, ohne zu hinterfragen, ob diese Ziele auch relevant sind. Weiterhin sind mögliche Inkompatibilitäten von Zielen innerhalb eines Zielbündels sowie die Möglichkeit der Zieländerung im Zeitablauf nicht unwesentlich (vgl. Jenner 1999). Der systemorientierte Erfolgsbeitrag ist im Allgemeinen nicht so einfach zu erfassen, da das Wissensmanagement meist keinen aktiven und unmittelbaren Anteil am Unternehmenserfolg bzw. auf die Leistungserstellung hat; es zielt vielmehr auf Verhaltensdispositionen ab, auf die Schaffung allgemeiner Voraussetzungen, Grundlagen u. Ä., ohne konkreten Bezug zu einer spezifischen Leistung oder einem Auftrag. Dennoch gibt es erste brauchbare Studien, die den Erfolg und die Voraussetzungen dafür nachweisen (z. B. Ko/Dennis 2011, Wang et al. 2013, Inkinen 2016, Zhang 2017).

Neben der Wahl zwischen dem zielbezogenen und dem systembezogenen Ansatz sind natürlich weitere Aspekte zu berücksichtigen, da eine allgemein gültige Vorgehensweise bei der Erfolgsmessung, losgelöst vom jeweiligen Kontext, nicht sinnvoll ist. Von besonderer Bedeutung sind die drei folgenden Aspekte:

- Dies betrifft zunächst die Ausrichtung an der Interessensgruppe, d. h. für wen bzw. für welche Anspruchsgruppe die Bewertung erfolgt (z. B. Management, Wissenschaft, Markt).
- Eine zentrale Rolle für die Bewertung spielt auch die Größe und Organisationsform der bewerteten Einheit (z. B. Abteilung, Unternehmensstandort, internationaler Konzern).
- Schließlich ist auch das zugrunde gelegte Bewertungsobjekt von zentraler Bedeutung, weil die Erfolgsmessung darauf abzustimmen ist und sich darin auch das spezifische Verständnis von Wissensmanagement ausdrückt.

Wegen seiner grundlegenden Bedeutung soll der letzte Punkt noch weiter differenziert werden. Mit Blick auf das Bewertungsobjekt „Wissensmanagement" können etwas vereinfacht fünf Gegenstandsbereiche bewertet werden:

- das Wissen (die Wissensbasis) selbst,
- der Mensch als Wissensarbeiter,
- die Aktivitäten des Wissensmanagements,
- Wissensmanagementprojekte und
- Wissensmanagementsysteme.

Die inzwischen verfügbaren Instrumente zur Erfolgsmessung lassen sich meist nicht eindeutig kategorisieren. So unterscheidet Wolf (2003) Bilanzierungsansätze zur Ermittlung des Wertzuwachses durch Wissensmanagement über den Bilanzwert hinaus, Strategieansätze zur Analyse der Wirkungsweise von Wissensmanagement als Mechanismus der strategischen Unternehmensausrichtung und Prozessansätze zur Bewertung als sozialen Prozess, der die organisatorische Kompetenz verändert (Wolf 2003). Auch Kasperzak et al. (2001) differenzieren verschiedene Kategorien hinsichtlich der verwendeten Verfahren u. a. Marktwert-, Investitions- oder Wiederbeschaffungswertverfahren. Es wird bei beiden Klassifizierungen eine disjunkte Zuteilung der Ansätze zu einzelnen Kategorien vorgenommen. Diese lassen sich jedoch nicht so einfach zuordnen, da immer mehrere Perspektiven eine Rolle spielen. Bei den Messungs- und Bewertungsansätzen kann dabei zwischen verschiedenen Grundhaltungen differenziert werden, die auch einen Einfluss auf die Vorgehensweise bei der Messung haben. Dies sind:

- objektive vs. subjektive Ansätze,
- interne oder geschlossene vs. externe (wirkungsorientierte) oder offene Ansätze,

- inside- vs. outside-orientierte Ansätze und
- integrative bzw. umfassende Bewertungsansätze vs. Partialansätze.

Bei **objektiven Messungen** wird davon ausgegangen, dass es normative und extern vorgegebene Werte gibt, deren Erreichung mit Erfolg gleichgesetzt werden kann; eine Unterscheidung zwischen richtig und falsch bzw. von einer Norm abweichend ist unter diesen Voraussetzungen möglich. Bei **subjektiven Bewertungen** wird unterstellt, dass die Situation in jedem Unternehmen anders ist (und damit auch die Rolle des Wissensmanagements) und ein Vergleich oder eine Bewertung des Wissensmanagements auf Basis objektiver Größen wenig Sinn ergibt. Die Orientierung erfolgt daher eher an internen Zielen, Vorgaben oder Größen.

Beide Ausprägungen beschreiben die Gültigkeit (das „**Wofür**") der Messung. Während (oder weil) bei den objektiven Ansätzen bisher keine allgemein akzeptierten Ergebnisse vorliegen, finden in der Praxis primär Methoden Anwendung, die eine subjektive Bewertung erlauben. Dazu zählen u. a. Benchmarks, Wissensbilanzen, Zeit- und Kostenanalysen, Nutzenanalysen auf Basis der Balanced Scorecard, das Knowledge Management Maturity Model u. ä. Ansätze. Die meisten Vorschläge wurden im Bereich der Wissensbewertung im Sinne der Bewertung des Intellectual Capital gemacht, wo sich deduktiv-summarische und induktiv-analytische Ansätze unterscheiden lassen (vgl. North 1998). Der Fokus auf Social Capital bzw. Intellectual Capital geht zurück auf wichtige Vorarbeiten von Nahapiet und Ghoshal (Nahapiet/Ghoshal 1998, vgl. auch Hermans/Lederer 2008) in Verbindung mit der sogenannten „knowledge-based view of the firm" (KBV).Die wissenschaftliche Forschung konzentriert sich darüber hinaus auch auf Erfolgsfaktoren im Allgemeinen, die aber bei der praktischen Bewertung wenig hilfreich sind.

Bei der **internen Bewertung** wird das Wissensmanagement abgegrenzt und als geschlossenes System betrachtet. Die Erfolgsbeurteilung erfolgt „intern" unter Beschränkung auf dieses System (z. B. Einhaltung des verfügbaren Budgetrahmens, Erreichung der vorgegebenen Ziele). Bei der **externen Bewertung** (wirkungsorientiert) wird das Wissensmanagement als Blackbox betrachtet, das eine Leistung nach außen bzw. für andere Unternehmensteile erbringt („extern"). Hier geht es nun um die Bewertung dieser Leistung, d. h. um einen unmittelbaren oder nachweisbaren Beitrag zum Unternehmenserfolg, zur Kostenreduktion oder anderen Bezugsgrößen. Was unter einem Erfolgsbegriff verstanden wird, definieren beide Ausprägungen unterschiedlich.

Wieder anders ist die Situation bei der **Inside- resp. Outside-Betrachtung**. Normalerweise erfolgt die Bewertung des Wissensmanagements „inside" in dem Sinne, dass die Situation aus dem Unternehmen heraus beurteilt wird (entweder eingeschränkt auf das Wissensmanagement selbst oder die gesamte Organisation umfassend). Dieser Blickwinkel wird selbst dann eingenommen, wenn die Bewertung durch eine externe Organisation (z. B. ein Beratungsunternehmen) durchgeführt wird. Allerdings kommt beim Einsatz eines Beratungsunternehmens erstmals auch ein „Blick von außen" dazu. Das lässt sich nun konsequent weiterdenken, indem die Bewertung generell von außen, also z. B. von den Kunden vorgenommen wird. Auf diese Weise beurteilt sich das System nicht selbst, sondern man erhält Informationen darüber, ob auch der Markt das Unternehmen intern für hinreichend vernetzt und informiert hält.

Bei **integrativen oder umfassenden Bewertungsansätzen** wird das Wissensmanagement als Ganzes mit all seinen Teilbereichen und Funktionen erfasst und einer Bewertung unterzogen. Bei **Partialansätzen** erfolgt die Konzentration auf Teilbereiche (z. B. „Wissensmanagementsysteme“ beim Ansatz von Maier und Hädrich, 2001, „Job Performance“ bei Zhang, 2017, Fokus auf „Wissen“ bei der Bewertung des intellektuellen Kapitals, vgl. auch den Knowledge-in-Practice-Ansatz von McIver und Wang 2016).

Nach dem Verständnis des Autors erscheint es zweckmäßig, einen interessenpluralistischen Ansatz zu verwenden, um der Sichtweise gerecht zu werden, dass der Erfolg im Wissensmanagement an den unterschiedlichen Interessen der beteiligten Interessensvertreter festzumachen ist. Dieser Ansatz berücksichtigt im Idealfall die Interessen aller internen und externen Koalitionen, und das Wissensmanagement ist umso erfolgreicher, je besser es die Ansprüche der Interessenvertreter erfüllt, von denen es Ressourcen benötigt oder erhält und daher in einer Austauschbeziehung steht. Zusammenfassend wird erfolgreiches Wissensmanagement auf der Grundlage der vorausgehenden Überlegungen wie folgt definiert: Erfolg im Wissensmanagement bemisst sich über die akkumulierte persönliche und subjektiv wahrgenommene Zufriedenheit eines Organisationsmitgliedes mit der Qualität der Wissensversorgung und Wissensweitergabe im Rahmen des individuellen Aufgabenumfeldes. Dies bedeutet, dass sich ein erfolgreiches Wissensmanagement darüber definiert, ob ein Organisationsmitglied zufrieden oder unzufrieden mit der Qualität der Wissensversorgung ist und ob jedes einzelne Organisationsmitglied Möglichkeiten hat, schnell und unkompliziert auf relevantes und qualitativ hochwertiges Wissen zugreifen zu können, welches in der aktuellen Arbeitssituation benötigt wird. Natürlich muss ein erfolgreiches Wissensmanagement den Organisationsmitgliedern auch Möglichkeiten, Wege und Anreize bieten, ihr individuelles Wissen einzubringen. Zusammengefasst bedeutet das, dass das Wissensmanagement dann erfolgreich ist, wenn die Gesamtheit und Summe aller Aktivitäten und Maßnahmen dazu beiträgt, das Auffinden, Vermehren und die Nutzung des für eine Organisation relevanten Wissens für die Organisationsmitglieder wahrnehmbar zu unterstützen und zu verbessern.

4.1.5.2 Bewertung des Wissens

Bei Methoden zur Bewertung des Wissens wird in der Fachliteratur zu diesem Thema zwischen deduktiv-summarischen und induktiv-analytischen Methoden unterschieden (vgl. z. B. North et al. 1998, ein Methodenüberblick findet sich z. B. bei Sveiby 2010). Vorab ist dazu anzumerken, dass die Identifikation und Abgrenzung des organisatorischen Wissens dafür unerlässlich sind (vgl. McIver/Wang 2016, siehe auch Abschnitt 4.1.6).

Die Gruppe der **deduktiv-summarischen Ansätze** strebt eine einfache und schnelle Bestimmung des Wertes der organisationalen Wissensbasis durch die Angabe eines monetären Wertes für den Unterschied zwischen Marktwert und Buchwert an. Zu diesen Ansätzen zählen die Marktwert-Buchwert-Relationen, Tobin's q und der Calculated Intangible Value (CIV) (Stewart 1997, S. 224). Die beiden ersten sollen stellvertretend für die weiteren Vertreter vorgestellt werden.

Die Gruppe der **induktiv-analytischen Ansätze** bietet eine umfangreichere Betrachtung immaterieller Vermögenswerte als die deduktiv-summarischen. Induktiv-analytische Ansätze bestimmen Elemente der Wissensbasis bzw. immaterieller Vermögenswerte, wählen davon eine gewisse Anzahl aus und versehen sie mit Kennzahlen. Das damit entstandene Kennzahlensystem wird bewertet und grafisch oder tabellarisch dargestellt. In dieser Gruppe existieren viele (ähnliche) Ansätze. Sie lassen sich noch einmal danach unterteilen, ob sie immaterielles Vermögen beschreiben und bewerten, und ob sie finanzielle sowie nicht-finanzielle Kennzahlen zu einem Steuerungsinstrument für die Organisation zusammenfassen (vgl. North et al. 1998, S. 161). Zu Ersteren gehören u.a. der Intangible Asset Monitor von Sveiby (Sveiby 1998), der Intellectual Capital Navigator von Stewart (Stewart 1997) und der Wissenskapitalindex (Reinhardt 1998). Letztere umfassen z.B. die Balanced Scorecard von Kaplan/Norton (Kaplan/Norton 1997), den Skandia Navigator und den Ansatz der Wissensbilanz nach North et al. (North et al. 1998).

Marktwert-Buchwert-Relationen

Der einfachste Ansatz zur Bewertung des Wissens stellt auf die Differenz von Marktwert und Buchwert eines Unternehmens, also den Unterschied zwischen Börse und Bilanz ab. Man nimmt dabei an, dass alles, was nicht in die Bilanz aufgenommen werden kann (und damit auch nicht im Buchwert verrechnet ist), immateriellen Vermögenswerten zuzuschreiben ist.

Der einfachen Berechnung (die Maßzahlen und ihre Bestimmung sind bekannt) stehen gravierende Nachteile entgegen (Stewart 1997, S. 225): Börsenkurse verändern sich wegen spekulativer Erwartungen oder konjunktureller Einflüsse ständig, was jedoch nicht zwangsläufig zu einer Änderung des immateriellen Vermögens führt. Auch Buchwerte sind durch Wahlrechte bei der Bewertung oder eine mehr oder minder intensive Nutzung von Abschreibungen beeinflussbar. Auch die Aussage, dass die organisationale Wissensbasis einen bestimmten Wert hat, ist nur von eingeschränktem Nutzen und gibt keine Hinweise darauf, welche Maßnahmen für die Gestaltung der Wissensbasis zu ergreifen sind.

Zur Verbesserung der Aussage der Marktwert-Buchwert-Relation wird vorgeschlagen, nicht die Differenz, sondern den Quotienten aus Marktwert und Buchwert zu verwenden. Dies erlaubt einerseits eine bessere Vergleichbarkeit mit Wettbewerbern (sofern diese derselben Branche angehören und ähnlichen äußeren Bedingungen ausgesetzt sind) und andererseits bei einer langfristigen positiven oder negativen Änderung des Quotienten Rückschlüsse auf die Entwicklung der immateriellen Vermögenswerte; z.B. weist ein über einen längeren Zeitraum gesunkener Quotient darauf hin, dass die Pflege der organisationalen Wissensbasis vernachlässigt wird (Stewart 1997, S. 225, auch North et al. 1998, S. 160).

Tobin's q

Im Ansatz von James Tobin (siehe Stewart 1997, S. 225f., North et al. 1998, S. 160) wird das Verhältnis vom Marktwert eines Vermögensgegenstandes zu seinen Wiederbeschaffungskosten betrachtet. Bei dem Vermögensgegenstand kann es sich um eine einzelne Anlage (Maschine, Fahrzeug oder gar eine Person) oder um eine gesamte Organisation handeln.

Q = Marktwert / Wiederbeschaffungskosten

Tobin's q ist nicht zur Messung der organisationalen Wissensbasis geschaffen worden, kann jedoch dafür eingesetzt werden: Bei einem $q > 1$ ist der Marktwert größer als die mit der Wiederbeschaffung verbundenen Kosten. Ein hohes q zeigt also, dass der Vermögensgegenstand rentabel eingesetzt wird bzw. dass in ihm durch Technik und Mitarbeiter Wissen vereint ist, das seinen Wert über die reinen Kosten steigert. Liegt der Quotient dagegen unter 1, ist der Marktwert kleiner als die Kosten. Der Vermögensgegenstand besitzt nur einen geringen Anteil an Wissen.

Konsequenz dieser Bewertung ist es, möglichst wenige Vermögensgegenstände in der Organisation zu behalten, die einen geringen Wert von q haben, und jene zu fördern und zu mehren, deren Quotient über 1 liegt. Ein sinnvoller Einsatz besteht in einem über mehrere Jahre dauernden Vergleich der Werte mit denen anderer Unternehmen (vgl. North et al. 1998, S. 160).

Wie die Marktwert-Buchwert-Relation ist auch Tobin's q einfach zu berechnen. Jedoch trübt hier die unterschiedlich starke Nutzung von Abschreibungen nicht das Ergebnis, und es kann zumindest eine tendenzielle Aussage darüber gemacht werden, was bei welchen Wertebereichen von q zu tun ist. Ein Beispiel für die Anwendung findet sich bei Erickson/Rothberg (2013).

Alle deduktiv-summarischen Ansätze sind in der Lage, dem immateriellen Vermögen in einer schnellen und einfachen Berechnung einen Wert zuzuweisen. Geht es darum festzustellen, wie sich Maßnahmen der Unternehmensleitung oder Investitionen auf dieses Vermögen auswirken, können diese Ansätze aber keine Aussage liefern. Daneben ist ihre Aussagekraft durch die Reduktion auf eine einzige Zahl sehr gering, und es besteht die Gefahr, dass diese überinterpretiert wird.

Intangible Asset Monitor

Dieser Ansatz zur Bewertung immaterieller Vermögenswerte ist von Karl-Erik Sveiby Ende der 80er Jahre geschaffen worden. Der Ansatz stellt eine Sammlung monetärer und nichtmonetärer Größen dar, die der Bewertung immaterieller Vermögenswerte dienen.

Sveiby unterscheidet drei Arten immaterieller Vermögenswerte: die Kompetenz der Mitarbeiter, die interne und die externe Struktur (Sveiby 1998, S. 26 ff.). Unter Kompetenz versteht Sveiby die Fähigkeiten der Mitarbeiter, so zu handeln, dass materielle wie immaterielle Vermögenswerte geschaffen werden können. Sie beinhaltet Ausbildung, Fähigkeiten, Erfahrungen, Werturteile und soziale Beziehungen, d. h. jene Dinge, die den Mitarbeitern und nicht dem Unternehmen gehören. Sveiby verwendet Kompetenz als umfassende Beschreibung für den Begriff des Wissens. Wissen an sich ist für ihn individuell, implizit, an Handlungen orientiert, es baut auf Regeln auf und unterliegt einer ständigen Änderung (Sveiby 1998, S. 55 ff.). Mit Wissen beschreibt er in erster Linie implizites Wissen, benutzt den Begriff jedoch auch für explizites Wissen. In der internen Struktur sind Patente, Konzepte, Modelle, Informationssysteme zusammengefasst, also das, was dem Unternehmen gehört. Die externe Struktur beinhaltet die Beziehungen zu Kunden und Lieferanten, aber auch Markennamen, Warenzeichen und das Image des Unternehmens.

Zusätzlich definiert Sveiby drei Gruppen von Kennzahlen: Wachstum bzw. Erneuerung, Effizienz und Stabilität. Mit dieser Dreiteilung kann der Intangible Asset Monitor sowohl einen Überblick über die Leistungsfähigkeit des Wissens in einer Organisation geben als auch über die Dauerhaftigkeit des Wissens und seine zu erwartende Entwicklung. Für jede dieser drei Gruppen sollen Kennzahlen für jede Art der Vermögenswerte ausgewählt werden. Daraus ergibt sich die in Tabelle 4.2 gezeigte Struktur des Intangible Asset Monitors (Monitor für immaterielle Vermögenswerte). Die Arten der Vermögenswerte sind in den Spalten angegeben, darunter jeweils die Gruppe der Kennzahlen mit Beispielen.

In der praktischen Umsetzung werden meist ein bis zwei Kennzahlen je Gruppe und Art von Vermögenswert gewählt. Sveiby gibt diese Grenze selbst an. Unter mehr Kennzahlen würde die Übersichtlichkeit leiden. Die Bewertung der Kennzahlen sollte jährlich wiederholt werden. Sveiby sieht den Monitor als Teil einer unternehmensweiten, „wissensorientierten Strategie“, die das Unternehmen aus der Sicht des Wissens betrachtet, und gibt für jede Art von Vermögenswerten und Kennzahlen geeignete Maßnahmen zur Umsetzung der Strategie an (Sveiby 1998, S. 266 ff.). Die Kennzahlen des Monitors und ihre Auswertung dienen der Kontrolle der Strategie.

Tabelle 4.2 Struktur des Intangible Asset Monitors (Sveiby 1998, 225, S. 269 f.)

Externe Struktur	Interne Struktur	Kompetenz
Wachstum/Erneuerung organisches Wachstum, Steigerung des Marktanteils, Index der Kundenzufriedenheit, Qualitätsindex	**Wachstum/Erneuerung** IT-Investitionen, Index zur Einstellung der Mitarbeiter zum Management, der Unternehmenskultur und den Kunden	**Wachstum/Erneuerung** Umsatzanteil besonderer Kundengruppen, Veränderung der durchschnittlichen Berufserfahrung, Ausbildungsstand
Effizienz Gewinn pro Kunde, Umsatz pro Spezialist	**Effizienz** Anteil der Mitarbeiter in der Verwaltung, Umsatz pro Mitarbeiter in der Verwaltung	**Effizienz** Veränderung der Wertschöpfung pro Spezialist, Veränderung im Anteil der Spezialisten
Stabilität Häufigkeit von Wiederholungsaufträgen	**Stabilität** Alter des Unternehmens, Anteil neuer Mitarbeiter	**Stabilität** Fluktuation von Spezialisten

Der Ansatz folgt einer sehr pragmatischen Herangehensweise. Sveiby legt weniger Wert auf eine korrekte theoretische Absicherung seiner Ideen als auf ihren praktischen Nutzen. Vielleicht hat dieser Ansatz gerade deshalb besonders in Schweden eine weite Verbreitung gefunden. Auch der Skandia Navigator des schwedischen Versicherungs- und Finanzdienstleisters Skandia AFS baut auf dem Intangible Asset Monitor auf (der Skandia Navigator stellt eine Kombination des Intangible Asset Monitors mit der Balanced Scorecard von Kaplan und Norton dar). Skandia hat 1994 weltweit als eines der ersten Unternehmen eine Aufstellung seiner immateriellen Vermögenswerte zusätzlich zum eigentlichen Jahresabschluss vorgelegt. Im Skandia Navigator werden anstelle der drei Arten Kompetenz, interne Struktur und externe Struktur fünf Schwerpunkte gesetzt, die auch rein finanzielle Größen mit einbeziehen: Finanzen, Kunden, Mitarbeiter, Betriebsprozesse und Erneuerung. Inzwischen ist der Skandia Navigator durch ein modifiziertes Konzept des Beratungsunternehmens Celemi abgelöst worden (vgl. Wilkesmann/Rascher 2004).

Der Intangible Asset Monitor ist flexibel aufgebaut, die Kennzahlen können je nach Gegebenheiten des Unternehmens gewählt werden. Allerdings tauchen mit der umfassenden Betrachtung der immateriellen Vermögenswerte Probleme auf (vgl. North et al. 1998, S. 161 ff.): Die Abgrenzung der Kennzahlen, d. h., welche Kennzahl welchem Vermögenswert unter welchem Indikator zugeordnet wird, ist nicht eindeutig. Die Auswirkungen von Investitionen in die immateriellen Werte auf den Erfolg des Unternehmens sind nur bedingt ersichtlich. Rein beschreibende Kennzahlen und Ergebnisse werden miteinander vermischt und Interdependenzen zwischen verschiedenen Kennzahlen nicht berücksichtigt. Dadurch können Ursache-Wirkungs-Zusammenhänge nicht korrekt abgebildet werden.

Intellectual Capital Navigator

Stewart entwickelte diese Methode, um Organisationen eine Hilfestellung bei der Bewertung von immateriellem Vermögen an die Hand zu geben. Der Intellectual Capital Navigator ähnelt dem Ansatz des Intangible Asset Monitors. Stewart betrachtet ebenfalls Humankapital (die Kompetenz beim Intangible Asset Monitor), Strukturkapital (dies entspricht der internen Struktur) und Kundenkapital (die externe Struktur). Allerdings fehlt bei Stewart die Einteilung der Kennzahlen in die Gruppen Wachstum bzw. Erneuerung, Effizienz und Stabilität. Stewart bezieht aber die Marktwert-Buchwert-Relationen mit ein.

Für den Aufbau des Navigators empfiehlt Stewart, sich an drei Prinzipien zu orientieren (vgl. Stewart 1997, S. 244): Human-, Struktur- und Kundenkapital sollten der Übersicht und Anwendbarkeit wegen durch maximal drei Messgrößen beschrieben werden. Die Bewertung sollte sich auf die Dinge beschränken, die für die Organisation strategisch von Bedeutung sind und sich auf den Aufbau des immateriellen Vermögens beziehen.

Bild 4.13 zeigt ein Beispiel für einen Intellectual Capital Navigator. Die für eine Kennzahl angestrebten Werte werden auf dem Kreis abgetragen, die tatsächlichen Werte auf der Skala zwischen Kreis und Mittelpunkt. Die Skalen können für die einzelnen Kennzahlen variieren.

Damit lässt sich sehr einfach erkennen, wie sich die momentane Situation bei den immateriellen Vermögenswerten der Organisation darstellt und wo für eine Veränderung welcher Vermögenswerte eingegriffen werden sollte, doch treffen auch hier die beim Intangible Asset Monitor geäußerten Kritikpunkte zu.

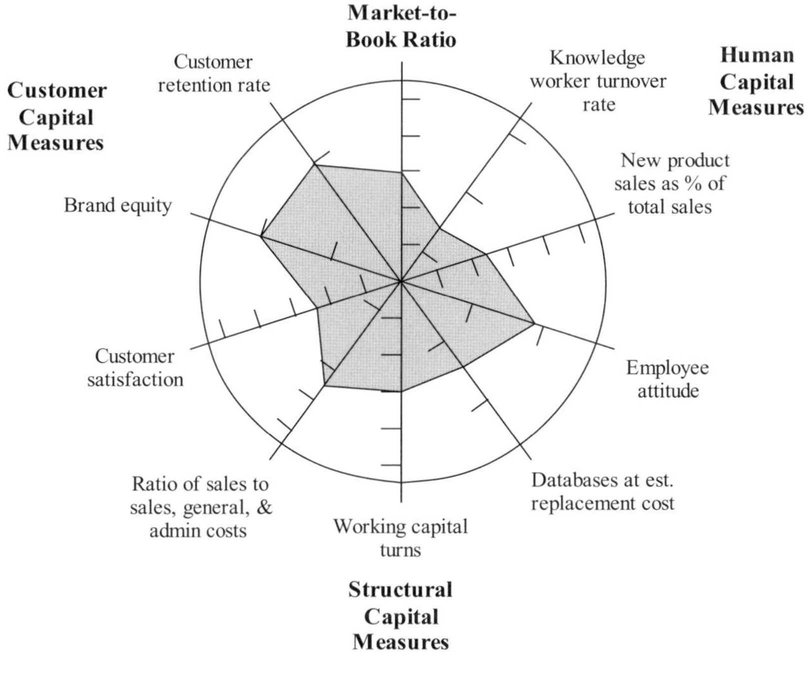

Bild 4.13 Intellectual Capital Navigator (nach Stewart 1997, S. 245)

Wissenskapitalindex

Dieser Ansatz geht der Frage nach, woher der unsichtbare Wert eines Unternehmens kommt und wie groß er ist (Reinhardt 1998, S. 147). Reinhardt betrachtet Wissen als einen Produktionsfaktor, durch dessen Einfluss auf die Wertschöpfung im Unternehmen ein unsichtbarer Wert entsteht, der zwar im Marktwert, nicht aber im Buchwert eines Unternehmens auftaucht. Dieser unsichtbare Wert ist das Wissenskapital (Intellectual Capital). Wissenskapital ist das Wissen aller Mitglieder einer Organisation und die Fähigkeit dieser Organisation, dieses Wissen für die Befriedigung der Kundenbedürfnisse einzusetzen. Es enthält somit alle Elemente der Wertschöpfung, die nicht in der klassischen Buchführung erfasst sind.

Der Marktwert eines Unternehmens setzt sich aus den beiden Komponenten Finanzkapital (welches in der Buchführung erfasst ist) und Wissenskapital zusammen. Letzteres wird weiter in die Dimensionen Humankapital und Strukturkapital gegliedert. Wissenskapital unterteilt sich also in Elemente, die dem Unternehmen (Strukturkapital), und Elemente, die nur den Mitarbeitern gehören (Humankapital) (vgl. Sveiby 1998, Stewart 1997).

Für die Erhebung eines Wissenskapitalindexes werden Humankapital und Strukturkapital in Komponenten und diese wiederum in Kategorien unterteilt. Diesen Kategorien werden Indikatoren zugeordnet, sodass ein System von Indikatoren zur Bewertung des Wissenskapitals entsteht. Beispielsweise werden im Humankapital die Komponenten Kompetenz, Bereitschaft und Lernfähigkeit/Flexibilität unterschieden, beim Strukturkapital die Komponenten Beziehung, Organisation und Innovation. Bereitschaft wiederum enthält die Kategorien Motivation, Verhalten und Werte. Ein möglicher Indikator in diesen Kategorien ist die Anzahl an Stunden, die für die Weitergabe bestimmter Informationen innerhalb einer Projektgruppe notwendig sind.

Für die Entwicklung und Nutzung eines Indikatorensystems schlägt Reinhard folgende Schritte vor (Reinhardt 1998, S. 160 ff.):

- Festlegen einer Strategie für das Unternehmen;
- Ableitung von kritischen Erfolgsfaktoren aus der Unternehmensstrategie;
- Bestimmen von Indikatoren des Wissenskapitals für die kritischen Erfolgsfaktoren;
- Konkretisierung der Indikatoren durch Einbeziehen der Mitarbeiter in die Entwicklung des Indikatorensystems (dies kann zur Wiederholung der vorangegangenen Schritte führen);
- Einsatz und stetige Verbesserung des Indikatorensystems.

Da die Bestimmung des Beitrags zum Unternehmenserfolg nicht für jeden einzelnen Indikator sinnvoll ist und der Vergleich des Wissenskapitals mit anderen Unternehmen mit einer Vielzahl von Indikatoren schwer bzw. nicht möglich ist, sollten aus der Menge der Indikatoren ein oder wenige Indizes, der Wissenskapitalindex, gebildet werden. In einem Beispiel bildet Reinhardt vier Indizes aus je vier Indikatoren. Die Indizes stehen jeweils für eine Bewertung des Humankapitals und die drei Komponenten des Strukturkapitals: Beziehung, Organisation und Innovation. Die Indizes sind dimensionslose Zahlen und gegeneinander noch einmal nach ihrem Beitrag zur Strategie des Unternehmens gewichtet (Reinhardt 1998, S. 163 ff.). Der Ansatz des Wissenskapitalindex stellt gewissermaßen eine Kombination deduktiv-summarischer und induktiv-analytischer Ansätze dar.

Der Ansatz des Wissenskapitals wird als Integration dreier Kernfragen des Wissensmanagements gesehen. Neben der Frage der Wissensbewertung umfasst der Ansatz auch die Frage nach der Entwicklung von Wissen und seiner Anwendung im Unternehmen. Allerdings bietet die bisher vorliegende Literatur dazu wenig konkrete Anhaltspunkte für die praktische Umsetzung.

Wie auch beim Intangible Asset Monitor spricht die Flexibilität bei der Gestaltung für den Ansatz. Zugleich liegen dort auch die Nachteile (Reinhardt 1998, S. 158 und S. 161): Die Begründung zur Bildung eines (oder weniger) Indizes aus mehreren Indikatoren kann nicht nachvollzogen werden, da z.B. der Vergleich zweier einfacher Ziffern beim Vergleich von Unternehmen zwecklos ist, wenn die Bildung dieser Zahlen je nach Unternehmen verschieden ist und verschiedene Indikatoren beinhaltet. Ein Ausweg wäre die eigene Beurteilung des Konkurrenten. Hier bleibt aber das Problem der Beschaffung korrekter Informationen. Wie viele Indizes aus welcher Anzahl Indikatoren wofür erstellt werden, bleibt ebenfalls offen. Außerdem besteht, wie bei den deduktiv-summarischen Ansätzen, die Gefahr, dass der eine Indexwert in seiner Bedeutung überschätzt wird bzw. die Indikatoren für seine Erstellung zu positiv bewertet werden.

Balanced Scorecard

Eine Balanced Scorecard ist eine Methode zur strategischen Planung und Bewertung der Leistung einer Organisation. Sie wurde Anfang der neunziger Jahre von Kaplan und Norton in Verbindung mit der Kritik an rein finanziellen Bewertungsmethoden entwickelt (Kaplan/Norton 1992, S. 71 f.). Die Balanced Scorecard sticht aus den induktiv-analytischen Methoden der Bewertung hervor, da sie kein reines Kennzahlensystem darstellt, sondern eine Methode zur strategischen Steuerung einer Organisation (Kaplan/Norton 1997, S. 10).

Mit einer Balanced Scorecard soll eine umfassende, ausgewogene (balanced) Betrachtung der Leistungsfähigkeit einer Organisation gewährleistet werden. Sie beinhaltet finanzielle Kennzahlen für bereits Erreichtes und ergänzt diese um Kennzahlen, die das Potenzial für zukünftige finanzielle Erfolge aufzeigen (Kaplan/Norton 1992, S. 71 ff.). Zu diesem Zweck wird eine Organisation aus **vier verschiedenen Perspektiven** betrachtet (vgl. Bild 4.14). Da sind zunächst die Kunden, die als Abnehmer der Produkte oder Dienstleistungen der Organisation von Bedeutung sind. Die bestmögliche Betreuung der Kunden ist von den **Prozessen** (genauer den Kernprozessen) und Entscheidungen innerhalb der Organisation abhängig, daher müssen auch diese in Betracht gezogen werden. Jedoch müssen Kundenpflege und Prozessgestaltung nicht nur gegenwärtig bestmöglich gestaltet werden, sondern auch zukünftig. Deshalb werden als weitere Perspektive das **Lernen und die Entwicklung** aufgenommen. Hier werden die Fähigkeiten betrachtet, die die Organisation besitzt, um bestehende Produkte, Dienstleistungen und Prozesse zu verbessern und neue zu schaffen. Letztlich wird in der **finanziellen Perspektive** überprüft, ob die in den anderen drei Perspektiven gesetzten Ziele auch erreicht wurden, d.h. ob sich die dort getroffenen Maßnahmen auch positiv auf das Geschäftsergebnis auswirken. Die Perspektiven stehen untereinander in Beziehung und sind voneinander abhängig.

Für jede der Perspektiven werden Ziele formuliert, Kennzahlen bestimmt, Sollgrößen für die Kennzahlen vorgegeben und festgelegt, mit welchen Maßnahmen man die Ziele umsetzen möchte. Die Kennzahlen dienen als Kontrolle, ob die Umsetzung erfolgreich war. Die Kennzahlen sollen auf die für die Organisation kritischen beschränkt werden, um die Methode nicht zu kompliziert in der Anwendung zu machen.

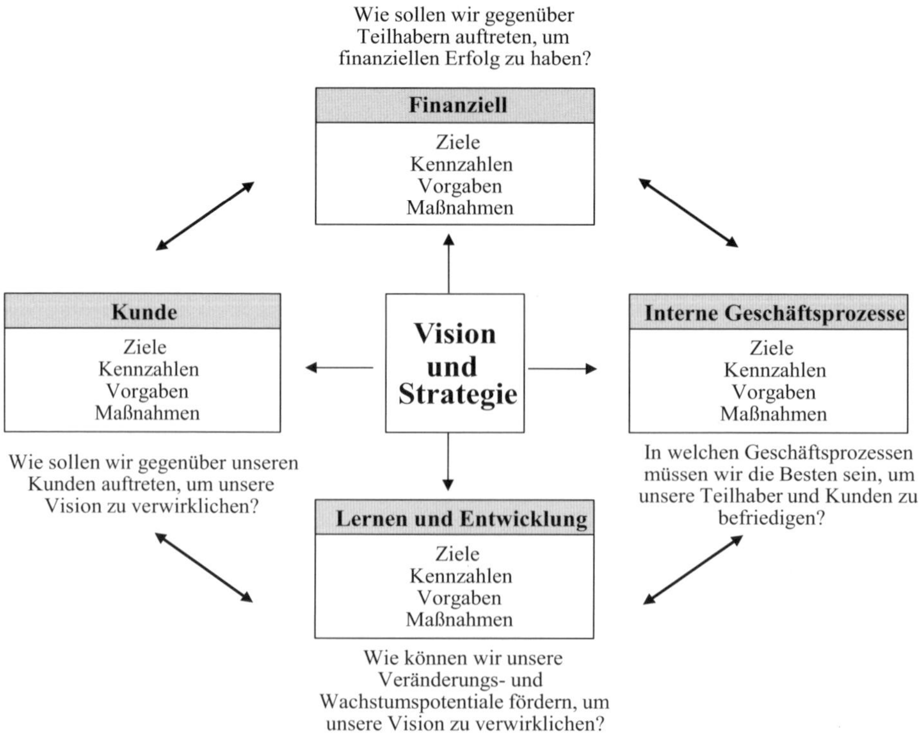

Bild 4.14 Balanced Scorecard (nach Kaplan/Norton 1997, S. 9)

Zwischen Balanced Scorecards und dem Wissensmanagement bestehen mehrfache Beziehungen (Horváth 1998). Einerseits kann eine Balanced Scorecard zum Controlling des Wissensmanagements eingesetzt werden. Für das Controlling des Wissensmanagements kann eine Balanced Scorecard angepasst werden (die von Kaplan und Norton vorgeschlagenen Perspektiven sind nicht fest vorgegeben – Kaplan/Norton 1997, S. 33 f.), indem z. B. für die einzelnen Aufgaben des Wissensmanagements (siehe das Modell von Probst et al. in Kapitel 2) je eigene Perspektiven mit auf die Ziele des Wissensmanagements abgestimmten Zielen, Kennzahlen, Vorgaben und Maßnahmen geschaffen werden (vgl. Kaps 2001). Andererseits ist die Erstellung einer Balanced Scorecard an sich ein Prozess, bei welchem Wissen identifiziert, verteilt und manchmal auch neu geschaffen wird. Balanced Scorecards werden individuell für Organisationen erstellt. Dabei müssen die aus den strategischen Zielen resultierenden Ziele und Maßnahmen für die operative Ebene verfeinert werden. Dies führt zu einer intensiven Beschäftigung mit den gestellten Zielen und ihrer Praktikabilität und kann auch eine Revision der Ziele nach sich ziehen. Damit wird ein Lerneffekt erreicht, der über die Verbesserung bestehender Aktivitäten (single loop learning, siehe Abschnitt 3.1.1) hinausgeht und neben den Aktivitäten auch das Hinterfragen der Ziele mit einbezieht (double loop learning).

Balanced Scorecards schaffen somit einen Überblick über Ziele und Kennzahlen einer Organisation. Durch die Begrenzung auf wenige Kennzahlen kann Information Overload (vgl. Abschnitt 3.5) vermieden werden. Mit Hilfe der Perspektiven gewährt die Balanced Scorecard Einblicke in die Relationen zwischen verschiedenen Bereichen einer Organisation, sodass erkannt werden kann, ob z. B. eine Verbesserung in einem Bereich nicht zu einer Steigerung der Kosten in einem anderen führt. Balanced Scorecards sind zukunftsorientiert, haben eine Verbindung zur Strategie einer Organisation und stellen neben den finanziellen auch nicht-monetäre Größen dar. Außerdem ist das Konzept sehr flexibel - Anzahl und Art der Perspektiven sind individuell anpassbar (Horváth 1998, Kaplan/Norton 1997, Kaplan/Norton 1992).

Wissensbilanz

Aus den Schwachstellen der induktiv-analytischen Ansätze und den ersten praktischen Erfahrungen bei der Umsetzung (z. B. bei Skandia AFS) entwickelten North et al. (North et al. 1998, vgl. auch Probst et al. 2003, S. 221, Zurwehme 2008, Günther et al. 2019) den Ansatz der Wissensbilanz (Knowledge Balance). Mit ihr sollen die Ziele der Unternehmung in Bezug auf die organisationale Wissensbasis messbar gemacht werden.

Die Wissensbilanz sieht ein mehrstufiges Kennzahlensystem vor, welches die in Tabelle 4.3 dargestellten Klassen von Kennzahlen unterscheidet. Mit diesem System wird die Vermengung von Kennzahlen verschiedener Zielsetzungen vermieden, um Ursache-Wirkungs-Zusammenhänge besser abzubilden (vgl. obige Kritik von North et al. am Intangible Asset Monitor).

Tabelle 4.3 Indikatoren einer Wissensbilanz (nach North et al. 1998, S. 165)

Indikatorenklasse	Zweck	Beispiele
I. Organisationale Wissensbasis	Beschreibt den Bestand organisationalen Wissens qualitativ und quantitativ	Qualifikation, Kompetenz der Mitarbeiter zur Problemlösung, Kundenwissen, Prozess-Know-how
II. Interventionen	Beschreibt Prozesse und Inputs (Aufwand) zur Veränderung der organisationalen Wissensbasis	Ausbildungstage pro Mitarbeiter, Rating von Beratungs- und Schulungsqualität
III. Zwischenerfolge und Übertragungseffekte	Misst die direkten Ergebnisse der Interventionen (Outputs)	Beherrschung von Arbeitsprozessen, Antwortzeit auf Kundenanfragen, Prozessqualität
IV. Ergebnisse der Geschäftstätigkeit	Misst Geschäftsergebnisse am Ende des betrachteten Zeitraumes	Anzahl oder Veränderung der Kundenaufträge, Marktdurchdringung, Kundenzufriedenheit, Prämienvolumen

Die Arbeit mit einer Wissensbilanz stützt sich auf die Ziele des Unternehmens. Aus diesen werden Wissensziele für die Umsetzung mit der Wissensbilanz abgeleitet. Die Bewertung und Veränderung des Wissens verläuft in folgendem Zyklus (vgl. dazu Bild 4.15):

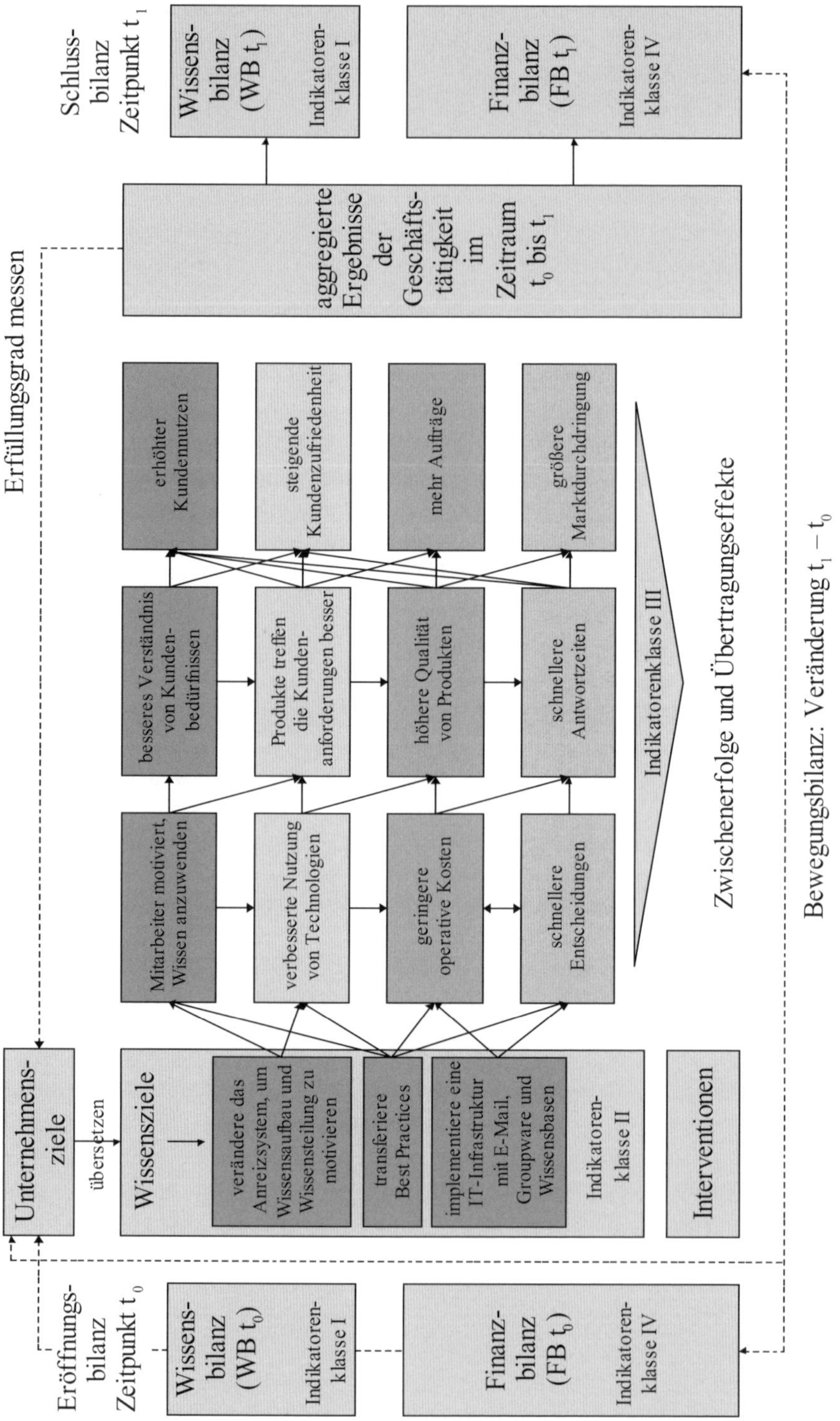

Bild 4.15 Ablauf der Wissensbewertung mit einer Wissensbilanz (nach Probst et al. 2003, S. 223)

Zu Beginn des betrachteten Zeitraumes (z. B. ein Quartal, Geschäftsjahr) besteht neben der eigentlichen Bilanz eine Wissensbilanz. Sie ist in die drei Kategorien Mitarbeiter, interne Struktur und externe Struktur unterteilt (North et al. haben hier die Strukturierung der organisationalen Wissensbasis aus dem Intangible Asset Monitor übernommen) und wird durch Indikatoren der Klasse I beschrieben. Entsprechend den Wissenszielen werden geeignete Maßnahmen ergriffen, um die Wissensbasis zu verändern. Das können z. B. Anreizsysteme oder die Einführung eines Informationssystems sein. Der Aufwand (Input) derartiger Maßnahmen wird mit Indikatoren der Klasse II beschrieben. Durch diese Maßnahmen ergeben sich Zwischenerfolge oder Übertragungseffekte, z. B. verkürzen sich aufgrund der neuen IT-Infrastruktur die Antwortzeiten bei einer Kundenanfrage. Dies wird durch ein Netzwerk von Indikatoren dargestellt (vgl. Wiig 2004, S. 264) und in den Indikatoren der Klasse III festgehalten. Zwischenerfolge und Übertragungseffekte entstehen aus einer Vielzahl von nicht immer eindeutigen Ursache-Wirkungs-Beziehungen und bringen monetäre und nicht monetäre Ergebnisse zum Ende des betrachteten Zeitraumes. Ein Ergebnis könnte hier eine höhere Kundenzufriedenheit oder eine größere Anzahl an Kundenaufträgen sein. Diese werden mit Indikatoren der letzten Klasse erfasst. Es wird wieder eine Wissensbilanz (neben der „normalen" Bilanz) erstellt und mit der vorherigen verglichen. Daraus leitet sich eine Bewegungsbilanz mit allen Änderungen der Wissensbasis aus dem betrachteten Zeitraum ab.

Auch bei der Wissensbilanz stellt sich die Frage nach der Auswahl der korrekten Indikatoren. Eine allgemeingültige Aussage dazu ist (noch) nicht möglich. Zumindest wird aber ein Ordnungsrahmen für Indikatoren mit verschiedener Zielsetzung vorgegeben. Bereits die Aufstellung einer Wissensbilanz kann zu einem Verständnis für die eigene Wissensbasis und zur Schaffung einer Sprache des Wissens beitragen (North et al. 1998, S. 166, vgl. auch Zurwehme 2008, Günther et al. 2019).

Im Gegensatz zu den deduktiv-summarischen Ansätzen wird bei den induktiv-analytischen Ansätzen die Wissensbasis bzw. das immaterielle Vermögen einer genaueren Untersuchung der Elemente und ihrer Wirkungen unterzogen. Dies macht die Ansätze komplexer und schwerer verständlich. Induktiv-analytische Bewertungen können jedoch flexibel und den Anforderungen der Organisationen entsprechend gestaltet werden. Damit lassen sich Aussagen für die jeweilige Organisation treffen, der Vergleich mit anderen Organisationen wird aber komplizierter. Als Ausweg könnten die Einzelindizes des Wissenskapitalindexes dienen, vorausgesetzt, die Organisationen verwendeten gleiche Indikatoren und Indizes. Hinzu kommt, dass mit zunehmender Größe eines Kennzahlensystems Übersicht und Verständlichkeit leiden. Damit wird es schwieriger, die Notwendigkeit eines solchen Instruments gegenüber der Geschäftsführung oder den Eigentümern zu begründen. Problematisch bleiben die Auswahl der „richtigen" Kennzahlen und ihre korrekte Abgrenzung. Allzu leicht unterliegt man der Versuchung, nur jene Zahlen zu verwenden, die sich leicht erheben und messen lassen.

4.1.5.3 Bewertung der Aktivitäten des Wissensmanagements

Die Bedeutung der Methoden zur Bewertung des Wissensmanagements nimmt mit der steigenden Bedeutung des Wissensmanagements zu. Die Einordnung dieser Methoden ist nicht immer eindeutig oder einfach möglich, und es kann an dieser Stelle u. a. auf das Best Practice Sharing (vgl. Abschnitt 4.1.1.2) und die soeben erläuterte Balanced Scorecard hingewiesen werden, mit denen ebenfalls eine Bewertung möglich ist.

Einige Instrumente beschränken sich ausschließlich auf die Visualisierung des im Unternehmen vorhandenen Wissenstypus. Dabei wird keine Bewertung vorgenommen, sondern Transparenz geschaffen, um geeignete Wissensmanagementinstrumente einzusetzen. Hierzu gehört z. B. das **Knowledge-Management-Assessment-Tool** (KMAT), bei dem über einen standardisierten Fragebogen der Status von kritischen Rahmenbedingungen (z. B. Kultur, Führung, Technologie) erfasst wird (vgl. de Jager 1999, Chawla/Joshi 2010). Bekannt sind auch der **KMO-Ansatz** (Knowledge Management Orientation), ein standardisiertes Erhebungsinstrument bestehend aus den Konstrukten „Organisational Memory", „Knowledge Sharing", „Knowledge Absorption" und „Knowledge Receptivity" (vgl. Wang et al. 2008) sowie die ebenfalls standardisierte Skala von Darroch (2003) und das KM-Effectiveness-Modell von Lindsey (2002). Ein weiteres Instrument dieser Gruppe ist das **Knowledge Framework** von Jordan und Jones, das mittels Interviews unternehmensspezifische Wissensprofile erhebt. Die Messung erstreckt sich über die Dimensionen: Wissensbeschaffung, Problemlösungsmethode, Verteilung, Besitz und Gedächtnis. Jede Dimension wird dabei durch mehrere Indikatoren charakterisiert. Dadurch soll Transparenz geschaffen werden, um geeignete Wissensmanagementinstrumente einsetzen zu können (vgl. Jordan/Jones 1997). Mit dem **„Knowledge Iceberg"** schlägt Haider ein Modell vor, das als genereller Rahmen für die Analyse des organisatorischen Wissens und des Wissensmanagements herangezogen werden kann (vgl. Haider 2009). Erwähnenswert ist schließlich noch die Idee, einen **Return on Knowledge (RoK)** in Analogie zum Return on Investment zu ermitteln, die erstmals von Kirkwood (2003) in Zusammenhang mit E-Learning vorgeschlagen wurde.

Die Instrumente, die eine partielle Bewertung vornehmen, sind häufig an Bewertungsmethoden aus der IT angelehnt. Maier und Hädrich entwickelten beispielsweise, basierend auf dem populären Modell zur Erfolgsmessung von Informationssystemen von DeLone und McLean (1992), ein Modell zur **Erfolgsmessung von Wissensmanagementsystemen.** Dabei erweiterten sie das ursprüngliche Modell um die Perspektiven „Informations-, Kommunikations- und Wissensqualität", „wissensspezifischer Service" und „Auswirkung auf Communitys". Auf der gleichen Grundlage beruht das KMS Success Model von Jennex/Olfman (2004). Zur Messung des WMS-Erfolgs wird darüber hinaus auf die weitere Fachliteratur verwiesen (z. B. Wang et al. 2013, Zhang 2017, Zhang/Venkatesh 2017).

Knowledge Process Quality Model (KPQM)

Eine andere Zielrichtung verfolgt das Knowledge Process Quality Model (KPQM), das an SPICE angelehnt wurde. Es soll auf der Prozessebene das Wissensmanagement evaluieren (vgl. Paulzen 2006). Das KPQM untersucht folgende Dimensionen:

- Reifegrad des Wissensmanagements,
- Wissensaktivitäten/-prozesse,
- Bereiche des Wissensmanagements und
- Bewertungsart.

Das KPQM dient Unternehmen dazu, ihre vorhandenen Wissensmanagementprozesse zu evaluieren, um Verbesserungspotenziale zu erkennen. Das Modell untersucht jedoch lediglich die Prozesse und nicht die Wissensbasis, ebenso schlägt das Modell keine passenden Strategien für bestimmte Ergebnisse vor (vgl. Paulzen/Perc 2002).

Knowledge Management Maturity Model (KMMM)

Im Prozessmanagement kann die Qualität von Prozessen in Organisationen anhand der Norm DIN EN ISO 9000 bewertet werden; für das Software Engineering existieren eigene Modelle wie DIN ISO 9000-3, CMM (Capability Maturity Model) oder SPICE (Software Process Improvement and Capability Determination). Das Modell des CMM beschreibt den Reifegrad (maturity) von Softwareentwicklungsprozessen. Auf der untersten Ebene laufen Prozesse entsprechend diesem Modell chaotisch und ad hoc ab, die anfallenden Kosten, die aufgebrachte Zeit und die erreichte Qualität sind nicht vorhersehbar. Dieses setzt sich über weitere drei Stufen bis hin zur fünften und höchsten Stufe fort, auf welcher die Prozesse umfassend betrachtet und optimiert werden, d. h. die Prozesse werden überwacht und aus den Ergebnissen der Überwachung kontinuierlich verbessert.

Bei der Siemens AG hat man, angelehnt an das Capability Maturity Model, ein Modell entwickelt, um Prozesse des Wissensmanagements ebenfalls in Reifegrade zu unterteilen. Das Modell – Knowledge Management Maturity Model (KMMM) – bietet Hilfestellungen für die Erhebung des Zustandes der Prozesse an. Es ist jedoch lediglich für Analysezwecke, nicht für die eigentliche Veränderung der Prozesse des Wissensmanagements gedacht. Ähnliches gilt für KPQM (Knowledge Process Quality Model), das sich an SPICE orientiert, im Gegensatz zum KMMM aber nicht ganze Organisationen (bzw. Organisationsteile), sondern einzelne Prozesse betrachtet und die Veränderung und Kontrolle der Prozesse miteinschließt (vgl. Paulzen/Perc 2002). In der Zwischenzeit sind verschiedene Modelle zur Messung des WM-Reifegrads verfügbar (siehe u. a. Kochikar 2000, Berztiss 2002, Kuriakose et al. 2011, Young 2010, Vanini/Bochert 2014). Dabei wird nicht immer die gleiche Terminologie verwendet. Eine Variation findet sich z. B. in Form von Knowledge-Capability-Levels im KMCA (KM Capability Audit), wobei fünf Ebenen unterschieden werden (vgl. Kulkarni/Freeze 2011). Ebenfalls ein eigenständiger Ansatz ist das G-KMMM von Pee und Kankanhalli (2009). Gemeinsam ist den Ansätzen, dass sie das betriebliche Wissensmanagement im Sinne einer evolutionären Entwicklung verstehen, die aktiv beeinflusst werden kann.

Benchmarking

Unter Benchmarking wird im Allgemeinen der systematische Vergleich von Dienstleistungen, Prozessen oder Produkten verstanden zur Identifikation von Stärken und Schwächen. Das Wissensmanagement kann somit gesamtheitlich als Prozess betrachtet werden, der durch verschiedene vergleichbare Merkmale geprägt ist. Dies erfordert zum einen die vorhergehende Definition solcher Merkmale und zum anderen das Vorliegen von Analysen anderer Wissensmanagementprojekte oder Teilprojekte. Grundsätzlich kann Benchmarking vier verschiedene Formen annehmen:

- Werden die Prozesse des Wissensmanagements in unterschiedlichen Abteilungen, Geschäftsbereichen oder Projekten miteinander verglichen, so spricht man von **internem Benchmarking.** Diese Form ist insbesondere dann geeignet, wenn Zahlen externer Projekte nicht vorliegen oder es keine vergleichbaren Wissensmanagementprojekte gibt.
- Das **wettbewerbsorientierte Benchmarking** stellt einen Vergleich von nahezu gleichen Wissensmanagementprojekten oder -aktivitäten verschiedener Unternehmen dar. Ein solches Benchmarking wird sehr oft von Beratungsunternehmen durchgeführt, die als neutrale Person Einblick in die Wissensmanagementprojekte verschiedener Unternehmen bekommen.

- Mit dem **funktionalen Benchmarking** werden nicht identische Prozesse miteinander verglichen. Dabei sollen Ideen und Best Practices von anderen Branchen oder Geschäftsbereichen für das eigene Unternehmen oder den eigenen Geschäftsbereich gewonnen werden. Hierbei ist jedoch stets zu überprüfen, ob diese Ideen auch in einer veränderten Umgebung realisiert werden können.
- Die Form des **generischen Benchmarkings** ist geeignet, wenn nur Statistiken mit anderen Firmen verglichen werden. Als Ergebnis sind hier jedoch keine qualitativen Aussagen zu erwarten. Diese Form des Benchmarkings kann in Verbindung mit den weiteren genannten aber nützlich sein, und es können neue Ideen oder Trends identifiziert werden.

Knowledge Management Performance Framework (KMPF)

Das KMPF ist ein Ansatz, der auf der BSC und einem verhaltenswissenschaftlichen Ansatz basiert. Der erste, auf der BSC basierende Teil des KMPF soll bereichsübergreifend die Effektivität des Wissensmanagements messen. Dazu wurden die ursprünglichen Perspektiven der BSC an das Wissensmanagement und das Untersuchungsobjekt angepasst. Die sogenannte Knowledge Management Performance Scorecard umfasst nun die Perspektiven Finanzen, Geschäftsprozesse, Stakeholders und Menschen. Für jede Perspektive werden die Schlüsselfunktionen bestimmt, die das Wissensmanagement erfüllen soll. Der zweite Teil des KMPF stützt sich auf den CBAM-basierenden Ansatz (concerns-based-adoption-model) und zeigt, wie Individuen auf Veränderungen und Innovationen reagieren. Es wird davon ausgegangen, dass Individuen in Abhängigkeit ihres Wissens, das sie bzgl. einer Innovation haben, bestimmte Verhaltensweisen zeigen. Durch diese Zweiteilung des KMPF soll es gelingen, die „harten" Zahlen aus der BSC mit den „verschwommenen" der Verhaltensforschung zu verbinden, um die Effektivität des Wissensmanagements zu messen (vgl. DeGooijer 2000).

Process-oriented Performance Measurement (PPM)

PPM wurde entwickelt, um den ökonomischen Beitrag des Wissensmanagements zu messen, da die gängigen Instrumente des Rechnungswesens und des Performance Measurement (PM) dazu nur teilweise geeignet sind. Unter PM subsumiert sich ein Satz von Methoden der Unternehmensbewertung, die sowohl Ziele als auch Kennzahlen modellieren und deren Kombination für die zielorientierte Führung einsetzbar ist. PPM kombiniert einen spezifischen Ansatz des PM mit einer prozessorientierten Systemanalyse des Wissensmanagements. Das PPM möchte dabei den Nutzen wissensintensiver Arbeit und die Maßnahmen des Wissensmanagements modellieren. Basierend auf einer Systemanalyse, werden Kennzahlen für das Wissensmanagement abgeleitet und systematisch in ein Kennzahlensystem integriert (vgl. Schauer/Pfeifer 2007).

4.1.5.4 Bewertung des Wissensmanagements mit KnowMetrix

Die Erfolgsfaktorenanalyse ist eine weitgehend formalisierte, systematische Vorgehensweise. Das dahinterliegende Prinzip findet sich in der Praxis u. a. bei Kundenzufriedenheitsanalysen und basiert auf einem Eigenbild-Fremdbild-Vergleich bzw. einer diachronen Analyse. Grundgedanke der Methode ist es, die wesentlichen Leitlinien, an denen Manager ihre Entscheidungen orientieren, sichtbar werden zu lassen. Auf der Basis der kritischen Erfolgsfaktoren erfolgt eine Analyse der jeweiligen Erfolgsindikatoren und auf dieser Grundlage die Ableitung des relevanten Informationsbedarfes, die Basis für Prioritätensetzungen in der Anwendungsentwicklung u. a. m.

Die von Bullen und Rockart ursprünglich vorgeschlagene Methode stützt sich im Wesentlichen auf Interviews, die in zwei bis drei Befragungsrunden durchgeführt werden. Im Verlaufe dieser Interviews werden verschiedene Manager nach ihren kritischen Erfolgsfaktoren befragt, um auf diese Weise die Indikatoren für das Unternehmen als Ganzes herauszuarbeiten. Anstatt die Erfolgsfaktoren jedes Mal neu zu bestimmen, empfehlen manche Autoren, von allgemeinen Erfolgsfaktoren auszugehen und diese für einzelne Branchen, Unternehmen, Produkte usw. zu präzisieren. In den meisten Fällen kristallisieren sich 3 bis 6 Erfolgsfaktoren heraus, die dann durch mehrere Indikatoren operationalisiert und erhoben werden können. Grundsätzlich ist dabei ein Vorgehen in folgenden Schritten vorgesehen (vgl. Lehner 1993):

- Phase 1: Analyse der wichtigsten strategischen und operativen Ziele des Unternehmens und des Managements.
- Phase 2: Identifikation und Analyse der kritischen Erfolgsfaktoren.
- Phase 3: Entwicklung von Indikatoren als Messkriterien für jeden ermittelten Erfolgsfaktor und Ermittlung des relevanten Informationsbedarfs für die Indikatoren.
- Phase 4: Festlegen der Befragungsteilnehmer, Erhebung und Datenauswertung.
- Phase 5: Präsentation, Konzeption von Maßnahmen, Umsetzung.

Die der eigentlichen Analyse vorgelagerte Phase 1 dient dem Interviewer für die Auseinandersetzung mit der spezifischen Unternehmenssituation. Insbesondere sollten dabei Informationen über die Branche, Wettbewerbsfaktoren der Branche, Struktur des Unternehmens, Konkurrenzsituation und Unternehmensstrategie gesammelt werden. Anhand der einzelnen Interviews und der dort ermittelten kritischen Erfolgsfaktoren kann eine entsprechende Liste für das Gesamtunternehmen bestimmt werden.

Bei der Durchführung der Erfolgsfaktorenanalyse zum Wissensmanagement sind in der ersten Phase gegenüber der herkömmlichen Erfolgsfaktorenanalyse folgende Änderungen zweckmäßig:

- Identifikation der Gruppen und Bereiche, die in Bezug auf den Wissensaustausch zusammenhängen („Knowledge-Cluster"), sowie der Austauschbeziehungen zwischen diesen Gruppen.
- Innerhalb jedes Clusters (diese dürfen sich in Bezug auf die Mitglieder überlappen) sollten die wesentlichen Wissensbedarfe, Einflussgrößen, Abhängigkeiten, Systeme, Zuständigkeiten, Wissensquellen, wichtige Netzwerke und andere Komponenten benannt werden, wobei sich die Angaben auf die zu erbringende Leistung beziehen sollten.
- Schließlich sollte noch die ggf. unterschiedliche Sicht auf die im vorhergehenden Punkt genannten Dinge seitens der Beteiligten erfasst werden (nicht alles wird für alle gleich wichtig sein).

Diese möglicherweise heterogenen oder widersprüchlichen Sichten sind in Phase 3 in die Indikatoren zu übernehmen. Das weitere Vorgehen folgt dem Standardverfahren der Erfolgsfaktorenanalyse (vgl. Lehner 1993). Um die Methode einfach anwendbar zu machen, wird eine teilstandardisierte Liste mit Faktoren und Indikatoren vorgeschlagen, die die Grundlage für den Fragebogen bilden. Sie sind bei der Durchführung der Analyse an die jeweilige Unternehmenssituation hinsichtlich Sprache und Unternehmenssituation anzupassen. Die Herleitung der initialen Indikatorenliste erfolgte auf der Grundlage bisher bekannter Barriere- und Erfolgsfaktoren sowie von Indikatoren für das Wissensmanagement, die in verschiedenen Studien und Ansätzen eruiert wurden. Als Input für das KnowMetrix-Verfahren ist zunächst diese Liste der Erfolgsfaktoren und Messindikatoren anzupassen. Da für das Wissensmanagement zumindest teilweise Konsens über die Erfolgsfaktoren besteht, sollen die bestehenden und bekannten Faktoren als Ausgangspunkt für die Bewertung verwendet werden. Mit der Bezeichnung KnowMetrix für das Verfahren wird zum Ausdruck gebracht, dass die Leistung der Wissensmanagement-Funktion auf diese Weise messbar gemacht und einer kritischen Reflexion unterzogen werden soll.

Für die Erstellung des Faktorenkatalogs wurden nur Studien herangezogen, die einen expliziten Hinweis auf eine Untersuchung von Erfolgsfaktoren auf den Erfolg von Wissensmanagement oder auf Wissensaktivitäten haben. Als Grundlage diente die Arbeit von Helm et al. (Helm et al. 2007); ein ähnlicher Überblick über Faktoren auf der Grundlage einer Zusammenfassung bestehender Studien findet sich bei Mohammadi et al. (2009). Eine Aggregation ermöglichte eine bessere Verständlichkeit und die Chance, Abhängigkeiten zwischen den Faktoren zu erkennen und zu gestalten. Die Ergebnisliste wird zu den nachfolgend dargestellten Indikatoren verdichtet und zu zwei Gruppen zusammengefasst, nämlich Indikatoren, welche sich auf ein institutionalisiertes Wissensmanagement beziehen, sowie Indikatoren, welche die Beurteilung der persönlichen Arbeitssituation betreffen. Im ersten Fall geht es um die Beurteilung als bewusst wahrgenommene Service- und Hilfsfunktion, im zweiten Fall um das Ergebnis dieser bewussten Aktivitäten oder des selbstständig entstandenen Systems.

A: Beurteilung des Wissensmanagements als unternehmensinterne Service- und Querschnittsfunktion

1. Institutionalisiertes Wissensmanagement (oder vergleichbare Funktion) – wenn vorhanden.
2. Wissensmanagement unterstützen, Vorleben von Wissensmanagement, Vermittlung eines Verständnisses der sinnvollen Aufgaben.
3. Ausreichend finanzielle Mittel für Wissensmanagementmaßnahmen.
4. Kommunikation: Sind die Wissensmanagementziele, -strategien etc. bekannt? Qualität des internen Marketings.
5. Wissensziele mit den Unternehmenszielen verknüpft und auch messbar, erreichbar, relevant, nachvollziehbar?
6. Klarheit von Verantwortung und Zuständigkeiten für Wissensmanagement auf allen Unternehmensebenen.
7. Standardisierte, systematische Wissensprozesse sind definiert (z. B. für Wissenserwerb, Wissensgenerierung, Wissensteilung, Wissensidentifikation, Wissensbewahrung, Wissensbewertung, Wissensschutz, Wissensverteilung/-transfer).
8. Einbindung der Mitarbeiter bei Gestaltung des Wissensmanagements und Entscheidungen.
9. Geeignete IT-Infrastruktur für Wissensmanagementaktivitäten vorhanden, Anwendungssysteme zum Zugriff und Verwalten von Wissen, Anwendungssysteme zur Kommunikation, Kooperation, Koordination, Benutzerfreundlichkeit, Einfachheit der Bedienung.

10. Mitarbeiter werden durch Anreizsysteme (monetär, immateriell, teamorientiert) zum Wissensaustausch motiviert.
11. Informations-, Kommunikations- und Wissensqualität, Aktualität und Richtigkeit, Sicherung durch Redaktion, Pflege, Qualitätsstandards.
12. Regelmäßiges internes und externes Benchmarking in Bezug auf Aktivitäten, Systeme, Wettbewerbsanalyse, Marktbeobachtung („Innovation“).

B: Beurteilung der individuellen Aufgabensituation und des Arbeitsumfeldes in Bezug auf die Verfügbarkeit von benötigten Informationen und Wissen

1. Zeitliche Freiräume für Wissensmanagementaktivitäten (z. B. Best Practice dokumentieren, Lernen, Erfahrungsaustausch mit Mitarbeitern).
2. Zugang zu neuem Wissen, Austausch von Wissen im Netzwerk ist hinreichend möglich (Interaktion in formellen Netzwerken, Interaktion in informellen Netzwerken).
3. Ausreichende Qualifikation (eigene und der anderen Kollegen) für Wissensmanagementsystem und Technologieeinsatz, erforderliche Informationen sind dokumentiert und verfügbar.
4. Ausreichende Qualifikation (eigene und der anderen Kollegen) für Umgang mit Wissen, z. B. Wissen teilen, zu hohe Spezialisierung/zu viel Wissen (Wille zum Wissensteilen vorhanden, Fähigkeit aber nicht).
5. Bewusstsein/Verständnis für Nutzen des Wissensmanagements sowie Bereitschaft, Wissensmanagement im Unternehmen voranzutreiben (selbst und bei den Kollegen).
6. Dezentralisierung – hinreichende Handlungs- und Verantwortungsspielräume für Mitarbeiter.
7. Integration der Wissensaktivitäten in Arbeitsabläufe und Prozesse.
8. Geteilte Unternehmensvision, gemeinsame Ziele, Werte, Identifikation mit Unternehmen.
9. Motivation für Wissensbereitstellung durch schnelle, sichtbare Erfolge, Wissen an sich, betriebliches Vorschlagswesen.
10. Direkte Kommunikation und Wissensaustausch zur gemeinschaftlichen Lösung von komplexen Aufgaben, Hilfe bei Problemen, Partnerkultur, gegenseitige Unterstützung bei unerwarteten Problemen oder vorhersehbaren Herausforderungen, keine Abteilungsegoismen.
11. Wissen aus niedrigen Hierarchiestufen wird nicht ausreichend akzeptiert.
12. Fehlertoleranz, Möglichkeit, Fehler zu begehen und daraus zu lernen (Lernende Organisation).
13. Wissensfördernde Unternehmenskultur, Bereitschaft, Wissen zu teilen, Vertrauenskultur, kein Misstrauen gegenüber Sender und Empfänger von Wissen.

Bild 4.16 zeigt ein Beispiel für eine Auswertung auf Basis der Erfolgsfaktorenanalyse (weitere Beispiele finden sich bei Lehner et al. 2007). Hierbei werden die Erfolgsindikatoren in einer Matrix in Abhängigkeit der ermittelten Priorität und Leistung abgebildet, wobei Ersteres das Potenzial der ausgewählten Bewertungsgrößen für das Wissensmanagement und Letzteres das ausgeschöpfte Potenzial widerspiegelt. Die Abbildung stellt die Einschätzung der verschiedenen Erfolgsfaktoren (dargestellt mit den Buchstaben A bis F) hinsichtlich ihrer Priorität und momentanen Leistung bezüglich der Wissensmanagement-Funktion dar.

Die Mittelwerte beider Größen teilen die Matrix in vier Felder, die sich im Sinne von Normstrategien interpretieren lassen: Die Felder II und III benötigen keine Aufmerksamkeit durch das Management („kein Handlungsbedarf"): Faktoren mit hoher Bedeutung erbringen hohe Leistung bzw. wenig bedeutsamen Faktoren wird wenig Aufmerksamkeit zuteil. Faktoren aus Feld I haben dagegen hohe Priorität und eine nur geringe Leistung und benötigen daher aktive Unterstützung („Investition"). Die Faktoren aus Feld IV benötigen ebenso Maßnahmen, aber in umgekehrtem Sinne („Deinvestition"), damit wenig bedeutsamen Faktoren nicht zu viel an knappen Ressourcen zukommt. Die aus den Auswertungen gezogenen Schlüsse führen in Phase 5 zur Erarbeitung konkreter Maßnahmen.

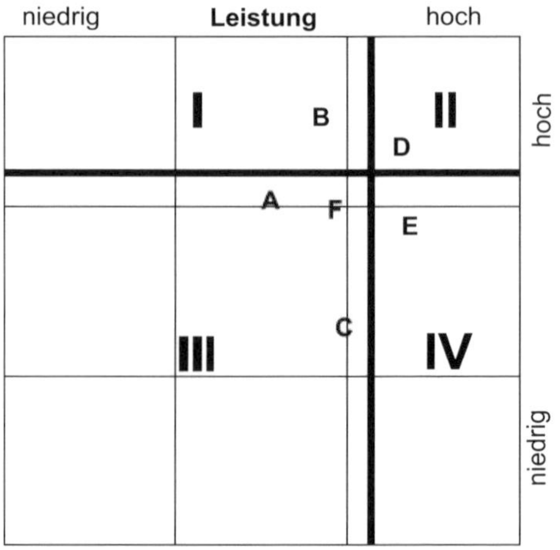

Bild 4.16 Beispiel für eine Auswertung der Erfolgsfaktorenanalyse

4.1.6 Methoden zur Wissenserhebung

In der Literatur zum Wissensmanagement nehmen Wissensmanagementkonzepte eine zentrale Rolle ein. Mit ihrer Hilfe werden der Umgang mit Wissen sowie die Aktivitäten des Wissensmanagements festgelegt. In vielen Konzepten spielt die Wissenserhebung eine mehr oder minder zentrale Rolle. Die Identifikation des Wissens dient der Schaffung von Transparenz über die Wissensbasis, also die dem Unternehmen zur Verfügung stehenden Wissensquellen, Wissensfelder und die eigenen Kompetenzen und bildet damit die Basis für die Wissensrepräsentation. Doch obwohl nach übereinstimmender Meinung Wissen identifizieren, sammeln und bewahren als originäre Aufgaben des Wissensmanagements gelten, findet sich kaum eine kompakte Zusammenstellung der Methoden für die systematische Erhebung des relevanten und wettbewerbskritischen Wissens. Dieser wenig befriedigende Zustand hat zum einen mit der Komplexität des Wissensbegriffs selbst zu tun, zum anderen aber auch mit terminologischen Unschärfen. Die Bezeichnung „Wissenserhebung" findet sich ursprünglich in Verbindung mit dem technischen Ansatz des Knowledge Engineerings, wo es ein Bestandteil von „Knowledge Acquisition" bzw. „Knowledge Elicitation" ist. War allerdings die Bezeichnung „Wissensakquisition" im Knowledge Engineering noch eng mit der Erfassung des Wissens verbunden, so kommt dem deutschen Äquivalent „Wissensakquisition“ eher die Bedeutung der Wissensbeschaffung zu. Es gibt aber auch Ausnahmen. Wiig (1995) versteht den Begriff „Knowledge Acquisition“ beispielsweise im Sinne von Wissenserhebung. Gerade wegen der zentralen Rolle der Wissenserhebung innerhalb der Aufgaben des Wissensmanagements ist eine Klärung des Begriffes im jeweiligen Verwendungszusammenhang empfehlenswert.

Einen guten Überblick über die Grundaufgaben der Wissenserhebung gibt die sogenannte „Boston Box“ (siehe Bild 4.17).

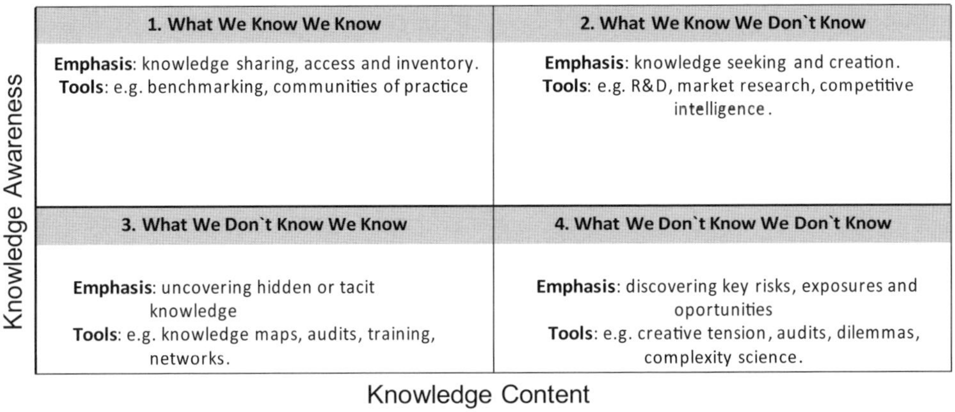

Bild 4.17 Die vier Quadranten der „Boston Box“ (Drew 1999)

Die Frage, welches Wissen für eine Organisation relevant ist, lässt sich aus verschiedenen Blickwinkeln und auf unterschiedlichen Ebenen beantworten (vgl. z. B. Saad 2011, Mulder/Whiteley 2007, Haider 2009). Um bestimmen zu können, welches Wissen von besonderer Bedeutung für die Organisation ist, müssen geeignete Kriterien entwickelt werden, um den potenziellen Wert abschätzen zu können (vgl. Pawlowsky/Reinhardt 2002, S. 7). Welche spezifischen Informationen für ein Unternehmen relevant sind, ist nur vor dem Hintergrund des Geschäftsfeldes und der Strategie einer Organisation zu entscheiden. Erfolgsrelevantes Wissen trägt zur Wettbewerbsfähigkeit bei und kann als Grundstein für spezifische Kernkompetenzen betrachtet werden. So sieht auch Al-Laham (2003, S. 309) kritisches Wissen in Abhängigkeit von dessen Beitrag bzw. Potenzial zur Verankerung und zum Ausbau von Wettbewerbsvorteilen.

Aus ressourcenorientierter Sicht des strategischen Managements ergeben sich folgende Eigenschaften, die für eine Erhebung und Analyse des strategisch relevanten Wissens sprechen (Zack 1999b, S. 128):

- Generierung neuen Wissens: Bestehende Fähigkeiten und Ressourcen lassen sich effizienter koordinieren, kombinieren und somit auf neue und spezifische Weise Kundennutzen über das Niveau von Konkurrenten hinaus generieren.
- Strategische Relevanz: Überdurchschnittliche intellektuelle Ressourcen bzw. Fähigkeiten befähigen Organisationen, traditionelle Ressourcen effektiver als Konkurrenten einzusetzen. Dadurch werden Fähigkeiten, Wissen zu beschaffen, zu integrieren, zu bewahren, zu teilen und anzuwenden zur grundlegenden Voraussetzung, um nachhaltige Wettbewerbsvorteile aufzubauen.

- Einzigartigkeit (Imitierbarkeit): Durch Beziehung auf spezifische Kontexte und Lernen aus Erfahrung ist strategisches Wissen nur schwer zu imitieren bzw. gewissermaßen einzigartig. Zudem handelt es sich dabei um implizites Wissen, welches in organisationalen Routinen gespeichert ist.
- Dauerhaftigkeit: Um solches Wissen zu erwerben, müssten Konkurrenten ähnliche Erfahrungen sammeln und Lernanstrengungen durchführen. Da dies jedoch wertvolle Zeit erfordert und gleichzeitig der Lernumfang mit dem Bestand an Wissen zunimmt, sind wissensbasierte Wettbewerbsvorteile von dauerhafter Natur. Ein weiterer Grund für nachhaltige Wissensvorteile liegt in der Möglichkeit, neu erworbenes Wissen mit bestehendem Wissen auf spezifische Weise zu verbinden und aus diesem Zusammenwirken neues, potenziell wertvolles Wissen für die Organisation bzw. die Befriedigung von Kundenbedürfnissen zu generieren.

An das Verständnis der inhaltlichen Ausrichtung der Wissenserhebung schließen sich unmittelbar Fragen nach dem methodischen Vorgehen an. Während Wiig lediglich eine Begriffsdefinition bietet, formulieren Albrecht (1993), Amelingmeyer (2000) sowie Al-Laham (2003) bereits einen ausführlichen Ansatz zur Erhebung und Untersuchung der organisationalen Wissensbasis. Die Wissensanalyse ist dabei Teil eines umfassenden Konzepts zur Umsetzung eines strategischen Wissensmanagements. Durch die Analyse der im Unternehmen vorhandenen Wissensbasis soll das strategisch relevante Wissen identifiziert werden. Ziel der Wissensanalyse ist die Schaffung von Wissenstransparenz über die Wissensbasis, um Schwächen und Stärken im Unternehmen zu erkennen und anhand der gewonnenen Erkenntnis eine Wissensstrategie formulieren zu können. Diese bildet die Voraussetzung für die spätere Kontrolle der Wissensmanagementaktivitäten. Aufbauend auf den Erhebungsergebnissen erfolgt die Präsentation bzw. Repräsentation des Wissens, die Strukturierung und die Überführung der Erhebungsergebnisse in eine aussagefähige und technisch verarbeitungsfähige Form. Mit einer Identifikation von (möglichen) Wissensquellen ist allerdings nicht zwangsläufig auch die Zugriffsmöglichkeit auf dieses Wissen verbunden.

Die Erfassung von Wissensbeständen, die dann auch die Zugriffsmöglichkeit sicherstellt, ist im Übrigen nicht nur mit Vorteilen verbunden. Die Erarbeitung von Interviewleitfäden, Fragebögen und deren Auswertung ist zeit- und ressourcenintensiv (vgl. Probst et al. 2006, S. 71). Bei Beschränkung auf kritische Fähigkeiten der Organisation sollten die Vorteile jedoch den Aufwand langfristig rechtfertigen. Allerdings kann der Aufwand zur Erhebung von Expertenwissen so hoch sein, dass es sinnvoller ist, in einem Verzeichnis auf den Experten mit Hinweis auf seine Expertise zu verweisen (vgl. Probst et al. 2006, S. 71). Zudem werden eingesetzte Instrumente wie beispielsweise Wissenskarten schnell sehr komplex und unübersichtlich. Sind keine Prozesse zur Gewährleistung der Aktualität und Qualität von Wissensverzeichnissen etabliert, verlieren sie schnell an Nutzen und das Vertrauen der Nutzer geht verloren. Weitere kritische Aspekte von Wissenskarten gelten auch für die Wissensidentifikation im Allgemeinen (vgl. Probst et al. 2006, S. 70 f.):

- Die internen Machtverhältnisse werden durch die Verbreitung von Wissen verschoben, was zu Widerständen der Personen führen kann, die ihren bisherigen Wissensvorsprung als Machtposition auffassen.
- In wirtschaftlich angespannten Zeiten sind umfassende Maßnahmen zur Wissensidentifikation schwer zu realisieren. Mitarbeiter sind aus Angst um den Verlust des eigenen Arbeitsplatzes weniger gewillt, ihre Kompetenzen und ihr Wissen preiszugeben.

- Wissenskarten können erst dann in vollem Umfang Nutzen stiften, wenn Wissen als Ressource im Unternehmen übereinstimmend als wertvoll angesehen wird. Wissenskarten sind daher im Falle der Existenz eines funktionierenden internen Wissensmarkts besonders wirkungsvoll.

Besonderer Schaden kann sich aus der Wissenstransparenz ergeben, falls Headhunter oder sonstige außenstehende Personen sich unrechtmäßig Zugriff auf die internen Wissensverzeichnisse verschaffen und diese für ihre eigenen Interessen nutzen (z. B. Abwerben von Experten oder die Weitergabe kritischer Dokumente an Konkurrenten). Hierdurch entstehen zusätzliche Kosten zur Sicherung der organisationalen Wissensbasis vor unerwünschten Zugriffen.

Versucht man einen Überblick über verfügbare Methoden für eine systematische Wissenserhebung zu gewinnen, so lassen sich folgende Kategorien identifizieren:

- Wissensaudits und Wissensanalyse,
- Methoden des strategischen (Wissens-)Managements: z. B. Skill Mapping, Skill-Cluster-Analyse, wissensbasierte SWOT-Analyse sowie Identifikation von Kernkompetenzen,
- Methoden der Wissenserhebung in Verbindung mit dem Kompetenz- bzw. Skill-Management,
- Methoden der Wissenserhebung in Verbindung mit der Erstellung von Wissenskarten,
- Erhebung von Wissen in bzw. aus Geschäftsprozessen.

Viele Methoden lassen eine Fokussierung auf das für die Organisation erfolgskritische Wissen vermissen. Prozessorientierte Wissensaudits (wie z. B. von Perez-Soltero et al. 2006, vgl. auch Orth et al. 2008), die im Umfeld vermuteter organisationaler Kompetenzen eingesetzt werden, beseitigen diesen Mangel. Ein diesbezüglicher Ansatz wurde von Fitzek (2002) entwickelt, der die Identifikation von individuellen und organisationalen Kompetenzen verbindet und in einen direkten Zusammenhang setzt. Seit einigen Jahren wird in der Literatur zunehmend die Identifikation von Kernkompetenzen mit Detailanalysen bzw. einer Mikrofundierung vertieft. Weitere Anleihen lassen sich beim Kompetenz- und Skill-Management nehmen. Am weitesten fortgeschritten sind heute die Kompetenzermittlungsmethoden im Rahmen der Personalentwicklung. Hierbei handelt es sich allerdings primär um Methoden zur Einschätzung und Bewertung der individuellen Kompetenzen der Mitarbeiter. Ergebnisse aus Befragungen deuten darauf hin, dass sich Manager der Bedeutung der Erhebung des spezifischen, firmeneigenen Wissens bewusst sind, jedoch in der Unternehmenspraxis zum Management des Wissens auf traditionelle informationstechnische Instrumente wie Erfahrungsdatenbanken oder Gelbe Seiten setzen (vgl. Andreu et al. 2008, S. 104 f.). Der personenbezogenen Wissenserhebung (im Unterschied zur organisationsbezogenen Erhebung) kommt in Verbindung mit Mitarbeiterfluktuation, Pensionierung u. ä. eine nachvollziehbare Bedeutung zu. Ein praktisches Beispiel mit einer Beschreibung des Vorgehens und der verwendeten Werkzeuge findet sich bei Coffey/Eskridge (2008). Aus Sicht der Praxis mangelt es insgesamt noch an der fehlenden Bewährung der theoretischen Modelle. Synonym für „Wissenserhebung“ werden übrigens auch die Begriffe Wissensidentifikation, Wissensaudit, Skill Mapping, Knowledge Inventory, Wissensanalyse u. ä. verwendet.

Einige ausgewählte Ansätze zur Wissenserhebung (vgl. dazu auch Roy et al. 2014, Orth et al. 2008) sollen anschließend noch etwas genauer vorgestellt werden, nämlich die Knowledge Audit-Analyse nach Choy et al. (2004), der Material Knowledge Audit-Methode nach Sharma/Chowdhury (2007), das Wissensprofil nach Schüppel (1996), die Wissensauditierung der Kernprozesse nach Perez-Soltero et al. (2006) und die Unternehmenskompetenzanalyse nach Fitzek (2002).

Choy et al. (2004) stellen mit der **Knowledge-Audit-Analyse** eine Methodik vor, die sich aus den drei Phasen Vorbereitung, Durchführung und Analyse im Rahmen eines Wissensaudits zusammensetzt. Sie verbinden dabei das eigentliche Audit mit einer vorbereitenden Erhebung und der Darstellung der Ergebnisse in Form von Wissenskarten, mit der anschließenden Analyse der identifizierten personellen Wissensquellen durch eine Soziale-Netzwerk-Analyse (vgl. Abschnitt 2.4.3). In der Vorbereitungsphase werden der Zweck und die Methodik des Audits den Organisationsmitgliedern vermittelt. Danach wird die Einstellung gegenüber bzw. die Bereitschaft für Wissensmanagement-Initiativen im Allgemeinen erhoben und bewertet. Damit soll der Bedarf an begleitenden Change-Management-Aktivitäten ermittelt werden. Phase zwei besteht in der Durchführung des eigentlichen Wissensaudits. Dazu wird ein Protokoll bestehend aus drei Fragekategorien zu den Verantwortlichkeitsbereichen der Befragten verwendet. Die erste Sektion enthält Fragen zu Wissen, Expertise oder Fähigkeit, die für Entscheidungen zu beherrschen sind. Im zweiten Abschnitt zielen die Fragen auf die genutzten Wissensquellen der Befragten und der daraus erhaltenen Wissensarten. Zweck dieser ersten beiden Fragebereiche ist die Bestandsaufnahme von Wissen und die Identifikation von Wissensflüssen zwischen verschiedenen Beteiligten. Im dritten Abschnitt sollen die Befragten die Expertise ihrer Wissensquellen bewerten. Dies geschieht durch eine Skala von eins bis fünf anhand der Kriterien Signifikanz, Komplexität, Glaubwürdigkeit und Reaktionszeit auf Anfragen. Diese Bewertung bildet die Grundlage für die Soziale-Netzwerk-Analyse (SNA), deren Zweck es ist, die primären Wissenslieferanten, Wissensbezieher und Wissensbroker zu ermitteln. Die aus zusätzlichen Tiefeninterviews gewonnenen Informationen werden in Phase drei in einer Wissensdatenbank abgelegt. Sie enthält damit Daten darüber, wer in welcher Abteilung des Unternehmens und verantwortlich für welchen Prozess über welches Wissen verfügt und wie dieses von anderen bewertet wurde (vgl. Choy et al. 2004, S. 679). Diese Informationen lassen sich in Wissenskarten strukturiert darstellen. Zusätzlich können mit Hilfe der Sozialen-Netzwerk-Analyse kritische Wissenslieferanten und -kunden ermittelt werden.

Das **Material-Knowledge-Audit** beschränkt sich auf die Betrachtung von Geschäftsprozessen, von denen ein Schlüsselbeitrag zum Geschäftserfolg erwartet wird. Es besteht aus den Komponenten Wissensbedarfsanalyse, Wissensbestandsanalyse, Wissensflussanalyse und Erstellung von Wissenskarten. Aus diesem Methoden-Mix werden hier nur kurz die Teile Wissensbedarfsanalyse und Wissensinventur vorgestellt, da die weiteren Teile des Audits ähnlich zu den bekannten Methoden sind. Bei der Analyse des Wissensbedarfs geht es um die Frage, welches Wissen die Unternehmung in Zukunft besitzen muss und welches Wissen bereits zur Verfügung steht, beides unter Berücksichtigung der strategischen Ausrichtung und möglichen zukünftigen strategischen Herausforderungen (vgl. Sharma/Chowdhury 2007, S. 5). In Bild 4.18 sind diese Wechselwirkungen zwischen Wissen und Strategie dargestellt. Durch diese Vorüberlegungen wird der Fokus auf strategisch relevantes Wissen sichergestellt. Die Analyse des Wissens erfolgt auf drei Ebenen. So sind organisationsweit oder in den einzelnen Geschäftsbereichen je nach strategischer Ausrichtung und organisatorischer Struktur, oder auch in Kombination, Funktionen, Schlüsselprodukte und Kernkompetenzen auf ihren Wissensbezug zu untersuchen. Ist das Umfeld der Analyse auf diese

Weise eingegrenzt, wird auf individueller Ebene nach vorhandenen Wissensarten, Wissensquellen, Wissensprodukten, Wissensprozessen, Schlüsselpersonen usw. gesucht und der Umgang mit Wissen analysiert.

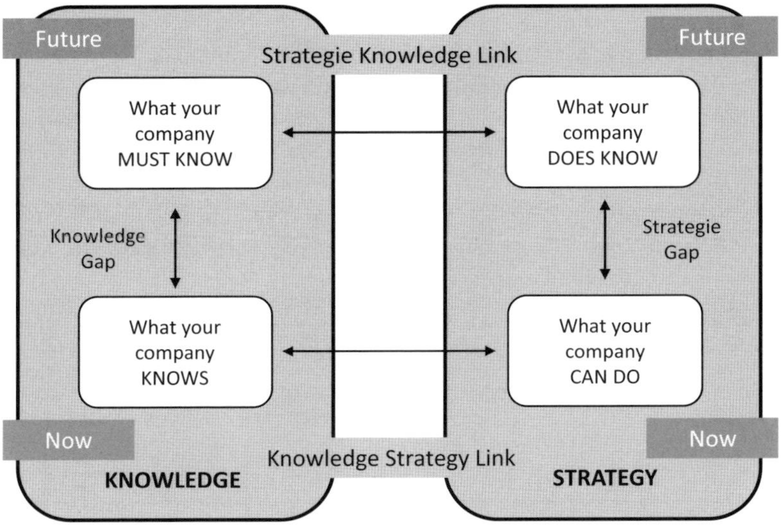

Bild 4.18 Anknüpfungspunkte zwischen Wissen und Strategie (nach Sharma/Chowdhury 2007 in Anlehnung an Zack 1999b, S. 136)

Die Erfassung des Wissensbestandes orientiert sich zum einen an vorhandenen physischen Wissensartefakten und zum anderen an personengebundenem Wissen. Im letzteren Fall sind beispielsweise die Qualifikationen sowie die besonderen Fähigkeiten und die Expertise der Mitarbeiter von Interesse. Bei den expliziten Wissensbeständen betrifft eine Kernfrage die Bewertung der Zwecke, der Relevanz und Qualität dieser Ressourcen. Dafür finden Befragungen in Form von Interviews oder mit Hilfe von Fragebögen statt. Die Ergebnisse dieser Phase lassen sich anschließend in einer Wissenskarte darstellen (vgl. Sharma/Chowdhury 2007, S. 6).

Schüppel (1996) schlägt als Methode die **Erstellung eines Wissensprofils** vor, wobei zur Ableitung von Wissenslücken dem intern vorhandenen Wissen das zur Problemlösung notwendige Wissen gegenübergestellt wird. Auf diese Weise werden die Ergebnisse einer Wissenslandkarte mit einem „konkreten Handlungs- und Entscheidungsproblem der Organisation verknüpft" (Schüppel 1996, S. 216). Durch den Abgleich des notwendigen mit dem bestehenden Wissen wird das vorhandene problemlösungsrelevante Wissen bestimmt. Wesentlichen Einfluss darauf hat die Einschätzung darüber, welches Wissen jetzt und in Zukunft als notwendig betrachtet wird. Zuerst müssen diejenigen Wissensteile ermittelt werden, die zur Erfüllung eines Kundenproblems notwendig sind, um im Anschluss daran das intern vorhandene gegenüberzustellen. Ein „Ist-Wissensprofil" entspricht einer systematischen Auflistung vorhandenen Wissens, das die Handlungs- und Wettbewerbsfähigkeit des Unternehmens bestimmt. Dieses wird erstellt, um das auf die Kernkompetenzen bezogene Erfolgswissen und die eigene Wettbewerbsposition zu ermitteln. Unter Kernfähigkeiten oder Kernkompetenzen der Organisation versteht Schüppel (1996, S. 229) die Teile bzw. Kompetenzkombinationen der organisatorischen Wissensbasis, die sich von denjenigen der Konkurrenz abheben und die Grundlage der eigenen Handlungsfähigkeit darstellen. Ausgangspunkte der Suche nach relevanten Wissenselementen bieten nach Schüppel Wertschöpfungsketten, Organigramme, Ablaufpläne oder sonstige organisatorische Darstellungsformen. Auf dieser Basis muss für das Ist-Wissensprofil zusätzlich eine detaillierte Aufschlüsselung der Kernkompetenzen gemacht werden. Anschließend werden die Kernfähigkeiten durch konkrete Wissensfelder spezifiziert. So werden diejenigen Wissensinhalte ermittelt, die die gegenwärtige Handlungs- und Wettbewerbsfähigkeit der Organisation bestimmen. Zusätzlich lässt sich durch Benchmarking die Bedeutung des Wissens relativ zu Konkurrenten einschätzen (vgl. Schüppel 1996, S. 231). Ein Formularbeispiel für die Erfassung des Ist- und Soll-Wissensprofils zeigt Bild 4.19. In diesem Fall wurde das Wissen entlang der Wertschöpfungskette erhoben. Die einzelnen Elemente sind jeweils kurz beschrieben und werden im Zuge der Erfassung entsprechend ihrer gegenwärtig vorhandenen organisatorischen Ausprägung eingetragen.

Erfolgswissen	gegenwärtig vorhanden					zukünftig notwendig				
	Beschreibung	Wissensposition				Beschreibung	Wissensposition			
		schwach			stark		schwach			stark
		1	2	3	4		1	2	3	4
Forschung und Entwicklung • Grundlagenforschung • anwendungsorientiert										
Beschaffung • Rohstoffe • Kapital • Arbeit										
Logistik •										

Bild 4.19 Ausschnitt aus einem Formularbeispiel zur Erfassung der Wissensprofile (Schüppel 1996, S. 240)

Die Methodik der Wissensauditierung nach Perez-Soltero et al. (2006) zielt darauf ab, die Wissensbestände einer Organisation in Verbindung mit den Kernprozessen zu erfassen. Dadurch soll sichergestellt werden, dass vor allem das erfolgskritische Wissen ermittelt wird. Aus den Ergebnissen des Wissensaudits werden anschließend Schwerpunkte der Wissensmanagement-Strategie abgeleitet. Im Rahmen des systematischen Vorgehens nach Perez-Soltero et al. (2006, S. 5 – 8) sind die folgenden zehn Schritte vorgesehen:

1. **Erfassung von Informationen über die Unternehmensstrategie und Identifikation der Geschäftsprozesse:** In einem Meeting mit den Führungskräften werden Ziel, Zweck und Vorgehen des Audits erläutert und die Erwartungen der Manager bzgl. des Wissensmanagementprojekts abgefragt. Ziel ist es, die Unternehmensmission und die Zielsetzungen vor dem Hintergrund der Unternehmenskultur, den Traditionen und dem Unternehmensumfeld zu identifizieren. Zur Erfassung von Informationen über Geschäftsprozesse sind Prozessdokumentationen zu beschaffen bzw. zu überprüfen. Des Weiteren wird ein Fragebogen zur Ermittlung der Einstellung der Organisationsmitglieder bzgl. Wissenserwerb und Wissensteilung eingesetzt. Diese Arbeitsphase wird durch

Interviews und die Erschließung weiterer Informationsquellen wie Strategiebeschreibungen, Handbücher etc. unterstützt.

2. **Identifikation der Kernprozesse und Aufstellen von Messkriterien:** Ziel dieser Phase ist es, die Kernprozesse der Organisation zu identifizieren, in denen nützliches Wissen vermutet wird bzw. die kritisch für den Unternehmenserfolg sind. Ausgangspunkt hierfür ist die Bestimmung von kritischen Erfolgsfaktoren, um Kundenwünsche zu befriedigen. Dazu gehören bspw. Effizienz, Wartezeiten, Verlässlichkeit, Preis, Qualität etc. Um den Einfluss von Prozessen auf den Unternehmenserfolg und die Unternehmensmission zu bewerten, werden Kriterien wie „generierter Umsatz“, „Kundenreichweite“ oder „Kundenzufriedenheit“ verwendet. Der Fragebogen aus Phase 1 wird nun um Fragen erweitert, die zur Identifikation der Kernprozesse beitragen können. Außerdem wird ihre von Organisationsmitgliedern wahrgenommene Leistung abgefragt, sowie welche Prozesse wissensmanagementbezogene Tätigkeiten („Acquisition & Learning; Storage & Maintenance; Application and Exploitation; Dissemination & Transfer; Knowledge Creation; and Performance Measurement“) unterstützen. Hilfestellung bieten Antworten des Fragebogens, allgemeine Unterlagen und Dokumente mit quantitativen Informationen (bspw. zu Verkaufszahlen, Kundeninformationen usw.) sowie sonstige Unterlagen, die den Einfluss eines Prozesses auf die Unternehmensmission und Kundenzufriedenheit beurteilen lassen. Zur Messung von Wissensprozessen verweisen die Autoren auf das WM-Prozessmodell des „Centre for Knowledge Management“ (vgl. dazu Burnett et al. 2004).
3. **Priorisierung und Auswahl der Kernprozesse:** Anhand der eben beschriebenen Kriterien werden die Kernprozesse ausgewählt und diejenigen mit dem größten Einfluss auf den Unternehmenserfolg nach dem Pareto-Prinzip zuerst betrachtet. Es ist davon auszugehen, dass eine kleine Anzahl von Prozessen den Hauptanteil der Verbesserungspotenziale repräsentiert. Nach erfolgter Zuweisung von Prioritäten wird in Absprache mit den Führungskräften der Organisation festgelegt, welche Kernprozesse nach Wissensbeständen und Wissensflüssen untersucht werden. Informationen der vorhergehenden Phasen und eine Liste der priorisierten Kernprozesse unterstützen die Arbeit in dieser Phase.
4. **Ermittlung von Schlüsselpersonen:** Um die Schlüsselpersonen der betrachteten Kernprozesse zu identifizieren, wird auf vorliegende Dokumente (Personalinformationen) zurückgegriffen und es werden Interviews mit Managern bzw. Mitarbeitern der involvierten Bereiche durchgeführt.
5. **Treffen der Schlüsselpersonen:** Zweck dieser Phase ist es, die Schlüsselpersonen über das Wissensaudit und WM-Prozesse im Allgemeinen aufzuklären. Hierfür wird ein Meeting zusammen mit den Managern und den identifizierten Schlüsselpersonen veranstaltet. Die Anwesenheit von Führungskräften ist wichtig, um die Bedeutung des Projekts und dessen Unterstützung durch das Management zu unterstreichen.
6. **Erfassung der Wissensbestände:** Um die relevanten Wissensbestände zu erfassen, werden Fragebögen und Tiefeninterviews eingesetzt. Die dabei verwendeten Fragestellungen beziehen sich auf den Kontext der Phasen 6 und 7. Nachdem bisher nur einige Kernprozesse für das Audit ausgewählt wurden, sind die erfassten Wissensbestände auf deren Umfeld beschränkt. Erst wenn alle Kernprozesse analysiert worden sind, ist es möglich, eine umfassende Aussage über das relevante Wissen der Organisation zu machen.

7. **Analyse des Wissensflusses:** Für diese Phase werden der Fragebogen bzw. die Interviews um Fragen ergänzt, wie explizites und implizites Wissen innerhalb des Prozesses ausgetauscht wird. Die Ergebnisse sind auch hier zunächst auf die ausgewählten Kernprozesse beschränkt.
8. **Knowledge Mapping:** Die Ergebnisse der Phasen 6 und 7 werden in Wissenskarten übertragen und visualisiert. In diesen Wissenskarten ist verzeichnet, welche Wissensquellen über welches Wissen verfügen, wo sie sich befinden, wie der Grad ihrer Verfügbarkeit ist und mit welchen anderen Wissensquellen sie interagieren. Nachdem alle Kernprozesse analysiert wurden, erhält man dadurch ein Verzeichnis des Kernwissens der Organisation. Als Werkzeug werden softwaregestützte Wissenslandkarten empfohlen.
9. **Knowledge Audit Reporting:** Nach Abschluss der Analyse werden die Ergebnisse dem Management vorgestellt. Der Bericht enthält Empfehlungen bzw. Vorschläge für die kurz-, mittel-, und langfristige WM-Strategie. Neben dem aktuellen Status der Wissensbestände, Potenzialen des Umgangs mit Wissen und der Leistungsfähigkeit der Geschäftsprozesse werden auch Schwächen und Wissenslücken beschrieben und Empfehlungen für kontinuierliche Verbesserungsmöglichkeiten gegeben.
10. **Kontinuierliche Durchführung weiterer Wissensaudits:** Zum einen müssen noch die verbliebenen Kerngeschäftsprozesse analysiert werden, um das Wissensaudit abzuschließen, zum anderen ist über periodische Folge-Audits die Aktualität der erhobenen Informationen sicherzustellen.

Fitzek folgt in seiner **Unternehmenskompetenzanalyse** der Definition von Kompetenz nach von Krogh/Roos (1992), die Kompetenz als Übereinstimmung von Wissen und Aktivitäten bezeichnen. Kernkompetenzen der Unternehmung verleihen den Endprodukten darüber hinaus unverwechselbare Eigenschaften mit sichtbarem Kundennutzen und führen damit zu einer langfristigen Bindung der Kunden an das Unternehmen (vgl. Fitzek 2002, S. 27). Sie basieren auf Ressourcen und Fähigkeiten, sind im Idealfall einzigartig und stellen damit einen entscheidenden Wettbewerbsvorteil dar.

Die Identifikation von Unternehmenskompetenzen erfolgt mit dem Ziel, Art und Struktur der vorhandenen Kompetenzen bzw. Kompetenzfelder zu ermitteln (vgl. Fitzek 2002, S. 38). Häufig wird im Zuge der Kompetenzdatenerhebung zwischen vorhandenen Kompetenzen und zukünftig relevanten, aber noch nicht vorhandenen Kompetenzen unterschieden. Nachfolgend wird nur auf die Erhebung bereits vorhandener Kompetenzen eingegangen.

Der erste Schritt der Ermittlung vorhandener Kompetenzen erfolgt durch Rückgriff auf bereits existierende Daten, bspw. in Personalakten oder sonstigen Dokumenten. Dadurch lässt sich ein erster grober Eindruck gewinnen. Jedoch muss beachtet werden, dass diese Daten oft nicht mehr auf dem aktuellen Stand sind. Daher besteht der nächste Schritt in einer Primärdatenerhebung. Ausgangspunkt bildet die Analyse erfolgreicher Produkte oder Märkte und unternehmensinterner Prozesse. Schließlich lassen sich aus Mitarbeiter-, Kunden- und Lieferanten-Befragungen detailliertere Daten gewinnen. Die Ergebnisse können anschließend durch Kunden- und Lieferanten-Befragungen überprüft und gegebenenfalls ergänzt werden. Anstatt der halbstandardisierten Interviews könnte auch die Variante einer moderierten Gruppendiskussion gewählt werden. Bei einer erstmaligen Erhebung ließe sich so eine gegenseitige Stimulation der Teilnehmer erreichen. Jedoch werden in dieser Form individuelle Auffassungen vernachlässigt und möglicherweise dem Gruppenkonsens untergeordnet (vgl. Fitzek 2002, S. 39). Die Erhebungsergebnisse werden schließlich in strukturierter Form nach Methoden- und Fachkompetenzfeldern dokumentiert und in Kompetenzdiagrammen dargestellt. Hierbei sollte aufgrund des nicht unerheblichen Analyseaufwands eine Konzentration auf die Kernmärkte des Unternehmens erfolgen. Das Kompetenzdiagramm dient außerdem als Träger der Analyseergebnisse und damit als Grundlage weiterer Untersuchungen.

Mit der Unternehmenskompetenzanalyse wird das Ziel verfolgt, die Wirkstruktur und das aktuelle Entwicklungsniveau der Unternehmenskompetenzen aufzudecken. Dazu wird zum einen eine detaillierte Analyse der identifizierten Methoden- und Fachkompetenzfelder durchgeführt. Um die vorhandenen kritischen und strategischen Kompetenzen zu identifizieren, werden mehrere Verfahren angewandt: Skill Mapping, Skill-Cluster-Analyse und Kompetenzportfolioanalyse. Im Endergebnis soll der Kompetenzentwicklungsbedarf anhand einer Competence-Gap-Analyse bestimmt werden. Skill Mapping soll vorhandene Kompetenzen qualitativ bewerten. Dazu werden die Anforderungen bearbeiteter und neuer Märkte sowie ein Konkurrenzvergleich herangezogen. Die Skill-Cluster-Analyse soll Wechselwirkungen innerhalb des Kompetenzgefüges zu Tage bringen. Unter anderem wird hierzu die Häufigkeit analysiert, mit der eine Kompetenz verwendet wird. Schließlich werden die Ergebnisse aus Skill Mapping und Skill-Cluster-Analyse in der Kompetenzportfolioanalyse zusammengefasst, um kritische wie strategische Kompetenzen zu erfassen und Handlungsfelder abzuleiten.

Zur Erfassung der Ist-Kompetenzprofile der Mitarbeiter wird ein mitarbeiterbezogenes Kompetenzprofil erstellt. Die Unternehmenskompetenzen werden feiner aufgegliedert, wie in Bild 4.20 dargestellt, und schließlich in Fach- und Methodenkompetenzen getrennt. Die Ausprägungen der Unternehmenskompetenzen sollen auf Ebene des einzelnen Mitarbeiters mit Hilfe eines Kompetenzprofils gemessen werden. Dafür muss eine mitarbeiterbezogene Bewertungsskala eingeführt werden. Es ist in Abwägung der gegebenen Situation zu entscheiden, welche identifizierten Fach- und Methodenkompetenzfelder in die Messung und somit das mitarbeiterbezogene Kompetenzprofil einbezogen werden sollen.

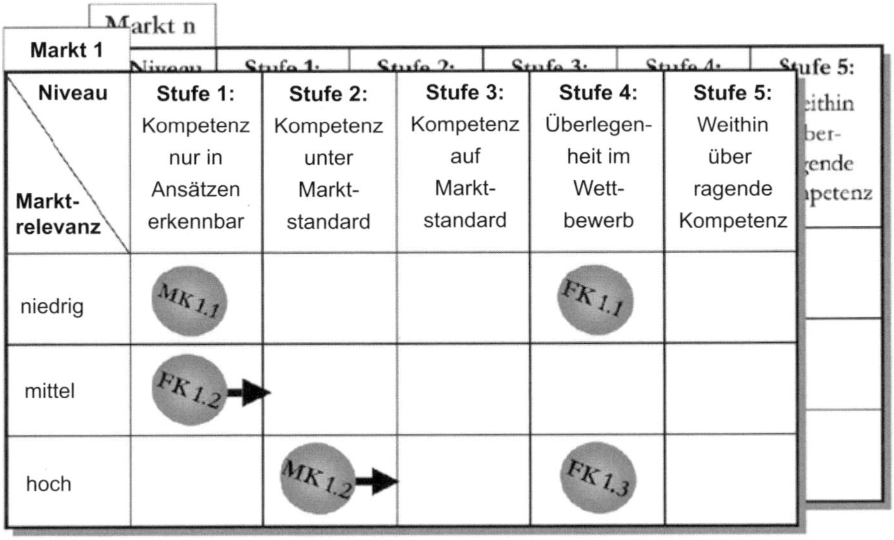

Bild 4.20 Beispiel einer Skill-Map (Fitzek 2002, S. 46)

- Werden sämtliche Unternehmenskompetenzen in dem mitarbeiterbezogenen Kompetenzprofil berücksichtigt, lassen sich unabhängig von der marktorientierten Sichtweise diejenigen Mitarbeiter erfassen, die für die Erfüllung einer Aufgabe die vielversprechendste Kompetenzausstattung vorweisen. Besonders wenn die Organisation und ihre Mitglieder nicht nach Märkten aufgestellt sind, bietet sich diese Vorgehensweise an.
- Ist die Zuordnung von Mitarbeitern nach Absatzmärkten bekannt, sind marktbezogene Kompetenzprofile vorzuziehen. Da hier nur marktbezogene Kompetenzen aufgenommen werden, lässt sich dadurch der Bewertungsaufwand reduzieren.
- Liegt der Fokus auf der Schließung möglicher Kompetenzlücken, lassen sich die Kompetenzprofile potenzialorientiert aufbauen. Sie weisen dann nur kritische relative oder absolute identifizierte Kompetenzlücken aus. Anhand dieser Profile werden Maßnahmen zur Schließung von Lücken vereinbart und Mitarbeiter identifiziert, die aufgrund ihrer „Teaching- oder Leading-Kompetenzausprägung“ dabei aktiv mitwirken können.

4.1.7 Vorgehensmodelle für Wissensmanagementprojekte

Im Wissensmanagement wird für die Erreichung der Ziele häufig die Projektform gewählt. Dies trifft insbesondere auf die Entwicklung und Einführung von Wissensmanagementsystemen zu, aber auch auf andere Aktivitäten des Wissensmanagements, die einen temporären Charakter haben, also einmalig sind (dazu gehört auch die Einführung und Institutionalisierung des Wissensmanagements selbst), oder die noch nicht nachhaltig in das Aufgabensystem der Organisation integriert wurden. Man kann Letzteres in Verbindung mit dem Wissensmanagement häufig beobachten, weil es sich um neuartige Aufgaben und Methoden handelt, die man zunächst einmal ausprobieren möchte. Dazu eignen sich Projekte natürlich hervorragend. Die Methoden des Projektmanagements werden für die Planung, Steuerung und Überwachung solcher Projekte eingesetzt und unterscheiden sich im Prinzip nicht von ihrer Anwendung bei anderen Projekten. Aus diesem Grund wird hierfür auf die einschlägige und umfangreich vorhandene Fachliteratur zum Projektmanagement verwiesen (z. B. Lehner et al. 1991).

Die Besonderheiten liegen bei der Strukturierung der Vorgehensschritte, wenn es um die Entwicklung von Wissensmanagementsystemen geht (vgl. auch Loebbecke/Myers 2017, Woodman/Zade 2012). Die weiteren Ausführungen werden sich daher auf die Vorgehensmodelle und das Vorgehen bei solchen Projekten konzentrieren. Ein Vorgehensmodell ist die verallgemeinerte Beschreibung eines Ablaufes. Spezialisierte Vorgehensmodelle existieren z. B. für die Softwareentwicklung, die Einführung von Softwaresystemen in einer Organisation oder für Projekte zur organisatorischen Veränderung.

Eine wichtige Frage, die vorweg gestellt werden sollte, betrifft den Auslöser für Wissensmanagementprojekte bzw. Gründe für die Einführung von Wissensmanagementsystemen. Picot und Franck weisen explizit auf die Bedarfsgetriebenheit der „Informationsproduktion“ hin (vgl. Picot/Franck 1988, S. 613), was natürlich unmittelbar auf die vorliegende Thematik übertragen werden könnte. Einzelne Beispiele aus der Praxis deuten darauf hin, dass dieser Weg von manchen Unternehmen tatsächlich auch beschritten wird. Es darf allerdings nicht übersehen werden, dass es durchaus auch technologiegetriebene „Experimente“ gibt, lerntheoretisch motivierte Projekte und verschiedene weitere Auslöser. Das Thema ist insgesamt noch wenig untersucht.

Ähnlich spärlich ist die Literatur zum Vorgehen bei der Entwicklung von Wissensmanagementsystemen. Hinweise finden sich am ehesten in Verbindung mit der Entwicklung von Intranet-Anwendungen (vgl. Kyas 1997) oder in Berichten zur Einführung des Wissensmanagements (z.B. Rey et al. 1998, Warnecke et al. 1998, Wiig 1998, Christmann-Jacoby/Maas 1997, Brücher 2004). Die Entwicklung von Wissensmanagementsystemen weicht dabei in vielen Punkten vom Vorgehen bei der Entwicklung herkömmlicher Informationssysteme oder Datenbanksysteme ab. In der Praxis können zwei sehr unterschiedliche Strategien beobachtet werden. Eine Möglichkeit ist ein technologieorientiertes Vorgehen (z.B. Intranet- oder Wiki-Einführung), verbunden mit der Absicht, dabei Erfahrungen aufzubauen und für sinnvolle Einsatzfelder zu nutzen. Die zweite Möglichkeit besteht in der gezielten Unterstützung von vorher festgelegten Prozessen oder Aufgaben und stellt nach heutigem Verständnis die sinnvollere Variante dar.

Die Ergebnisse oder Wirkungen von Wissensmanagementsystemen sind oft nur schwer oder zumindest nicht präzise vorhersagbar. Sie müssen auch nicht unbedingt einen Output im herkömmlichen Sinne liefern. Der funktionale Beitrag zu den Organisationszielen muss also mit etwas anderen Maßstäben wie bei herkömmlichen Informationssystemen bewertet werden. Das Funktionieren eines Systems im Sinne der Erfüllung technischer Systemspezifikation (z.B. als Groupware oder als Intranet) bedeutet noch keineswegs einen erfolgreichen Systemeinsatz im Sinne der intendierten Wirkungen (z.B. intensiverer Wissensaustausch).

Probleme ergeben sich möglicherweise auch durch „Planungsinseln", die sowohl sachlich als auch methodisch bedingt sind. Eng damit in Zusammenhang steht meist eine mangelnde Informationstransparenz (z.B. Welches Wissen liegt in der Organisation zu einem bestimmten Thema überhaupt vor? Wer ist Experte auf speziellen Gebieten? usw.). Mit dem Mehrebenenansatz der strategischen Planung (vgl. Kleinhans 1989) kann versucht werden, zumindest einen Teil dieser Schwierigkeiten zu lösen. Dabei darf allerdings nicht übersehen werden, dass manche der Probleme auch durch den Mehrebenenansatz bedingt sein können. Hier handelt es sich um einen Zielkonflikt, der methodisch nicht aufgelöst werden kann.

Als erfolgsrelevant für Projekte werden die präzise **Festlegung der Projektziele** sowie die klare Darstellung der Nutzenpotenziale für sämtliche Beteiligten angesehen (vgl. Bullinger et al. 1997, S. 44). Darüber hinaus wird für Projekte, die starke Veränderungen nach sich ziehen, das Vorhandensein eines **Machtpromotors** und eines **Fachpromotors** befürwortet, die durch ihre Begleitung den Projektverlauf sicher beschleunigen (zum Promotorenmodell siehe z.B. Lehner et al. 1991, S. 329f.). Unterstützend könnte besonders bei diesen Projekten der von Gemünden entdeckte **Beziehungspromotor** wirken (vgl. Hauschild/Gemünden 1998, Gemünden 1992). Für die technische Systementwicklung wird gerne der Ansatz des Rapid Prototyping vorgeschlagen, der zur schnellen Entwicklung und Einführung einer Pilotanwendung führen soll. Als Projektphasen für die Entwicklung eines Wissensmanagementsystems schlagen Bullinger et al. (Bullinger et al. 1997, S. 44ff.) folgende Schritte vor:

- **Initiierung und Zielfindung:** Hier sollen anhand der organisationsspezifischen Problemstellungen Ziele formuliert, ein Projektteam und der oben erwähnte Machtpromotor ausgewählt werden. Der Zielgruppe sind die Potenziale der Wissensmanagementmaßnahme vor Augen zu führen.
- **Erstellung der Wissenslandkarte:** Es wird ermittelt, welches Wissen in der Organisation vorhanden ist und welches benötigt wird, und das Wissen wird strukturiert darge-

stellt (vgl. Abschnitt 4.1.2.1). Damit können Kompetenzen, aber auch Lücken im Wissen sichtbar gemacht werden.

- **Konzeption von Zukunftsszenarien:** Für den Aufbau des Wissensmanagements in der Organisation werden verschiedene Szenarien ausgearbeitet und entsprechend den Zielvorgaben ausgewählt bzw. priorisiert.
- **Realisierungskonzept:** Die in der vorherigen Phase ausgewählten Szenarien werden konkretisiert und Maßnahmen für deren Umsetzung abgeleitet.
- **Implementierung und kontinuierliche Verbesserung:** Das Realisierungskonzept wird als Pilotprojekt umgesetzt und im weiteren zeitlichen Verlauf verbessert.

Etwas anders sieht ein Vorschlag von Wiig (Wiig 1998) aus. Er beschreibt ein Vorgehensmodell, das auf die Einführung eines integrierten Wissensmanagements abzielt:

- Ziele und Schwerpunkte für das Wissensmanagement festlegen
  - Bedarfe und Prioritäten erheben
  - Wissenslandkarte erstellen (vgl. Abschnitt 4.1.2.1)
- Hauptaktivitäten und Fähigkeiten bestimmen
- Erforderliche Unterstützung bestimmen
  - Kontrollfunktionen
  - Infrastruktur (Technik) und Stellen (Personalbedarf)
  - operative Funktionen (Wissensmanipulation)
- Koordination und Integration mit allen relevanten Programmen und Bereichen

Ein weiteres Vorgehensmodell stammt von Woodman und Zade (2012). Es sieht fünf Schritte vor, bei denen vor allem auch auf die organisationsweite Abstimmung und Konsensbildung geachtet wird:

- Phase 1: Problemanalyse („Sensemaking the Problematic Situation"); es geht vor allem um die Entwicklung einer gemeinsamen Sicht und die Identifikation des Verbesserungsbedarfs.
- Phase 2: Zielfestlegung („Envisioning an Improved Situation"); es geht dabei um ein gemeinsames Verständnis möglicher Lösungen, die auch Prozessveränderungen, die Arbeitsorganisation oder Verhaltensmuster betreffen können.
- Phase 3: Systementwurf („Designing a KMS"); da es meist nicht um Informationsflüsse, sondern um Wissensflüsse gehen wird, stehen etwas abweichend vom traditionellen IS-Design die wissensbezogenen Aspekte sowie die beteiligten Personen im Mittelpunkt des Konzepts.
- Phase 4: Implementierung („Exploring IT Options for the KMS"); hier stehen die Auswahl von Technologien und die prototypische Umsetzung im Vordergrund.
- Phase 5: Systemevolution („Managing the Evolutionary Potential of the KMS"); wegen des spezifischen Charakters von Wissensmanagementsystemen ist von einer kontinuierlichen Anpassung an sich ändernde Bedarfe in der Organisation auszugehen.

Wie man an den dargestellten Vorgehensmodellen erkennen kann, weichen die Entwicklungsschritte in vielen Punkten vom Vorgehen bei der Entwicklung herkömmlicher Informationssysteme oder Datenbanken ab (vgl. zur Softwareentwicklung z.B. Balzert 2001).

Zwar wird auch bei der Gestaltung dieser Systeme in der Wirtschaftsinformatik vom Modell der Mensch-Aufgabe-Technik-Systeme (MAT-Systeme) ausgegangen. Unterschiede ergeben sich nicht zuletzt, weil der Fokus bei Wissensmanagementsystemen bzw. beim Wissensmanagement im Allgemeinen bei der Organisationsentwicklung liegt (vgl. Abschnitt 3.1.5). Aufgrund dieses Sachverhalts wird nochmals hervorgehoben, dass es sich auch beim nachfolgenden Vorschlag um keinen standardisierten oder routinierbaren Ablauf handeln kann. Vielmehr werden bei jedem Projekt Anpassungen erforderlich sein. Ein besonderes Augenmerk ist dabei der Partizipation der späteren Nutzer bzw. Anwender des Systems zu schenken, die stärker als bei anderen Systemen die Rolle eines Mitgestalters einnehmen. Woodman und Zade fassen diese Besonderheiten in fünf Punkten zusammen (Woodman/Zade 2012, S. 185 – 192):

- Complexity principle: KMS address complexity in problematic situations
- Non-reductionist principle: KMS are different than the sum of their parts
- Just-in-time principle: KMS enable Just-in-time knowledge sharing
- Sociotechnical principle: KMS encompass organizational, social and IT aspects
- Multiple-view principle: One view of the KMS does not fit all

In Tabelle 4.4 werden diese Überlegungen integriert und aufbauend darauf ein idealtypisches Vorgehensmodell für die Entwicklung von Wissensmanagementsystemen vorgeschlagen. Die Vorstudie dient zunächst dazu, die Informationsquellen in der Organisation, aber auch außerhalb der Organisation, zu identifizieren und zu dokumentieren. Das Interesse richtet sich dabei nicht auf die operativen Daten, die computergestützt verarbeitet werden, sondern auf die tatsächliche Wissensbasis der Organisation. Die Informationsquellen können papiergebunden, personengebunden oder auf elektronischen Speichermedien (z. B. Datenbank, CD-ROM, DVD) über Computer abrufbar sein. Erhoben und dokumentiert werden soll auch die Art des Zugriffs auf diese Quellen (z. B. Push- oder Pull-System) sowie die Verantwortlichkeit für deren Aktualisierung. Auf diese Weise soll ein Überblick geschaffen werden, welche Informationen und Informationsquellen in der Organisation überhaupt vorliegen. Außerdem geht es um die Bewertung des Ist-Zustands, was die Möglichkeiten der Mitarbeiter betrifft, auf Informationen in der Organisation zuzugreifen. Welche Informationen und Informationsquellen sind erreichbar, welche gibt es überhaupt (bzw. welche sind bekannt) und wie kann darauf zugegriffen werden? Die Methoden zur Wissensrepräsentation können dabei eine wichtige Hilfestellung leisten (vgl. Abschnitt 4.1.2).

Bei der Systemrealisierung bietet sich eine stufenweise und iterative Weiterentwicklung an. In der ersten Phase sollte man sich vor allem auf die grundsätzliche Funktionalität des Systems konzentrieren. Dies hat gleich mehrere Vorteile. Es ist keine aufwendige Generalinventur des Wissens notwendig, sondern es kann zu einer allmählichen Vernetzung des dezentralen Wissens kommen (vgl. Probst et al. 2003, S. 259 f.). Dies fördert den Wissenstransfer in der Organisation sowie die Verbindung von zunehmend dezentralen und weitgehend autonomen Einheiten. Die Dezentralisierung stellt außerdem einen gewissen Selbstschutz dar, da weder das System noch die Inhalte durch Konkurrenten kopiert werden können.

Tabelle 4.4 Idealtypisches Vorgehensmodell zur Entwicklung eines WMS

Bezeichnung/Phase	Aktivitäten/Schwerpunkte
Vorstudie	▪ Problemabgrenzung und Bedarfserstellung ▪ Beteiligte Personengruppe und Rollenverständnis bei der Entwicklung und Nutzung des WMS feststellen ▪ Aufstellung eines großen Zeit- und Projektplans
Personen	▪ Entwicklerteam und Nutzergruppe (Personengruppen können sich überlappen) mit den Ansätzen (Organisatorisches Lernen, Organisationsentwicklung etc.) und den Methoden vertraut machen
Inhalte/Themen	▪ Bestandsaufnahme, Ist-Erhebung (Wie funktionierte das „System" bisher? Welche Funktionen werden benötigt?) ▪ Entwurf der Systemziele
Konzept	▪ Konzeptioneller Entwurf, jedoch ohne Details zur technischen Realisierung ▪ Technologiebewertung und -auswahl ▪ Präzisierung der Systemziele
Entwicklung	▪ Systemspezifikation ▪ Technische Konzeption ▪ Planung der Systemintegration ▪ Prototypische Implementierung
Nutzung	▪ Inbetriebnahme ▪ Evolutionäre Weiterentwicklung des Systems

Wissensmanagementsysteme erfordern in praktisch allen Phasen ihrer Entwicklung, aber auch bei ihrer Einführung und Nutzung, ein interdisziplinäres Wissen oder zumindest ein zusammenhängendes Verständnis der Bereiche Organisation, Führung, Gruppen- bzw. Verhaltenspsychologie sowie der Informatik bzw. der Zusammenarbeit der jeweiligen Experten in einem Team (vgl. Kapitel 3). Zusätzlich bedarf es natürlich der Kenntnis des zu unterstützenden Anwendungsbereichs. Damit soll nochmals unterstrichen werden, dass es sich bei derartigen Projekten meist um keine traditionellen Softwareentwicklungsprojekte, sondern um Vorhaben der Organisationsentwicklung handelt. Wissensmanagementsysteme setzen also auf einer höheren Ebene als herkömmliche Informationssysteme an. Dies setzt die Beherrschung der darunterliegenden Gestaltungsebenen als Erfolgsbedingung voraus.

4.2 Softwaretechnische Unterstützung des Wissensmanagements

Aufgrund der Komplexität und Vielfalt der Aufgaben des Wissensmanagements hat sich in den vergangenen Jahren ein umfangreiches Angebot an softwaretechnischer Unterstützung entwickelt. Die Verbindung zu den Methoden des Wissensmanagements soll vorweg kurz angesprochen werden, da einige der Methoden aus Abschnitt 4.1 auch softwaretechnisch unterstützt werden (z. B. Balanced Scorecard, Wissensmodellierung) bzw. auf Softwarelösungen angewiesen sind (z. B. Ontologien). Auf dieses Softwareangebot und diese Verbindung wird nicht weiter eingegangen, da es selbsterklärend ist. Im Sinne eines komplementären Vorgehens erfolgt die Konzentration auf jene Systeme und Technologien, welche in einem direkten und unmittelbaren Zusammenhang mit dem Wissensmanagement und seinen Aufgaben stehen.

Der Versuch einer Systematisierung der softwaretechnischen Unterstützung führt zu einer Unterteilung in die drei folgenden Ebenen:

- Basistechnologien,
- spezialisierte Werkzeuge und Systeme für das Wissensmanagement und
- vollständige Wissensmanagementsysteme.

Die Ebene der **Basistechnologien** umfasst alle grundlegenden Technologien wie z. B. Datenbanken, Office-Systeme, aber auch die Technologien, die dem Internet (bzw. Intranet) zugrunde liegen und die natürlich auch für Wissensmanagementsysteme eine elementare Bedeutung haben. Dies vor allem, da Letztere die Verteilung von Informationen umfassend unterstützen und so einen örtlich und zeitlich unabhängigen Zugriff auf Informationen ermöglichen. Die Basistechnologien sollen hier aber nicht weiter betrachtet werden, da sie ein Grundelement für die beiden anderen Ebenen bilden, durch ihren Bausteincharakter jedoch keinen originären Beitrag zum Wissensmanagement leisten.

Mit **spezialisierten Werkzeugen und Systemen** werden jene Softwaresysteme beschrieben, die zwar für einen anderen Zweck als Wissensmanagement konzipiert wurden, doch auch für bestimmte Aufgaben des Wissensmanagements verwendet werden können.

Vollständige **Wissensmanagementsysteme** dagegen werden explizit für Zwecke des Wissensmanagements entwickelt und unterstützen seine Aufgaben so umfangreich wie möglich. In den vergangenen Jahren hat sich dafür auch ein Software- und Beratungsmarkt etabliert. Bei der dritten Kategorie, den vollständigen Wissensmanagementsystemen, besteht eine enge Verbindung mit den in Abschnitt 4.1 dargestellten Methoden, insbesondere dem Projektmanagement und den Vorgehensmodellen, da diese für die Konzeption und Implementierung benötigt werden. Aufgrund ihrer Verbreitung erfolgt eine ausführliche Darstellung in Abschnitt 4.3.

Wie bereits in Abschnitt 3 beschrieben, nimmt das Wissensmanagement theoretische und methodische Anleihen in verschiedenen Nachbardisziplinen. Gleiches lässt sich auch für Wissensmanagementsysteme konstatieren, die oft bestehende Technologien und Systeme integrieren. In der Literatur finden sich zahlreiche Versuche einer Klassifikation für Wissensmanagementsysteme (vgl. Jacobsen 1996, S. 169, Allweyer 1998, S. 41 f., Apostolou/Mentzas 1998, Böhmann/Krcmar 1999, Tyndale 2002, Maier 2004, S. 231, Gronau et al. 2009, de Carvalho/Ferreira 2011, Lehner/Fteimi 2012). Interessant ist die Klassifikation von Apostolou und Mentzas, die vorhandenen Systeme anhand der Wissensumwandlungsprozesse nach Nonaka und Takeuchi (vgl. Abschnitt 2.3.2) gliedern. Ähnlich gehen auch Böhmann und Krcmar vor, die als zweite Gliederungsebene die Unterstützungsansätze Bibliotheken und Archive, Kartografie, Team- und Community-Unterstützung sowie Wissensfluss einführen. Eine solche Klassifikation erfordert die Identifikation der Wissensumwandlungsprozesse, um die vorgeschlagenen Systeme in der Praxis zielorientiert einsetzen zu können. Wieder eine andere Blickrichtung stellt den Medienbegriff in den Mittelpunkt, indem z. B. von Knowledge Media oder Wissensmedien gesprochen wird (z. B. Eibl et al. 2006).

Im Rahmen des vorliegenden Buches wurde eine funktionale Kategorisierung in Groupware-Systeme, inhaltsorientierte Systeme, Systeme der künstlichen Intelligenz, Führungsinformationssysteme und sonstige Systeme gewählt. Diese Gliederung wurde aus pragmatischen Gründen gewählt und soll die in der Literatur und Praxis anzutreffenden und mit dem Wissensmanagement in Verbindung gebrachten Systeme in einen Bezugsrahmen setzen. Dabei sind natürlich im Einzelfall Überschneidungen nicht immer vermeidbar, da manche Systemfunktionen in mehreren Kategorien benötigt werden oder die Hersteller ein Interesse an einem möglichst breiten Einsatz ihrer Systeme haben. Sieht man jedoch davon ab, so gibt die gewählte Klassifikation einen brauchbaren Überblick über das aktuelle Angebot. Trotz der noch immer anhaltenden, dynamischen Entwicklung auf dem Gebiet der Informationstechnologien wird die gewählte Systematisierung insbesondere für die Aufgaben des Wissensmanagements als längerfristig stabil angesehen.

Tabelle 4.5 Übersicht der Technologien und Systeme für das Wissensmanagement

Groupware-Systeme und Social Software	Inhaltsorientierte Systeme	Systeme der künstlichen Intelligenz	Führungsinformationssysteme	Sonstige Systeme
▪ Kommunikationssysteme ▪ Kollaborationssysteme ▪ Koordinationssysteme ▪ Social Software	▪ Dokumentenmanagementsysteme ▪ Contentmanagementsysteme ▪ Portalsysteme ▪ Lernmanagementsysteme	▪ Expertensysteme ▪ Agentensysteme ▪ Text-Mining-Systeme	▪ Data-Warehouse-Systeme ▪ OLAP-Systeme ▪ Data-Mining-Systeme	▪ Suchdienste ▪ Visualisierungssysteme

Im Folgenden sollen die in Tabelle 4.5 im Überblick genannten Systeme im Hinblick auf den Einsatz im Wissensmanagement beschrieben werden. Es erfolgt zunächst eine Erklärung der Systeme, und soweit dies sinnvoll erscheint, werden auch einige konkret verfügbare und verbreitete Systeme aufgeführt. Auf die eigentlichen Wissensmanagementsysteme wird in Abschnitt 4.3 eingegangen. Der Markt für Wissensmanagementsoftware bzw. Wissensmanagementsysteme ist sowohl dynamisch als auch unübersichtlich. Einen guten Überblick über besonders innovative Systeme erhält man über KMWorld, wo jedes Jahr die 100 führenden Anbieter von Wissensmanagementsystemen vorgestellt werden (vgl. McKellar 2014, www.kmworld.com).

4.2.1 Groupware-Systeme und Social Software

Groupware steht in engem Zusammenhang mit dem Konzept des Computer Supported Cooperative Work (CSCW). Sie hat sich in den letzten Jahren zu einem wichtigen Anwendungsbereich entwickelt, wobei das Ziel vor allem in der Unterstützung der Kooperation und Koordination von Gruppen und Teams besteht. Mit den Mitteln der Informations- und Kommunikationstechnologie soll die Effektivität und die Effizienz der Gruppenarbeit erhöht werden. Eine Überschneidung mit Funktionen von Dokumentenmanagementsystemen und

Workflowmanagementsystemen ist damit nie ganz zu vermeiden. Für das Wissensmanagement ist die Groupware ein ganz zentraler Baustein, da damit der Mensch als Wissensobjekt und als Wissenssubjekt unmittelbar eingebunden und unterstützt wird. Eine Klassifikation der Anwendungen ist nach recht unterschiedlichen Kriterien möglich. Borghoff und Schlichter schlagen folgende Einteilung vor (vgl. Borghoff/Schlichter 2000, S. 125):

- Kommunikationssysteme (Communication) zielen hauptsächlich auf einen Informationsaustausch ab;
- Kollaborationssysteme (Collaboration) unterstützen Benutzer bei der Arbeit an gemeinsamen Objekten oder Informationsressourcen;
- Koordinationssysteme (Coordination) zielen auf eine Unterstützung der Strukturierung von Aufgaben und eine Kontrolle der Ausführung ab.

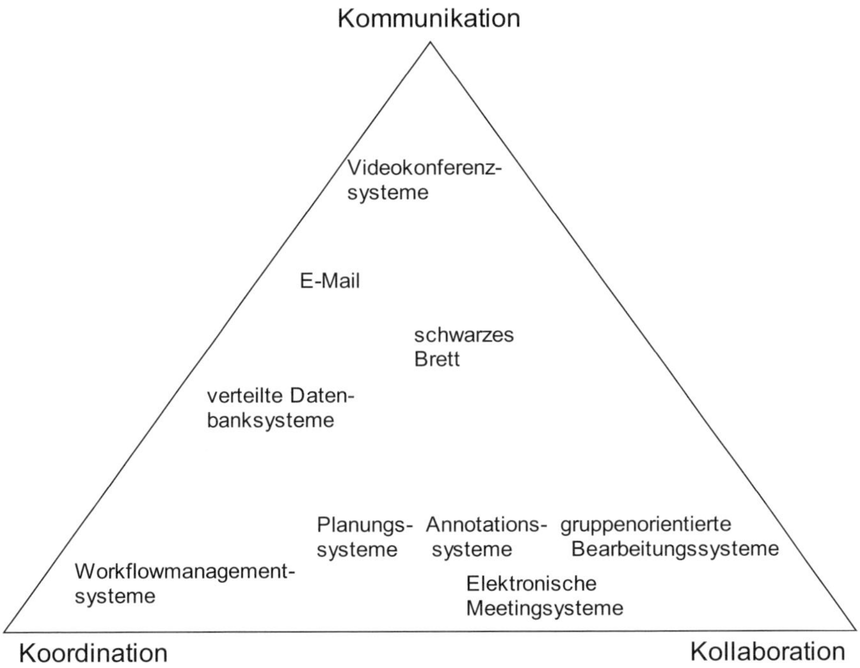

Bild 4.21 3C-Modell zur Klassifikation von Groupware-Systemen (vgl. Borghoff/Schlichter 2000, S. 125)

Dieser Klassifikation lassen sich eine Vielzahl von Systemen zuordnen, die teilweise noch genauer erläutert werden (vgl. Bild 4.21). Natürlich gibt es auch Überschneidungen und insbesondere bei den Social-Software-Anwendungen finden sich meist mehrere Funktionalitäten kombiniert.

4.2.1.1 Kommunikationssysteme

Als Mittel und Medium für den Aufbau einer organisatorischen Wissensbasis stellt sich immer wieder die Kommunikation heraus. Jede bewusste Verbesserung sollte daher das Zusammenwirken der Akteure und die Verknüpfungen im Rahmen von Kommunikationsprozessen beobachten (vgl. Wahren 1996, 127). Obwohl über die Bedeutung der Kommunikation mittlerweile kein Zweifel mehr besteht, bereitet ihre sinnvolle und bewusste Gestaltung in Organisationen erhebliche Probleme. Selbst umfangreiche Weiterbildungsmaßnahmen von Führungskräften zeigen oft keine oder nur mäßige Verbesserungen. Die Lösung wird von Wahren (1996, S. 128) in einer Ablöse des personenzentrierten Ansatzes durch systemtheoretische Perspektiven und Selbstorganisationsprozesse gesehen. Eine unmittelbare Konsequenz ist allerdings die Einsicht, dass sich die Kommunikation der bewussten Steuerung oder einer Beeinflussung durch die Akteure weitgehend entzieht. Zur Aktivierung sozialer Kräfte und zur Freisetzung des vorhandenen Potenzials ist jedoch die Kopplung von Personen über die Kommunikation unabdingbar. Durch die zusätzliche Visualisierung und Explikation (Externalisierung) von persönlichen Informationen, Zielen, Vorstellungen, Wissenseinheiten usw. werden Zusammenhänge für alle Beteiligten transparent und verständlich.

Kommunikation bezeichnet im Allgemeinen den Austausch von Gedanken in Form von Sprache, Schrift oder Bild. Somit können Kommunikationssysteme als Systeme zum Austausch von textuellen, visuellen oder auditiven Informationen bezeichnet werden. Der Austausch erfolgt dabei direkt zwischen zwei oder mehr Kommunikationspartnern. Nach Shannon und Weaver sind für eine Kommunikation ein Sender, ein Empfänger, eine Nachricht, ein Transportmedium, ein Kodierer und ein Dekodierer erforderlich (vgl. Shannon/Weaver 1949).

Die Kommunikation ist ein zentraler Prozess, der für die Entwicklung von Wissen maßgeblich verantwortlich ist. Er kann durch computertechnische Systeme in vielfältiger Weise unterstützt werden, wobei es in den meisten Fällen sinnvoll sein dürfte, die konkrete Ausgestaltung des Kommunikationssystems auf die Unternehmensziele abzustimmen.

Eine Kommunikation zwischen zwei oder mehr Menschen kann stattfinden, falls sich die Benutzer zur gleichen Zeit am gleichen Ort befinden, wobei hier kein Kommunikationssystem erforderlich ist. Ferner ist eine Kommunikation zur gleichen Zeit an verschiedenen Orten mit Hilfe von synchronen Kommunikationssystemen wie Chat oder Instant Messenger möglich. Soll eine Kommunikation ohne zeitliche Synchronisation erfolgen, werden asynchrone Kommunikationssysteme benötigt, wobei hier ebenfalls unterschieden werden kann, ob sich die Partner am gleichen oder an verschiedenen Orten befinden. Nutzen die Partner einen bestimmten Ort zur Kommunikation, so können Notizzettel und Blackboards zum Einsatz kommen. E-Mail-Systeme, Newsgroups und Listserver hingegen erlauben eine Kommunikation zwischen Partnern an verschiedenen Orten und zu verschiedenen Zeiten.

Als traditionelles Kommunikationssystem können **E-Mail-Systeme** betrachtet werden. Die E-Mail als solche entstand eher zufällig durch die Verwendung des ARPANETs zum Austausch von Informationen zwischen Forschern. Mittlerweile hat die E-Mail insbesondere den traditionellen Briefverkehr in vielen Bereichen ersetzt, da diese schneller „zugestellt" wird und billiger ist. Die Übertragung (Kodierung, Transport und Dekodierung) erfolgt mittels der Protokolle POP3, SMTP oder IMAP4, wobei diese sich insbesondere in den Sicherheitsmechanismen unterscheiden.

Eine weitere Möglichkeit der asynchronen Kommunikation bieten **Newsgroups,** wobei die Nachricht nicht an nur einen Empfänger, sondern an eine Gruppe von Empfängern versendet wird. Die Nachrichten sind dabei auf textuelle Inhalte beschränkt und einem Thema zugeordnet, welches von der Gruppe diskutiert wird. In den Anfängen des Internet erfolgte die Diskussion über das Usenet, einem hierarchischen Verzeichnis, in welches die Nachrichten in Abhängigkeit ihres Themas eingetragen wurden. Mittlerweile ist das Usenet nicht mehr notwendig, und Nachrichten können in Newsgroups über das World Wide Web erstellt und gelesen werden.

Ein Kommunikationssystem, welches eine auf E-Mail basierte Kommunikation zwischen mehreren Benutzern erlaubt, sind **Listserver.** Diese verwalten Listen von Themen, welche vom Nutzer abonniert werden können. Sendet ein Nutzer eine E-Mail zu einem bestimmten Thema, so wird die E-Mail an alle weiteren, dem Thema zugeordneten Benutzer weitergeleitet. Diese Form der Kommunikation ist insbesondere zur Versendung von Newslettern (z. B. Heise Online) anzutreffen.

Eine weitere Möglichkeit der Kommunikation innerhalb einer Gruppe stellt der **Chat** dar. Dieser erlaubt die Versendung textueller Nachrichten an eine Vielzahl von Empfängern, welche sich in dem gleichen „Chatraum“ befinden, d. h. den gleichen Kommunikationskanal zur gleichen Zeit verwenden. Somit ist der Chat eine synchrone Kommunikationsform. Chat-Systeme stellen dem Benutzer neben der Funktionalität der Versendung textbasierter Nachrichten oftmals weitere Funktionen wie das Versenden von Dateien oder die Möglichkeit einer bidirektionalen Kommunikation zur Verfügung.

Eine sehr beliebte Form des synchronen bidirektionalen Austausches sind die **Instant Messenger.** Diese erlauben ebenfalls die Versendung textueller Informationen, wobei einige Protokolle auch die Versendung von Dateien erlauben. Neben der Versendung von Informationen liefern die Instant Messenger Statusinformationen über die Anwesenheit des gewünschten Empfängers. Somit ist eine Kommunikation ähnlich dem Telefonieren möglich. Die meisten Instant Messenger basieren auf einer Peer-to-Peer-Technologie, wobei zentrale Server die Statusinformationen der einzelnen Peers einholen.

Eine dem Instant Messenger ähnliche Anwendung kann in den **Audio- und Videokonferenzsystemen** gesehen werden. Diese erlauben eine bidirektionale, synchrone, multimediale Kommunikation. Die Übertragung von Videos in hoher Qualität erfordert allerdings eine hohe Übertragungsrate, die vor allem mit Festnetzanschlüssen und DSL gewährleistet werden kann. Die Durchführung einer Videokonferenz verlangt neben dem Vorhandensein eines geeigneten Videokonferenzsystems auch das Vorhandensein einer Kamera und eines Mikrophons. Insbesondere Webcams bieten hierbei eine günstige Alternative zu professionellen Videosystemen.

Die aufgezählten Systeme können einzeln oder in Kombination eingesetzt werden. Einige Systeme, so beispielsweise Cerulean Studios Trillian, kombinieren bereits in einem System mehrere Möglichkeiten der Kommunikation. Trillian ist zum einen ein Instant Messenger, erlaubt aber auch die Durchführung von Video- und Audiokonferenzen (Tabelle 4.6). Außerdem finden sich verschiedene Kommunikationsfunktionen auch in anderen Systemen wie von Dokumentenmanagement-, Contentmanagementsystemen oder Lernmanagementsystemen integriert.

Tabelle 4.6 Ausgewählte Kommunikationssysteme

System	Hersteller	URL
Trillian	Cerulean Studios	*www.trillian.im*
Skype	Skype	*www.skype.com*
MSN Messenger	Microsoft	*www.microsoft.com*
Mozilla Thunderbird	Mozilla	*www.mozilla.org/products/thunderbird*

4.2.1.2 Kooperationssysteme

Kooperationssysteme (Tabelle 4.7) sollen die Zusammenarbeit zwischen räumlich und teilweise zeitlich verteilten Nutzern ermöglichen. Hierbei können insbesondere Planungssysteme, Annotationssysteme, gruppenorientierte Bearbeitungssysteme und Elektronische Meeting-Systeme unterschieden werden (vgl. Maier et al. 2005, S. 280).

Planungssysteme umfassen sowohl gruppenbezogene Zeit- als auch Tätigkeitsplanungen. Hierbei sind unter anderem Gruppenkalendersysteme und Projektmanagementsysteme zu nennen. Diese zielen auf eine Koordinierung der Kooperation einer Gruppe ab, welche sich mit zunehmender Gruppengröße schwieriger gestaltet und eine Softwareunterstützung erforderlich macht.

Im Gegensatz dazu unterstützen **Annotationssysteme** direkt die Zusammenarbeit, wobei diese eine Plattform bereitstellen, auf welcher Informationen annotiert, d. h. mit Anmerkungen oder weiteren Informationen verknüpft werden können. Ein Beispiel hierfür stellt das an der TU Darmstadt entwickelte System ADIVI dar, mit welchem in einem Video Links zu weiteren Informationsressourcen wie Bildern, Texten oder Internetlinks gesetzt werden können. Als Annotationen werden dabei die Hyperlinks samt den referenzierten Ressourcen bezeichnet.

Eine Erweiterung zu Annotationssystemen stellen **gruppenorientierte Bearbeitungssysteme** dar, welche die Bearbeitung von Informationen durch eine Gruppe erlauben. Dabei können beispielsweise Whiteboards oder Systeme zum Application Sharing sowie Brainstorming-Systeme zum Einsatz kommen. Hierbei können nicht nur Informationen mit Anmerkungen und weiteren Informationen versehen werden, sondern eine Gruppe von Bearbeitern kann gleichzeitig Änderungen an Informationen (z. B. Dokumenten) vornehmen. Im Folgenden sollen die Elektronischen Meeting-Systeme etwas genauer dargestellt werden.

Elektronische Meeting-Systeme sollen es ermöglichen, virtuelle Treffen zu planen, durchzuführen und nachzubereiten. Ein virtuelles Treffen ist ohne die Unterstützung von Software und auch Hardware wie Audio- und Videotechnik nicht möglich. In Abgrenzung zu den traditionellen Treffen können einige Vorteile, aber auch Nachteile identifiziert werden.

Traditionelle Treffen sind in der Teilnehmerzahl und der Dauer stark beschränkt. Diese Beschränkung kann mit virtuellen Treffen reduziert werden, da mit der Softwareunterstützung auch Wortmeldungen zur gleichen Zeit, beispielsweise über Chat möglich sind. Einen weiteren Nachteil stellt die örtliche Abhängigkeit beim traditionellen Meeting dar, wodurch vor allem Reise- und Opportunitätskosten anfallen. Des Weiteren bieten elektronische Meeting-Systeme die Möglichkeit, diverse zusätzliche Informationen (Agenda, persönliche Daten, Firmendaten, bisherige Ergebnisse, weiterführende Informationen zu einem Diskussionsthema) für jeden Teilnehmer zur Verfügung zu stellen, was bei traditionellen Meetings mit zusätzlichem Aufwand verbunden ist. Den genannten Vorteilen der elektronischen Meetings stehen jedoch auch einige Nachteile gegenüber. So wird zur Durchführung elektronischer Meetings zunächst ein elektronisches Meeting-System benötigt, welches Kosten in Form von Lizenzgebühren und Schulungsaufwand verursacht. Weiterhin ist eine komplette Infrastruktur (Computer, Webcam, Headset) notwendig, um die zur Verfügung stehenden Möglichkeiten der Software nutzen zu können. Als hinderlich kann auch der Informationsverlust betrachtet werden, welcher gegenüber der Face-to-Face-Kommunikation entsteht (Gefühle, Gestik, Mimik).

Elektronische Meeting-Systeme bedienen sich verschiedener Techniken, um die Kommunikation und den Informationsaustausch zu gewährleisten. Hierzu wird auf den vorhergehenden Teilabschnitt verwiesen. Zumeist implementieren Meeting-Systeme einen Mix von Techniken, um eine Kommunikation auf mehreren Ebenen zu gewährleisten. Ferner werden Techniken zur Planung der Meetings und auch für die Nachbereitung benötigt. Oftmals sind während eines Meetings Gruppenentscheidungen zu treffen, sodass der Einsatz eines Gruppenentscheidungsunterstützungssystems notwendig wird. Dieses soll die für die Entscheidung notwendigen Informationen den Entscheidern bereitstellen und zu einer Aggregation der Einzelentscheidungen beitragen.

Kollaborationssysteme dienen insbesondere der Wissensentwicklung, wobei das Wissen hier als von einer Gruppe geteilte Ressource verstanden wird.[1] Eine Wissensverteilung erfolgt mit den Kollaborationssystemen ebenso, da diese eine Kommunikation voraussetzen. Die Verteilung bleibt jedoch zunächst auf die an der Kooperation beteiligten Benutzer beschränkt.

Tabelle 4.7 Ausgewählte Kooperationssysteme

System	Hersteller	URL
Microsoft Outlook	Microsoft	*http://outlook.live.com*
Microsoft Project	Microsoft	*http://products.office.com/en/project/*
IBM Connections	IBM	*http://www.ibm.com*

4.2.1.3 Workflowmanagementsysteme

Als Workflow wird ein vom Rechner ausführbarer Vorgang, bestehend aus Prozessen (nicht zwingend Geschäftsprozesse), bezeichnet. Dies impliziert, dass Workflowmanagementsysteme die Automatisierung derjenigen Vorgänge unterstützen, die formalisiert dargestellt werden können. Ferner eignen sich nur Vorgänge, die häufig wiederholt werden, sodass sich die Kosten der Automatisierung dieser Vorgänge amortisieren.

Workflow- oder Workflowmanagementsysteme (WfMS) dienen zur Planung, Steuerung und Überwachung von Arbeitsabläufen (Tabelle 4.8). Geeignet für eine solche Unterstützung sind wie schon erwähnt vor allem gut strukturierte und repetitive Tätigkeiten oder Abläufe, die mittels formaler Ablaufspezifikationen beschrieben werden können. Bei der Bearbeitung einzelner Teilaufgaben wird oft auf bestehende Anwendungen zurückgegriffen. Im Mittelpunkt steht gewöhnlich eine sogenannte Workflow-Engine, welche die Beschreibungen der Prozesse und Abläufe sowie ihre Instanzen verwaltet. Das System stellt den korrekten Ablauf aller unterstützten Aufgaben und auch die damit verbundenen Informationsflüsse sicher. Zur Unterstützung der Planung stehen meistens Modellierungskomponenten sowie die Möglichkeit einer Simulation von Workflows zur Verfügung. Die Überwachung und Kontrolle erfolgt über Berichte und Datenaufzeichnungen zu den Arbeitsabläufen. Neben den gut strukturierten Tätigkeiten kann auch die Unterstützung von schwach strukturierten oder schlecht planbaren Abläufen sinnvoll sein. Man spricht in diesem Fall von Ad-hoc-Workflows. Ein wichtiger Grund für den Einsatz von Workflowmanagementsyste-

[1] Genauer gesagt, handelt es sich um gemeinsam erstellte Informationen, welche durch eine Internalisierung jeweils individuell zu Wissen oder auch implizitem Wissen verarbeitet werden.

men kann die spätere Nachvollziehbarkeit des tatsächlichen Ablaufs sein. Der Bezug zum organisatorischen Gedächtnis ist unmittelbar gegeben, da Workflows als Konkretisierung von explizitem und implizitem Wissen verstanden werden können.

In der Begrifflichkeit von Workflowmanagementsystemen können Workflow-Sprachen, Workflow-Schemata und Workflow-Instanzen unterschieden werden (vgl. Jablonski et al. 1997, S. 25). Eine Workflow-Sprache definiert die zur Beschreibung von Workflow-Schemata verfügbaren Bausteine (Kontrollkonstrukte, Datentypen etc.). Das Workflow-Schema stellt eine mögliche, ausführbare Kombination der Bausteine einer Workflow-Sprache dar. Wird das Workflow-Schema ausgeführt, so erstellt das WfMS eine Instanz des Schemas, welche als Workflow-Instanz bezeichnet wird und instanzenspezifische Daten wie Startdatum und Identifizierungsschlüssel enthält. Die Workflow-Instanz enthält dabei nur die zur Ausführung des Workflows relevanten Daten. Somit ist der Workflow auf der Anwendungsebene zu verorten, während die Workflow-Instanz Teil der Zeichen- oder Beschreibungsebene ist. Wird die komplette Syntax einer Workflow-Sprache beschrieben, so spricht man von einem Workflow-Metaschema. Zur besseren Verständlichkeit wird dies an einem Beispiel (siehe Kasten) verdeutlicht.

Das eingesetzte Workflowmanagementsystem bestimmt die Workflow-Sprache, in welcher die Workflow-Schemata zu erstellen sind. Neben proprietären Sprachen wie FlowMark, MOBILE oder PANFLOW existieren auch systemunabhängige Sprachen wie BPEL (Business Process Execution Language). Zur Erleichterung der Erstellung eines Workflow-Schemas bieten einige Hersteller von WfMS grafische Editoren an, mit welchen Schemata erzeugt werden können. Dem Vorteil der einfachen Erzeugung steht dabei der Nachteil der Beschränkung der Syntax der Workflow-Sprache gegenüber, sodass sich nicht alle Vorgänge grafisch beschreiben lassen.

Beispiel: Veröffentlichungsworkflow

Einen zur Automatisierung geeigneten Vorgang stellt der Veröffentlichungsprozess einer Lessons Learned (vgl. Abschnitt 4.1.1.1) dar. Ist diese beschrieben, so soll der Inhalt dem Chief Knowledge Officer (CKO) zugestellt werden, der über die Veröffentlichung oder Überarbeitung entscheidet. Als Workflow-Sprache dient im Folgenden eine fiktive an Java angelehnte Sprache.

Ein mögliches Workflow-Schema der Beschreibung des Vorganges könnte dann folgende Form haben:

```
Workflow LessonsLearned {
        Process Publish(Article article, boolean decision) {
                if (decision == true)
                        article.publish();
                else
                        article.signIncomplete();
        }
}
```

Wird das Workflow-Schema in einem Workflowmanagementsystem ausgeführt, so spricht man von einem Workflow, dessen Instanz aus dem Inhalt des Artikels und der Entscheidung des CKO besteht:

(„Lernen lernen: Dieser Artikel soll dem Leser als Leitfaden eines systematischen Lernens dienen ...“, angenommen)

Die Spezifikation der verwendeten fiktiven Sprache würde in der oben vorgestellten Begriffswelt dem Workflow-Metaschema entsprechen. ■

Zu den funktionalen Anforderungen kommen insbesondere im Hinblick auf eine integrierte Wissensmanagement-Infrastruktur weitere nicht-funktionale Anforderungen. Dazu zählt die Offenheit des Systems, was zum einen durch die Verwendung einer nicht-proprietären Workflow-Sprache und zum anderen durch die Bereitstellung von offenen Schnittstellen erreicht werden kann. Weiterhin sollten WfMS die Möglichkeit der Überwachung des Ablaufes eines Workflows bieten und den Benutzer bei der Analyse eines Workflows (Ermittlung der Vorgangsdauer, der durchschnittlichen Bearbeitungszeit, etc.) unterstützen (vgl. Jablonski et al. 1997, S. 219 ff.). Workflowmanagementsysteme finden sich in der Praxis oftmals in Kombination mit Dokumentenmanagementsystemen (vgl. Abschnitt 4.2.2.1) oder auch Contentmanagementsystemen (vgl. Abschnitt 4.2.2.2), wobei Teile des Dokumenten- bzw. Contentlebenszyklus durch WfMS unterstützt werden können.

Tabelle 4.8 Ausgewählte Workflowmanagementsysteme

System	Hersteller	URL
DocFlow	Saperion	*www.doctopus.de/produkte/ecm*
PANFLOW	Panvision	*www.panvision.de/de/panflow*

4.2.1.4 Social Software

Social Software wie Facebook, Xing oder Twitter haben in den letzten Jahren auch für Unternehmen zunehmend an Bedeutung gewonnen. Dies zeigt sich einerseits in der Nutzung öffentlich verfügbarer Dienste durch Unternehmen, andererseits aber auch in der Nutzung der dahinterstehenden Technologien für unternehmensinterne Anwendungen. In der Literatur finden sich zahlreiche Hinweise auf einen Beitrag zum Unternehmenserfolg in Form einer Verbesserung der Produktivität, einer höheren Zufriedenheit der Mitarbeiter oder effizienteren Prozessen. Die Vorteile für Unternehmen liegen unter Anderem in der Verbesserung der Kommunikation mit Kunden und externen Partnern sowie in der Unterstützung unternehmensinterner Kommunikationsprozesse (vgl. Döbler 2010, Späth 2010). Das Wissensmanagement ist damit ein „natürliches“ Anwendungsfeld und man spricht daher in diesem Zusammenhang auch von **Wissensmanagement 2.0** oder WM 2.0.

Die Bezeichnung „Social Software“ entstand in Zusammenhang mit Anwendungen wie Wikis und Blogs, wird aber inzwischen für die Gesamtheit der Web-Anwendungen benutzt, die Personen beim Informationsaustausch, dem Beziehungsaufbau und der Kommunikation in einem sozialen Kontext unterstützen und sich dabei an spezifischen Prinzipien orientieren. Die Bandbreite reicht von Weblogs, Webfeeds, Diskussionsforen über Podcasts,

Tweeds, Tagging & Rating bis zu sozialen Netzwerken, Content-Syndication und Mash-ups. Die Basisfunktionen von Social Software sind den bereits vorgestellten Kommunikations- und Kooperationssystemen sehr ähnlich (vgl. z.B. Smolnik/Riempp 2006). Aufgrund der allgemeinen Bekanntheit dieser Systeme und Technologien werden sie hier nicht einzeln vorgestellt und es wird auf die einschlägige Fachliteratur verwiesen. Sie gewinnen durch die betriebliche Nutzung von Blogs, Podcasts, Folksonomies, Tag-Clouds, Facebook, Twitter u.ä. für das Wissensmanagement allerdings eine spezifische Bedeutung (vgl. z.B. Michelis/Schildhauer 2010, Terliesner/Peters 2011, Garg et al. 2011, Kain 2010, Luoma/Okkonen 2009, Greskamp 2010, Zboralski 2007, Wellinger 2009).

4.2.2 Inhaltsorientierte Systeme

Die Verwaltung kodifizierter Informationen (Dokumente, Bilder, Videos etc.) erfolgt mit inhaltsorientierten Systemen, die möglichst den kompletten Lebenszyklus der zu verwaltenden Information unterstützen sollten. Zu diesen Systemen sind auch Datenbanken und Office-Systeme zu zählen, die aber als Basistechnologien der weiteren hier vorgestellten Systeme angesehen und wegen ihrer allgemeinen Bekanntheit nicht näher erläutert werden. Dokumentenmanagementsysteme sollen insbesondere die Archivierung und Recherche von Informationen unterstützen, wogegen Contentmanagementsysteme vorrangig auf eine einfache Erstellung von Informationen abzielen. Lerneinheiten als speziell aufbereitete Informationen können mit Lernmanagementsystemen verwaltet werden, wobei die Entwicklung mit Hilfe von Autorensystemen erfolgt. Einen integrativen und einheitlichen Zugang zu allen genannten Informationen, Funktionen und weiteren Systemen ermöglichen Portalsysteme. Eine speziell für das Wissensmanagement interessante Funktion, die im Prinzip für alle inhaltsorientierten Systeme einsetzbar ist, ergibt sich durch aktive Dokumente (vgl. Maier/Trögl 2011), eine Weiterentwicklung aktiver Datenbanksysteme. Dabei führen Dokumente selbständig vordefinierte Aktionen aus, sobald ein Teil des Dokuments geändert wird (z.B. automatische Aktualisierung in verbundenen Dokumenten, Benachrichtigung von Nutzern).

4.2.2.1 Dokumentenmanagementsysteme

Dokumentenmanagementsysteme (DMS) sollen den Lebenszyklus von Dokumenten, bestehend aus Erfassung, Strukturierung, Verteilung, Suche, Ausgabe, Zugriff, Bearbeitung und Archivierung, möglichst umfassend unterstützen (vgl. Maier et al. 2005, S. 249). Im allgemeinen Sprachgebrauch wird unter einem Dokument ein Schriftstück verstanden, welches Informationen beinhaltet oder einen Beleg darstellt (vgl. Asprey/Middleton 2003, S. 11). Ein Dokument lässt sich durch beschreibende Attribute, Inhalt und Struktur kennzeichnen, wobei die Attribute oder auch Metadaten den Autor, den Titel, das Erstellungsdatum, die Versionsnummer und weitere Daten beinhalten. Der Inhalt eines Dokumentes kann sowohl textuell als auch visuell oder auditiv sein. Des Weiteren sind Dokumente durch eine Struktur gekennzeichnet, die die Gliederung des Inhaltes von Dokumenten bestimmt. Aufgrund der Strukturiertheit von Dokumenten lassen sich drei Klassen – strukturierte, semistrukturierte und unstrukturierte Dokumente – unterscheiden, deren Grenzen aber in der Praxis fließend sind.

Dokumentenmanagementsysteme (Tabelle 4.9) haben die Aufgabe, elektronische Dokumente zu archivieren, abgelegte Dokumente anhand von Suchkriterien u. a. wiederherzustellen und zentral verwaltete Dokumente in einer verteilten, heterogenen Umgebung den Anwendern zugänglich zu machen. Moderne Dokumentenmanagementsysteme erlauben es, bereits vorhandene herkömmliche Dokumente auf Papier in elektronische Form umzuwandeln (Imaging), zu klassifizieren und in das Archivierungssystem einzufügen. Weiterhin können sogar gesamte Benutzer-Manuale und Handbücher online zur Verfügung gestellt werden. Um realistische Antwortzeiten bei einer hohen Anzahl von Anfragen und mehreren Gigabyte Daten zu erzielen, finden immer häufiger optische Speicherplatten zur Datenspeicherung Einsatz (Gut 1997).

Da viele Dokumente für die elektronische Weiterbearbeitung erst eingescannt werden müssen, kommen in enger Verbindung mit DMS häufig Archiv-Systeme und Imaging-Systeme zum Einsatz. Viele Anbieter sind überdies dazu übergegangen, sogenannte DMS-Suites zu entwickeln, bei denen zusätzlich Workflow- und Groupware-Funktionen integriert werden. Damit soll vor allem die zusammenhängende und prozessorientierte Bearbeitung von Dokumenten unterstützt werden.

Exkurs: Archivierung

Die Archivierung der Dokumente erfolgt in einem Archiv, welches auf verschiedensten Speicherformen implementiert sein kann. Hierfür ist eine Speicherform notwendig, die eine dauerhafte Persistenz gewährleistet, was bei einem Hauptspeicher nicht gegeben ist. Die dafür in Frage kommenden Speichermedien lassen sich in magnetische, optische, elektrische und organische Speicher unterscheiden, wobei sich letztere Form noch im Forschungsstadium befindet. Neben der Art der Speicherung können die Speichermedien aufgrund der Zugriffszeit, der maximalen Kapazität, der Übertragungsrate und des Preises unterschieden werden. Im Folgenden seien einige Speichermedien für die Archivierung von Dokumenten aufgeführt.

Magnetisch: Festplatte, Magnetband

Optisch: CD, DVD

Elektrisch: Flash-Memory

Die Speichermedien lassen sich ferner nach ihrer Zugriffsart unterscheiden, was insbesondere für einen Abruf der Dokumente aus dem Archiv von Bedeutung ist. Hier lassen sich sequentielle und wahlweise (bzw. direkte) Zugriffsverfahren unterscheiden.

Eng mit dem Dokumentenmanagement verbunden sind Begriffe wie elektronische Archivierung, Imaging, Groupware und Workflow. Diese Systeme bzw. Technologien waren ursprünglich oft spezialisierte und isolierte Anwendungen, die jedoch zunehmend integriert werden. Konkrete Anwendungen weisen dabei eine unterschiedliche Sichtweise auf, die von datenorientiert über prozessorientiert bis zu dokumentenorientiert reichen kann. Als wichtigste Produktkategorien nennt Kampffmeyer (Kampffmeyer 1998) das Document-Imaging (Scannen, Anzeigen, Drucken und Verwalten von Faksimile-Dokumenten), das Dokumentenmanagement (dynamische Verwaltung von Verbunddokumenten und Dateien, Versionenverwaltung, Check-in/Check-out) sowie die elektronische Archivierung (Speicherung von Daten, Bildern und/oder Listen, datenbankgestützter Zugriff, Auslagerung, Revisionssicherheit).

Gerade wegen der Integrationsbemühungen gewinnen Standards zur Interoperabilität eine immer größere Bedeutung. Zu den wesentlichen Gremien, die in diesem Bereich tätig sind, gehören die ODMA-Gruppe (Open Document Management API), die DMA (Document Management Alliance) sowie die WfMC (Workflow Management Coalition). Derzeit werden etwa hundert ODMA-konforme Systeme angeboten. Die Programmierung auf Basis der ODMA-Schnittstelle ist sehr einfach, der Funktionsumfang ist allerdings relativ gering. Bedeutend komplexer ist DMA, die als Middleware einen wichtigen Standard für plattformübergreifende, unternehmensweite, offene und verteilte Systeme darstellt. Ein wichtiger Trend ist auch die Zusammenfassung bislang eigenständiger Systeme zu einer sogenannten Suite. Beispielhaft kann die EDMSuite (Enterprise Document Management) von IBM genannt werden, in der Domino.Doc von Lotus für verteiltes Dokumentenmanagement, ImagePlus als Archivierungslösung, Flowmark als Workflowsystem sowie die COLD-On-Demand-Lösung von IBM verknüpft werden (Kampffmeyer 1998, S. 34 f.).

Die Nutzeffekte eines Dokumentenmanagements sind erheblich. Sie reichen von der Betriebsmitteleinsparung bei Papier und Mikrofilmen über die Aktualität und Konsistenz der verwalteten Dokumente bis zur verkürzten Zugriffszeit und zu verbessertem Kundenservice durch erhöhte Auskunftsbereitschaft. Durch den Ausbau zu einem integrierten Dokumentenmanagementsystem (DMS) sind verschiedene Dokumenttypen (z. B. Normen, Angebote, Ausschreibungsunterlagen, technische Zeichnungen, Verträge) elektronisch über eine standardisierte Oberfläche abrufbar. Eine Koppelung an bestehende Systeme ist nicht unbedingt nötig, wird jedoch durch die Erweiterung oder Einbindung mit Workflow-Systemen forciert und eröffnet hier weitere Nutzenpotenziale. DMS und Dokumenten-Archive sind Teil der organisationalen Wissensbasis.

Die Einordnung (oder Abgrenzung) von Wissensmanagementsystemen ist nicht immer exakt möglich und die Übergänge zu DMS sind oft fließend. Einerseits werden die bestehenden Systeme schrittweise um neue Funktionen in dieser Richtung erweitert, andererseits können Workflow- und Dokumentenmanagement auch als Basisfunktionen des Wissensmanagements verstanden werden. Als Vertreter eines dokumentenorientierten Ansatzes bei Wissensmanagementsystemen kann z. B. Megill (Megill 1997) genannt werden. Dokumentenmanagementsysteme werden als ein Vorläufer von Wissensmanagementsystemen betrachtet, welche insbesondere die Kodifizierungsstrategie unterstützen. Dies wird auch daran deutlich, dass sich einige Systeme von reinen Dokumentenmanagementsystemen zu Wissensmanagementsystemen weiterentwickelt haben (z. B. Opentext Livelink)

Tabelle 4.9 Ausgewählte Dokumentenmanagementsysteme

System	Hersteller	URL
Docuportal.NET	DocuPortal	*www.docuportal.de*
Windream DMS	Windream	*www.windream.com*
Saperion DMS	Saperion	*www.hyland.com/de-DE/platform/product-suite/saperion-ecm*

Einen Überblick über Dokumentenmanagementsysteme geben u.a. Gulbins et al. 2002, Asprey/Middleton 2003 und Götzer et al. 2004. Die Herausforderungen für das Informationsmanagement beleuchtet Sprague (vgl. Sprague 1995), zu Fragen der Implementierung in Unternehmen siehe z.B. Blankenberg (vgl. Blankenberg 1998).

4.2.2.2 Contentmanagementsysteme

Contentmanagementsysteme (CMS) erlauben die Verwaltung von Inhalten insbesondere für das Intranet und das Internet. Eine effiziente und auf Wiederverwendung abzielende Verwaltung macht die Trennung von Inhalt, Layout und Struktur notwendig, wobei alle drei Teile zusammen als Content bezeichnet werden. Somit kann der Inhalt auf verschiedenen Medien, welche ein unterschiedliches Layout und eine unterschiedliche Struktur voraussetzen, veröffentlicht werden. Verwalten Contentmanagementsysteme Inhalt, Struktur und Layout ausschließlich für Internet oder Intranetseiten, so werden diese häufig auch als Web-Contentmanagementsysteme bezeichnet. Neben der Verwaltung von Content für das Internet und Intranet lässt sich mit Contentmanagementsystemen auch Content für andere Medien wie Bücher und Zeitungen verwalten.

Die Verwaltung gestaltet sich wie beim Dokumentenmanagement ebenfalls entlang eines Lebenszyklus, welcher in drei Teilprozesse gegliedert werden kann (vgl. Boiko 2002, S. 66). Der erste Teil (collect) beinhaltet das Erstellen des Contents, der sich über die Prozessschritte der Erzeugung, Freigabe und Transformationen von Inhalt, Struktur und Layout erstreckt. Im zweiten Teil des Lebenszyklus (manage) erfolgt die Speicherung des erstellten Contents sowie der Metadaten in einem Repository. Die Veröffentlichung des Inhaltes im Internet, auf Printmedien oder elektronischen Medien ist die Aufgabe des dritten Teils (publishing). Im Unterschied zur Veröffentlichung ohne ein Contentmanagementsystem erfolgt hierbei eine Trennung der Rollen des Administrators und des Redakteurs (vgl. Bild 4.22).

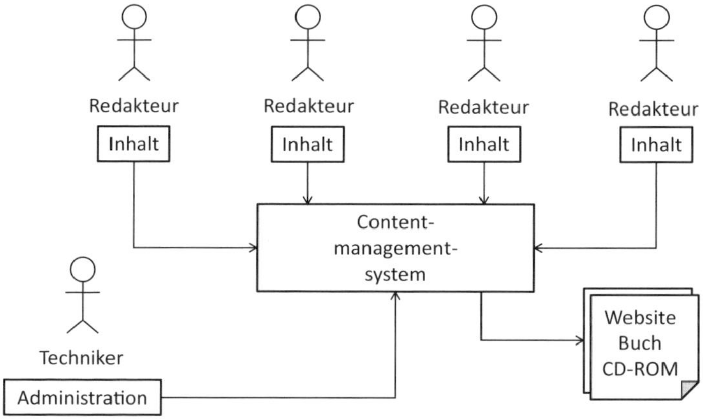

Bild 4.22 Schema des Publishings mit einem CMS (Büchner et al. 2000, S. 92)

Aus den Aufgaben eines Contentmanagementsystems leitet sich die Architektur ab, welche aus einer Assetmanagementkomponente, einer Workflowkomponente, einer Benutzerverwaltung, einer Zugriffsverwaltung sowie Im- und Exportschnittstellen besteht (vgl. Büchner et al. 2000). Mit Assetmanagement wird hier die Verwaltung, Strukturierung und Darstellung des Contents bezeichnet, wobei Contentmanagement als Erweiterung des Assetmanagements zu begreifen ist. Die Workflowkomponente übernimmt den Freigabe- und Review-Zyklus und stellt somit das Bindeglied zwischen der Bearbeitung und Veröffentlichung dar. Benutzer werden zumeist rollenbasiert verwaltet, wobei zumindest zwischen Administrator, Redakteur und Leser unterschieden werden kann. Der Zugriff auf den Content kann mittels der Benutzeroberfläche des Contentmanagementsystems erfolgen oder über einen Fremdzugriff per WebDAV, WebServices oder ähnlichen Protokollen. Um eine Interoperabilität mit anderen Anwendungen, insbesondere Office-Systemen zu wahren, ist eine Datenaustauschschnittstelle erforderlich.

Wie bereits im Lebenszyklus des Contents deutlich wird, besteht eine Trennung zwischen Bearbeitung und Veröffentlichung, die auch von den Web-Contentmanagementsystemen eingehalten wird. Erst eine Freigabe des Contents überführt diesen aus dem Status der Bearbeitung in den Veröffentlichungsstatus. Die Inhalte in einem Web-CMS werden zumeist im XML-Format abgespeichert, sodass sich diese mit Hilfe von XSL-Transformatoren in beliebige Formate (HTML, PDF, JPG) für verschiedenste Ausgabemedien (Monitor, Drucker, PDA) transformieren lassen.

Der Nutzen eines CMS zeigt sich insbesondere im Vergleich zur Veröffentlichung von Inhalten ohne ein solches System. Hierbei ist insbesondere die Wiederverwendung von sowohl Inhalts-, Layout- als auch Strukturelementen hervorzuheben, wodurch ein Kosten- und Zeitgewinn entsteht. Des Weiteren ermöglichen Contentmanagementsysteme auch technisch weniger versierten Benutzern das Veröffentlichen von Internetseiten. Die Zeit zwischen Bearbeitung und Veröffentlichung lässt sich durch die Workflowkomponente verkürzen. Neben diesen allgemeinen Vorteilen lassen sich speziell für Web-Contentmanagementsysteme weitere Nutzenvorteile wie das Management von Links und die Einhaltung sowie die einfache Neugestaltung eines Corporate Design der Internetseiten finden. Diesen Vorteilen steht der Aufwand der Einführung eines CMS entgegen, der sich nicht ausschließlich auf die Installation des Systems beschränkt, sondern auch Schulungskosten für die Administratoren und technische Betreuung des Systems umfasst.

Eine vereinfachte Variante von Web-Contentmanagementsystemen kann in Wikis (auch WikiWiki oder WikiWeb genannt) gesehen werden. Diese erlauben das Bearbeiten von Internetseiten ohne die Beachtung von Freischaltungsworkflows und teilweise ohne bzw. mit eingeschränktem Benutzermanagement. Wikis eignen sich somit zur schnellen Publikation von einfachen Webinhalten. Der Nutzen und die Einsatzmöglichkeiten wurden inzwischen häufig untersucht, sodass bei der Implementierung darauf Rücksicht genommen werden kann (vgl. z. B. Pawlowski et al. 2014, Beck et al. 2015, Majchrzak et al. 2013). Eines der bekanntesten und zudem umfangreichsten Wikis ist das Onlinelexikon Wikipedia *(http://www.wikipedia.de)*, auf welchem jeder Benutzer Einträge erstellen und ändern kann.

Tabelle 4.10 Ausgewählte Contentmanagementsysteme

System	Hersteller	URL
Typo3	Typo3 Association	*www.typo3.com*
NPS 6 Fiona CMS	Infopark	*www.infopark.com/de/plattform/cms-fiona*
Filenet P8	Filenet	*www.ibm.com*
OpenCMS	opencms.org	*www.opencms.org*

Im Rahmen des Wissensmanagements können CMS zur Kodifizierung und dauerhaften Speicherung von Best Practices (vgl. Abschnitt 4.1.1.2) und Lessons Learned (vgl. Abschnitt 4.1.1.1), aber auch für viele weitere Wissensinhalte einer Organisation verwendet werden, wobei eine einfache Erstellung und Verteilung von Inhalten ohne technische Vorkenntnisse im Vordergrund steht (Tabelle 4.10).

4.2.2.3 Portalsysteme

Unter einem Portal wird im Allgemeinen der Zugang oder Eingang zu etwas verstanden. In der Informatik bezeichnet ein Portal oder Portalsystem den strukturierten Zugang zu Informationen. Der Gedanke der Integration steht bei Portalsystemen im Vordergrund, sodass diese der Informationsfragmentierung aufgrund einer wachsenden Anzahl an Informationssystemen in Organisationen entgegenwirken. Dabei können mit Portalsystemen sowohl Informationen aus Datenbanken und inhaltsorientierten Systemen als auch Anwendungen integriert werden.

Werden Portalsysteme zur Integration unternehmensweiter Informationen verwendet, so wird auch von Enterprise Information Portal, Unternehmensportal oder Corporate Portal gesprochen. Portalsysteme werden heute meist als Web-Anwendung realisiert, wobei zwischen Intranet- und Internet-Portalen unterschieden werden kann. Wissensportale als Sonderform solcher Systeme zielen insbesondere auf die Erstellung, Entwicklung und Verteilung von Wissen ab (vgl. Staab 2002, S. 38, siehe auch Loebbecke/Myers 2017). Wissen wird hier als Informationen mit Kontext betrachtet, wobei der Kontext über Metadaten spezialisiert und identifiziert wird. Wissensportale ermöglichen oft auch einen Zugriff auf Experten, welche als Wissensträger dienen.

Eine wichtige Eigenschaft von Portalen ist die Personalisierung, welche die Bereitstellung der relevanten Infos für den Nutzer und dessen Aufgabe sicherstellen soll. Dies setzt die Erstellung eines Benutzerprofiles voraus, in welchem der Benutzer festlegt, welche Portalelemente er in welcher Anordnung angezeigt haben möchte. Ferner muss ein sicherer Zugriff auf das Portal an verschiedenen Orten und unter Verwendung verschiedener Endgeräte wie PC oder PDA möglich sein. Dies impliziert die Verwendung einer Sicherheitsschicht, welche die Authentifizierung und Autorisierung von Benutzern übernimmt. Außerdem müssen die Portalelemente unabhängig vom jeweiligen Endgerät erstellt werden. Die Anzeige der Portalseiten erfolgt dann an das Endgerät angepasst. Die Integration erfordert eine Anbindung an die jeweiligen Informationsquellen und Anwendungen, welche unter Verwendung verschiedener Protokolle zu erfolgen hat (z. B. JDBC, WebDAV, SOAP).

Zu den typischen Funktionen von Portalen zählen unter anderem Suchfunktionen, Klassifikationsfunktionen, Informationsintegrationsfunktionen, eine Zugriffskontrolle sowie Single-Sign-On. Das Content Management kann ebenfalls zum Funktionsumfang von Portalsystemen gezählt werden (vgl. Sandkuhl 2005, S. 197). Die Inhalte werden in einem Portalsystem in eigenen Bereichen dargestellt, welche als Portlet erstellt werden.

Ein Portlet kann als Element eines Portals identifiziert werden, welches eine bestimmte Funktionalität abbildet (z. B. Suche, Zugang zu einem Dokumentenmanagementsystem, Anzeige der zuletzt angesehenen Dokumente). Somit verwaltet ein Portalsystem eine Reihe von Portlets, die den Zugriff auf eine bestimmte Informations- oder Anwendungsressource herstellen. Für die Erstellung von Portlets wurden Standards entwickelt (z. B. Java Portlet Specification, Web Services for Remote Portlets), welche von einem Portalsystem zu implementieren sind, sodass ein Portlet in mehreren Portalsystemen verwendet werden kann. Das Layout von einem Portlet wird von dem jeweiligen Portalsystem gerendert, sodass in einem Portalsystem der äußere Rahmen jedes Portlets identisch ist (vgl. Bild 4.23).

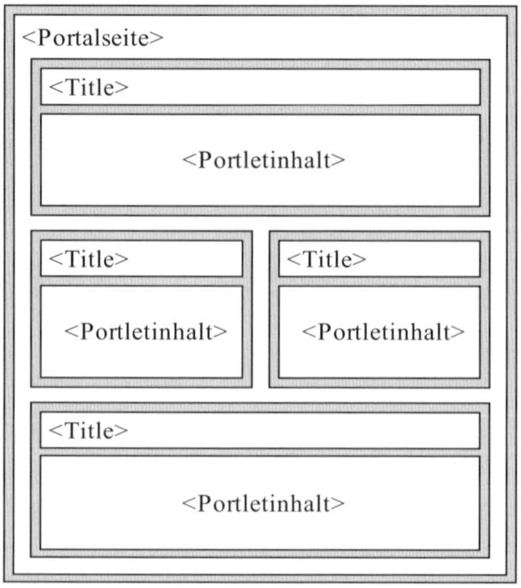

Bild 4.23 Layout einer Portalseite

Soll eine Informationsressource in ein Portalsystem integriert werden, so muss diese eine Schnittstelle besitzen, über welche das Portal auf die Informationen zugreifen kann. Dabei ist natürlich auch auf die Einhaltung von Zugriffsrechten zu achten.

Portalsysteme (Tabelle 4.11) decken eine Reihe von Aufgaben des Wissensmanagements ab, sind jedoch zur Implementierung eines Wissensmanagementsystems nicht ausreichend. Wissensportale unterstützen insbesondere wichtige Funktionen wie Personensuche oder die Verwaltung von Metadaten.

Tabelle 4.11 Ausgewählte Portalsysteme

System	Hersteller	URL
Jetspeed	Apache Foundation	*http://portals.apache.org/jetspeed-1*
SAP Enterprise Portal	SAP	*www.sap.com/solutions/netweaver/enterpriseportal*
SharePoint Server	Microsoft	*www.microsoft.com*

4.2.2.4 Lernmanagementsysteme

Lernmanagementsysteme sollen die Umsetzung von E-Learning durch die Bereitstellung verschiedener Funktionalitäten sicherstellen. Lernmanagementsysteme dienen nach Seufert zur Definition von Lernzielen, Identifikation von Lernbedürfnissen, Auswahl von Lernmaterialien und Durchführung von Lernprozessen (vgl. Seufert 2001, S. 15). Neben der Betrachtung von Lernmanagementsystemen aus der Prozessperspektive können diese auch aus technischer Sicht beschrieben werden. Nach Schulmeister zählen zu einem Lernmanagementsystem die Benutzerverwaltung, die Kursverwaltung, die Rollen- und Rechtevergabe, Kommunikationssysteme, Werkzeuge für das Lernen, Repräsentation von Lernobjekten sowie eine webfähige Benutzeroberfläche (vgl. Schulmeister 2003, S. 10). Ausgehend von diesen Funktionen lässt sich eine idealtypische Architektur für Lernmanagementsysteme erstellen, die über eine Administrationskomponente zur Verwaltung der Benutzerdaten und der Kursdaten, eine Inhaltsverwaltungskomponente zur Verwaltung der Lernobjekte und Metadaten sowie eine Schnittstelle zu weiteren Systemen verfügt. Die Administrationskomponente und die Inhaltsverwaltungskomponente können in dieser Architektur als Datenbasis angesehen werden. Abzugrenzen von Lernmanagementsystemen sind im Kontext des Wissensmanagements insbesondere Learning Objects, Digitale Bibliotheken und Autorensysteme.

Eine mögliche Ausprägung eines Learning Objects stellen E-Books dar. In einer ersten Definition können E-Books als digitale Version eines traditionellen Buches betrachtet werden. Das Open E-Book Forum definiert ein E-Book als Informationssystem, bestehend aus der Publikation, dem Lesegerät und dem Lesesystem im Sinne einer Software zum Anzeigen der Publikation (vgl. OEB 2002, S. 2). Eine solche Abgrenzung erscheint jedoch aufgrund der zunehmenden Hardware-Unabhängigkeit von E-Books als zu weit gefasst. In Tabelle 4.12 sind einige auf dem Markt erhältliche Lesesysteme und die unterstützten Formate aufgelistet.

Tabelle 4.12 Übersicht über E-Book-Lesesysteme

Applikation	Formate
Adobe Acrobat Reader	PDF
TealDoc	Palm DOC
Mobipocket Reader	MBP, Palm DOC
Microsoft Reader	LIT
PalmReader	Palm DOC
Plucker	HTML
TomeRaider	TR, Palm Doc

Learning Objects stellen eine wiederverwendbare, kleine Lerneinheit dar, die sich im Gegensatz zu kompletten Lernszenarien leichter ändern und erstellen lässt. Eine Lerneinheit besteht aus einer Struktur, dem eigentlichen Inhalt, welcher in verschieden Formaten (PDF, Flash, JPEG) und zudem multimedial vorliegen kann, und verschiedensten Metadaten, die zur Beschreibung der Lerneinheit notwendig sind. Eine Lerneinheit sollte dabei so klein sein, dass diese wiederverwendet werden kann, und auch groß genug, damit die Vielzahl an Metadaten, welche pro Lerneinheit zu erstellen sind, keinen negativen Einfluss auf die Speicherung nimmt. Lernmanagementsysteme unterstützen die Verwaltung und das Abspielen von Learning Objects, die als zentrale Elemente im Lernprozess identifiziert werden können.

Digitale Bibliotheken sollen in Analogie zu den traditionellen Bibliotheken Informationen sammeln, kategorisieren und für Benutzer zur Verfügung stellen. Der Inhalt einer digitalen oder auch elektronischen Bibliothek sind demzufolge E-Books und elektronische Zeitschriften, welche bei der Ausleihe mit einem Zeitstempel versehen werden, sodass sich das E-Book oder die Zeitschrift nach Ablauf der gesetzten Frist nicht mehr verwenden lässt.

Autorensysteme unterstützen die Erstellung von multimedialen Lerninhalten wie z. B. Learning Objects. Sie stellen dem Benutzer eine grafische Oberfläche zur Erstellung der Learning Objects zur Verfügung, sodass auf Programmierkenntnisse weitestgehend verzichtet werden kann. Ferner unterstützen Autorensysteme eine Vielzahl an Formaten, die mit entsprechenden Mediaplayern abgespielt werden können. Autorensysteme sind nicht Bestandteil von Lernmanagementsystemen, können jedoch in einige integriert werden.

Neben der Vermittlung von Wissen bieten Lernmanagementsysteme die Möglichkeit der Identifikation von Lernbedürfnissen, was auf der Basis von Wissenszielen vollzogen werden kann, die im Rahmen des Wissensmanagements definiert werden. Ferner stellt die Kontrolle des Lernerfolgs eine Möglichkeit der Bewertung des neu vermittelten Wissens dar (Tabelle 4.13).

Tabelle 4.13 Ausgewählte Lernmanagementsysteme

System	Hersteller	URL
Stud.IP	data-quest	*www.studip.de*
OpenAcademy	Community4you	*www.open-academy.org.uk*
IMC Learning Suite	imc	*www.im-c.com/de/learning-technologies/learning-management*

4.2.3 Systeme der künstlichen Intelligenz

Bezüglich der Ansätze der künstlichen Intelligenz wird nochmals auf Abschnitt 3.4.2 verwiesen. Aus der Vielzahl heute verfügbarer Systeme spielen einige für das Wissensmanagement eine besondere Rolle. Es sind dies Expertensysteme, Agentensysteme und Text-Mining-Systeme. Diese werden daher im Folgenden genauer betrachtet.

4.2.3.1 Expertensysteme

Als Experte wird im Allgemeinen eine Person bezeichnet, die mehr Wissen eines bestimmten Gebietes als die Mehrzahl aller anderen Menschen besitzt (vgl. dazu auch die Expertiseforschung, Abschnitt 3.5.3). Wissen wird im vorliegenden Kontext eher ingenieurwissenschaftlich, bestehend aus Fakten und Regeln, definiert. Ein Expertensystem (XPS) soll einen menschlichen Experten nicht vollständig ersetzen, sondern diesen unterstützen und entlasten. Das einem Expertensystem immanente Wissen besteht somit aus Fakten und Regeln, welche auf die Fakten angewendet werden können. Als Synonym zu dem Begriff Expertensystem wird häufig auch von wissensbasiertem System gesprochen.

Neben dem Merkmal, dass Expertensysteme Wissen in Form von Fakten und Regeln besitzen, konstatieren Schnupp und Nguyen Huu in Abgrenzung zu sonstigen Softwaresystemen weitere Merkmale (vgl. Schnupp/Nguyen Huu 1987, S. 2). Eine wichtige Eigenschaft stellt dabei die Erweiterung der Wissensbasis durch einen Fachexperten dar. Die Erweiterung der Wissensbasis erfolgt zumeist mit speziellen Sprachen wie Prolog oder Lisp, welche eine effiziente Abbildung von Fakten und insbesondere Regeln unterstützen. Neben der manuellen Erweiterung der Wissensbasis zeichnen sich Expertensysteme dadurch aus, dass sie aufgrund von Heuristiken und Statistiken neues Wissen erzeugen können. Darüber hinaus verfügen XPS über eine Erklärungskomponente, welche den Weg und das Vorgehen der Lösung von Problemen dokumentieren.

Expertensysteme sind grundsätzlich für eine Vielzahl von Anwendungsgebieten geeignet. Insbesondere in den 80er Jahren wurden große Hoffnungen in diese Systeme gesetzt, die jedoch nur teilweise erfüllt werden konnten. Dennoch können Expertensysteme wichtige Unterstützungsleistungen liefern, die im Folgenden anhand einer aufgabenbezogenen Klassifikation von Expertensystemen kurz dargestellt werden.

- **Diagnosesysteme** als eine Klasse von Expertensystemen sollen Auskunft über den Zustand und die Ursachen des Zustandes eines bestimmten Systems geben. Dabei kann unter System sowohl ein elektronisches oder mechanisches (z. B. Auto, Reaktor, Raumfähre) als auch ein menschliches oder soziales System verstanden werden. Insbesondere in der Medizin finden Diagnosesysteme Anwendung, die Ärzte bei der Ursachenforschung unterstützen. Charakteristisch für die Informationen, die Diagnosesysteme liefern, ist ein Bestandteil an Unsicherheit. Diese Art von Expertensystemen muss daher spezielle Methoden zur Verfügung stellen, die mit Unsicherheit umgehen können. Als Erweiterung von Diagnosesystemen können Reparatursysteme gesehen werden, die neben der Ursachenerkundung auch Wissen über die Behebung der erkundeten Probleme bereithalten.
- **Beratungssysteme** sollen Benutzer beim Prozess der Entscheidungsfindung mit Informationen unterstützen, jedoch nicht in die eigentliche Entscheidung eingreifen. Derartige Systeme werden daher oftmals auch als Auskunftssysteme bezeichnet. Beratungssysteme können für eine Vielzahl von Anwendungen, wie beispielsweise Tarifauskunft, Reiseroutenplanung oder Kaufberatung eingesetzt werden. Die Eingabe der zur Beratung notwendigen Daten erfolgt typischerweise in Dialogen zwischen dem Beratungssystem und dem Benutzer.
- **Vorhersagesysteme** leiten aus Daten der Gegenwart und der Vergangenheit mit einer gewissen Unsicherheit Daten über die zukünftige Entwicklung ab. Hierbei kommen sowohl mathematische als auch statistische und heuristische Methoden zum Einsatz. Der Einsatz dieser Systeme ist beispielsweise für eine wachsende Qualität der Wettervorhersage verantwortlich. Neben der Wettervorhersage können mit derartigen Systemen auch Bevölkerungs-, Wirtschafts-, Ernte- oder Personalbedarfsvorhersagen getroffen werden.
- **Planungssysteme** erlauben die Durchführung komplexer Planungsaufgaben, wobei diese ebenfalls Methoden der Vorhersage enthalten. Somit treffen Planungssysteme Vorhersagen zu den Auswirkungen geplanter Schritte. Einsatz können diese Systeme beispielsweise bei der Planung militärischer oder wirtschaftlicher Strategien finden. Eine Sonderform der Planungssysteme sind Konfigurationssysteme. Diese planen die Konstruktion und Konfiguration zumeist technischer Systeme (z. B. Hardware, Software). Derartige Systeme benutzen häufig Bedingungen als Regeln, anhand der die Kompatibilität der einzelnen Komponenten überprüft werden kann.
- **Ausbildungssysteme** sollen anhand von Fallbeispielen das Lösen bestimmter Probleme erlernen. Ausbildungssysteme verwenden dazu Methoden der bereits aufgezählten Systeme. So können diese den Lernenden bei der Problemlösung beraten und auch die Folgen der Entscheidungen des Nutzers mit Hilfe einer Vorhersagekomponente aufzeigen. Einsatz finden Ausbildungssysteme insbesondere bei Problemen mit einem hohen wirtschaftlichen oder gesundheitlichen Risiko (z. B. Flugausbildung).

Exkurs: Case Based Reasoning (CBR)

CBR wird vor allem für Diagnose-, Planungs-, Konfigurations- und Designprobleme eingesetzt und bietet eine gute Grundlage für die Unterstützung wissensorientierter Aufgaben. Beim Case Based Reasoning wird bei Auftreten eines Problems in einer Sammlung von Fällen (Fallbasis) nach einem ähnlichen Problem gesucht und die dazu gespeicherte Lösung als Ausgangspunkt für die Entwicklung einer Lösung für das aktuelle Problem verwendet. Aktuelles Problem und zugehörige Lösung werden nachher in die Fallbasis übernommen, sodass diese stetig anwächst und eine immer breitere Basis für die Suche nach ähnlichen Problemen bietet. Das Vorgehen kann als zyklische oder iterative Anwendung der Schritte Retrieve, Reuse, Revise und Retain (vgl. Aamodt/Plaza 1994) beschrieben werden (vgl. dazu Bild 4.24):

- **Retrieve:** in diesem Subprozess wird ein geeignetes Fallbeispiel durch unterschiedliche Retrieval-Verfahren aus der Fallbasis zur Lösung des neuen Problems bereitgestellt;
- **Reuse:** hier wird das zu jedem Fallbeispiel gespeicherte Wissen in Form der Lösung zur Problembearbeitung herangezogen;
- **Revise:** die gefundene oder generierte Lösung wird auf ihre Tauglichkeit und Richtigkeit überprüft;
- **Retain:** die Erfahrungen, die während der Problembehandlung gewonnen wurden, werden zur späteren Wiederverwendung gespeichert.

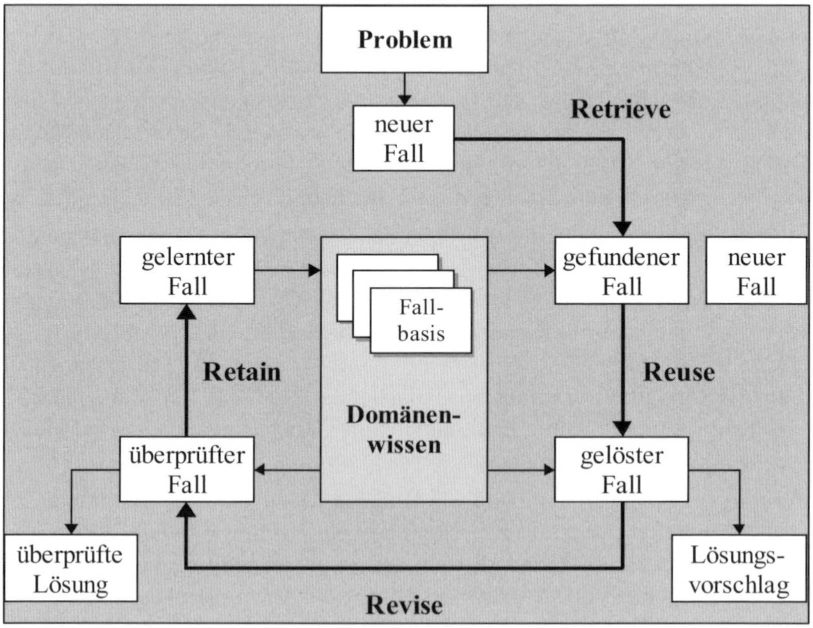

Bild 4.24 Das Modell des R^4 CBR-Zyklus

Neben den hier aufgezählten Einsatzgebieten lassen sich noch weitere identifizieren (z. B. Überwachungssysteme, Entscheidungssysteme, Steuerungssysteme), die zum Teil eine Erweiterung der hier vorgestellten Aufgabenbereiche oder Systemarten darstellen.

Im Rahmen des Wissensmanagements können insbesondere Beratungssysteme eingesetzt werden, die beispielsweise Auskunft über die Verfügbarkeit von Wissen in Form von Wissensträgern liefern. Der Einsatz kompletter Expertensysteme ist im Wissensmanagement jedoch selten der Fall, vielmehr werden ausgewählte Methoden in Wissensmanagementsysteme integriert (Tabelle 4.14). So verwenden Ontologiemanagementsysteme ebenso wie Expertensysteme Inferenzmaschinen, die Fakten und Regeln verarbeiten können und die Erschließung neuen Wissens erlauben.

Tabelle 4.14 Ausgewählte Expertensysteme

System	Hersteller	URL
Solvatio X Studio	Solvatio	*www.solvatio.com*
Environment for Diagnostic Knowledge Systems	Universität Würzburg	*www.d3web.de*

4.2.3.2 Agentensysteme

Als Agenten werden physische oder virtuelle Einheiten bezeichnet, die fähig sind, Handlungen auszuführen, ihre Ressourcen zu verwalten, ihre Umgebung wahrzunehmen, zu kommunizieren und sich zu reproduzieren (vgl. Ferber 1999, S. 9). Ein Agentensystem (Tabelle 4.15) verwaltet Agenten, die in einer offenen Umgebung zielorientiert agieren. Unter Agenten subsumieren sich sowohl menschliche Agenten als auch Hardware- und Softwareagenten. Da im Rahmen des Wissensmanagements ausschließlich Softwareagenten von Interesse sind, beschränken sich die folgenden Ausführungen auf diese. Dabei zeichnen sich Softwareagenten durch die Fähigkeit aus, miteinander zu kommunizieren. Ferner besitzen Agenten Fähigkeiten, die in Form einer Dienstleistung von anderen Agenten genutzt werden können. Agenten werden auch als autonome Softwaresysteme bezeichnet, weil diese ihre Ressourcen selbstständig verwalten. Ausgehend von diesen Eigenschaften haben Caglayan und Harrison ein stark vereinfachendes Modell entwickelt, das einen Agenten als Software mit Wissensbasis und der Fähigkeit, Aufgaben zu erfüllen sowie der Fähigkeit zu kommunizieren definiert (vgl. Bild 4.25).

Das Wissen stellt für Agenten eine zentrale Ressource dar, die durch Lernprozesse erweitert werden muss, um die gegebenen Aufgaben zu erfüllen. Kommunikation kann sowohl mit anderen Agenten als auch mit Menschen erfolgen. Die Kommunikation mit anderen Agenten setzt die Verwendung einheitlicher Kommunikationssprachen voraus. Neben den Aufgaben der Informationssuche und -filterung sowie der Benutzerführung lassen sich jedoch noch weitere finden (z. B. Durchführen von Transaktionen, Lösen komplexer mathematischer Aufgaben). Einen Versuch der Klassifikation von Agenten anhand ihrer Aufgaben haben Brenner et al. unternommen. Sie unterscheiden zwischen Informations-, Kooperations- und Transaktionsagenten (vgl. Brenner et al. 1998, S. 21).

- **Informationsagenten** als eine mögliche Form intelligenter Softwareagenten unterstützen den Benutzer bei der Informationsbeschaffung. Dies erfordert Kenntnisse über die Informationsressourcen, über den Informationsbedarf des Benutzers sowie über den

Kontext von Informationen. Die Informationsbeschaffung kann dabei auf ein Intranet, das Internet oder bestimmte Bereiche des Internets beschränkt sein. Ausgehend von dem formalisierten Informationsbedarf des Benutzers durchsucht der Softwareagent die ihm bekannten Informationsressourcen, wobei einige Agenten in der Lage sind, neue Ressourcen zu akquirieren (z. B. Web-Crawler). Ist der Agent auf Informationen gestoßen, welche er als relevant einstuft, so fügt er diese seiner Ergebnisliste hinzu. Die Präsentation der Ergebnisse kann nach Terminierung der Informationssuche, nach einem gewissen Zeitintervall, oder bei Eintreten eines bestimmten Ereignisses erfolgen. Neben der Suche von Informationen können Informationsagenten auch zur Überwachung von Informationsangeboten (z. B. den Webseiten der Konkurrenz) eingesetzt werden, wobei der Benutzer informiert wird, sobald sich die überwachten Seiten ändern.

- **Kooperationsagenten** versuchen, komplexe Probleme in Zusammenarbeit zu lösen, wobei eine vielseitige Kommunikation mit weiteren Agenten und Menschen notwendig ist. Diese Kommunikation bedingt mehr Fähigkeiten der Agenten, was oft mit mehr Intelligenz gleichgesetzt wird.
- **Transaktionsagenten** werden auf elektronischen Marktplätzen eingesetzt, um dort die Transaktionsaufträge ihres Benutzers zu erfüllen. Der Benutzer teilt einem Agenten seine Transaktionsbedürfnisse als Präferenzvektor mit, welcher dem Transaktionsagenten als Zielfunktion dient.

Eine klare Trennung lässt sich zwischen den genannten Agentenformen nicht immer vornehmen, da auch einige Informations- und Transaktionsagenten kommunizieren und kooperieren können. Transaktionsagenten sammeln ebenfalls Informationen, welche dem Benutzer präsentiert werden können (Preise, Verfügbarkeitsinformationen, etc.). Im Gegensatz zu den reinen Informationsagenten sind diese jedoch in der Lage, in eine Verhandlung einzugreifen.

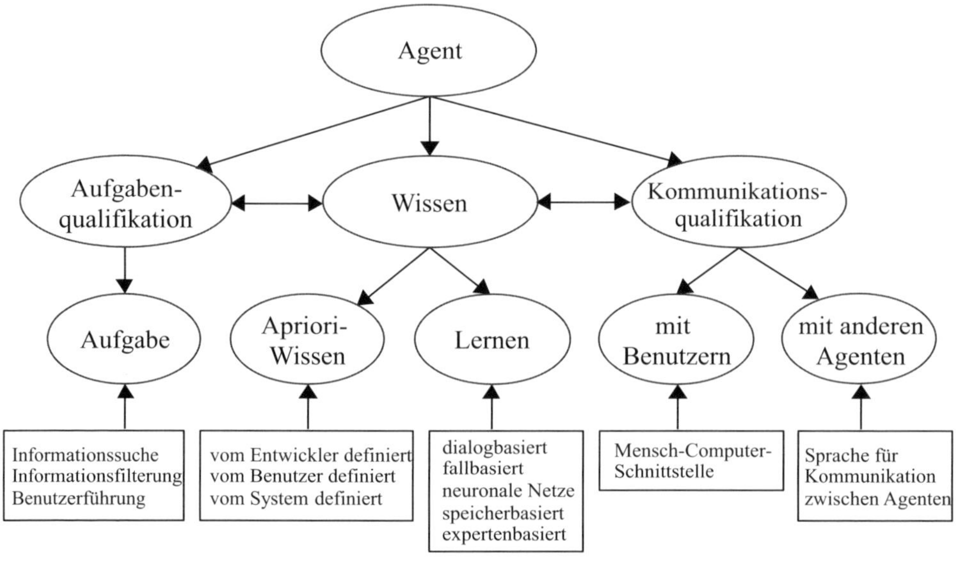

Bild 4.25 Modell eines Softwareagenten (Caglayan/Harrison 1997)

Agentensysteme, welche eine Vielzahl von Agenten verwalten, bezeichnet man als Multi-Agenten-Systeme. Es können mit Multi-Agenten-Systemen sowohl Informations- als auch Kommunikations- und Transaktionsagenten verwaltet werden, wobei die Agenten zumeist untereinander kommunizieren. Kollektive Robotersysteme werden ebenfalls als Multi-Agenten-Systeme bezeichnet, sodass nicht ausschließlich Softwareagenten in Multi-Agenten-Systemen interagieren müssen.

Insbesondere die Informationsagenten finden in Form von intelligenten Suchagenten Einsatz in Wissensmanagementsystemen oder allgemein im Wissensmanagement. Die intelligenten Suchagenten stellen dabei eine mögliche Art von Push-Systemen dar, die den Benutzer gezielt mit Informationen versorgen (vgl. Abschnitt 4.2.5.1).

Tabelle 4.15 Ausgewählte Agentensysteme

System	Hersteller	URL
Copernic Agent	Copernic	*www.copernic.com/en/products/agent/index.html*
eTools.ch	Comcepta	*www.etools.ch*
Biet-o-matic	BOM Team	*www.bid-o-matic.net/hp*

4.2.3.3 Text-Mining-Systeme

Die Menge an digitalen Informationen hat in den letzten Jahren enorm zugenommen, wobei ein erheblicher Teil in textueller Form abgespeichert wird. Damit der Benutzer einen Überblick über die Art und den Inhalt der Informationen bekommt, können diese mit Text-Mining-Systemen aufbereitet werden. Derartige Systeme sind in der Lage, formale Informationen zu Texten, wie die verwendete Sprache oder die Wortanzahl, zu ermitteln. Des Weiteren können Text-Mining-Systeme Zusammenfassungen von Texten erstellen, Schlagworte aus einer textuellen Information herausfinden oder Informationen klassifizieren. Dazu verwenden Text-Mining-Systeme Algorithmen der künstlichen Intelligenz. Im Folgenden soll ein mögliches Vorgehen solcher Systeme zur automatischen Spracherkennung und Erstellung von Zusammenfassungen beschrieben werden.

Tabelle 4.16 Die 10 häufigsten Trigramme im Deutschen und Englischen

Deutsch	Englisch
ein	the
ich	and
nde	ing
die	her
und	tha
der	hat
che	his
end	you
gen	ere
sch	dth

Zur automatischen Erkennung der in einem Text verwendeten Sprache können verschiedene Aspekte der Sprache genutzt werden. Dazu zählen das Vorkommen bestimmter Buchstaben, das Vorkommen bestimmter Worte sowie das Vorkommen bestimmter n-Gramme (vgl. Souter et al. 1994). Eine Diskussion der Ansätze ist unter anderem in Sibun/Reynar 1996 und Wechsler et al. 1997 zu finden. Es wird bei den genannten Ansätzen davon ausgegangen, dass in einer Sprache einzelne Buchstaben, Buchstabenkombinationen oder bestimmte Worte besonders häufig vorkommen, beziehungsweise typisch für diese Sprache sind. Trigramme beispielsweise stellen eine Buchstabenkombination aus drei Buchstaben dar, die sowohl als eigenständiges Wort als auch innerhalb eines Wortes vorkommen kann. Tabelle 4.16 zeigt die häufigsten Trigramme im Deutschen und Englischen im Vergleich.

Die Aufgaben eines Text-Mining-Systems besteht nun darin, einen Text nach dem Auftreten der Trigramme zu untersuchen und daraus die verwendete Sprache zu ermitteln. Dieser Ansatz eignet sich insbesondere für längere Texte und weniger für Wortgruppen oder einzelne Worte, da hier nicht genügend Trigramme für eine statistisch gesicherte Aussage vorliegen.

Bei langen Texten kann es sinnvoll sein, eine Zusammenfassung der wichtigsten Informationen zu extrahieren, um auf Grundlage dieser entscheiden zu können, ob der Inhalt relevant oder nicht relevant ist. Im Gegensatz zu einer manuellen Zusammenfassung stellen durch Text-Mining-Systeme erstellte Informationen eine Sammlung von wesentlichen Sätzen aus dem Inhalt dar. Diese Sammlung erfordert eine Bewertung des Inhalts. Hierbei können verschiedene Heuristiken zum Einsatz kommen, die einen Satz aufgrund seiner Position im Gesamtgefüge und aufgrund der in diesem Satz verwendeten Wörter bewerten. Steht ein Satz am Anfang eines Textes, so wird er im Allgemeinen als aussagekräftiger eingestuft, da sich in der Einleitung oftmals zusammenfassende Sätze befinden. Gleiches kann für den Schlussteil eines Textes angenommen werden. Die Bewertung der Sätze macht es zudem erforderlich, jedes Wort zu bewerten. Dabei sind Füllwörter wie Konjunktionen, Präpositionen oder Pronomen mit dem niedrigsten Wert zu versehen, wogegen Worte, welche häufig in einem Text vorkommen und keine Füllwörter darstellen (Schlagworte) mit einem hohen Wert zu versehen sind. Die Erkennung von Füllwörtern kann entweder anhand von Füllwortlisten oder durch Verwendung von Algorithmen zur Identifikation von Wortarten geschehen. Sind alle Sätze eines Textes bewertet, so können die Sätze mit der höchsten Bewertung für die Zusammenfassung herausgefiltert werden. Die Anzahl der Sätze richtet sich dabei nach der Länge der gewünschten Zusammenfassung und nach der Länge des Textes.

Text-Mining-Systeme (Tabelle 4.17) sollen somit unter Verwendung linguistischer, statistischer und mathematischer Verfahren Meta-Informationen zu textuellen Informationen liefern, anhand derer ein Benutzer über die Relevanz der Informationen entscheiden kann.

Tabelle 4.17 Ausgewählte Text-Mining-Systeme

System	Hersteller	URL
Copernic Summarizer	Copernic	*www.copernic.com/en/products/summarizer/download.html*
Language Identifier	Lextek	*www.lextek.com/langid*
SAS Text Miner	SAS	*www.sas.com*

4.2.4 Führungsinformationssysteme

Führungsinformationssysteme (auch Managementinformationssysteme) sollen insbesondere das mittlere und obere Management bei der Erfüllung nicht oder schlecht strukturierbarer Aufgaben unterstützen. Die Grundlage bilden die operativen Unternehmensdaten, welche integriert und zusammengefasst werden. Führungsinformationssysteme stellen somit auch einen wichtigen Teil des organisatorischen Gedächtnisses (vgl. Abschnitt 2.3 und Abschnitt 3.1.2) dar.

Im Folgenden sollen Data-Warehouse-Systeme, OLAP-Systeme und Data-Mining-Systeme als wesentliche Vertreter von Führungsinformationssystemen, die Einsatz im Wissensmanagement finden, vorgestellt werden. Den Zusammenhang dieser Systeme stellt Bild 4.26 dar.

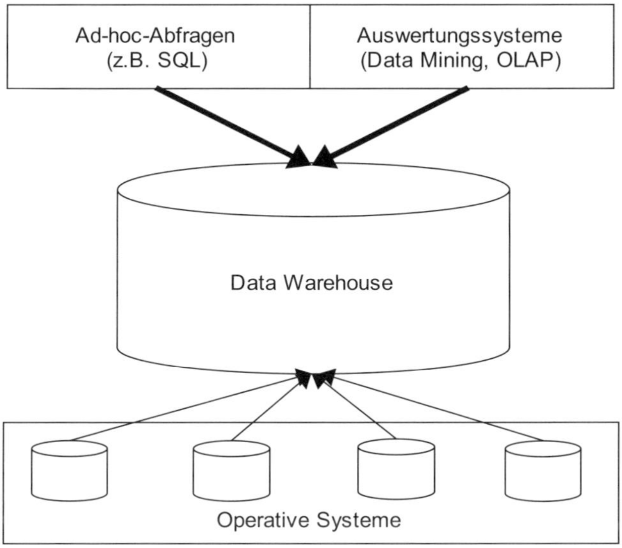

Bild 4.26 Zusammenhang zwischen Data Warehouse, Data Mining und OLAP (Alpar 2000, S. 14)

4.2.4.1 Data-Warehouse-Systeme

In Organisationen werden heute meist sehr viele verschiedene Datenbanken eingesetzt, um die vielfältigen Daten der einzelnen Teilorganisationen (Finanzabteilung, Personalabteilung, etc.) zu speichern. Zur Integration dieser verteilten Daten bieten sich Data-Warehouse-Systeme (DWHS) an, die gegenüber den operativen Datenbanken als strategische Datenbanken angesehen werden können. Inmon beschreibt diese Systeme wie folgt (vgl. Inmon 1996):

> „A data warehouse is a subject oriented, integrated, non-volatile, and time variant collection of data in support of management's decision."

Werden in einem Data-Warehouse alle Daten einer Organisation gespeichert, so wird dieses auch als Enterprise-Data-Warehouse bezeichnet. Im Gegensatz dazu enthalten Data-Marts nur eine Untermenge der Organisationsdaten. Data-Marts können sowohl aus den operativen Datenbanken als auch den Enterprise-Data-Warehouses erstellt werden.

Als Führungsinformationssystem finden DWHS vor allem Einsatz im mittleren und oberen Management, wo Daten in aggregierter Form präsentiert und zur Entscheidungsunterstützung herangezogen werden können. Des Weiteren können Data-Warehouse-Systeme in der Wissenschaft zur Auswertung empirisch erhobener Daten eingesetzt werden. Das Earth-Observing-System liefert täglich etwa 1 TB an meteorologischen Daten, die aufbereitet und analysiert werden müssen (vgl. Bauer/Günzel 2004, S. 14). Ein weiteres Einsatzgebiet stellen technische Anwendungsfelder dar, beispielsweise die Auswertung von Materialdaten und technischen Messdaten.

An ein Data-Warehouse-System können verschiedenste Anforderungen gestellt werden, die eine effiziente Integration und Analyse von Daten erlauben (vgl. Bauer/Günzel 2004, S. 33 f.):

- Unabhängigkeit zwischen Datenquellen und Analysesystemen,
- dauerhafte Bereitstellung der Daten,
- Mehrfachverwendbarkeit der Daten,
- Möglichkeit beliebiger Auswertungen der Daten,
- anwenderspezifische Datenbereitstellung,
- Möglichkeit der Erweiterung um neue Datenquellen,
- Automatisierung der Prozesse (insbesondere Extraktion, Transformation, Laden),
- Eindeutigkeit über Datenstrukturen und Zugriffslegitimation und
- Ausrichtung der Architektur am Zweck des Einsatzes.

Der Aufbau eines Data-Warehouse-Systems erfordert einen erheblichen Aufwand bei der Einführung, der insbesondere durch die Heterogenität der zu integrierenden Datenquellen gegeben ist. Die Einführung eines Enterprise-Data-Warehouse-Systems kann bis zu zwei Jahre in Anspruch nehmen. Dies führt wiederum zu einer Verzögerung des Return-on-Investment oder gar zu einem Nichterreichen dieses wirtschaftlich kritischen Wertes.

Exkurs: Knowledge-Warehouse-System

Seit Mitte der 1990er Jahre wird vermehrt das Konzept eines Knowledge-Warehouse-Systems diskutiert, wobei jedoch kein einheitliches Verständnis vorliegt (vgl. Martin 1997, Firestone 1999, Nemati et al. 2002, Dittmar 2004). Zumeist wird davon ausgegangen, dass ein Knowledge-Warehouse im Gegensatz zu einem Data-Warehouse auch unstrukturierte Daten speichert. Dittmar beschreibt ein komplexes System eines Knowledge-Warehouse, welches er als technische Implementierung eines organisatorischen Gedächtnisses betrachtet. Die zentrale Komponente dieses Systems stellt ein Data-Warehouse dar. Des Weiteren kommen in dieser Architektur OLAP-System, Data-Mining-Systeme, Archivierungssysteme und Portalsysteme zum Einsatz. Das Knowledge-Warehouse kann somit als integrierendes System betrachtet werden, welches einen Zugang zu verschiedenen Wissensquellen im Unternehmen schafft. Der dabei verwendete Begriff „Knowledge“ stellt jedoch ausschließlich auf Wissen in Form von Informationen ab, sodass durch ein Knowledge-Warehouse keine Unterstützung impliziten Wissens erfolgt.

Das Data-Warehouse (Tabelle 4.18) als Konzept bietet im Rahmen des Wissensmanagements eine effiziente Möglichkeit zur Integration strukturierter Daten. Unter Verwendung von Analyse- und Berichtsystemen können aktuelle Informationen erzeugt werden, welche die Grundlage für den Erwerb neuen Wissens darstellen. Häufig wird dafür auch die Bezeichnung Business Intelligence (BI) verwendet, für die auch eine inhaltliche Überschneidung zum Data Mining gibt. Die aktuelle Entwicklung lässt einen Trend zu Self Service BI (SSBI) erkennen, da in vielen Unternehmen ein Engpass in den DWH-Serviceabteilungen zu beobachten ist.

Tabelle 4.18 Ausgewählte Data-Warehouse-Systeme

System	Hersteller	URL
Oracle Business Intelligence Warehouse Builder	Oracle	*www.oracle.com/technology/products/warehouse/index.html*
DB2 Universal Database Data Warehouse Editions	IBM	*www-306.ibm.com/software/data/db2/udb/dwe*
SAS Business Intelligence Platform	SAS	*www.datawarehouse4u.info/Business-Intelligence-Platform-SAS.html*

4.2.4.2 OLAP-Systeme

OLAP-Systeme (Tabelle 4.19) stellen eine Datenbanktechnologie dar, welche in Abgrenzung zu relationalen Datenbanken analytische Anfragen auf mehrdimensionale Daten erlauben. Ein Data-Warehouse-System kann als Quelle betrachtet werden, aus welcher die Daten für die Anfragen und Analysen stammen können. In diesem Verständnis stellt ein OLAP-System eine Implementierung der Analysekomponente eines Data-Warehouse-Systems dar. Codd definierte in seinem einführenden Werk zwölf Regeln, welche ein OLAP-System charakterisieren. Diese erweiterte er später um 6 weitere Regeln. Hier soll die sogenannte FASMI-Definition als Kurzform dieser Regeln vorgestellt werden. Danach ist ein OLAP gekennzeichnet durch: „Fast Analysis of Shared Multidimensional Information". Die einzelnen Bestandteile dieser Definition seien im Folgenden kurz erläutert:

- **Fast:** Diese Eigenschaft zielt auf eine angemessene Antwortgeschwindigkeit ab. Dabei sollte eine Antwortzeit von 30 Sekunden nicht überschritten werden, da die Anwender die Anfrage sonst abbrechen (vgl. Clausen 1998, S. 14).
- **Analysis:** Der Benutzer muss zum einen eigene Analysen vornehmen können, und zum anderen sollte er bei der Erstellung und Auswertung der Analysen soweit wie möglich durch das OLAP-System unterstützt werden. Bei dieser Eigenschaft geht es also um die Funktionalität.
- **Shared:** Die Datenbestände sollen einer Vielzahl von Benutzern gleichzeitig zur Verfügung stehen. Dies verlangt die Definition von Zugriffsregeln auf Sichten-, Tabellen- und Zellenbasis. Weiterhin sind wie bei den relationalen Datenbanken Integritäts- und Konsistenzprüfungen vorzunehmen.
- **Multidimensional:** OLAP-Systeme erlauben eine mehrdimensionale Sicht auf die Daten. Dies kann durch eine Kombination verschiedener Daten (z. B. über Projekte, Organisationsmitglieder und Skills) erreicht werden, wodurch eine vielseitige Auswertung dieser

Daten möglich wird. Auf die Multidimensionalität als Schlüsselkriterium von OLAP-Systemen soll weiter unten noch genauer eingegangen werden.

- **Information:** OLAP-Systeme sind in der Lage, aus Daten Informationen zu erstellen. Dies erfolgt durch eine Kombination verschiedener Daten.

Eine Dimension besteht aus einer Kombination von Daten (z. B. Projekte, Personen), welche hierarchisch geordnet sind. Durch die Zusammenführung mehrerer Dimensionen entsteht eine multidimensionale Repräsentation der Daten. Eine zweidimensionale Datenstruktur stellen Tabellen dar, wie sie auch von relationalen Datenbanken bekannt sind. Durch das Hinzufügen einer dritten Dimension entsteht ein Datenwürfel, wie er in Bild 4.27 für die Dimensionen Mitarbeiter, Projekte und Sprachkenntnisse dargestellt ist.

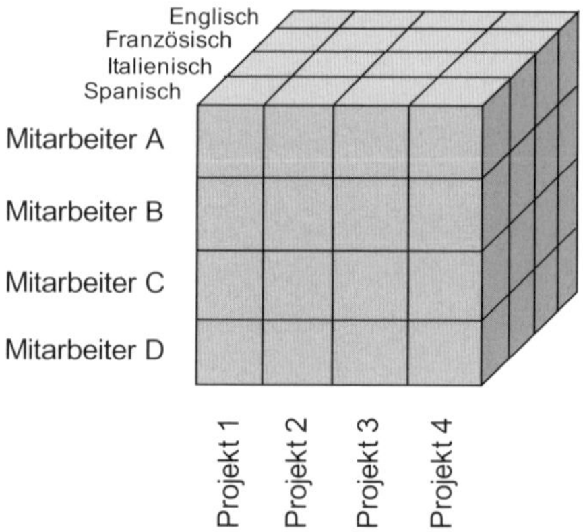

Bild 4.27 Beispiel eines Datenwürfels mit den Dimensionen Sprachen, Mitarbeiter und Projekte

Auf einem solchen n-dimensionalen Würfel können verschiedene Operationen ausgeführt werden, von denen Rotation, Roll-up, Drill-down sowie Slice und Dice kurz erläutert werden:

- **Rotation:** Mit dieser Operation kann der n-dimensionale Würfel um seine Achsen gedreht werden. Hierdurch ist ein Betrachten der Datenkombinationen aus verschiedenen Perspektiven möglich, was wiederum die Beantwortung verschiedener Analysefragen ermöglicht.
- **Roll-up, Drill-down:** Das Roll-up ist mit einer Aggregierung von Daten zu vergleichen. Dabei kann die Tiefe der Aggregation für jede Dimension festgelegt werden. Im Beispiel in Bild 4.27 könnten die Mitarbeiter zu Teams aggregiert werden. Die hierzu inverse Operation bildet das Drill-down, durch welches verdichtete Daten detailliert werden. So wäre in dem skizzierten Beispiel ein Drill-down der Projekte in einzelne Arbeitspakete denkbar.
- **Slice, Dice:** Mit der Slice-Operation können einzelne Scheiben aus dem n-dimensionalen Würfel herausgeschnitten werden, wobei eine Scheibe als m-dimensionaler Würfel mit $m<n$ zu betrachten ist.[2] Eine mögliche Scheibe wäre somit ein Würfel aus den Dimensionen Mitarbeiter und Projekt. In Abgrenzung dazu werden bei den Dice-Operationen keine Dimensionen ausgeblendet, sondern ein Teilwürfel mit gleicher Dimension erzeugt. Ein möglicher, durch eine Dice-Operation erzeugter Teilwürfel könnte die Mitarbeiter A und B, die Projekte 2 und 4 sowie die Sprachen Englisch und Italienisch enthalten.

---

[2] Nach diesem mathematischen Verständnis ist eine Tabelle als zweidimensionaler Würfel zu betrachten.

Tabelle 4.19 Ausgewählte OLAP-Systeme

System	Hersteller	URL
SQL Server 2000 Business Intelligence	Microsoft	*www.microsoft.com/sql/evaluation/bi/default.mspx*
Cognos PowerPlay	IBM Cognos Analytics	*www.ibm.com/products/software*
Mondrian	Mondrian Team	*http://mondrian.sourceforge.net*

4.2.4.3 Data-Mining-Systeme

Data Mining ist ein in der Informatik etabliertes und weitgehend automatisiertes Verfahren, um in großen Datenbeständen Muster und Strukturen zu identifizieren. Mining bedeutet wörtlich übersetzt „graben" oder „schürfen". Aus einer Vielzahl von Daten können mit Data-Mining-Systemen neue Daten in Form von Beziehungen zwischen den ursprünglichen Daten extrahiert werden. Die Erkennung neuer Daten erfordert den Einsatz statistischer Methoden, wobei das Data Mining im Unterschied zur Statistik nicht von einer Hypothese ausgeht, sondern die Hypothese aus den Daten zunächst „berechnet" (vgl. Alpar 2000, S. 3). Die dabei verwendeten Algorithmen (z. B. Regression, Klassifizierung, Clusterbildung) zielen auf Komplexitätsreduktion ab. Jede gefundene Hypothese muss anschließend falsifiziert und interpretiert werden. So könnten die Daten aus einer Umfrage beispielsweise bezüglich einer Korrelation aller gegebenen Antwortmöglichkeiten untersucht werden.

Data-Mining-Systeme (Tabelle 4.20) eignen sich aus betriebswirtschaftlicher Sicht für eine Vielzahl von Aufgaben. Eine mögliche Klassifikation der Aufgaben von Data-Mining-Systemen schlägt Lusti vor. Er differenziert zwischen Klassifikation, Vorhersage, Clustering, Assoziation und Text Mining (vgl. Lusti 1999, S. 252). Alpar unterscheidet in ähnlicher Weise zwischen Klassifikation, Segmentierung, Prognose, Abhängigkeitsanalyse und Abweichungsanalyse (vgl. Alpar 2000, S. 3), die im Weiteren kurz erläutert werden.

- Die **Klassifikation** ordnet eine Menge von Objekten aufgrund ihrer Merkmale einer Menge von vorgegebenen Klassen zu. Die Zuordnung erfolgt mit Hilfe von Funktionen, die regelbasiert arbeiten (z. B. „wenn Alter zwischen 14 und 19, dann Klasse Jugendlicher"). Hierbei wird in der Literatur auch von überwachter Kategorisierung gesprochen, da die Einordnung der Objekte in die Klassen von einem Menschen „überwacht" wird (vgl. Stein/Meyer zu Eißen 2004, S. 12).
- Im Unterschied zur Klassifikation werden bei der **Segmentierung** Objekte zu vorher nicht bekannten Klassen zusammengefasst. Hierbei liegt die Schwierigkeit zunächst in der Gruppierung der Daten anhand ihrer Merkmalsausprägungen. Für die Gruppierung kommen Verfahren der Clusteranalyse zum Einsatz, die anhand unterschiedlicher Vorgehensweisen ein Ähnlichkeitsmaß zwischen den Daten bestimmen. Sind die Gruppen oder Segmente gebildet, so müssen Namen für diese gefunden werden, was ebenfalls mit Hilfe mathematischer Verfahren erfolgt. Die Segmentierung wird in Abgrenzung zur Klassifikation auch als unüberwachte Kategorisierung bezeichnet.
- Die **Prognose** soll die Vorhersage von Merkmalsausprägungen aufgrund historischer Daten treffen. Hierzu werden vor allem Methoden der Statistik wie die Regressionsanalyse, aber auch Methoden der künstlichen Intelligenz wie künstliche neuronale Netze eingesetzt. Die Prognose trifft Vorhersagen von kontinuierlichen Werten, wogegen die Klassifikation für eine Vorhersage von diskreten Daten genutzt wird.

- Mit der **Abhängigkeitsanalyse** werden Daten auf mögliche Zusammenhänge untersucht. Die Beziehungen sind mit Hilfe statistischer Tests zu bestätigen und müssen anschließend interpretiert werden.
- In Abgrenzung zu den bisher genannten Aufgaben soll die **Abweichungsanalyse** diejenigen Objekte herausfiltern, deren Merkmalsausprägungen stark abweichen. Diese Unregelmäßigkeiten sind jedoch nicht nur zu identifizieren, sondern es müssen auch die Ursachen für die Abweichung herausgefunden werden.

Mit dem Data Mining können aus Daten neue, aggregierte Daten sowie Informationen abgeleitet werden, die vor allem für die Entscheidungsfindung von Bedeutung sind. Wissensmanagementsysteme können sich des Data Mining z. B. im Rahmen der Benutzerprofilmodellierung bedienen. Hierbei sollen Erkenntnisse über die Interessen und die Fähigkeiten eines Benutzers als Grundlage der gezielten Informations- und Wissensversorgung genutzt werden. Die dafür notwendigen Daten können während der Arbeit mit dem System gesammelt und unter Verwendung von Data-Mining-Systemen ausgewertet werden. Ein weiterer Einsatzbereich ist die Gewinnung von Informationen über Kunden oder die Marktentwicklung.

Tabelle 4.20 Ausgewählte Data-Mining-Systeme

System	Hersteller	URL
SAS Enterprise Miner	SAS	*www.sas.com/de_ch/software/enterprise-miner.html*
DB2 Intelligent Miner	IBM	*www-306.ibm.com/software/data/iminer*
Insightful Miner	Solution Metrics	*www.solutionmetrics.com.au/support/iminer70/default.html*

4.2.5 Sonstige Systeme

Neben den bisher vorgestellten Systemen lassen sich natürlich weitere für das Wissensmanagement nützliche Systeme und Technologien finden, die sich nicht in die vorgestellten Kategorien einordnen lassen. Hierzu gehören insbesondere Suchdienste bzw. Information-Retrieval-Systeme und Visualisierungssysteme.

Suchdienste unterstützen den Benutzer beim Auffinden von relevanten Informationen. Im Unterschied dazu bereiten Visualisierungssysteme Informationen mit Hilfe graphentheoretischer Methoden auf. Hierbei lässt sich eine Verbindung der beiden Systeme über die Ergebnispräsentation von Information-Retrieval-Systemen herstellen, für die Visualisierungssysteme genutzt werden.

4.2.5.1 Suchdienste

Systeme zum Auffinden von subjektiv relevanten Informationen werden im Allgemeinen als Suchdienste oder Information-Retrieval-Systeme bezeichnet. Darunter sind sowohl Systeme zu fassen, welche ausgehend von einer Anfrage den aktuellen Informationsbestand durchsuchen (Pull-Systeme), als auch Systeme, die dem Benutzer unaufgefordert relevante Informationen zustellen, sobald diese verfügbar sind (Push-Systeme).

Zu den **Pull-Systemen** können **Suchmaschinen** gerechnet werden, die ausgehend von einer Suchanfrage einen oder mehrere Indizes durchsuchen. Als Index wird dabei ein Speicher bezeichnet, der Informationen in einer für den Prozess des Suchens optimalen Form abspeichert. Die meisten Suchmaschinen lassen die Verwendung von Suchwörtern zu, welche mit Booleschen Operatoren verknüpft werden können. Ein Ansatz, der dem Nutzer die Formulierung einer Booleschen Anfrage ersparen soll, ist in der Verwendung natürlicher Sprachen als Anfragesprachen zu sehen.

Push-Systeme benachrichtigen den Benutzer, sobald Informationen vorhanden sind, die dem Profil des Benutzers entsprechen. Zu den Push-Systemen sind insbesondere Suchagenten, Informationsabonnements, News Channels und Listserver zu rechnen (vgl. Klosa 2001, S. 87 f.). Dabei kann das Profil neben einer Angabe von Themen auch weitere Angaben über den Benutzer, wie Sprachkenntnisse oder das bevorzugte Informationsformat, enthalten.

Damit Informationen von einem Softwaresystem gefunden werden können, müssen diese aufbereitet und analysiert werden. Dazu zählt sowohl das Hinzufügen von Metadaten wie Autor, Titel oder Erstellungsdatum als auch eine morphologische und lexikalische Analyse des Volltextes, in welcher die Informationen für eine effiziente Speicherung (Indexierung) im Index vorbereitet werden. Liegen die Informationen im Index vor, so können diese mit einer Suchanfrage gesucht werden. Die Suche im eigentlichen Sinne kann als Abgleich der Suchanfrage mit dem Index beschrieben werden, wobei das Resultat eine Menge von Treffern ist, die anhand verschiedener Filter (Autor, Titel, Relevanz) sortiert werden kann.

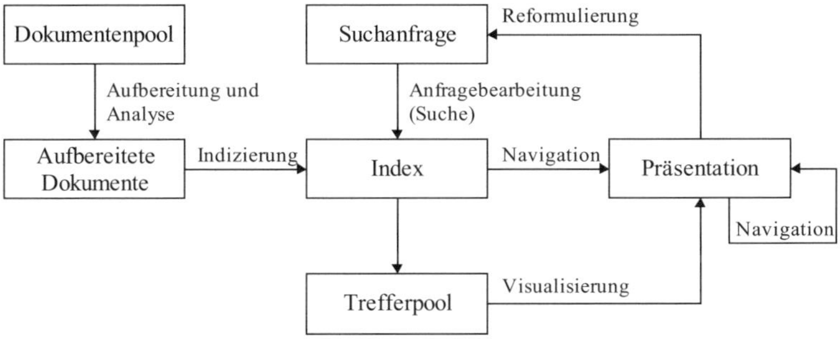

Bild 4.28 Phasen der Suche (in Anlehnung an Baeza-Yates/Ribeiro-Neto 1999, S. 10)

Wurden von einem **Information-Retrieval-System** Informationen gefunden, so müssen diese dem Benutzer präsentiert werden. An die Präsentation der Treffer schließt sich oftmals eine Navigation in der Treffermenge an, wobei zwischen einer **flachen Navigation**, einer **strukturgeführten Navigation** und einer **Hypertextnavigation** unterschieden wird (vgl. Baeza-Yates/Ribeiro-Neto 1999, S. 65). Die erste Klasse der Navigationsarten stellt die flache Navigation dar, in welcher alle Dokumente der zu präsentierenden Dokumentenmenge als Liste oder Tabelle dargestellt werden. Die strukturgeführte Navigation geht von einer Kategorisierung der Dokumente anhand bestimmter Merkmale aus. So lassen sich Dokumente nach dem Inhalt, dem Autor, dem Erscheinungsjahr und anderen Metadaten kategorisieren. Während die beiden bereits charakterisierten Ansätze der flachen und der strukturgeführten Navigation von einer Visualisierung der Dokumentenmenge ausgehen, gestaltet sich die Hypertextnavigation über die Darstellung des Inhaltes eines Dokumentes. Den soeben beschriebenen Ablauf des Information-Retrieval zeigt Bild 4.28.

Neben der Forderung der Effektivität von Information Retrieval-Systemen sollen diese auch effizient sein, das heißt, dem Benutzer eine schnelle Antwort liefern. Empirische Studien haben gezeigt, dass viele Benutzer bereits nach drei Sekunden eine Suchanfrage abbrechen. Dies gestaltet sich insbesondere bei der exponentiell zunehmenden Menge an Informationsquellen schwierig. Die Effektivität eines Information-Retrieval-Systems bestimmt sich zum einen aus der Funktionalität des Systems und zum anderen aus den zur Verfügung stehenden Informationsressourcen und der Fähigkeit der Benutzer, ihren Informationsbedarf zu artikulieren. Ausgehend von der Schwierigkeit der Formulierung des Informationsbedarfs, können Synonymwörterbücher und Thesauri zum Einsatz kommen, welche eine Erweiterung der Suchanfrage vornehmen. Eine Erweiterung der Suchanfrage kann ebenfalls durch die Bewertung von Treffern (Relevance-Feedback) vorgenommen werden.

Die Suche nach Informationen hat innerhalb von Unternehmen aufgrund der rapid anwachsenden Datenmengen enorm an Bedeutung gewonnen (vgl. Bahrs 2009). Mehr als die Hälfte der Tätigkeit von Managern wird für die Informationssuche aufgewendet. Im Rahmen des Wissensmanagements spielen daher **Enterprise-Search-Engines** bzw. die unternehmensweite Suche eine zunehmende Rolle (Tabelle 4.21). Da die Informationen gewöhnlich auf viele Systeme verteilt sind, unterscheidet sich eine unternehmensweite (interne) Suche wesentlich von der Suche in Datenbanken. Sie unterscheidet sich aber auch von der Suche im Internet, da der Suchraum innerhalb eines Unternehmens zwar begrenzt ist, die Informationsquellen selbst allerdings sehr vielfältig, verteilt und heterogen sind. Weitere Unterschiede ergeben sich durch die klar differenzierbaren Ansprüche der Zielgruppen (z. B. interne Mitarbeiter vs. externe Kunden). In vielen Organisationen kann man eine klare Trennung zwischen öffentlichen und internen Daten vornehmen. Im öffentlichen Bereich gibt es viele dynamisch erzeugte Daten, welche aus unterschiedlichen Datenbanken oder Dokumentenmanagementsystemen stammen (z. B. Telefonverzeichnis, Yellow Pages, Veranstaltungskalender, Projektübersicht, Publikationsverzeichnisse etc.), die aber durch mehrfache Einbettung in Webseiten oft redundant im Intranet vorkommen. Der gesamte Informationsraum wird dadurch sehr heterogen und der gezielte Informationszugang oft schwierig. Enterprise-Search bezeichnet somit ein Teilgebiet des Information-Retrieval. Zur Verbesserung der Qualität der Suchergebnisse werden meist Ontologien eingesetzt (vgl. z. B. Chen et al. 2013, siehe auch Abschnitt 4.1.2.2). Ein Überblick über ausgewählte Enterprise-Suchmaschinen und ihre Anbieter findet sich bei Lehner und Havel (2013).

Tabelle 4.21 Ausgewählte Enterprise-Search-Engines

System	Hersteller	URL
Copernic Desktop Search	Copernic	*www.copernic.com/en/products/desktop-search/index.html*
Verity Ultraseek	Verity	*http://mn.gov/bridges/engine.html*
Yippy (früher Clusty)	Yippy	*https://yippy.com*
Kartoo	Kartoo	*www.kartoo.com*

4.2.5.2 Visualisierungssysteme

Zur Darstellung von Informations- und Wissensstrukturen sowie von Suchergebnissen können verschiedenste Visualisierungsformen zum Einsatz kommen. Visualisierungssysteme bilden Informationen und Wissen mit Hilfe einer ausgewählten Metapher (z. B. Netz oder Karte) ab und bedienen sich dazu graphentheoretischer Methoden. Somit ist unter Visualisierung hier keine Technik zur Darstellung multimedialer Inhalte zu verstehen. Es muss jedoch angemerkt werden, dass nicht die Informationen bzw. das Wissen in der originären Form, sondern lediglich Metadaten abgebildet werden. Das bekannteste Visualisierungstool ist vermutlich die Mind-Map (vgl. Buzan/Buzan 2002, Mittelmann 2011, Young 2010), die aufgrund ihrer allgemeinen Verbreitung nicht weiter dargestellt wird.

Grundsätzlich können Informationen bzw. Informationselemente unabhängig voneinander mit einer Vielzahl von Details (Metadaten) oder in Abhängigkeit voneinander als Übersicht dargestellt werden (vgl. Baeza-Yates/Ribeiro-Neto 1999, S. 289 f., Lahme 2004, S. 83). Sollen die Informationselemente unabhängig voneinander dargestellt werden, so bieten sich insbesondere Listen an, welche eine Vielzahl von Informationselementen, repräsentiert durch Metadaten, enthalten. Diese Visualisierungsform findet bei der überwiegenden Anzahl von Information-Retrieval-Systemen Einsatz. Daneben besteht auch die Möglichkeit, Verzeichnisse, Netze und Karten als mögliche zweidimensionale Darstellungsformen und hyperbolische Bäume sowie Cone-Trees als dreidimensionale Darstellungsformen zu nutzen.

Verzeichnisse stellen Informationselemente dar, welche einer hierarchischen Ordnung unterliegen. Somit implementieren Verzeichnisse die Metapher eines Baumes, wobei die einzelnen Informationselemente als Blätter (Knoten) und die Verbindungen dieser als Zweige (Kanten) zu bezeichnen sind. Verzeichnisse haben den Nachteil, nur Vater-Sohn-Beziehungen darstellen zu können, wodurch Zuordnungsprobleme auftreten können. Typischerweise werden Verzeichnisse zur Visualisierung von Dokumentenstrukturen in Dateisystemen und Dokumentenmanagementsystemen verwendet.

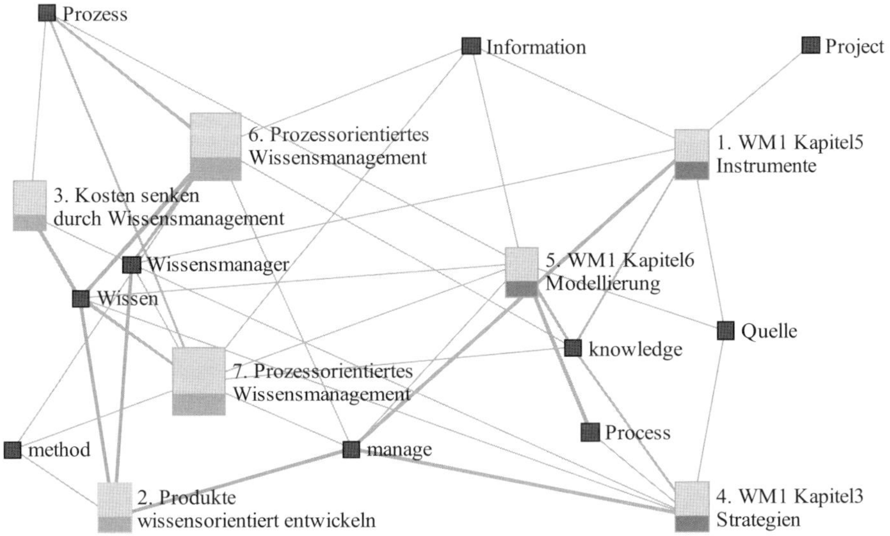

Bild 4.29 Beispiel eines Netzes zur Darstellung von Dokumenten und Schlagworten (Quelle *http://sourceforge.net/projects/civi*)

Netze bestehen ebenfalls aus Knoten und Kanten, erlauben jedoch eine größere Vielfalt an Beziehungen zwischen den Knoten (vgl. Bild 4.29). In die Darstellung eines Netzes können auch die inhaltliche Nähe der repräsentierten Informationselemente oder die Art der Beziehung zwischen zwei Elementen einfließen. Netze eignen sich insbesondere zur Visualisierung von Ontologien (vgl. Abschnitt 4.1.2.2) und für Wissenskarten (vgl. Abschnitt 4.1.2.1).

Karten visualisieren in Anlehnung an topografische Karten Wissen und Informationen als Gebirge und Täler. Besteht zwischen Informationselementen eine Beziehung, so werden diese im selben Gebiet auf der Karte dargestellt. Je stärker die Beziehung zweier Elemente, desto geringer ist die Entfernung der Elemente auf der Karte. Unter dem Begriff Wissenskarte werden in der Praxis zahlreiche Arten von Karten subsumiert, die allerdings nicht diesem topografischen Verständnis entsprechen (also ebenfalls Verzeichnisse; vgl. auch hier Abschnitt 4.1.2.1).

Bild 4.30 stellt eine mögliche Visualisierung einer Karte dar, wobei eine Ansammlung inhaltlich ähnlicher Elemente als Berg dargestellt ist, welcher namentlich den Inhalt der Informationselemente repräsentiert.

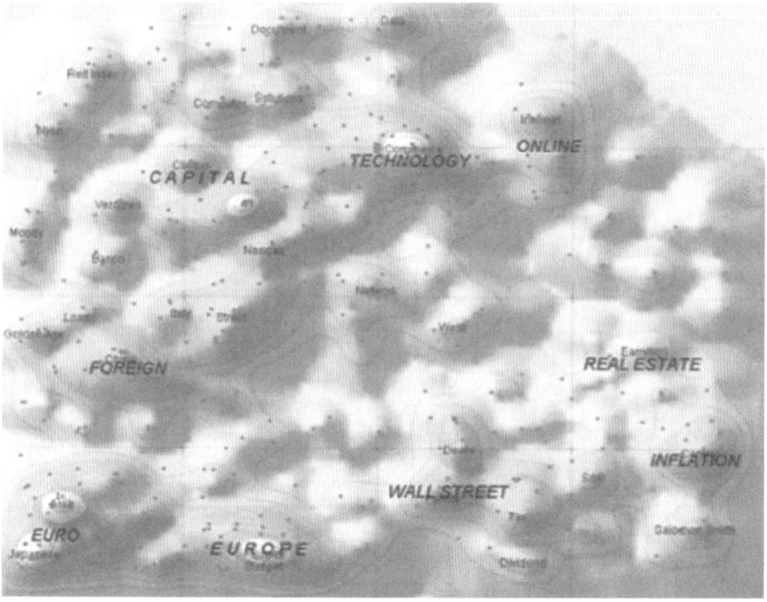

Bild 4.30 Beispiel einer Themenkarte (vgl. Spence 2000, S. 183)

Hyperbolische Bäume als dreidimensionale Visualisierungsform basieren auf der hyperbolischen Geometrie[3], welche die Komplexität der Visualisierung erhöht. Ausgehend von dem Wurzelelement verzweigen die untergeordneten Elemente sternförmig. Da die Elemente der unteren Ebenen zahlenmäßig denen der oberen Ebenen überlegen sind, ist die Verzeichnisstruktur auf einer Kugel ausgebreitet, welche zweidimensional dargestellt wird. Der Benutzer navigiert anhand der Vater-Kind-Beziehungen ausgehend vom Wurzelelement zu dem gewünschten Element. Dies entspricht einem Drehen der dargestellten Kugel, sodass das jeweils betrachtete Element in den Mittelpunkt rückt (vgl. Bild 4.31).

[3] Eine ausführliche Darstellung der hyperbolischen Geometrie findet sich in Cannon et al. 1997.

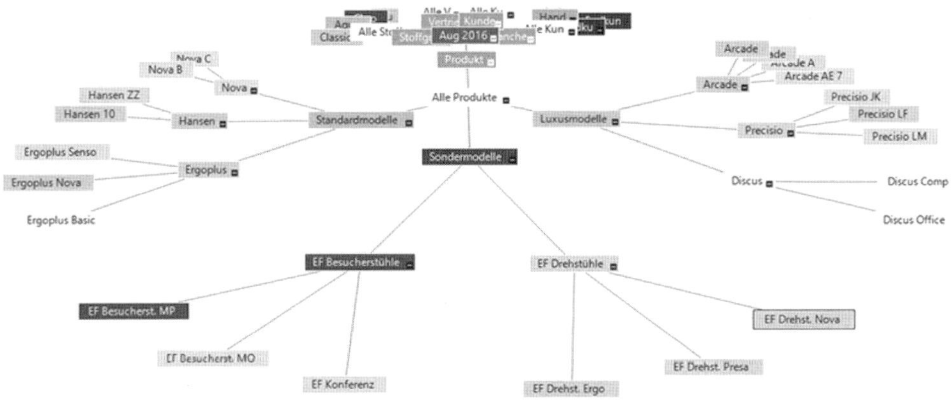

Bild 4.31 Hyperbolischer Baum – Beispiel Hyperbrowser (Quelle *Forschung.Bissantz.de*)

Cone Trees stellen Verzeichnisse in dreidimensionaler Form dar. Die Kind-Knoten werden dabei kegelförmig an den Vaterknoten angehängt, sodass sich das gesamte visualisierte Gebilde als Kegel präsentiert. Durch die Visualisierung im dreidimensionalen Raum können im Gegensatz zu den Verzeichnissen vermehrt Überschneidungen zwischen den einzelnen Knoten auftreten, die durch einen gewissen Grad an Transparenz der Knoten gemildert werden können.

Neben den aufgezählten Darstellungen existieren weitere, zum Teil ähnliche Visualisierungsformen. Die Herausforderung eines Visualisierungssystems (Tabelle 4.22) besteht zum einen in der Umsetzung der Informationen mit Hilfe der gewählten Metapher in eine visuelle Form und zum anderen in der Beachtung ästhetischer und ergonomischer Aspekte. Zu diesen Aspekten zählen die Minimierung von Überdeckungen, die Minimierung der Anzahl der Kanten (soweit beeinflussbar), die Optimierung der Abstände der Informationselemente sowie möglichst eine Gleichverteilung der Informationselemente innerhalb der Grafik.

Tabelle 4.22 Ausgewählte Visualisierungssysteme

System	Hersteller	URL
TreeViz	Randelshofer	*www.randelshofer.ch/treeviz*
Cognos Visualizer	IBM Cognos	*www.ibm.com/products/software*

4.3 Wissensmanagementsysteme

4.3.1 Ziele und Zweck von Wissensmanagementsystemen

Mit den softwaretechnischen Werkzeugen wurden in Abschnitt 4.2 bereits Anwendungen beschrieben, welche einzelne Aufgaben des Wissensmanagements unterstützen. Um das Wissen einer Organisation umfassend zu erschließen, sind jedoch Systeme erforderlich, die über partielle Ansätze sowie über isolierte Anwendungen deutlich hinausgehen.

Daraus leitet sich der Bedarf an „vollständigen“ Wissensmanagementsystemen ab, die genau diesen Aspekt unterstützen sollen. Die Inhalte der organisatorischen Wissensbasis (vgl. Abschnitt 2.3), auf die diese Systeme abzielen, umfassen sowohl „harte“ Inhalte (Zahlen, Fakten, Statistiken, Regeln etc.) als auch „weichere“ (z. B. persönliche Notizen, Expertisen, Geschichten, Artefakte, Details über strategische Entscheidungen, Abläufe, Routinen, Pläne usw.). Mit der Integration der genannten Elemente entsteht ein Unterstützungspotenzial, das durch Wissensmanagementsysteme realisiert werden soll. Zwei Beispiele sollen dies verdeutlichen.

Beispiel: Xerox

Im bereits angesprochenen Beispiel von Xerox (siehe die Einleitung zu Abschnitt 4) wurde eine für alle Techniker zugängliche Datenbank eingerichtet, um kollektives Wissen in Form von Erfahrungen zu sammeln (vgl. Bobrow/Whalen 2002). Ziel der Speicherung in dieser Datenbank war es, das Wissen für die zukünftige Nutzung bereit zu halten und einem größeren Interessentenkreis zur Verfügung zu stellen, als es ohne die Datenbank möglich gewesen wäre. ■

Beispiel: Hewlett Packard

Hewlett-Packard betreibt mit „Electronic Sales Service“ eine Datenbank, die es den Verkaufsspezialisten erlaubt, beliebige Vorschläge, Präsentationen, Produktinformationen usw. zu speichern und abzurufen. Ziel ist die Unterstützung des Verkaufsprozesses. Eine ähnliche Datenbank existiert im Ausbildungsbereich (Trainers Trading Post), die zur Verbesserung der Kursplanung und der Kursmaterialien dienen soll (Davenport 1997, S. 18, vgl. dazu auch Kleiner/Roth 1997). ■

Es gibt inzwischen eine langsam zunehmende Menge an Systemen und Plattformen, welche in diesem Sinn für die Entwicklung von Wissensmanagementsystemen oder für Teilfunktionen geeignet sind. Das Potenzial für diesen Markt wird als groß eingeschätzt. Beratungsunternehmen wie z. B. die Gartner Group erwarten sogar eine explosionsartige Entwicklung des Angebots in den nächsten Jahren. Innerhalb dieser Entwicklung sind es eindeutig die sogenannten Wissensmanagementsysteme (WMS), die gegenüber Systemen mit einer dedizierten Funktionalität bzw. einem definierten Aufgabenfeld (wie sie in Abschnitt 4.2 beschrieben wurden) dominieren. Die in Abschnitt 4.2 vorgestellten Systeme (z. B. Information-Retrieval-Systeme, Dokumentenmanagementsysteme) werden häufig auch als Bausteine oder Basiskomponenten in Wissensmanagementsystemen eingesetzt. Der Übergang ist allerdings fließend bzw. wird in der Praxis aus Gründen des Marketings auch für Basissysteme (z. B. für Contentmanagementsysteme) gerne die Bezeichnung Wissensmanagementsystem verwendet.

Ein **Wissensmanagementsystem** ist ein softwaretechnisches System, das idealerweise Funktionen zur Unterstützung der Identifikation, des Erwerbs, der Entwicklung, Verteilung, Bewahrung und Bewertung von Wissen (Information plus Kontext) bereitstellen sollte, wobei das organisatorische Lernen und die organisatorische Effektivität unterstützt werden sollen. Wissensmanagementsysteme können entweder aus den in Abschnitt 4.2 vorgestellten Technologien und Systemen zusammengesetzt werden oder als umfassende, z. T. standardisierte Systeme, wie die im vorliegenden Abschnitt erläuterten, erworben werden. Standardisierte und möglichst vollständige Wissensmanagementsysteme umfassen im Allgemeinen die folgenden Funktionen:

- Wissenssuche (pull),
- Wissenszustellung (push),
- Wissensrepräsentation und -visualisierung,
- Wissenspublizierung, -strukturierung und -vernetzung,
- (automatische) Wissensakquisition,
- Wissenskommunikation und -kooperation,
- Administration der Wissensmanagementsysteme und Organisation bzw. Verwaltung der Wissensbasis,
- Analyse von Daten zur Erstellung von Wissenselementen und die
- Unterstützung von computerbasiertem Lehren und Lernen.

Wissensmanagementsysteme (manche sprechen auch von **WM-Suiten** oder **KM-Suites**) eignen sich zur Kodifizierung expliziten Wissens und zur Referenzierung impliziten Wissens (z. B. mittels Wissenskarten). Die meisten Lösungen weisen aber auch Schwächen auf, denn Sozialisierungsmechanismen zum Transfer von implizitem Wissen können nicht durch Werkzeuge ersetzt werden. Die am Markt verfügbaren Systeme konzentrieren sich meist auf unterschiedliche Bereiche wie z. B. Kollaboration, Dokumentenmanagement oder Information-Retrieval. Bislang existieren jedoch keine Systeme, welche die idealtypischen Funktionen im vollen Umfang implementieren.

Eine einheitliche Abgrenzung von Wissensmanagementsystemen zu den in Abschnitt 4.2 vorgestellten Systemen ist nicht einfach. Dies wird durch die am Markt vorhandenen und als Wissensmanagementsysteme bezeichneten Produkte und deren unterschiedlichen Funktionsumfang erschwert. Maier liefert folgende auf empirischen Untersuchungen basierende Definition (vgl. Maier 2004, S. 83):

> „A knowledge management system (KMS) is an ICT system in the sense of an application system or an ICT platform that combines and integrates functions for the contextualized handling of both, explicit and tacit knowledge, throughout the organization or that part of the organization that is targeted by a KM initiative. A KMS supports networks of knowledge workers in the creation, construction, identification, capturing, acquisition, selection, valuation, organization, linking, structuring, formalization, visualization, distribution, retention, maintenance, refinement, evolution, accessing, search and last but not least the application of knowledge the aim of which is to support the dynamics or organisational learning and organisational effectiveness."

Insbesondere durch die Integration und den erweiterten Funktionsumfang sind WMS von anderen Softwaresystemen abzugrenzen. Im Zusammenhang mit dem Begriff der Wissensmanagementsysteme entstand auch jener der Organisational-Memory-Information-Systeme. Dieser Begriff wird von manchen als Synonym für Wissensmanagementsysteme verwendet, ist allerdings etwas weiter gefasst und setzt ein Verständnis des organisatorischen Gedächtnisses voraus (vgl. Abschnitt 2.3 und Abschnitt 3.1.2). Ein Erklärungsversuch, der eine größere Verbreitung gefunden hat, stammt von Stein und Zwass (vgl. Stein/Zwass

1995, S. 89 sowie S. 95), die ein Organisational-Memory-Information-System (OMIS) definieren als

> „... a system that functions to provide a means by which knowledge from the past is brought to bear on present activities, thus resulting in increased levels of effectiveness for the organization."

In der Zwischenzeit sind am Markt verschiedene Wissensmanagementsysteme verfügbar, welche den skizzierten Bedarf durch standardisierte Lösungen zu decken versuchen. Natürlich ist auch bei diesen Systemen ein gewisser Anpassungsbedarf erforderlich, man erspart sich aber trotzdem den hohen Aufwand, welcher mit der Entwicklung und Pflege einer individuellen Lösung verbunden ist. Dass es trotz allem sinnvoll sein kann, in bestimmten Fällen ein eigenes System zu entwickeln, zeigen die Fallbeispiele, mit denen in Kapitel 5 das Buch abgerundet wird. Der Fokus liegt dabei auf einer ganzheitlichen Sicht auf das „Wissensmanagementsystem" und weniger auf einer detaillierten Darstellung der technischen Lösung. Da in Verbindung mit den neueren Entwicklungen, die auch unter **Wissensmanagement 4.0** zusammengefasst werden (z.B. Big Data, Künstliche Intelligenz und Machine Learning), intensive Bemühungen erkennbar sind, die zu technischen Lösungen führen, soll zumindest auf die Fachliteratur mit einschlägigen Beispielen hingewiesen werden (siehe z.B. Orenga-Roglá/Chalmeta 2019, Toro et al. 2015, Brandl et al. 2015, Möllenstädt 2017, Senderek/Geisler 2015, Ullrich et al. 2016).

Im nächsten Abschnitt soll zunächst der Versuch einer Systematik für Wissensmanagementsysteme unternommen werden. Darauf aufbauend wird auf die mit der Gestaltung der Architektur verbundenen Herausforderungen eingegangen. Die gleichen Herausforderungen bestehen übrigens sinngemäß bei der Entwicklung individueller Lösungen. Den Abschluss bilden konkrete Beispiele für Wissensmanagementsysteme.

4.3.2 Systematik für Wissensmanagementsysteme

Der Fortschritt bei Informationstechnologien bietet inzwischen vielfältige Möglichkeiten, um die organisatorische Wissensbasis sowie die Aufgaben und Prozesse des Wissensmanagements zu unterstützen. Wie bereits erwähnt, geht es dabei meist weniger um die automatisierte Bewältigung von großen Datenmengen als vielmehr um die Verbindung menschlicher und maschineller Fähigkeiten. Ermöglicht wird dies nicht zuletzt durch die zunehmende Integration und das Zusammenwachsen von Technologien, die natürlich auch isoliert eingesetzt werden können (vgl. Abschnitt 4.2).

Es ist derzeit noch schwierig, eine abschließende Klassifikation für Wissensmanagementsysteme oder die wichtigsten Einsatzfelder anzugeben. Zu unterschiedlich sind die angestrebten Wirkungen und Ziele. Mögliche Kriterien sind hierbei die Systemfunktionen und die Systemarchitektur. Eine Einteilung der Wissensmanagementsysteme nach der Systemarchitektur lässt sich in zentrale und dezentrale Systeme vornehmen, welche in Abschnitt 4.3.3 beschrieben werden. Die Funktionen eines Wissensmanagementsystems dienen der Umsetzung der Wissensmanagementprozesse, wie sie in Abschnitt 4.3.1 beschrieben wurden. Dabei ist eine Vielzahl von Funktionen auszumachen, die in die folgenden Bündel eingeteilt werden können:

- **Kommunikation:** Funktionen der synchronen und asynchronen Kommunikation, wie E-Mail, Workflowmanagement oder Newsgroups.
- **Inhaltsmanagement:** Funktionen zum Umgang mit Inhalten (z. B. Bildern, Dokumenten und Lernobjekten).
- **Entscheidungsunterstützung:** Funktionen zur Auswertung und Zusammenfassung von Informationen.
- **Suche:** Funktionen zum Finden von Inhalten und Experten in unterschiedlichen Quellen (z. B. Datenbanken, Dateiservern, Dokumentenmanagementsystemen).
- **Visualisierung:** Funktionen zur Präsentation von Informations- und Wissenselementen sowie der Struktur dieser.

Tabelle 4.23 Vier-Ebenen-Architektur und Technologien für das Wissensmanagement (in Anlehnung an Allweyer 1998, S. 41 und S. 45)

Ebene	Beschreibung der Ebene	Technologie
Gestaltung	▪ Modellierung und Analyse der Wissensverarbeitung ▪ Knowledge-Process-Redesign	▪ Werkzeuge zur Modellierung und Dokumentation der Wissensverarbeitung ▪ Modellanalyse ▪ Navigation durch komplexe Modelle
Management	▪ Durchführung spezifischer Wissensprozesse ▪ Controlling und Monitoring der Wissensverarbeitung ▪ Verbesserung der Wissensverarbeitung	▪ Tools und Funktionen zum Controlling und Monitoring der Wissensverarbeitung
Steuerung	▪ Verteilung und Austausch von Wissen ▪ Suche nach und Zugriff auf Wissen	▪ Groupware ▪ Intranet ▪ Information-Retrieval-Systeme
Anwendung	▪ Entwicklung von Wissensinhalten ▪ Dokumentation von Wissen ▪ Anwendung von Wissen	▪ Office-Anwendungen ▪ CAD ▪ Datenbanken ▪ Wissensbasierte Systeme

Wie aus dieser Liste von Funktionsbündeln ersichtlich ist, implementieren die in Abschnitt 4.2 vorgestellten Systeme jeweils ein Bündel von Funktionen. Die Systeme der künstlichen Intelligenz können z. B. den Bündeln der Entscheidungsunterstützung und der Suche zugeordnet werden.

Allweyer benutzt als Bezugsrahmen ein Vier-Ebenen-Konzept, das ähnlich dem Modell von Probst et al. die Elemente Wissensziele, Wissensidentifikation, Wissensentwicklung, Wissensdistribution, Wissensnutzung, Wissensbewahrung und Wissenscontrolling umfasst (vgl. Allweyer 1998, S. 40). Interessant ist im vorliegenden Kontext die zugrunde liegende Informationssystemarchitektur, die den Bausteinen des Wissensmanagements verschiedene heute verfügbare Technologien zuordnet und zu einem umfassenden Wissensmanagementsystem kombiniert (vgl. Tabelle 4.23).

Unabhängig von der Tatsache, dass nicht alle heute bekannten oder im Rahmen der Modelle des Wissensmanagements (vgl. Abschnitt 2.1 und Abschnitt 2.3) genannten Funktionen abgedeckt werden (es fehlt z. B. bei dem Schema aus St. Gallen der Aspekt der Wissensdistribution), liegt damit die Idee für ein brauchbares Kategorisierungssystem vor.

Bezüglich einer stabilen und einheitlichen Systematik für Wissensmanagementsysteme bleibt allerdings die Entwicklung der nächsten Zeit noch abzuwarten. Das jeweils bevorzugte Kategorienschema wird sicher vom Verwendungszweck abhängen. Die Wissensmanagementsysteme selbst lassen sich aus heutiger Sicht in mehrere Kategorien oder Systemtypen gliedern:

- **Eigenständige Systeme** oder **Softwarewerkzeuge** mit einer klar definierten Funktionalität, die dedizierte Aufgaben wie die Informationssuche oder die Kommunikation unterstützen (siehe dazu Abschnitt 4.2).
- **Add-on-Funktionen** zu bestehenden Systemen, die ursprünglich für einen anderen Zweck entwickelt wurden (z. B. Wissensmodellierung, Wissensstrukturdiagramme in den ARIS-Tools, zu Letzteren siehe dazu Abschnitt 4.1.2.1).

Darüber hinaus gibt es auch noch Plattformen und Prototypen, die in die beiden Kategorien nicht eingeordnet werden können:

- **Plattformen** unterstützen die Integration bereits bestehender Systeme und ermöglichen auch die Entwicklung eigenständiger Lösungen ermöglichen (z. B. Lotus Notes, Hummingbird Enterprise).
- **Prototypen** und **Forschungssysteme** dienen primär dem Erkenntnisgewinn und werden selten in der Praxis verwendet (historisch sind hier Answer Garden und Knowledge Garden zu erwähnen).

Abschließend soll nochmals darauf hingewiesen werden, dass der Markt für Wissensmanagementsoftware äußerst dynamisch ist und man daher neben Vergleichsstudien (z. B. BARC-Guides, Gronau et al. 2009) vor allem auf das Internet für eine aktuelle Marktübersicht angewiesen ist (siehe z. B. *www.kmworld.com, capterra.com/knowledge-management-software*).

4.3.3 Zentrale vs. dezentrale Architektur

Die bisher beschriebenen Wissensmanagementsysteme und Architekturen können als zentral beschrieben werden. Hierbei stellt ein (oder mehrere) Server Dienste zur Verfügung, die von Clients in Anspruch genommen werden können. Diese Variante der Implementierung ist bei Informationssystemen in Unternehmen sehr häufig anzutreffen, hat jedoch neben einer eingeschränkten Flexibilität den Nachteil hoher Kosten für Entwicklung, Wartung und Pflege der Server. Diese Nachteile können mit einer dezentralen Architektur aufgehoben werden. Eine solche Architektur kann vollkommen Peer-to-Peer-basiert oder hybrid gestaltet werden. Im zweiten Fall übernehmen neben den einzelnen gleichrangigen Peers sogenannte „Super-Peers" Koordinations- und Verwaltungsaufgaben. Jeder Peer hält eine Wissensbasis vor, die auf Basis der individuellen Ontologie des Benutzers verwaltet wird. Das Wissen kann hier entweder für weitere Nutzer freigeschaltet (public) oder für die Öffentlichkeit unzugänglich sein (private).

Beispiel: Groove

Von Groove Networks wurde bereits früh eine Software entwickelt, die Benutzergruppen die Verwendung eines gemeinsamen virtuellen Arbeitsbereichs erlaubte (vgl. Bild 4.32). Das Groove Virtual Office stellte den Benutzern verschiedene Kommunikationsmittel und Filesharing-Tools zur Verfügung. Jeder Benutzer konnte auf die gemeinsamen Inhalte zugreifen, eigene Inhalte verwalten und mit anderen Benutzern kommunizieren. Des Weiteren unterstützte Groove die Teamarbeit durch Workspaces, Gruppenkalender, Kontaktlisten, virtuelle Meetings, Whiteboard und Co-Authoring. Die Inhalte wurden im XML-Format auf den lokalen Rechnern der einzelnen Peers abgespeichert und bei Änderung von Inhalten eines Workspaces abgeglichen. Ein Workspace diente in Groove als Container für weitere Anwendungen, wie Filesharing oder Gruppenkalender, wobei ein Workspace an einzelne Benutzer oder Gruppen gebunden sein konnte.

Durch die dezentrale Architektur von Groove Virtual Office gestaltete sich der Aufbau von Communities und Projektteams sehr flexibel und unabhängig von der Infrastruktur einer Organisation. Groove wurde 2005 von Microsoft übernommen und ab der Version MS Office 2010 durch Microsoft SharePoint Workspace 2010 ersetzt. ■

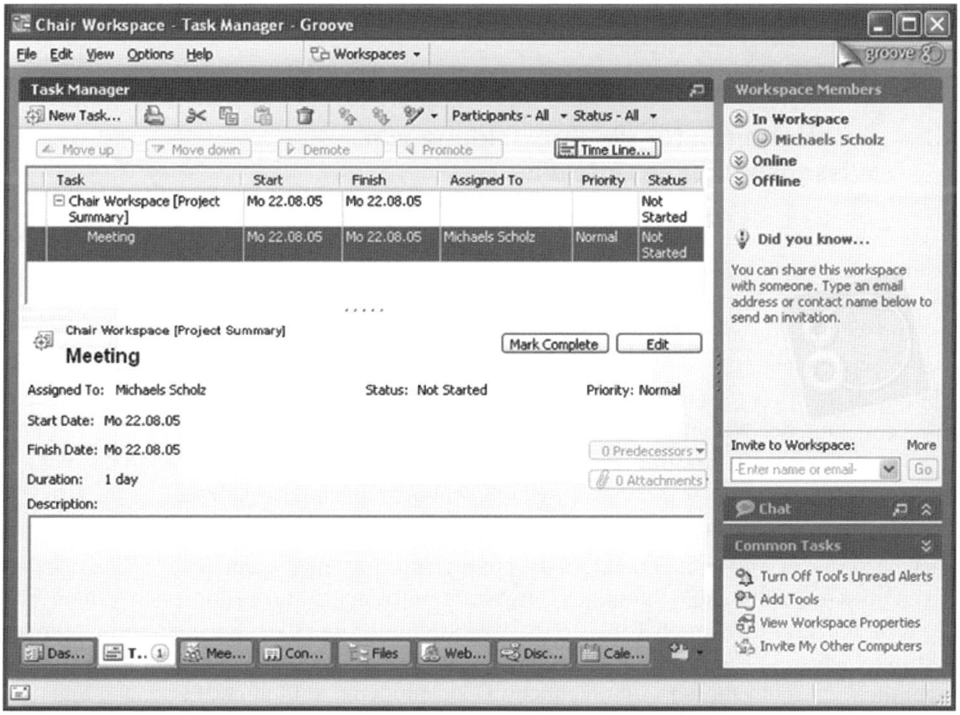

Bild 4.32 Arbeitsoberfläche von Groove

Eine zentrale Architektur eignet sich insbesondere zur Umsetzung des **technologieorientierten Wissensmanagements**, wogegen sich dezentrale Architekturen eher zur Umsetzung des **humanorientierten Wissensmanagementansatzes** eignen. Tabelle 4.24 stellt beide Architekturformen abschließend noch einmal gegenüber.

Tabelle 4.24 Vergleich von zentraler und dezentraler Architektur (Maier et al. 2005, S. 368)

Merkmal	Zentrale Architektur	Dezentrale Architektur
Wissenstypus	Stabil, objektiv, bewährt, allgemeines Wissen	Ad-hoc, subjektiv, unsicher, spezielles Wissen
Wissensspeicher	Zentraler Wissensspeicher mit organisationsweiter Ontologie	Dezentraler Wissensspeicher mit gruppenweiten oder individuellen Ontologien
Inhalt	Best Practices, Wissensprodukte, gesichertes Wissen, Ideen, Erfahrungen, individuelle Inhalte	Individuelle Inhalte, Ideen, Ergebnisse von Gruppensitzungen, Erfahrungen, Lessons learned, Good Practices
Steuerung	Zentral	Dezentral
Ziele	Sichern und Wiederverwenden von organisatorischem Wissen	Verwalten von an den individuellen Anforderungen ausgerichtetem Wissen
Wissensmanagementansatz	Technologieorientiert	Humanorientiert
Organisatorische Struktur	Hierarchie, Abteilungen	Projektteams, Communities, Ad-hoc-Gruppen

4.3.4 Architekturen für die Entwicklung von Wissensmanagementsystemen

Wenn Wissensmanagementsysteme die Akzeptanz in der Praxis und einen hohen Überdeckungs- oder Nutzungsgrad erreichen sollen (z. B. möglichst viele Mitarbeiter einbinden), dann reichen Standardprodukte meistens nicht aus. Der vorliegende Abschnitt konzentriert sich auf Architekturvorschläge, weil von diesen eher Hilfestellung bei der Entwicklung konkreter Wissensmanagementsysteme erwartet wird als von theoretischen Ansätzen und Überlegungen. Dies mag mit den Schwierigkeiten zu tun haben, wesentliche Mechanismen und Prinzipien der Wissensverarbeitung formal zu fassen. Ganz sicher hat es aber mit den rapide angewachsenen technischen Gestaltungsoptionen zu tun, und damit mit der Bedeutung von Architekturen als Konstruktionshilfe bei der Systementwicklung.

Die Kosten für die Entwicklung eines solchen Systems sind schwer abzuschätzen, sie sind aber nach bisher vorliegenden Erfahrungen eher hoch. Gemäß einer OVUM-Studie fallen davon etwa die Hälfte auf Schulungen, ein Viertel auf Umstrukturierungsmaßnahmen und der Rest auf Hardware und Software (vgl. Woods/Sheina 1998). Wissensmanagementarchitekturen bieten eine ökonomisch vertretbare Alternative, um die Kosten zu reduzieren oder zumindest zu kontrollieren. Gebräuchliche Bezeichnungen sind auch Wissensarchitektur, Wissensinfrastruktur, Enterprise-Knowledge-Infrastructure und Knowledge-Framework.

Schmidt verwendet dafür den Begriff Medienarchitektur (vgl. Schmidt 1999). Ziel solcher Architekturen ist es, in einem globalen Modell die Voraussetzungen oder Komponenten zu definieren, damit ein Wissensmanagementsystem in einer beliebigen Organisation eingeführt werden kann. Die Ovum-Studie spricht von einem „guide to the development of connected environments for knowledge exchange".

Bild 4.33 zeigt die Architektur eines idealtypischen Wissensmanagementsystems nach Maier (vgl. Maier 2004, S. 520). Hierbei können sechs Schichten identifiziert werden, in denen verschiedene in Abschnitt 4.2 beschriebene Technologien zum Einsatz kommen.

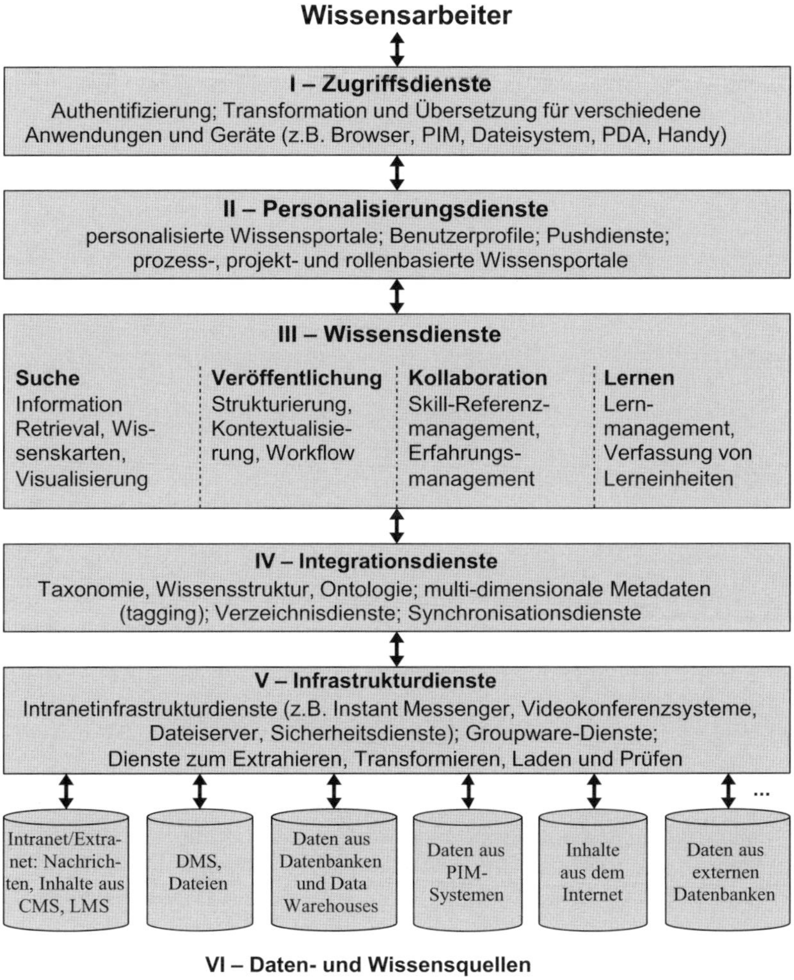

Bild 4.33 Architektur eines Wissensmanagementsystems (Maier 2004, S. 520)

Die Basis stellen dabei Daten- und Wissenquellen dar, welche in der Praxis in verschiedenen Systemen wie Contentmanagement- und Dokumentenmanagementsystemen, Dateiservern, Datenbanken oder dem Internet vorliegen. Die darüber liegende Schicht der Infrastrukturdienste stellt die Anbindung des Wissensmanagementsystems an die verschiedenen

Wissensquellen sicher. Dabei müssen die Informationen und das Wissen aus den einzelnen Quellen für die weiteren Schichten extrahiert und in ein einheitliches Format überführt werden. Auf der Ebene der Integrationsdienste erfolgt mit Hilfe von Taxonomien und Ontologien eine Verknüpfung der einzelnen Wissenselemente sowohl auf Basis der Metadaten als auch auf Basis der Inhalte. Die Wissensdienste werden nach ihren Aufgaben in Zugriffs-, Veröffentlichungs-, Kollaborations- und Lerndienste eingeteilt. Die Personalisierungsdienste erlauben die Verwaltung von Benutzerprofilen, anhand derer für die Benutzer relevante Wissenselemente vorselektiert werden können. Der Zugriff auf ein Wissensmanagementsystem erfolgt über die Dienste der Zugriffsschicht, welche neben der Authentifizierung und Autorisierung eine Anpassung der darzustellenden Inhalte an das jeweilige Ausgabegerät vornehmen.

Bild 4.34 zeigt ein weiteres Beispiel für idealtypische Architekturen. Eine Verbindung zu theoretischen Rahmenkonzepten (wie z.B. bei Stein/Zwass 1995) ist auch in diesem Fall nicht zu erkennen. Vereinzelt werden aber Bezüge zu Modellen des Wissensmanagements (vor allem zu den Modellen von Probst et al. und von Nonaka/Takeuchi, vgl. Abschnitt 2.3) hergestellt.

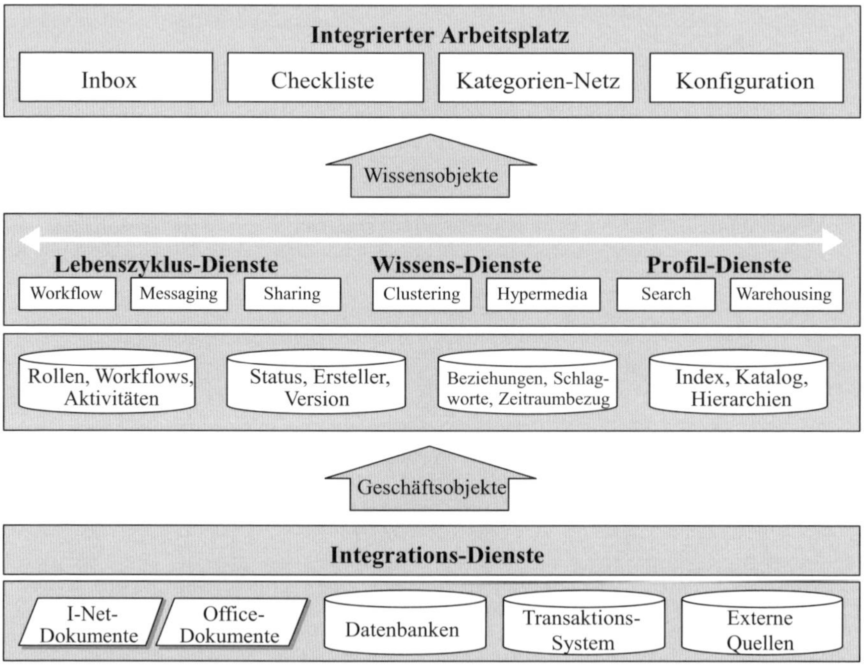

Bild 4.34 BKM-Toolarchitektur der EUROBank (Bach et al. 1999, S. 69)

Am fiktiven Beispiel der „EUROBank" zeigen Bach et al., dass eine Architektur für die Realisierung so komplexer Systeme unabdingbar ist (vgl. Bach et al. 1999). Bild 4.34 zeigt diese Architektur, wobei BKM für Business-Knowledge-Management steht. Mit dieser Architektur sollen Host-Anwendungen, Office-Systeme, Dokumentenmanagement usw. integriert und eine klarere funktionale Abgrenzung in Bezug auf den Beitrag für das Wissensmanagement erreicht werden. Zu diesem Zweck werden drei Arten von Diensten unterschieden: Integrationsdienste, Wissensdienste und der integrierte Arbeitsplatz. Integrationsdienste machen Daten und Dokumente aus verschiedenen Quellen zugänglich und stellen sie als Geschäftsobjekte zur Verfügung. Als typische Produkte werden Middleware-Tools wie CORBA oder Dubix angeführt. Die Wissensdienste ergänzen die Geschäftsobjekte um Metadaten und bieten zusätzliche Funktionen an, die darauf aufbauen. Die Profildienste decken dabei auch die Volltext- und die Stichwortsuche über Abonnements und Textanalysen ab. Sie unterstützen damit die bereits erwähnte Wissensstrukturierung. Am integrierten Arbeitsplatz werden die bereitgestellten Wissensobjekte schließlich verwendet, wobei prozessorientierte Navigations- und Konfigurationsfunktionen zur Verfügung stehen. Mit Hilfe einer solchen Architektur lassen sich die zu implementierenden Funktionen von Wissensmanagementsystemen konkreter festmachen (vgl. Bach et al. 1999, S. 69 f.).

Von einem etwas anderen Ansatz, nämlich der verteilten Speicherung von Informationen und Wissen, geht das Konzept des Knowledge-Warehouse aus. Ein Teil findet sich z. B. als Word-Dokumente auf einem File-Server, ein anderer Teil in einem Dokumentenmanagementsystem, die Daten der betrieblichen Anwendungen in einem SAP-R/3-System, Diskussionsforen auf einem Groupware-Server usw. Erreicht werden soll die Integration der verschiedenen Wissensinseln durch eine zentrale Komponente. Die Architektur in Bild 4.35 kann als Beispiel dienen.

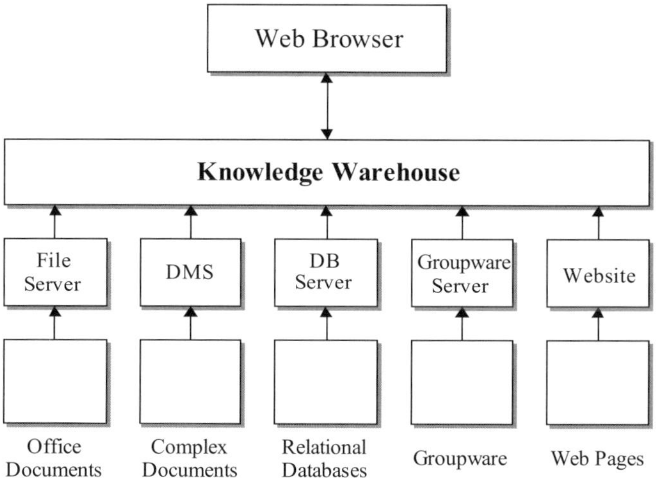

Bild 4.35 Corporate-Memory-Architektur (nach Dataware 1998, S. 11)

Das Ziel eines Knowledge-Warehouse „is to preserve the creation and processing functionality inherent in knowledge silos, while offering all users access to the knowledge contained in the silos. In addition, a knowledge warehouse allows users to submit valuable knowledge even when they are not frequent contributors and therefore do not work through an established knowledge silo" (Dataware 1998, S. 11). Der Zugriff auf das Knowledge-Warehouse erfolgt durch einen Web-Browser, wodurch alle Wissensspeicher über eine einheitliche Benutzeroberfläche verfügbar werden. Inhaltlich ist eine Integration des Wissens in den verschiedenen Systemen oft nicht möglich und auch nicht erforderlich. Allerdings kann das Knowledge-Warehouse eine Wissenskarte als Einstieg und Orientierungshilfe zur Verfügung stellen (Beispiele für solche Werkzeuge finden sich in Abschnitt 4.2). Außerdem kann über das Knowledge-Warehouse durch den Einsatz von Agenten eine intelligente Suche realisiert werden. Beim Knowledge-Warehouse handelt es sich um eine klassische Middleware, also um „eine Softwareschicht, die auf Basis standardisierter Schnittstellen und Protokolle Dienste für die Integration heterogener Anwendungen bereitstellt“ (Schwarze 1997, S. 99).

Nach diesen exemplarischen Trend-Darstellungen wird abschließend noch das Beispiel des KNOWNET-Projekts präsentiert, das wieder stärker an theoretische Vorarbeiten anknüpft.

Die Rahmenüberlegungen zum KNOWNET-Projekt sind von den Arbeiten Nonakas und Takeuchis geprägt. In Bild 4.36 wird die Funktionalität des KNOWNET-Servers dargestellt, die eine zentrale Rolle in deren technischer Architektur spielt. Diese Architektur setzt sich aus drei Ebenen zusammen: der Daten- und Informationsschicht, der Business-Knowledge-Schicht sowie einer Schicht für die Präsentation und das persönliche Wissen. Die drei Ebenen sind in einem kontinuierlichen Informationsfluss miteinander verbunden. Der Server stellt auf der mittleren Ebene ein wichtiges Verbindungsglied zwischen den einzelnen Systemkomponenten dar. Es handelt sich um einen ganzheitlichen Ansatz, der neben der technischen Lösung auch eine Strategie sowie eine Organisations- und Management-Architektur (d. h. auch personelle Zuständigkeiten) vorsieht (vgl. Apostolou/Mentzas 1998).

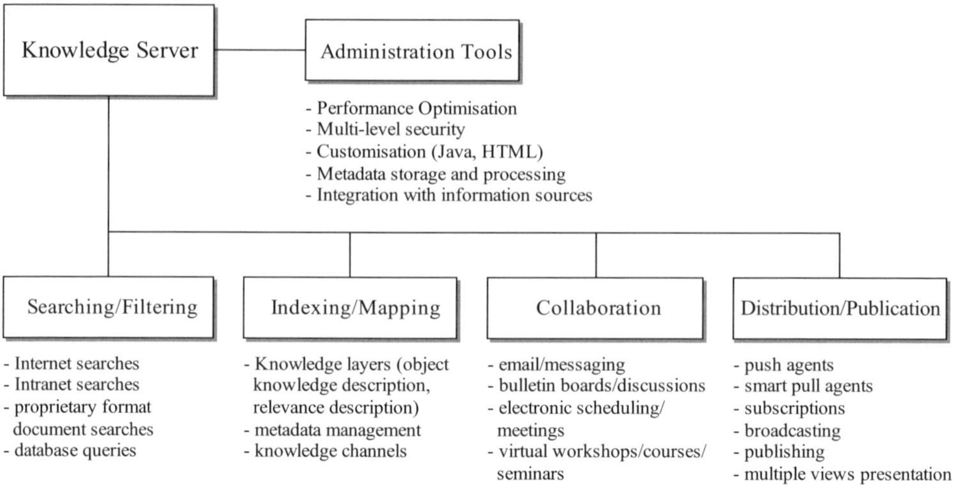

Bild 4.36 Funktionalität des Knowledge-Servers von KNOWNET (Apostolou/Mentzas 1998)

4.4 Zusammenfassung

Wissensmanagement braucht die Unterstützung durch Methoden und Softwaresysteme. In diesem Abschnitt ist eine Auswahl dieser Methoden und Softwaresysteme, bei Letzteren insbesondere die Wissensmanagementsysteme, vorgestellt worden.

Die Methoden des Wissensmanagements wurden in die Abfolge des Kreislaufes von Planung, Organisation und Kontrolle eingeordnet. Damit soll es möglich sein, für bestimmte Aufgaben des Wissensmanagements angemessene Methoden auswählen und auch einsetzen zu können. Für den Überblick über die Methoden wird auf Bild 4.2 verwiesen.

Die softwaretechnische Unterstützung geschieht zunächst durch die sogenannten partiellen Systeme, die gewisse einzelne Aufgaben für das Wissensmanagement übernehmen können, eigentlich aber unter einer anderen Zielsetzung entstanden sind und entwickelt werden (vgl. Tabelle 4.5). Spezifisch für Wissensmanagement und die weitest gehende Unterstützung von dessen Aufgaben werden Wissensmanagementsysteme geschaffen. Beide greifen auf sogenannte Basistechnologien wie z. B. Datenbanken zurück; Wissensmanagementsysteme kann man zudem aus den partiellen Systemen zusammensetzen.

Fragen zur Selbstkontrolle

1. Geben Sie einen Überblick (Klassifikation) über die Methoden, die für Aufgaben des Wissensmanagements zur Verfügung stehen!
2. Wozu können Wissensmanagementprofil und Wissensintensitätsportfolio praktisch eingesetzt werden?
3. Wie kann die Balanced Scorecard (BSC) in die Aufgaben des Wissensmanagements eingeordnet werden?
4. Welcher Zusammenhang besteht zwischen dem Einsatz von Methoden und den verschiedenen Ansätzen des Wissensmanagements? Machen Sie diesen Zusammenhang an drei Beispielen deutlich, indem Sie eine konkrete Problemstellung und die dazu passende Methode kurz beschreiben!
5. Welche Probleme ergeben sich beim Versuch, das Wissen in einer Organisation zu bewerten?
6. Geben Sie einen Überblick über die wichtigsten Methoden zur Bewertung des Wissensmanagements in einem Unternehmen!
7. Stellen Sie sich vor, Ihr Unternehmen hat sich das Ziel gesetzt, die Transparenz des Wissens und den Wissensaustausch zu erhöhen. Machen Sie einen Vorschlag, wie man dieses Ziel erreichen könnte und welche Methoden und Werkzeuge eingesetzt werden könnten!
8. Was versteht man unter einem Wissensportal?
9. Was ist ein Knowledge-Café und wozu kann es eingesetzt werden?
10. Welche Technologien können für die Realisierung von Wissensmanagementsystemen eingesetzt werden?
11. Geben Sie eine Definition von Groupwaresystemen und erläutern Sie kurz die unterschiedlichen Klassen von Groupwaresystemen!
12. Was versteht man unter Wissensmanagement 2.0 (KM 2.0)?
13. Welche Social-Software-Anwendungen können auch für das Wissensmanagement genutzt werden? Erläutern Sie die Nutzung durch Beispiele!
14. Was ist eine Enterprise-Search-Engine und wozu dient sie im Rahmen des Wissensmanagements?
15. Welche Arten von Wissenskarten können unterschieden werden und welche konkreten Ausprägungen finden sich in der Praxis?
16. Was ist eine Mindmap?

17. Was ist eine Knowledge-Road-Map und wozu dient sie?
18. Erläutern Sie exemplarisch die Funktion einer ausgewählten Wissensmanagementplattform!
19. Welche Rolle spielt die Architektur bei der Entwicklung von Wissensmanagementsystemen?
20. Erläutern Sie das Vorgehen bei der Wissenserhebung anhand einer ausgewählten Methode!
21. Welche Unterschiede lassen sich zwischen der Entwicklung von Wissensmanagementsystemen und der Entwicklung herkömmlicher Informationssysteme feststellen? ■

5 Wissensmanagement in der Praxis

Den Abschluss bildet ein Kapitel mit ausgewählten Beispielen, Erfahrungen aus der Praxis und Hinweisen für die Umsetzung des Wissensmanagements in Unternehmen. Damit soll die Brücke von den theoretischen Konzepten und Modellen zu deren praktischer Verwendung geschlagen werden. Zudem wird damit die Rolle praktischer Erfahrungen im Wissensmanagement gewürdigt.

Viele Unternehmen haben unabhängig bzw. parallel zur wissenschaftlichen Diskussion die Bedeutung des Wissensmanagements erkannt und arbeiten an dessen Umsetzung. Die dabei gesammelten Erfahrungen und Erkenntnisse dienen nicht nur den Unternehmen selbst, sie tragen auch zur Wissensvermittlung über das Wissensmanagement bei und bieten zugleich Ansatzpunkte für das Wissensmanagement in anderen Unternehmen oder Organisationen. Es gibt inzwischen zahlreiche Beispiele für „erfolgreiches" Wissensmanagement, Best Practices u. ä., sie illustrieren aber immer nur bestimmte Aspekte eines gelungenen Vorhabens und weniger den Weg dorthin bzw. die Schwierigkeiten bei der Zielerreichung. Daher soll auch diesem Aspekt Rechnung getragen werden.

Mit der Lektüre dieses Kapitels sollen die folgenden **Lernziele** erreicht werden:

- Es soll nachvollziehbar sein, welche **Gründe** in Unternehmen zur Einführung des Wissensmanagements führen, welche **Maßnahmen** dabei ergriffen und welche Instrumente eingesetzt werden und welchen **Herausforderungen und Problemen** sich Unternehmen beim Wissensmanagement stellen müssen. Hiermit soll aber auch das **Potenzial des Wissensmanagements** für Unternehmen aufgezeigt werden.
- Es sollen die für die Implementierung des Wissensmanagements notwendigen **Hilfsmittel** wie Ziel- und Strategieformulierungen sowie Möglichkeiten der organisatorischen Gestaltung und Vorgehensweisen für Wissensmanagementprojekte bekannt sein und verstanden werden.
- Die **Erfolgsfaktoren sowie mögliche Barrieren** für das Wissensmanagement und die damit zusammenhängende Kommunikation in Unternehmen können wiedergegeben und in eigene Projekte zur Umsetzung des Wissensmanagements eingebunden werden.
- Es sollen die Bedeutung und der Stand **von Aus- und Weiterbildung sowie Zertifizierungen** für das Wissensmanagement bekannt sein.

5.1 Praktische Umsetzung des Wissensmanagements

Für die Umsetzung von Wissensmanagementvorhaben, aber auch für die Einführung des Wissensmanagements generell, lassen sich inzwischen verschiedene Vorschläge und Konzepte finden, auf die hier jedoch nicht weiter eingegangen werden kann (vgl. dazu Abschnitt 4.1.7). Letztendlich müssen bis zur Einrichtung eines institutionalisierten Wissensmanagements in einem Unternehmen alle Maßnahmen und WM-Initiativen durch ein entsprechendes Projektmanagement begleitet werden. Alle aus dem Projektmanagement bekannten Instrumente und Vorgehensweisen können und sollten auch in diesem spezifischen Anwendungsfeld verwendet werden. Wissensmanagementprojekte unterscheiden sich allerdings in einigen Punkten stark von anderen Projekten. Davenport und Prusak heben in diesem Zusammenhang die größere Bedeutung der Unterstützung durch das Management, der Unternehmenskultur und des Faktors „Mensch" hervor (vgl. Davenport/Prusak 1998, S. 160 f.).

Das Wissensmanagement sollte in einem Unternehmen längerfristig aber weder als „Programm" noch als „Projekt" verstanden werden, sondern als dauerhafte Aufgabe, die allerdings durch eine dynamische, prozesshafte und evolutionäre Natur gekennzeichnet ist (vgl. Olveira et al. 2012). In der Praxis zeigen sich auf diesem Weg besondere Herausforderungen, die daher nicht unerwähnt bleiben sollen. Im Wesentlichen sind es folgende Punkte, die für eine positive **Grundhaltung gegenüber dem Wissensmanagement** (das sogenannte „**KM Mindset**") wichtig sind (vgl. Smith et al. 2010):

- klar festgelegter Aufgabenbereich (damit soll vermieden werden, dass aufgrund der generellen Bedeutung von Wissen ein unspezifisches Tätigkeitsfeld entsteht);
- Wertbeitrag des Wissensmanagements (die Aktivitäten sollten zielorientiert und damit auch die Wirkung und der Erfolg überprüfbar oder nachweisbar sein);
- Änderung der Unternehmenskultur (die Verflechtungen zwischen vielen Tätigkeiten, aber auch die Informationsabhängigkeit und auch die Tatsache, dass oft niemand alle Informationen überschauen kann, sondern jeder nur ein Stück davon in der Hand hält, erfordert einen gesicherten Wissens- und Informationsaustausch, welcher durch eine geeignete Unternehmenskultur unterstützt wird);
- Überwindung der Kluft zwischen Theorie und Praxis (insbesondere in größeren Unternehmen ist das eigentliche Expertenwissen nicht immer dort, wo die Tätigkeiten oder Entscheidungen anfallen; diese Kluft sollte durch geeignete WM-Maßnahmen möglichst geringgehalten werden);
- internes Marketing für die Aktivitäten des Wissensmanagements (da die Notwendigkeit für ein institutionalisiertes Wissensmanagement nicht von allen in gleicher Weise gesehen wird, kommt einer aktiven Kommunikation im Unternehmen eine wichtige Rolle zu, um den Nutzen der Maßnahmen für alle verständlich zu machen und Unterstützer zu gewinnen).

Unabhängig von diesen grundsätzlichen Herausforderungen sollten bei der Wahrnehmung der Wissensmanagementaufgaben die folgenden Aspekte beachtet werden:

- Festlegung der Aufgabenbereiche für das Wissensmanagement und Mandat durch die Unternehmensleitung;
- Festlegung von übergeordneten Zielen und Strategien für das Wissensmanagement;
- Schaffung von Stellen und Organisationseinheiten für das Wissensmanagement;
- Verankerung des Wissensmanagements in den Abläufen eines Unternehmens;
- Einführung von Instrumenten für das Wissensmanagement.

Mit der Festlegung der Aufgabenbereiche soll sichergestellt werden, dass das Wissensmanagement nicht zu einer Aufgabe mit Beliebigkeit wird, sondern eine Festlegung auf relevante Handlungsfelder getroffen und die Unterstützung des Managements sichergestellt wird. Auf die übergeordneten Ziele und Strategien sowie auf die Schaffung von Stellen und Organisationseinheiten für das Wissensmanagement (d. h. die Institutionalisierung des Wissensmanagements und die Festlegung klarer Verantwortlichkeiten) soll noch etwas genauer eingegangen werden. Die Verankerung des Wissensmanagements in den Unternehmensabläufen kann z. B. durch ein prozessorientiertes Wissensmanagement bewerkstelligt werden (vgl. dazu Abschnitt 3.3.2). Für die Einführung von Instrumenten und Werkzeugen für das Wissensmanagement wird auf den Abschnitt 4.2 verwiesen.

5.1.1 Festlegen übergeordneter Ziele und Strategien des Wissensmanagements

Die Formulierung konkreter Ziele ist wichtig, damit Wissensmanagement nicht zu einem unkoordinierten Vorgang wird, sondern intentional erfolgt und auf konkrete Wirkungen, Ergebnisse bzw. Leistungen ausgerichtet wird. Auf die Bedeutung der Ziele für den Erfolg von Wissensmanagement-Projekten weist bereits Davenport (Davenport 1997, S. 50) in seiner Studie hin (ähnlich auch Bullinger et al. 1997, S. 44, Woodman/Zade 2012). Wichtig an dieser Stelle ist jedoch, dass sich die Zielfestlegung nicht auf einzelne Projekte beschränken darf, sondern dass die Rolle und der Stellenwert des Wissensmanagements für das Unternehmen insgesamt (also projektübergreifend) festzulegen sind.

Mit den **Zielen** des Wissensmanagements wird dessen grundlegende Ausrichtung festgelegt. Ihre Festlegung findet sich in vielen Modellen als eigenständige Aufgabe wieder (vgl. Kapitel 2). Bei dem Modell von Probst et al. (vgl. Probst et al. 2003) z. B. ist die Festlegung von Zielen für das Wissensmanagement eine der beiden strategischen Aufgaben, die den Rahmen für das gesamte Wissensmanagement bilden.

Um die Festlegung von Zielen zu vereinfachen, kann man die Ziele des Wissensmanagements in verschiedene Zielarten einteilen. Eine solche Unterscheidung ist hilfreich, da das Auffinden und Festlegen konkreter Ziele schwierig und mitunter langwierig sein kann. Die Vorstrukturierung durch Zielarten kann hilfreich sein, um eine systematische und strukturierte Suche zu unterstützen (z. B. als Anleitung für ein gezieltes Brainstorming). Probst et al. verwenden z. B. eine Einteilung in normative, strategische und operative Ziele (vgl. Probst et al. 2003, S. 40 ff.). Hier soll eine andere Einteilung verwendet werden, die Wissensziele und Wissensmanagementziele unterscheidet.

Wissensziele (oder auch wissensbezogene Ziele) besitzen unmittelbaren Bezug zu Objekten, Ressourcen und Inhalten des Wissensmanagements (d. h. des Wissens bzw. der Wissensbasis eines Unternehmens). Beispiele für solche Ziele sind der Aufbau einer Erfahrungsdatenbank, die Sammlung und Dokumentation von Best Practices, die Verbesserung der Datenqualität durch Aktualisierung der Kundenstatistik.

Wissensmanagementziele beziehen sich auf die übrigen Aktivitäten, die dem Wissensmanagement zugeordnet werden können und nicht auf konkretes Wissen abzielen. Beispiele dafür sind die Förderung der Bereitschaft zur Wissensweitergabe, die Auswahl und Einführung eines Wissensmanagementsystems oder das Erstellen einer Wissensbilanz.

Die Abgrenzung beider Zielarten ist nicht eindeutig möglich. Es kann auch Ziele geben, die sich in dieses Schema überhaupt nicht einordnen lassen. Die Gliederung soll trotzdem helfen, das Augenmerk im Unternehmen auf zwei wichtige Fragen zu lenken:

- Wissensziele: Was ist das wichtige und relevante Wissen des Unternehmens?
- Wissensmanagementziele: Was soll mit Wissensmanagement überhaupt erreicht werden?

Mit den in der folgenden Box aufgeführten Beispielen soll ein Eindruck vermittelt werden, was konkrete Zielinhalte sein können (nach Lorenz 1998, S. 100). Die dargestellten Beispiele zeigen, dass die Ziele selbst bei Unternehmen mit ähnlichen Geschäftsfeldern erhebliche Unterschiede aufweisen.

IDS Prof. Scheer GmbH

- Bei der Lösung von Kundenproblemen über die persönlichen Erfahrungen des Beraters hinaus den gesamten Erfahrungsschatz unseres Beratungsbereiches einbeziehen.
- In der Softwareentwicklung steht die weitere Verbesserung der Kommunikation und des Wissensaustausches zwischen den Entwicklern im Mittelpunkt, um hierdurch schnell qualitativ hochwertige Softwareprodukte auf den Markt bringen zu können.
- Einen noch intensiveren Austausch zwischen Beratung und Entwicklung ermöglichen, um die hier vorhandenen Synergiepotenziale besser realisieren sowie zusätzliche Beratungsfelder und -dienstleistungen erschließen zu können.

Schumann Unternehmensberatung AG

- Aufbau von Fachkompetenz, personelles Projektmanagement, Mitarbeiterbindung
- Qualitätssteigerung, Effizienzsteigerung, Kostenreduzierung

A. T. Kearney Unternehmensberatung

- Austausch von Wissen über die Grenzen von Projekt oder Branche hinweg
- Verkürzung der Zeit für die Projektausführung und gleichzeitige Erhöhung der Qualität
- Absicherung der Konsistenz der Beratung durch weltweite Vernetzung und Einbeziehung von Experten aus dem A. T.-Kearny-Netzwerk

Deutsche Gesellschaft für Mittelstandsberatung (DGM)

- Strukturiert das verfügbare interne und externe Wissen für Berater und Klienten bereitstellen können
- Qualitätssteigerung und -sicherung für Mandanten durch Anwendung des aktuell verfügbaren Wissens
- Den Aufwand in den Projekten durch Nutzung von Wiederholgraden reduzieren. ■

In Verbindung mit der Festlegung von Zielen steht die Auswahl oder Entwicklung einer **Strategie** für das Wissensmanagement. Eine Strategie legt fest, auf welche Weise ein gesetztes Ziel umgesetzt werden soll. Sie beschreibt den Charakter, den die Umsetzung eines Zieles hat. Die Auswahl oder Entwicklung einer Strategie ist nicht trivial, allerdings können Studien bzw. die Literatur dabei eine praktische Hilfe geben (siehe z. B. Bullinger et al. 1997, North 1998, Reinmann-Rothmeier et al. 2001, Liebowitz 2008, Oluikpe 2012, Bosua/Venkitachalam 2013). Die vorgeschlagenen Strategien legen den Fokus auf sehr unterschiedliche Aspekte wie z. B. eine wissensorientierte Unternehmensführung, die Verwaltung des intellektuellen Kapitals, die Erfassung und Umsetzung der Kundenbedürfnisse, die Weitergabe von Best Practices, die Unterstützung der Innovation oder die individuelle Verantwortlichkeit jedes Mitarbeiters im Management des Wissens im Unternehmen.

Bei einer Untersuchung von Beratungsunternehmen stellten Hansen et al. (Hansen et al. 1999) fest, dass die Unternehmen beim Management des Wissens nicht einheitlich vorgingen. Vielmehr ließen sich zwei verschiedene **Strategien** erkennen. Zum einen wurden die Möglichkeiten der Informationstechnologie in den Mittelpunkt des Interesses gerückt und mit ihrer Hilfe Wissen in kodifizierter Form allen Mitarbeitern im Unternehmen zur Verfügung gestellt (**Kodifizierungsstrategie**). Bei anderen Unternehmen blieb das Wissen hingegen eng an eine Person gebunden. Weitergegeben wurde es nur persönlich. Die Informationstechnologie wurde zum Wissensaustausch, nicht aber zur Speicherung des Wissens verwendet (**Personalisierungsstrategie**).

Diese beiden Strategien konnten trotz bestehender Unterschiede in den Details als Grundmuster dienen. In den untersuchten Unternehmen hatte sich das Management jeweils auf eine der beiden Strategien festgelegt. Die Kodifizierung und Wiederverwendung des Wissens fand sich vor allem dort, wo es um das Angebot standardisierter Dienstleistungen für eine Vielzahl von Kunden ging. Es handelt sich um eine **zentrale Wissensmanagementstrategie**, bei der das Wissen top-down im Sinne eines People-to-Document-Ansatzes verteilt werden. Der Ansatz bleibt zentralistisch, auch wenn die Inhalte auf verteilte Datenbanken aufgeteilt werden sollten (vgl. Grolik 2004). Wenn es um die Entwicklung kundenindividueller Lösungen ging, die nicht kodifiziert und auf andere Kunden übertragen werden konnten, kam die **dezentrale Wissensmanagementstrategie** zum Einsatz. Das Wissen bleibt in diesem Fall an Personen gebunden und es müssen Netzwerke gebildet werden, um die Personen zu verbinden, sodass das Wissen im direkten Kontakt weitergegeben werden kann (Grolik 2004). Dieser Person-to-Person-Ansatz beruht damit auf einem Bottom-up-Vorgehen. Selbst wenn in vielen Fällen Anteile beider Strategien vorkommen, so gibt es doch eine deutliche Schwerpunktsetzung.

Diese beiden Strategien finden ihren Niederschlag in den Anreizsystemen, in der Personalpolitik, im Geschäftskonzept und nicht zuletzt in der informationstechnischen Unterstützung. Bei der Kodifizierungsstrategie (die einen primär zentralistischen Managementansatz repräsentiert) ist ein Informationssystem erforderlich, das in seiner Funktionsweise mit einer traditionellen Bibliothek vergleichbar ist. Es geht vor allem darum, eine große Anzahl von Dokumenten für den Abruf bereitzuhalten. Für das rasche Auffinden sind effiziente Suchmaschinen erforderlich. Die Personalisierungsstrategie erfordert wegen des dezentralen Ansatzes hingegen ein System, das es dem Einzelnen ermöglicht, bei Bedarf rasch andere Experten zu finden, die über die benötigten Kenntnisse verfügen. In diesem Fall stehen also die Suche nach Wissensträgern und die Kommunikation im Vordergrund.

Nahezu alle Fachleute empfehlen in Verbindung mit der Strategieentwicklung eine SWOT-Analyse zur Bewertung des Ist-Zustands, ein Knowledge-Audit zur Erhebung des kritischen Wissens und die Orientierung an den Wissensaktivitäten (Knowledge Value Chain oder Knowledge Cycle) (vgl. z.B. Holsapple/Jones 2011). An Letzterem sollten auch Ziele und Maßnahmen ansetzen. Nicht fehlen darf an dieser Stelle der Hinweis auf den angestrebten Geltungsbereich. Implizit wird häufig von der Annahme ausgegangen, dass es sich dabei um die gesamte Organisation handeln muss. Dies ist aber nicht der Fall und in der Praxis oft auch nicht sinnvoll. Man kann durchaus den Fokus auf bestimmte Unternehmensbereiche (z.B. Arbeitsgruppen, Abteilungen) und ihre Verbindungen zu den übrigen Teilen der Organisation legen. Außerdem führt die Konzentration auf die „Strategie im engeren Sinne" manchmal dazu, dass Themen wie der Kommunikations- und Ausbildungsplan oder After-Action-Reviews als Element des organisatorischen Lernens wegen ihrer Selbstverständlichkeit vernachlässigt werden (vgl. Liebowitz 2008).

5.1.2 Schaffung dauerhafter Stellen und Organisationseinheiten

Wissensmanagement benötigt für eine erfolgreiche Umsetzung die Festlegung, welche Stellen oder Organisationseinheiten welche Aufgaben im Rahmen der Wissensmanagementaktivitäten dauerhaft übernehmen. Damit werden Zuständigkeiten geschaffen und klare Verantwortlichkeiten festgelegt, welche sicherstellen sollen, dass die Aufgaben des Wissensmanagements wahrgenommen und geplante Maßnahmen umgesetzt werden.

Betrachtet man die in Kapitel 2 vorgestellten Definitionen und Modelle oder die in diesem Kapitel gezeigten Beispiele, dann wird offensichtlich, dass Wissensmanagement sehr unterschiedliche Aufgaben umfassen kann, die über eine gesamte Organisation verteilt sein können. Daher finden sich in der Literatur häufig Darstellungen, die die **Stellen** des Wissensmanagements auf mehreren Ebenen einer Organisation ansiedeln (Probst et al. 2003, Davenport/Prusak 1998, Nonaka/Takeuchi 1997).

An dieser Stelle soll die Beschreibung von Davenport/Prusak vorgestellt werden, die die Stellen für das Wissensmanagement auf vier Ebenen verteilt sehen:

- Auf unterster Ebene finden sich die eigentlichen **Mitarbeiter**, die ihr eigenes Wissen und das von anderen bestmöglich einsetzen sollen. Da sie aber die dafür notwendigen Rahmenbedingungen nicht selbst schaffen können, werden ihnen Stellen auf den folgenden drei Ebenen zur Seite gestellt:
- Es folgen zunächst die **Wissensarbeiter**. Das sind nach Davenport und Prusak Stellen, die operativ mit Wissensmanagement zu tun haben. Dazu zählen z.B. Bibliothekare oder Moderatoren von Foren im Intranet, Wissensbroker oder CoP-Koordinatoren. Heute wird

diese Gruppe deutlich weiter gefasst und alle wissensintensiven Tätigkeiten zur Wissensarbeit gezählt (vgl. dazu auch Abschnitt 1.2.4).

- Dann kommen die **Manager von Wissensmanagementprojekten**. Sie leiten Projekte, in welchen Teile oder das gesamte Wissensmanagement in einer Organisation eingeführt bzw. gestaltet werden.
- Auf oberster Führungsebene finden sich die **CKOs** (Chief Knowledge Officer) oder Wissensmanager, die die Leitung des Wissensmanagements in einer Organisation (oder einem Teilbereich davon) übernehmen.

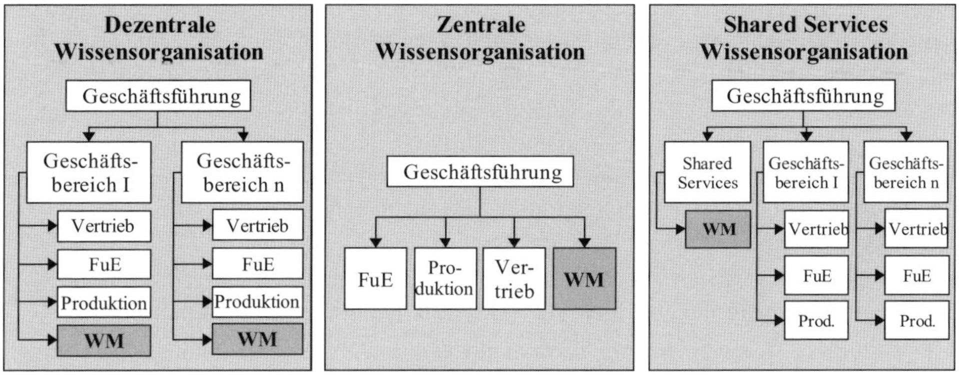

Bild 5.1 Organisatorische Einordnung des Wissensmanagements (nach Bullinger, Fraunhofer/IAO)

Wie bereits angedeutet, sind auch andere Klassifikationen für die genannten Stellen möglich. Ein praktisches Beispiel dafür liefert Accenture (Abschnitt 5.2.2), wo um das Wissensmanagementsystem KX herum entsprechende Stellen geschaffen wurden.

Eng verbunden mit der Frage nach Stellen sind die **organisatorische Eingliederung** des Wissensmanagements und die **Größe des Wissensmanagement-Teams** bzw. der Anzahl der Mitarbeiter, die mit WM-Aufgaben betraut sind. Diese Aufgabe ist bisher noch wenig untersucht und es gibt keine gesicherten Erkenntnisse über Best Practices. Mit der Schaffung der Stelle eines Wissensmanagers bzw. einer Wissensmanagerin ist jedoch gewöhnlich auch eine Institutionalisierung verbunden, welche insbesondere in größeren Unternehmen häufig anzutreffen ist. Bild 5.1 zeigt drei idealtypische Formen für die organisatorische Einordnung des Wissensmanagements. Das Spektrum reicht von zentralen Organisationsformen bis zu dezentralen Strukturen. In jenen Unternehmen, die über keinen Wissensmanager verfügen, findet sich das Wissensmanagement meist in Form von Einzelprojekten, die entweder von der Unternehmensleitung oder einer Stabsstelle koordiniert werden.

Für die Mitarbeiteranzahl im Wissensmanagement gibt es bisher noch keine aussagekräftigen Zahlen. Zur Orientierung können aber Vergleichsgrößen aus der Praxis herangezogen werden, wobei sich als Referenzwert für ein bis dreitausend Beschäftigte zu etablieren schein. In einem mittelständischen Unternehmen mit etwa 600 Beschäftigten war eine Drittelstelle für diese Aufgaben vorgesehen. Bei der BBC war es ein Team von vier Mitarbeitern (bei ca. 20 000 Beschäftigten). Ein europäisches Chemieunternehmen beschäftigte 2 Mitarbeiter bei einer Unternehmensgröße von 5400 Beschäftigten. BP (British Petrol) hatte ein 12 Personen umfassendes Wissensmanagementteam für mehr wie 100 000 Mitarbeiter. Die Zahlen stammen aus einem Zeitraum um 2015 und stellen zumindest einen groben Richtwert dar.

Auf den **CKO** (Chief Knowledge Officer bzw. deutsch auch Wissensmanager genannt) soll noch etwas genauer eingegangen werden. Studien haben sich in den letzten Jahren mit dem Tätigkeitsfeld von Wissensmanagern beschäftigt (z.B. Asllani/Luthans 2003, Earls/Scott 1999, Burstein et al. 2010, Crane 2011), so auch eine Erhebung von Kreibisch 2003. Demnach ist die Mehrzahl der Wissensmanager in Organisationen mit mehr als 500 Beschäftigten tätig. Die Erhebung zeigt einen durchgängig hohen Bildungsgrad. Nahezu alle Wissensmanager verfügen über einen oder mehrere Universitätsabschlüsse. Die absolvierten Studiengänge haben meist einen Branchenbezug. So studierten die Befragten Maschinenbau, Informatik, Wirtschaftsinformatik, Elektrotechnik oder Betriebswirtschaft. Spezifische Ausbildungen im Bereich Wissensmanagement haben die heutigen Wissensmanager in der Regel nicht, was auch daran liegt, dass Studiengänge zu diesem Fachgebiet erst seit kurzer Zeit angeboten werden.

Der Einsatz eines CKO zielt auf die Schaffung einer ganzheitlichen und unternehmensweiten Perspektive des Wissensmanagements ab. Dies erfordert vielfältige Kompetenzen, die neben einem technischen und ökonomischen Fachwissen auch Interdisziplinarität und Verhandlungsfähigkeit einschließen. Davenport/Prusak beschreiben die Aufgaben des CKO wie folgt (Davenport/Prusak 1998, S. 114f.):

- Der CKO wird als **Anwalt des Wissens** verstanden. Er soll die Einführung und Durchführung des Wissensmanagements in einer Organisation vertreten und durchsetzen.
- Er ist für das **Management der Infrastruktur des Wissensmanagements** verantwortlich. Ihm obliegen also der Entwurf und die Umsetzung einer solchen Infrastruktur. Diese umfasst Wissensbasen, Wissensnetzwerke, Forschungszentren und die organisatorische Struktur des Wissensmanagements (also die gerade beschriebenen Stellen und Organisationseinheiten).
- Er übernimmt das **Management externer Wissensquellen**, d.h. er pflegt die Beziehungen zu Partnern der Organisation oder die Verträge mit akademischen Partnern.
- Der CKO soll die **Schaffung und Nutzung von Wissen fördern**. Er soll also den Anstoß zur Gestaltung und Verbesserung von Prozessen zur Schaffung neuen Wissens und der Nutzung von Wissen geben.
- Ebenso übernimmt der CKO **Design und Umsetzung der Kodifizierung von Wissen**. Er koordiniert die Erfassung gegenwärtigen Wissens und legt fest, auf welche Weise zukünftig notwendiges Wissen gespeichert werden soll.
- Für die Begründung der Notwendigkeit des Wissensmanagements ist es von Bedeutung, dass der CKO eine **Bewertung von Wissen und dem Wissensmanagement** vornimmt, um damit zu zeigen, ob es erfolgreich umgesetzt wurde oder nicht.
- Der CKO übernimmt das **Management der Wissensarbeiter des Unternehmens**, koordiniert also die Zusammenarbeit der oben genannten Stellen der Wissensarbeiter und Manager von Wissensmanagementprojekten.
- Schließlich ist der CKO verantwortlich für die **Entwicklung und Umsetzung der Wissensstrategie** (siehe dazu Abschnitt 5.1.1).

Die Beschreibung ist auch aus heutiger Sicht noch aktuell, wobei die wichtigsten Aufgaben des CKO im Aufbau einer Wissenskultur, dem Aufbau der Infrastruktur des Wissensmanagements und in der ökonomischen Bewertung des Wissensmanagements gesehen werden. Da sich noch keine festen Berufsbilder und Stellenbeschreibungen herausgebildet haben, wird etwas allgemeiner auch von Rollen oder Tätigkeitsgruppen gesprochen. Burstein et al. (2010) unterscheiden vier Rollen, nämlich KM champions and strategists, KM planners and facilitators, KM practicioners sowie enterprise-wide knowledge workers. Für die Führungsaufgaben und die Gesamtkoordination ist ein Chief Knowledge Officer (CKO) zuständig (vgl. auch Crane 2011).

Im Rahmen eines Arbeitskreises der Gesellschaft für Wissensmanagement wurden 2011 nachfolgende **Aufgabenkategorien** definiert, um die sich ein **Wissensmanager** annehmen sollte:

- Strategische Ausrichtung des Wissens und Verankerung des Wissensmanagements im Strategieprozess
- Konzeption und Implementierung eines systematischen Wissensmanagements, einschließlich zugehöriger Instrumente
- Unterstützung von Lernprozessen und Kompetenzentwicklung
- Organisationsentwicklung aus der Wissensperspektive
- Unterstützung von Innovationsprozessen
- Optimierung operativer Prozesse aus der Wissensperspektive
- Analyse und Bewertung von Wissensprozessen
- Unterstützung interner Informations- und Kommunikationsflüsse (Wissenstransfer)

Die Aufgabenprofile von CKO sind in der Praxis sehr vielfältig und umfassend, was auch in Zukunft so bleiben dürfte. Sie können nicht ohne weiteres auf einen gemeinsamen Nenner gebracht werden. Häufig genannte Aufgabenschwerpunkte sind die Bildung von unternehmensinternen und externen Netzwerken, die Erstellung von Plänen für Weiterbildungsmaßnahmen sowie die Koordination der Einführung von Intranets und Content-Managementsystemen. Mehrere Trends sind für die weitere Entwicklung erkennbar:

- Orientierung an Best Practices;
- Professionalisierung des Berufsbildes;
- Prozessorientierung;
- Wissensmanagement in mittelständischen Unternehmen;
- Erprobung neuer Technologien.

Die Orientierung an Best Practices (siehe Abschnitt 4.1.1.2) resultiert aus der Heterogenität des Aufgabenfeldes und den Schwierigkeiten beim Nachweis des Erfolgs für Maßnahmen des Wissensmanagements. Die Professionalisierung des Berufsbildes hängt mit der Zunahme des Ausbildungsangebotes zusammen. Während Wissensmanager der ersten Generation noch auf eigene Vorkenntnisse und viel Kreativität angewiesen waren, gibt es inzwischen auch im deutschsprachigen Raum ein wachsendes Angebot spezialisierter Ausbildungsmöglichkeiten. Man kann daraus jedoch nicht die Entwicklung eines standardisierten Berufsbildes ableiten, sodass Absolventen einschlägiger Studiengänge nicht unbedingt auf einen adäquaten Stellenmarkt treffen. Die Prozessorientierung im Wissensmanagement resultiert aus den Erfahrungen der letzten Jahre. Es stellte sich heraus, dass bei diesem Ansatz in vielen Fällen der Erfolg am schnellsten zu erzielen ist. Durch eine Kundenorientierung wird sichergestellt, dass die Wissensmanagementaktivitäten auf die Bedürfnisse des Unternehmens zugeschnitten sind. Ausgehend von den Kernprozessen und den Bedürfnissen der (internen) Kunden wird sichergestellt, dass bestehende Wissensmanagementprozesse und -praktiken erkannt werden und die Maßnahmen unmittelbar daran anknüpfen. Wissensmanagement wurde zunächst in Großunternehmen geschaffen. Mittlerweile wird das Potenzial zunehmend auch von kleinen und mittelständischen Unternehmen erkannt. Für eine erfolgreiche Umsetzung in kleineren Unternehmen bedarf es allerdings der Anpassung der bisherigen Konzepte und Technologien an die besondere Situation des Mittelstands (vgl. hierzu Wildner 2007, Mertins/Seidel 2009).

Die Zukunft des Wissensmanagements wird nicht nur von technologischen Entwicklungen geprägt sein. Aktuell sind das z. B. Web-2.0-Technologien. Erfolgsentscheidend wird vielmehr sein, die Aktivitäten des Wissensmanagements auf die Organisationsbedürfnisse abzustimmen und die Organisation des Wissensmanagements auf die Wissensmanagementstrategie abzustimmen bzw. sie darauf aufzubauen (vgl. Foot et al. 2001 sowie Abschnitt 2.1.4).

5.1.3 Barriere- und Erfolgsfaktoren des Wissensmanagements

Die erfolgreiche Umsetzung von Wissensmanagement in einer Organisation wird von einer Reihe von Faktoren beeinflusst. Den Kontext für die Aktivitäten des Wissensmanagements in einem Unternehmen sollten die jeweils spezifischen Wissensmanagementprobleme und Wissensprobleme bilden. Diese werden daher einführend diskutiert, bevor darauf aufbauend die Erfolgs- und Barrierefaktoren näher dargestellt werden. Letztere sind gerade für die Praxis des Wissensmanagements von maßgeblicher Bedeutung, da von ihnen die erzielbaren Wirkungen und der Erfolg der Maßnahmen abhängig sind. Der Differenzierung in Wissensziele und Wissensmanagementzielen folgend wird im Weiteren auch zwischen Wissensproblemen und Wissensmanagementproblemen unterschieden.

Wissensprobleme in Verbindung mit den Aufgaben und Aktivitäten von Unternehmen bilden den elementarsten Zugang zum Wissensmanagement. Ihre Diagnose im betrieblichen Umfeld und die anschließende Behebung gehören zu den zentralen und vordringlichen Aufgaben des Wissensmanagements. Die Entwicklung des Wissensmanagements ist allerdings noch nicht so weit fortgeschritten, dass ein Klassifikationsschema für Wissensprobleme existiert, die z. B. den Pathologien in der Medizin oder den „illness scripts" in der Psychologie vergleichbar wären. Gerade wegen dieses Defizits lohnt sich aber eine etwas genauere Beschäftigung mit Wissensproblemen. Von der terminologischen Klärung ist sowohl eine Abgrenzung der Zuständigkeiten des Wissensmanagements gegenüber anderen Disziplinen als auch die Schaffung einer Messgrundlage für die objektive Bewertung wissensbezogener Phänomene zu erwarten. Der umgangssprachliche Gebrauch des Begriffs Wissensproblem deutet bereits auf negative Entwicklungen und einen immanenten Handlungsbedarf hin. Tabelle 5.1 gibt einen kleinen Auszug der in der Literatur dafür verwendeten Begriffe. Wissensprobleme werden auch durch weitere Begriffe wie Informationsmangel, Wissensdefizit, Unwissenheit, Information und Choice Overload, Erfahrungsmangel, Know-how-Verlust, Knowledge Leaking (Ahmad et al. 2014), Knowledge Hiding u. ä. charakterisiert.

Da es bislang keine allgemein akzeptierte Definition gibt, existiert auch keine Kategorisierung von wissensbezogenen Problemen. Es wird kaum unterschieden, ob es sich um individuelle, kollektive, strukturelle, organisatorische oder technische Probleme handelt, die bei der Wissensschaffung, Wissensverteilung, Wissensspeicherung, Wissensverwendung oder bei der Einführung von Wissensmanagementinitiativen auftauchen. Diese Kategorisierung und auch die Konzeptualisierung von Wissensproblemen stellt eine der Herausforderungen für die Forschung der nächsten Jahre dar. Sinnvoll scheint als erster Schritt eine Unterscheidung in Wissensmanagementprobleme und Wissensprobleme.

Tabelle 5.1 Wissensprobleme in der Fachliteratur

Verwendete Begriffe	Autoren
Barriere(n) des Wissensmanagements	Bornemann/Sammer 2002 Bullinger/Prieto 1998 Bullinger/Wörner/Prieto 1997 BenMoussa 2010
Knowledge-management gaps	Lin et al. 2005
Wissensproblem(e)	Davenport/Prusak 1998 Pawlowsky/Reinhardt 2002 Roehl 2000
Wissenslücken	Probst et al. 1997
Know-how-Risiken	Probst/Knaese 1998
Communication Barriers	Eppler 2011
Knowledge gap(s)	Zack 1999
Wissensbarriere(n)	Gomez/Probst 1995 Heck 2002 Lehner 2000 Probst et al. 1997 Schneider 2001
Knowledge Leaking	Ahmad et al. 2014
Knowledge Hiding	Pan et al. 2018

Wissensmanagement bezieht sich auf das im Unternehmen benötigte und vorhandene Wissen. Es bildet ein Interventionskonzept zur Gestaltung der organisatorischen Wissensbasis. Wie in Bild 5.2 zu sehen ist, interveniert das Wissensmanagement, um bestimmte Prozesse zu verbessern, zu unterstützen oder zu vereinfachen. Wenn eine Aufgabe des Wissensmanagements nicht ausreichend erfüllt wird, d.h. wenn eine Intervention nicht oder nicht ausreichend wirkt oder eine erforderliche Intervention unterlassen wird, dann liegt ein **Wissensmanagementproblem** vor (für eine stärker differenzierte Betrachtung von Wissensmanagementproblemen siehe Lin et al. 2005). Es lässt sich wie folgt definieren:

> Ein **Wissensmanagementproblem** liegt vor, wenn der Zielbezug des Wissensmanagements fehlt, wenn die Interventionen des Wissensmanagements nicht oder nicht ausreichend greifen oder wenn die Integration der einzelnen Interventionsmaßnahmen fehlt.

Ein **Wissensproblem** kann hingegen als Ergebnis der Unwissenheit eines Wissensträgers definiert werden (Scheuble 1998). Diese untergliedert sich weiterhin in die Unsicherheit und das Unvermögen, die zur Unwissenheit unterschiedlich beitragen. Die Unsicherheit stellt ein Entscheidungsproblem dar, bei dem ein Wissensträger nicht weiß, welche Handlungsoption er wählen bzw. wie er sich verhalten soll. Das Unvermögen besteht darin, dass ein Wissensträger nicht in der Lage ist, seine optimale Leistung zu erbringen. Demnach liegt ein Wissensproblem immer dann vor, wenn relevantes Wissen durch interne oder externe Einflüsse derart beeinflusst ist, dass ein Zustand veränderungsbedürftig erscheint, weil Unsicherheit und/oder Unvermögen vorliegt, aber die Herbeiführung der notwendigen Veränderung schwer zu bewerkstelligen ist. Interne und externe Einflüsse sind zum Beispiel die Mitarbeiterfluktuation, Medienbrüche, Dezentralisierung, Globalisierung und Restrukturierung.

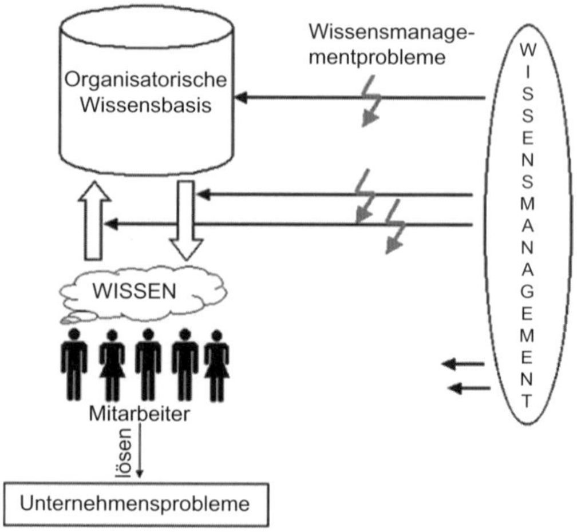

Bild 5.2 Wissensmanagementprobleme

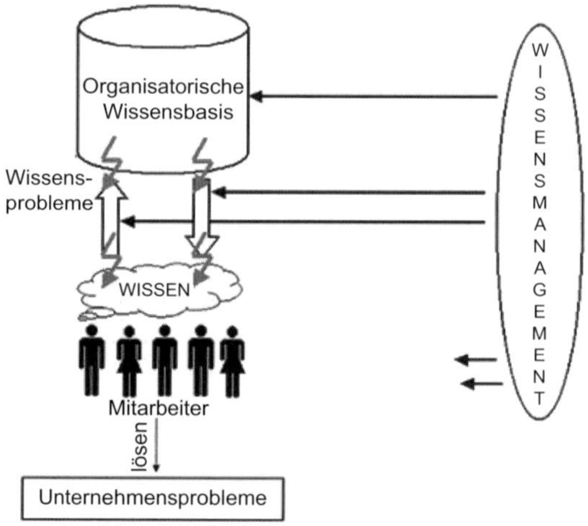

Bild 5.3 Wissensprobleme und ihre Beziehung zur organisatorischen Wissensbasis

Wie man in Bild 5.3 erkennen kann, existiert zwischen dem Wissen der Mitarbeiter bzw. der Organisation und der organisatorischen Wissensbasis eine Art Kreislauf: Der Mitarbeiter bringt in die organisatorische Wissensbasis neues Wissen ein, aber gleichzeitig benutzen Mitarbeiter die organisatorische Wissensbasis, um neues Wissen zu generieren. Ansatzpunkt zur Klassifizierung von Wissensproblemen wären somit der Mitarbeiter, das individuelle Wissen und die organisatorische Wissensbasis. Da Wissen „... immer an Personen gebunden“ ist (vgl. Probst et al. 1997, S. 44), können Wissensprobleme nur im Zusammenhang mit den Mitarbeitern bzw. Personen entstehen. Die Ursachen für Wissensprobleme können allerdings neben dem Wissensträger bzw. Wissensempfänger auch im Übertragungsumfeld (Unternehmen) oder bei der Technologie liegen. Damit lässt sich folgende Definition eines Wissensproblems ableiten:

Ein **Wissensproblem** liegt vor, wenn eine Person oder eine Gruppe nicht in der Lage ist, mit dem zur Verfügung stehenden Wissen die übertragenen Aufgaben zu bewältigen oder dabei auftretende Probleme zu lösen, und das erforderliche Wissen mit eigenen Mitteln weder generiert noch beschafft werden kann. ■

Aus Sicht der Praxis führt der logisch nächste Schritt von den Wissensproblemen zu den Erfolgs- und Barrierefaktoren des Wissensmanagements. Bullinger et al. (1997) führen in einer Studie **allgemeine Barrieren des Wissensmanagements** an und beziehen sich dabei auf die drei Gestaltungsdimensionen Organisation, Personal und Informationstechnologien. Als Barrieren auf der personellen Ebene nennen sie den Wissensverlust durch Personalfluktuation (vgl. z. B. Erlach et al. 2013), Wissen als persönliches Eigentum (vgl. dazu auch Stehr 1994) sowie eine ungeeignete Unternehmenskultur. Auf der technischen Ebene werden inkonsistente Daten, eine starre Wissensaufbereitung und mangelhafte Informations- und Kommunikationsflüsse angeführt.

Auf der organisatorischen Ebene handelt es sich vor allem um die Integration der Aufgaben des Wissensmanagements und die Entwicklung geeigneter Methoden für Wissensakquisition, -speicherung und -transfer (vgl. Bullinger et al. 1997, S. 10). Diese Aspekte wurden in einer Befragung erhoben und zeigten die in Tabelle 5.2 aufgelisteten Ausprägungen in der Unternehmenspraxis. Von einer ähnlichen Einflussstruktur geht auch BenMoussa (2010) aus, wobei als vierte Dimension noch Planungsdefizite dazu kommen.

Insgesamt macht die Studie deutlich, dass die meisten Unternehmen bei der Gestaltung eines ganzheitlich ausgerichteten Wissensmanagements Defizite aufweisen. Diese Defizite betreffen Prozesse zur Verteilung des Wissens, die Organisation von Austauschmöglichkeiten sowie die Transparenz über Wissensangebot und Wissensnachfrage. Zu wenig Zeit und fehlendes Bewusstsein für die Aufgaben des Wissensmanagements machen dabei die mit Abstand wichtigsten Faktoren aus.

Davenport und Prusak kommen in einer anderen Studie auf folgende weitere Aspekte, die den Erfolg von Wissensmanagementprojekten maßgeblich beeinflussen (vgl. Davenport/Prusak 1998):

- wissensorientierte Kultur,
- technische und organisatorische Infrastruktur,
- Unterstützung durch das Top-Management,
- eine Verbindung zu den wirtschaftlichen Zielen,
- ein Minimum an Prozessorientierung,

- Klarheit der Vision und Sprache,
- motivationale Unterstützung,
- mehrere Ebenen der Wissensstruktur und
- mehrere Kommunikationskanäle zum Wissensaustausch.

Die genannten Aspekte werden nachfolgend noch kurz beschrieben und in Beziehung zur Praxis des Wissensmanagements gesetzt.

Tabelle 5.2 Barrieren des Wissensmanagements auf organisatorischer Ebene

Zeitknappheit	70,10%
Fehlendes Bewusstsein	67,70%
Unkenntnis über Wissensbedarf	39,40%
Einstellung „Wissen ist Macht“	39,00%
Fehlende Transparenz	34,60%
Fehlende Anreizsysteme	34,40%
Zu hohe Mitarbeiterspezialisierung	32,30%
Kein organisierter Wissensaustausch	28,70%
Ungeeignete IT-Infrastruktur	28,30%
Hierarchische Strukturen	28,00%
Konkurrenz der Abteilungen	27,60%
Fehlende Unternehmenskultur	26,70%

Wissensorientierte Kultur

Die Umsetzung einer wissensorientierten Kultur ist ein zentraler Aspekt, welcher in allen vorgestellten Fallstudien zu finden ist. Es bleibt aber teilweise ungeklärt, was unter einer solchen zu verstehen ist. An drei Beispielen soll deutlich gemacht werden, was eine solche Kultur ausmacht (vgl. Davenport/Prusak 1998, S. 153f.):

- Eine positive Einstellung zum Wissen: Mitarbeiter sollten intelligent sein und freiwillig Wissen erkunden, tauschen und entwickeln, wobei die Zustimmung durch die Vorgesetzten gewährt werden sollte.
- Die Vermeidung von Wissensbarrieren: Mitarbeiter sollten z.B. keine Angst um ihren Job haben, wenn sie Wissen tauschen oder weitergeben.
- Das Wissensmanagementprojekt sollte sich positiv auf die Organisationskultur auswirken.
- Die genannten Beispiele lassen einen ersten Eindruck einer wissensorientierten Kultur entstehen, sind jedoch im Falle eines Wissensmanagementprojektes noch zu konkretisieren.

Technische und organisatorische Infrastruktur

Die Einführung einer technischen Infrastruktur erfolgt unter Auswahl oder Entwicklung der in Abschnitt 4.2 und Abschnitt 4.3 vorgestellten softwaretechnischen Systeme. Des Weiteren muss an jedem Arbeitsplatz (eines Wissensarbeiters) die Möglichkeit der Kommunikation über einen netzwerkfähigen PC oder Ähnliches gewährleistet sein. Im Unterschied zu der technischen Infrastruktur gestaltet sich die Einrichtung einer organisatorischen Infrastruktur wesentlich schwieriger und zudem auch kostenintensiver und undurchsichtiger. Hierbei sind vor allem die Rollen sowie die Organisationsstruktur festzulegen. Dies erfordert die Entwicklung von besonderen Fähigkeiten der einzelnen Stelleninhaber. Die Anzahl und Art der zu schaffenden Wissensmanagementpositionen ist von Organisation zu Organisation unterschiedlich und durch die internen Einflussfaktoren wie Größe und Aufbauorganisation bestimmt. Zu den häufigsten Rollen zählen der CKO, der Knowledge Integrator und der Knowledge Champion (vgl. dazu auch Abschnitt 5.2.2).

Unterstützung durch das Top-Management

Die Unterstützung durch das Top-Management ist bei jeder Art von Veränderung in der Organisation, so auch bei Wissensmanagementprojekten, unverzichtbar. Dabei sollte das Management den Grund sowie die Ziele und Ergebnisse des Projektes organisationsweit kommunizieren. Dies dient der Information sowie dem Abbau von Hemmschwellen bei Mitarbeitern. Ferner sollte herausgestellt werden, welche Art von Wissen für die Organisation von besonderer Bedeutung ist. Eine solche Unterstützung wirkt sich vor allem auf die bekundeten Werte der Organisationskultur aus, wodurch sich diese leichter zu einer wissensorientierten Kultur weiterentwickelt.

Verbindung zu den wirtschaftlichen Zielen

Die Wirtschaftlichkeit eines Wissensmanagementprojektes lässt sich sehr schwer bestimmen, da dies nur eine unter einer Vielzahl an intervenierenden Maßnahmen ist und sich somit kein einfacher Ursache-Wirkungs-Zusammenhang herstellen lässt. Dennoch ist eine Rechtfertigung der finanziellen Mittel oftmals notwendig. In Abschnitt 4.1.5 wurden bereits einige Methoden vorgestellt, die versuchen, eine Bewertung der Wissensbasis vorzunehmen. Dieses Wertpotenzial einer Wissensbasis kann mit Hilfe von Wissensmanagementprojekten gesteigert und die Steigerung mit den angesprochenen Bewertungsmethoden gemessen werden. Die quantitative Zunahme des Wissens oder der Wissensbasis führt jedoch nicht automatisch zu einer Gewinnsteigerung. Lediglich bei Unternehmen, welche ihre Wissensbasis direkt in Gewinne umsetzen (z. B. Beratungsunternehmen), lässt sich eine „einfache“ Beziehung zwischen den beiden Größen Wissensbasis und Gewinn herstellen. Bei anderen Unternehmen gestaltet sich eine solche Beziehung wesentlich komplexer und undurchsichtiger. Trotz dieser Schwierigkeiten sollte bei der Formulierung der Projektziele darauf geachtet werden, dass ein direkter Beitrag zu den wirtschaftlichen Zielen des Unternehmens erkennbar ist.

Minimum an Prozessorientierung

Eine Herausforderung vieler Wissensmanagementprojekte besteht in der Festlegung von Wissensmanagementprozessen und in einer Einbindung dieser zusammen mit den Wissensprozessen in die operativen Geschäftsprozesse (vgl. Abschnitt 3.3.2). Die Festlegung von Wissensmanagementprozessen erlaubt dem Prozessverantwortlichen eine Kontrolle des Erfolges sowie der Qualität der Wissensprozesse. Die Einbindung in die operativen Geschäftsprozesse sichert den Aufbau einer für die operativen Aufgaben notwendigen und optimierten Wissensbasis.

Klarheit der Vision und Sprache

Eine der Aufgaben des Top-Managements besteht in der Kommunikation des Zweckes und der Ergebnisse von Wissensmanagementprojekten. Hierbei sollte die Vision der Organisation deutlich gemacht werden. Von dieser Vision leiten sich die Organisationsziele ab, welche in Projekt- und Aufgabenzielen konkretisiert werden. Die Kommunikation der Vision sowie der wissensbezogenen Ziele verlangt nach einer klaren Sprache, welche von allen Organisationsmitgliedern verstanden wird. Hierbei sind insbesondere die Konzepte „Wissen“ und „Wissensmanagement“ im Kontext des Unternehmens zu definieren und mit den weiteren Projekten, insbesondere des organisatorischen Wandels (vgl. Abschnitt 3.1.3), in Verbindung zu setzen. Organisationen entwickeln dazu zumeist einen eigenen Wortschatz, der als Grundlage der Entwicklung einer eigenen Konzeptkarte (oder topic map; vgl. die Ausführungen zu den Ontologien in Abschnitt 4.1.2.2) dient.

Motivationale Unterstützung

Mit der Einrichtung einer organisatorischen und technischen Infrastruktur ist eine Nutzung dieser noch nicht gewährleistet. Vielmehr müssen die Mitarbeiter motiviert werden, ihr Wissen zu teilen und weiterzuentwickeln. Dies kann sowohl mit extrinsischen als auch intrinsischen sowie materiellen und immateriellen Anreizsystemen erfolgen. Die Methoden reichen von Gehaltserhöhungen über Erhöhung der Aufstiegschancen bis zu Spielen, wie folgendes Beispiel beschreibt.

Beispiel: Wissen teilen gewinnt Meilen

Wir wollen dazu motivieren, Wissen zu teilen, den Kollegen Hilfe anzubieten, erfolgreiche Konzepte aus der Projektarbeit offensiv zur Verfügung zu stellen. Hierzu wollen wir die Mitarbeiter in unserer Organisation finden, die Wissen aktiv an andere weitergeben.

Die Spielregeln:

1. Sie erhalten pro Quartal 50 Punkte, die Sie an Kollegen verteilen können (aber nicht müssen), die Sie besonders unterstützt haben.
2. Sie stellen sich folgende Fragen:
   Wer hat mich bei der Lösung eines Problems aktiv unterstützt?
   Wer hat mich an seinen Erfahrungen teilhaben lassen?
   Wer fördert Wissensaufbau und -transfer in unserem Unternehmen besonders?
3. Sie schicken zum Quartalsende per E-Mail Ihre Punkteverteilung ans Meilensekretariat.
4. Die mit Punkten bedachten Kollegen sammeln diese Punkte auf ihrem Meilenkonto und können sich zum Ende des Geschäftsjahres nach der Meilenzahl gestaffelt ein Geschenk aus dem Geschenk-Repertoire aussuchen (z. B. hochkarätige Seminare nach eigener Wahl, inkl. Seminargebühr und Reisespesen).

Quelle: North/Varlese 2001

Mehrere Ebenen der Wissensstruktur

Die Menge an Wissenselementen und Informationen verlangt im Allgemeinen nach einer oder mehreren Strukturen. Besitzt eine Wissensquelle keine Struktur, wird der Zweck des gespeicherten Wissens nicht klar. Des Weiteren gestalten sich Wissensabfragen schwierig, da diese nicht auf einzelne Strukturebenen eingeschränkt werden können und somit zu Information bzw. Choice Overload oder Orientierungsproblemen führen können. Die Festlegung einer einheitlichen Struktur gestaltet sich jedoch mit zunehmender Anzahl der Wissenselemente und einer zunehmenden Zahl an Wissensarbeitern schwieriger, da eine Abstimmung der Strukturebenen vorzunehmen ist. Eine technische Unterstützung bieten Clustering-Systeme, welche eine Menge von Wissenselementen auf Basis ihres Inhaltes klassifizieren können.

Mehrere Kommunikationskanäle zum Wissensaustausch

Wissen wird in Abhängigkeit der Art und Situation des Senders über mehrere Kommunikationskanäle verteilt. Zu diesen Kanälen sind neben dem Telefon und dem Gespräch vor Ort die in Abschnitt 4.2.1.1 aufgezählten Kommunikationskanäle zu rechnen. Insbesondere mobile Kommunikationsgeräte wie PDA, Handy oder auch Funkgeräte unterstützen den Wissensaustausch orts- und zeitunabhängig.

Eine erfolgreiche Kommunikation setzt jedoch neben der Schaffung einer technischen Infrastruktur die Manifestation einer einheitlichen Sprache und ein gemeinsames Begriffsverständnis voraus, um Verständnisschwierigkeiten zu vermeiden.

Betrachtet man in Rückblick auf Abschnitt 5.1.3 die Barrieren und die Erfolgsfaktoren des Wissensmanagements, so fällt auf, dass sich beide Gruppen überlappen und es daher eine Frage des Standpunkts ist, ob man einen Faktor als hinderlich oder als erfolgsfördernd ansieht. Aus diesem Grund wird diskutiert, ob man innerhalb der vielen möglichen Faktoren eine klare Trennung ziehen kann zwischen solchen, die den Erfolg des Wissensmanagements in einem Unternehmen behindern, und jenen, die zu seinem Erfolg beitragen. Wenn Barrierefaktoren von Erfolgsfaktoren wirklich unterschieden werden können und unterschiedliche Wirkungen zeigen, dann können auch Wissensmanagementinitiativen so gestaltet werden, dass die Wirkung der Barrierefaktoren minimiert und die Wirkung der Erfolgsfaktoren verstärkt bzw. maximiert wird (vgl. Chua/Lam 2005).

Die Literatur ist allerdings voll von unsystematisch aufgezählten Erfolgsfaktoren, die sich auf einzelne Aspekte beschränken. Es fehlt bisher eine geeignete und systematische Zusammenführung von erfolgsfördernden und erfolgshemmenden Faktoren. Bei der Suche nach Disziplinen, die aus der Analyse von Erfolgs- und Misserfolgsfaktoren erfolgreiche praktische Konzepte entwickelt haben, fällt die Motivationstheorie des amerikanischen Psychologen Frederick Herzberg auf. Auf Basis seiner Dual-Faktoren-Theorie entwickelte dieser praktische Konzepte, die für die erfolgreiche Motivation von Arbeitnehmern auch heute von Bedeutung sind. Die Struktur dieser Theorie könnte auf das Wissensmanagement übertragen werden, um zu untersuchen, ob eine eindeutige Einteilung von Faktoren in Erfolgs- und Misserfolgsfaktoren entsprechend der Dual-Faktoren-Theorie von Herzberg möglich ist. Die Ergebnisse von Herzbergs Untersuchung haben dazu beigetragen, durch entsprechende Arbeitsorganisationsformen und Anreizsysteme die Motivation von Menschen an ihrem Arbeitsplatz zu verbessern. Analog könnte möglicherweise mit Hilfe eines genaueren Verständnisses von Erfolgs- und Misserfolgsfaktoren im Wissensmanagement der Erfolgsbeitrag von Wissensmanagementmaßnahmen signifikant erhöht werden.

In der Zwischenzeit wurden von der Wissenschaft noch zahlreiche Studien zu den Barriere- und Erfolgsfaktoren im Wissensmanagement durchgeführt (siehe z.B. Helm et al. 2007 und Lehner et al. 2007). Die Kenntnis dieser Faktoren soll helfen, die Umsetzung von Wissensmanagement in der Praxis besser zu gestalten, d.h. mögliche Probleme vorab zu identifizieren und diesen vorzubeugen bzw. diese von vornherein zu umgehen. Tabelle 5.3 zeigt noch einmal die Bandbreite möglicher Faktoren auf. Darin aufgenommen wurden jene Faktoren, die in mehreren Studien identifiziert wurden, so dass man davon ausgehen kann, dass unter Experten Einigkeit hinsichtlich der Erfolgswirksamkeit besteht (vgl. Lehner et al. 2007).

Tabelle 5.3 Barriere- und Erfolgsfaktoren des Wissensmanagements (Lehner et al. 2007)

▪ Wissensmanagement unterstützen, Vorlegen von Wissensmanagement, Vermittlung eines Verständnisses dafür ▪ Zeitliche Freiräume für Wissensmanagementaktivitäten ▪ Ausreichend finanzielle Mittel ▪ Kommunikation: Transparenz über Ziele und Strategien, internes Marketing ▪ Ausreichende Qualifikation für Techniken von Wissensmanagementsystemen ▪ Ausreichende Qualifikation für Umgang mit Wissen (z.B. Wissen teilen) ▪ Bewusstsein/Verständnis für Nutzen des Wissensmanagements ▪ Keine zu hohe Spezialisierung bzw. zu viel Wissen ▪ Wissensziele müssen mit den Unternehmenszielen verknüpft werden (Konsistenz) ▪ Ziele müssen spezifisch, messbar, erreichbar, relevant, nachvollziehbar sein ▪ Dezentralisierung, größere Handlungs- und Verantwortungsspielräume für Mitarbeiter ▪ Standardisierte, systematische Wissensprozesse ▪ Integration der Wissensmanagementaktivitäten in Arbeitsabläufe und Prozesse ▪ Wissenserwerb: Interaktion mit externen Wissensträgern, Kauf von Wissensprodukten oder -dienstleistungen ▪ Wissensgenerierung: Schaffung neuen Wissens durch Individuum oder Gruppe ▪ Wissensteilung mit anderen Organisationsmitgliedern ▪ Wissensidentifikation: Transparenz über internes und externes Wissen ▪ Wissensbewertung: Erreichung der Wissensziele wird überprüft, generiertes Wissen wird bewertet ▪ Wissensverteilung: verschiedene Kanäle für den Wissenstransfer	▪ Klarheit von Verantwortung und Zuständigkeiten für Wissensmanagement auf allen Unternehmensebenen ▪ Bereitschaft, Wissensmanagement im Unternehmen voranzutreiben ▪ Mitarbeiter müssen durch Anreizsysteme (monetär, immateriell, teamorientiert) motiviert werden ▪ Motivation durch schnell sichtbare Erfolge, Wissen an sich, betriebliches Vorschlagswesen ▪ Direkte Kommunikation und Wissensaustausch zur gemeinschaftlichen Lösung komplexer Aufgaben ▪ Zugang zu neuem Wissen, Austausch von Wissen im Netzwerk ▪ Interaktion in formellen Netzwerken ▪ Interaktion in informellen Netzwerken ▪ Einbindung der Mitarbeiter bei Gestaltung des Wissensmanagements und Entscheidungen ▪ Geeignete Infrastruktur von Informationstechnik, Kompatibilität der Systeme ▪ Anwendungssysteme zur Kommunikation, Kooperation, Koordination ▪ Anwendungssysteme zum Zugriff und Verwaltung von Wissen ▪ Benutzerfreundlichkeit, Einfachheit der Bedienung ▪ Informations-, Kommunikations- und Wissensqualität, Aktualität und Richtigkeit, Sicherung durch Redaktion, Pflege, Qualitätsstandards ▪ Wissensfördernde Unternehmenskultur ▪ Bereitschaft, Wissen zu teilen ▪ Vertrauenskultur, kein Misstrauen in Sender und Empfänger von Wissen ▪ Fehlertoleranz; Möglichkeit, Fehler zu begehen und daraus zu lernen ▪ Partnerkultur, gegenseitige Unterstützung bei Problemen, keine Abteilungsegoismen

▪ Wissensnutzung: Nutzung der Wissensbasis ▪ Wissensbewahrung und Wissensschutz: Selektion, Aktualisierung, Speicherung von Wissen, Schutz vor Verlust und opportunistischem Missbrauch von Wissen	▪ Wissen aus niedrigen Hierarchiestufen wird ausreichend akzeptiert ▪ Geteilte Unternehmensvision, gemeinsame Werte, Identifikation mit dem Unternehmen ▪ Regelmäßiges internes und externes Benchmarking, Wettbewerbsanalyse, Marktbeobachtung

5.1.4 Tacit-Knowledge-Management

Insbesondere in der Praxis findet sich immer wieder die Meinung, dass Wissensmanagement etwas ist, das in einem Unternehmen grundsätzlich auch ohne weiteres Zutun „geschieht" und die Mitarbeiter sich selbst um die Beschaffung fehlenden Wissens kümmern. Dazu kommt, dass bei den traditionellen Ansätzen des Wissensmanagements kaum oder gar nicht berücksichtigt wird, dass Wissen eigentlich für jede menschliche Aktivität erforderlich ist. In vielen Fällen wird seine Verfügbarkeit entweder als selbstverständlich angesehen, oder das Verfügbarmachen bzw. die Zuständigkeit dafür anderswo angesiedelt (z. B. bei der Einstellung von Personal mit einer bestimmten Qualifikation, beim Training für neue Mitarbeiter). Die nähere Betrachtung dieser Situation macht deutlich, dass die Trennlinie zwischen dem, was wirklich selbstverständlich ist, oder wo das erforderliche Wissen ohne Probleme beiläufig erworben werden kann, und jenem Wissen, das einer aktiven Steuerung durch das Wissensmanagement unterworfen werden sollte, nicht klar gezogen werden kann. Daraus resultiert ein Defizit bzw. blinder Fleck des Wissensmanagements, der durch eine erweiterte Sicht vermieden werden könnte.

Die Anzahl aller potenziell relevanten Wissensbereiche, Kenntnisse, Fähigkeiten etc. übersteigt natürlich die Möglichkeit für ein bewusstes und aktives Management des Gesamtwissens. Es wird daher immer Bereiche in einem Unternehmen geben, wo man sich darauf verlassen muss, dass die Mitarbeiter entweder das Wissen selbst oder die Grundvoraussetzungen für den rechtzeitigen Erwerb mitbringen. Für die Wissenschaft von Bedeutung ist hier allerdings die Grenze zwischen jenen Wissens- und Lernformen, die als selbstverständlich angesehen werden, und jenen, die ein aktives Management erfordern. Diese Aufgabe der Grenzfindung hat natürlich mit der Identifikation des relevanten Wissens zu tun und wurde bisher noch nicht hinreichend geklärt. Sie führt aber darüber hinaus und erschließt ein praktisches Aufgabenfeld, das mit „Tacit-Knowledge-Management" umschrieben werden soll.

Die vordergründige Verwendung des Begriffes Tacit-Knowledge-Management (TKM) zielt allerdings auf das Management des verborgenen Wissens ab („Tacit Knowledge"-Management). Im Zuge des wachsenden Interesses für die Bedeutung des Wissens in Unternehmen als erfolgsentscheidendem Faktor im Wettbewerb erfährt das verborgene Wissen (implizites Wissen und „tacit knowledge") eine besondere Aufmerksamkeit (siehe dazu auch Abschnitt 2.2.2). In dieser Bedeutung wurde der Begriff historisch gesehen erstmals gebraucht. Beispiele für die Begriffsverwendung in diesem Sinne finden sich bei Kreiner (2002) und Ho (2003). Verborgenes und implizites Wissen machen angeblich rund 80 % des Wissens in einem Unternehmen aus. Gelingt es, dieses verbogene Wissen zumindest teilweise transparent zu machen, so könnte darin ein erhebliches Entwicklungspotenzial für Unternehmen liegen.

Aufbauend auf den bisherigen Überlegungen wird aber deutlich, dass es mehr Aufgaben und Aktivitäten des Wissensmanagements gibt, als bisher bewusst wahrgenommen. Ein genauerer Blick auf die bislang postulierten Aufgaben des Wissensmanagements führt zu einem Phänomen, das man nun in Analogie zum Begriff des „tacit knowledge" als Tacit-Knowledge-Management (TKM) bezeichnen kann. Der manchmal verwendete Begriff formales und informales Wissensmanagement (formal KM, informal KM) zielt auf den gleichen Sachverhalt ab (vgl. z. B. Hutchinson/Quintas 2008, S. 139 – 141). Gegenüber der bisherigen Begriffsverwendung wird eine erweiterte Sicht für das TKM vorgeschlagen, wobei folgende Bedeutungen und Aufgabenfelder differenziert werden können:

- Es gibt keine „bewussten" KM-Aktivitäten – KM „passiert" aber trotzdem; hier geht es grundsätzlich um die Frage, in welchen Situationen eine aktive Wahrnehmung der Aufgaben des Wissensmanagements dem Einfach-geschehen-lassen (d. h. Vertrauen auf Selbstorganisation) überlegen ist.
- Die eigentlich notwendigen Aktivitäten betreffen nicht geteiltes Wissen bzw. erfordern fast gegenteilige Maßnahmen zu dem, was man in der traditionellen Wissensmanagementliteratur über Knowledge-Sharing lesen kann (vgl. z. B. Brauner/Becker 2006).
- Tacit Knowledge bedeutet etwas vereinfacht ausgedrückt, dass man mehr weiß, als einem bewusst ist oder als man bewusst ausdrücken kann. Das gilt natürlich auch im organisatorischen Kontext, und zwar nicht nur bezogen auf das individuelle Wissen, sondern auch für das organisatorische Wissen. TKM konzentriert sich demnach auf die Explikation dieses Wissens (= traditionelles Verständnis des TKM).
- KM-Aktivitäten werden zwar bewusst eingeleitet, sind aber nicht allen (bzw. nicht allen, die davon wissen sollten) bekannt. Die Folge können insbesondere in größeren Organisationen unkoordinierte KM-Aktivitäten sein, „das Rad" wird also auch bezogen auf KM immer wieder neu erfunden, u. a. m. – TKM in diesem Sinne könnte die Beseitigung eines Defizits beim Metawissen über KM-Aktivitäten bedeuten. Man könnte auch sagen, es gibt mehr KM-Aktivitäten, als dem Unternehmen bzw. dem einzelnen Mitarbeiter bewusst ist.
- Die Aktivitäten (des Wissensmanagements) konzentrieren sich auf Information Sharing (und Datenaustausch), sodass der eigentliche Umgang mit Wissen und die Wissensprozesse vernachlässigt werden.
- Untersuchung der Konsequenzen existierender, aber nicht explizit kommunizierter Ziele des Wissensmanagements (d. h. es gibt zwar ein Wissensmanagement, aber die dahinterliegenden Ziele wirken eher wie eine „hidden agenda").
- Wesentliche KM-Prozesse werden autopoietisch verstanden (und ein aktives, bewusstes Management bzw. eine Steuerung von selbstorganisierenden Prozessen ist nicht möglich), sodass KM-Prozesse „einfach ablaufen".
- Bedeutung verborgener Wissensstrukturen, d. h. informeller Strukturen und Beziehungen, die eine besondere Bedeutung haben und eigentlich wichtiger sind als die formalen Strukturen und Aufgaben, um die sich das Wissensmanagement „offiziell" kümmert (Sichtbarkeit interner und externer Netzwerke).
- Unternehmen und Organisationen haben im Allgemeinen keine Vorstellung, welches Wissen überhaupt für ihr Geschäft relevant ist und welche Maßnahmen dieses Wissen

erfordern würde. Der Begriff Tacit-Knowledge-Management für eine neue Herausforderung des Wissensmanagements wurde deswegen bewusst gewählt, weil keine bewusste oder explizite Vorstellung davon existiert, was überhaupt gemanagt werden soll.

- Die explizit wahrgenommenen Aufgaben des Wissensmanagements beziehen sich häufig auf die Leistungsprozesse und Produkte einer Organisation. Die unausgesprochenen oder impliziten Erwartungen des Managements beziehen sich aber oft auf ein Verhalten der Organisationsmitglieder, das über die Aufgaben im engeren Sinne hinausgeht (also auf schwer vorhersehbare Bedarfe, übergeordnete Interessen etc.). Solche Beiträge werden in der Praxis oft als „selbstverständliche Pflicht" der Mitarbeiter angesehen. Unabhängig davon sind aber die Mitarbeiter auf diesen von ihnen erwarteten Beitrag nicht hinreichend vorbereitet, sodass der eigentliche Prozess dann eher ein Zufallsprodukt ist.

Tacit-Knowledge-Management ist keine Erweiterung des traditionellen Wissensmanagements um neue Aufgaben, sondern die Bewusstmachung bisher nicht beachteter, aber wesentlicher Aspekte dieses Aufgabenfeldes. Kurz ausgedrückt, geht es um eine Änderung der ursprünglichen Lesart des Begriffes als „**Tacit-Knowledge**"-Management (TK-M) als Tacit-„**Knowledge-Management**" (T-KM). Die verschiedenen vorgestellten Aspekte können in der Frage zusammengefasst werden: Kann man Wissensmanagement als stille, verborgene Aktivität einfach sich selbst überlassen (vergleichbar unbewussten Prozessen im psychologischen Sinne, unter Annahme einer systemischen Selbstorganisation oder im Vertrauen auf temporäre Maßnahmen), und ab wann braucht es ein aktives, steuerndes Eingreifen durch zielorientierte Maßnahmen und ein institutionalisiertes Management? Tacit-„Knowledge-Management" zielt also auf den Umstand, dass in der Unternehmenspraxis mehr Prozesse des Wissensmanagements ablaufen, als bewusst angestoßen werden oder allgemein bekannt sind (d.h. das allgemein geteilte Wissen darüber ist zu gering). Der Ansatz des Tacit-Knowledge-Managements ermöglicht es Unternehmen, Wissensmanagement ganzheitlicher als bisher zu verstehen und konkrete Maßnahmen wie z.B. Beseitigung des Defizits beim Metawissen über Aktivitäten des Wissensmanagements zu setzen. Gestützt wird diese Ansicht von Howaldt et al. (2004, S. 20 – 22), wo eine Explizierung des Wissensmanagements propagiert wird, und zwar als Weiterentwicklung von einem integrativen Bestandteil des Managementhandelns hin zu einer Spezialfunktion. Verbunden damit ist auch eine Abkehr von den Ansprüchen holistischer Wissensmanagementlösungen zugunsten reduktionistischer Ansätze, die möglicherweise manchen Unternehmen besser entsprechen.

5.1.5 Ausbildung, Training und Zertifizierung im Wissensmanagement

Für die Praxis des Wissensmanagements spielen sowohl die Aus- und Weiterbildung als auch die Zertifizierung eine wichtige Rolle. An einem entsprechenden Angebot lässt sich indirekt auch der Entwicklungsstand der Disziplin ablesen. Die formelle Integration in den Qualitätsstandard ISO 9001 zeugt von der Akzeptanz in der Praxis sowie der Relevanz für Unternehmen (vgl. Wilson/Campbell 2016).

Sowohl im angloamerikanischen wie auch im deutschen Sprachraum gibt es inzwischen ein breites Trainings- und Ausbildungsangebot zum Wissensmanagement. Es gibt außerdem einige Veröffentlichungen, die einen Überblick über akademische Institutionen geben und sich mit den curricularen Inhalten von einschlägigen Ausbildungsangeboten befassen (z. B. Liebowitz 2008, Bedford 2013). Für die Etablierung des Wissensmanagements als eigenständige Disziplin ist das wichtig, weil damit die Kerninhalte einer Reflexion unterzogen werden und auf dieser Basis auch ein Austausch über Inhalte und Methoden für die Aufgaben in der Praxis angestoßen wird.

Bei den Kursangeboten handelt es sich meist um Zertifikatsprogramme bzw. Aus- und Weiterbildungsangebote von Schulungs- und Trainingseinrichtungen, in denen die Teilnehmer eine modulare Aufbereitung der Inhalte vorfinden. Eine Standardisierung der Ausbildungsinhalte ist dabei aber nicht erkennbar. Das spezialisierte Studienangebot an Universitäten und Hochschulen hat im deutschsprachigen Raum in den letzten Jahren sogar wieder leicht abgenommen, d. h. manche Wissensmanagement-Studiengänge wurden nach einer Probephase nicht weitergeführt. Das Lehrangebot besteht aber weiter und wurde meist in einschlägige Studiengänge wie Wirtschaftsinformatik oder Informationswissenschaften integriert. Es gibt aber ein einschlägiges Angebot und am Beispiel der Donau-Universität Krems sowie der Fachhochschule Burgenland werden Struktur und Inhalte solcher Studiengänge etwas näher dargestellt.

Der **Masterstudiengang „Angewandtes Wissensmanagement“** wird von der Fachhochschule Burgenland (www.fh-burgenland.at) angeboten und ist als berufsbegleitender Weiterbildungsstudiengang konzipiert. Das Studium dauert zwei Jahre, ist modular aufgebaut und umfasst im Wesentlichen folgende Inhalte:

- **Wissensmanagement-Konzepte**

  Theoretische Grundlagen des Wissensmanagements kennenlernen und anwenden – ein Konzept für die Selbstorganisation (persönliches Wissensmanagement) entwickeln und umsetzen

- **Werkzeuge der Online-Kommunikation**

  Kommunikations- und Kollaborationssysteme vergleichen und verwenden – ein individuelles E-Portfolio in Form eines Blogs erstellen und nutzen

- **Projekt- und Prozessmanagement**

  Projekte in den Bereichen Wissensmanagement, Online-Kommunikation und E-Learning planen und durchführen – wissensintensive Geschäftsprozesse analysieren und verbessern

- **Forschungs- und Entwicklungsmethodik**

  Qualitative Forschungsmethoden auswählen und zielorientiert anwenden – Techniken für Online-Befragungen kennenlernen – wissenschaftliche Literatur kritisch bearbeiten

- **Wissensmanagement-Strategien**

  Wissen als strategische Größe kennenlernen – eine Wissensbilanz erstellen – einen Wissensmanagement-Einführungsprozess planen

- **Wissensmanagement-Methoden**

  Methoden zum Wissenstransfer evaluieren und nutzen - Communities of Practice moderieren – Wikis gestalten

- **Wissensorganisation**

  Möglichkeiten der Wissensorganisation kennenlernen – persönliches Wissen organisieren – Wissensräume für Organisationen gestalten

- **E-Learning**

  Didaktische Konzeption eines E-Learning Kurses entwerfen – einen E-Learning Kurs mit Moodle entwickeln – unterschiedliche Lernplattformen systematisch analysieren
- **Medienwerkstatt**

  Video-Tutorials konzipieren und erstellen – Intranet entwerfen und einrichten – Wissensmanagement Tools kritisch vergleichen
- **Aktuelle Themen**

  Inhaltliche Schwerpunkte der Lehrveranstaltungen werden jährlich neu festgelegt, z. B. Mediendidaktik, Innovationsmanagement-Zertifizierung, SharePoint & E-Learning und Wissensmanagement Beratung & Training

Die Donauuniversität Krems bietet einen **Masterstudiengang „Wissensmanagement“** (www.donau-uni.ac.at) an, bei dem in vier Semestern insgesamt 10 Module zu absolvieren sind. Er richtet sich an Führungskräfte der mittleren bzw. höheren Managementebene bzw. Wissensmanagement-Verantwortliche und soll als Basis für die strategiegeleitete Weiterentwicklung der Wissensbasis einer Organisation dienen. Die Inhalte der Pflichtmodule umfassen:

- **Modul 1: Grundlagen im Wissensmanagement**

  Im Mittelpunkt steht die Vermittlung der zentralen Konzepte und Modelle im Wissensmanagement. Geboten wird weiter ein Überblick zu aktuellen Methoden, die auf unterschiedlichen Interventionsebenen zum Einsatz kommen können.
- **Modul 2: Methoden des Wissensmanagements**

  Im Fokus liegt das vertiefte Vorstellen der unterschiedlichsten Wissensmanagement-Methoden im Bereich des Wissenserwerbs, der Wissensidentifikation, -entwicklung, -verteilung, -bewahrung und -nutzung. Dabei wird insbesondere auf die Erfolgsfaktoren und Hindernisse bei deren Einführung Bezug genommen.
- **Modul 3: Technologiegestütztes Wissensmanagement**

  In diesem Modul geht es darum, für welche Wissensmanagement-Herausforderung welche technischen Tools zur Verfügung stehen. Social Media, Big Data sowie semantische und smarte Technologien stehen dabei im Mittelpunkt. Im Speziellen wird das Thema „Enterprise Search“ vertieft.
- **Modul 4: Strategisches Wissensmanagement**

  Wissensmanagement ist eng verknüpft mit der strategischen Positionierung von Organisationen. Die Wissensmanagement-Ziele und -strategien sind aus den Zielen des gesamten Unternehmens abzuleiten und im Rahmen von Wissensmanagement-Projekten einzuführen bzw. weiterzuentwickeln. Dass Unternehmen als komplexe Systeme zu begreifen sind, spielt dabei eine wichtige Rolle. Die Methoden beziehen sich auf die Definition von Wissenszielen, die Messung und Bewertung von Wissen, die Wissensbilanzierung sowie die Balanced Scorecard unter besonderer Berücksichtigung der Wissensperspektive.
- **Modul 5: Seminar zu aktuellen Themen des Wissensmanagements**

Abgerundet wird das Programm durch ein breites Angebot an Wahlmodulen zu Themen wie Change Management, Informationsdesign, Innovationsmanagement, Projektmanagement, Prozessmanagement, Qualitätsmanagement u. a. m.

Neben einem institutionalisierten Ausbildungsangebot spielen für die Praxis auch Zertifizierungen, Preise u. ä. eine wichtige Rolle. Sie können sich auf Personen, Projekte, Systeme oder Institutionen beziehen. Damit sind sie Instrumente der Qualitätssicherung und unterstützen die Verstetigung der getroffenen Maßnahmen. In diesem Bereich ist die Entwicklung im anglo-amerikanischen Raum deutlich weiter fortgeschritten. Es gab und gibt hierzulande immer wieder Versuche, die aber bisher nicht von Dauer waren. Im Unterschied dazu finden sich im englischsprachigen Umfeld für praktisch jede der genannten Ebenen mehrere Angebote. Auf der Unternehmensebene können der **MAKE-Award** (Most Admired Knowledge Enterprise), der seit 1998 besteht und an Unternehmen mit einem überdurchschnittlichen Wachstum des intellektuellen Kapitals und einem erfolgreichen Wissensmanagement vergeben wird, sowie der **Knowledge Management and Intellectual Capital Excellence Award** erwähnt werden. Für die Systeme kann auf **KMWorld** verwiesen werden, die jährlich die 100 innovativsten Lösungen präsentiert. Auf der individuellen Ebene gibt es neben verschiedenen Angeboten zum „**Certified Knowledge Manager**" u. a. den von Knowledge Management Austria (KMA) seit 2009 jährlich an herausragende Persönlichkeiten für Pionierleistungen im Bereich Wissensmanagement verliehenen **Knowledge Management Award**. Man ist zunächst geneigt, dies dem größeren englischsprachigen Markt zuschreiben. Da sich aber in anderen Bereichen wie z. B. Projektmanagement oder Qualitätsmanagement auch im deutschsprachigen Raum Initiativen und Institutionen etabliert haben, ist dies wenig stichhaltig. Es ist zu wünschen, dass über Zertifikatsprogramme hinaus im deutschsprachigen Raum ebenfalls mehr Initiativen gesetzt werden.

5.2 Beispiele und Anwendungsfälle

Zu den ersten Unternehmen, die sich mit Wissensmanagement auseinandersetzten, gehörten solche, deren Produkte oder Dienstleistungen überwiegend immateriell sind, wie Banken, Versicherungen oder Beratungsunternehmen. Ebenso finden sich darunter Unternehmen, die auf Innovation setzen, also auf die stetige Entwicklung neuer Produkte, bzw. deren Produkte oder Dienstleistungen nicht für den Massenmarkt, sondern kundenspezifisch erbracht werden (vgl. North 1998, S. 25, Starbuck 1992).

Beispiele bekannter Unternehmen sind Kao und Sharp in Japan (Nonaka/Takeuchi 1995, S. 194 ff.), der Hörgerätehersteller Phonak in der Schweiz (vgl. Probst et al. 2003, North 1998), Siemens in Deutschland (Davenport/Probst 2002) oder Accenture (Appel/Schwaab 1997, Thiesse 1997, Baubin/Wirtz 1996, Ryan 1995) und Xerox (Bobrow/Whalen 2002) in den USA. Weitere Beispiele finden sich u. a. bei Probst et al. 2003, Igl/Lehner 2000, North 1998 und Sellens/Wilson 1998.

Um einen Überblick über die Ausgestaltung des Wissensmanagements in der Praxis zu erhalten, sollen im Folgenden ausgewählte Beispiele vorgestellt werden. Ein komplettes Bild wird damit nicht erreichbar sein, und auch die notwendige Weiterentwicklung des organisatorischen Wissensmanagements im Zeitverlauf lässt sich nur ungenügend darstellen (z. B. die zunehmende Nutzung von Google und Wikipedia anstatt dedizierter Wissensmanagementsysteme). Es können aber zum einen die Notwendigkeit des Wissensmanagements aufgezeigt und zum anderen Hinweise für zu ergreifende Maßnahmen und verwendbare Instrumente geliefert werden.[1]

5.2.1 Wissensmanagement bei Xerox

Xerox ist mit rund 53 700 Mitarbeitern (Stand 2007) einer der weltweit größten Anbieter von Hardware, Software und Dienstleistungen zum Kopieren und Drucken. Eines der Geschäftsziele von Xerox ist die Erhöhung der Kundenzufriedenheit, was zum einen durch eine Sicherung der Produktqualität und zum anderen durch eine Sicherung der Servicequalität erreicht werden soll. Während die Produktqualität zentral durch Verfahren und Methoden in der Produktion sichergestellt werden kann, erfordert die Erhöhung der Servicequalität eine Entwicklung der sozialen und fachlichen Kompetenz aller Servicemitarbeiter.[2]

Bereits Anfang der 90er Jahre erkannte Tom Ruddy, Manager der Worldwide Customer Services von Xerox, den Bedarf für einen systematischen Umgang mit Wissen, insbesondere mit Wissen in Form sogenannter „war stories“. War stories sind Erfahrungsgeschichten, über die sich Servicetechniker von Xerox in Arbeitspausen austauschten (vgl. auch Brown 1991, 109). Ausgehend davon starteten 1993 Mitarbeiter von Xerox sowie Forscher des Palo Alto Research Centers (PARC) ein Projekt zum Aufbau informeller Arbeitsgruppen. Tom Ruddy umreißt die Zielstellung des Projekts wie folgt:

> „By creating communities of experts who can learn from each other, we are facilitating the management of knowledge in our organization. This is enabling us to provide better service to our customers.“

Die Notwendigkeit des Wissensmanagements manifestierte sich für Xerox in den folgenden drei zentralen Punkten:

- Der Wandel der Wettbewerbssituation im Zuge der Globalisierung stellt den Hauptgrund für die Einführung von Wissensmanagement dar.
- Des Weiteren hatte Xerox erkannt, dass bestehende Technologien keinen nachhaltigen Wettbewerbsvorteil darstellen und diese von der Konkurrenz schnell nachgeahmt werden können.
- Den dritten Grund für die Einführung des Wissensmanagements sah Xerox in der Konvergenz von Produkt und Dienstleistung, da die Produktqualität nicht ausschließlich das Kaufverhalten bestimmt, sondern dieses in gleichem Maße von der Servicequalität determiniert wird.

Die erfolgreiche Umsetzung des Wissensmanagements unter diesen Rahmenbedingungen verlangte nach einem Bündel systematisch umgesetzter Maßnahmen. Xerox identifizierte dafür vier Komponenten (dargestellt in Bild 5.4). Diese wiederum setzten als Basis eine entsprechende Organisationskultur voraus.

---

[1] Die vorgestellten Unternehmen sind große, multinationale Unternehmen. Hier soll jedoch nicht der Eindruck entstehen, dass Wissensmanagement nur für Unternehmen dieser Größe von Bedeutung ist. Auch in kleinen und mittelständischen Unternehmen gewinnt dieses Thema seit einigen Jahren an Aufmerksamkeit (vgl. Wildner 2007).

[2] Beispiel übernommen und angepasst aus Gerhard/Seufert 2001, S. 119 ff.

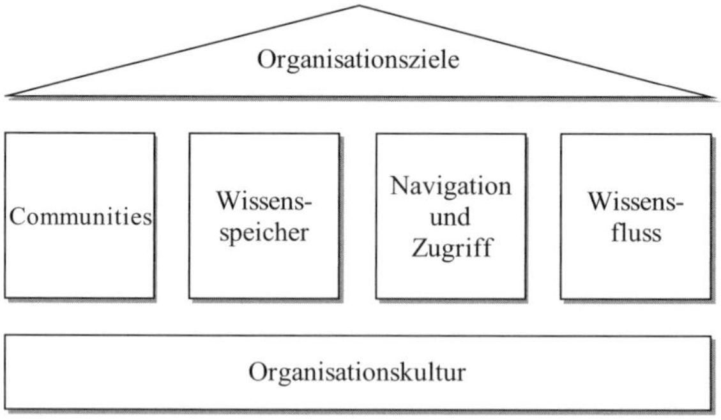

Bild 5.4 Komponenten des Wissensmanagements bei Xerox und ihre Einordnung in die Organisation

Zu diesen Komponenten zählen Gemeinschaften (Communities), Wissensspeicher, Navigation und Zugriff sowie der Wissensfluss. Die Komponenten sollen im Folgenden noch etwas genauer vorgestellt werden.

Gemeinschaften (Communities)

Communities sind nach dem Verständnis von Xerox informelle Gruppen, deren Mitglieder sich freiwillig zur Erreichung von definierten Zielen zusammenfinden (vgl. Abschnitt 4.1.4.2 zu Communities of Practice). Diese Communities bestanden bei Xerox bereits vor der Wissensmanagementinitiative. Service-Techniker tauschten ihre Erlebnisse und Erfahrung mit dem Ziel der erfolgreichen Erledigung von immer komplexer werdenden Reparatur- und Wartungsarbeiten aus (was man im Nachhinein als Story Telling bezeichnen kann, siehe Abschnitt 4.1.1.3). Das Story Telling eignet sich insbesondere zur Wissensverteilung, da für den Erzähler eine gewisse Sympathie empfunden wird, die dazu führt, dass die Geschichten weniger in Frage gestellt werden als Richtlinien und Leitfäden. Durch das Story Telling bildeten sich bei Xerox Communities, in denen jedes Mitglied auf Basis seiner Geschichten berichtet, was er oder sie geleistet hat und von seinen Kollegen dafür Anerkennung erhält. Zudem konnte das vermeintlich schlechte Image der Service-Techniker aufgewertet werden, weil dadurch gezeigt wurde, dass Service-Techniker in ihrer Arbeit sehr komplexe Probleme zu lösen haben.

Nachdem der Bedarf des Erfahrungsaustausches vom Management erkannt worden war, erfolgte eine Institutionalisierung der Communities, wobei Gruppen (Community of Practice) von vier bis sieben Technikern eingerichtet wurden, die eigenverantwortlich agierten. Den Communities of Practice wurden zahlreiche technische Hilfsmittel wie E-Mail, Pager und Funkgeräte zum Austausch ihrer Geschichten zur Verfügung gestellt. Die technische Unterstützung des Story Telling und die Institutionalisierung der Communities führten zu einer Beschleunigung der Lösung von Kundenproblemen.[3] Wie Xerox richtig erkannt hat, kommt der Informationstechnik nur eine unterstützende Rolle zu. Der Schlüssel des Erfolges liegt vielmehr in der guten Koordination der Gruppe und der offenen Organisationskultur.

[3] Allerdings besteht die Gefahr, dass durch eine Institutionalisierung die Freiräume bei der Gestaltung von Communities verloren gehen; vgl. dazu Kapitel 4.1.4.2 und Bobrow/Whalen 2002.

Wissensspeicher

Mit der technischen Unterstützung der Communities konnte das Wissen zwar effizienter innerhalb der Gruppen ausgetauscht werden, ein Zugriff von Außenstehenden sowie auf frühere Geschichten war jedoch nicht möglich. Ausgehend hiervon entstand das Teilprojekt Knowledge Pipeline, welches eine unternehmensweite Wissensverteilung ermöglichen sollte. Das Projekt besteht aus den Komponenten Eureka, Kunden-Selbsthilfe-System und den Smart Manuals. Eureka ist eine Infrastruktur zur Wissenserfassung, -verteilung und -bewertung, wobei Wissen in Form von Notizen und Tipps zur täglichen Arbeit unterstützt wird. Das Kunden-Selbsthilfe-System ermöglicht den Kunden, Probleme über das Internet mitzuteilen. Befindet sich das Problem samt Lösung bereits in der Referenzfall-Datenbank, so kann dem Kunden sofort die Lösung präsentiert werden. Insbesondere kleinere Probleme können auf diese Weise ohne den Einsatz teuren Personals gelöst werden. Smart Manuals stellen Anleitungen und Leitfäden dar, auf welche die Techniker per Laptop ortsunabhängig zugreifen können.

Neben der beschriebenen Infrastruktur führte Xerox eine Wissensdatenbank ein, in welcher die einzelnen Wissenselemente persistent gespeichert werden. Die Nutzung einer Datenbank erfordert neben den technischen Anforderungen gut ausgebildete Mitarbeiter, die in der Lage sind, benötigte Wissenselemente aus der Datenbank zu extrahieren. Zur Unterstützung dieses Prozesses erhielt jeder Mitarbeiter Vorlagen zur Filterung und Darstellung von Informationen für seinen Aufgabenbereich.

Navigation und Zugriff

Die Navigation und der Zugriff auf Wissen können als kritische Faktoren der technischen Unterstützung identifiziert werden. Xerox hat dazu eine Reihe von Anforderungen aufgestellt, die einen benutzerfreundlichen Zugriff sicherstellen sollen:

- **Übersichtliche Darstellung des Wissens:** Bei einer unübersichtlichen Darstellung oder Schwierigkeiten beim Finden von Wissen werden Mitarbeiter ungern darauf zugreifen, da der Aufwand meist höher ist als der Nutzen.
- **Möglichkeit der Personalisierung und persönliche Anwendbarkeit:** Jeder Techniker benötigt individuelle Informationen, z. B. abhängig von seinen jeweiligen Kunden und den Maschinenmodellen, die er gerade zu betreuen hat. Deshalb muss er in der Lage sein, die Informationstechnik auf seine persönlichen Bedürfnisse abzustimmen.
- **Zugriff on Demand:** Der Zugriff muss bei Bedarf jederzeit möglich sein.
- **Dokumente on Demand:** Auch die Dokumente müssen bei Bedarf jederzeit zur Verfügung stehen.

Wissensfluss

Wissensflüsse finden sich in jedem Unternehmen und auf verschiedensten Ebenen. Ein zentrales Anliegen des Wissensmanagements ist es, diese Flüsse zu identifizieren und zu unterstützen. Xerox hat diese Notwendigkeit erkannt und versucht, den natürlichen Wissensfluss zu verstärken. Neben der Unterstützung der Mitarbeitergespräche durch Funkgeräte und E-Mails wurde insbesondere die Weitergabe expliziten Wissens in Form von Notizen und Dokumenten unterstützt. Die technische Unterstützung kann hierbei als notwendig, jedoch nicht hinreichend bezeichnet werden. Vielmehr muss auch hier die Organisationskultur dem offenen Wissensaustausch entsprechen.

Die Einarbeitung neuer Techniker erfolgt bei Xerox über Mentoren-Programme, wobei jedem neuen Mitarbeiter ein Mentor zugeteilt ist, der jederzeit über Funk erreichbar ist. Die Weitergabe von Wissen gestaltet sich so on-the-job, was den Vorteil einer kürzeren Einarbeitungszeit mit sich bringt.

Probleme bei der Umsetzung

Die Umsetzung der angesprochenen Maßnahmen verlief nicht ohne Probleme. Die Nutzung von Software zum Wissensaustausch setzt eine hohe Benutzerfreundlichkeit voraus, darf aber nicht dazu führen, dass die soziale Anerkennung der Techniker beim direkten Austausch untereinander durch die Informationstechnik verloren geht. Die soziale Anerkennung soll den Mitarbeitern ihre Stellung insbesondere in der Gruppe sichern, die sie mit der mündlichen Kommunikation von Geschichten erworben haben. Die Benutzerfreundlichkeit konnte auf technischer Ebene durch eine einheitliche Benutzerführung und eine intuitive Benutzeroberfläche erreicht werden. Die Eingabe von neuem Wissen zog aber Probleme bei der Qualitätssicherung, Kategorisierung, Datenredundanz und Sicherung der Aktualität nach sich:

- **Qualität:** Eine Geschichte ist die Verpackung für Fakten. Das Wesentliche bleibt den Zuhörern durch den Zusammenhang in Erinnerung. Wird die Geschichte schriftlich festgehalten, greift der Zuhörer darauf zu, ohne den richtigen Zusammenhang oder die Möglichkeit zur Rückfrage zu haben. Es ist also viel wichtiger, dass die Fakten bis ins Detail stimmen.
- **Kategorisierung:** Bei der informellen Weitergabe der Informationen konnte jeder Techniker die gehörten Geschichten in sein eigenes Schema einordnen. Es musste aber ein gemeinsames Schema für alle Mitarbeiter gefunden werden.
- **Datenredundanz:** Jeder Mitarbeiter hat eine individuelle Art, Dinge für sich auszudrücken und zu ordnen. Das Ziel in einem gemeinsamen Wissensspeicher muss es aber sein, die mehrmalige Erfassung gleicher Daten unter verschiedenen Kategorien zu vermeiden.
- **Aktualität:** Die einmalige Eingabe der Tipps ist ein Anfang, aber mit zunehmender Benutzerzahl und vielen technischen Neuerungen können Daten schnell veralten. Die Aktualität der Daten ist für den Erfolg jedes Benutzers elementar und kann nur durch gezielte Pflege der Datenbasis aufrechterhalten werden.

Fazit

Xerox erkannte frühzeitig die Probleme und Herausforderungen des Wissensmanagements, die – zum Teil mit einfachen Mitteln – gelöst werden konnten. Xerox hat insbesondere erkannt, dass die vielen zur Verfügung stehenden technischen Hilfsmittel lediglich einen kleinen Erfolgsbeitrag leisten. Vielmehr ist eine Organisationskultur erforderlich, welche den Wissensaustausch und die Wissensentwicklung ermöglicht und unterstützt.

Die Umsetzung von Wissensmanagement führte bei Xerox zu einer gesteigerten Effizienz der organisatorischen Abläufe. Die bei der Entwicklung und Umsetzung des Wissensmanagements gemachten Erfahrungen nutzt Xerox selbst für das eigene Beratungsgeschäft.

5.2.2 Wissensmanagement bei Accenture

Accenture[4] gilt als einer der Pioniere im Bereich der Wissensmanagementsysteme. Das Unternehmen gehörte zu den Ersten, die die Konzeption eines ganzheitlichen Wissensmanagementsystems auf Basis einer Groupware erfolgreich umsetzten. Das Wissensmanagementsystem **Knowledge Xchange (KX)** ist zu einem Wettbewerbsfaktor des Unternehmens geworden und ermöglicht eine nahezu vollständige Nutzung der gesamten organisatorischen Wissensbasis.

Mit der Entwicklung von KX begann man bei Accenture im Jahr 1992.[5] Das System sollte den Mitarbeitern ermöglichen, jederzeit auf eine von allen geteilte Wissensbasis, also weltweite Erfahrungen in verschiedenen Kompetenzfeldern, zuzugreifen und ihr individuelles Wissen der ganzen Organisation zur Verfügung zu stellen. Die Hauptaufgabe wurde dabei in einem Mission-Statement folgendermaßen formuliert (Baubin/Wirtz 1996, S. 137):

> „To provide an architecture, standards, and tools for the exchange of our knowledge capital where and when it is needed, fostering the growth of our practice and quality of our service."

Für die Systementwicklung wurde Lotus Notes ausgewählt, das im Vergleich mit anderer verfügbarer Groupware (vgl. Abschnitt 4.2.1) das meiste Potenzial für die Anforderungen des Unternehmens bot (z. B. die Unterstützung des Arbeits-, Dokumenten- und Wissensflusses zwischen Teams und deren Mitgliedern und Workflow-Funktionalität). Zudem ermöglichte die Fähigkeit zur Replikation (von Inhalten in Datenbanken werden Kopien angelegt, um mehrere Personen verteilt an den gleichen Inhalten arbeiten lassen zu können) die vollständige Offline-Nutzung der Wissensbestände, die in der Beratung durch die erforderliche Mobilität der Berater von großer Bedeutung war und ist. Die Anforderungen an den Entwurf von KX wurden dabei wie folgt definiert:

- Gemeinsame Architektur auf Basis von Lotus Notes mit Standards und Tools für den Austausch von Wissenskapital innerhalb des Accenture-Netzwerks;
- Portfolio von Anwendungen zur Verteilung und Suche von Informationen;
- Kommunikationsnetzwerk zur Unterstützung von Diskussionen;
- System zur Bildung einer virtuellen Community, das den Mitarbeitern jederzeit und überall den Zugriff auf das gewünschte Wissen ermöglicht.

Erste Systemgeneration

Die erste Generation von KX diente allen Beratern als offene Sammelstelle von Informationen. Bald nach der Einführung führte dies zu Komplikationen bei der Identifikation und Verwendung von Wissen, da innerhalb kurzer Zeit ein beträchtliches unkoordiniertes und unstrukturiertes Volumen teilweise redundanten Wissens entstanden war, das eine gezielte Abfrage von Information nahezu unmöglich machte (Ryan 1995, S. 485). Es hatte sich mehr zu einem „Schwarzen Brett" zum Austausch von Informationen, denn zu einem Forum für Lernen und Wissensentwicklung herausgebildet. Außerdem fehlte eine zentrale Koordina-

---

[4] Beispiel übernommen und angepasst aus Lehner 2000, S. 422 ff.

[5] 1992 bestand Accenture in Form der beiden Unternehmen Andersen Consulting und Arthur Andersen, wobei die hier beschriebene Wissensmanagementinitiative bei Andersen Consulting entstanden ist.

tion, woraus mehrere parallele und untereinander nicht kompatible Wissensmanagementinitiativen mit sich thematisch überschneidenden Wissensbeständen resultierten. Die große Anzahl von Aktivitäten in den Beständen verdeutlichte jedoch den hohen Bedarf für ein solches System und führte zu einer Analyse der Problematik als Basis für die Weiterentwicklung.

Ein zu starker technischer Fokus hatte zu einer Vernachlässigung wichtiger strategischer Elemente geführt. Man war davon ausgegangen, dass die simple Bereitstellung eines Lotus-Notes-Systems und entsprechender technischer Schulungen ohne weiteres zu Verhaltensänderungen zugunsten einer lernenden Organisation (siehe Abschnitt 3.1.1) führen würde. Dabei wurde übersehen, dass organisatorische Rahmenbedingungen eine enorme Rolle spielen. Im Einzelnen waren die Schwierigkeiten mit KX in folgenden Aspekten begründet:

- **Der Alltag des Beratungsgeschäfts:** Dieser besteht zu einem großen Teil in der routinierten Anwendung des Wissens Dritter auf die Probleme von Klienten. Somit werden wirklich kreative und innovative Wissensprozesse nur von einem kleinen Teil der Berater in entsprechenden Projekten angestoßen. Es hatte sich herausgestellt, dass der Großteil der Berater KX aufgrund des zeitlichen Drucks in Projekten nur dazu verwenden würde, um entweder Erfahrungen früherer Projekte abzurufen oder Experten für eine sehr spezifische Fragestellung ausfindig zu machen.
- **Regionalität durch die Team-Metapher:** Ein zentraler Punkt des Beratungsgeschäfts ist die enge Zusammenarbeit in Projektteams, deren Einsatz an meist einem Ort zur Bildung informeller Netzwerke führte, sodass aufgrund der persönlichen Kommunikation kein Bedarf für eine Nutzung eines Systems wie KX im Alltagsgeschäft entstand. Ein produktiver Wissensaustausch auf globaler Ebene fand daher nur eingeschränkt statt.
- **Mangel interpretativer Funktionen:** Die Bevorzugung von Quantität vor Qualität sowie das Fehlen einer Funktion zur Analyse und kritischen Beurteilung der gespeicherten Informationen in KX schwächte die organisatorische Wissensteilung, da aufgrund der nicht mehr zu bewältigenden Menge relevantes Wissen nicht auffindbar und nutzbar war.
- **Mangel an Strukturierung und Konsistenz:** Das Fehlen systemweiter Richtlinien für die Formalisierung von Methoden, die Aufbereitung von Reports und die Darstellung von Konzepten und Best Practices (vgl. Abschnitt 4.1.1.2) hatte ähnliche Folgen wie der zuvor genannte Punkt, da die Identifikation relevanten Materials über mehrere Datenbanken hinweg durch unterschiedliche Darstellungsweisen erschwert wurde.
- **Verhalten der Mitarbeiter und Disziplin:** Während technische Schwierigkeiten lösbar und prozessuale Veränderungen durchführbar erschienen, bestand eine große Herausforderung in der anhaltenden Veränderung des Mitarbeiterverhaltens. Es musste erreicht werden, dass Mitarbeiter trotz des Zeitdrucks nur zukünftig auch nutzbare Erfahrungen und Informationen ablegten und dafür die richtige Stelle im KX wählten.
- **Technische Schwächen und Schwächen im Design:** Neben rein technischen Problemen wie dem mobilen Zugriff auf zentrale Lotus-Notes-Server zeigten sich auch Design-Schwächen in Bezug auf Benutzerfreundlichkeit und die intuitive Gestaltung.

Zweite Systemgeneration

Die Analyse der anfänglichen Mängel des Systems machte deutlich, dass KX stärker als Medium zur Organisation von Wissen mit einer starken Orientierung an der Arbeitsweise im Beratungsgeschäft verstanden werden musste. Die rein IT-zentrierte Sichtweise sollte demgegenüber in den Hintergrund treten.

Tabelle 5.4 Rollen und Zuständigkeiten für KX

Zuständigkeit und Bezeichnung	Aufgaben
Zentrale Strukturverantwortlichkeit	
Chief Knowledge Officer Knowledge Xchange Sponsor	▪ Koordinationsaufgaben im Wissensmanagement ▪ Verantwortung für gesamten Umfang und Struktur der Analyse des Bedarfs an Unterstützung
Knowledge Base Integrator Knowledge Base Developer Knowledge Base Administrator	▪ Design und Entwicklung von Struktur, Format und Organisation der Wissensbasen ▪ System-Administration und Datenbank-Betreuung: Entwicklung, Pflege und Verwaltung der Organisations-Struktur von Wissensbasen
Zentrale Inhaltsverantwortlichkeit	
Knowledge Sponsor Knowledge Integrator	▪ Aktive Hilfe bei der Wissensidentifikation in der kollektiven Wissensbasis (Help Deks, Hotline) ▪ Vermeidung von Redundanz durch zentrale Koordination unterschiedlicher Wissensbasen: Rücksprache mit Autor von Dokumenten bei Redundanzen und Parallelitäten ▪ Klassifikation der Dimensionen des eingespeicherten Wissens (z. B. nach geografischen oder branchenspezifischen Gesichtspunkten) ▪ Überprüfung der Beiträge auf Konsistenz
Knowledge Developer Focus Groups	▪ Entwicklung und Verfeinerung bestimmter Wissensinhalte ▪ Aktualisierung der Wissensbasis ▪ Verbreiterung der Wissensbasis in „Leading-edge"-Technologien
Inhaltsverantwortlichkeit im Team	
Knowledge Champion	▪ Verantwortliche Kontaktperson für alle Wissensmanagementaktivitäten eines Projektteams, d. h. für Nutzung und Erweiterung des Wissenskapital ▪ Unterstützung des Teams bei KX-Nutzung ▪ Koordinierung, Sicherung der Konsistenz und Speicherung von Beiträgen des Teams im KX ▪ Ansprechpartner im Projektteam für das Knowledge Management Team

Die Erfahrungen mit der ersten Systemgeneration zeigten außerdem, dass eine erfolgreiche organisationsweite Nutzung des Systems eine klare Definition von funktionalen und inhaltlichen Zuständigkeiten erforderte, um die Entwicklung konsistenter Wissensbasen voranzutreiben. Dementsprechend wurden einerseits zentrale Verantwortungsbereiche struktureller und inhaltlicher Art geschaffen, andererseits jeweils einem Teammitglied die Verantwortung für Wissensmanagementaktivitäten innerhalb eines Projektteams übertragen. Die enge Interaktion der verschiedenen Bereiche stellte dabei die Effizienz des Wissensmanagements im Unternehmen sicher.

Tabelle 5.4 gibt einen Überblick über die personellen Zuständigkeitsbereiche des KX. Dabei ist zu bedenken, dass in diesen Zuständigkeitsbereich abhängig von der Unternehmensart oft mehrere hundert Mitarbeiter fallen.

Architektur und Infrastruktur von KX

In technischer Hinsicht gliedert sich KX grundsätzlich in die in Bild 5.5 dargestellten Ebenen Server-Plattform, Netzwerke, Kerndienste und Lotus-Notes-Anwendungen. Während die mittlerweile über 600 Server und Netzwerke mit der Speicherung und Verteilung von Informationen die Basis des KX darstellen und die Kerndienste die Rahmenbedingungen in Bezug auf Sicherheit, mobilen Zugriff, Replikation zwischen verschiedenen Servern und Clients sowie Schnittstellen zu anderen Anwendungen schaffen, stellt die oberste Ebene spezifische Anwendungen für Kommunikation, Information und Wissensmanagement bereit.

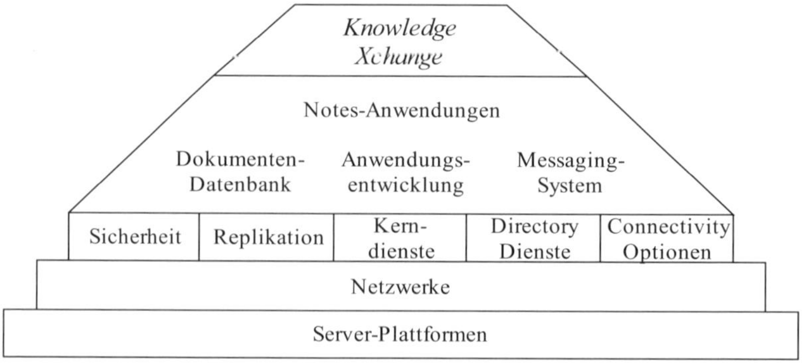

Bild 5.5 Technischer Aufbau des KX

Betrachtet man den Aufbau des KX unter einer konzeptionellen Sichtweise, stellt sich die Architektur wie in Bild 5.6 dar. Ähnlich wie die unteren drei Ebenen in Bild 5.5 stellt die dort genannte OA-90-Plattform die technische Basis von KX dar, die sowohl die Hardware, d. h. Server und Netzwerke, wie auch die Software (im Wesentlichen Lotus Notes und ergänzende Applikationen von Drittherstellern) beinhaltet.

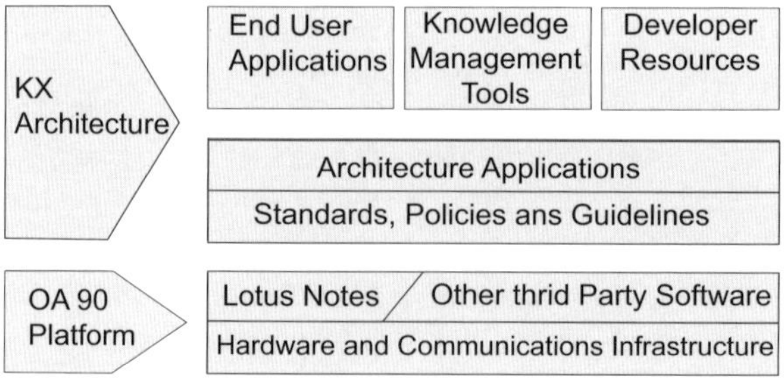

Bild 5.6 Systemarchitektur des KX (Baubin/Wirtz 1996, S. 139)

Die eigentliche KX-Systemarchitektur setzt sich aus drei Ebenen zusammen. Die unterste Ebene definiert Standards, Strategien und Richtlinien (Standards, Policies and Guidelines), die die Rahmenbedingungen für die Entwicklung des Systems festlegen, um allen Benutzern die weltweite Verfügbarkeit und Funktionsfähigkeit des Systems zu gewährleisten (Baubin/Wirtz 1996, S. 140). Während Standards eindeutige Regeln darstellen, die sicherstellen, dass neue KX-Anwendungen und Server nahtlos in das System integriert werden können, spezifizieren Strategien und Richtlinien die Implementierung dieser Standards. Sie beschreiben also einzelne Aspekte im Zuge der KX-Anwendungsentwicklung und stellen mit einem einheitlichen „look and feel" eine konsistente Benutzerumgebung sicher.

Die mittlere Ebene der Architektur bilden die Architecture Applications, die eine Art Navigationssystem für alle Datenbanken des Systems darstellen und den Benutzer bei der Auswahl einer Datenbank unterstützen. Die oberste Ebene wird durch die KX-Anwendungen gebildet. Während die Knowledge Management Tools Applikationen zur Weiterentwicklung des Systems beinhalten und die Developer Resources die entsprechenden Informationen und Datenbankschablonen dafür bereitstellen, stellen die End User Applications die eigentlichen beratungsspezifischen Anwendungen dar. Diese weltweit mehr als 2500 Lotus-Notes-Datenbanken bilden eine Infrastruktur für die Wissensidentifikation, Wissensentwicklung, Wissensbewahrung und Wissensnutzung. Sie lässt sich primär in die in Bild 5.7 dargestellten Kategorien gliedern. Die Messaging-Komponenten, erweitert um VoiceMail-Funktionalität zur zeitversetzten Sprachkommunikation (Baubin/Wirtz 1996, S. 137), sind dabei die am stärksten genutzten Komponenten des KX. Alle anderen Applikationen für die Endanwender werden den Kategorien Kernwissen, Schlüsselelemente und Anwendergruppen zugeordnet (Baubin/Wirtz 1996, S. 144).

Bild 5.7 KX Infrastruktur (vgl. u. a. Baubin/Wirtz 1996, S. 142 ff.)

Das Kernwissen umfasst nur wenig volatile Informationen, beispielsweise Beratungsmethoden und -instrumente, industrie- und branchenspezifische Daten sowie technologiebezogenes Wissen. Die Schlüsselelement-Datenbanken enthalten dagegen aktuelle Angaben über Geschäftsbeziehungen (z. B. Kundendaten), Projekterfahrungen sowie Fähigkeiten und Profile der eigenen Mitarbeiter. Die Daten beider Kategorien werden weltweit standardisiert erfasst und bereitgestellt, während die dritte Komponente, Anwendergruppen, anwender-, region- und teamspezifisch ausgestaltet wird und keiner einheitlichen Strukturierung unterliegt. Die Kategorien sind jedoch nicht isoliert zu betrachten, da durch einen ständigen Austauschprozess dazwischen die Wissensentwicklung vorangetrieben wird. Die inhaltliche Strukturierung der als „Cybrary" („library in cyberspace", vgl. Ryan 1995, S. 484) bezeichneten Bibliothek durch inhaltsverantwortliche Mitarbeiter galt lange Zeit als umstritten. Auf der einen Seite schuf die Einführung von Kategorien Restriktionen, die nach Ansicht einiger Mitarbeiter mit anspruchsvollen Suchmaschinen vermeidbar gewesen wären. Auf der anderen Seite wurde jedoch ohne Klassifikation eine Rückkehr zur unkontrollierbaren Situation der ersten Systemgeneration befürchtet.

Nutzung und Weiterentwicklung von KX

Tabelle 5.5 listet eine Auswahl wichtiger KX-Anwendungen auf. Eine vollständige Beschreibung aller Komponenten und Anwendungen ist an dieser Stelle wegen des Umfangs von KX nicht möglich.

Tabelle 5.5 Auswahl von KX-Anwendungen

KX-Anwendung	Beschreibung
Front Page	Bildet Ausgangspunkt für die Suche nach Kontakten, unternehmensinternen Neuigkeiten, Wissensbanken und Diskussionsdatenbanken zu einem bestimmten Thema dient
Navigator Yellow Pages	Übergeordnete Datenbanken, die bei der Auswahl von Wissensbanken nach branchenspezifischen, fachlichen, technischen oder geographischen Gesichtspunkten sowie deren Einrichtungen auf dem Lotus-Notes-Arbeitsbereich des Benutzers unterstützen und ein Verzeichnis der vorhandenen Wissensbasen darstellen
User Conference	Online-Diskussionsdatenbank, „virtuelles Besprechungszimmer"
AC Client Experience	Datenbank zu Projekterfahrungen, deren Pflege durch Knowledge-Champions vorgenommen wird
KX Library	Wissens-Repository mit Projektdaten (z. B. Präsentationsbausteine)
ENACTS Methodology	Wissenstransfer durch Speicherung und Weitergabe von Methoden
Contact Finder	„Intelligenter Agent" zur Identifikation von Experten
DocFinder	„Intelligenter Agent" für die Offline-Suche: das Suchergebnis wird per E-Mail zugesandt
Profiler	Ein „intelligenter Agent" verschickt automatisch Verknüpfungen zu neuen KX-Beiträgen per E-Mail

Weitere Anwendungen sind beispielsweise Wissenskarten (siehe Abschnitt 4.1.2.1), die anhand einer beschriebenen Problemstellung die Identifikation einer adäquaten Methodik und der dazu passenden Wissensbank ermöglichen. Eine **Search-Knowledge-Map** informiert den Benutzer unter Angabe der organisatorischen Funktion und des Wissensziels über die dafür nötige Vorgehensweise in einer entsprechenden Datenbank. Eine Contribute-Knowledge-Map bildet dementsprechend anhand der gleichen Kriterien die Handlungsschritte ab, die zur Identifikation der geeigneten Datenbank zur gezielten Erweiterung der Wissensbasen nötig sind.

Mittlerweile wird KX weltweit von mehr als 48 000 Mitarbeitern des Unternehmens zur Erweiterung der individuellen und kollektiven Wissensbasis genutzt. Rund 80 Chief Information Officers (CIO) und eine ungleich höhere Zahl von Administratoren sind für die Verfügbarkeit und Erweiterbarkeit sowie die Implementierung von Standards, Strategien und Richtlinien verantwortlich.

Mit dieser Infrastruktur gerät Accenture jedoch langsam an die Grenzen der Basis von Lotus Notes. Die Replikation zwischen den Servern erfordert mittlerweile einen enormen planerischen Aufwand und ist vermehrt Störfällen ausgeliefert. Ryan (Ryan 1995, S. 486) spricht in diesem Zusammenhang von „Replication Storms“, die durch starke Aktivitäten der Datenbanken bei einer Gruppe von Servern ausgelöst werden und letztendlich zu einer maximalen Auslastung des gesamten Netzes mit Replikationen führt. Die weitere Skalierung des Systems wird in Zukunft vermutlich nicht unerhebliche Kosten verursachen.

Die Projektschritte für die dritte und vierte Systemgeneration sind in Bild 5.8 im Überblick dargestellt. Wie aus der Abbildung ersichtlich ist, erfolgte die Weiterentwicklung der Systemgenerationen überlappend. Während man in der ersten Generation noch auf die Potenziale der Technik vertraute, strebte man in der zweiten Generation schon den bewussten Wissensaustausch an. Wissen wurde aber noch immer als Nebenprodukt gesehen. In der dritten Generation ging es dann um ein aktives Wissensmanagement. Und die Vision für die vierte Generation lautet: „Our best knowledge guides our activities.“

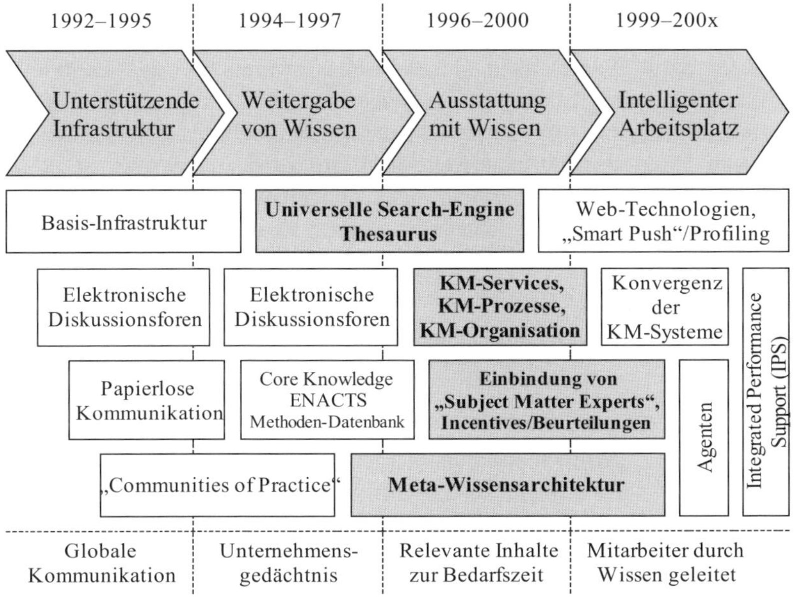

Bild 5.8 Weiterentwicklung von KX

Ein weiterführendes Projekt stellt Pocket Xchange dar, welches als eigenständiges System genutzt werden kann und ausgehend von einem unternehmensweiten Wissensmodell Informationen aus den einzelnen verteilten Wissensquellen von Accenture extrahiert und den Nutzern zur Verfügung stellt. Das Forschungsprojekt Visual Xchange erlaubt die Darstellung und Navigation über unternehmensweite Informationen. Dabei werden Beziehungen zwischen den Mitarbeitern, den Dokumenten und Projekten sowie Kunden des Unternehmens deutlich gemacht.

Fazit

Obwohl mit steigender Nutzung des Systems technische Grenzen des Wachstums langsam absehbar sind, kann KX uneingeschränkt als ein Referenzsystem für Wissensmanagement auf Basis von Lotus Notes gelten. Es baut auf ein ganzheitliches Wissensmanagementkonzept auf, dessen Implementierung nicht nur an den Bedürfnissen eines Teams ausgerichtete Elemente der Wissensidentifikation, Wissensentwicklung, Wissensbewahrung, Wissensnutzung und Wissensaktualisierung beinhaltet, sondern auch von einer strategischen Ausrichtung des gesamten Unternehmens zu einer lernenden Organisation begleitet wurde. Jeder Mitarbeiter hat so Zugriff auf eine umfassende Wissensbasis, auf der ein neues Beratungsprojekt aufgesetzt werden kann. Auf diese Weise ist mit KX ein strategisches Instrument entstanden, das aktiv im Wettbewerb mit anderen Unternehmensberatungen genutzt wird.

5.2.3 Skywiki – Wissensportal der Fraport AG

Die beständige Weiterentwicklung und Weitergabe von Wissen, lebenslanges Lernen und die Fähigkeit zu innovativem Denken sind die Erfolgsgaranten für die Zukunft eines Unternehmens. Das Wissen der Mitarbeitenden bildet heute für viele Unternehmen die Grundlage für Innovationen, Kosten-, Produktivitäts- und Qualitätsführerschaft. Die Fraport AG, welche mit etwa 20 000 Beschäftigten weltweit im Airport-Geschäft tätig ist, entschied daher im Sommer 2005, ein „Programm Wissensmanagement“ aufzulegen. Im Rahmen dieses Programms wurden u. a. folgende Bausteine in Angriff genommen und umgesetzt (vgl. Sins/Stützel 2008):

- Wissensstafette – die moderierte Wissensweitergabe bei Fach- und Führungswechsel,
- GoldeneSeiten – eine Expertendatenbank im Fraport-Intranet (Skynet),
- Forschungswissen – Suche und Download wissenschaftlicher Arbeiten im Intranet,
- Skywiki – die betriebliche Wissensdatenbank.

Die Wissensdatenbank „Skywiki“ und das Vorgehen bei der Einführung sollen im Folgenden auf der Grundlage des Artikels von Sins/Stützel (2008) noch etwas genauer vorgestellt werden. Es handelt sich dabei um Social Software (vgl. Abschnitt 4.2.1) im Sinne von Web 2.0, die Kommunikations- und Informationsprozesse auf neuen Wegen ermöglichen und unterstützen kann. Die Wiki-Technologie bietet in diesem Zusammenhang folgende Vorteile:

- leicht verständliche Bedienung sowie einfaches Setzen externer Verknüpfungen;
- Entwicklung entsprechend den realen Bedürfnissen der jeweiligen Nutzergruppe;
- technisch anspruchslos, günstig sowie einfach zu warten;
- auf der Client-Seite erübrigt sich eine Software-Installation aufgrund des bereits vorhandenen Webbrowsers.

Für Fraport waren unter den breiten Einsatzmöglichkeiten eines betrieblichen Wikis u. a. der Einsatz als Austauschplattform für Abteilungen, Projektgruppen etc. von Interesse, aber auch die Nutzung für das Projektmanagement, für Dokumentationen (Spezifikationen, Prozessdefinitionen, Beschreibungen etc.) sowie als globaler Wissensspeicher und als Lernplattform. Darüber hinaus bot sich auch die Nutzung als Support-Plattform für Kunden und Software-Entwickler sowie als Ablagearchiv für komplexe Handbücher an.

Innerhalb des Unternehmens wurde zunächst eine aktivierende Befragung durchgeführt, um die Informationsbedarfe zu analysieren und geeignete Wissensmanagement-Methoden zu identifizieren. Das Ergebnis der Befragung zeigte, dass sich die Hälfte der Befragten ein Wiki wünschten, sodass die Erfolgswahrscheinlichkeit für die Fraport-weite Einführung eines solchen Wissensportals mit branchen-, unternehmens- und arbeitsbezogenen Themen hoch eingeschätzt wurde.

Aufgaben, Rollen und Verantwortung

Die Programmleitung lag in der Verantwortung des Fraport-Wissensmanagements. Die IT-Abteilung war für technische Fragen und Entscheidungen zuständig. Eine Arbeitsgruppe – bestehend aus Mitarbeitern der Bereiche Wissensmanagement, Informations- und Kommunikationsdienstleistungen, Unternehmenskommunikation sowie Personalserviceleistungen – administriert das Wiki und verantwortet die Kommunikation, Nutzeranwerbung, Nutzerbetreuung und Systempflege. Nach der Entscheidung für den Einsatz der Software MediaWiki passte die IT-Abteilung das System und seine Funktionalitäten an Fraport-spezifische Anforderungen an. Anschließend legte die Arbeitsgruppe eine Themenstruktur im Skywiki an und stellte erste exemplarische Artikel ein. Zusätzlich wurde ein umfangreiches Hilfesystem entwickelt, wobei die „Spielregeln" von Wikipedia den unternehmensinternen Anforderungen angepasst wurden.

Mit einer intensiven Kommunikationskampagne in den internen Unternehmensmedien wurde für die Nutzung und Mitarbeit des betrieblichen Wikis geworben. Um das Interesse an der Fraport-Enzyklopädie wach zu halten und zu steigern, werden regelmäßig „exzellente Artikel", welche durch inhaltliche Erarbeitung, Aufbau und/oder (grafische) Darstellung überzeugen, ausgezeichnet. Auf diese wird dann mittels eines (verlinkten) Hinweises in einer Meldung im Intranet hingewiesen. Bei der Einführung des Skywikis wurden nur wenige Regeln vorgegeben:

- Jede/r darf und soll mitmachen.
- Es gilt das strikte Prinzip der Freiwilligkeit.
- Die Entwicklung des Wissensportals folgt dem Interesse und Bedarf der Teilnehmer.
- Es sind die im Arbeitsvertrag und in den Nutzerbedingungen des Fraport-Intranets beschriebenen Rechte und Pflichten (Vertraulichkeit von Unternehmensinterna) zu beachten.

Aufgrund der nicht beschränkten inhaltlichen Themenbreite wurde eine Struktur vorgegeben, welche die bereits bestehenden Artikel und Artikel-Cluster („Kategorien") den fünf Portalen „Luftverkehr", „Fraport", „Projekte", „Technik" und „Tipps und Tricks" zuordnet. Für neue oder interessierte Mitarbeiterinnen und Mitarbeiter werden monatlich PC-Schulungen mit dem Wiki während der Arbeitszeit angeboten, die Kosten werden intern nicht verrechnet. Des Weiteren wurde ein eigenes Schulungshandbuch entwickelt, in dem neben den Wiki-Prinzipien alle grundlegenden Bearbeitungsmöglichkeiten detailliert dargestellt werden.

Erste Erfahrungen mit dem unternehmensweiten Wiki

Nachdem Skywiki online ging, zeigte sich, dass mehrheitlich jüngere Mitarbeiterinnen und Mitarbeiter der „zweiten Reihe" oder an einem Thema stark interessierte Personen Artikel schrieben oder bearbeiteten. Zur Qualitätssicherung werden daher thematisch anspruchsvolle Artikel von der Skywiki-Arbeitsgruppe an die bekannten Experten im Unternehmen mit der Bitte um kritische Durchsicht und – wenn nötig – Bearbeitung geschickt. Wichtig für die erfolgreiche Einführung des Wikis waren dabei die angepasste Oberfläche des Systems sowie die stetige Anpassung des Systems aufgrund von Anwender-Feedbacks.

Seit der Einführung des betrieblichen Wikis bei Fraport im Juli 2007 wurden (bis August 2008) 1570 Artikel geschrieben, mehr als 400 Autoren registriert, 850 Dateien hochgeladen, 200 000 Seitenabrufe getätigt und mehr als 25 000 Seitenbearbeitungen vorgenommen. Um das Skywiki aktuell zu halten und ständig zu erweitern, ist ein permanentes Marketing notwendig. Gerade das Gewinnen neuer und die Motivierung „alter" Autoren ist eine stete Herausforderung.

5.2.4 Kollektives Lernen – Wissensmanagement bei Nokia Care

Nokia Care ist jene Abteilung, die bei Nokia für den Kundenservice und Garantieleistungen zuständig ist. Sie umfasst 1000 Mitarbeiter in insgesamt 174 Ländern. Das Fallbeispiel beschreibt in Anlehnung an Hengl et al. (2008), wie ein kultureller Wandel in dieser Abteilung vorbereitet und vollzogen wurde, um die Aufgaben schneller und kostengünstiger ausführen zu können.

Nokia war im Jahr 2004 seit mehreren Jahren Marktführer. Diese Situation prägte das Verhalten bei Nokia Care, ausgelöst durch den Erfolg des Unternehmens existierte wenig Verständnis für eine aktive Lösung von Problemen im Kundenservice (und in Abstimmung mit anderen Abteilungen). Die Situation in der Abteilung lässt sich in zwei Punkten zusammenfassen:

- Durch die weite Verbreitung von Nokia-Mobiltelefonen hatte die Serviceabteilung von Nokia auch mit einem entsprechend höheren Aufkommen an Anfragen umzugehen, war darauf aber organisatorisch (die Organisationsstruktur entsprach einer Matrixorganisation) nicht vorbereitet.
- Es mangelte darüber hinaus an einem gemeinsamen bzw. überhaupt einem Verständnis dafür, was ein guter Kundenservice bedeutete. So reagierte man in Europa auf den Wunsch chinesischer Kunden nach einem lauteren Klingelton nur mit Unverständnis. In Frankreich wurden Mobiltelefone repariert, obwohl diese korrekt funktionierten und nur die Kunden mit der Bedienung der komplexen Geräte nicht zurechtkamen.

Die Folge war ein starker Anstieg der Kosten, was Nokia Care unter einen hohen Handlungsdruck setzte. Es wurde eine Veränderung des Selbstverständnisses der Abteilung Nokia Care in der Hinsicht nötig, wie man miteinander kooperierte und dadurch einen effizienten Kundenservice bereitstellte.

Die mit dieser Veränderung beauftragten Personen stellten sich die Frage, ob es möglich sei, die Abteilung mit all ihren Mitarbeitern und Teams derart umzugestalten, dass sie sich wie ein Schwarm in der Natur verhielt, der sich selbst organisiert, bewegt und vor Angriffen schützt. Eine Veränderung hin zu einer Organismus-ähnlichen Organisationsform erschien schwierig, wenn nicht gar unmöglich, da die aktuelle Situation bei Nokia Care diesem Bild widersprach. Die Arbeitsweise war streng hierarchisch geprägt und Abteilungen grenzten sich voneinander ab, anstatt zusammenzuarbeiten.

Damit Nokia Care nach dem Bild des Schwarms funktionieren konnte, mussten drei Voraussetzungen geschaffen werden:

- Gemeinschaft – Nur bei Bestehen persönlicher Kontakte entsteht Vertrauen zwischen den Mitarbeitern, was wiederum notwendig dafür ist, Wissen miteinander zu teilen.
- IT-Unterstützung – Es werden Hilfsmittel benötigt, in welchen Wissen gesammelt, Veränderungen daran aufgezeigt und geografische oder zeitliche Distanzen überwunden werden können.
- Transparenz – Muss gegeben sein, um die Nutzung von Wissen für verschiedene Teams oder Regionen zu ermöglichen und Wissen nicht mehrfach zu entwickeln.

Die Überlegungen zu diesen Voraussetzungen flossen in die Gründung der sogenannten „Nokia Care Community" ein, die im November 2004 gegründet wurde. Diese Community sollte nach und nach aus Führungskräften zusammengesetzt werden, die gruppenweise und im Abstand von sechs Monaten ein Fortbildungsprogramm mit Namen „Learning Journey" durchliefen.

Für die erste Gruppe wurden 25 Personen ausgewählt, die in Bezug auf die drei genannten Voraussetzungen ein hohes Potenzial besaßen und möglichst verschiedenen Bereichen angehörten.

Das Konzept der „Learning Journey" bestand aus fünf Modulen und sollte den Teilnehmern helfen, ihre Arbeit – d. h. Managementaufgaben – in mehr Eigenverantwortung und kreativer zu erfüllen. Die Module werden im Folgenden kurz vorgestellt:

- Modul 1: Perspektive wechseln – Dieses Modul hatte zum Zweck, das fest verankerte Verständnis der Teilnehmer in Bezug auf den Kundenservice zu lockern. Dazu wurden Reisen zu erfolgreichen Unternehmen unternommen, um deren Kundenservice kennen zu lernen.
- Modul 2: Grenzen überschreiten – Das zweite Modul sollte die Fähigkeiten der Teilnehmer zum Management stärken. Dazu wurden Übungen durchgeführt, bei denen es auf die Koordination von Teams und die Weitergabe von Informationen ankam (z. B. mussten die Teilnehmer in einem Waldgelände einen abgestürzten Piloten suchen).
- Modul 3: Kreativ werden – In diesem Modul wurde die angestrebte Veränderung in den Managementaufgaben mit dem Thema Kreativität verbunden. Hier wurde wie in Modul 2 ein erlebnisorientierter Ansatz verwendet, bei dem die Teilnehmer in Teams für eine gemeinsame Aufgabe mit begrenzten Mitteln eine funktionierende Lösung erarbeiten mussten.
- Modul 4: Abläufe hinterfragen – Im vorletzten Modul ging es darum, existierende Vorgänge oder vermeintlich unumstößliche Regeln aufzubrechen und in der jeweiligen Situation ein adäquates Vorgehen zu finden. Auch dazu wurden erlebnisorientierte Übungen durchgeführt.
- Modul 5: Überzeugen lernen – Mit dem letzten Modul sollte eine Veränderung im Führungsstil der Manager herbeigeführt werden. Der bestehende Stil der Führung durch Zahlen und Fakten sollte zu einer Führung mit Gleichberechtigten werden, wo der Manager für eine Sache Gleichgesinnte finden und begeistern sollte. Dazu ließ man die Teilnehmer Ausschnitte aus einem Theaterstück vortragen und analysierte diesen Vortrag im Nachhinein zusammen mit einem Coach, um Schwächen beim Auftreten und Vortragen zu beheben.

Auf die erste Gruppe folgten dann jedes halbe Jahr neue Gruppen, sodass zweieinhalb Jahre später bereits 150 Personen (ein Drittel des Managements von Nokia Care) zur Nokia Care Community gehörten. Schon während der Bearbeitung der Module entstand unter den Teilnehmern der Wunsch, sich auch über die Learning Journey hinaus miteinander auszutauschen. Unabhängig von der Nokia Care Community war bereits IT für den Austausch vorhanden, aber erst jetzt sah man den Bedarf dafür gegeben. So wurden von den Teilnehmern eigenständig IT-Lösungen entwickelt bzw. ausprobiert. Schließlich wurden die IT-Lösungen für die gesamte Abteilung von Nokia Care freigeschaltet. Sie erlaubten den Mitarbeitern, Informationen über Projekte oder einzelne Bereiche einzusehen oder Projekte von Teams oder Vorschläge des Top-Managements zu bewerten und gemeinsam weiterzuentwickeln.

Die Idee der Gemeinschaft war erfolgreich und wurde sogar über die Grenzen von Nokia hinaus weitergetragen. Einer der Teilnehmer der Learning Journey richtete gemeinsam mit Reparaturdienstleistern ebenfalls eine IT-Lösung ein und erweiterte die Transparenz auf einen wichtigen Teil der Lieferkette. Trotz komplexer werdender Mobiltelefone konnten durch die Nokia Care Community die Gesamtkosten von Nokia Care um mehr als ein Viertel gesenkt und zugleich das Volumen der reparierten Geräte auf das Dreifache gesteigert werden. Die drei anfangs genannten Voraussetzungen konnten mit der Nokia Care Community geschaffen werden. Mit Hilfe der Learning Journey wurde die Gemeinschaft aufgebaut, die sich dann von selbst auch um IT-Lösungen für den weiteren Kontakt bemühte. Diese IT-Lösungen erlaubten wiederum, in der gesamten Abteilung Transparenz zu schaffen. Somit kann selbst eine weltweite Kommunikation auf der Basis persönlicher Kontakte aufgebaut werden. Grundlage dessen ist immer der einzelne Mitarbeiter, der aus Interesse oder Enthusiasmus beginnt, Wissen mit anderen auszutauschen. IT ist in diesem Zusammenhang wichtig, kann aber erst dann wirklich zum Einsatz kommen, wenn die individuellen und sozialen Voraussetzungen geschaffen sind.

5.2.5 Lernende Organisation – Wissensmanagement in der Schaeffler-Gruppe

Die Schaeffler-Gruppe mit ihren Marken INA, LuK und FAG zählt weltweit zu den führenden Herstellern von Wälzlagern und Linearprodukten und ist ein wichtiger Zulieferer der Automobilindustrie für Präzisionskomponenten und Systeme, die in Motor, Getriebe und Fahrwerk eingesetzt werden. Die Mission der Schaeffler-Gruppe lautet: „Gemeinsam bewegen wir die Welt." Das Unternehmen mit Sitz der Zentrale in Herzogenaurach erwirtschaftete im Jahr 2018 an rund 170 Standorten in mehr als 50 Ländern einen Umsatz von rund 14,2 Mrd. Euro. Mit rund 92 000 Mitarbeitern weltweit ist die Schaeffler-Gruppe eines der größten deutschen und europäischen Industrieunternehmen in Familienbesitz. Bild 5.9 zeigt die Produkte, die von der Schaeffler-Gruppe nach Marken sortiert gefertigt werden.

Bild 5.10 gibt einen Überblick über die aktuelle Produktpalette des Automotive-Bereichs. Die Aufgaben des Wissensmanagements sind institutionell verankert. Seit 2003 gibt es eine Abteilung „Wissensmanagement", die dem Zentralbereich „Technische Produktentwicklung" angehört und derzeit acht Mitarbeiter umfasst. In dieser Einordnung drückt sich die Bedeutung für die Unterstützung der Kernkompetenz des Unternehmens aus.

LuK	INA	FAG
Kupplungssysteme Zweimassenschwungrä CVT-Komponenten Drehmomentwandler	Wälz- und Gleitlager Linearführung Motorelemente Präzisionsprodukte	Wälzlager für Industrie und Automobiltechnik Hochgenauigkeits-lager, z.B. für Luft- und Raumfahrt, Werkzeugmaschinen und Textilindustrie

Bild 5.9 Produkte der Schaeffler-Gruppe

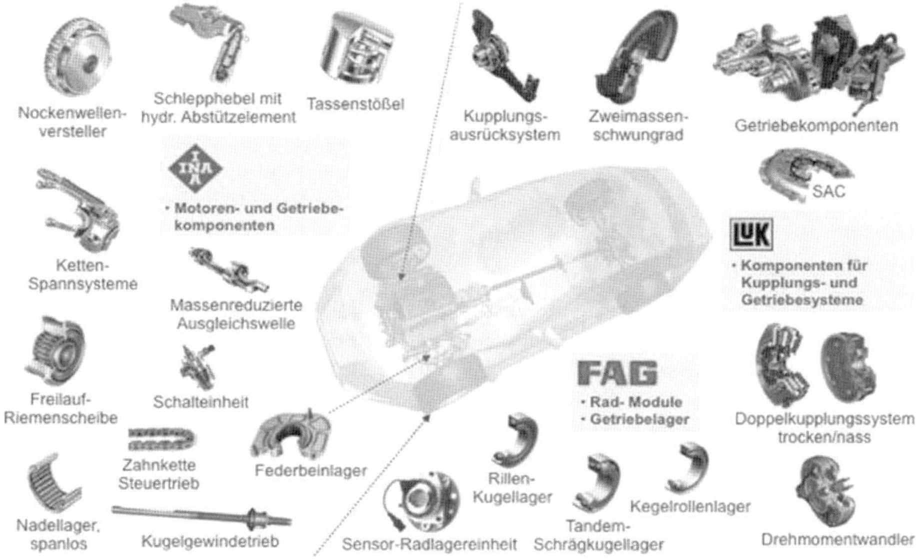

Bild 5.10 Produktpalette des Bereichs Automotive

Die zeitliche Entwicklung des Wissensmanagements bei Schaeffler verlief wie folgt (Seren/Dückert 2009):

- Einführung Intranet mit Ansprechpartnerapplikation (2000/2001)
- Abteilung Wissensmanagement als Stabsstelle, Hauptaufgabe zunächst Intranet (2001)
- Konzeption Wissensmanagement (Mensch, Organisation, Technik; Mensch steht im Mittelpunkt der Wissensmanagementaktivitäten) (2003)
- Wissensaspekte im Mitarbeiter-Entwicklungsgespräch und Management-Training verankert (2003)
- Start der ersten Kunden-Community, die erste aus dem Fachbereich (Key-Account) gewünschte und praktizierte „Communitiy of Practice" (später „Networks of Competence" genannt) (2003)
- Piloten zur Einführung der Methode **Expert Debriefing** (Wissensbewahrung) von Mitarbeitern auf dem Weg in den Ruhestand. Mit den sehr erfolgreichen Ergebnissen wurde die Unterstützung des Personalbereiches und des Personalvorstands zur Einführung der Methode und Schaffung einer Planstelle erreicht (2006)

- Erprobung des Einsatzes von Wikis zur Wissensbewahrung aus den Pilot-Expert-Debriefings (2006)
- Entwicklung Gedankenmodell der Wissenslandkarte zur Strukturierung von Inhalten in Informationssystemen (2007)
- MediaWiki für den Schaeffler-Wiki im Pilotbetrieb verfügbar (2007)

Die Mission der Abteilung lautet aktuell: „Wissen teilen ist Zukunft gestalten." Aufgabe des Wissensmanagements ist es, geeignete Rahmenbedingungen für das im Unternehmen vorhandene Wissen zu schaffen sowie die Einbeziehung der Mitarbeiter in die nachhaltige Wissenskommunikation zu fördern. Die Schaeffler-Gruppe sieht sich als ein lernendes Unternehmen, in dem Kommunikation und Wissensteilung als selbstverständlich betrachtet werden. Jeder Mitarbeiter ist nach dem vorherrschenden Verständnis ein „Wissensarbeiter" und es soll das Bewusstsein geschaffen werden, dass die Weitergabe von vorhandenem Wissen an andere Mitarbeiter und die Nutzung des Wissens essentieller Bestandteil der Arbeit ist und zur Wettbewerbsfähigkeit des Unternehmens beiträgt. Anders ausgedrückt: Alle Mitarbeiter können und sollen auf diese Weise die Weiterentwicklung des Unternehmens fördern.

In der Praxis liegt der Fokus vor allem bei den Mitarbeitern in wissensintensiven Bereichen. Diese Mitarbeiter sollen mit ihrem „Können", ihrem „Handeln" und ihrer „Kompetenz" entscheidend zur Wettbewerbsfähigkeit der Schaeffler-Gruppe beitragen. Die WM-Abteilung der Schaeffler-Gruppe sieht sich dabei als interner Dienstleister und Wissensberater, der bestimmte Methoden und Aktivitäten anbietet, um alle nötigen Aufgaben und den erfolgreichen Umgang mit Wissen im Unternehmen zu unterstützen.

Das Leitbild der Wissensmanagementabteilung setzt sich aus der Mission „Wir gestalten die Rahmenbedingungen für den erfolgreichen Umgang mit Wissen im Unternehmen und unterstützen diesen durch Beratung und Dienstleistung" sowie folgender Vision zusammen:

- Die Schaeffler-Gruppe als lernende Organisation.
- Eine Wissensstrategie als fester Bestandteil der Unternehmensstrategie.
- Vernetzung der WM-Abteilung mit den relevanten Stakeholdern.
- Offener Umgang mit Wissen im Arbeitsalltag.
- Weltweites Angebot des WM-Portfolios mit lokal Verantwortlichen.
- Die WM-Abteilung als Vorbild in der Wissensarbeit.

An der aktiven Gestaltung des Wissensmanagements sind neben der WM-Abteilung weitere Abteilungen und Bereiche beteiligt:

- IT-Abteilung: Sie kümmert sich um die Qualität und Bereitstellung der notwendigen Soft- und Hardware.
- Unternehmenskommunikation: Sie verteilt interne Unternehmensnachrichten sowie offizielle Mitteilungen.
- Personalabteilung: Sie unterstützt die WM-Abteilung bei der Einbettung von WM-Maßnahmen und liefert der Abteilung relevante Informationen über Veränderungen im Personalbereich, damit z. B. ein Expert Debriefing durchgeführt werden kann.
- Geschäftsbereiche: Die WM-Abteilung unterstützt die einzelnen Geschäftsbereiche bei Problemen und Anforderungen bezüglich der Wissensarbeit beispielsweise mit Hilfe der Methode Lessons Learned.

Die unternehmensweiten WM-Aktivitäten sind inzwischen sehr umfangreich und umfassen u. a.

- Collaboration Workplace,
- Expert Debriefing,
- unternehmensweites Glossar,
- Intranet,
- Lessons Learned,
- Networks of Competence,
- unternehmensinterne Such-Software „Babylon“,
- Schaeffler-Wiki,
- Wissensberatung sowie Seminare für Wissensmanagement,
- Wissensforum.

Die einzelnen Initiativen und Systeme werden laufend weiterentwickelt. 2012 ging es z. B. um Maßnahmen zur Neuausrichtung auf den medialen Umbruch, also die aktive Nutzung und den Umgang mit sozialen Medien. Weitere Themen waren die Ausprägungen der Wissenslandkarte (Kompetenzlandkarte) sowie eine Wissensbilanzierung. Die geplanten und die umgesetzten Aktivitäten zeugen von einer sehr verantwortungsbewussten, aber auch erfolgsorientierten Wahrnehmung der Aufgaben des Wissensmanagements, welche eine lernende Organisation auszeichnen.

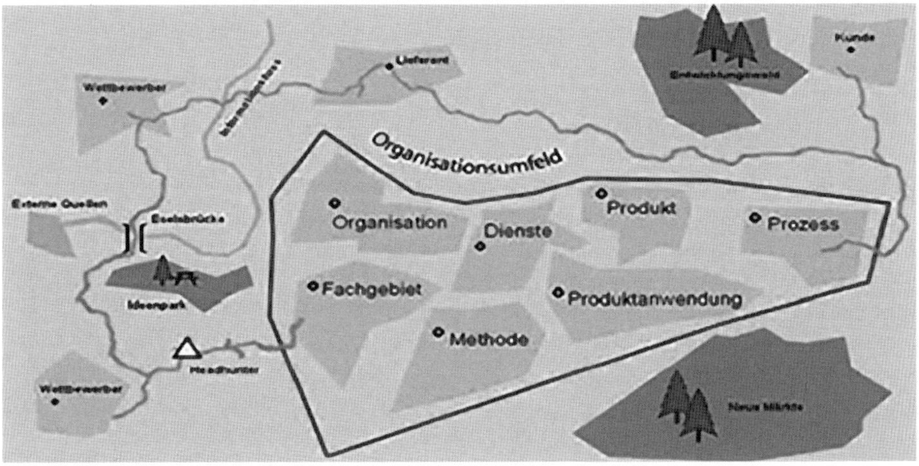

Bild 5.11 Schaeffler-Wissenslandkarte

Mit dem Schaeffler-Wiki soll eine Maßnahme herausgegriffen und aufbauend auf Seren/Dückert (2009) noch etwas näher dargestellt werden. Es sollte als Teil der gesamten Wissensinfrastruktur die verteilt und fragmentiert vorliegenden Inhalte in einem vernetzten Zusammenhang übersichtlich darstellen. Das Schaeffler-System entstand Anfang 2006 aus einem Projekt zur Einführung der Methode „Expert Debriefing“, die dem Ziel der Wissensbewahrung beim Ausscheiden von Experten diente. Wissen, das im Rahmen von Expert Debriefings erhoben und allen Mitarbeitern zur Verfügung gestellt werden sollte, wurde in einem speziell dafür entwickelten Wiki dokumentiert. Aus einem dieser Expert Debriefings mit einem erfahrenen Experten entstand die Schaeffler-Wissenslandkarte, eine grafische Übersicht (vgl. Bild 5.11) über alle für die Schaeffler-Gruppe relevanten Wissensgebiete und Verweise zu wichtigen Ansprechpartnern und Inhalten. Zusätzlich entstand die Idee, diese Wissenslandkarte als Grundstruktur für das Schaeffler-Wiki auf Basis der Software Mediawiki zu verwenden.

Nachdem das Schaeffler-Wiki mit den Inhalten der Expert-Debriefing-Pilotteilnehmer gefüllt war, war es wichtig, die konsequente Weiterentwicklung des Wikis sicherzustellen. Dabei setzte man auf sogenannte Wiki-Anwendungsfälle, d. h. klar definierte Nutzungsszenarien für das Unternehmen (z. B. Konkurrenzbeobachtung). Für die Anwendungsfälle wurde eine Grundstruktur definiert und ein sogenannter Wiki-Gärtner eingesetzt, der das Thema inhaltlich verantwortet. Folgende Wiki-Anwendungsfälle entwickelten sich in den folgenden Jahren (Seren/Dückert 2009):

- **Wettbewerberwissen** (Anwendungsfall Wiki als Lexikon): Wettbewerbsbeobachtungen werden meist eher „privat" gesammelt. Gerade bei der Wettbewerberbeobachtung ist jedoch das Kooperationspotential besonders groß, wenn das stark fragmentierte Wissen gebündelt vorliegt.
- **FAQ-Sammlung** (Anwendungsfall Wiki zur FAQ-Dokumentation): Oft werden dieselben Fragen mehrfach gestellt und auch die gleichen Antworten direkt per E-Mail, Telefon oder auf einem anderen Weg gegeben. Nachteile wie die mangelhafte Informationsbündelung oder die Bildung von „Wissenssilos" können mit der FAQ-Sammlung vermieden werden.
- **Veranstaltungsdokumentation** (Anwendungsfall Wiki im Veranstaltungsmanagement): Bei Veranstaltungen, insbesondere mit fachlichem Fokus, gibt es viele wichtige Anknüpfungspunkte für den Wissenstransfer.

Bild 5.12 Screenshot einer Themenseite zum Getriebewissen

- **Wälzlagerwissen** (Anwendungsfall Wiki als Lexikon): Das dokumentierte Produktwissen der Schaeffler-Gruppe ist in unterschiedlichen Informationssystemen verteilt (z. B. in einem strukturierten Produktkatalog), aber auch in vielen unstrukturierten und verteilten Einzeldokumenten oder Präsentationen. Im Rahmen eines Projektes wurde eine generelle Wissensstruktur für eine übersichtliche Produktbeschreibung aller Wälzlagerprodukte festgelegt.
- **Getriebewissen** (Anwendungsfall Wiki als Lexikon): Aus einer Anfrage zur Unterstützung der Erstellung eines Getriebelexikons (als Buch) entstand die Idee, die Inhalte auch intern im Schaeffler-Wiki zur Verfügung zu stellen. Vergleichbar zum Wälzlagerwissen wurde eine Sammlung von Produkt- und Zubehörinformationen zu Produkten aus dem Automobilgetriebebereich erstellt (vgl. Bild 5.12). Eine wichtige Erkenntnis dabei war, dass die Kooperation bei der Erstellung von kontrollierten Inhalten im Wiki Grenzen hat: Da die Inhalte zusätzlich für die externe Publikation genutzt werden sollten, wurde ein Redaktions-/Freigabeprozess notwendig, was von den Nutzern zunächst als „unnatürlich" empfunden wurde.
- **Newsletter** (Anwendungsfall Wiki als CMS): Dieser Anwendungsfall entsprang dem Wunsch eines Leiters aus dem Bereich FuE. Ein Newsletter zu aktuellen Themen der Entwicklung sollte nicht als E-Mail verteilt (Push-Systems), sondern im Sinne eines Pull-Systems bei Interesse abrufbar sein.
- **Studienabschlussarbeiten** (Anwendungsfall Wiki als Verzeichnis): Studierende sind temporäre Mitarbeiter, die viel Zeit für die Recherche und die Erstellung von wissenschaftlichen Arbeiten verwenden. Diese Abschlussarbeiten sollten interessierten Personen allgemein verfügbar gemacht werden.

Neben den so definierten Wiki-Anwendungsfällen sind die Rollen, Regeln, Prinzipien und Werte, die sich für und durch die Nutzung des Wikis etabliert haben, ein weiterer Erfolgsfaktor. Folgende Rollen wurden festgelegt (vgl. Seren/Dückert 2009):

- Ein **Wiki-Leser** kann die Inhalte eines Wikis lesen und Änderungen über die Beobachtungsfunktionen verfolgen. Er besitzt keine Berechtigung, Inhalte zu ändern oder zu kommentieren.
- Ein **Wiki-Nutzer** kann die Inhalte eines Wikis lesen, erstellen, bearbeiten, verschieben, kommentieren und Änderungen über die Beobachtungsfunktionen verfolgen. Er besitzt keine Berechtigung, Wiki-Seiten und deren Versionen zu löschen, sondern kann nur Löschanträge stellen, die von einem Wiki-Gärtner oder Wiki-Besitzer geprüft und umgesetzt werden müssen.
- Ein **Wiki-Gärtner** hat die gleichen Berechtigungen wie ein Wiki-Nutzer und kann zusätzlich Wiki-Seiten löschen/wiederherstellen. Er ist für einen Anwendungsfall und die Unterstützung der Wiki-Nutzer zuständig.
- Ein **Wiki-Besitzer** ist inhaltlich und organisatorisch für das jeweilige Wiki verantwortlich. Er hat die gleichen Berechtigungen wie ein Wiki-Gärtner und kann zusätzlich Wiki-Seiten sperren/entsperren, zwischen Wikis verschieben, exportieren, den Wiki-Disclaimer ergänzen sowie Wiki-Rollen an Personen vergeben.
- Ein **Wiki-Adminstrator** ist für die Administration (z. B. Update, Backup) und die technische Weiterentwicklung (z. B. Erweiterungen/Plug-ins) der Wiki-Software verantwortlich. Er kann Wiki-Bereiche anlegen/löschen und das Layout ändern.

Interessant ist, dass für das Schaeffler-Wiki alle Mitarbeiter gleiche Rechte haben und auch für die zukünftig geplanten Themenwikis (mit eingeschränktem Nutzerkreis), die gleichen Rollen verwendet werden. Für eine sinnvolle Umsetzung und die Sicherstellung des Nutzens sind die Einhaltung gewisser Rahmenbedingungen und Regeln vereinbart worden:

- **Redundanzfreiheit:** Im Schaeffler-Wiki sollen keine Inhalte redundant gespeichert werden.
- **Objektivität:** Die Inhalte sollen sachlich, neutral und möglichst objektiv sein. Für Diskussionen und subjektive Meinungen stehen separate Diskussionsseiten zur Verfügung.
- **Artikellänge:** Der Artikel sollte eine dem Thema angemessene Länge haben und nicht zu detailliert sein. Gegebenenfalls können Teile des Artikels in separate Artikel ausgelagert werden.
- **Themenzuordnung:** Ein Artikel sollte immer mindestens einer Kategorie zugeordnet werden. Insgesamt gibt es vier verschiedene Arten von Kategorien: „Ist ein", „Gehört zu", „Ist ein örtlicher Bezug" und „Ist ein zeitlicher Bezug". Unterhalb jeder Seite werden die verlinkten Kategorien angezeigt, die zur jeweiligen Seite passen. Also beispielsweise besitzt die Seite „Intranet FAQ" die Kategorien „Intranet-Hilfe" und „FAQ". Durch Verlinkung ist somit das Suchen von Seiten und Artikeln schnell möglich (Aufruf durch Anklicken).

Das Schaeffler-Wiki in der heutigen Form ist in seinem Layout dem „Original" von „Wikipedia" sehr ähnlich. Das Wiki läuft auf dem Server der WM-Abteilung. Da das Wiki im Verlauf der Zeit rasch gewachsen ist (2009 ca. 1800 Wikiseiten, 2000 Bilder und mehr als 35 000 Bearbeitungen) entstand Bedarf für eine Überarbeitung. In diesem Zusammenhang wurden die von der Wikipedia bekannten Gütekriterien „Überarbeiten", „Gesichtet" und „Exzellente Seite" eingeführt. Wenn eine neue Wiki-Seite erstellt worden ist, kann sich jeder Mitarbeiter über Änderungen an dieser Seite informieren lassen. Dies geschieht im Schaeffler-Wiki über eine einfache E-Mail-Benachrichtigungsfunktion. Prinzipiell kann jeder angemeldete Mitarbeiter Artikel verfassen und verändern. In der Praxis zeigt sich aber, dass es eine kleinere Anzahl von ca. 100 besonders aktiven Autoren gibt.

Zusammenfassend ist festzuhalten, dass das Schaeffler-Wiki besonders hilfreich für das Zusammentragen und Konsolidieren von unternehmensrelevanten Informationen und Arbeitsergebnissen ist. Die Einsatzmöglichkeiten sind äußerst vielfältig und es werden wichtige Basisfunktionen des Wissensmanagements wie Wissensgenerierung, Wissensverteilung und Wissenserzeugung unterstützt. Wichtige Erfolgsvoraussetzungen sind die klar festgelegten Zuständigkeiten und Benutzungsregeln, aber auch die kooperative und wissensorientierte Unternehmenskultur sowie die aktive Beteiligung aller Mitarbeiter.

5.2.6 Data Café bei Walmart

Das „Data Café" ist der firmeneigene, cloudbasierte Analytics-Hub des Einzelhandelsunternehmens Walmart in den USA. Das Unternehmen ist mit über 20 000 Niederlassungen in fast 30 Ländern präsent. Mit einer Datenmenge von 40 Petabyte aus 200 verschiedenen externen und internen Datenquellen aus allen Bereichen des Konzerns, wird den Datenanalysten eine Grundlage geschaffen, um datengetriebene Lösungen für komplexe Entscheidungsprozesse oder Geschäftsfelder zu generieren. Teams aus allen Unternehmensbereichen sind eingeladen, ihre Fragen und Probleme an die Experten heranzutragen. Dies hat dazu beigetragen, dass sich die Zeitdauer für die Lösung auch bei komplexeren Fragestellungen von Wochen auf 20 bis 30 Minuten reduziert hat. Zusätzlich sendet das System automatisch erstellte Warnmeldungen, wenn gewisse Kennzahlen einen festgelegten kritischen Wert erreicht oder überschritten haben. Stündlich werden etwa 2,5 Petabytes an Daten über eine der vermutlich größten Private-Cloud-Lösungen verarbeitet. Aufbauend auf diesem Wissen können dann entsprechende Maßnahmen ergriffen werden (vgl. Marr 2017). Der Aufbau und Betrieb dieser zentralisierten Echtzeit-Anwendung ist ein wichtiger Erfolgsfaktor, da nur auf diese Weise die operationale Effizienz für alle Standorte erreicht werden kann.

Einige Anwendungen werden noch kurz beispielhaft beschrieben. In Verbindung mit Rezepten kam es häufig zu Wartezeiten, wenn die Produkte erst zusammengestellt werden mussten. Durch Analyse der Kundenfrequenz und Simulation des Ablaufs wird versucht, die Wartezeiten zu verkürzen. Im Walmart stattet außerdem die Waren mit RFID-Sensoren aus, um durch die Auswertung der gewonnenen Daten das Einkaufserlebnis zu optimieren. Damit kann Transparenz über Bestände und die Nutzung der Produkte hergestellt, aber auch der Warenfluss zwischen dem Lager und dem Verkaufsbereich optimiert werden. Muster werden erkennbar, welche wiederum Möglichkeiten für das Cross Selling eröffnen. Mobile Geräte erlauben der Einzelhandelskette das Kundenverhalten aufzuzeichnen und in der Folge personalisierte Werbeanzeigen zu schalten, aber auch das Einkaufserlebnis zu personalisieren. Außerdem unterstützen Datenanalysen das Unternehmen dabei, die Nachfrage zu prognostizieren, das Sortiment zu optimieren, Transportrouten zu planen und den Personaleinsatz an den Kassen an den einzelnen Standorten bedarfsgerecht zu planen.

Es handelt sich hier um einen Anwendungsfall, bei dem vor allem das Kundenwissen im Mittelpunkt steht. In Verbindung damit wird bereits umfassend auf Big-Data-Technologien im Sinne von Wissensmanagement 4.0 gesetzt (vgl. auch Abschnitt 4.2.4). Die Lösung stellt einen Baustein des Wissensmanagements dar, wenngleich das Projekt in diesem Fall nicht explizit in ein umfassendes Wissensmanagement eingebunden wird.

5.2.7 Skill Management bei der Telekom AG

Die Deutsche Telekom AG ist einer der größten europäischen Telekommunikationsanbieter. Das Unternehmen steht in Verbindung mit der Digitalisierung vor der Herausforderung, neue Geschäftsfelder zu erschließen und bestehende Geschäftsbereiche an die Veränderungen anzupassen. Dabei sollen zum einen Cloud-Dienste entwickelt und zum anderen ein neues einheitliches IP-Netzwerk („All IP“) geschaffen werden, in das alle bestehenden Netze überführt werden sollen. Die neuen Cloud-Dienste sind vor allem für die Bereiche Automotive, Gesundheitswesen und Energieversorgung vorgesehen und müssen große Datenvolumina in Echtzeit bei gleichzeitiger Garantie der IT-Sicherheit verarbeiten können.

Um die relevanten Kompetenzen zu erlangen, entwickelte das Unternehmen eine Weiterbildungsstrategie, um sowohl „vertikale“ als auch „horizontale“ Qualifikationen zu kreieren (vgl. BMAS 2016).

Horizontale Kompetenzen sind unabhängig von der organisatorischen Eingliederung und können von der Zentrale aus gesteuert werden, da diese allgemeingültig sind. Es handelt sich z.B. um Methoden- und Sozialkompetenzen. „Technikfremde" Mitarbeiter erhalten über Mikrolerneinheiten (z.B. Videos) Basiswissen über die neuen Technologien. Außerdem wird mit der Implementierung eines sozialen Netzwerks ein Community-Ansatz zur Förderung des Wissensaustauschs verfolgt. Dieses Netzwerk bietet auch eine partizipative Plattform für Mitarbeiter, um neue Ideen und Qualifikationsbedarfe aufzuzeigen.

Fachspezifische Kenntnisse werden hingegen von den Kompetenzzentren des jeweiligen Geschäftsfeldes administriert (vertikal). In den unterschiedlichen Geschäftseinheiten werden z.B. Fähigkeiten im Bereich Big Data und Cloud entwickelt, die helfen sollen, die Potenziale der Technologien ökonomisch zu nutzen. Zusätzlich werden in den jeweiligen Bereichen Qualifikationsgremien mit Mitgliedern aus den Bereichen Finanzen und Personalentwicklung eingesetzt, um Qualifikationslücken zu identifizieren.

5.2.8 Open Innovation Contest bei Samsung

Samsung erkannte ein großes strategisches Potenzial in dem sich rasant entwickelnden IoT-Markt (Internet of Things). Mit Hilfe der internen IoT-Plattform ARTIK sollte eine Basis für die Entwicklung komplementärer Applikationen geschaffen werden. Das Ziel ist die kontinuierliche Verbesserung der Interoperabilität zwischen Geräten und Applikationen.

Ein Innovationswettbewerb erschien als geeignetes Mittel, um Ideen für mögliche Anwendungen zu identifizieren. Diese Entscheidung wurde mit dem Zusammenspiel zwischen niedriger Aufgabenkomplexität und einem hohen Grad an „knowledge hiddenness" begründet und steht im Einklang mit dem Klassifikationsschema von Felin/Zenger (2014).

Da die Entwicklung der ARTIK Plattform zunächst noch nicht abgeschlossen war, benötigte Samsung externe Unterstützung bei der Weiterentwicklung der Softwareumgebung. Verschiedene Partnerunternehmen beteiligten sich bei der Fertigstellung. Da ARTIK vor dem Wettbewerb nicht kommerziell nutzbar war, konnten die externen Partner lediglich durch Preisgabe von Informationen über die dahinterliegende Technologie und den frühzeitigen Zugang zu aktuellen Informationen zur Teilnahme motiviert werden. Auf die Teilnehmer am späteren Wettbewerb warteten hingegen attraktive Preisgelder.

Samsung konnte durch diese Initiative beachtenswerte Erfolge erzielen. So beteiligten sich 500 verschiedene Entwickler an dem Projekt, welche insgesamt 150 Ideen einreichten. Circa. 20% davon konnte auch verwendet werden. Auf diese Weise konnte Samsung seine strategische Wettbewerbsposition in dem noch jungen Markt festigen und gleichzeitig ein Ökosystem mit IoT-Drittanbietern etablieren.

Die offene Datenaustauschplattform ergänzt die Software- und Hardware-Produkte der IoT-Plattform von Samsung. Sie umfasst freie Programmierschnittstellen und Werkzeuge, mit denen Unternehmen Daten von vernetzten Geräten oder Services sammeln, speichern, analysieren und weiterverarbeiten können.

5.2.9 Beispiele für gescheiterte Wissensmanagementprojekte

Das Augenmerk der meisten Beispiele zur praktischen Umsetzung des Wissensmanagements liegt bei erfolgreichen Projekten oder zumindest werden nur die Erfolgsaspekte dargestellt. Dies ist eine einseitige Sicht, denn gerade im Wissensmanagement wird immer wieder auf die Bedeutung des Lernens aus Fehlern hingewiesen. Über die Anzahl tatsächlich gescheiterter Wissensmanagementprojekte gibt es keine gesicherten Aussagen. Es besteht aber Grund zur Annahme, dass der Anteil nicht oder wenig erfolgreicher Projekte relativ hoch ist. Im Sinne einer abgerundeten Darstellung werden daher fünf Beispiele für Fehlschläge, die von Chua/Lam (2005) analysiert worden sind, sowie die Schlussfolgerungen daraus vorgestellt. Die Unternehmen wurden aus nachvollziehbaren Gründen anonymisiert. Für weitere Beispiele wird auf die Fachliteratur verwiesen (siehe u.a. Chua 2007, Storey/Barnett 2000, Braganza/Möllenkramer 2002, Alton et al. 2008, Weber 2007).

Fall 1: globales Bankunternehmen

In einem global tätigen Bankunternehmen wurde beschlossen, einige Wissensmanagement-Systeme einzuführen, nachdem ein Großkunde dem Unternehmen den Rücken gekehrt hatte. Der Kunde hatte den Eindruck, dass er keine genügend integrierten und übergreifenden (organisatorisch sowie geografisch) Lösungen und Dienstleistungen erhalten würde. Wissensmanagement sollte zur Vermeidung ähnlicher Probleme in der Zukunft mittels dreier intranet-basierter Systeme eingeführt werden: OfficeWeb, GTSnet sowie Iweb. Neben diesen drei Systemen, die voneinander unabhängig waren, existierten noch weitere Systeme. Die Systeme selbst wurden von verschiedenen Teams erstellt und betreut. Das Ziel von OfficeWeb war es, den Managern einen freien Wissensaustausch in einer Art Community zu ermöglichen. Das durch externe Berater entstandene GTSnet sollte die verteilten Informationsquellen der Bank bündeln. Iweb hingegen sollte als Basis für die Technik fungieren und insbesondere Wissen über Intranettechnologie zur Verfügung stellen. Leider erwies sich keines der Systeme als Erfolg. Folgende Hauptgründe waren für das Scheitern verantwortlich:

- Während der Tests von OfficeWeb stellte sich die technische Bandbreite des Intranets als ungenügend heraus.
- Bei GTSNet hatte man keine ausreichende Berücksichtigung der Endnutzer vorgenommen und überließ das Projekt externem Personal, welches nur ungenügendes Wissen über die Geschäftsmodelle und die Aufgaben hatte, die unterstützt werden sollten.
- Bei Iweb hatte man zwar die Technik im Griff, jedoch konnte man die Mitarbeiter nicht von den Vorteilen des Wissensaustausches überzeugen.

Fall 2: Pharmaunternehmen

Ein amerikanisches Pharma-Unternehmen, welches sich insbesondere auf hochprofitable Lifestyle-Medikamente spezialisiert hatte, wollte Verbesserungen im F&E-Bereich durch Wissensmanagement erreichen. Man initiierte daraufhin drei verschiedene WM-Projekte, nämlich „Lessons learned“, „Warehouse“ sowie „Electronic Cafe“. Lessons Learned sollte ein Archiv des gewonnenen Wissens während des Entwicklungsprozesses von Medikamenten werden und so die Wiederholung von Fehlern vermeiden helfen. Warehouse stellte eine Art unternehmensweite Groupware dar, welche auf den Daten und Inhalten der Lessons Learned aufbauen sollte, um Administrativen und Entscheidungsprozesse zu unterstützen. Das Electronic Cafe hingegen war für die Darstellung einzelner, am Entwicklungsprozess beteiligter Personen und den Austausch von Erfahrungen gedacht. Das Konzept ging jedoch aufgrund verschiedener Probleme nicht auf. Hauptgründe der Fehlschläge waren:

- Im Falle von „Lessons Learned“ gab es keine Möglichkeit, alte bzw. unpassende Inhalte auszusortieren. Das Resultat war zuletzt eine Liste von unpassenden Standardvorgehensweisen ohne kritische Reflektion der Prozesse selbst. Das Projekt wurde daher nach kurzer Zeit eher eine lästige Routineaufgabe statt einer Hilfe.
- „Warehouse“ konnte nicht ausreichend für die jeweiligen Arbeitsgruppen adaptiert werden, war also im Arbeitsalltag bedeutungslos.

  Die Teilnahme am Projekt „Warehouse“ wurde außerdem als Verlust persönlicher Fachkompetenz wahrgenommen. Es gab daher nach kurzer Zeit auch keine echte Nutzung mehr.
- Die Offenheit des Systems „Electronic Cafe“ machte seine Relevanz und den Nutzen für das Unternehmen fragwürdig. Aufgrund der restriktiven Handhabung der Zugriffsberechtigungen wurde das Potenzial des Systems zusätzlich stark eingeschränkt.

Fall 3: Fertigungsunternehmen

Ein europäisches Unternehmen mit über 60 Produktionsstätten in 30 verschiedenen Ländern, beabsichtigte mit Hilfe von drei verschiedenen WM-Projekten in den Bereichen Produktion, Supply-Chain und Design mehrere Ziele zu erreichen. Das Projekt „Production“ sollte Wissen über den Produktionsprozess sammeln, dokumentieren und bündeln und somit den Produktionsaufwand reduzieren. Ein ähnliches Ziel wurde im Bereich Supply-Chain verfolgt, wo die Verkaufsprozesse unter anderem mittels Wissen über die Funktionalität der eigenen Produkte sowie der Logistik optimiert werden sollte. Beim Design setzte man am Entwicklungsprozess an, wobei die Entwickler insbesondere die strukturellen Eigenschaften und den Materialbedarf der Prototypen verbessern sollten. Folgende Gründe waren wesentlich für das Scheitern verantwortlich:

- Im Bereich der Produktion hatten von 40 Werken 10 das im neuen System dokumentierte Wissen vollständig ignoriert, da die Leitung und die Mitarbeiter darin keinen Vorteil sahen. Gleichwohl konnten jene 30 Werke, die das Wissen verwendeten, zum Teil einen deutlichen Produktivitätszuwachs verzeichnen.
- Das System, das den Bereich Supply-Chain unterstützen sollte, wurde wenig genutzt, da die Nutzer fanden, dass das System sie kaum mit neuem Wissen versorgte. Auch die beabsichtigte Erhöhung der Verkaufszahlen konnte nicht beobachtet werden.
- Das System für den Bereich „Design” wurde als zu schwerfällig und schwer verständlich angesehen. Es reduzierte weder Materialkosten noch die Zahl der erforderlichen Prototypen und da die Designer die Inhalte nicht auf aktuellem Stand hielten, wurde es nach kurzer Zeit überflüssig.

Fall 4: Konzern mit Zentrale innerhalb der EU

Das Management eines Konzerns war davon überzeugt (worden) das eine WM-basierte Lernorganisation der Schlüssel zu „Kosteneffektivität, Wettbewerbsfähigkeit sowie verbessertem Risikomanagement“ sei. Daher wurde ein KM-Team bestehend aus 9 Mitarbeitern des mittleren Managements aufgestellt, welche für die Wissensmanagement-Initiative verantwortlich waren. Das Team veranlasste eine Reihe von Aktionen wie das Erstellen von Webseiten mit Informationen des Managements und der Geschäftseinheiten, die Organisation von Communities sowie die Identifikation von sogenannten Knowledge-Champions. Im weiteren Verlauf jedoch stellte sich heraus, dass sich die Aktivitäten zwischen der IT-Abteilung und der Abteilung für Öffentlichkeitsarbeit aufgeteilt hatten, da sie verschiedene Auffassungen bezüglich Umsetzung hatten. Interne Machtstreitigkeiten des KM-Teams und der Abteilungen blockierten die Entwicklungen zusätzlich. Als das Unternehmen aufgrund von Marktbedingungen gezwungen wurde, sich neu zu strukturieren, war das KM-Projekt beendet. Folgende Hauptgründe für das Scheitern lassen sich identifizieren:

- Das Topmanagement war nur zu einem geringen Teil engagiert. Als es zu einer Krise kam, wurde die KM-Initiative, welche eher als „nice-to-have" denn „mission-critical" angesehen wurde, nicht mehr weitergeführt.
- Das KM-Team versäumte es, die Differenzen zwischen der IT-Abteilung und der Abteilung für Öffentlichkeitsarbeit zu klären.
- Das KM-Team verwendete nur wenig Zeit darauf, mögliche technische Schwierigkeiten zu beseitigen und kam auch nicht auf die Idee, einen Prototyp umzusetzen, obwohl das Projekt bereits fortgeschritten war. Externe Beratung hätte hier eventuell geholfen, die Fehler zu vermeiden.

Fall 5: global agierender Konzern

Ein weltweit agierendes Unternehmen (zum Zeitpunkt der Untersuchung Top 10 der Branche) verlor einige Aufträge aufgrund der Unfähigkeit, integrierte Lösungen anbieten zu können. Das Topmanagement initiierte als Reaktion darauf ein KM-Projekt unter der Projektbezeichnung „Alpha". Das Projekt sollte ein Blueprint entwickeln, mit dem Ziel „gaining and maintaining global oder handling services market leadership". Dies schlug jedoch fehl. Alpha bestand aus mehreren Funktions- und Organisationsbereichen wie Business Architecture, Informatik und Wissensmanagement. Eine der Prioritäten lag bei der Erstellung eines Netzwerkes von „knowledge-enabled worktables", welches sich jedoch aufgrund schlechter Planung nicht umsetzen ließ. So wirkten sich beispielsweise der mangelnde Einsatz neuer Technologien und die schlechte Realisierung von Designanforderungen in den Systemfunktionalitäten genauso fatal aus wie die hastigen Versuche der Problembehebung, nachdem man diese erkannt hatte. Machtstreitigkeiten im weiteren Verlauf, als eine externe Firma mit einer temporären Lösung helfen sollte, aber das IT-Team dies als Angriff wertete, sorgten für zusätzliche Verzögerungen. Nach einem Jahr war das Projekt vollständig gescheitert. Folgende Gründe für das Scheitern lassen sich identifizieren:

- Das Wissen war in abteilungsbezogenen Systemen organisiert. Geschäftskritisches Wissen, welches mehrere Bereiche umfasste, wurde vernachlässigt.
- Man verließ sich zu sehr auf die IT-Systeme, um das Wissen im Projekt „Alpha" zu managen. Soziales und implizites Wissen wurden zu wenig beachtet.
- Es wurden insgesamt drei verschiedene externe Beratungsunternehmen in verschiedenen Stufen des Alpha-Projekts hinzugezogen, doch die Informationen dieser Berater wurden eher vermengt als effektiv genutzt.
- Mit der Zeit gerieten die Kosten außer Kontrolle. Das Management entschloss sich daher die Verluste zu begrenzen und beendete die gesamte WM-Initiative.

In der Analyse der Fallstudien kommen die Autoren zu dem Schluss, dass vier kritische Bereiche existieren, welche zum Scheitern führen können:

- **Technologie (T)**
  T1. Connectivity
  T2. Usability
  T3. Over-reliance
  T4. Maintenance
- **Kultur und Unternehmenspolitik (Cu)**
  Cu1. Politics
  Cu2. Knowledge sharing
  Cu3. Perceived image
  Cu4. Management support
- **Inhalt (Content – Co): Ohne „Content“ kein Wissensmanagement**
  Co1. Coverage
  Co2. Structure
  Co3. Relevance and currency
  Co4. Knowledge distillation
- **Projektmanagement (PM)**
  PM1. User involvement
  PM2. Technical/business expertise
  PM3. Conflict management
  PM4. Roll-out strategy
  PM5. Project cost
  PM6. Project evaluation
  PM7. External consultants

Ein weiteres Analyseergebnis besteht in der Feststellung, dass zumindest nach den zugrunde liegenden WM-Projekten drei Phasen unterschieden werden können, nämlich Initiierung, Implementierung und Institutionalisierung. Die identifizierten Faktoren werden in einem Modell zusammengefasst und den drei Phasen gegenübergestellt. Chua/Lam (2005) empfehlen das Modell als Hilfe für Praktiker zur rechtzeitigen Identifikation von Problemen bzw. zur Vermeidung von Risiken und zu einem aktiven Management von Wissensmanagementinitiativen.

5.3 Zusammenfassung

Die aufgeführten Beispiele haben gezeigt, dass Wissensmanagement auch aus praktischer Sicht von Bedeutung ist und Beiträge zum Erfolg eines Unternehmens leisten kann. Für die Umsetzung von Wissensmanagement in Unternehmen ist die Berücksichtigung folgender Aspekte besonders wichtig:

- **Festlegung von Zielen und Strategien** für das Wissensmanagement;
- **Institutionalisierung des Wissensmanagements**: Schaffung von Stellen oder Organisationseinheiten, klare Festlegung von Zuständigkeiten und Verantwortung;
- **Integration des Wissensmanagements**: Verankerung in den Unternehmensabläufen;
- **Nutzung von Methoden und Instrumenten für das Wissensmanagement** (z.B. Softwarewerkzeuge, Wikis, Wissensmanagementsysteme, Suchtechnologien);
- **Berücksichtigung der Barriere- und Erfolgsfaktoren** des Wissensmanagements;
- **Regelmäßige Bewertung der Wissensmanagementaktivitäten** bzw. Erfolgsmessung und darauf aufbauend eine Anpassung der Ziele und Strategien.

Aus heutiger Sicht steht nicht mehr die Frage im Vordergrund, welche Folgen mit der Einführung des Wissensmanagements verbunden sein könnten und ob sich die Einführung rechnet. Es ist ein allmähliches Umdenken in der Managementpraxis zu beobachten und die Fragen lauten: Welches Risiko entsteht, wenn die Aufgaben des Wissensmanagements vernachlässigt werden? Welcher Wertbeitrag (KM Value) kann durch ein gezieltes Wissensmanagement geleistet werden? In der einschlägigen Literatur wird die generelle Haltung auch als „KM mindset" oder Wissensmanagement-Orientierung bezeichnet (vgl. Wang 2008, Ramasamy/Thamaraiselvan 2011). Damit wird unterstrichen, dass ein erfolgreiches Wissensmanagement nicht durch eine mechanische Anwendung von Methoden entsteht, sondern eine tiefere und dauerhafte Verankerung in der Unternehmenskultur voraussetzt.

Fragen zur Selbstkontrolle

1. Bestimmen Sie mindestens zwei Wissensziele und zwei Wissensmanagementziele für ein fiktives Unternehmen und erläutern Sie diese kurz!
2. Machen Sie einen Vorschlag, wie bei der Planung und Umsetzung eines konkreten WMS vorgegangen werden kann. Stellen Sie den Kontext bzw. die getroffenen Annahmen kurz dar und gehen Sie dabei auch auf die Tätigkeiten und Ergebnisse in den einzelnen Phasen ein!
3. Was können entscheidende Faktoren für das Scheitern oder den Erfolg des von Ihnen bei Frage 2 vorgeschlagenen Vorgehens sein?
4. Was versteht man unter Tacit-Knowledge-Management?
5. Welche Zertifizierungsmöglichkeiten im Wissensmanagement haben sich entwickelt?
6. Finden Sie mit Hilfe des Internets Unternehmen, die den MAKE-Award erhalten haben! Wofür wurden diese Unternehmen ausgezeichnet?
7. Recherchieren Sie im Internet nach einem Zertifizierungsangebot für das Wissensmanagement! Worin besteht die zertifizierte Leistung und welcher Nutzen könnte mit einer Zertifizierung verbunden sein?
8. Recherchieren Sie nach einem aktuellen Weiterbildungsangebot zum Wissensmanagement und vergleichen Sie die Ausbildungsinhalte mit den Inhalten in Kapitel 5.1.5!

9. Worin besteht der Unterschied zwischen Wissensproblemen und Wissensmanagementproblemen und warum ist diese Differenzierung sinnvoll?
10. Welche idealtypischen Formen gibt es für die organisatorische Einordnung des Wissensmanagements in die Unternehmenshierarchie?
11. Wie viele Mitarbeiter benötigt man für das Wissensmanagement?
12. Recherchieren Sie im Internet nach einer Stellenanzeige für einen Wissensmanager (CKO) und vergleichen Sie das Anforderungsprofil mit dem dargestellten Berufsbild!

Literaturverzeichnis

[Aghaei et al. 2012] Aghaei, S. et al.: Evolution of the world wide web: From web 1.0 to web 4.0. In: International Journal of Web & Semantic Technology, Vol. 3, 1/2012, S. 1 - 10.

[Ahmad et al. 2014] Ahmad, A. et al.: Protecting organizational competitive advantage: A knowledge leakage perspective. In: Computers 6 Security, Vol. 42, 2014, S. 27 - 39.

[Alavi/Leidner 2001] Alavi, M., Leidner, D. E.: Review: Knowledge management and knowledge management systems: Conceptual foundations and research issues. MIS Quarterly, Vol. 25, 1/2001, S. 107 - 136.

[Albrecht 1993] Albrecht, F.: Strategisches Management der Unternehmensressource Wissen. Verlag Peter Lang, Berlin, 1993.

[Al-Laham 2003] Al-Laham, A.: Organisationales Wissensmanagement. München 2003.

[Allweyer 1998] Allweyer, Th.: Modellbasiertes Wissensmanagement. In: IM, 1, 1/1998, S. 37 - 45.

[Alpar 2000] Alpar, P.: Data Mining im praktischen Einsatz. Vieweg Verlag, Braunschweig, Wiesbaden, 2000.

[Alpar et al. 1998] Alpar, P., et al.: Unternehmensorientierte Wirtschaftsinformatik. Vieweg Verlag, Braunschweig, Wiesbaden, 1998.

[Alpaydin 2019] Alpaydin, E.: Maschinelles Lernen. München 2019.

[Alsharo et al. 2017] Alsharo, M. et al.: Virtual team effectiveness: The role of knowledge sharing and trust. In: Information & Management, Vol. 54, 2017, S. 479 - 490.

[Alton et al. 2008] Alton Y. K. et al.: Look before you leap: Learning from the experience of a flagging KM initiative at a healthcare organisation in Asia. In: Aslib Proceedings, Vol. 60, 4/2008, S. 335 - 348.

[Amelingmeyer 2000] Amelingmeyer, J.: Wissensmanagement. Analyse und Gestaltung der Wissensbasis von Unternehmen. Gabler Verlag, Wiesbaden, 2000.

[Amelingmeyer 2004] Amelingmeyer, J.: Wissensmanagement: Analyse und Gestaltung der Wissensbasis von Unternehmen". 3. Aufl., Wiesbaden 2004.

[Anantatmula/Kanungo 2006] Anantatmula, V., Kanungo, Sh.: Structuring the underlying relations among the knowledge management outcomes. In: Journal of Knowledge Management, Vol. 10, 4/2006, S. 25 - 42.

[Anderson 1983] Anderson, J. R.: The architecture of cognition. Harvard University Press, Cambridge, 1983.

[Anderson 2001] Anderson, J. R.: Kognitive Psychologie. 3. Aufl., Spektrum Akademischer Verlag, 2001.

[Anderson et al. 2014] Anderson, R. et al.: Knowledge Management in Agile Software Projects: A Systematic Review. In: Journal of Information & Knowledge Management, Vol. 13, 2014, DOI: 10.1142/S0219649214500105.

[Andreeva/Kuanto 2012] Andreeva, T., Kuanto, A.: Does knowledge management really matter? Linking knowledge management practices, competitiveness and economic performance. In: Journal of Knowledge Management, Vol. 16, 4/2012, S. 617 - 636.

[Andreu et al. 2008] Andreu, R., Beiget, J., Canals, A.: Firm-Specific Knowledge and Competitive Advantage: Evidence and KM Practices. In: Knowledge and Process Management. Volume 15 (2008), Number 2, S. 97 - 106.

[Angerer/Lehner 2009] Angerer, S., Lehner, F.: Sind Barriere- und Erfolgsfaktoren des Wissensmanagements voneinander abhängig? Überlegungen zu einer Dual-Faktoren-Theorie im Wissensmanagement. Lehrstuhl für Wirtschaftsinformatik, Forschungsbericht WI-32-09. Universität Passau, Oktober 2009.

[Annamalai 2010] Annamalai, V. E.: From Knowledge to Money - An Industrial Perspective of Knowledge Management. In: Journal of Knowledge Management Practice. Vol. 11, 4/2010.

[Antoni 1988] Antoni, M.: Organisationsentwicklung. In: Gabler Wirtschaftslexikon. 13. Aufl., Gabler, Wiesbaden, 1988, S. 751 - 755.

[Apostolou/Mentzas 1998] Apostolou, D., Mentzas, G.: Towards a Holistic Knowledge Leveraging Infrastructure: The KNOWNET Approach. 1998, http://sunsite.informatik.rwth-aachen.de/Publications/CEUR-WS/,3-1-3-8, 1998-10-29.

[Appel/Schwaab 1997] Appel, W., Schwaab, C.: Lotus Notes als Plattform für die Informationsversorgung von Beratungsunternehmen. Arbeitspapiere WI, Nr. 7/1997, Universität Mainz, 1997.

[Argote et al. 2003] Argote, L. et al.: Managing Knowledge in Organizations: An Integrative Framework and Review of Emerging Themes. In: Management Science. Vol. 49, 4/2003, S. 571 - 582.

[Argyris 1970] Argyris, C.: Intervention theory and methods. Addison-Wesley, Reading, 1970.

[Argyris/Schön 1978] Argyris, C., Schön, D.: Organizational Learning. A Theory of Action Perspective. Addison-Wesley, Reading, 1978.

[Asllani/Luthans 2003] Asllani, A., Luthans, F.: What knowledge managers really do: an empirical and comparative analysis. In: Journal of Knowledge Management, 7, 3, 2003, S. 53 - 66.

[Asprey/Middleton 2003] Asprey, L., Middleton, M.: Integrative Document and Content Management. Strategies for Exploiting Enterprise Knowledge, Idea Group Publishing, Hershey, London, 2003.

[Bach 1999] Bach, V.: Business Knowledge Management: von der Vision zur Wirklichkeit. In: Bach, V. et al., Business Knowledge Management, Springer Verlag, Berlin, Heidelberg, 1999, S. 37 - 84.

[Bach et al 1999] Bach, V., Vogler, P., Österle, H.: Business Knowledge Management. Springer Verlag, Berlin, Heidelberg, 1999.

[Bach/Buchholz 1997] Bach, N., Buchholz, W.: Innovation als Projekt oder Prozeß? In: Zeitschrift für Führung und Organisation (zfo), 6/1997, S. 340 - 347.

[Bach/Homp 1998] Bach, N., Homp, C.: Objekte und Instrumente des Wissensmanagements. In: Zeitschrift für Führung und Organisation (zfo), 1998, S. 139 - 146.

[Back 2001] Back, A.: eLearning und Wissensmanagement zusammenführen. In: Hohenstein, A., Wilbers, K. (Hrsg.), Handbuch E-Learning, 2001.

[Baddeley 1997] Baddeley, A.: Human Memory. Theory an Practice. 2. Aufl., Hove (UK), 1997.

[Baeza-Yates/Ribeiro-Neto 1999] Baeza-Yates, R., Ribeiro-Neto, B.: Modern Information Retrieval. Addison-Wesley, Harlow u. a., 1999.

[Bahrs 2009] Bahrs, J.: Enterprise Search - Suchmaschinen für Inhalte im Unternehmen. In: Lewandowski, D. (Hrsg.): Handbuch Internet-Suchmaschinen. Heidelberg 2009, S. 329 - 355.

[Balzert 2001] Balzert, H.: Lehrbuch der Software-Technik. Software-Entwicklung. 2. Aufl., Spektrum Akademischer Verlag, Heidelberg, Berlin, 2001.

[Bamberger/Wrona 2004] Bamberger, I., Wrona, Th.: Strategische Unternehmensführung. Strategien, Systeme, Prozesse. Verlag Franz Vahlen, München, 2004.

[Bandera/Bartolacci/Passerini 2016] Bandera, C., Bartolacci, M. R. Passerini, K.: Knowledge Management and Entrepreneurship: A Contradictory Recipe. In: International Journal of Knowledge Management, Vol. 12, 3/2016, S. 1 - 14.

[Barmayer 2018] Barmayer, Ch.: Konstruktives Interkulturelles Management. Göttingen 2018.

[Barnes 1974] Barnes, B.: Scientific Knowledge and Sociological Theory. Routledge & Kegan Paul, London, 1974.

[Barrett 1992] Barrett, E.: Sociomedia: An Introduction. In: Barrett, E., Sociomedia. Multimedia, Hypermedia and the Social Construction of Knowledge, The MIT Press, Cambridge, London, 1992, S. 1 - 10.

[Basili et al. 1992] Basili, V., Caldiera, G., McGarry, F., Pajerski, R., Page, G., Waligora, S.: The Software Engineering Laboratory – An Operational Software Experience Factory. In: Proceedings of the 14th International Conference on Software Engineering, 1992, S. 370 - 381.

[Basili/Caldiera 1995] Basili, V., Caldiera, G.: Improving Software Quality by Reusing Knowledge and Experience. In: Sloan Management Review, 1/1995, 1995, S. 55 - 64.

[Baskerville/Dulipovici 2006] Baskerville, R., Dulipovici, A.: The theoretical foundations of knowledge management. In: Knowledge Management Research & Practice. Vol. 6, 4/2006, S. 83 - 105.

[Bateson 1972] Bateson, G.: Steps to an Ecology of Mind. Balantine, New York, 1972.

[Baubin/Wirtz 1996] Baubin, T., Wirtz, B. W.: Vorsprung durch Wissen. Jahrzehntelange Erfahrung bei Andersen Consulting. In: Schneider, U., Wissensmanagement. Die Aktivierung des intellektuellen Kapitals, Frankfurter Allgemeine Zeitung, Frankfurt am Main, 1996, S. 133 - 146.

[Bauer 1996] Bauer, S.: Brüchige Strukturen. Theoretische Grundlagen postmoderner Organisationsforschung. Verlag Taschenbuch, Linz, 1996.

[Bauer/Günzel 2004] Bauer, A., Günzel, H.: Data Warehouse Systeme. Architektur, Entwicklung, Anwendung, 2. Aufl., dpunkt Verlag, Heidelberg, 2004.

[Bauer/Stickel 1998] Bauer, S., Stickel, E.: Auswirkungen der Informationstechnologie auf die Entstehung kooperativer Netzwerkorganisationen. In: Wirtschaftsinformatik, Bd. 40, 5/1998, S. 434 - 442.

[Bea et al. 1993] Bea, F. X., Dichtl, E., Schweitzer, M.: Allgemeine Betriebswirtschaftslehre. Band 2: Führung, Gustav Fischer Verlag, Stuttgart, Jena, 1993.

[Bea/Göbel 2002] Bea, F. X., Göbel, E.: Organisation. 2. Aufl., Lucius & Lucius, Stuttgart, 2002.

[Beck et al. 2014] Beck, R. et al.: Knowledge Exchange and Symbolic Action in Social-media enabled electronic networks of practice. In: MIS Quarterly, Vol. 38, 4/2014, S. 1245 - 1270.

[Beck et al. 2015] Beck, R. et al.: Untangling knowledge creation and knowledge integration in enterprise wikis. In: In: Journal of Business Economics, Vol. 85, 2015, S. 389–420.

[Becker 2002] Becker, M.: Personalentwicklung. Bildung, Förderung und Organisationsentwicklung in Theorie und Praxis. 3. Aufl., Schäffer-Poeschel Verlag, Stuttgart, 2002.

[Becker 2005] Becker, M.: Systematische Personalentwicklung. Planung, Steuerung und Kontrolle im Funktionszyklus. Schäffer-Poeschel Verlag, Stuttgart, 2005.

[Becker et al. 2002] Becker, J., Kugeler, M., Rosemann, M.: Prozessmanagement. Ein Leitfaden zur prozessorientierten Organisationsgestaltung. 3. Aufl., Springer Verlag, Berlin, Heidelberg, 2002.

[Beckman 1999] Beckman, T.: The Current State of Knowledge Management. In: J. Liebowitz (Hrsg.): Knowledge Management Handbook. CRC Press. London et al. 1999, S. 1 - 22.

[Beckurts 1989] Beckurts, K.-H.: Wirtschaftsfaktor Informationstechnik. In: Harvard Manager, 2/1989, S. 26 - 33.

[Bedeian 1994] Bedeian, A. G.: Current controversies, issues, and directions. (Reprint von „International Review of Industrial and Organizational Psychology", 2/1987, 1 - 33). In: Cooper, C. L., Robertson, I. T., Key reviews in managerial psychology: Concepts and research for practice, John Wiley & Sons, Chichester, 1994, S. 321 - 353.

[Bedford 2013] Bedford, D.: Knowledge Management Education and Training in Academic Institutions. 2012. In: Journal of Information & Knowledge Management, Vol. 12, 4/2013, 1 - 16.

[Begoña Lloria 2008] Begoña Lloria M.: A review of the main approaches to knowledge management. In: Knowledge Management Research & Practice, Vol. 6, 2008, S. 77 - 89.

[Behrendt 1998] Behrendt, E.: Multimediale Lernarrangements im Betrieb. Bertelsmann, Bielefeld, 1998.

[Ben Moussa 2010] BenMoussa, Ch.: Investigating Barriers to Knowledge Management Success: A conceptual Model and a Comparative Case Analysis. In: Journal of Information & Knowledge Management, Vol. 9, 4/2010, S. 303 - 318.

[Benjamins et al. 1998] Benjamins, V. R., Fensel, D., Pérez, A. G.: Knowledge Management through Ontologies. In: Reimer, U., Proceedings of the Second International Conference on Practical Aspects of Knowledge Management, Basel, 1998, 5/1 - 5/12.

[BenMoussa 2010] BenMoussa, Ch.: Investigating Barriers to Knowledge Management Success. In: Journal of Information & Knowledge Management, Vol. 9, 4/2010, S. 303 - 318.

[Berger/Luckmann 1980] Berger, P. L., Luckmann, T.: Die gesellschaftliche Konstruktion der Wirklichkeit. Eine Theorie der Wissensoziologie, Fischer Verlag, Frankfurt am Main, 1980.

[Berners-Lee 1999] Berners-Lee, T.: Der Web-Report. Econ Verlag, München, 1999.

[Berthel/Becker 2003] Berthel, J., Becker, F. G.: Personalmanagement. 7. Aufl., Schäffer-Poeschel Verlag, Stuttgart, 2003.

[Berztiss 2002] Berztiss, A. T.: Capability Maturity for Knowledge Management. In: Proceedings of the 13th International Workshop on Database and Expert Systems Applications (DEXA'02), Aix-en-Provence, France, 2002.

[Bibel et al. 1993] Bibel, W., Hölldobler, St., Schaub, T.: Wissensrepräsentation und Inferenz. Vieweg Verlag, Wiesbaden, 1993.

[Bierhoff/Jonas 2011] Bierhoff, H. W., Jonas, E.: Soziale Interaktion. In: Frey, D., Bierhoff, H. W. (Hrsg.): Sozialpsychologie - Interaktion und Gruppe, Göttingen 2011, S. 139-159.

[Bierly/Chakrabarti 1996] Bierly, P., Chakrabarti, A.: Generic knowledge strategies in the U.S. pharmaceutical industry. In: Strategic Management Journal, 17, Winter Special Issue, 1996, S. 123 - 135.

[Biethahn et al. 1998] Biethahn, J., et al.: Betriebswirtschaftliche Anwendungen des Soft-Computing. Neuronale Netze, Fuzzy-Systeme und Evolutionäre Algorithmen, Vieweg Verlag, Wiesbaden, 1998.

[Binner 1998] Binner, H. F.: Mit Veränderungsmanagement zu schlanken Unternehmensstrukturen. In: technologie & management, 47. Jg., 5/1998, S. 18 - 21.

[Binney 2001] Binney, D.: The knowledge management spectrum - understanding the KM landscape. In: Journal of Knowledge Management, Vol. 5, 1/2001, S. 33 - 42.

[Birkinshaw/Sheehan 1995] Birkinshaw, J., Sheehan, T.: Managing the Knowledge Life Cycle. In: MIT Sloan Management Review, Vol. 44, 1/2002, S. 75 - 83.

[Blackler 1995] Blackler, F.: Knowledge, Knowledge Work and Organizations: An Overview and Interpretation. In: Organization Studies 16, 6/1995, S. 1021-1046.

[Blake/Mouton 1992] Blake, R. R., Mouton, J. S.: Verhaltenspsychologie im Betrieb: der Schlüssel zur Spitzenleistung. Econ Verlag, Düsseldorf, Wien, 1992.

[Blankenberg 1998] Blankenberg, R.: Implementierung von Dokumentenarchivierungssystemen. Josef Eul Verlag, Lohmar, Köln, 1998.

[Bleicher 1983] Bleicher, K.: Organisationskulturen und Führungsphilosophien im Wettbewerb. In: Zeitschrift für betriebswirtschaftliche Forschung, 35. Jg., 1983, S. 135 - 146.

[Bloor 1981] Bloor, D.: Klassifikation und Wissenssoziologie: Durkheim und Mauss neu betrachtet. In: Stehr, N., Meja, V., Wissenssoziologie, Westdeutscher Verlag, Opladen, 1981, S. 20 - 51.

[BMAS 2016] BMAS (Hrsg.): Weiterbildung im digitalen Wandel. BMAS (Bundesministerium für Arbeit und Soziales), Abteilung „Grundsatzfragen des Sozialstaats, der Arbeitswelt und der sozialen Marktwirtschaft“ 11017 Berlin, 2016.

[Bobrow/Whalen 2002] Bobrow, D.G., Whalen, J.: Community Knowledge Sharing in Practice: The Eureka Story. In: Reflections, 4, 2, 2002.

[Bode 1997] Bode, J.: Der Informationsbegriff in der Betriebswirtschaftslehre. In: ZfbF, 5/1997, S. 449 - 468.

[Boder 2006] Boder, A.: Collective intelligence: a keystone in knowledge management. In: Journal of-Knowledge Management, Vol. 10, 1/2006, S. 81 - 93.

[Boeglin 1992] Boeglin, P.: Innerbetrieblicher Know-how-Transfer. In: iO Management Zeitschrift, Nr. 9, S. 86 - 91, 1992.

[Boes et al. 2016] Boes, A. et al.: Digitalisierung und „Wissensarbeit“. In: Politik und Zeitgeschichte (PuZ), 66. Jahrgang, 18-19/2016, S. 32 - 38.

[Bogan/English 1994] Bogan, C.E., English, M.J.: Benchmarking for Best Practices. Winning Through Innovative Adaptation. McGraw-Hill, New York u.a., 1994.

[Böhmann/Krcma 1999] Böhmann, T., Krcmar, H.: Werkzeuge für das Wissensmanagement. In: Antoni, C.H., Sommerlatte, T., Report Wissensmanagement, Wie deutsche Firmen ihr Wissen profitabler machen. Düsseldorf, 1999.

[Bohn 1994] Bohn, R.E.: Measuring and Managing Technological Knowledge. In: Sloan Management Review, Bd. 35, 4/1994, 1994, S. 61 - 73.

[Boiko 2002] Boiko, B.: Content Management Bible. 2. Aufl., John Wiley & Sons, 2002.

[Bolisani/Bratianu 2017] Bolisani, E., Bratianu, C.: Knowledge strategy planning: an integrated approach to manage uncertainty, turbulence, and dynamics. In: Journal of Knowledge Management, Vol. 21, 2/2017, S. 233 - 253.

[Bontis/Serenko 2009] Bontis, N., Serenko, A.: A follow-up ranking of academic journals. In: Journal of Knowledge Management, Vol. 13, 1/2009, S. 16 - 26.

[Borghoff/Pareshi 1998] Borghoff, U.M., Pareshi, R.: Information Technology for Knowledge Management. Springer Verlag, Berlin et al., 1998.

[Borghoff/Schlichter 2000] Borghoff, U.M., Schlichter, J.H.: Computer supported cooperative work. Springer Verlag, Berlin u.a, 2000.

[Bornemann/Sammer 2002] Bornemann, M., Sammer, M.: Anwendungsorientiertes Wissensmanagement - Ansätze und Fallstudien aus der betrieblichen und der universitären Praxis. DUV, Wiesbaden, 2002.

[Boschert/Rosen 2016] Boschert, St., Rosen, R.: Digital Twin - The Simulation Aspect. In: Hehenberger P., Bradley D. (Hrsg.) Mechatronic Futures, Cham 2016, S. 59 - 74.

[Boshuizen et al. 1995] Boshuizen, H.P.A., Schmidt, H.G., Custers, E.J.F.M., Van de Wiel, M.W.: Knowledge development and restructing in the domain of medicine: The role of theory and practice. In: Learning and Instruction, 16, 1998, S. 367 - 398.

[Boshuizen/Schmidt 1992] Boshuizen, H.P.A., Schmidt, H.G.: On the role of biomedical knowledge in clinical reasoning by experts, intermediates and novices. In: Cognitive Science, 16, 1992, S. 153 - 184.

[Bosua/Venkitachalam 2013] Bosua, R., Venkitachalam, K.: Aligning strategies and processes in knowledge management: a framework. In: Journ2013, l of Knowledge Management, Vol 17, 3/2013, S. 331 - 346

[Boudreau/Robey 1996) Boudreau, M.-C., Robey, D.: Coping with Contradictions in Business Process Reengineering. In: Information Technology & People, 9, 4/1996, S. 40 - 57.

[Bourdieu 1979] Bourdieu, P.: Entwurf einer Theorie der Praxis. Suhrkamp Verlag, Frankfurt am Main, 1979.

[Braganza/Möllenkramer 2002] Braganza, A., Möllenkramer, G. J.: Anatomy of a failed knowledge management initiative: lessons from PharmaCorp's experiences. In: Knowledge and Process Management, Vol. 9, 1/2002, S. 23 – 33.

[Brandl et al. 2015] Brandl, P. et al.: Mobiles Wissensmanagement in der Industrie 4.0. In: A. Weisbecker, M. et al. (Hrsg.): Workshop-Band zu Mensch und Computer 2015, Stuttgart 2015, S. 225 – 232.

[Brauer 1985] Brauer, W.: Wissensbasierte Systeme. Springer Verlag, Berlin u. a., 1985.

[Braun 1997] Braun, H.: Neuronale Netze. Optimierung durch Lernen und Evolution. Springer Verlag, Berlin et al., 1997.

[Brauner/Becker 2006] Brauner, E., Becker, A.: Beyond Knowledge Sharing: The Management of Transactive Knowledge Systems. In: Knowledge and Process Management, 13, 1/2006, S. 62 – 71.

[Brenner et al. 1998] Brenner, W., Zarnekow, R., Wittig, H.: Intelligente Softwareagenten. Grundlagen und Anwendungen. Springer Verlag, Berlin, Heidelberg, 1998.

[Breuing 2019] Breuing, K.: Wissensarbeit 4.0: Zur Wertigkeit verschiedener Wissensformen im digitalen Zeitalter. In: Pilz, M. et al. (Hrsg.), Berufsbildung zwischen Tradition und Moderne, Internationale Berufsbildungsforschung, Wiesbaden 2019, S. 103 – 120.

[Breuing 2019] Breuing, K.: Wissensarbeit 4.0: Zur Wertigkeit verschiedener Wissensformen im digitalen Zeitalter. In: Pilz, M. et al. (Hrsg.): Berufsbildung zwischen Tradition und Moderne. Wiesbaden 2019, S. 103 – 120.

[Broadbent 1958] Broadbent, D. E.: Perception and communication. Pergamon, Oxford University Press, New York, 1958.

[Brockhoff 1995] Brockhoff, K.: Management von Innovationen. Gabler Verlag, Wiesbaden, 1995.

[Brödner et al. 1999] Brödner, P., Helmstädter, E., Widmaier, B. (Hrsg.): Wissensteilung – Zur Dynamik von Innovation und kollektivem Lernen. Hampp Verlag, München, Mering, 1999, Schriftenreihe des Instituts Arbeit und Technik im Wissenschaftszentrum Nordrhein-Westfalen, Band 13.

[Broßmann/Mödinger 2011] Broßmann, M., Mödinger, W.: Praxisguide Wissensmanagement. Heidelberg 2011.

[Brown 1991] Brown, J. S.: Research that reinvents the corporation. In: Harvard Business Review, Jan – Feb/1991, S. 102 – 111.

[Brown/Duguid 1991] Brown, J. S., Duguid, P.: Organizational learning and communities-of-practise: Toward a unified view of working, learning, and innovation. In: Organization Science, 2, 1/1991, S. 40 – 57.

[Brown/Duguid 1998] Brown, J. S., Duguid, P.: Organizing Knowledge. In: California Management Review, 40, 3/1998, S. 90 – 111.

[Brown/Gray 1995] Brown, J. S., Gray, E. S.: The People Are the Company. In: Fast Company, 1995, S. 78 – 82.

[Brücher 2004] Brücher, H.: Leitfaden WM-Von der Anforderungsanalyse bis zur Einführung. Zürich 2004.

[Bryner/Markowa 1997] Bryner, A., Markowa, D.: Die lernende Intelligenz. Junfermann, Paderborn, 1997.

[Büchner et al. 2000] Büchner, H., Traub, D., Zahradka, R., Zschau, O.: Web Content Management. Galileo Press, Bonn, 2000.

[Buchner/Brandt 2017] Buchner, A., Brandt, M.: Gedächtniskonzeptionen und Wissensrepräsentationen. In: Müsseler, J., Rieger, M. (Hrsg.), Allgemeine Psychologie, Berlin/Heidelberg 2017, S. 402 – 434.

[Buckingham Shum 1998] Buckingham Shum, S.: Negotiating the Construction of Organisational Memories. In: Borghoff, U. M., Pareschi, R., Information Technology for Knowledge Management, Springer Verlag, Berlin u. a., 1998, S. 55 – 78.

[Budin 1991] Budin, G.: The Structure and Role of Specialized Information in Scientific and Technical Terminologies. In: Bock, H.-H., Ihm P. (Hrsg.), Classification, Data Analysis, and Knowledge Organization Models and Methods with Applications. Springer Verlag, Berlin u.a., 1991, S. 216 - 220.

[Bühner 2005] Bühner, R.: Personalmanagement. 3. Aufl., Oldenbourg Verlag, München, Wien, 2005.

[Bullinger 1995] Bullinger, H.-J.: Electronic Business - Märkte, Technologien, Erfolgsstrategien für Anbieter und Nutzen. Proceedings zum IAO-Forum am 23.11.1995, Fraunhofer IRB Verlag, Stuttgart, 1995.

[Bullinger et al. 1997] Bullinger, H.-J., Wörner, K., Prieto, J.: Wissensmanagement heute. Daten, Fakten, Trends, Fraunhofer Institut für Arbeitswirtschaft und Organisation (IAO). Fraunhofer IRB Verlag, Stuttgart, 1997.

[Bullinger et al. 1998] Bullinger, H.-J., Warschat, J. Prieto, J., Wörner, K.: Wissensmanagement - Anspruch und Wirklichkeit: Ergebnisse einer Unternehmensstudie in Deutschland. In: Information Management, 1/1998, S. 7 - 23.

[Bullinger/Prieto 1998] Bullinger, H.-J., Prieto, J.: Wissensmanagement: Paradigma des intellektuellen Wachstums. In: Pawlowsky, P., Wissensmanagement. Erfahrungen und Perspektiven, Gabler Verlag, Wiesbaden, 1998, S. 87 - 118.

[Bullinger/Warnecke 1996] Bullinger, H.-J., Warnecke, H.-J.: Neue Organisationsformen in Unternehmen. Springer Verlag, Berlin et al., 1996.

[Burford/Ferguson 2011] Burford, S., Ferguson, S.: The A in the Knowledge Management Standards and Frameworks in the Australian Government Sector. In: Journal of Knowledge Management Practice, Vol. 12, 1/2011, S. 1 - 13.

[Bürgel 1998] Bürgel, H.D.: Wissensmanagement. Schritte zum intelligenten Unternehmen. Springer Verlag, Berlin u.a., 1998.

[Bürgel/Gentner 1992] Bürgel, H.D., Gentner, A.: Phasenübergreifende Integration zur Steuerung der Entwicklungs- und Anlaufphasen bei Serienprodukten - Prozeßmanagement und Überleitungsphasen als wirkungsvolle Integrationsmechanismen. In: ZfbF Sonderheft: Integrationsmanagement für neue Produkte, Nr. 30, 1992.

[Burnes 1992] Burnes, B.: Managing change. A strategic approach to organizational development and renewal. Pitman, London, 1992.

[Burnett et al. 2004] Burnett, S.; Illingworth, L.; Webster, L.: Knowledge Auditing and Mapping: A Pragmatic Approach. In: Knowledge and Process Management, Volume 11, 1/2004, S. 25 - 37.

[Burstein et al. 2010] Burstein, F. et al.: Understanding of knowledge management roles and responsibilities: a study in the Australian context. In: Knowledge Management Research and Practice, Vol. 8, 1/2010, S. 76 - 88.

[Busse et al. 2014] Busse, J. et al.: Was bedeutet eigentlich Ontologie? Informatik Spektrum, Vol. 37, 4/2014, S. 286 - 297.

[Buzan/Buzan 2002] Buzan, T., Buzan, B.: Das Mind-Map-Buch. Landsberg a. Lech, 2002.

[Cabrera/Cabrera 2002] Cabrera, A., Cabrera, E.: Knowledge-sharing Dilemmas. In: Organization Studies, Vol. 23, 2002, S. 687 - 710.

[Caglayan/Harrison 1997] Caglayan, A., Harrison, C.: Agent Sourcebook. A Complete Guide to Desktop, Internet, and Intranet Agents. John Wiley & Sons, 1997.

[Camazine et al. 2001] Camazine, S., Deneubourg. J.L., Nigel, R.F., Sneyd, J., Theraulaz, G., Bonabeau, E.: Self-Organization in Biological Systems. Princeton University Press, Princeton, 2001.

[Cannon et al. 1997] Cannon, J.W., Floyd, W.J, Kenyon, R., Parry, W.R.: Hyperbolic Geometry. In: Levy, S., Flavors of Geometry, Cambridge University Press, Cambridge, 1997, S. 59 - 115.

[Capurro 1978] Capurro, R.: Information. Ein Beitrag zur etymologischen und ideengeschichtlichen Begründung des Informationsbegriffs. Saur, München et al., 1978.

[Carroll 1988] Carroll, G. R.: Ecological models of organizations. Ballinger Publishing, Cambridge, 1988.

[Cartwright/Zander 1968] Cartwright, D., Zander, A.: Group Dynamics: Research and Theory. Harper & Row, New York, 1968.

[Centobelli et al. 2018] Centobelli, P. et al.: How to deal with knowledge management misalignment: a taxonomy based on a 3D fuzzy methodology. In: Journal of Knowledge Management, Vol. 22, 3/2018, S. 538 - 566.

[Centobelli/Cerchione/Esposito 2017] Centobelli, P., Cerchione, R., Esposito, E.: Knowledge Management in Startups: Systematic Literature Review and Future Research Agenda. In: Sustainability, Vol. 9, 3/2017, S. 1 - 19.

[Cerchione/Esposito 2017] Cerchione, R., Esposito, E.: Using knowledge management systems: A taxonomy of SME strategies. In: International Journal of Information Management, Vol. 37, 2017, S. 1551 - 1562.

[Chandrasekaran et al. 1999] Chandrasekaran, B., Josephson, J. R., Benjamins, V. R.: What Are Ontologies, and Why Do We Need Them? In: IEEE Intelligent Systems, 14, 1/1999, S. 20 - 26.

[Chawla/Joshi 2010] Chawla, D., Joshi, H.: Knowledge management practices in Indian industries - a comparative study. In: Journal of Knowledge Management, Vol. 14, 8/2010, S. 708 - 725.

[Chawla/Joshi 2011] Chawla, D., Joshi, H.: Impact of Knowledge Management Dimensions on Learning Organization in Indian Organizations - A Comparison. In: Knowledge and Process Management, Vol. 18, 4/2011, S. 266 - 277.

[Cheese et al. 2009] Cheese, P. et al.: Creating an agile organization. Outlook. In: The Journal of High-Performance Business, 10, 2009, S. 1-13.

[Chen et al. 2013] Chen, Y-J. et al.: Adapting domain ontology for personalized knowledge search and recommendation. In: Information & Management, Vol. 50, 2013, S. 285 - 303.

[Chen et al. 2014] Chen, Y. et al.: Knowledge Market Design: A field experiment at Google Answers. Journal of Public Economic Theory, Vol. 12, 4/2010, S. 641 - 664.

[Chen et al. 2019] Chen, L. et al.: Why do participants continue to contribute? Evaluation of usefulness voting and commenting motivational affordances within an online knowledge community. In: Decision Support Systems, Vol. 118, 1/2019, S. 21 - 32.

[Chen/Karahanna 2018] Chen, A., Karahanna, E.: Effects of Technology-Mediated Work Interruptions on Work and Non-Work Outcomes. In: MIS Quarterly, Vol. 42, 4/2018, S. 1023 - 1042.

[Cheong/Tsui 2011] Cheong, R. K. F., Tsui, E.: From Skills and Competencies to Outcome-based Collaborative Work: Tracking a Decade's Development of Personal Knowledge Management (PKM) Models. Knowledge an Process Management, Vol. 18, 3/2011, S. 175 - 193.

[Choi 2010] Choi, S. Y. et al.: The Impact of Information Technology and Transactive Memory Systems on Knowledge Sharing, Application, and Team Performance: A Field Study. In MISQ, Vol. 34, 4/2010, S. 855 - 870.

[Choy 2004] Choy, S. Y., Lee, W. B., Cheung, C. F.: A Systematic Approach for Knowledge Audit Analysis: Integration of Knowledge Inventory, Mapping and Knowledge Flow Analysis. In: Journal of Universal Computer Science, 10, 6/2004, S. 674 - 682.

[Christensen/Bukh 2009] Christensen, K. S., Bukh, P. N.: Knowledge management in projects: insights from two perspectives. In: International Journal of Knowledge Management Studies, Vol. 3 No. 3/4, 2009, DOI: 10.1504/IJKMS.2009.028843.

[Christmann-Jacoby/Maas 1997] Christmann-Jacoby, H., Maas, R.: Wissensmanagement im Projektumfeld auf Basis von Internet-Technologien. In: IM, 12. Jg., 1997, S. 16 - 26.

[Chrobok 1998] Chrobok, R.: Netzwerk. In: Zeitschrift für Führung und Organisation (zfo), 4/1998, S. 242 - 243.

[Chua 2007] Chua, A.: The curse of success: Knowledge-management projects often look good in the beginning. But then problems arise. In: The Wall Street Journal, April 28, 2007, R8.

[Chua/Lam 2005] Chua, A., Lam, W.: Why KM projects fail: a multi-case analysis. In: Journal of Knowledge Management, 9. Jg., 3/2005, S. 6 - 17.

[Claas 1998] Claas, F.: Auswirkungen von Telearbeit auf kulturbewußte Führung. In: Zeitschrift für Führung und Organisation (zfo), 67. Jg, 4/1998, S. 207 - 212.

[Clancey 1997] Clancey, W. J.: Situated Cognition: On Human Knowledge and Computer Representations. Cambridge University Press, Cambridge, 1997.

[Clausen 1998] Clausen, N.: OLAP - Multidimensionale Datenbanken. Produkte, Markt, Funktionsweisen und Implementierungen. Addison-Wesley, Bonn, 1998.

[Codd 1970] Codd, E. F.: A relational model of data for large shared data banks. In: Communications of the ACM, 13, 6, 1970, S. 377 - 387.

[Coffey/Eskridge 2008] Coffey, J. W., Eskridge, T. C.: Case Studies of Knowledge Modeling for Knowledge Preservation and Sharing in the U. S. Nuclear Power Industry. In: Journal of Information and Knowledge Management, Vol. 7, 3/2008, S. 173 - 195.

[Collins 1975] Collins, R.: Conflict Sociology. Academic Press, New York, 1975.

[Corsten/May 1996] Corsten, H., May, C.: Neuronale Netze in der Betriebswirtschaft. Anwendung in Prognose, Klassifikation und Optimierung. Gabler Verlag, Wiesbaden, 1996.

[Covington 1985] Covington, C. R.: Development of organizational memory in presidential agencies. In: Administration and Society, 17, 1985, S. 171 - 196.

[Crane 2011] Crane, L.: What Do Knowledge Managers Manage? Practitioners' Discourse. In: An Online Forum Compared And Contrasted With The Literature. In: Journal of Knowledge Management Practice, Vol. 12, 4/2011, Online: www.tlainc.com/articl278.htm.

[Crane 2013] Crane, L.: A New Taxonomy Of Knowledge Management Theory: The Turn To Knowledge As Constituted In Social Action. In: Journal of Knowledge Management Practice, Vol. 14, 1/2013.

[Crane/Self 2014] Crane, L., Self, R. J.: BIG DATA ANALYTICS: a threat or an opportunity for Knowledge Management? In: Proceedings oft he 9th International Conference on Knowledge Management in Organizations, Santiago 2014, S. 25 - 34.

[Cress et al. 2003] Cress, U., Barquero, B., Buder, J., Schwan, S., Hesse, F. W.: Wissensaustausch mittels Datenbanken als Öffentliches-Gut-Dilemma. - Die Wirkung von Rückmeldungen und Belohnungen. Zeitschrift für Psychologie, 211, 2003, S. 75 - 85.

[Cress et al. 2007] Cress, U., Barquero, B., Schwan, S., & Hesse, F. W.: Improving quality and quantity of contributions: Two models for promoting knowledge exchange with shared databases. Computers & Education, Vol. 49, 2/2007, S. 423 - 440.

[Cummins/Bawden 2010] Cummins, J., Bawden, A.: Accounting for information: Information and knowledge in the annual reports of FTSE 100 companies. In: Journal of Information Science, Vol. 36, 3/2010, S. 283 - 305.

[Cusamano/Selby 1995] Cusamano, M. A., Selby, R. W.: Microsofts Secrets: How the World's Most Powerful Software Company Creates Technology, Shapes Markets, and Manages People. New York, 1995.

[Cyert/March 1963] Cyert, R. M., March, I. G.: A Behavioral Theory of the Firm. Englewood Cliffs, 1963.

[D'Arcy et al. 2014] D'Arcy, J. et al.: Reflecting on the "Dark Side" of Information Technology Use. In: CAIS, Vol. 35, July 2014, S. 109 - 118.

[Daft/Weick 1984] Daft, R. L., Weick, K. E.: Toward a model of organizations as interpretation systems. In: Academy of Management Review, 9, 1984, S. 284 - 295.

[Daghfous et al. 2013] Daghfous, A. et al.: Understanding and managing knowledge loss. In: Journal of Knowledge Management. Vol. 17, 5/2013, S. 639 - 660.

[Daghfous/Belkhodja/Angell 2013] Daghfous, A.; Belkhodja, O.; Angell, L. C.: Understanding and managing knowledge loss. In: Journal of Knowledge Management, Vol. 17, 5/2013, S. 639 - 660.

[Dal Zotto 1997] Dal Zotto, C.: Weitere Entwicklungen der Lernenden Organisation. In: Drumm, H.J., Moderne Organisationsstrukturen und ihre personalwirtschaftlichen Implikationen. Regensburger Diskussionsbeiträge zur Wirtschaftswissenschaft, Regensburg, 1997, S. 53 - 70.

[Dankbaar/Vissers 2009] Dankbaar, B., Vissers, G.: Of Knowledge and Work, MPIfG Working Paper 09 /16, Max-Planck-Institut für Gesellschaftsforschung, Köln, 2009

[Darroch 2003] Darroch, J.: Developing a measure of knowledge management behaviors and practices. In: Journal of Knowledge Management, Vol. 7, 5/2003, S. 41 - 54.

[Dataware Technologies Inc. 1998] Dataware Technologies Inc.: Knowledge Management - Linking People to Knowledge for Bottom Line Results. Cambridge, 1998.

[Datta 2012] Datta, A.: IT-Based Knowledge Capability and Commercialization of Innovations: Modeling the Impacts of Ambidexterity and Absorptive Capacity. In: International Journal of Knowledge Management, Vol. 8, 3/2012, S. 84 - 98.

[Datta 2012] Datta, A.: IT-based Knowledge Capability and Commercialization of Innovations: Modeling the Impacts of Ambidexterity and Absorbtive Capacity. In: International Journal of Knowledge Management, Vol. 8, 3/2012, S. 83 - 97.

[Davenport 1997] Davenport, T.H.: Information Ecology. Mastering the Information and Knowledge Environment. 2. Aufl., Oxford University Press, New York, 1997.

[Davenport et al. 1998] Davenport, T.H., et al.: Succesful Knowledge Management Projects. In: Sloan Management Review, Bd. 39, 2/1998, S. 43 - 58.

[Davenport/Holsapple 2011] Davenport, D.I., Holsapple, C.W.: Knowledge Organizations. In: Schwartz, D., Te'eni, D. (Hrsg.): Encyclopedia of Knowledge Management, 2nd Ed., IGI Global 2011, S. 823 - 832.

[Davenport/Prusak 1998] Davenport, T.H., Prusak, L.: Working Knowledge. How Organizations Manage What They Know. Harvard Business School Press, Boston, 1998.

[Davenport/Ronanki 2018] Davenport, T.H., Ronanki, R.: Artificial intelligence for the real world. In: Harvard Business Review, Vol. 96, 1/2018, S. 108 - 116.

[Davis 1992] Davis, St.: Connectionism: Theory and Practice. Oxford University Press, New York, 1992.

[De Angelis 2013] De Angelis, C.T.: A Knowledge Management and Organizational Intelligence Model for Public Sector Administrations, PhD-Thesis, SKEMA Business School, Lille, 2013.

[De Carvalho/Ferreira 2011] de Carvalho, R.B., Ferreira, M.A.T.: Knowledge Management Software. In: Schwartz, D., Te'eni, D. (Hrsg.): Encyclopedia of Knowledge Management, 2nd Ed., IGI Global 2011, S. 738 - 749.

[De Holan/Philips 2004] De Holan, P.M.; Phillips, N.: Remembrance of Things Past? The Dynamics of Organizational Forgetting. In: Management Science, Vol. 50, November 2004, S. 1603 - 1613.

[De Jager 1999] de Jager, M.: The KMAT: benchmarking knowledge management. Library Management, Vol. 20, 7/1999, S. 367 - 372.

[De Sá 2001] de Sá, J.P.M.: Pattern recognition. Springer Verlag, Berlin u.a., 2001.

[De Toni et al. 2011] De Toni, A.F. et al.: A model for assessing the coherence of companies' knowledge strategy. In: Knowledge Management Research and Practice, Vol. 9, 4/2011, S. 327 - 341.

[De Jong/Ferguson-Hessler 1996] De Jong, T., Fergusson-Hessler, M.G.M.: Types and qualities of knowledge. In: Educational Psychologist, 31, 1996, S. 105 - 113.

[Deal/Kennedy 1982] Deal, T.E., Kennedy, A.A.: Corporate Cultures, The Rites and Rituals of Corporate Life. Perseus Books, Massachusetts, 1982.

[Degenhardt et al. 2012] Degenhardt, B. et al.: Empirische Befunde zur Gestaltung von Bürolandschaften für Wissensarbeit. In: GfA e.V. (Hrsg.) Gestaltung nachhaltiger Arbeitssysteme. 58. Kongress der Gesellschaft für Arbeitswissenschaft, Dortmund 2012, S. 207 - 210.

[DeGooijer 2000] DeGooijer, J.: Designing a knowledge management performance framework. In: Journal of Knowledge Management, 4, 4/2000, S. 303 - 310.

[Deking 2003] Deking, I.: Management des Intellectual Capital: Bildung einer strategiefokussierten Wissensorganisation. DUV, Wiesbaden, 2003.

[DeLone/McLean 1992] DeLone, W. H., McLean, E. R.: Information Systems Success: The Quest for the Depend Variable. In: Information Research, 3, 1/1992, S. 259 - 274.

[DeLong 2004] DeLong, D. W.: Lost Knowledge, Confronting the Threat of an Aging Workforce. New York 2004.

[Dennett 1969] Dennett, D. C.: Content and Consciousness. Routledge, London, 1969.

[Dennis et al. 2008] Dennis, A. R. et al.: Media, Tasks, and Communication Processes: A Theory of Media Synchronicity. In: MIS Quarterly, Vol 32, 3/2008, S. 575 - 600.

[Desjardins 2018] Desjardins, J.: What happens in an Internet Minute in 2018. www.visualcapitalist.com/internet-minute-2018/.

[Desouza et al. 2005] Desouza, K. et al.: Facilitating knowledge management through market mechanism. In: Knowledge and Process Management, Vol. 12, 2/2005, S. 99 - 107.

[Dick et al. 2016] Dick, M. et al. (Hrsg.): Handbuch Professionsentwicklung, Stuttgart 2016

[Dierker/Sander 1996] Dierker, M., Sander, M.: Lotus Notes 4.x: Arbeiten im Team. Addison-Wesley, Bonn, 1996.

[Dierkes et al. 2001] Dierkes, M. et al. (Hrsg.): Handbook of Organizational Learning and Knowledge. New York 2001.

[Disterer 2000] Disterer, G.: Individuelle und soziale Barrieren beim Aufbau von Wissenssammlungen. In: Wirtschaftsinformatik 6/2000, S. 539 - 546.

[Dittmar 2004] Dittmar, C.: Knowledge Warehouse. Ein integrativer Ansatz des Organisationsgedächtnisses und die computergestützte Umsetzung auf Basis des Data Warehouse-Konzeptes. Gabler Verlag, Wiesbaden, 2004.

[Dixon 1994] Dixon, N.: Organizational Learning Cycle: How we can Learn Collectively. Maidenhead, Birkshire, 1994.

[Döbler 2010] Döbler, Th.: Wissensmanagement: Open Access, Social Networks, E-Collaboration. In: Schweiger, W., Beck, K. (Hrsg.): Handbuch Online-Kommunikation. Wiesbaden 2010, S. 385 - 408.

[Dodgson 1993] Dodgson, M.: Organizational learning: A review of some literatures. In: Organization Studies, 14, 3/1993, S. 375 - 394.

[Dogan et al. 2011] Dogan, H. et al.: The Risk of Information Management Without Knowledge Management: A Case Study. In: Journal of Information & Knowledge Management, Vol. 10, 4/2011, S. 393 - 408.

[Döring 2003] Döring, N.: Sozialpsychologie des Internet. Die Bedeutung des Internet für Kommunikationsprozesse, Identitäten, soziale Beziehungen und Gruppen. 2. Aufl., Hogrefe-Verlag, Göttingen u. a., 2003.

[Dovey/White 2005] Dovey, K., White, R.: Learning about learning in knowledge-intense organizations. In: The Learning Organization, 12, 3/2005, S. 246 - 260.

[Drew 1999] Drew, S.: Building Knowledge Management into Strategy: Making Sense of a New Perspective. In: Long Range Planning, 32, 1/1999, S. 130 - 136.

[Dreyfus/Dreyfus 1987] Dreyfus, H. L., Dreyfus, S. E.: Künstliche Intelligenz. Von den Grenzen der Denkmaschine und dem Wert der Intuition. Reinbek, Rowohlt, 1987.

[Drucker 1991] Drucker, P. F.: Management. Tasks, Responsibilities, Practices, London, 1991.

[Drucker 1993] Drucker, P. F.: The Post-Capitalist Society. HarperCollins, New York, 1993.

[Drumm 1995] Drumm, H. J.: Personalwirtschaftslehre. 3. Aufl., Springer Verlag, Berlin, Heidelberg, 1995.

[Duchek 2013] Duchek, St.: Capturing Absorptive Capacity: A Critical Review and Future Prospects. In: sbr, Vol. 65, Juli 2013, S. 312 - 329.

[Dul et al. 2011] Dul, J. et al.: Knowledge Workers' Creativity and the Role oft he Physical Work Environment. In: Human Resource Management, Vol. 50, 6/2011, S. 715 - 734.

[Duncan/Weiss 1979] Duncan, R.B., Weiss, A.: Organizational Learning: Implications for Organizational Design. In: Staw, B., Research in Organizational Behaviour, Greenwich, Conn, 1979, S. 75 - 123.

[Durst/Bruns 2018] Durst, S., Bruns, G.: Knowledge Management in Small and Medium-Sized Enterprises. In: Syed, J.; Hislop, D.; Murray, P.A.; Mouzughi, Y. (Hrsg.): The Palgrave Handbook of Knowledge Management, 2018, S. 495 - 514.

[Durst/Edvardsson 2012] Durst, S., Edvardsson, I.R.: Knowledge Management in SMEs: a literature review. In: Journal of Knowledge Management, Vol. 16, 6/2012, S. 897 - 903.

[Earl 2001] Earl, M.: Knowledge management strategies: Toward a taxonomy. In: Journal of Management Information Systems; Summer 2001, S. 215 - 233.

[Earl/Scott 1999] Earl, M.J., Scott, I.A.: What is a Chief Knowledge Officer? In: Sloan Management Review, 40, 2/1999, S. 29 - 38.

[Easton 1965] Easton, D.A.: A systems analysis of political life. New York u.a., 1965.

[Eckert/Popescu-Zeleti 2014] Eckert, K.-P., Popescu-Zeleti, R.: Smart Data als Motor für Smart Cities. In: Informatik Spektrum, Vol. 37, 2/2014, S. 120 - 126.

[Edvardsson/Durst 2014] Edvardsson, I.R., Durst, S.: Outsourcing of knowledge processes: a literature review. In: Journal of Knowledge Management, Vol. 18, 4/2014, S. 795 - 811.

[Edvinsson/Malone 1997] Edvinsson, L., Malone, M.S.: Intellectual Capital: Realizing your company's true value by finding its hidden brainpower. Collins, New York, 1997.

[Eibl et al. 2006] Eibl, M., Reiterer, H., Stephan, P.F.: Knowledge Media Design. Theorie, Methodik, Praxis. 2. Aufl., Oldenbourg Verlag, München, 2006.

[Endruweit 1998] Endruweit, G.: Beiträge zur Soziologie. Band 2, Institut für Soziologie, Kiel, 1998.

[Endruweit 2004] Endruweit, G.: Organisationssoziologie. Lucius & Lucius, Stuttgart, 2004.

[Engelien/Bender 1998] Engelien, M., Bender, K.: Gemeinschaften in neuen Medien. Josef Eul Verlag, Lohmar, Köln, 1998.

[Enkel 2005] Enkel, E.: Management von Wissensnetzwerken. Erfolgsfaktoren und Beispiele. Wiesbaden, 2005.

[Enkel/Back 2002] Enkel, E., Back, A.: Wissensnetzwerke: Das neue Instrument zur Förderung von Wissensaustausch und Wissensentwicklung in Unternehmen. In: Bleicher, K., Berthel, J. (Hrsg.), Auf dem Weg in die Wissensgesellschaft, Frankfurter Allgemeine Buch, Frankfurt, 2002.

[Eppler 1997] Eppler, M.J.: Führer durch den „Wissensdschungel". In: Gablers Magazin, 8/1997, S. 10 - 13.

[Eppler 2003] Eppler, M.J.: Making Knowledge Visible through Knowledge Maps: Concepts, Elements, Cases. In: Holsapple, C.W. (Hrsg.), Handbook on Knowledge Management, Springer Verlag, Heidelberg, 2003, Band 1, S. 189 - 205.

[Eppler 2011] Eppler, M.: Knowledge Communication. In: Schwartz, D., Te'eni, D. (Hrsg.): Encyclopedia of Knowledge Management, 2nd Ed., IGI Global 2011, S. 515 - 526.

[Ergazakis et al. 2004] Ergazakis, K., et al.: Towards knowledge cities: conceptual analysis and success stories. In: Journal of Knowledge Management, Vol. 8, 5/2004, S. 5 - 15.

[Ergazakis et al. 2013] Ergazakis, K. et al.: Knowledge-based development research: a comprehensive literature review 2000 - 2010. In: Knowledge Management Research & Practice, Vol. 11, 2013, S. 78 - 91.

[Erickson/Rothberg 2013] Erickson, G. S., Rothberg, H. N.: Alternative Metrics for Assessing Knowledge Assets. In: Journal of Information & Knowledge Management, 2013.

[Erlach et al. 2013] Erlach, Ch. et al.: Wissenstransfer bei Fach- und Führungskräftewechsel. München 2013.

[Ernst 1998] Ernst, H.: Was will ich wirklich wissen? In: Psychologie Heute, 25, 7/1998, 1998, S. 21 - 26.

[Esken/Heckmann 1998] Esken, F., Heckmann, D.: Bewußtsein und Repräsentation. Mentis Verlag, Paderborn, 1998.

[Espejo et al. 1996] Espejo, R., Schuhmann, W., Schwaninger, M.: Organizational Transformation and Learning. John Wiley & Sons, 1996.

[Eulgem 1998] Eulgem, St.: Die Nutzung des unternehmensinternen Wissens. Ein Beitrag aus der Perspektive der Wirtschaftsinformatik. Verlag Peter Lang, Frankfurt, 1998.

[Evans et al. 2014] Evans, M. et al.: A Holistic View of the Knowledge Life Cycle: The Knowledge Management Cycle (KMC) Model. In: The Electronic Journal of Knowledge Management, Vol. 12, 2/2014, S. 85 - 97.

[Evans et al. 2014] Evans, M. et al: A Holistic View of the Knowledge Life Cycle: The Knowledge Management Cycle (KMC) Model. In: The Electronic Journal of Knowledge Management, Vol. 12, 2/2014, S. 85 - 97.

[Evers/Kaiser/Müller 2003] Evers, H.-D., Kaiser, M., Müller, Ch.: Entwicklung durch Wissen - eine neue globale Wissensarchitektur. In: Kaiser, M. (Hrsg.): WeltWissen - Entwicklungszusammenarbeit in der Weltgesellschaft, Bielefeld 2003, S. 43 - 78.

[Falkner 1996] Falkner, M.: How to Plan, Develop and Implement Lotus Notes in Your Organization. John Wiley & Sons, New York, 1996.

[Fayol 1929] Fayol, H.: Allgemeine und industrielle Verwaltung. Oldenbourg Verlag, München, Berlin, 1929.

[Feeny/Willcocks 1998] Feeny, D. E., Willcocks, L. P.: Core IS Capabilities for Exploiting Information Technology. In: Sloan Management Review, Spring 1998, S. 9 - 21.

[Felfe 2002] Felfe, J.: Organizational Development and Leadership. Verlag Peter Lang, Frankfurt am Main, 2002.

[Felin/Zenger 2014] Felin, T., Zenger, T. R.: Closed or open innovation? Problem solving and the governance choice. In: Research Policy, Vol. 43, 5/2014, S. 914 - 925.

[Ferber 1999] Ferber, J.: Multi-Agent Systems. An Introduction to Distributed Artificial Intelligence. Addison-Wesley, Harlow, 1999.

[Fiedler 1967] Fiedler, F. E.: A Theory of Leadership Effectiveness. McGrawHill, New York, 1967.

[Fiol/Lyles 1985] Fiol, C. M., Lyles, M. A.: Organizational Learning. In: Academy of Management Review, 10, 1985, S. 803 - 813.

[Firestone 1999] Firestone, J. M.: Knowledge Base Management Systems and The Knowledge Warehouse: A „Strawman“. 1999, http://www.dkms.com/papers/kbmskwbak.pdf, August 2005.

[Fisher 2010] Fisher, L.: Schwarmintelligenz. Frankfurt a. M. 2010.

[Fitzek 2002] Fitzek, D.: Kompetenzbasiertes Management: Ein Ansatz zur Messung und Entwicklung von Unternehmenskompetenzen. Institut für Technologiemanagement, Universität St. Gallen, 2002.

[Flach 2012] Flach, P.: Machine Learning - The art and science of algorithms that make sense of data. 6. Auflage, Cambridge 2012.

[Fochler et al. 1997] Fochler, K., Primoz, P., Ungermann, J.: Lotus Domino 4.5: Internet- und Intranetlösungen mit dem Lotus Domino-Server. Addison-Wesley, Bonn, 1997.

[Fonseca 2015] Fonseca, L.: From Quality Gurus and TQM to ISO 9001:2015: a review of several Quality paths. In: Journal of Engineering and Management, Vol. 9, 1/2015, S. 167 - 180.

[Foucault 1973] Foucault, M.: Archäologie des Wissens. Suhrkamp Verlag, Frankfurt am Main, 1973.

[Frank 2009] Frank, T.: Der Schutz von Unternehmensgeheimnissen im öffentlichen Recht. Frankfurt 2009.

[Frank/Schauer 2001] Frank, U., Schauer, H.: Potentiale und Herausforderungen des Wissensmanagements aus der Sicht der Wirtschaftsinformatik. In: Schreyögg, G., Wissen in Unternehmen. Konzepte, Maßnahmen, Methoden, Erich Schmidt Verlag, 2001, S. 163 - 182.

[Franke et al. 2003] Franke, J., Nakhaeizadeh, G., Renz, I.: Text Mining. Theoretical Aspects and Applications. Physica Verlag, Berlin, 2003.

[Franken/Braganza 2006] Franken, A., Braganza, A.: Organizational forms and knowledge management: one size fits all? In: International Journal of Knowledge Management Studies, 1, 1 - 2/2006, S. 18 - 37.

[Frenkel et al. 1995] Frenkel, S. et al.: Re-constituting Work: Trends Towards Knowledge Work and Infonormative Control, Work. In: Employment and Society, 4/1995, S. 773 - 796.

[Freytag 2014] Freytag, J.-Ch.: Grundlagen und Visionen großer Forschungsfragen im Bereich Big Data. In: Informatik Spektrum, Vol. 37, 2/2014, S. 97 - 104.

[Frischmuth 2002] Frischmuth, N.: Anreizsysteme für den innerbetrieblichen Wissensmarkt. Organisatorische und technologische Möglichkeiten. Marburg 2002.

[Frochte 2018] Frochte, J.: Maschinelles Lernen: Grundlagen und Algorithmen in Python. München 2018.

[Frost/Frank 2011] Frost, I., Frank, K.: Wissensmanagement-Visionäre: Trends und Strategien. Community of Knowledge: http://www.community-of-knowledge.de/beitrag/wissensmanagement-visionaere-trends-und-strategien/, 2011.

[Fteimi/Basten/Lehner 2019] Fteimi, N., Basten, D., Lehner, F.: Advancing Automated Content Analysis in Knowledge Management Research: The Use of Compound Concepts. In: International Journal of Knowledge Management (IJKM), Vol. 15, 1/2019, S. 53 - 67.

[Fteimi/Lehner 2013] Fteimi, N., Lehner, F.: A Systematic Review and Comparison of Knowledge Management-Frameworks. Proceedings of the ECKM 2013, Academic Publishing International, ISBN 978-1-909507-38-8 Reading UK, 2013, S. 219 - 226.

[Fteimi/Lehner 2015] Fteimi, N., Lehner, F.: Main Research Topics in Knowledge Management: A Content Analysis of ECKM Publications. In: Garlatti, A., Massaro, M. (Hrsg.): Proceedings of the 16th European Conference on Knowledge Management, Reading UK, 2015, S. 283 - 292.

[Fteimi/Lehner 2018] Fteimi, N., Lehner, F.: Analysing and classifying knowledge management publications - A proposed classification scheme. In Journal of Knowledge Management, Vol. 22, 7/2018, S. 1527 - 1554.

[Gailbraith 1973] Gailbraith, J.: Designing Complex Organizations. Reading, MA: 1973.

[Gailbraith 1977] Gailbraith, J.: Organization Design. Reading MA: 1977.

[Gaitanides et al. 1994] Gaitanides, M., Scholz, R., Vrohlings, A.: Prozeßmanagement. Hanser Verlag, München, 1994.

[Ganter/Wille 1996] Ganter, B., Wille, R.: Formale Begriffsanalyse. Mathematische Grundlagen. Springer Verlag, Berlin, Heidelberg, 1996.

[Garavelli et al. 2004] Garavelli, C., Gorgoglione, M., Scozzi, B.: Knowledge management strategy and organization: a perspective of analysis. In: Knowledge and Process Management, 11, 4/2004, S. 273 - 282.

[Garg et al. 2011] Garg, R. et al.: Measuring Information Diffusion in an Online Community. In: Journal of Information Systems, Vol. 28, 2/2011, S. 11 - 37.

[Garratt 1990] Garratt, B.: Creating a Learning Organisation: A Guide to Leadership, Learning and Development. Director Books, Cambridge, 1990.

[Garvin 1993] Garvin, D. A.: Building a Learning Organization. In: Harvard Business Review, July/ August, 1993, S. 78 - 91.

[Gaviria-Marin et al. 2018] Gaviria-Marin, M. et al.: Twenty years of the Journal of Knowledge Management. A bibliometric analysis. In: Journal of Knowledge Management, Vol. 22, 8/2018, S. 1655 - 1687.

[Gazzaniga et al. 1998] Gazzaniga, M. S., Ivry, R. B., Mangun, G. R.: Cognitive neuroscience. The biology of the mind. Norton, New York u. a., 1998.

[Gebert 1987] Gebert, D.: Der personale Ansatz. Änderung des Sozialverhaltens durch Lernprozesse. In: Rosenstiel, L. v., Motivation durch Mitwirkung, Schäffer-Poeschel Verlag, Stuttgart, 1987, S. 39 - 47.

[Gebert/Rosenstiel 2002] Gebert, D., Rosenstiel, L. v.: Organisationspsychologie. 5. Aufl., Kohlhammer Verlag, Stuttgart, 2002.

[Geiger 2006] Geiger, D.: Wissen und Narration. Der Kern des Wissensmanagements. Berlin 2006

[Geisler 2007] Geisler, E.: A typology of knowledge management: strategic groups and role behaviour in organizations. In: Journal of Knowledge Management, 11, 1/2007, S. 84 - 96.

[Gemünden 1992] Gemünden, H. G.: Informationsverhalten. In: Frese, E., Handwörterbuch der Organisation, Band 2, 3. Aufl., Schäffer-Poeschel Verlag, Stuttgart, 1992, S. 1010 - 1029.

[Gerhard/Seufert 2001] Gerhard, J., Seufert, S.: Wie gibt man implizites Wissen weiter: ‚Communities of Practice' bei der Xerox Group. In: Eppler, M., Sukowski, O., Fallstudien zum Wissensmanagement: Lösungen aus der Praxis. Aufbereitet für die Aus- und Weiterbildung, NetAcademy Press, St. Gallen, 2001, S. 119 - 142.

[Gersbach 1991] Gersbach, H.: Informationseffizienz in Mehrheitsentscheidungen. DUV, Wiesbaden, 1991.

[Gerybadze 1999] Gerybadze, A.: Technologie- und Innovationsmanagement. Verlag Franz Vahlen, Wiesbaden, 1999.

[Geschka 1983] Geschka, H.: Innovationsmanagement. In: Management-Enzyklopädie, vdi-Verlag, Landsberg Lech, 1983, S. 823 - 837.

[Ghobadi 2015] Ghobadi, Sh.: What drives knowledge sharing in software development teams: A literature review and classification framework. In: Information & Management, Vol. 52., 2015, S. 82 - 97.

[Giddens 1976] Giddens, A.: New rules for sociological method. Basic Books, New York, 1976.

[Gilad/Gilad 1988] Gilad, B., Gilad, T.: The Business Intelligence System. AMACOM, New York, 1988.

[Gomez/Probst 1995] Gomez, P., Probst, G. J.: Die Praxis des ganzheitlichen Problemlösens - Vernetzt denken, Unternehmerisch handeln, Persönlich überzeugen. Verlag Paul Haupt, Wien 1995.

[Goodhue/Thompson 1995] Goodhue, D. L., Thompson, R. L.: Task-Technology Fit and Individual Performance. In: MIS Quarterly, 19, June 1995, S. 213 - 236.

[Goodman/Darr 1998] Goodman, P. S., Darr, E. D.: Computer-Aided Systems and Communities: Mechanisms for Organizational Learning in Distributed Environments. In: MIS Quarterly, 22, 4/1998, S. 417 - 440.

[Gora/Schulz-Wolfgramm 2003] Gora, W., Schulz-Wolfgramm, C.: Informations Management. Handbuch für die Praxis. Springer Verlag, Berlin, Heidelberg, 2003.

[Götzer et al. 2004] Götzer, K., Schneiderath, U., Maier, B., Komke, T.: Dokumentenmanagement. Informationen im Unternehmen effizient nutzen. 3. Aufl., dpunkt-Verlag, Heidelberg, 2004.

[Graggober et al. 2003] Graggober, M., Ortner, J., Sammer, M. (Hrsg.): Wissensnetzwerke. Konzepte, Erfahrungen und Entwicklungsrichtungen. Deutscher Universitätsverlag, Wiesbaden, 2003.

[Grandinetti 2016] Grandinetti, R.: Absorptive capacity and knowledge management in small and medium enterprises. In: Knowledge Management Research & Practice, Vol. 14, 2016, S. 159 - 168.

[Grant 1996] Grant, R.M.: Toward a knowledge-based theory oft he firm. In: Strategic Management Journal, Vol. 17, 1996, S. 109 – 122.

[Grant 1997] Grant, R.M.: The knowledge-based view of the firm: Implications for management practice. Long Range Planning, Vol. 30, 3/1997, S. 450 – 454.

[Green et al. 1983] Green, S.G., Bean, A.S., Snavely, B.K.: Idea Management in R&D as a human information processing analog. In: Human Systems Management, 4, 1983, S. 98 – 112.

[Greiner 1972] Greiner, L.E.: Evolution and revolution as organizations grow. In: Harvard Business Review, 50, 4/1972, S. 37 – 46.

[Greskamp 2010] Greskamp, F.: Tipping Point. In: Michelis, D., Schildhauer Th. (Hrsg.): Social Media Handbuch, Baden-Baden 2010, S. 53 – 65.

[Grolik 2004] Grolik, S.:Wissenskultur in der Betriebswirtschaft – Bestandteil des Wissensmanagements von Organisationen. Arbeitsbericht, Universität Frankfurt 2004.

[Gronau et al. 2009] Gronau, N., et al.: Anwendungen und Systeme für das WM – Ein aktueller Überblick. 3. Aufl., Berlin 2009.

[Gronau et al. 2004] Gronau, N., Müller, C., Uslar, M.: The KMDL Knowledge Management Approach: Integrating Knowledge Conversions and Business Process Modeling. In: Karagiannis, D., Reimer, U., Practical Aspects of Knowledge Management. 5th International Conference, PAKM 2004, Vienna, Austria, December 2 – 3, 2004. Proceedings, Springer Verlag, Berlin u.a., 2004, S. 1 – 10.

[Gruber 1993] Gruber, T.R.: A Translation Approach to Portable Ontology Specifications. In: Knowledge Acquisition, 6, 2/1993, S. 199 – 221.

[Gruber 1999] Gruber, H.: Erfahrung als Grundlage kompetenten Handelns. Huber Verlag, Bern u.a., 1999.

[Gruber et al. 2004] Gruber, H., Harteis, C., Rehrl, M.: Wissensmanagement und Expertise. In: Reinmann, G., Mandl, H., Psychologie des Wissensmanagement. Perspektiven, Theorien und Methoden, Hogrefe-Verlag, Göttingen, u.a. 2004.

[Gruber/Mandl 1996] Gruber, H., Mandl, H.: Das Entstehen von Expertise. In: Hoffmann, J., Kintsch, W., Enzyklopädie der Psychologie, Serie Kognition, Band Lernen, Hogrefe-Verlag, Göttingen u.a., 1996, S. 583 – 615.

[Gründler 1998] Gründler E.C.: Verantwortung statt Hierarchie. In: Psychologie Heute, 7/1998, S. 45 – 49.

[Gulbins et al. 2002] Gulbins, J., Seyfried, M., Strack-Zimmermann, H.: Dokumenten Management. 3. Aufl., Springer Verlag, Berlin u.a., 2002.

[Güldenberg/Eschenbach 1996] Güldenberg, S., Eschenbach, R.: Organisatorisches Wissen und Lernen – erste Ergebnisse einer qualitativ-empirischen Erhebung. In: Zeitschrift für Führung und Organisation (zfo), 1/1996, 1996, S. 4 – 9.

[Günther et al. 2019] Günther, Th. et al.: Implementierung einer Wissensbilanz bei der Deutsche Werkstätten Hellerau GmbH. In: Controlling, Vol. 31, 1/2019, S. 54 – 64.

[Gupta/Govindarajan 2000] Gupta, A.K., Govindarajan, V.: Knowledge Flows within Multinational Corporations. In: Strategic Managment Journal, Vol. 21, 2000, S. 473 – 496.

[Guretzky 2010] Guretzky, B. v.: Wissensmanagement 3.0. In: Open Journal of Knowledge Management. Community of Knowledge, Berlin, II/2010, S. 15 – 22.

[Gut 1997] Gut, O.: Dokumenten-Management. In: Mertens, P. et al., Lexikon der Wirtschaftsinformatik, 3. Aufl., Springer Verlag, Berlin u.a., 1997, S. 128.

[Gutenberg 1971] Gutenberg, E.: Grundlagen der Betriebswirtschaftslehre. Bd. 1: Die Produktion, 24. Aufl. sowie 4. Aufl. 1958, Springer Verlag, Berlin, Heidelberg, New York, 1971.

[Haamann/Basten 2019] Haamann, Th., Basten, D.: The role of information technology in bridging the knowing-doing gap: an exploratory case study on knowledge application. In: Journal of Knowledge Management, Vol. 23, 4/2019, S. 705 - 741.

[Haas 2011] Haas, N.: Die Erfolgsfaktoren des Wissensmanagements. Aachen 2011

[Haberfellner 1975] Haberfellner, R.: Die Unternehmung als dynamisches System - Der Prozeßcharakter der Unternehmungsaktivitäten. Verlag Industrielle Organisation, Zürich, 1975.

[Hacker 1992] Hacker, W.: Expertenkönnen. Erkennen und Vermitteln. Verlag für Angewandte Psychologie, Göttingen, Stuttgart, 1992.

[Häcki 1997] Häcki, R. L.: Organisationale Intelligenz. Bern, 1997.

[Hackstein et al. 1972] Hackstein, R., Nüssgens, K. H., Uphus, P. H.: Personalentwicklung im System Personalwesen. In: Fortschrittliche Betriebsführung, 1/1972, S. 85 - 106.

[Haider 2009] Haider, S.: The Organizational Knowledge Iceberg: An Empirical investigation. In: Knowledge and Process Management, Vol. 16, 2/2009, S. 74 - 84.

[Halsband 1999] Halsband, U.: Neuropsychologische und neurophysiologische Studien zum motorischen Lernen. Pabst Verlag, Lengerich u. a., 1999.

[Hammer/Champy 1994] Hammer, M., Champy, J.: Business Reengineering - Die Radikalkur für das Unternehmen. Campus Verlag, 1994.

[Hampel/North 2000] Hampel, O., North, K.: Wissensmärkte in Unternehmen: Grundlagen, Problemfelder und Einführungsschritte unternehmensinterner Wissenstransferprojekte. Wiesbaden 2000.

[Handel 2003] Handel, M. J.: The Sociology of Organizations. Classic, Contemporary, and Critical Readings, SAGE Publications, 2003.

[Handy 1995] Handy, C.: Trust and the Virtual Organisation. In: Harvard Business Review, May/June, 1995, S. 40 - 50.

[Hanisch et al. 2009] Hanisch, B. et al.: Knowledge management in project environments. Journal of Knowledge Management, Vol. 13, 4/2009, S. 148 - 160.

[Hanker 1990] Hanker, J.: Die strategische Bedeutung der Informatik für Organisationen: Industrieökonomische Grundlagen des strategischen Informationsmanagements. Teubner Verlag, Stuttgart, 1990.

[Hannan/Freeman 1977] Hannan, M. T., Freeman, J.: The Population Ecology of Organizations. In: American Journal of Sociology, 82, 5/1977, S. 929 - 964.

[Hannan/Freeman 1984] Hannan, M. T., Freeman, J.: Structural inertia and organizational change. In: American Sociological Review, 49, 1984, S. 149 - 164.

[Hansen et al. 1999] Hansen, M. T., Nohria, N., Tierney, T.: Wie managen Sie das Wissen in Ihrem Unternehmen? In: Harvard Business Manager, 5/1999, S. 85 - 96.

[Haraldsdottir et al. 2018] Haraldsdottir, R. K., et al.: Registration, access and use of personal knowledge in organizations. In: International Journal of Information Management, Vol. 40, 2018, S. 8 - 16.

[Harmon et al. 1989] Harmon, P., Maus, R., Morrissey, W.: Expertensysteme: Werkzeuge und Anwendungen. Oldenbourg Verlag, München, Wien, 1989.

[Hartwick et al. 1982] Hartwick, J., Sheppard, B. H., Davis, J. H.: Group Remembering: Research and Implication. In: Guzzo, R. A., Improving Group Decision Making in Organizations, Academic Press, New York, 1982.

[Hasebrook 2003] Hasebrook, J.: Lernen in der New Economy. In: Beyer, L., Frick, D., Gadatsch, A., Maucher, I., Paul, H. (Hrsg.), Vom E-Business zur E-Society: New Economy im Wandel, Hampp, München, 2003, S. 152 - 198.

[Haun 2002] Haun, M.: Handbuch Wissensmanagement - Grundlagen und Umsetzung, Systeme und Praxisbeispiele. Springer Verlag, Heidelberg, 2002.

[Hauschildt 1997] Hauschildt, J.: Innovationsmanagement. 2. Aufl., Verlag Franz Vahlen, München, 1997.

[Hauschildt/Gemünden 1998] Hauschildt, J., Gemünden, H. G.: Promotoren. Champions der Innovation. Gabler Verlag, Wiesbaden, 1998.

[Hays 2017] Hays (Hrsg.): Hays-Studie Wissensarbeit im Wandel. Fa. Hays, Willy-Brandt-Platz 1 – 3, 68161 Mannheim, 2017

[He et al. 2017] He, W. et al: Managing extracted knowledge from big social media data for business decision making. In: Journal of Knowledge Management, Vol. 21, 2/2017, S. 275 – 294.

[Heavin/Adam 2012] Heavin, C., Adam, F.: Characterising the Knowledge Approach of a Firm: An Investigation of Knowledge Activities in Five Software SMEs. In: The Electronic Journal of Knowledge Management, Vol. 10, 1/2012, S. 48 – 63.

[Heavin/Adam 2012] Heavin, C., Adam, F.: Characterising the Knowledge Approach of a Firm: An Investigation of Knowledge Activities in Five Software SMEs. In: The Electronic Journal of Knowledge Management Vol. 10, 1/2012, S. 48 – 63.

[Heck 2002] Heck, A.: Die Praxis des Knowledge Managements – Grundlagen, Vorgehen, Tools. Vieweg Verlag, Braunschweig, Wiesbaden, 2002.

[Hecker 1999] Hecker, M.: Informationsüberflutung und deren Vermeidung. Verlag Dr. Kovac, Hamburg, 1999.

[Hedberg 1981] Hedberg, B.: How Organizations Learn and Unlearn. In: Nystrom, P., Starbuck, W. H., Handbook of Organizational Design, New York, 1981, S. 3 – 27.

[Hedlund/Nonaka 1993] Hedlund, G., Nonaka, I.: Models of Knowledge Management in the West and Japan. In: Lorange, P. et al., Implementing strategic processes, Oxford University Press, Oxford, 1993, S. 117 – 144.

[Heideloff/Radel 1997] Heideloff, F., Radel, T.: Organisation von Innovations-Strukturen, Prozesse, Interventionen. Hampp Verlag, München, Mering, 1997.

[Heijst et al. 1998] Heijst, G.v., Spek, R. v. d., Kruizinga, E.: The Lessons Learned Cycle. In: Borghoff, U. M., Pareschi, R., Information Technology for Knowledge Management, Springer Verlag, Berlin u. a., 1998, S. 17 – 34.

[Heimerl-Wagner 1992] Heimerl-Wagner, P.: Strategische Organisations-Entwicklung, Springer Verlag, Heidelberg, 1992.

[Heinrich/Lehner 2005] Heinrich, L. J., Lehner, F.: Informationsmanagement. Planung, Überwachung und Steuerung der Informationsinfrastruktur. 8. Aufl., Oldenbourg Verlag, München, 2005.

[Heinrich/Roithmayr 1995] Heinrich, L., Roithmayr, F.: Wirtschaftsinformatik-Lexikon. 5. Aufl., Oldenbourg Verlag, München/Wien 1995.

[Heisig 2002] Heisig, P.: Methode des Geschäftsprozessorientierten Wissensmanagements – GPO-WM®. In: Praxis des Wissensmanagements: Instrumente und Interventionen, Reinhardt, R. et al. (Hrsg.), Neuwied 2002, S. 253 – 274.

[Heisig 2003] Heisig, P.: Business Process Oriented Knowledge Management. In: Kai Mertins, Peter Heisig, Jens Vorbeck (Ed.): Knowledge Management. Concepts and Best Practices. 2. Aufl., Berlin et al. 2003, S. 15 – 44.

[Heisig 2006] Heisig, P.: The GPO-WM® Method for the Integration of Knowledge Management into Business Processes. Proceedings of the I-KNOW'06 – 6th International Conference on Knowledge Management. Tochtermann, K, Maurer, H. (Hrsg.), Graz 2006, S. 331 – 337.

[Heisig 2009] Heisig, P.: Harmonisation of knowledge management – comparing 160 KM frameworks around the globe. In: Journal of Knowledge Management, Vol. 13, 4/2009, S. 4 – 31

[Helm et al. 2007] Helm, R., Meckl, R., Sodeik, N.: Systematisierung der Erfolgsfaktoren von Wissensmanagement auf Basis der bisherigen empirischen Forschung. In: Zeitschrift für Betriebswirtschaft, 77. Jg., 2007, S. 211 – 241.

[Hengl et al. 2008] Hengl, M., Menz, O., Wiek, J.: Kollektiv handeln lernen. In: Harvard Business Manager, 10/2008, S. 44 - 50.

[Henn 1998] Henn, G.: Architektur ist eine soziale Tatsache, die sich räumlich formt. In: Ranke N., von Braun CF. (Hrsg.) Innovationsforschung und Technologiemanagement, Berlin/Heidelberg 1998, S. 429 - 435.

[Hennemann 1997] Hennemann, C.: Organisationales Lernen und die lernende Organisation. Hampp Verlag, München, 1997.

[Henry 2012] Henry, Ch. B.: Knowledge Workers. In: Journal of Knowledge Management Practice, Vol. 13, 3/ 2012, Online http://www.tlainc.com/articl314.htm.

[Hermans/Lederer 2008/2009] Hermans, J., Lederer, Th.: The paradox of social capital: a look through the individual rationality. Working paper 09/23, Louvain School of Management, Louvain-la-Neuve 2008/2009.

[Hernandez 1997] Hernandez, A.: Business Intelligence - Vitalisierung durch Marktverständnis. Stuttgart, 1997.

[Hersey/Blanchard 1996] Hersey, P., Blanchard, K.H.: Management of Organizational Behavior: Utilizing Human Resources. Prentice Hall, Englewood Cliffs, 1996.

[Herzberg 1972] Herzberg, F.H.: Work and the Nature of Man. 3. Aufl., TY Crowell, London, 1972.

[Hevner/Chatterjee 2010] Hevner, A.R., Chatterjee S.: Design Research in Information Systems. New York et al. 2010.

[Hirshleifer/Riley 1992] Hirshleifer, J., Riley, J.: The analytics of uncertainty and information. Cambridge University Press, Cambridge u.a., 1992.

[Hitt/Brynjolfsson 1996] Hitt, L.M., Brynjolfsson, E.: Productivity, Business Profitability, and Consumer Surplus: Three Different Measures of Information Technology Value. In: MIS Quarterly, 20, 2/1996, S. 121 - 142.

[Ho 2003] Ho, C.-W.: Tacit Knowledge Management and Pair Programming. Unveröffentlichter Aufsatz, North Carolina State University, Department of Computer Science, 2003.

[Hoffmann/Voss 2013] Hoffmann, J., Voss, A.: Big data und seine Bedeutung für das Wissensmanagement. In: Wissensmanagement, 5/2013, S. 30 - 33.

[Hofstede et al. 1990] Hofstede, G., Neuijen, B., Daval Ohayv, D., Sanders, G.: Measuring Organizational Cultures: A Qualitative and Quantitative Study across Twenty Cases. In: Administrative Science Quarterly, 35, 1990, S. 286 - 316.

[Holling/Müller 1993] Holling, H., Müller, G.F.: Theorien der Organisationspsychologie. Verlag Hans Huber, 1993.

[Holsapple/Jones 2006] Holsapple, C.W., Jones, K.: Knowledge management strategy formation. In Schwartz, D.G. (Hrsg.), Encyclopedia of Knowledge Management, Idea Group, Hershey, 2006, S. 419 - 428.

[Holsapple/Jones 2011] Holsapple, C.W., Jones, K.: Knowledge Management Strategy Formation. In: Schwartz, D., Te'eni, D. (Hrsg.): Encyclopedia of Knowledge Management, 2nd Ed., IGI Global 2011, S. 750 - 761.

[Hölterhoff/Becker 1989] Hölterhoff, H., Becker, M.: Personalentwicklung bei der Adam Opel AG. In: Riekhof, H.-Ch., Strategien der Personalentwicklung, Gabler Verlag, Wiesbaden, 1989, S. 117 - 140.

[Homans 1950] Homans, G.: The Human Group. New York: Harcourt, Brace, 1950.

[Homburg/Hocke 1998] Homburg, C., Hocke, G.: Change Management durch Reengineering. In: Zeitschrift für Führung und Organisation (zfo), 5/1998, S. 294 - 299.

[Hopf 1983] Hopf, M.: Informationen für Märkte und Märkte für Informationen. Frankfurt am Main, 1983.

[Horton 1981] Horton, F.W.: The Information Management Workbook: IRM made simple. Information Management Press, Washington, 1981.

[Horváth 1998] Horváth, P.: Wissensmanagement mit Balanced Scorecard. In: Bürgel, H.D. (Hrsg.), Wissensmanagement. Schritte zum intelligenten Unternehmen, Springer Verlag, Berlin u.a., 1998, S. 153 - 162.

[Hou et al. 2008] Hou, H. et al.: Filtering Spam by Using Factors Hyperbolic Tree, in IEEE GLOBECOM, Proceedings of IEEE Global Telecommunications, DOI:10.1109/GLOCOM.2008.ECP.362, 2008.

[Howaldt et al. 2004] Howaldt, J., Klatt, R., Kopp, R.: Neuorientierung des Wissensmanagements. Gabler Verlag, Wiesbaden, 2004.

[Huber 1991] Huber, G.P.: Organizational learning: The contributing processes and the literatures. Special Issue: Organizational learning: Papers in honor of (and by) James G. March. In: Organization Science, 2, 1/1991, S. 88 - 115.

[Huber 2005] Huber, H.: Selbstlernende Suche. Ein Praxisprojekt. In: Informatik Spektrum, 28, 3/2005, S. 189 - 192.

[Hugl/Laske 2004] Hugl, U., Laske, St.: Virtuelle Personalentwicklung. Status und Trends IuKT-gestützten Lernens. Gabler Verlag, Wiesbaden, 2004.

[Hungenberg 2000] Hungenberg, H.: Strategisches Management in Unternehmen. Gabler Verlag, Wiesbaden, 2000.

[Huo 2014] Huo, M.: The Construction of Enterprise Knowledge Markets. In: International Journal of Business Administration, Vol. 5, 6/2014, S. 73 - 76

[Hussain et al. 2010] Hussain, I. et al.: Personal Knowledge Abilities and Knowledge Management Success. In: Journal of Information & Knowledge Management, Vol. 9, 4/2010, S. 319 - 327.

[Hussey 1997] Hussey, D.: The Innovation Challenge. John Wiley & Sons, Chichester, 1997.

[Hussinki et al. 2017] Hussinki H. et al.: Assessing the universality of knowledge management practices. In: Journal of Knowledge Management, Vol. 21, 6/2017, S. 1596 - 1621.

[Hutchins 1990] Hutchins, E.: The technology of team navigation. In: Galegher, J. et al., Intellectual Teamwork, Lea, Hillsdale, 1990, S. 191 - 220.

[Hutchins 1991] Hutchins, E.: The social organization of distributed cognition. In: Resnick, L.B. et al., Perspectives on Socially Shared Cognition, American Psychological Association, Washington, 1991, S. 283 - 307.

[Hutchinson/Quantas 2008] Hutchinson, V., Quintas, P.: Do SMEs do Knowledge Management? Or Simply Manage what they Know? In: Internationsl Small Business Journal, Vol. 26, 2/2008, S. 131 - 154.

[Hüttenegger 2006] Hüttenegger, G.: Open Source Knowledge Management. Berlin 2006

[IAIS 2012] IAIS (Hrsg.): Big Data - Vorsprung durch Wissen. Innovationspotentialanalyse. Fraunhofer-Institut für Intelligente Analyse und Informationssysteme IAIS, Sankt Augustin, 2012.

[ILOI 1997] Internationales Institut für Lernende Organisation und Innovation: Knowledge Management. Ein empirisch gestützter Leitfaden zum Management des Produktionsfaktors Wissen. München, 1997.

[Inkinen 2016] Inkinen, H.: Review of empirical research on knowledge management practices and firm performance. In: Journal of Knowledge Management, Vol. 20, 2/2016, S. 230 - 257.

[Inkpen/Crossan 1995] Inkpen, A., Crossan, M.: Believing is Seeing: Joint Ventures and Organizational Learning. In: Journal of Management Studies, Vol. 32, No. 5, 1995, S. 595 - 618.

[Inmon 1996] Inmon, W.H.: Building the Data Warehouse. 2. Aufl., John Wiley & Sons, New York, 1996.

[Intezari/Gressel 2017] Intezari, A., Gressel, S.: Information and reformation in KM systems: big data and strategic decision-making. In: Journal of Knowledge Management, Vol. 21, 1/2017, S. 71 - 91.

[Jablonski et al. 1997] Jablonski, S., Böhm, M., Schulze, W.: Workflow-Management. Entwicklung von Anwendungen und Systemen; Facetten einer neuen Technologie. dpunkt-Verlag, Heidelberg, 1997.

[Jäckel 2008] Jäckel, M.: Medienwirkungen. 4. Aufl., Wiesbaden 2008.

[Jacobsen 1996] Jacobsen, A.: Unternehmensintelligenz und Führung „intelligenter" Unternehmen. In: Technologie & Management, 45. Jg., 4/1996, S. 64 - 170.

[Jafari et al. 2009] Jafari, M. et al.: A Review on Knowledge Management Discipline. In: Journal of Knowledge Management Practice, Vol. 10, 1/2009.

[Janik et al. 2011] Janik, M. et al.: The SemanticWeb: Collective Intelligence on the Web. In: Informatik Spektrum Vol. 34, 5/2011, S. 469 - 483.

[Jansen 2003] Jansen, D.: Einführung in die Netzwerkanalyse - Grundlagen, Methoden, Forschungsbeispiele. UTB Wissenschaft, Wiesbaden, 2003.

[Jansen 2006] Jansen, D.: Einführung in die Netzwerkanalyse - Grundlagen, Methoden, Forschungsbeispiele. VS Verlag für Sozialwissenschaften, Wiesbaden, 2006.

[Jelavic/Ogilvie 2010] Jelavic, M., Ogilvie, K.: Culturel Perspectives on Knowledge Management in Central and Eastern Europe: The SECI Model of Knowledge Conversion and "Ba". In: Journal of Information & Knowledge Management, Vol. 9, 2/2010, S. 161 - 169.

[Jelinek 1979] Jelinek, M.: Institutionalizing Innovations. A Study of Organizational Learning Systems. Greenwood Publishing Group, New York u. a., 1979.

[Jenert 2010] Jenert, T.: Cultural Explorations: How Socio-material Contexts Influence Knowledge Interaction. In: Jordan, S., Mitterhofer, H. (Hrsg.): Beyond Knowledge Management - Sociomaterial and Sociocultural Perspectives within Management Research, Innsbruck 2010, S. 123 - 146.

[Jenner 1999] Jenner, T.: Determinanten des Unternehmenserfolges. Schäffer-Poeschel Verlag, Stuttgart, 1999.

[Jennex/Olfman 2004] Jennex, M. E., Olfman, L.: Modeling Knowledge Management Success. In: Proceedings of the Conference on Information Science and Information Technology CISTM, 2004.

[Jennex/Smolnik 2010] Jennex, M. E., Smolnik, S.: Strategies for Knowledge Management Success: Exploring Organizational Efficacy. Hershey, PA, 2010.

[Joe et al. 2013] Joe, C. et al.: Knowledge loss when older experts leave knowledge-intensive organizations. In: Journal of Knowledge Management, Vol. 17, 6/2013, S. 913 - 927.

[Jordan et al. 1998] Jordan, B., Goldman, R., Eichler, A.: A Technology for Supporting Knowledge Work: The RepTool. In: Borghoff, U. M., Pareschi, R., Information Technology for Knowledge Management, Springer Verlag, Berlin u. a., 1998, S. 79 - 100.

[Jordan/Jones 1997] Jordan, J., Jones, P.: Assessing your Company's Knowledge Management Style. In: Long Range Planning, 30, 3, 1997, S. 392 - 398.

[Jüngst/Strittmatter 1995] Jüngst, K. L., Strittmatter, P.: Wissensstrukturdarstellung. Theoretische Ansätze und praktische Relevanz. In: Unterrichtswissenschaft, 23. Jg., 3/1995, S. 194 - 207.

[Kail/Pellegrino 1988] Kail, R., Pellegrino, J. W.: Menschliche Intelligenz. Spektrum der Wissenschaft, Heidelberg, 1988.

[Kain 2010] Kain, A.: Wikinomics. In: Michelis, D., Schildhauer Th. (Hrsg.): Social Media Handbuch, Baden-Baden 2010, S. 149 - 160.

[Kaiser/Kröckel 2011] Kaiser, C., Kröckel, J.: Meinungsanalyse in Onlinenetzwerken mittels Schwarmintelligenz. In: Informatik Spektrum Vol. 34, 4/2011, S. 355 - 363.

[Kampffmeyer 1998] Kampffmeyer, U.: Dokumenten-Management. Die wichtigsten Trends und Strategien. In: Office Management, 1/1998, S. 32 - 36.

[Kantrow 1994] Kantrow, A. M.: Intelligent enterprise and public markets (an interview with Professor James Brian Quinn). In: The McKinsey Quarterly, 2/1994, S. 83 - 95.

[Kaplan/Norton 1992] Kaplan, R. S., Norton, D. P.: The Balanced Scorecard - Measures That Drive Performance. In: Harvard Business Review, 70. Jg., 1/1992, S. 71 - 79.

[Kaplan/Norton 1997] Kaplan, R. S., Norton, D. P.: Balanced Scorecard. Strategien erfolgreich umsetzen. Schäffer-Poeschel Verlag, Stuttgart, 1997.

[Kaps 2001] Kaps, G.: Erfolgsmessung im Wissensmanagement unter Anwendung von Balanced Scorecards. Fachhochschule Stuttgart, Studiengang Informationswirtschaft, Arbeitspapiere Wissensmanagement, 2/2001.

[Käpylä et al. 2011] Käpylä, J. et al.: Knowledge-intensity as an organizational characteristic. In Knowledge Management Research & Practice, Vol. 9, 4/2011, S. 315 - 326.

[Karagianis/Telesko 2001] Karagianis, D., Telesko, R.: Wissensmanagement. Konzepte der Künstlichen Intelligenz und des Softcomputing. Oldenbourg Verlag, München, Wien, 2001.

[Karner 1996] Karner, H. F.: Die personelle und strukturelle Seite des intellektuellen Kapitals. In: Schneider, U., Wissensmanagement. Die Aktivierung des intellektuellen Kapitals, Frankfurter Allgemeine Zeitung, Frankfurt am Main, 1996, S. 77 - 132.

[Kasperzak et al. 2001] Kasperzak, R., Krag, J., Wiedenhofger, M.: Konzepte zur Erfassung und Abbildung des Intellectual Capital. In: Deutsches Steuerrecht, 35, 2001, S. 1494 - 1500.

[Katz/Kahn 1966] Katz, D., Kahn, R. L.: The social psychology of organizations. John Wiley & Sons, New York, 1966.

[Katzenbach/Smith 1993] Katzenbach, J. R., Smith, D. K.: Teams. Der Schlüssel zur Hochleistungsorganisation. Ueberreuter, Wien, 1993.

[Keller 2000] Keller, H. B.: Maschinelle Intelligenz. Grundlagen, Lernverfahren, Bausteine intelligenter Systeme. Vieweg Verlag, Braunschweig, Wiesbaden, 2000.

[Kelloway/Barling 2000] Kelloway, E., Barling, J.: Knowledge work as organizational behavior. In: International Journal of Management Reviews 2, 3/2000, S. 287–304.

[Kelly 1997] Kelly, K.: Das Ende der Kontrolle. Die biologische Wende in Wirtschaft, Technik und Gesellschaft. (Kapitel „Schwarmdenken“, 13 - 48) Bollmann-Verlag , Köln 1997.

[Kernbach/Bresciani 2018] Kernbach, S., Bresciani, S.: Digital Knowledge Mapping. In: North, K. et al. (Hrsg.): Knowledge Management in Digital Change: new Findings and Practical Cases, Heidelberg 2018, S. 129 - 152.

[Kettinger/Li 2010] Kettinger, W. J., Li, Y.: The infological equation extended: towards conceptual clarity in the relationship between data, information and knowledge. In European Journal of Information Systems, Vol. 19, 2010, S. 409 - 421.

[Khan/Vorley 2017] Khan, Z., Vorley, T.: Big Data text analytics: An enabler of knowledge management. In Journal of Knowledge Management, Vol. 21., 1/2017, S. 171 - 185.

[Kharabsheh 2011] Kharabsheh, R. et al.: Knowledge Management Practices (KMP) and its Impact on Organizational Performance in Pharmaceutical Firms. In: Lehner, F., Bredl, K. (Hrsg.): Proceedings of the 12th European Conference on Knowledge Management 2011, Bd. 1, S. 506 - 513.

[Khasseh/Mokhtarpour 2016] Khasseh, A. A., Mokhtarpour, R.: Tracing the historical origins of knowledge management issues through referenced publication years spectroscopy (RPYS). In: Journal of Knowledge Management, Vol. 20, 6/2016, S. 1393 - 1404.

[Kieser 1988] Kieser, A.: Darwin und die Folgen für die Organisationstheorie. Darstellung und Kritik des Population-Ecology-Ansatzes. In: Die Betriebswirtschaft, 48, 1988, S. 603 - 620.

[Kieser 1993] Kieser, A.: Organisationstheorien. Kohlhammer, Stuttgart, 1993.

[Kieser/Kubicek 1978] Kieser, A., Kubicek, H.: Organisationstheorien. Band 1 und 2, Kohlhammer, Stuttgart, 1978.

[Kieser/Kubicek 1992] Kieser, A., Kubicek, H.: Organisation. de Gruyter, Berlin, 1992.

[Kilger 1984] Kilger, W.: Produktionsfaktor. In: Grochla, E., Wittmann, W., Handwörterbuch der Betriebswirtschaftslehre, Schäffer-Poeschel Verlag, Stuttgart, 1984, S. 3097 - 3101.

[Kim 1993] Kim, D. H.: The Link Between Individual and Organizational Learning. In: Sloan Management Review, 34, 1, 1993, S. 37 - 50.

[Kimble 2013] Kimble, C.: What Costs Knowledge Management? The Example of Infosys. In: Global Business and Organizational Excellence, Vol. 32, 3/2013, S. 6 – 14.

[King 2014] King, S.: Big Data – Potential und Barrieren der Nutzung im Unternehmenskontext, Wiesbaden 2014.

[Kirchmann 1998] Kirchmann, E.: Information im Innovationsmanagement. In: Zeitschrift für Führung und Organisation (zfo), 5/1998, S. 300 – 307.

[Kirkwood 2003] Kirkwood, D.: Creating a return of knowledge assets. In: Knowledge Management, Dec/Jan 2003, S. 8 – 10.

[Kirsch 1970] Kirsch, W.: Entscheidungsprozesse. Band 1 – 3, Betriebswirtschaftlicher Vertrag, Wiesbaden, 1970.

[Kirsch 1992] Kirsch, W.: Kommunikatives Handeln, Autopoise, Rationalität. Sondierungen zu einer evolutionären Führungslehre. Verlag Barbara Kirsch, München, 1992.

[Kirsner et al. 1998] Kirsner, K. et al.: Implicit and explicit mental processes. New Jersey, London 1998.

[Klein 2013] Klein, D . et al.: Big data . Informatik-Spektrum. Vol. 36, 3/2013, S. 319 – 323.

[Kleiner/Roth 1997] Kleiner, A., Roth, G.: How to make experience. Your company's best teacher. In: Harvard Business Review, 19. Jg., September/Oktober 1997, S. 172 – 177.

[Kleiner/Roth 1998] Kleiner, A., Roth, G.: Wie sich Erfahrungen in der Firma besser nutzen lassen. In: Harvard Business Manager, 20. Jg., 5/1998, S. 9 – 15.

[Kleinhans 1989] Kleinhans, A. M.: Wissensverarbeitung im Management. Verlag Peter Lang, Frankfurt am Main u. a., 1989.

[Kley 1998] Kley, K.-L.: Strategie, Organisation und Unternehmenskultur im Wandel. In: ZfB, 11/1998, S. 1155 – 1180.

[Klier/Heinrich 2016] Klier, M., Heinrich, B.: Datenqualität als Erfolgsfaktor im Business Analytics. In: Controlling – Zeitschrift für erfolgsorientierte Unternehmenssteuerung, Vol. 28, 8 – 9/2016, S. 488 – 494.

[Klimecki et al. 1991] Klimecki, R., Probst, G., Eberl, P.: Systementwicklung als Managementproblem. In: Staehle, W. H., Sydow, J., Managementforschung 1, de Gruyter, Berlin, New York, 1991, S. 103 – 162.

[Klimecki et al. 1994] Klimecki, R., Lassleben, H., Riexinger-Li, B.: Zur empirischen Analyse organisationaler Lernprozesse im öffentlichen Sektor: Modellbildung und Methodik. In: Bussmann, W. et al., Lernen in Verwaltungen und Policy-Netzwerken, Rüegger, Chur-Zürich, 1994, S. 9 – 37.

[Klimecki/Gmür 1996] Klimecki, R., Gmür, M.: Organisationale Transformation – grenzenlos? In: Management Forschung und Praxis, Diskussionsbeitrag 17, 1996.

[Klimkeit 2008] Klimkeit, D.: Herausforderung Mitarbeiterfluktuation und Wissenstransfer jung-alt in einer Professional Service Firm. In: Bentele, M., Gronau, N., Hochreiter, R., Schütt, P., Weber, M. (Hrsg.), Tagungsband Knowtech 2008, Frankfurt/Main, 2008, S. 53 – 59.

[Klosa 2001] Klosa, O.: Wissensmanagementsysteme in Unternehmen. State-of-the-Art des Einsatzes. Deutscher Universitäts-Verlag, Wiesbaden, 2001.

[Kluge et al. 2001] Kluge, J., Stein, W., Licht, Th.: Knowledge Unplugged – The McKinsey & Company global survey on knowledge management. Düsseldorf 2001.

[Kluge/Schilling 2000] Kluge, A., Schilling, J.: Organisationales Lernen und Lernende Organisation – ein Überblick zum Stand von Theorie und Empirie. In: Zeitschrift für Arbeits- und Organisationspsychologie, 44, 4/2000, S. 179 – 191.

[Knorr-Cetina 1981] Knorr-Cetina, K.: Die Fabrikation von Wissen. Versuch zu einem gesellschaftlich relativierten Wissensbegriff. In: Stehr, N., Meja, V., Wissenssoziologie, Westdeutscher Verlag, Opladen, 1981, S. 226 – 245.

[Ko/Dennis 2011] Ko, D.-G., Dennis, A. R.: Profiting from Knowledge Management: The Impact of Time and Experience. In: Information Systems Research, Vol. 22, 1/2011, S. 134 – 152.

[Kochikar 2000] Kochikar, V. P.: The Knowledge Management Maturity Model: A Staged Framework for Leveraging Knowledge. In: Proceedings of KMWorld 2000, Santa Clara, CA, 2000.

[Kock 1999] Kock, N.: Process Improvement & Organizational Learning. The Role of Collaboration Technologies. Idea Group Publ., Hershey, London, 1999.

[Kogut/Zander 1992] Kogut, B., Zander, U.: Knowledge of the Firm, Combinative Capabilities, and the Replication of Technology. In: Organization Science, 3, 3/1992, S. 383 - 397.

[Kohl et al. 2016] Kohl, H. et al. (Hrsg.): Wissensmanagement im Mittelstand, 2. Aufl., Berlin/Heidelberg 2016.

[Kolvenbach 1975] Kolvenbach, H.: Personalentwicklung. In: Gaugler, E., Handwörterbuch des Personalwesens, Schäffer-Poeschel Verlag, Stuttgart, 1975, S. 1545 - 1556.

[Körber 2017] Körber, T.: Ist Wissen Marktmacht? – Überlegungen zum Verhältnis von Datenschutz, „Datenmacht" und Kartellrecht. In: Körber, T., Immenga, U. (Hrsg.): Daten und Wettbewerb in der digitalen Ökonomie, Baden-Baden 2017, S. 81 - 122.

[Koskinen/Pihlanto 2009] Koskinen, K. U., Pihlanto, P.: Knowledge sharing in different project work environments analysed by the holistic concept of man. In: International Journal of Knowledge Management Studies, Vol. 3 No. 3/4, 2009, DOI: 10.1504/IJKMS.2009.028837.

[Kotre 1995] Kotre, J.: Weisse Handschuhe. Wie das Gedächtnis Lebensgeschichten schreibt. Hanser Verlag, München, 1995.

[Kraak 1991] Kraak, B.: Der riskante Weg von der Information zum Wissen. Hogrefe-Verlag, Göttingen u. a., 1991.

[Krcmar 2003] Krcmar, H.: Informationsmanagement. 3. Aufl., Springer Verlag, Berlin, Heidelberg, 2003.

[Kreibisch 2003] Kreibisch, K.: Was machen österreichische Wissensmanagerinnen und Wissensmanager wirklich? Ergebnisse einer explorativen Erhebung in Wien und Graz. http://www.infomanager.at/KM/working_paper2003-3.pdf, August 2005.

[Kreikebaum 1989] Kreikebaum, H.: Strategische Unternehmensplanung. 3. Aufl. (4. Aufl. 1991), Kohlhammer, Stuttgart, 1989.

[Kreiner 2002] Kreiner, K.: Tacit knowledge management: the role of artifacts. In: Journal of Knowledge Management, 6, 2/2002, S. 112 - 123.

[Krelle 1988] Krelle, W.: Theorie des wirtschaftlichen Wachstums. Springer Verlag, Berlin, Heidelberg, New York, 1988.

[Krems 1994] Krems, J.: Wissensbasierte Urteilsbildung. Huber Verlag, Bern, 1994.

[Krems 1996] Krems, J.: Expertise und Flexibilität. In: Gruber, H., Ziegler, A., Expertiseforschung: Theoretische und methodische Grundlagen, Westdeutscher Verlag, Opladen, 1996, S. 80 - 91.

[Krieg 1971] Krieg, W.: Kybernetische Gedanken der Unternehmensgestaltung. Bern, 1971.

[Krogh 2012] Krogh, G. v.: How does social software change knowledge management? Towards a strategic research agenda. In: Journal of Strategic Information Systems, Vol. 21, 2012, S. 154 - 164.

[Krogh/Köhne 1998] Krogh, G. v., Köhne, M.: Der Wissenstransfer in Unternehmen: Phasen des Wissenstransfers und wichtige Einflussfaktoren. In: Die Unternehmung, 52. Jg., Heft 5/6, 1998, S. 235 - 252.

[Krogh/Venzin 1995] Krogh, G. v., Venzin, M.: Anhaltende Wettbewerbsvorteile durch Wissensmanagement. In: Die Unternehmung, 6/1995, S. 417 - 436.

[Kühn/Abecker 1998] Kühn, O., Abecker, A.: Corporate Memories for Knowledge Management in Industrial Practice. In: Borghoff, U. M., Pareschi, R., Information Technology for Knowledge Management, Springer Verlag, Berlin u. a., 1998, S. 183 - 206.

[Kulkarni/Freeze 2011] Kulkarni, U., Freeze, R.: Measuring Knowledge Management Capabilities. In: Schwartz, D., Te'eni, D. (Eds): Encyclopedia of Knowledge Management, 2nd Ed., IGI Global 2011, S. 1090 - 1100.

[Kuriakose et al. 2011] Kuriakose, K. K. et al.: Knowledge Management Maturity Model: An Engineering Approach. Journal of Knowledge Management Practice. Vol. 12, 2/2011.

[Kyas 1997] Kyas, O.: Corporate Intranets. Strategie, Planung, Aufbau, International Thomson Publishing, Bonn u. a., 1997.

[Lahme 2004] Lahme, N.: Information Retrieval im Wissensmanagement. Ein am Vorwissen orientierter Ansatz zur Komposition von Informationsressourcen. Logos Verlag, Berlin, 2004.

[Lai et al. 2013] Lai, H. et al: The framework of web 3.0 based enterprise knowledge management system. In: Proceedings of the 7th International Conference on Knowledge Management in Organizations: Service and Cloud Computing, Berlin et al. 2013, S. 345 - 351.

[Lam 1997] Lam, A.: Embedded Firms, Embedded Knowledge: Problems of Collaboration and Knowledge Transfer in Global Cooperative Ventures. In: Organization Studies 1997, S. 973 - 996.

[Landry 1992] Landry, J.: Information characteristics as constraints to innovation. In: IEEE Press, Los Alamitos, 1992, S. 482 - 491.

[Langer-Wiese 2008] Langer-Wiese, A.: Wie kann der Raum bei der Fabrikation mitarbeiten? In: Henn, G. (Hrsg.): Fragen! 12 Versuche zur Wissensarchitektur. Dresden 2008, S. 31 - 36.

[Lassmann et al. 2000] Lassmann, W., Picht, J., Rogge, R.: Wirtschaftsinformatik Kalender 2001. IM Marketing-Forum, Ettlingen, 2000.

[Laszlo/Laszlo 2002] Laszlo, K., Laszlo, A.: Evolving knowledge for development: the role of knowledge management in a changing world. In: Journal of Knowledge Management, Vol. 6, 4/2002, S. 400 - 412.

[Laua/Tsui 2009] Laua, A., Tsui, E.: Knowledge management perspective on e-learning effectiveness. In: Knowledge-Based Systems, Vol. 22, 4/2009, S. 324-325.

[Lave/Wenger 1991] Lave, J., Wenger, E.: Situated Learning: Legitimate Peripheral Participation. Cambridge University Press, Cambridge, 1991.

[Lawrence/Lorsch 1969] Lawrence, P. R., Lorsch, J. W.: Organization and environment. Harvard Business School Press, Homewood, 1969.

[Lebesmühlbacher 1993] Lebesmühlbacher, P.: Die Leistungskraft von fünf Banken und Kfz-Herstellern - gemessen am „Totalen Wertschöpfungsquotienten“. In: Technologie & Management, 42. Jg., 1, 1993, S. 35 - 37.

[Lee/Chang 2006] Lee, M-C., Chang, T.: Applying TQM, CMM and ISO 9001 in Knowledge Management for software development process improvement. In: Services and Standards, Vol. 2, 1/2006, S. 101 - 115.

[Lee/Chen 2012] Lee, M. R., Chen, T. T.: Revealing research themes and trends in knowledge management: From 1995 to 2010. In: Knowledge Based Systems, Vol. 28, 2012, S. 47 - 58.

[Lee/Yang 2000] Lee, Ch. Ch., Yang, J.: Knowledge Value Chain. In: Journal of Management Development, Vol. 19, 9/2000, S. 783 - 793.

[Lee/Yang 2000] Lee, Ch. Ch., Yang, J.: Knowledge Value Chain. In: Journal of Management Development, Vol. 19, 9/2000, S. 783 - 793.

[Lehner 1993] Lehner, F.: Informatik-Strategien. Entwicklung, Einsatz und Erfahrungen. Hanser Verlag, München, 1993.

[Lehner 1997] Lehner, F.: Evolutionsmodelle, Reife(grad)modelle und Entwicklungsstufenmodelle für die betriebliche Informationsverarbeitung. In: Schriftenreihe des Lehrstuhls für Wirtschaftsinformatik III, Universität Regensburg, 2. Aufl., 6, 1997.

[Lehner 1999] Lehner, F.: Prozess- und Unternehmensmodellierung. In: Schriftenreihe des Lehrstuhls für Wirtschaftsinformatik III, Universität Regensburg, 1999.

[Lehner 2000] Lehner, F.: Organisational Memory. Konzepte und Systeme für das organisatorische Lernen und das Wissensmanagement, Hanser Verlag, München, Wien, 2000.

[Lehner 2001] Lehner, F.: Computergestütztes Wissensmanagement: Fortschritt durch Erkenntnisse über das organisatorische Gedächtnis? In: Schreyögg, G., Wissen in Unternehmen, Konzepte, Maßnahmen, Methoden, Erich Schmidt Verlag, Berlin, 2001, S. 223 - 247.

[Lehner 2005] Lehner, F.: Digitale Identität und Unternehmensidentität aus der Perspektive von Informatik und Wirtschaftsinformatik. In: Scholz, C., Identitätsbildung: Implikationen für globale Unternehmen und Regionen, Hampp Verlag, München, Mering, 2005, S. 27 - 44.

[Lehner 2018] Lehner, F.: Preis und Wertermittlung für Daten und Informationen. In: Specht, L. (Hrsg.): Handbuch „Datenrecht und Digitalisierung", Berlin 2018.

[Lehner et al. 2009] Lehner, F., Amende, N., Wildner, St., Haas, N.: Controlling im Wissensmanagement - Konzeption eines allgemeinen Ansatzes zur Erfolgsbewertung im Wissensmanagement. In: Hansen, H.R. et al. (Hrsg.): Business Services. Tagungsband WI 2009, OCG, Wien 2009, Band 1, S. 515 - 524.

[Lehner et al. 1991] Lehner, F., Auer-Rizzi, W., Bauer, R., Breit, K., Lehner, J., Reber, G.: Organisationslehre für Wirtschaftsinformatiker. Hanser Verlag, München, Wien, 1991.

[Lehner et al. 1995] Lehner, F., Hildebrand, K., Maier, R.: Wirtschaftsinformatik. Theoretische Grundlagen. Hanser Verlag, München, Wien, 1995.

[Lehner et al. 2007] Lehner, F., Amende, N., Haas, N., Wildner, S.: Erfolgsbeurteilung des Wissensmanagements, Diagnose und Bewertung der Wissensmanagementaktivitäten auf der Grundlage der Erfolgsfaktorenanalyse. Forschungsbericht, Nr. W-24 - 07, Lehrstuhl für Wirtschaftsinformatik II, Universität Passau, 2007.

[Lehner et al. 2008] Lehner, F., Wildner, S., Scholz, M.: Wirtschaftsinformatik. Eine Einführung. 2. Aufl., Hanser Verlag, München, 2008.

[Lehner/Bredl 2011] Lehner, F., Bredl, K. (Hrsg.): Proceedings of the 12th European Conference on Knowledge Management 2011. Band 1 und 2, Reading UK, 2011.

[Lehner/Fteimi 2012] Lehner, F., Fteimi, N.: Wissensmanagementsysteme. In: WISU, Heft 11/2012, S. 1474 - 1480.

[Lehner/Graf 2005] Lehner, F., Graf, N.: Wissensmanager - zwischen Vision und Wirklichkeit. In: Wissensmanagement, 7, 4/2005, S. 18 - 21.

[Lehner/Haas 2010] Lehner, F., Haas, N.: Knowledge Management Success Factors - Proposal of an Empirical Research. In: EJKM, Vol. 8, 1/2010, S. 79 - 90.

[Lehner/Haas 2011] Lehner, F., Haas, N.: Measuring Knowledge Management Success: Development and Test of a Theory-Based Measuring Model. In: it - Information Technology, Vol. 53, 3/2011, S. 126 - 133.

[Lehner/Havel 2013] Lehner, F., Havel, O.: Entwicklung einer Enterprise-Suchmaschine zur Unterstützung der Zusammenarbeit zwischen Hochschulen und Wirtschaft. In Krah, H., Müller-Terpitz, R. (Hrsg.): Suchmaschinen, Berlin 2013, S. 107 - 126.

[Lehner/Wanninger 2003] Lehner, F., Wanninger, C.: Marktanalyse zum Angebot von Skill-Management-Systemen. In: Diskussionsbeitrag W-03 - 04, Schriftenreihe Wirtschaftsinformatik, Universität Passau, 2003.

[Lehner/Warth 2010] Lehner, F., Warth, Ch.: Knowledge Transfer Processes in the Automotive Supplier Industry - Designing an Integrated Knowledge Transfer Model. In: Tome, E. (Hrsg.) Proceedings of the 11th European Conference on Knowledge Management 2010. Academic Publishing Ltd, Reading UK, 2010, S. 591 - 601.

[Lehner/Wildner 2009] Lehner, F., Wildner, St.: Wissensmanagement Konfigurationen. Methodik für die Schaffung von Kategorien von KMU als Voraussetzung für zielgerichtete Wissensmanagement-Initiativen. In: Meyer, J.-A. (Hrsg.): Management-Instrumente in kleinen und mittleren Unternehmen. Lohmar 2009, S. 209 - 224.

[Leimeister 2010] Leimeister, M.: Kollektive Intelligenz. In Wirtschaftsinformatik, 4/2010, S. 239 - 242.

[Lembke 2004] Lembke, G.: Persönliches Wissensmanagement. http://www.community-of-knowledge.de/beitrag/persoenliches-wissensmanagement/, 2004.

[Leonard-Barton 1992] Leonard-Barton, D.: Core Capabilities and Core Rigidities: A Paradox in Managing New Product Development. In: Strategic Management Journal, 13, 1992, S. 111 – 125.

[Lesser/Everest 2001] Lesser, E., Everest, K.: Using communities of practice to manage intellectual capital. In: Ivey Business Journal, 65, 4/2001, S. 37 – 41.

[Levallet/Chan 2016] Levallet, N.; Chan, Y. E.: Chapter 7: knowledge loss and retention: the paradoxical role of IT, Successes and Failures of Knowledge Management. Cambridge 2016.

[Levallet/Chan 2019] Levallet, N.; Chan, Y. E.: Organizational knowledge retention and knowledge loss. In: Journal of Knowledge Management, Vol. 23, 1/2019, S. 176 – 199.

[Levy/Merry 1986] Levy, A., Merry, U.: Organizational Transformation. Greenwood Press, New York, 1986.

[Lewin 1943] Lewin, K.: Forces behind food habits and methods of change. In: Bulletin of the National Research Council, 108, S. 35 – 65.

[Leyer et al. 2016] Leyer, M. et al.: Would you like to know who knows? Connecting employees based on process-oriented knowledge mapping. In: Decision Support Systems, Vol. 87, 2016, S. 94 – 104.

[Li et al. 2018] Li et al.: G-SECI model-based knowledge creation for CoPS innovation: the role of grey knowledge. In: Journal of Knowledge Management, Vol. 22, 4/2018, S. 887 – 911.

[Liebowitz 2008] Liebowitz, J.: Two forgotten elements of a knowledge management strategy. In: Knowledge Management Research & Practice, Vol. 6, 2008, S. 239 – 244.

[Likert 1961] Likert, R.: New patterns of management. McGraw-Hill, New York, 1961.

[Likert 1975] Likert, R.: Die integrierte Führungs- und Organisationsstruktur. Campus Verlag, Frankfurt am Main, 1975.

[Lin 2018] Lin, J.: Future of Work #4 – enterprise knowledge management 2.0 + AI-powered search & discover = team intelligence. May 2018, Online: https://medium.com/work-bench/future-of-work-4-enterprise-knowledge-management-2 - 0-61ca08fd2a5d.

[Lin et al. 2005] Lin, C., Yeh, J.-M., Tseng, S.-M.: Case study on knowledge-management gaps. In: Journal of Knowledge Management, 9, 3/2005, S. 36 – 50.

[Linde/Stock 2011] Linde, F., Stock, W. G.: Informationsmarkt. Informationen im I-Commerce anbieten und nachfragen. München 2011.

[Lindsey 2002] Lindsey, K.: Measuring knowledge management effectiveness. A task-contingent organizational capabilities perspective. In: Proceedings of the 8th American Conference on Information Systems, 2002, S. 2085 – 2090.

[Ling et al. 2011] Ling, H. et al.: Research on tacit knowledge integration: a synthesis of social ties and TMS. In: Knowledge Management Research and Practice, Vol. 9, 3/2011, S. 256 – 262.

[Lipton 2018] Lipton, Z. C.: The Mythos of Model Interpretability. In: Communications of the ACM, Vol. 61, 10/2018, S. 36 – 43.

[Loebbecke 2017] Loebbecke, C., Myers, M. D.: Deploying internal Knowledge Portals: Three major challenges. In: Information & Management, Vol. 54, 2017, S. 491 – 505.

[Lorenz 1998] Lorenz, W. D.: Wissen richtig managen. In: Information Management, 1/1998, 99 – 100.

[Luft 1989] Luft, A. L.: Software als Wissen, Aufgaben einer praxisbezogenen Theorie der „Kerninformatik“ und wissenschaftstheoretische Perspektiven der softwaretechnischen Wissensgewinnung. In: Positionspapier für GI-Workshop „Theorie der Informatik“, Burg Bederkesa bei Bremerhaven, 1989.

[Luhmann 1995] Luhmann, N.: Die Soziologie des Wissens: Probleme ihrer theoretischen Konstruktion. In: Luhmann, N., Gesellschaftsstruktur und Semantik. Studien zur Wissenssoziologie der modernen Gesellschaft, Band 4, Suhrkamp Verlag, Frankfurt am Main, 1995.

[Lundberg 1989] Lundberg, C. C.: On Organizational Learning: Implications and Opportunities for Expanding Organizational Development. In: Research in Organizational Change and Development, 3, S. 61 – 82.

[Luoma/Okkonen 2009] Luoma, S., Okkonen, J.: Capturing competence – Using wiki for transferring tacit knowledge. In: Stam, C. et al. (Hrsg.). Proceedings of the European Conference on Intellectual Capital, Haarlem, 2009, S. 329 – 336.

[Lusti 1999] Lusti, M.: Data Warehousing und Data Mining. Eine Einführung in entscheidungsunterstützende Systeme. Springer Verlag, Berlin u. a., 1999.

[Luthans 1985] Luthans, F.: Organizational behavior. McGraw-Hill, New York, 1985.

[Lüthy et al. 2002] Lüthy, W., Voit, E., Wehner, T.: Wissensmanagement – Praxis. Einführung, Handlungsfelder und Fallbeispiele. vdf Hochschulverlag, Zürich, 2002.

[Lüttgens et al. 2014] Lüttgens, D. et al.: Wisdom of the crowd and capabilities of a few: internal success factors of crowdsourcing for innovation. In: Journal of Business Economics, Vol. 84, 2014, S. 339–374.

[Ma/Yu 2007] Ma, Zh., Yu, K-H.: Research paradigms of contemporary knowledge management studies: 1998 – 2007. In: Journal of Knowledge Management, Vol. 14, 2/2010, S. 175 – 189.

[Maasen 1999] Maasen, S.: Wissenssoziologie. transcript Verlag, Bielefeld, 1999.

[Maass 2009] Maass, W.: Elektronische Wissensmärkte: Handel von Information und Wissen über digitale Netze. Wiesbaden 2009.

[Macik-Frey 2012] Macik-Frey, M.: Communicated Collective Knowledge: Realizing Human Potential Through Social Cognition And Information Integration Processes. In: Journal of Knowledge Management Practice, Vol. 13, 3/2012.

[Macintosh et al. 1998] Macintosh, A., Filby, I., Tate, A.: Knowledge Asset Road Maps. In: Proceedings of the 2nd Int. Conf. on Practical Aspects of Knowledge Management (PAKM98), 1998, 17/1 – 17/4.

[MacKenzie et al. 2011] MacKenzie, S. B. et al.: Construct Measurement and Validation Procedures in MIS and Behavioral Research: Integrating New and Existing Techniques. In: MIS Quarterly, Vol. 35, 2/2011, S. 293 – 334.

[Mädche et al. 2001] Mädche, A., Staab, S., Studer, R.: Ontologien. In: Wirtschaftsinformatik, 43. Jg., 4/2001, S. 393 – 395.

[Madsbjerg 2017] Madsbjerg, C.: Sensemaking: The Power of the Humanities in the Age of the Algorithm. New York 2017.

[Mag 1984] Mag, W.: Informationsbeschaffung. In: Grochla, E., Wittmann, W., Handwörterbuch der Betriebswirtschaftslehre, Poeschel, Stuttgart, 1984, S. 1882 – 1894.

[Maier 2004] Maier, R.: Knowledge Management Systems. Springer Verlag, Berlin, Heidelberg, 2004.

[Maier et al. 2005] Maier, R., Hädrich, T., Peinl, R.: Enterprise Knowledge Infrastructures. Springer Verlag, Berlin, Heidelberg, 2005.

[Maier/Hädrich 2001] Maier, R., Hädrich, T.: Modell für die Erfolgsmessung von Wissensmanagementsystemen. In: Wirtschaftsinformatik, 43. Jg., 5/2001, S. 497 – 509.

[Maier/Kunz 1998] Maier, R., Kunz, St.: Ein Modell zur organisatorischen Informationsverarbeitung. In: Schriftenreihe des Lehrstuhls für Wirtschaftsinformatik III, 1998.

[Maier/Remus 2003] Maier, R., Remus, U.: Implementing Process-oriented Knowledge Management Strategies. Journal of Knowledge Management, Vol. 7, 4/2003, S. 62 – 74.

[Maier/Sametinger 2004] Maier, R., Sametinger, J.: Personal Knowledge Management in a Peer-to-Peer Environment. In: Remenyi, D. (Hrsg.), Proceedings of the 5th European Conference on Knowledge Management (ECKM), 30th September-1st October 2004, Paris, S. 505 – 514.

[Maier/Trögl 2011] Maier, R. Trögl, M.: Active Documents Supporting Knowledge Sharing in Knowledge-intensive Cooperation. In: Maier, R.: WM 2011 – 6th Conference on Professional Knowledge

Management: From Knowledge to Action. 21. - 23. Februar 2011, Universität Innsbruck, Berlin/ Bonn 2011, S. 231 - 240.

[Majchrzak et al. 2013] Majchrzak, A. et al.: The Impact of Shaping on Knowledge Reuse for Organizational Improvement with WIKIs. In: MIS Quarterly, Vol. 37, 2/2013, S. 455 - 469.

[Maletz 1990] Maletz, M. C.: KBS Circles, A Technology Transfer Initiative that Leverages Xerox's Leadership Through Quality Program. In: MISQ, Vol. 14, 3/1990, S. 323 - 329.

[Mandl et al. 1987] Mandl, H., Friedrich, H. F., Hron, A.: Theoretische Ansätze zum Wissenserwerb. In: Universität Tübingen, Deutsches Institut für Fernstudien, Arbeitsbereich Lernforschung, 41, 1987.

[Mandl/Fischer 2000] Mandl., H., Fischer, F.: Wissen sichtbar machen. Wissensmanagement mit Mapping-Techniken. Hogrefe-Verlag, Göttingen u. a., 2000.

[Mann 1959] Mann, R. D.: A Review of the Relationship Between Personality and Performance in Small Groups. In: Psychological Bulletin, 56, 1959, S. 241 - 270.

[Mannheim 1929] Mannheim, K.: Ideologie und Utopie. Cohen Verlag, Bonn, 1929.

[Mäntymäki/Riemer 2016] Mäntymäki, M., Riemer, K.: Enterprise social networking: A knowledge management perspective. In: International Journal of Information Management, Vol. 36, 2016, S. 1042 - 1052.

[March/Olson 1976] March, J. G., Olsen, J.: Ambiguity and choice in organizations. Universitatsforlaget, Bergen, 1976.

[March/Simon 1958] March, J. G., Simon, H. A.: Organizations. John Wiley & Sons, New York, 1958.

[March/Storey 2008] March, S. T., Storey, V. C.: Design Science in the Information Systems Discipline: An Introduction to the Special Issue on Design Science Research. In MIS Quarterly, Vol. 32, 4/2008, S. 725 - 730.

[Margaryan et al. 2011] Margaryan, A. et al.: Validation of Davenport's classification structure of knowledge-intensive processes. In: Journal of Knowledge Management, Vol. 15, 4/2011, S. 568 - 581.

[Mariano/Awazu 2016] Mariano, St. Awazu, Y.: Artifacts in knowledge management research. In: Journal of Knowledge Management, Vol. 20, 6/2016, S. 1333 - 1352.

[Markus/Benjamin 1996] Markus, M. L., Benjamin, R. I.: Change Agentry - The Next IS Frontier. In: MIS Quarterly, 20, 4/1996, S. 385 - 407.

[Marr 2017] Marr, B.: Really Big Data At Walmart: Real-Time Insights From Their 40+ Petabyte Data Cloud, Forbes Magazin Online, www.forbes.com, 2017.

[Martin 1997] Martin, W.: Die Zukunft hat bereits begonnen. In: is report, 1, 9, 1997, S. 24 - 27.

[Marwitz 1998a] Marwitz, E. R.: Corporate Directories. In: IT Management, 12/1998, S. 58 - 62.

[Marwitz 1998b] Marwitz, E. R.: Internetworking von HICOM-Systemen mit Corporate Directories. In: IT Management, 11/1998, S. 58 - 62.

[Maslow 1970] Maslow, A. H.: Motivation and Personality. 2. Aufl., Harper, Princeton, 1970.

[Massaro et al. 2016] Massaro, M. et al.: Knowledge management in small and medium enterprises: a structured literature review. In: Journal of Knowledge Management, Vol. 20, 2/2016, S. 258 - 291.

[Massingham 2008] Massingham, P. R.: Measuring the impact of knowledge loss: more than ripples in a pond? In: Management Learning, Vol. 39, 5/2008, S. 541 - 560.

[Massingham 2018] Massingham, P. R.: Measuring the impact of knowledge loss: a longitudinal study. In: Journal of Knowledge Management, Vol. 22, 4/2018, S. 721 - 758.

[Matson et al. 2003] Matson, E. et al.: Stimulating Knowledge Sharing: Strengthening Your Organization's Internal Knowledge Market. In: Organizational Dynamics, Vol. 32, 3/2003, S. 275 - 285.

[Matsuda 1991] Matsuda, T.: Organizational Intelligence: Coordination of Human Intelligence and Machine Intelligence. In: Bourgine, P., Walliser, B., Economics and cognitive Science, Pergamon Press, Oxford u. a., 1991, S. 171 - 180.

[Matsuda 1992] Matsuda, T.: Organizational Intelligence: Its Significance as a Process and as a Product. In: Proceedings of the International Conference on Economics, Management and Information Technology 92, Tokio: The Japan Society for Management Information, 1992, S. 219 – 222.

[Matsuda 1993] Matsuda, T.: „Organizational Intelligence" als Prozess und als Produkt – Ein neuer Orientierungspunkt der japanischen Managementlehre. In: Technologie & Management, 42. Jg., 1, 1993, S. 12 – 17.

[Matthesius/Stelzer 2008] Matthesius, M., Stelzer, D.: Analyse und Vergleich von Konzepten zur automatisierten Informationsbewertung im Information Lifecycle Management. In: Bichler, M. et al. (Hrsg.): „Multikonferenz Wirtschaftsinformatik 2008", Berlin 2008, S. 471 – 482.

[Maurer 2003] Maurer, H.: Important Aspect of Knowledge Management. In: Computer Science in Perspective, 2003, S. 245 – 254.

[Maurer 2003] Maurer, H.: Wissensmanagement – Ein Schritt nach vorne oder nur ein neues Schlagwort? In: Informatik Spektrum, Vol. 26, 1/2003, S. 26 – 33.

[Mayer/Orth 1901] Mayer, A., Orth, I.: Zur qualitativen Untersuchung der Assoziation. In: Zeitschrift für Psychologie, 26, 1901, S. 1 – 13.

[Mbhalati 2012] Mbhalati, O. J.: The Genesis of the Knowledge-Based View. In: Journal of Knowledge Management Practice, Vol. 13, 2/2012, Online: www.tlainc.com/articl306.htm.

[Mc Farlane 2008] McFarlane, D. A.: Toward a Knowledge Management Body of Knowledge (KMBOK): A Philosophical Discourse in KM Concepts and Ideas. In: Journal of Knowledge Management Practice, Vol. 9, 4/2008.

[McAdam et al. 2007] McAdam, R. et al.: Exploring the dichotomies within the tacit knowledge literature: towards a process of tacit knowing in organizations. In: Journal of Knowledge Management, Vol. 11, 2/2007, S. 43 – 59.

[McFarlane 2010] McFarlane, D. A.: Leadership And The Knowledge Ecosystem: Revisiting and Reconceptualizing The KMBOK Model. In: Journal of Knowledge Management Practice, Vol. 11, 4/2010.

[McFarlane/Taylor 2011] McFarlane, D. A., Taylor, F.: Personal Knowledge Management (PKM): Are We Really Ready? In: Journal of Knowledge Management Practice, Vol. 12, 3/2011.

[McGregor 1960] McGregor, D.: The human side of enterprise. McGraw-Hill, New York, 1960.

[McIver/Wang 2016] McIver, D., Wang, X.: Measuring knowledge in organizations: a knowledge-in-practice approach. In: Journal of Knowledge Management, Vol. 20, 4/2016, S. 634 – 652.

[McKellar 2014] McKellar, H.: 100 Companies that Matter in Knowledge Management. In: KMWorld, Vol. 23, 3/2014.

[McKinney/Yoos 2010] McKinney, E. H., Yoos, Ch. J.: Information about Information: A Taxonomy of Views. In: MIS Quarterly, Vol. 34, 2/2010, S. 329 – 344.

[McKinsey Global Institute 2011] McKinsey Global Institute (Hrsg.): Big data: The next frontier for innovation, competition, and productivity. 2011, www.mckinsey.com.

[Medin et al. 2004] Medin, D., Ross, B. H., Markman, A. B.: Cognitive Psychology. 4. Aufl., John Wiley & Sons, New York, 2004.

[Medrano Castillo/Cazarini 2014] Medrano Castillo, L. A., Cazarini, E. W.: Integrated model for implementation and development of knowledge management. In: Knowledge Management Research & Practice, Vol. 12, 2/2014, S. 145 – 160.

[Megill 1997] Megill, K. A.: Corporate Memory: Information Management in the Electronic Age. Bowker-Saur, London, 1997.

[Mehta et al. 2007] Mehta, N. et al.: Infosys Technologies: improving organizational knowledge flows. In: Journal of Information Technology, Vol. 22, 2007, S. 456 – 464.

[Meinsen 2003] Meinsen, St.: Konstruktivistisches Wissensmanagement: Wie Wissensarbeiter ihre Arbeit organisieren. Weinheim et al. 2003.

[Mellewigt/Decker 2009] Mellewigt, Th., Decker, C.: Wissensmanagement (Sammelrezension). In: DBW, Vol. 69, 5/2009, S. 613 - 631.

[Menold 2006] Menold, N.: Wissensintegration und Handeln in Gruppen. VS Verlag, Wiesbaden, 2006.

[Mentzas et al. 2001] Mentzas, G., Apostolou, D., Young, R., Abecker, A.: Knowledge networking: a holistic solution for leveraging corporate knowledge. In: Journal of Knowledge Management, 5, 1/2001, S. 94 - 106.

[Mentzel 2001] Mentzel, W.: Personalentwicklung. Erfolgreich motivieren, fördern und weiterbilden. DTV, München, 2001.

[Mertins/Seidel 2009] Mertins, K., Seidel, H. (Hrsg.): Wissensmanagement im Mittelstand. Grundlagen - Lösungen - Praxisbeispiele. Berlin et al. 2009.

[Metzinger 1996] Metzinger, T.: Bewußtsein. Beiträge aus der Gegenwartsphilosophie. mentis, Paderborn u. a., 1996.

[Michelis/Schildhauer 2010] Michelis, D., Schildhauer Th. (Hrsg.): Social Media Handbuch. Theorien, Methoden, Modelle. Baden-Baden 2010.

[Mieg 2000] Mieg, H. A.: Vom ziemlichen Unvermögen der Psychologie das Tun der Experten zu begreifen: Ein Plädoyer für Professionalisierung als psychologische Kategorie und einen interaktionsorientierten Expertenbegriff. In: Silbereisen, R. K., Reitzle, M., Bericht über den 42. Kongress der Deutschen Gesellschaft für Psychologie, Pabst, Lengerich, 2000, S. 635 - 648.

[Millen et al. 2002] Millen, D. R., Fontaine, M. A., Muller, M. J.: Understanding the Benefit and Costs of Communities of Practice. In: Communications of the ACM, 45, 4/2002, S. 69 - 73.

[Miller 2010] Miller, P.: Die Intelligenz des Schwarms. Frankfurt a. M. 2010.

[Miller 2019] Miller T.: Explanation in artificial intelligence: Insights from the social sciences. In: Artificial Intelligence, Vol. 267, Feb. 2019, S. 1 - 38.

[Mintzberg 1979] Mintzberg, H.: The Structuring of Organizations. Prentice Hall, Englewood Cliffs, 1979.

[Mintzberg 1990] Mintzberg, H.: Strategy formation: Schools of thought. In: Fredrickson, J. W., Perspectives on strategic management, Harper Business, New York u. a., 1990, S. 105 - 235.

[Mirzaee/Ghaffari 2018] Mirzaee, S., Ghaffari, A.: Investigating the impact of information systems on knowledge sharing. In Journal of Knowledge Management, Vol.22, 3/2018, S. 501 - 520.

[Mitchell 1969] Mitchell, C. J.: Social Networks in Urban Situations: Analysis of Personal Relationships in Central African Towns. Manchester University Press, Manchester, 1969.

[Mittelmann 2011] Mittelmann, A.: Werkzeugkasten Wissensmanagement. Norderstedt 2011.

[Mohammadi et al. 2009] Mohammadi, K., Khanlari, A., Sohrabi, B.: Organizational Readiness Assessment for Knowledge Management. In: International Journal of Knowledge Management, 5, 1/2009, S. 29 - 45.

[Möllenstädt 2017] Möllenstädt, O.: Wissensmanagement in Industrie 4.0-Supply Chains. In: Proceedings 9. Konferenz Professionelles Wissensmanagement, Karlsruhe 2017, S. 118 - 124.

[Momm 1993] Momm, Ch.: Organizational Intelligence: Das japanische Managementkonzept der Zukunft? In: Technology & Management, 42. Jg., 1, 1993, S. 45 - 46.

[Momm 1997] Momm, Ch.: Die intelligente Unternehmung. Management von Information, Wissen und Werten. DUV, Wiesbaden, 1997.

[Morgan 1980] Morgan, G.: Paradigms, Metaphors and Puzzle Solving in Organization Theory. In: Administrative Science Quarterly, 25. Jg, 1980, S. 605 - 622.

[Morgan 1986] Morgan, G.: Images of Organizations. Sage, Newbury Park, 1986.

[Moskaliuk 2011] Moskaliuk, J.: Warum Wissensmanagement scheitern muss. https://www.wissensdialoge.de/warum_wissensmanagement_-scheitern_muss/.

[Mudra 2004] Mudra, P.: Personalentwicklung. Integrative Gestaltung betrieblicher Lern- und Veränderungsprozesse. Verlag Franz Vahlen, München, 2004.

[Müffelmann 1998] Müffelmann, I.: Change Management im internationalen Vergleich. Lohmar, Köln, 1998.

[Mulder/Whiteley 2007]Mulder, U., Whiteley, A.: Emerging and capturing tacit knowledge: a methodology for a bounded environment. In: Journal of Knowledge Management, Vol. 11, 1/2007, S. 68 - 83.

[Müller-Merbach 1998a] Müller-Merbach, H.: Die Prozeßorientierung der japanisch-deutschen Führungslehre der „Intelligenz der Unternehmung" - Zusammenspiel von Information, Wissen und Meinung. In: Hummeltenberg, W. (Hrsg.), Information Management for Business and Competitive Intelligence and Excellence: Proceedings der Frühjahrstagung Wirtschaftsinformatik '98. Vieweg, Braunschweig, Wiesbaden, 1998, S. 3 - 17.

[Müller-Merbach 1999] Müller-Merbach, H.: Die Intelligenz der Unternehmung als kritischer Wettbewerbsfaktor. In: Schwaninger, M. (Hrsg.), Intelligente Organisationen - Konzepte für turbulente Zeiten auf der Grundlage von Systemtheorie und Kybernetik, Berlin, 1999, S. 79 - 102.

[Müller-Merbach 2004a] Müller-Merbach, H.: Organisationale Intelligenz - ein historischer Überblick von 1967 bis heute. In: Chamoni, Peter u. a. (Hrsg.), Multikonferenz Wirtschaftsinformatik (MKWI) 2004, Band 2, Berlin, 2004, S. 287 - 300.

[Müller-Merbach 2004b] Müller-Merbach, H.: Socrates' warning - Knowledge is more than information. In: Knowledge Management Research & Practice, 2, 1/2004, S. 61 - 62.

[Müller-Merbach 1993] Müller-Merbach, H.: Der „Totale Wertschöpfungsquotient". Ein Maß für die wirtschaftliche Leistungskraft. In: Technology & Management, 42. Jg., 1, 1993, S. 1 - 34.

[Müller-Merbach 1996] Müller-Merbach, H.: Die „Intelligenz" der Unternehmung: Betriebliches Gestalten und Lenken aus einer neuen Sicht. In: Clausen, C. P., Hahn, O., Krauss, W., Umbruch und Wandel. Herausforderungen zur Jahrhundertwende, Oldenbourg Verlag, München, Wien, 1996, S. 353 - 366.

[Müller-Merbach 1998b] Müller-Merbach, H.: Die Intelligenz der Unternehmung als kritischer Wettbewerbsfaktor. In: Vortragsmanuskript, Kaiserslautern, 23.03.1998, 1998.

[Müller-Prothmann 2006]Müller-Prothmann, T.: Leveraging Knowledge Communication for Innovation. Framework, Methods and Applications of Social Network Analysis in Research and Development. Peter Lang, Frankfurt am Main u. a., 2006.

[Müller-Stewens/Pautzke 1996] Müller-Stewens, G., Pautzke, G.: Führungskräfteentwicklung und organisatorisches Lernen. In: Sattelberger, T., Die lernende Organisation, 3. Aufl., Gabler Verlag, Wiesbaden, 1996, S. 183 - 205.

[Mylopoulos et al. 1990] Mylopoulos, J., Borgida, A., Jarke, M., Koubarakis, M., Telos: Representing Knowledge about Information systems. In: Transactions on Information Systems, 8, 4/1990, 325 - 362.

[Nahapiet/Ghoshal 1998] Nahapiet, J., Ghoshal, S.: Social Capital, Intellectual Capital, and the Organizational Advantage. The Academy of Management Review, Vol. 23, 2/1998, 2, S. 242 - 266.

[Nelson/Cooprider 1996] Nelson, K. M., Cooprider, J. G.: The Contribution of Shared Knowledge to IS Group Performance. In: MIS Quarterly, 20, 4/1996, S. 409 - 433.

[Nelson/Jarrahi/Thomson 2017] Nelson, S. B., Jarrahi, M. H., Thomson, L.: Mobility of knowledge work and affordances of digital technologies. In: International Journal of Information Management, Vol. 37, 2/2017, S. 54 - 62.

[Nemati et al. 2002] Nemati, H. R., Steiger, D. M., Lakshmi, S. I., Herschel, R. T.: Knowledge warehouse: an architectural integration of knowledge management, decision support, artificial intelligence and data warehousing. In: Decision Support Systems (DSS), 33, 2/2002, S. 143 - 161.

[Neuberger 1994] Neuberger, O.: Personalentwicklung. Lucius & Lucius, Stuttgart, 1994.

[Nevis et al. 1995] Nevis, E. C., DiBella, A. J., Gould, J. M.: Understanding Organizations as Learning Systems. In: Sloan Management Review, Winter 1995, S. 73 - 85.

[Newell 1991] Newell, A.: Unified theories of cognition. Cambridge University Press, Cambridge, 1991.

[Nie et al. 2007] Nie, K., Ma, T., Nakamori, Y.: Building a Taxonomy for Understanding Knowledge Management. In: Electron. J. Knowl. Manag., Vol. 5, 2007, S. 453–466.

[Nie et al. 2009] Nie, K., Ma, T., Nakamori, Y.: An Approach to Aid Understanding Emerging Research Fields – the Case of Knowledge Management. In: Syst. Res. Behav. Sci.ence, Vol. 26, 2009, S. 629–644.

[Noblet et al. 2011] Noblet, P. et al.: Absorbtive capacity: a proposed operationalisation. In: Knowledge Management Research & Practice, Vol. 9, 2011, S. 367 - 377.

[Nold 2011] Nold, H. A.: Making knowledge management work: tactical to practical. In: Knowledge Management Research & Practice, Vol. 9, 1/2011, S. 84 - 94.

[Nonaka 1991] Nonaka, I.: The Knowledge-Creating Company. In: Harvard Business Review, November - December 1991, S. 96 - 104.

[Nonaka 1992] Nonaka, I.: Wie japanische Konzerne Wissen erzeugen. In: Harvard Manager, 2/1992, S. 95 - 103.

[Nonaka 1994] Nonaka, I.: A Dynamic Theory of Organizational Knowledge Creation. In: Organization Science, Vol. 5, 1/1994, S. 14 - 37.

[Nonaka et al. 1994] Nonaka, I., Byosiere, C., Borucki, C., Konno, N.: Organizational Knowledge Creation Theory. A First Comprehensive Test. In: International Business Review, 3, 4/1994, S. 337 - 352.

[Nonaka/Konno 1998] Nonaka, I., Konno, N.: The Concept of „Ba". In: California Management Review, Vol 40, 3/1998, S. 40 - 54.

[Nonaka/Takeuchi 1995] Nonaka, I., Takeuchi, H.: The Knowledge-Creating Company. How Japanese Companies Foster Creativity and Innovation for Competitive Advantage. Oxford University Press, London u. a., 1995.

[Nonaka/Takeuchi 1997]Nonaka, I., Takeuchi, H.: Die Organisation des Wissens. Campus Verlag, Frankfurt am Main, 1997.

[North 1992] North, D. C.: Institutionen, institutioneller Wandel und Wirtschaftsleistung. JCB Mohr (Paul. Siebeck), Tübingen, 1992.

[North 1998] North, K.: Wissensorientierte Unternehmensführung. Wertschöpfung durch Wissen. Gabler Verlag, Wiesbaden, 1998 (aktuell 5. Auflage 2011).

[North et al. 2016] North, K. et al.: Wissensarbeit(er). In: Dick, M. et al. (Hrsg.): Handbuch Professionsentwicklung, Stuttgart 2016, S. 125 - 137.

[North et al. 1998] North, K., Probst, G., Romhardt, K.: Wissen messen – Ansätze, Erfahrungen und kritische Fragen. In: Zeitschrift für Führung und Organisation (zfo), 3/1998, 1988, S. 158 - 166.

[North et al. 2000] North, K., Romhardt, K., Probst, G.: Wissensgemeinschaften – Keimzellen lebendigen Wissensmanagements. In: io-Management, 7/8, 2000, 52 - 62.

[North/Maier 2018] North, K., Maier, R.: Wissen 4.0 – Wissensmanagement im digitalen Wandel. In: HMD Praxis der Wirtschaftsinformatik, Vol. 55, 4/2018, S. 665 - 681.

[North/Varlese 2001] North, K., Varlese, N.: Motivieren für die Wissensteilung und die Wissensentwicklung. 2001.

[O'Leary 2019] O'Leary, D.: An empirical analysis of information search and information sharing in crowdsourcing data analytic contests. In: Decision Support Systems, Vol. 120, May 2019, S. 1 - 13.

[Oberhofer/Zimmerer 1996] Oberhofer, W., Zimmerer, T.: Wie künstliche Neuronale Netze lernen: Ein Blick in die Black Box der Backpropagation Netzwerke. In: Regensburger Diskussionsbeiträge, Universität Regensburg, Wirtschaftswissenschaftliche Fakultät, S. 292, 1996.

[Oberschulte 1994] Oberschulte, H.: Organisatorische Intelligenz. Ein integrativer Ansatz des organisatorischen Lernens. Hampp Verlag, München, Mering, 1994.

[Oberschulte 1996] Oberschulte, H.: Organisatorische Intelligenz – Ein Vorschlag zur Konzeptdifferenzierung. In: Schreyögg, G., Conrad, P., Managementforschung, de Gruyter, Berlin, New York, 1996, S. 41 – 81.

[OEB 2002] Open eBook Forum: Open eBook Publication Structure Specification Version 1.2, August 2005.

[Oelsnitz/Busch 2008] Oelsnitz, D. von der, Busch, M. W.: Die Bedeutung transaktiver Gedächtnissysteme für die Informationsproduktion in Teams. in: Zeitschrift für Betriebswirtschaft, 78. Jg., 4/2008, S. 367 – 396.

[Oguz/Sengün 2011] Oguz, F., Sengün, A. E.: Mystery oft he Unknown: revisiting tacit knowledge in the organizational literature. In: Journal of Knowledge Management, Vol. 15, 3/2011, S. 445 – 461.

[Ohta/Leyu 1992] Ohta, T., Leyu, G.: On Relationship between Attributes of Organizational Intelligence and Organizational Performance. In: Proceedings of the International Conference on Economics, Management and Information Technology 92, Tokio: The Japan Society for Management Information, 1992, S. 215 – 218.

[Oliveira et al. 2012] Oliveira, M. et al.: Knowledge Management Implementation: An Evolutionary Process in Organizations. In: Knowledge and Process Management, Vol. 19, 1/2012, S. 17–26.

[Oluikpe 2012] Oluikpe, P.: Developing a corporate knowledge management strategy. In: Journal of Knowledge Management, Vol. 16, 6/2012, S. 862 – 878.

[Onions 2010] Onions, P.: Umbrellas, alphabet soup and knowledge management theory. In: Conference Proceedings of ECKM 2010, Portugal, Famalicao 2010.

[Ordonez de Pablos 2002] Ordonez de Pablos, P.: Knowledge management and organizational learning: Typologies of knowledge strategies in the Spanish manufacturing industry from 1995 to 1999. In: Journal of Knowledge Management, 6, 1/2002, S. 52 – 62.

[O'Reilly 1989] O'Reilly: Corporations, Culture and Commitement: Motivation and Social Control in Organizations. In: California Management Review, 31, 4/1989, S. 9 – 25.

[Orenga-Roglá/Chalmeta 2019] Orenga-Roglá, S., Chalmeta, R.: Implementation of Knowledge Management Systems 2.0. In: BISE, Vol. 61, 2/2019, S. 195 – 213.

[Orlikowski/Hofman 1997] Orlikowski, W. J., Hofman, J. D.: An Improvisational Model for Change Management: The Case of Groupware Technologies. In: Sloan Management Review, Winter 1997, S. 11 – 21.

[Orr 1986] Orr, J. E.: Narratives at Work: Story Telling as Cooperative Diagnostic Activity. In: Proceedings of the 1986 ACM conference on Computer-supported cooperative work, Austin, Texas, 1986, S. 62 – 72.

[Orth et al. 2008] Orth, R. et al.: ProWis-Projektstudie Nr. 2. Wissen greifbar machen: Den Umgang mit Wissen beschreiben und bewerten – Ergebnisse aus den 15 ProWis-Unternehmen. Fraunhofer Institut, Berlin, Magdeburg 2008.

[Ortner 1991] Ortner, E.: Informationsmanagement: Wie es entstand, was es ist und wohin es sich entwickelt. In: Informatik Spektrum, Band 14, 1991, S. 315 – 327.

[Otto 2011] Otto, B.: Data Governance. In: Wirtschaftsinformatik 4/2011, S. 235 – 238.

[Ouchi 1981] Ouchi, W. G.: Theory Z: How American Business can meet the Japanese Challange. Reading, Massachusetts, 1981.

[Palte et al. 2011] Palte, R. et al.: The Effects of a KM Strategy on KM Performance in Professional Service Firms. In: International Journal of Knowledge Management, Vol 7, 1/2011, S. 16 – 34.

[Pan et al. 2018] Pan, W. et al.: The dark triad and knowledge hiding. In: International Journal of Information Management, Vol. 42, 2018, S. 36 – 48.

[Pappi 1987] Pappi, F. U.: Methoden der Netzwerkanalyse. München, 1987.

[Parboteeah et al. 2016] Parboteeah, P. et al.: A theoretically grounded modelt o reduce the risk of knowledge loss in organizations: an energy company evaluation. In: Knowledge and Process Management, Vol. 23, 3/2016, S. 171 - 183.

[Parise et al. 2006] Parise, S., Cross, R., Davenport, T. H.: Strategies for Preventing a Knowledge-Loss Crisis. In: Sloan Management Review, 47, 4/2006, S. 31 - 38.

[Parsons 1960] Parsons, T.: Structure and Process in Modern Societies. Free Press, Glencoe, 1960.

[Patel/Groen 1991] Patel, V. L., Groen, G. J.: The general and specific nature of medical expertise: A critical look. In: Ericsson, K. A., Smith, J., Toward a general theory of Expertise. Prospects and limits, Cambridge University Press, Cambridge, 1991, S. 93 - 125.

[Pauleen 2017] Pauleen, D.: Does big data mean big knowledge? In: Journal of Knowledge Management, Vol. 21, 1/2017, S. 1 - 6.

[Paulzen 2006] Paulzen, O.: Qualität im Wissensmanagement - Modellierung und Bewertung von Wissensprozessen. Denkinstitut, Wiesbaden, 2006.

[Paulzen/Perc 2002] Paulzen, O., Perc, P.: A Maturity Model for Quality Improvement in Knowledge Management. In: Wenn, A., McGrath, M., Burstein, F., Enabling Organisations and Society through Information Systems, Proceedings of the 13th Australasian Conference on Information Systems (ACIS 2002), Melbourne, Australia, 2002, S. 243 - 253.

[Pautzke 1989] Pautzke, G.: Die Evolution der organisatorischen Wissensbasis. Bausteine zu einer Theorie des organisatorischen Lernens. Kirsch, München, 1989.

[Pawlowski et al. 2014] Pawlowski, J. et al.: Soziale Wissensumgebungen. In: Wirtschaftsinformatik, 2/2014, S. 91 - 100.

[Pawlowsky 1992] Pawlowsky, P.: Betriebliche Qualifikationsstrategien und organisationales Lernen. In: Staehle, W., Conrad, P., Managementforschung 2, de Gruyter, Berlin, New York, 1992, S. 177 - 238.

[Pawlowsky 1994] Pawlowsky, P.: Wissensmanagement in der lernenden Organisation. Habilitationsschrift, Universität Paderborn, 1994.

[Pawlowsky 1995] Pawlowsky, P.: Von betrieblicher Weiterbildung zum Wissensmanagement. In: Geißler, H., Organisationslernen und Weiterbildung (Die strategische Antwort auf die Herausforderung der Zukunft), Luchterhand, Neuwied, Berlin, 1995, S. 435 - 457.

[Pawlowsky 1998] Pawlowsky, P.: Wissensmanagement. Erfahrungen und Perspektiven. Gabler Verlag, Wiesbaden, 1998.

[Pawlowsky 2001] Pawlowsky, P.: The Treatment of Organizational Learning in Management Science. In: Dierkes, M., Berthoin Antal, A., Child, J., Nonaka, I., Handbook of Organizational Learning & Knowledge, Oxford University Press, New York, 2001, S. 61 - 88.

[Pawlowsky/Reinhardt 2002] Pawlowsky, P., Reinhardt, R.: Wissensmanagement für die Praxis. Methoden und Instrumente zur erfolgreichen Umsetzung. Luchterhand Verlag, Neuwied u. a., 2002.

[Pee/Kankanhalli 2009] Pee, L. G., Kankanhalli, A.: A Model of Organisational Management Maturity Based on People, Process and Technology. In: Journal of Information & Knowledge Management, Vol. 8, 2/2009, S. 79 - 99.

[Perez-Soltero, A. et al. 2006] Perez-Soltero, A. et al.: Knowledge Audit Methodology with Emphasis on Core Processes. European and Mediterranean Conference on Information Systems (EMCIS) 2006.

[Pernicka et al. 2016] Pernicka, S. et al.: Wissensarbeit und Profession - Zwei Grundformen hochqualifizierter Arbeit zwischen Autonomie und Verwertungslogik. In: Haipeter, T. (Hrsg.): Angestellte Revisited. Wiesbaden 2016, S. 183 - 202.

[Peters/Waterman 1982] Peters, Th. J., Waterman, R. H.: In Search of Excellence. Harper & Row, New York, 1982.

[Pfeffer 1981] Pfeffer, J.: Management as Symbolic Action. In: Research of Organizational Behavior, 3, 81, 1 ff.

[Pfeiffer 1976] Pfeiffer, D.K.: Organisationssoziologie. Kohlhammer Verlag, Stuttgart, 1976.

[Pfestorf 1974] Pfestorf, J.: Kriterien für die Bewertung betriebswirtschaftlicher Informationen. Dissertation, Berlin, 1974.

[Piaget 1969] Piaget, J.: Das Erwachen der Intelligenz beim Kind. Klett, Stuttgart, 1969.

[Picot/Franck 1988] Picot, A., Franck, E.: Die Planung der Unternehmensressource Information. Teil I und II. In: Das Wirtschaftsstudium (WISU), 10/1988, S. 544 – 549 und S. 608 – 614.

[Picot/Reichwald 1994] Picot, A., Reichwald, R.: Auflösung der Unternehmung? Vom Einfluss der IuK-Technik auf Organisationsstrukturen und Kooperationsformen. In: ZfB, 5/1994, S. 547 – 570.

[Pinsonneault/Rivard 1998] Pinsonneault, A., Rivard, S.: Information Technology and the Nature of Managerial Work: From Productivity Paradox to the Icarus Paradox. In: MIS Quarterly, 22, 3/1998, S. 287 – 312.

[Pirkkalainen/Pawlowski 2013] Pirkkalainen, H., and Pawlowski, J.: Global Social Knowledge Management: From Barriers to the Selection of Social Tools. In: The Electronic Journal of Knowledge Management, Vol. 11, 1/2013, S. 3 – 17.

[Pleschak/Sabisch 1996] Pleschak, F., Sabisch, H.: Innovationsmanagement. Schäffer-Poeschel Verlag, Stuttgart, 1996.

[Polanyi 1966] Polanyi, M.: The Tacit Dimension. Routledge and Kegan, London, 1966.

[Pondy/Mitroff 1979] Pondy, L.R., Mitroff, I.J.: Beyond Open System Models of Organization. In: Research in Organizational Behavior, 1, 1979, S. 3 – 39.

[Porter 1990] Porter, M.E.: Wettbewerbsstrategie: Methoden zur Analyse von Branchen und Konkurrenten. 6. Aufl., Campus Verlag, Frankfurt am Main, New York, 1990.

[Porter/Millar 1985] Porter, M.E., Millar, V.E.: How information gives you competitive advantage. In: Harvard Business Review, 63, 4, 1985, S. 149 – 160.

[Posner 1988] Posner, M.I.: Introduction: What is it to be an expert? In: Chi, M.T.H., Glaser, R., Farr, M.J., The nature of expertise, Erlbaum, Hillsdale, 1998, xxix – xxxvi.

[Prahalad/Hamel 1990] Prahalad, C.K., Hamel, G.: The Core Competence of the Corporation. In: Harvard Business Review, 68. Jg., May – June 1990, S. 79 – 91.

[Prahalad/Hamel 1991] Prahalad, C.K., Hamel, G.: Nur Kernkompetenzen sichern das Überleben. In: Harvard Manager, 13. Jg., 2/1991, S. 66 – 78.

[Prange 2002] Prange, Ch.: Organisationales Lernen und Wissensmanagement. Fallbeispiele aus der Unternehmenspraxis. Gabler Verlag, Wiesbaden, 2002.

[Probst 1987] Probst, G.: Selbst-Organisation: Ordnungsprozesse in sozialen Systemen aus ganzheitlicher Sicht. Verlag Paul Parey, Berlin, Hamburg, 1987.

[Probst et al. 1997] Probst, G., Romhardt, K., Raub, S.: Wissen managen – Wie Unternehmen ihre wertvollste Ressource optimal nutzen. Frankfurter Allgemeine u.a., Frankfurt am Main, 1997.

[Probst et al. 2003] Probst, G., Romhardt, K., Raub, St.: Wissen managen – Wie Unternehmen ihre wertvollste Ressource optimal nutzen. 4. Aufl., Gabler Verlag, Frankfurt am Main, 2003.

[Probst/Büchel 1994] Probst, G., Büchel, B.: Organisationales Lernen. Gabler Verlag, Wiesbaden, 1994.

[Probst/Knaese 1998] Probst, G., Knaese, B.: Know-how-Risiken. Wie Banken sich vor Wissensverlusten schützen. Gabler Verlag, Wiesbaden, 1998.

[Probst/Raub 1998] Probst, G., Raub, S.: Kompetenzorientiertes Wissensmanagement. In: Zeitschrift für Führung und Organisation (zfo), 3/1998, S. 132 – 138.

[Pulic 1996] Pulic, A.: Der Informationskoeffizient als Wertschöpfungsmaß wissensintensiver Unternehmen. In: Schneider, U., Wissensmanagement. Die Aktivierung des intellektuellen Kapitals, FAZ, Frankfurt, 1996.

[Quinlan 1991] Quinlan, P.: Connectionism and Psychology. Chicago Press, Chicago, 1991.

[Quinn 1992] Quinn, J. B.: Intelligent Enterprise – A Knowledge and Service Based Paradigm for Industry. Free Press, New York, 1992.

[Radig 1999] Radig, B.: Pattern recognition and image understanding. Infix, Sankt Augustin, 1999.

[Ramasamy/Thamaraiselvan 2011] Ramasamy, M., Thamaraiselvan, N.: Knowledge Sharing and Organizational Citizenship Behavior. In: Knowledge Process Management, Vol. 18, 4/2011, S. 278 – 284.

[Rao/Goldmann-Segall 1995] Rao, V. S., Goldmann-Segall, R.: Capturing Stories in Organizational Memory. In: Proceedings of the 28th Hawaii International Conference on System Sciences '95, IEEE Press, Los Alamitos, 1995, S. 333 – 341.

[Rashid et al. 2019] Rashid, M. et al.: A systematic examination of knowledge loss. In: Journal of Information Management, Vol. 46, 2/2019, S. 104 – 123.

[Reddin 1970] Reddin, W. J.: Managerial Effectiveness. McGraw Hill, New York, 1970.

[Rehäuser/Krcmar 1996] Rehäuser, J., Krcmar, H.: Wissensmanagement im Unternehmen. In: Schreyögg, G., Conrad, P., Wissensmanagement, Band 6, de Gruyter, Berlin, New York, 1996, S. 1 – 40.

[Reihlen 2003] Reihlen, M.: Wege zur Neuorientierung des Wissensmanagements. In: Die Betriebswirtschaft (DBW), 63. Jg., 5/2003, S. 571 – 581.

[Reimer 1991] Reimer, U.: Einführung in die Wissensrepräsentation. Netzartige und Schemabasierte Repräsentationsformate. Teubner Verlag, Stuttgart, 1991.

[Reinhardt 1998] Reinhardt, R.: Das Management von Wissenskapital. In: Pawlowsky, P., Wissensmanagement – Erfahrungen und Perspektiven, Gabler Verlag, Wiesbaden, 1998, S. 145 – 175.

[Reinhardt/Beyer 1997] Reinhardt, R., Beyer, J.: Wissensmanagement: Ein neuer Ansatz für das Management und eben kein Wein in alten Schläuchen. In: Wissensmanagement. Eine Serie der Süddeutschen Zeitung. Sonderheft konzipiert von Mandl, H., Holzamer, H.-H., Hoch, M., Verlag Süddeutsche Zeitung, München, 1997, S. 35 – 37.

[Reinhardt/Eppler 2004] Reinhardt, R., Eppler, M. J.: Wissenskommunikation in Organisationen. Methoden, Instrumente, Theorien. Berlin 2004

[Reinhardt/Schmidt/Sloep/Drachsler 2011] Reinhardt, W., Schmidt, B., Sloep, P., Drachsler, H.: Knowledge worker roles and actions: Results of two empirical studies. In: Knowledge and Process Management, Vol. 18, 3/2011, S. 150 – 17.

[Reinmann 2009] Reinmann, G.: Studientext Wissensmanagement. Universität Augsburg 2009, URL: http://gabi-reinmann.de/wp-content/uploads/2009/07/WM_Studientext09.pdf.

[Reinmann/Mandl 2004] Reinmann, G., Mandl, H.: Psychologie des Wissensmanagements. Perspektiven, Theorien und Methoden. Hogrefe-Verlag, Göttingen u. a., 2004.

[Reinmann-Rothmeier et al. 1999] Reinmann-Rothmeier, G., Mandl, H., Erlach, C.: Wissensmanagement in der Weiterbildung. In: Tippelt, R., Handbuch Erwachsenenbildung/Weiterbildung, Leske + Budrich, Opladen, 1999.

[Reinmann-Rothmeier et al. 2000] Reinmann-Rothmeier, G., Erlach, C., Neubauer, A.: Erfahrungsgeschichten durch Story-Telling. Eine multifunktionale Wissensmanagement-Methode. (Forschungsbericht Nr. 127), 2000.

[Reinmann-Rothmeier et al. 2001] Reinmann-Rothmeier, G., Mandl, H., Erlach, C., Neubauer, A.: Wissensmanagement lernen. Ein Leitfaden zur Gestaltung von Workshops und zum Selbstlernen. Beltz, Weinheim, 2001.

[Reinmann-Rothmeier/Mandl 1997] Reinmann-Rothmeier, G., Mandl, H.: Wissensmanagement: Phänomene-Analyse-Forschung-Bildung. In: Ludwig-Maximilians-Universität, Lehrstuhl für Empirische Pädagogik und Pädagogische Psychologie, 83, 1997.

[Reinmann-Rothmeier/Mandl 2000] Reinmann-Rothmeier, G., Mandl, H.: Individuelles Wissensmanagement. Strategien für den persönlichen Umgang mit Information und Wissen am Arbeitsplatz. Hans Huber Verlag, Bern u. a., 2000.

[Reiß 1998] Reiß, M.: Mythos Netzwerkorganisation. In: Zeitschrift für Führung und Organisation (zfo), 4/1998, S. 224 – 229.

[Reiß et al. 1997] Reiß, M., Rosenstiel, L. v., Lanz, A.: Change Management. Programme, Projekte und Prozesse. Schäffer-Poeschel Verlag, Stuttgart, 1997.

[Remus 2002] Remus, U.: Prozessorientiertes Wissensmanagement. Konzepte und Modellierung. 2002, http://www.opus-bayern.de/uni-regensburg/volltexte/2002/80/, 25.07.2005.

[Remus/Lehner 2000] Remus, U., Lehner, F.: The Role of Process-oriented Enterprise Modeling in Designing Process-oriented Knowledge Management Systems. Stanford, CA, USA: AAAI Spring Symposium, 20 – 22 Mar 2000. In Bringing Knowledge to Business Processes: Papers from 2000 AAAI Spring Symposium, S. 32 – 36.

[Remus/Schub 2003] Remus, U., Schub, S.: A Blueprint for the Implementation of Process-Oriented Knowledge Management. In: Knowledge and Process Management, Vol. 10, 4/2003, S. 237 – 253.

[Resnick et al. 1991] Resnick, L. B., Levine, J. M., Teasley, S. D.: Perspectives on socially shared cognition. American Psychological Association, Washington, 1991.

[Rey et al. 1998] Rey, M., Maassen, A., Gadeib, A., Brücher, H.: Stufenmodell zur Einführung von Wissensmanagement. In: IM, 13. Jg., 1/1998, S. 30 – 36.

[Ribeiro et al. 2016] Ribeiro, M. T. et al.: Why should I trust you? Explaining the predictions of any classifier. In: Proceedings of the 22nd SIGKDD Intern. Conf. Knowledge Discovery and Data Mining, 2016, S. 1135 – 1144.

[Ribière/Walter 2013] Ribière, V., Walter, C.: 10 Years of KM Theory and Practices. In: Knowledge Management Research & Practice, Vol. 11, 4/2013, S. 4 – 9.

[Rice et al. 2019] Rice, R. E. et al.: A public goods model of outcomes from online knowledge sharing mediated by mental model processing. In: Journal of Knowledge Management Vol. 23, 1/2019, S. 1 – 22.

[Richter 1992] Richter, M.: Prinzipien der Künstlichen Intelligenz. Wissensrepräsentation, Inferenz und Expertensysteme, 2. Aufl., Teubner Verlag, Stuttgart, 1992.

[Richter 1995] Richter, F. J.: Transfer von Kenntnissen und Erfahrungen zwischen Zentrale und Auslandsniederlassung. In: Zeitschrift für Planung (zfP), 6/1995, S. 227 – 240.

[Richter 2008] Richter, A.: IT-gestütztes Wissensmanagement. Theorie, Anwendung und Barrieren. 2. Aufl., Berlin 2008.

[Richter/Furubotn 2003] Richter, R., Furubotn, E. G.: Neue Institutionenökonomik. Mohr Siebeck, Tübingen, 2003.

[Riedl 2016] Riedl, R.: Menschliches Informationsverhalten: Warum sich CIOs damit befassen sollten. In: Wirtschaftsinformatik & Management 2/2016, S. 54 – 64.

[Rinne/Zimmermann 2016] Rinne, U., Zimmerman, K. F.: Die digitale Arbeitswelt von heute und morgen. In: Politik und Zeitgeschichte (PuZ), 66. Jahrgang, 18 – 19/2016, S. 3 – 9.

[Rischar 2003] Rischar, K.: Die praktische Verwirklichung der Personalentwicklung im Betrieb. Leistungspotentiale, Fördermaßnahmen, Evaluation, Expert-Verlag, Renningen, 2003.

[Ritter et al. 1994] Ritter, H., Martinetz, T., Schulten, K.:Neuronale Netze. Eine Einführung in die Neuroinformatik selbstorganisierender Netzwerke. 2. Aufl., Oldenbourg Verlag, München, 1994.

[Roberts 2012] Roberts, N.: Absorbtive Capacity and Information Systems Research: Review, Synthesis, and Directions for Future Research. In: MIS Quarterly, Vol. 36, 2/2012, S. 625 – 648.

[Rockart 1982] Rockart, J. F.: The Changing Role of MIS Systems Executives: A Critical Success Factors Perspective. In: Sloan Management Review, Fall 1982, S. 3 – 13.

[Rode 2016] Rode, H.: To share or not to share: the effects of extrinsic and intrinsic motivations on knowledge-sharing in enterprise social media platforms. In: Journal of Information Technology, Vol. 31, 2016, S. 152 – 165.

[Rodriguez-Castellanos et al. 2011] Rodriguez-Castellanos, A. et al.: Organisational Knowledge, Intangible Resources and Business Performance. In: Journal of Knowledge Management Practice, Vol. 12, 2/2011.

[Roehl 1999] Roehl, H.: Kritik des organisationalen Wissensmanagements. In: Beratung, P.W. (Hrsg.): Organisationslernen durch Wissensmanagement, Frankfurt 1999, S. 13-37.

[Roehl 2000] Roehl, H.: Instrumente der Wissensorganisation. Perspektiven für eine differenzierende Interventionspraxis. DUV, Wiesbaden, 2000.

[Roethlisberger/Dickson 1966] Roethlisberger, F.J., Dickson, W.J.: Management and the Worker. 14. Aufl., Harvard University Press, Cambrigde, 1966.

[Roithmayr/Fink 1997] Roithmayr, F., Fink, K.: Know-how-Unternehmen. In: Wirtschaftsinformatik, 39, 5/1997, S. 503 - 506.

[Rojas 1993] Rojas, R.: Theorie der neuronalen Netze. Eine systematische Einführung. Springer Verlag, Berlin u.a., 1993.

[Röll 2004] Röll, M.: Distributed KM - Improving knowledge worker's productivity and organisational knowledge sharing with weblog-based personal publishing. In: Conference Proceedings of the European Conference on Wegblogs, Wien 2004, S. 200.

[Romhardt 1998] Romhardt, K.:, Die Organisation aus der Wissensperspektive. Möglichkeiten und Grenzen der Intervention. Gabler Verlag, Wiesbaden, 1998.

[Röpnack 1997] Röpnack, A.: Information Management versus Knowledge Management - ein Vergleich, Arbeitsbericht Nr.: IM-HSG/CC EKM/12 Version 1.5 des Kompetenzzentrums EKM, St. Gallen, 1997.

[Rosenstiel 1987] Rosenstiel, L.v.: Motivation durch Mitwirkung. Fachverlag für Wirtschaft und Steuern, Stuttgart, 1987.

[Rosenstiel 1992] Rosenstiel, L.v.: Grundlagen der Organisationspsychologie. 3. Aufl., Schäffer-Poeschel Verlag, Stuttgart, 1992.

[Roy et al. 2014] Roy, M.-C. et al.: Knowledge Audit Approach for a Large-Scale Government KM Strategy. In: Journal of Information & Knowledge Management, Vol. 13, 4/2014.

[Rückel et al. 2007] Rückel, D.C., Steininger, K., Riedl, R., Roithmayr, F.: Fallstudie: Einführung eines Enterprise-Content-Management-Systems. In: HMD, Heft 258, Dezember 2007, S. 78 - 88.

[Rüdiger/Vanini 1998] Rüdiger, M., Vanini, S.: Das Tacit-Knowledge-Phänomen und seine Implikationen für das Innovationsmanagement. In: DBW, 58, 4/1998, S. 467 - 480.

[Rugg 1997] Rugg, M.D.: Cognitive neuroscience. Psychology Press, Hove, 1997.

[Russ et al. 2006] Russ, M., Jones, J.K., Fineman, R.: Toward a taxonomy of knowledge-based strategies: early findings. In: International Journal of Knowledge Learning, 2, 1 - 2/2006, S. 1 - 40.

[Russ/Jones 2011] Russ, M., Jones, J.: Knowledge Management's Strategic Dilemma Typology. In: Schwartz, D., Te'eni, D. (Hrsg.): Encyclopedia of Knowledge Management, 2nd Ed., IGI Global 2011, S. 804 - 821.

[Russell/Norvig 1995] Russell, S., Norvig, P.: Artifical Intelligence. A Modern Approach. Prentice Hall, Upper Saddle River, 1995.

[Ryan 1995] Ryan, H.W.: Building computing solutions with the team metaphor. In: Coleman, D., Khanna, R. (Hrsg.), Groupware: Technology and Applications, Prentice Hall, Englewood Cliffs, 1995, S. 477 - 495.

[Saad 2011] Saad, I.: A ranking method for the identification of crucial knowledge. In: Lehner, F., Bredl, K. (Hrsg.): Proceedings of the 12th European Conference on Knowledge Management 2011, Bd. 2, S. 858 - 862.

[Saad/Chakhar 2009] Saad, I., Chakhar, S.: A decision support for identifying crucial knowledge requiring capitalizing operation. In: European Journal of Operational research, 195, 3/2009, 889 - 904.

[Saaman 1989] Saaman, W.: Auf dem Weg zur Organisation von morgen. Schäffer-Poeschel Verlag, Stuttgart, 1989.

[Sackmann 1992] Sackmann, S. A.: Culture and Subcultures. An Analysis of Organizational Knowledge. In: Administrative Science Quarterly, 37, 1/1992, S. 140 - 161.

[Salojärvi et al. 2005] Salojärvi, S., Furu, P., Sveiby, K.: Knowledge management and growth in Finnish SMEs. In: Journal of Knowledge Management, 9, 2/2005, S. 103 - 122.

[Sambamurthy/Subramani 2005] Sambamurthy, V., Subramani, M.: Special Issue on Information Technologies and Knowledge Management. In: MIS Quarterly Vol. 29, 1/2005, S. 1 - 7

[Sammon et al. 1984] Sammon, W. L., Kurland, M., Spitalnic, R., u. a.: Business Competitor Intelligence: Methods for Collecting, Organizing and Using Information. John Wiley & Sons, New York, 1984.

[Sandelands/Stablein 1987] Sandelands, L. E., Stablein, R. E.: The concept of organization mind. In: Bacharach, S., DiTomaso, N.: Research in the Sociology of Organizations, Band 5, JAI Press, Greenwich, 1987, S. 135 - 161.

[Sandkuhl 2005] Sandkuhl, K.: Wissensportale. Merkmale, Architekturen und Perspektiven. In: Informatik Spektrum, 28, 3/2005, S. 193 - 201.

[Sattelberger 1991] Sattelberger, T.: Die lernende Organisation: Konzepte für eine neue Qualität der Unternehmensentwicklung. Gabler Verlag, Wiesbaden, 1991.

[Sawyer et al. 2000] Sawyer, S. et al.: Knowledge Markets: Cooperation Among Distributed Technical Specialists. In: Srikantiah, K., Koenig, M. (Hrsg.) Knowledge Management for Information Professionals, Medford, NJ, 2000, S. 181 - 204.

[Schäfer 1997] Schäfer, M.: Gestaltung von Lernenden Unternehmen unter Einsatz von multimedialen Technologien. Dissertation, Stuttgart, 1997.

[Schäfer 1998] Schäfer, A.: Die Psychodynamik der Aktienkurse. In: Psychologie Heute, 25, 3/1998, S. 38 - 43.

[Schank 1982] Schank, R. C.: Reminding and Memory. Dynamic Menory. A Theory of Reminding and Learning in Computers and People. Chapter 2. In: Kolonder, J., Proceedings of a Workshop on Case-Based Reasoning, Morgan Kaufmann Publishers, San Mateo, 1982, S. 1 - 16.

[Schanz 2006] Schanz, G.: Implizites Wissen. Mering, München, 2006.

[Schatz 1991] Schatz, B. R.: Building an electronic community system. In: Journal of Management Information Systems, 8, 3/1991, S. 87 - 107.

[Schauer/Pfeifer 2007] Schauer, H., Pfeifer, M.: Process-oriented Performance Measurement (PPM) - Eine Modellierungsmethode für das Wissenscontrolling. In: Gronau, N. (Hrsg.), 4. Konferenz Professionelles Wissensmanagement - Erfahrungen und Visionen, Band 1, Berlin, 2007, S. 127 - 135.

[Scheer 1994] Scheer, A.-W.: Was ist „Business Process Reengineering" wirklich? In: SzU, 53, 1994, S. 5 - 12.

[Schein 1965] Schein, E. H.: Organizational psychology. Prentice Hall, Englewood Cliffs, 1965.

[Schein 1980] Schein, E. H.: Organizational Psychology. 3. Aufl., Prentice Hall, Englewood Cliffs, 1980.

[Schein 1990] Schein, E. H.: Organizational culture and leadership. Jossey-Bass, San Francisco, 1990.

[Schein 1993] Schein, E. H.: How Can Organizations Learn Faster? The Challenge of Entering the Green Room. In: Sloan Management Review, 34, 2, 1993, S. 85 - 92.

[Schein 1996] Schein, E. H.: Three Cultures of Management: The Key to Organizational Learning. In: Sloan Management Review, 38, Fall 1996, 1996, S. 9 - 20.

[Schendel/Hofer 1979] Schendel, D. E., Hofer, C.: Strategic management: A new view of business planning and policy. Little, Brown and Company, Boston, 1979.

[Scherer 1980] Scherer, F. M.: Industrial market structure and economic performance. 2. Aufl., Houghton Mifflin Co., Chicago, 1980.

[Scherr 1993] Scherr, A. L.: A new Approach to Business Processes. In: IBM Systems Journal, 32, 1, 1993, S. 80 - 98.

[Scheuble 1998] Scheuble, S.: Wissen und Wissenssurrogate. Eine Theorie der Unternehmung. DUV, Wiesbaden, 1998.

[Scheuss 1985] Scheuss, R.-W.: Strategische Anpassung der Unternehmung. Dissertation, St. Gallen, 1985.

[Schlaghecken 1998] Schlaghecken, T.: Ideenmanagement. In: Office Management, 1998, 34 - 35.

[Schmelzer/Sesselmann 2003] Schmelzer, H. J., Sesselmann, W.: Geschäftsprozessmanagement in der Praxis. Hanser Verlag, München, Wien, 2003.

[Schmid/Kern 2014] Schmid, W., Kern, E.-M.: Integration of business process management and knowledge management: state of the art, current research and future prospects. In: Journal of Business Economics, Vol. 84, 2014, S. 191-231.

[Schmidt 1999] Schmidt, B. F.: Wissensmedien. Konzepte und Schritte zu ihrer Realisierung. Gabler Verlag, Wiesbaden, 1999.

[Schmiedgen et al. 2017] Schmiedgen, P. et al.: Entrepreneurship on the Road: Sensibilisierung für Digital Business Modeling & Marketing in mobilen Innovationslaboren. In: Köhler, Th. et al. (Hrsg.), Wissensgemeinschaften in Wirtschaft, Wissenschaft und öffentlicher Verwaltung, Dresden 2017, S. 80 - 88.

[Schnabel 2013] Schnabel, U. G.: Management des intellektuellen Kapitals wissensintensiver Dienstleister. Strategieoptionen zum Erwerb und zur Entwicklung intellektueller Ressourcen. Springer, Berlin 2013.

[Schneider 1996] Schneider, U.: Wissensmanagement. Die Aktivierung des intellektuellen Kapitals. FAZ, Frankfurt, 1996.

[Schneider 2001] Scheider, U.: Die 7 Todsünden im Wissensmanagement - Kardinaltugenden für die Wissensökonomie. Frankfurter Allgemeine Buch, Frankfurt am Main, 2001.

[Schnupp/Leibrandt 1986] Schnupp, P., Leibrandt, U.: Expertensysteme. Springer Verlag, Berlin u. a., 1986.

[Schnupp/Nguyen Huu 1987] Schnupp, P., Nguyen Huu, C. T.: Expertensystem-Praktikum. Springer Verlag, Berlin u. a., 1987.

[Schoen 1999a] Schoen, S.: Gestaltung und Unterstützung von Communities of Practice. In: Scheer, A.-W., Electronic Business and Knowledge Management - Neue Dimensionen für den Unternehmenserfolg. 20. Saarbrücker Arbeitstagung 1999 für Industrie, Dienstleistung und Verwaltung, Heidelberg, 1999, S. 543 - 574.

[Schoen 1999b] Schoen, S.: Gestaltung, Unterstützung und Controlling von Wissensmanagement-Prozessen in Communities of Practice. In: Hofer-Alfeis, J., Geschäftsprozessmanagement: Innovative Ansätze für das wandlungsfähige Unternehmen, Tectum Verlag, Marburg, 1999, S. 117 - 129.

[Schoen 2000] Schoen, S.: Gestaltung und Unterstützung von Communities of Practice. Herbert Utz Verlag, 2000.

[Scholz 1989] Scholz, Ch.: Personalmanagement. Informationsorientierte und verhaltenstheoretische Grundlagen. Verlag Franz Vahlen, München, 1989.

[Scholz 1995] Scholz, J. M.: Internationales Change-Management. Schäffer-Poeschel Verlag, Stuttgart, 1995.

[Scholz 2000] Scholz, Ch.: Personalmanagement. 5. Aufl., Verlag Franz Vahlen, München, 2000.

[Schreiber et al. 1999] Schreiber, G., Akkermans, H., Anjewierden, A., de Hoog, R., Shadbold, N., van der Velde, W., Wielinga, B.: Knowledge Engineering and Management. The CommonKADS Methodology, MIT Press, Cambridge, 1999.

[Schreyögg 1987] Schreyögg, G.: Führungstheorien – Situationstheorien. In: Kieser, A., Reber, G., Wunderer, R., Handwörterbuch der Führung, Schäffer-Poeschel Verlag, Stuttgart, 1987, 881 – 892.

[Schreyögg 1989] Schreyögg, G.: Zu den problematischen Konsequenzen starker Organisationskulturen. In: Zfbf, 41, 1989, S. 94 – 113.

[Schreyögg 1992] Schreyögg, G.: Organisationskultur. In: Frese, E., Handwörterbuch der Organisation, 2. Aufl., Schäffer-Poeschel Verlag, Stuttgart, 1992.

[Schreyögg 2003] Schreyögg, G.: Organisation. 4. Aufl., Gabler Verlag, Wiesbaden, 2003.

[Schreyögg/Conrad 1996]Schreyögg, G., Conrad, P.: Managementforschung. de Gruyter, Berlin, New York, 1996.

[Schreyögg/Eberl 1998] Schreyögg, G., Eberl, P.: Organisationales Lernen: Viele Fragen, noch zu wenig neue Antworten. In: DBW, 58, 4/1998, S. 516 – 536.

[Schreyögg/Geiger 2003] Schreyögg, G., Geiger, D.: Kann die Wissensspirale Grundlage des Wissensmanagements sein? Freie Universität Berlin, Diskussionsbeiträge des Instituts für Management, 20/03, ISBN 3 – 9808026 – 6-3, Berlin 2003.

[Schreyögg/Geiger 2003]Schreyögg, G., Geiger, D.: Wenn alles Wissen ist, ist Wissen am Ende nichts?! Vorschläge zur Neuorientierung des Wissensmanagements. In: Die Betriebswirtschaft (DBW), 63. Jg., 1/2003, S. 7 – 22.

[Schreyögg/Noss 1995] Schreyögg, G., Noss, N.: Organisatorischer Wandel: Von der Organisationsentwicklung zur lernenden Organisation. In: DBW, 55. Jg., 2/1995, S. 169 – 185.

[Schreyögg/Sydow 1997]Schreyögg, G./Sydow, I.: Gestaltung von Organisationsgrenzen. Managementforschung Band 7, de Gruyter, Berlin, New York, 1997.

[Schroeck et al. 2012] Schroeck, M. et al.: Big Data in der Praxis – wie innovative Unternehmen ihre Datenbestände effektiv nutzen. IBM Institute for Business Value. Executive Report. 2012, S. 1 – 24.

[Schubert 1997] Schubert, H.-J.: Veränderungsmanagement. In: Zeitschrift für Führung und Organisation (zfo), 6/1997, S. 355 – 360.

[Schubert 1998] Schubert, H.-J.: Planung und Steuerung von Veränderungen in Organisationen. Verlag Peter Lang, Frankfurt am Main u. a., 1998.

[Schubmehl/Vesset 2014] Schubmehl, D., Vesset, D.: The Knowledge Quotient: Unlocking the Hidden Value of Information Using Search and Content Analytics. International Data Corporation (IDC), Framingham MA (US), White Paper, June 2014.

[Schulmeister 2003] Schulmeister, R.: Lernplattformen für das virtuelle Lernen – Evaluation und Didaktik. Oldenbourg Verlag, München, 2003.

[Schultze 2003] Schultze, U.: On Knowledge Work. In: Holsapple, C. (Hrsg.), Handbook on Knowledge Management 1. Knowledge Matters, Berlin 2003, S. 43–58.

[Schulz 1970] Schulz, A.: Gedanken zu einer Informationsbetriebslehre. In: ZfB, 40, 1970, S. 91 – 104.

[Schüppel 1996] Schüppel, J.: Wissensmanagement. Organisatorisches Lernen im Spannungsfeld von Wissens- und Lernbarrieren. DUV, Wiesbaden, 1996.

[Schütz 1974] Schütz, A.: Der sinnhafte Aufbau der sozialen Welt. Suhrkamp Verlag, Frankfurt am Main, 1974.

[Schwaninger/Flaschka 1997] Schwaninger, M., Flaschka, M.: Organisationale Intelligenz im Kontext globalen Wettbewerbs: Der Beitrag von Managementsystemen zu den Kernkompetenzen von Dienstleistungsunternehmen. In: Pfeiffer, R., Systemdenken und Globalisierung. Folgerungen für die lernende Organisation im internationalen Umfeld, Duncker & Humblot, Berlin, 1997, S. 225 – 250.

[Schwartz/Te'eni 2011] Schwartz, D., Te'eni, D. (Hrsg.): Encyclopedia of Knowledge Management. 2nd Ed., IGI Global 2011.

[Schwarze 1997] Schwarze, J.: Einführung in die Wirtschaftsinformatik. 4. Aufl., Verlag Neue Wirtschafts-Briefe, Berlin, 1997.

[Schwarzer/Krcmar 1994] Schwarzer, B., Krcmar, H.: Neue Organisationsformen. Ein Führer durch das Begriffspotpourri. In: Information Management, 4/1994, S. 20 - 27.

[Schweichhart 1996] Schweichhart, K.: Modellierung persönlichen und privaten Wissens. Individuelle Systeme zur Datenrecherche und Vortragserstellung. DUV, Wiesbaden, 1996.

[Seiler/Reinmann 2004] Seiler, Th. B., Reinmann, G.: Der Wissensbegriff im Wissensmanagement: Eine strukturgenetische Sicht. In: Reinmann, G., Mandl, H., Psychologie des Wissensmanagements. Perspektiven, Theorien und Methoden, Hogrefe-Verlag, Göttingen u. a., 2004, S. 11 - 23.

[Sellens/Wilson 1998] Sellens, C., Wilson, O. L. F.: The CMG Knowledge Intranet. In: Proceedings of the 2nd Int. Conf. on Practical Aspects of Knowledge Management (PAKM98), 1998, 22/1 - 22/5.

[Send 2010] Send, H.. Die Weisheit der Vielen. In: Michelis, D., Schildhauer Th. (Hrsg.): Social Media Handbuch, Baden-Baden 2010, S. 91 - 104.

[Senderek/Geisler 2015] Senderek, R., Geisler, K.: Assistenzsysteme zur Lernunterstützung in der Industrie 4.0. In: Rathmayer, S., Pongratz, H. (Hrsg.): Proceedings der Pre-Conference Workshops der 13. E-Learning Fachtagung Informatik, München 2015, S. 36 - 46.

[Senge 1990] Senge, P. M.: The Fifth Discipline: The Art and Practise of the Learning Organization. Bantam Doubleday, New York, 1990.

[Senge 1994] Senge, P. M.: The Fifth Discipline: The Art and Practise of the Learning Organization. Currency Doubleday, New York, 1994.

[Seren/Dückert 2009] Seren, P., Dückert, S. (2009): Erfahrungsbericht Schaeffler Wiki, In: Bentele, M. et al. (Hrsg.): Geteiltes Wissen ist doppeltes Wissen. Kongressband Knowtech 2009, Poing/München 2009.

[Serenko 2013] Serenko, A.: Meta-analysis of scientometric research of knowledge management: discovering the identity of the discipline. In: Journal of Knowledge Management, Vol. 17, 5/2013, S. 773 - 812

[Serenko/Bontis 2009] Serenko, A., Bontis, N.: Global ranking of knowledge management and intellectual capital academic journals. In: Journal of Knowledge Management, Vol. 13, 1/2009, S. 4 - 15.

[Serenko/Bontis 2013] Serenko, A., Bontis, N.: Global ranking of knowledge management and intellectual capital academic journals: 2013 update. In: Journal of Knowledge Management, Vol. 17, 2/2013, S. 307 - 326.

[Serenko/Bontis 2016] Serenko, A., Bontis, N.: Understanding counterproductive knowledge behaviour: Antecedents and consequences of intra-prganizational knowledge hiding. In: Journal of Knowledge Management, Vol.20, 6/2016, S. 1199 - 1224.

[Serenko/Dumay 2015] Serenko, A., Dumay, J.: Citation Classics published in knowledge management journals. Part I: articles and their characteristics. In: Journal of Knowledge Management, Vol. 19, 2/2015, S. 401 - 431.

[Serenko/Dumay 2015] Serenko, A., Dumay, J.: Citation Classics published in knowledge management journals. Part II: studying research trends and discovering the Google Scholar Effect. In: Journal of Knowledge Management, Vol. 19, 6/2015, S. 1335 - 1355.

[Serenko/Dumay 2017] Serenko, A., Dumay, J.: Citation Classics published in knowledge management journals. Part III: author survey. In: Journal of Knowledge Management, Vol. 21, 2/2017, S. 330 - 354.

[Servatius 1998] Servatius, H.-G.: Intellektuelle Wertschöpfung in der Wissensgesellschaft. In: technologie & management, 47, 1/1998, S. 8 - 10.

[Seufert 2001] Seufert, S.: Hard- und Software für E-Learning auswählen. In: Hohenstein, A., Wilbers, K., Handbuch E-Learning: Expertenwissen aus Wissenschaft und Praxis, Deutscher Wissenschaftsdienst, Köln, 2001, S. 1 - 24.

[Shannak et al. 2012] Shannak, R. O. et al.: Knowledge management strategy building: literature review. In: European Scientific Journal, Vol. 8, No. 15, 2012.

[Shannon/Weaver 1949] Shannon, C. E., Weaver, W.: The Mathematical Theory of Communication. University of Illinois Press, Urbana, 1949.

[Shanshan 2014] Shanshan, Sh.: A Comprehensive Relational Model of Factors Influencing Knowledge Sharing: An Empirical Study. In: International Journal of Knowledge Management, Vol. 10, 1/2014, S. 1 - 25.

[Sharma/Bhattacharya 2013] Sharma, R. S., Bhattacharya, S.: Knowledge dilemmas within organizations: Resolutions from game theory. In: Knowledge-Based Systems, Vol. 45, 2013, S. 100 - 113.

[Sharma/Chowdhury 2007] Sharma, R., Chowdhury, N.: On The Use Of A Diagnostic Tool For Knowledge Audits. In: Journal of Knowledge Management Practice, 8, 4/2007.

[Sheffield 2009] Sheffield, J.: Pluralism in Knowledge Management: a Review. In: Electronic Journal of Knowledge Management, Vol. 7, 3/2009, S. 388 - 397.

[Shenk 1997] Shenk, D.: Data Smog: Surviving the Information Glut. HarperCollins Publishers, San Francisco, 1997.

[Shrivastava 1983] Shrivastava, P.: A typology of organizational learning systems. In: Journal of Management Studies, 20, 1/1983, S. 7 - 28.

[Sibun/Reynar 1996] Sibun, P., Reynar, J. C.: Language Identification: Examining the Issues. In: 5. Symposium Document Analysis and Information Retrieval, Las Vegas, 1996.

[Simard 2006] Simard, A.: Knowledge markets: More than Providers and Users. BgD Internet Research Society Transactions. Vol. 2, 2006, S. 4 - 9.

[Singh 1990] Singh, J. V.: Organizational evolution - new directions. Newbury Park, London, 1990.

[Sins/Stützel 2008] Sins, H., Stützel, W.: Einfach Autor(in) werden - Skywiki - das unternehmensweite Wissensportal der Fraport AG. In: Bentele, M., Gronau, N., Hochreiter, R., Schütt, P., Weber, M. (Hrsg.), Tagungsband Knowtech 2008, Berlin, 2008, S. 141 - 146.

[Sirmakessis 2004] Sirmakessis, S.: Text Mining and its Applications. Springer Verlag, Berlin, u. a., 2004.

[Smirich 1983] Smirich, L.: Concepts of Culture and Organizational Analysis. In: Administrative Science Quarterly, 28. Jg, S. 339 - 358.

[Smith 2010] Smith, H. et al.: Creating the KM mindset: why is it so difficult? In: Knowledge. Management Research & Practice, Vol. 8, 2/2010, S. 112 - 120.

[Smolnik/Riempp 2006] Smolnik, S., Riempp, G.: Nutzenpotenziale, Erfolgsfaktoren und Leistungsindikatoren von Social Software für das organisationale Wissensmanagement. In: HMD, Heft 252, Dezember 2006, S. 17 - 26.

[Snyder 1997] Snyder, W.: Communities of Practice: Combining Organizational Learning and Strategy Insights to Create a Bridge to the 21st Century. Working Paper, 1997.

[So/Bolloju 2005] So, J. C. F., Bolloju, N.: Explaining the intentions to share and reuse knowledge in the context of IT service operations. In: Journal of Knowledge Management, Vol 9, 6/2005, S. 30 - 41.

[Soeffner 1989] Soeffner, H.-G.: Auslegung des Alltags - Der Alltag der Auslegung. Zur wissenssoziologischen Konzeption einer sozialwissenschaftlichen Hermeneutik. Suhrkamp Verlag, Frankfurt am Main, 1989.

[Song/Sun 2018] Song, S., Sun, J.: Exploring effective work unit knowledge management (KM): roles of network, task, and KM strategies. In: Journal of Knowledge Management, Vol. 22, 7/2018, S. 1614 - 1636.

[Soukhoroukova/Spann 2006] Soukhoroukova, A., Spann, M.: Informationsmärkte. In: Zeitschrift für Wirtschaftsinformatik, Vol. 48, 1/2006, S. 61 - 64.

[Souter et al. 1994] Souter, C., Churcher, G., Hayes, J., Hughes, J., Johnson, S.: Natural Language Identification using Corpus-Based Models. In: Hermes Journal of Linguistics, 13, 1994, S. 183 - 203.

[Späth 2010] Späth, Th. (Hrsg.): Wissensmanagement 2.0. Erfolgsfaktoren für das Wissensmanagement mit Social Software. Fraunhofer, Stuttgart 2010.

[Spence 2000] Spence, R.: Information Visualization. Addison-Wesley, Harlow u. a., 2000.

[Sprague 1995] Sprague, R. H.: Electronic Document Management: Challenges and Opportunities for Information System Managers. In: MIS Quarterly, 19, 1/1995, S. 29ff.

[Staab 2002] Staab, S.: Knowledge Portals. In: Künstliche Intelligenz, 16, 1/2002, S. 38 - 39.

[Staehle 1999] Staehle, W. H.: Management: Eine verhaltenswissenschaftliche Perspektive. 8. Aufl., Verlag Franz Vahlen, München, 1999.

[Stahlknecht/Hasenkamp 2002] Stahlknecht, P., Hasenkamp, U.: Einführung in die Wirtschaftsinformatik. 10. Auflage, Springer Verlag, Berlin, Heidelberg, 2002.

[Staiger 2004] Staiger, M.: Anreizsysteme im Wissensmanagement. In: Wyssusek, B. (Hrsg.): Wissensmanagement komplex, Berlin 2004, S. 259 - 274.

[Starbuck 1992] Starbuck, W. H.: Learning by knowledge-intensive firms. In: Journal of Management Studies, 29, 6/1992, S. 713 - 740.

[Starbuck/Hedberg 1977] Starbuck, W. H., Hedberg, B. L. T.: Saving an Organization from a Stagnating Environment. In: Thorelli, H. B., Strategy + Structure = Performance, Indiana University Press, Bloomington, 1977, S. 249 - 258.

[Stark 1960] Stark, W.: Die Wissenssoziologie. Ein Beitrag zum tieferen Verständnis des Geisteslebens. Enke Verlag, Stuttgart, 1960.

[Stehr 1994] Stehr, N.: Arbeit, Eigentum und Wissen. Zur Theorie von Wissensgesellschaften. Suhrkamp Verlag, Frankfurt am Main, 1994.

[Stein 1995] Stein, E.: Organizational Memory: Review of Concepts and Recommendations for Management. In: Information Systems Research, 15, 2/1995, S. 17 - 32.

[Stein/Meyer zu Eißen 2004] Stein, B., Meyer zu Eißen, S.: Automatische Kategorisierung für Webbasierte Suche. In: Künstliche Intelligenz, 4/2004, S. 11 - 17.

[Stein/Zwass 1995] Stein, E., Zwass, V.: Actualizing Organizational Memory with Information Systems. In: Information Systems Research, 6, 2/1995, S. 85 - 117.

[Stelzer 1998] Stelzer, J.: Intranet. Bayerische Motorenwerke. In: NET Investor, 7/1998, 38 - 39.

[Sternberg 1969] Sternberg, S.: Memory scanning: Mental processes revealed by reaction time experiments. In: American Scientist, 57, 1969, S. 421 - 457.

[Sternberg 2002] Sternberg, R. J.: Cognitive Psychology. Wadsworth Publishing, 2002.

[Stewart 1997] Stewart, T. A.: Intellectual Capital. The New Wealth of Organizations. Nicholas Brealey Publishing, London, 1997.

[Stewart/Brown 1996] Stewart, T. A., Brown, V.: The invisible key to success. In: Fortune, 134, 3/1996, S. 173 - 176.

[Stogdill 1948] Stogdill, R. M.: Personal Factors Associated with Leadership. In: Journal of Psychology, 25, 1948, S. 35 - 71.

[Storey/Barnett 2000] Storey, J., Barnett, E.: Knowledge management initiatives: learning from failure. In: Journal of Knowledge Management, Vol. 4, 2/2000, S. 145 - 156.

[Striening 1988] Striening, H.-D.: Prozeßmanagement. Verlag Peter Lang, Frankfurt am Main, 1988.

[Strohner 1990] Strohner, H.: Information, Wissen und Bedeutung. Eine Analyse systemischer Strukturen sprachlicher Kommunikation. In: Weingarten, R., Information ohne Kommunikation?, Fischer-Taschenbuch-Verlag, Frankfurt am Main, 1990.

[Studer et al. 1997] Studer, R., Benjamins, R., Fensel, D.: Knowledge Engineering: Principles and Methods. Bericht, Institut für Angewandte Informatik und Formale Beschreibungsverfahren, Universität Karlsruhe, 372, 1997.

[Stumpf/Thomas 2003] Stumpf, S., Thomas, A.: Teamarbeit und Teamentwicklung. Hogrefe-Verlag, Göttingen u. a., 2003.

[Sumita 1992] Sumita, T.: A Study on the Measurement of Organizational Intelligence. In: Proceedings of the International Conference on Economics, Management and Information Technology 92, Tokio: The Japan Society for Management Information, 1992, 207 - 210.

[Sun 2010] Sun, P.: Five critical knowledge management organizational themes. In: Journal of Knowledge Management, Vol. 14, 4/2010, S. 507 - 523.

[Sveiby 1998] Sveiby, K. E.: Wissenskapital - Das unentdeckte Vermögen. Verlag Moderne Industrie. Landsberg/Lech, 1998.

[Sveiby 2010] Sveiby, K. E.: Methods for measuring intangible assets. https://www.sveiby.com/article/Methods-for-Measuring-Intangible-Assets, 2010.

[Sveiby/Lloyd 1990] Sveiby, K. E., Lloyd, T.: Das Management des Know-how. Führung von Beratungs-, Kreativ- und Wissensunternehmungen. Campus Verlag, Frankfurt am Main, 1990.

[Sydow 1985] Sydow, J.: Der soziotechnische Ansatz der Arbeits- und Organisationsgestaltung. Campus Verlag, Frankfurt am Main, 1985.

[Sydow/van Well 1996] Sydow, J., van Well, B.: Wissensintensiv durch Netzwerkorganisation - Strukturationstheoretische Analyse eines wissensintensiven Netzwerkes. In: Staehle, W. H., Sydow, J., Conrad, P., Schreyögg, G., Budäus, D., Managementforschung 6 - Wissensmanagement, de Gruyter, Berlin, 1996, S. 191 - 234.

[Szulanski 1996] Szulanski, G.: Exploring Internal Stickiness: Impediments to the Transfer of Best Practice within the Firm. In: Strategic Management Journal, Vol. 17 (Winter Special Issue), 1996, S. 27 - 43.

[Szyperski/Winand 1989] Szyperski, N., Winand, U.: Informationsmanagement und informationstechnische Perspektiven. In: Seidel, E., Wagner, D., Organisation - evolutionäre Interdependenzen von Kultur und Struktur der Unternehmung, Gabler Verlag, Wiesbaden, 1989, S. 133 - 150.

[Tallon et al. 2019] Tallon, P. et al.: Information Technology and the Search for Organizational Agility: A Systematic Review with Future Research Possibilities, In: The Journal of Strategic Information Systems, Vol. 28. 2/2019, S. 2018 - 237.

[Tammets 2012] Tammets, K.: Meta-Analysis Of Nonaka & Takeuchi's Knowledge Management Model In The Context Of Lifelong Learning. In: Journal of Knowledge Management Practice, Vol. 13, No. 4, December 2012

[Tang et al. 2008] Tang, L. et al.: Overload of Information or Lack of High Value Information: Lessons Learnt from Construction. In: Proceedings of the 9th European Conference on Knowledge Management and Evaluation, ECKM 2008, Southampton Solent University, Southampton, UK, September 2008, S. 851 - 860.

[Tangaraja et al. 2016] Tangaraja, G., et al.: Knowledge sharing is knowledge transfer: a misconception in the literature. In: Journal of Knowledge Management, Vol. 20, 4/2016, S. 653 - 670.

[Tao et al. 2018] Tao, F. et al.: Digital twin-driven product design, manufacturing and service with big data. In: The International Journal of Advanced Manufacturing Technology, Vol. 94, Feb 2018, S. 3563 - 3576.

[Tarafdar 2015] Tarafdar, M.: The Dark Side of Information Technology. In: MIT Sloan Management Review, Vol. 56, 2/2015, S. 60 - 70.

[Taylor 1911] Taylor, F. W.: The Principles of Scientific Management. Verlag für Wirtschaft und Finanzen, Düsseldorf, 1911.

[Taylor 2007] Taylor, H.: Tacit knowledge: Conceptualizations and operationalizations. In: International Journal of Knowledge Management, Vol. 3, 3/2007, S. 60 – 73.

[Tenbusch/Hohenstein 1997] Tenbusch, B., Hohenstein, A.: Medienunterstützung bei der transferorientierten Qualifizierung von Führungskräften am Beispiel der Automobilindustrie. In: Issing, L. J., Klimsa, P., Information und Lernen mit Multimedia, 2. Aufl., Psychologie Verlags Union, Weinheim, 1997, S. 365 – 376.

[Terborg et al. 1980] Terborg, J. R., Howard, G. S., Maxwell, S. E.: Evaluating Planned Organizational Change: A Method for Assembling Alpha, Beta and Gamma Change. In: Academy of Management Review, 1/1980, S. 109 – 121.

[Tergan 2004] Tergan, S.-O.: Wissensmanagement mit Concept Maps. In: Reinmann, G., Mandl, H., Psychologie des Wissensmanagements. Perspektiven, Theorien und Methoden, Hogrefe-Verlag, Göttingen u. a., 2004, S. 259 – 266.

[Terliesner/Peters 2011] Terliesner, J., Peters, I.: Der T Index als Stabilitätsindikator für document-spezifische Tag-Verteilungen. In: Griesbaum et al. (Hrsg.), Information und Wissen: global, sozial und frei? Boizenburg 2011, S. 123 – 133.

[Thiesse 1997] Thiesse, F.: Wissensmanagement: Marktübersicht Berater und Software. Internes Arbeitspapier des Instituts für Wirtschaftsinformatik, Hochschule St. Gallen, 1997.

[Thiesse 2001] Thiesse, F.: Prozessorientiertes Wissensmanagement. Konzepte, Methoden, Fallbeispiele, Dissertation, St. Gallen, 2001.

[Thompson 1967] Thompson, J. D.: Organizations in Action. McGraw-Hill, New York, 1967.

[Tiemann 2010] Tiemann, M.: Wissensintensive Berufe. Bonn 2010.

[Tonchia/Tramontano 2004] Tonchia, S., Tramontano, A.: Process Management for the Extended Enterprise. Organizational and ICT Networks, Springer Verlag, Berlin u. a., 2004.

[Toro et al. 2015] Toro, C. et al.: A perspective on knowledge based and Intelligent systems implementation in Industrie 4.0. In: Proceedings Computer Science, Vol. 60, 2015, doi: 10.1016/j.procs.2015.08.143, S. 362 – 370.

[Trebesch 1980] Trebesch, K.: Ursprung und Ansätze der Organisationsentwicklung sowie Anmerkungen zur Situation in Europa. In: Koch, U., Meuers, H., Schuck, M., Organisationsentwicklung in Theorie und Praxis, Verlag Peter Lang, Frankfurt am Main, 1980, S. 31 – 50.

[Trebesch 2000] Trebesch, K.: Organisationsentwicklung: Konzepte, Strategien, Fallstudien. Klett-Cotta, Stuttgart, 2000.

[Tsui 2002] Tsui, E.: Technologies for personal and peer-to-peer (P2P) knowledge management, 2002.

[Turing 1950] Turing, A. M.: Computing machinery and intelligence. In: MIND, 59, 236, 1950, S. 433 – 460.

[Tveter 1998] Tveter, D. R.: Pattern recognition basis of artificial intelligence. IEEE Computer Society Press, Los Alamitos, 1998.

[Tyndale 2002] Tyndale, P.: A taxonomy of knowledge management software tools: origins and applications. In: Evaluation and Programm Planning. Vol. 25, 2002, S. 183 – 190.

[Tzortzaki/Mihiotis 2014] Tzortzaki, A. M., Mihiotis, A.: A Review of Knowledge Management Theory and Future Directions Knowledge and Process Management. Vol. 21, 1/2014, S. 29–41.

[Ullrich et al. 2016] Ullrich, C. et al.: APPsist Statusbericht: Realisierung einer Plattform für Assistenz- und Wissensdienste für die Industrie 4.0. In: Zender, R. (Hrsg.): Proceedings of DeLFI Workshops 2016, Potsdam 2016, S. 174 – 180.

[Ulrich 1998] Ulrich, D.: Intellectual Capital = Competence X Commitment. In: Sloan Management Review, Winter 1998, 1998, S. 15 – 26.

[Uschold/Grüninger 1996] Uschold, M., Grüninger, M.: Ontologies: principles, methods, and applications. In: Knowledge Engineering Review, 11, 2/1996, S. 93 – 155.

[Van Gool 2002] Van Gool, L.: Pattern recognition. Springer Verlag, Berlin, u. a., 2002.

[Vanini/Bochert 2014] Vanini, U., Bochert, S.: An empirical Investigation of Maturity Levels in Knowledge Management. In: The Electronic Journal of Knowledge Management, Vol. 12, 4/2014, S. 221 - 231.

[Venzin et al. 1998] Venzin, M., von Krogh, G., Roos, J.: Future research into knowledge management. In: von Krogh, G., Roos, J., Kleine, D. (Hrsg.), Knowing in Firms, Sage, London, 1998, S. 26 - 67.

[Versteegen 1999] Versteegen, G.: Knowledge Management. Architektur für das Firmenwissen. In: iX, 1999, S. 113 - 119.

[Vroom/Yeton 1973] Vroom, V. H., Yetton, P. W.: Leadership and Decision-Making. University of Pittsburgh Press, Pittsburgh, 1973.

[Wachter 2018] Wachter, B. (2018): Big Data - Anwendungen in der Marktforschung. In: König, C., Schröder, J. und Wiegand, E. (Hrsg.): Big Data: Chancen, Risiken, Entwicklungstendenzen. Wiesbaden, S. 17 - 26.

[Wahren 1996] Wahren, H.-K.: Das lernende Unternehmen. Theorie und Praxis des organisationalen Lernens. de Gruyter, Berlin, New York, 1996.

[Walgenbach 1995] Walgenbach, P.: Die Theorie der Strukturierung. In: Die Betriebswirtschaft, 55. Jg., 1995, S. 761 - 782.

[Walsh/Ungson 1991] Walsh, J. P., Ungson, G. R.: Organisational Memory. In: Academy of Management Review, 16, 1/1991, S. 57 - 91.

[Walter/Ribiere 2013] Walter, Ch., Ribiere, V.: A citation and co-citation analysis of 10 years of KM theory and practices. In: Knowledge Management Research & Practice, Vol. 11, 2013, S. 221 - 229.

[Wang 2008] Wang, C. L. et al.: Knowledge management orientation: Construct development and empirical validation. In: European Journal of Information Systems, Vol. 17, 3/2008, S. 219 - 235.

[Wang et al. 2013] Wang, Y. et al.: Social Influence and Knowledge Management Systems Use: Evidence from Panel Data. In: MIS Quarterly, Vol. 37, 1/2013, S. 299 - 313.

[Wang et al. 2018] Wang, Y. et al.: Effect of transactive memory systems on team performance mediated by knowledge transfer. In: International Journal of Information Management, Vol. 41, 2018, S. 65-79.

[Wang et al. 2019] Wang, Y. et al.: The double-edged effects of perceived knowledge hiding: empirical evidence from the sales context. In: Journal of Knowledge Management, Vol. 23, 2/2019, S. 279 - 296.

[Wargitsch 1998] Wargitsch, Ch.: Ein Beitrag zur Integration von Workflow- und Wissensmanagement unter besonderer Berücksichtigung komplexer Geschäftsprozesse. Dissertation, Universität Erlangen-Nürnberg, 1998.

[Warnecke 1992] Warnecke, H.-J.: Die Fraktale Fabrik. In: Görke, W., Rininsland, H., Sybre, M. (Hrsg.): Information als Produktionsfaktor. 22. GI-Jahrestagung, Karlsruhe, 28. September bis 2. Oktober 1992, Springer Verlag, Berlin u. a., 1992, S. 20 - 33.

[Warnecke et al. 1998] Warnecke, G., Gissler, A., Stammwitz, G.: Referenzmodell Wissensmanagement - Ein Ansatz zur modellbasierten Gestaltung wissensorientierter Prozesse. In: IM, 13. Jg., 1/1998, S. 24 - 29.

[Warta 2011] Warta, A.: Kollaboratives Wissensmanagement in Unternehmen. Indikatoren für Erfolg und Akzeptanz am Beispiel von Wikis. Boizenburg 2011.

[Wasserman/Faust 1994] Wasserman, S., Faust, K.: Social Network Analysis - Methods and Application. Cambridge University Press, Cambridge, 1994.

[Watson 1979] Watson, J. B.: Behaviorism. 3. Aufl., Norton, New York, 1979.

[Watson 1996] Watson, R. T.: Data Management. An Organizational Perspective, John Wiley & Sons, New York u. a., 1996.

[Watson et al. 1998] Watson, R. T., Pitt, L. F., Bruce Kavan, C.: Measuring Information Systems Service Quality: Lessons From Two Longitudinal Case Studies. In: MIS Quarterly, 22, 1/1998, S. 61 - 80.

[Weber 1956] Weber, M.: Wirtschaft und Gesellschaft. 4. Aufl., J. C. B. Mohr (Paul Siebeck), Tübingen, 1956.

[Weber 2007] Weber, R. O.: Addressing Failure Factors in Knowledge Management. In: Electronic Journal of Knowledge Management, Vol. 5, 3/2007, S. 333 - 346.

[Wechsler et al. 1997] Wechsler, M., Sheridan, P., Schäuble, P.: Multi-Language Text Indexing for Internet Retrieval. 1997, http://citeseer.ist.psu.edu/40861.html, Oktober 2004.

[Wegner 1987] Wegner, D. M.: Transactive Memory: A Contemporary Analysis of the Group Mind. In: Mullen, B., Goethals, G. R., Theories of Group Behaviour, Springer Verlag, New York u. a., 1987, S. 185 - 208.

[Wegner et al. 1991] Wegner, D. M., Erber, R., Raymond, P.: Transactive memory in close relationships. In: Journal of Personality and Social Psychology, 61, 1991, S. 923 - 929.

[Weick 1979] Weick, K. E.: Cognitive processes in organizations. In: Research in Organizational Behavior, 1, 1979, S. 41 - 74.

[Weick 1998] Weick, K. E.: Der Prozess des Organisierens. 2. Aufl., Suhrkamp Verlag, Frankfurt am Main, 1998.

[Weick/Roberts 1993] Weick, K. E., Roberts, K. H.: Collective Mind in Organizational Headful Interrelating on Flight Decks. In: Administrative Science Quarterly, 38, 3/1993, S. 357 - 381.

[Weil/Rosen 1997] Weil, M. M., Rosen, L. D.: TechnoStress. Coping with Technology @Work, @Home, @Play. John Wiley & Sons, New York u. a., 1997.

[Weinert 1984] Weinert, A. B.: Menschenbilder in Organisations- und Führungstheorien: Erste Ergebnisse einer empirischen Überprüfung. In: Zeitschrift für Betriebswirtschaft, 54. Jg., 1984, S. 30 - 62.

[Weinert 1999] Weinert, F. E.: Concepts of Competence. Contribution within the OECD project „Definition and Selection of Competencies". In: Max Planck Institute for Psychological Research, München, 1999.

[Weinert 2004] Weinert, A. B.: Organisations- und Personalpsychologie. 5. Aufl., Beltz Verlag, Weinheim, Basel, 2004.

[Welge 1987] Welge, K.: Unternehmensführung. Band 2: Organisation, Schäffer-Poeschel Verlag, Stuttgart, 1987.

[Welge/Al-Laham 2003] Welge, M. K., Al-Laham, A.: Strategisches Management. Grundlagen-Prozess-Implementierung. 4. Aufl., Gabler Verlag, Wiesbaden, 2003.

[Weller 1998] Weller, F.-E.: Ideen erfolgreich managen. In: technologie & management, 47, 3/1998, S. 10 - 12.

[Wellinger 2009] Wellinger, Ch.: Web 2.0 Lösungen für das Wissensmanagement in Unternehmensnetzwerken. Wie Social Software Technologien den Aufbau und Erhalt von Wissensbeständen verbessern und steigern können. Saarbrücken 2009.

[Wendler/Stahlke 2014] Wendler, R., Stahlke, T.: What constitutes an agile organziation? Descriptive results of an empirical investigation. TU Dresden, Dresdner Beiträge zur Wirtschaftsinformatik, Nr. 68/14, Dresden 2014.

[Wendt 1998] Wendt, W. R.: Soziales Wissensmanagement. Baden Baden, 1998.

[Wenger 1999] Wenger, E.: Communities of Practice: The Key to Knowledge Stategy. In: Knowledge Directions, 1, Fall 1999, S. 2 - 10.

[Wenger/Snyder 2000] Wenger, E. C., Snyder, W. M.: Communities of Practice: The Organizational Frontier. In: Harvard Business Review, 1/2000, S. 139 - 145.

[Werth 1998] Werth, R.: Hirnwelten. Berichte vom Rande des Bewußtseins. C. H. Beck, München, 1998.

[Wever 1989] Wever, U.: Unternehmenskultur in der Praxis: Erfahrungen eines Insiders bei zwei Spitzenunternehmen. Campus Verlag, Frankfurt am Main, 1989.

[Wiegand 1996] Wiegand, M.: Prozesse organisationalen Lernens. Gabler Verlag, Wiesbaden, 1996.

[Wieselhuber 1987] Wieselhuber, N.: Innovations-Management in der Unternehmenspraxis. München, 1987.

[Wiig 1995] Wiig, K. M.: Knowledge Management Methods: Practical Approaches to Managing Knowledge. Schema Press, Arlington, 1995.

[Wiig 1997] Wiig, K. M.: Integrating Intellectual Capital and Knowledge Management. In: Long Range Planning, 30, 3/1997, S. 399 - 405.

[Wiig 1998] Wiig, K. M.: Establish, Govern, and Renew the Enterprise Knowledge Practice. Schema Press, Arlington, 1998.

[Wiig 2004] Wiig, K. M.: People-Focused Knowledge Management. How Effective Decision Making Leads to Corporate Success. Elsevier Butterworth-Heinemann, Burlingtion, 2004.

[Wikström et al. 2018] Wikström, E. et al.: Knowledge retention and age management - senior employee's experiences in a Swedish multinational company. In Journal of Knowledge Management, Vol. 22, 7/2018, S. 1510 - 1526.

[Wilbert 1996] Wilbert, R.: Interpretation und Anwendung neuronaler Netze in den Wirtschaftswissenschaften. Verlag Peter Lang, Frankfurt am Main u.a, 1996.

[Wild 1971] Wild, J.: Zur Problematik der Nutzenbewertung von Informationen. In: ZfB, 41, 1971, S. 315 - 334.

[Wildner 2007] Wildner, S.: Problemorientiertes Wissensmanagement. Entwurf eines Ansatzes für Wissensmanagement in kleinen und mittelständischen Unternehmen. Forschungsbericht, Nr. W-23 - 07, Lehrstuhl für Wirtschaftsinformatik II, Universität Passau, 2007.

[Wildner 2011] Wildner, St.: Problemorientiertes Wissensmanagement. Lohmar/Köln 2011.

[Wildner et al. 2007] Wildner, S., Lehner, F., Lehmann, H.: Holistic Approaches and Standardisation as Measures for Broader Adoption of KM in Practice. In: Martin, B., Remenyi, D. (Hrsg.), Proceedings of the 8th Conference on Knowledge Management, Band 2, Academic Conferences, Reading, 2007, S. 1107 - 1113.

[Wilensky 1967] Wilensky, H. L.: Organisational Intelligence - Knowledge and Policy in Government and Industry. Basic Books, New York, London, 1967.

[Wilkesmann 200?] Wilkesmann, U.: Kollektives Lernen in Organisationen. In: Schmeisser, W. et al. (Hrsg.): Personalführung und Organisation, München 2000, S. 295 - 312.

[Wilkesmann/Rascher 2005] Wilkesmann, U., Rascher, I.: Wissensmanagement. Theorie und Praxis der motivationalen und strukturellen Voraussetzung. 2. Aufl., München/Mering 2005.

[Wille/Zwickwolff 1994] Wille, R., Zwickwolff, M.: Begriffliche Wissensverarbeitung. Grundfragen und Aufgaben. B. I.-Wissenschaftsverlag, Mannheim u. a., 1994.

[Willfort/Willfort 2007] Willfort, R., Willfort, R.: Der genetische Code des persönlichen Erfolgs. In: wissensmanagement, Nr. 10, 2007.

[Williams 1992] Williams, R.: Data Management and Data Description. Ashgate Publishing, Vermont, 1992.

[Williamson 1983] Williamson, O. E.: Markets and Hierarchies: Analysis and Antitrust Implications. A Study in the Economics of Internal Organization. Free Press, New York, 1983.

[Willke 1993] Willke, H.: Systemtheorie - Eine Einführung in die Grundprobleme der Theorie sozialer Systeme. 4. Aufl., UTB, Stuttgart, Jena, 1993.

[Willke 1995] Willke, H.: Systemtheorie III: Steuerungstheorie. UTB, Stuttgart, Jena, 1995.

[Willke 1996] Willke, H.: Dimensionen des Wissensmanagements - Zum Zusammenhang von gesellschaftlicher und organisationaler Wissensbasierung. In: Schreyögg, G., Conrad, P.,

Managementforschung, Band 6: Wissensmanagement, de Gruyter, Berlin, New York, 1996, S. 263 - 304.

[Willke 2001] Willke, H.: Systemisches Wissensmanagement (2. Aufl.). Stuttgart 2001.

[Willke 2007] Willke, H.: Einführung in das systemische Wissensmanagement. Heidelberg, 2007.

[Wilson/Campbell 2016] Wilson, J. P., Campbell, L.: Developing a knowledge management policy for ISO 9001: 2015. In: Journal of Knowledge Management, Vol. 20, 4/2016, S. 829 - 844.

[Wilson/Stanson 2008] Wilson, R., Stanson, J.: Valuation of information assets on the balance sheet. In: Business Information Review, Vol. 25, 3/2008, S. 167 - 182.

[Winkler et al. 2019] Winkler, R. et al.: Alexa, Can You Help Me Solve That Problem? - Understanding the Value of Smart Personal Assistants as Tutors for Complex Problem Tasks. In: Ludwig, Th., Pipek, V. (Hrsg.): Human Practice. Digital Ecologies. Our Future. Tagungsband, 14. Internationale Tagung Wirtschaftsinformatik, Siegen 2019, S. 371 - 376.

[Wittmann 1959] Wittmann, W.: Unternehmung und unvollkommene Information. Westdeutscher Verlag, Köln, Opladen, 1959.

[Wittmann 1969] Wittmann, W.: Information. In: Grochla, E., Handwörterbuch der Organisation, Schäffer-Poeschel Verlag, Stuttgart, 1969, S. 699 - 707.

[Wolf 2003] Wolf, P.: Erfolgsmessung der Einführung von Wissensmanagement. Eine Evaluationsstudie im Projekt „Knowledge Management" der Mercedes-Benz PKW-Entwicklung der DaimlerChrysler AG. Monsenstein und Vannerdat, Münster, 2003.

[Woodman/Zade 2012] Woodman, M., Zade, A.: Five Grounded Principles for Developing Knowledge Management Systems. In: The Electronic Journal of Knowledge Management, Vol. 10, 2/2012, S. 183 - 194.

[Woods/Sheina 1998] Woods, E., Sheina, M.: Knowledge Management - Applications, Markets and Technologies. Ovum Report, 1998.

[Wright 2005] Wright, K.: Personal knowledge management: supporting individual knowledge worker performance. In: Knowledge Management Research and Practice Vol. 3, 3/2005, S. 156-165.

[Wunderer 1993] Wunderer, R.: Führung. In: Hauschildt, J., Grün, O.: Ergebnisse empirischer betriebswirtschaftlicher Forschung. Zu einer Realtheorie der Unternehmung. Festschrift für Eberhard Witte, Stuttgart, 1993, S. 633 - 672.

[Young 2010] Young, R. (Hrsg.): Knowledge Management Tools and Techniques Manual. APO, Tokio 2010.

[Zack 1999b] Zack, M. H.: Knowledge and Strategy. Butterworth-Heinemann, Woburn, 1999.

[Zack et al. 2009] Zack, M. et al.: Knowledge management and organizational performance: an exploratory analysis. In: Journal of Knowledge Management, Vol. 13, 6/2009, S. 392 - 409.

[Zack 1999a] Zack, M. H.: Developing a Knowledge Strategy. In: California Management Review, 41, Spring, 3/1999, S. 125 - 145.

[Zanasi 2005] Zanasi, A.: Text Mining And Its Applications To Intelligence, CRM And Knowledge Management. WIT Press, Ashurst, 2005.

[Zander/Kogut 1995] Zander, U., Kogut, B.: Knowledge and the Speed of the Transfer and Imitation of Organizational Capabilities. In: Organization Science, 6, 1/1995, S. 76 - 92.

[Zboralski 2007] Zboralski, K.: Wissensmanagement durch Communities of Practice. Gabler Verlag, Wiesbaden, 2007.

[Zboralski 2007] Zboralski,K.: Wissensmanagement durch Communities of Practice. Wiesbaden 2007.

[Zhang 2017] Zhang, X.: A Nomological Network of Knowledge Management System Use. In: MIS Quarterly, Vol. 41, 3/2017, S. 811 - 840.

[Zhang/Sundaresan 2010] Zhang, Z., Sundaresan, Sh.: Knowledge markets in firms: Knowledge Sharing with Trust and Signaling. In: Knowledge Management Research & Practice,Vol. 8, 2010, S. 322 - 339.

[Zhang/Venkatesh 2017] Zhang, X., Venkatesh, V.: Knowledge Management System Use and Job Performance. In: MIS Quarterly, Vol. 41, 4/2017, S. 1275 - 1306.

[Ziegler 2008] Ziegler, C.: Von Tieren lernen. In: c't, Vol. 25, 3/2008, S. 188 191.

[Zigurs/Buckland 1998] Zigurs, I., Buckland, B. K.: A Theory of Task/Technology Fit and Group Support Systems Effectiveness. In: MIS Quarterly, 22, 3/1998, S. 313 - 334.

[Zillien/Haufs-Brusberg 2014] Zillien, N., Haufs-Brusberg, M.: Wissenskluft und Digital Divide. Baden-Baden 2014.

[Zimmermann et al. 2018] Zimmermann, A. et al.: Sourcing in or out: implications for social capital and knowledge sharing. In: Journal of Strategic Information Systems, Vol. 27, 2018, S. 82 - 100.

[Zucker 1987] Zucker, L. G.: Institutional theories of organization. In: Annual Review of Sociology, 13, 1987, S. 443 - 464.

[Zurwehme 2008] Zurwehme, A.: Wissensbilanzen. In: Die Betriebswirtschaft, Vol. 68, 4/2008, S. 483 - 494.

[Zyngier 2010] Zyngier, S.: Does KM Governance = KM Success? Insights from a Global KM Survey. In Jennex, M. E., Smolnik, S., Strategies for Knowledge Management Success: Exploring Organizational Efficacy. Hershey, PA, 2010, S. 51 - 73.

[Zyngier 2011] Zyngier, S.: Knowledge Management - realizing value through governance. In: International Journal of Knowledge Management, Vol. 7, 1/2011, S. 35 - 54.

[Zyngier/Venkitachalam 2011] Zyngier, S., Venkitachalam, K. (2011): Knowledge Management Governance - A Strategic Driver. Knowledge Management Research & Practice, Vol. 9, 2/2011, S. 136 - 150.

Index

A

B

C

D

E

F

G

K

L

M

N

O

P

Q

R

S

T

U

X

Y

Z